Praxishandbuch Partizipation in der Wissenschaft

Silke Voigt-Heucke • Arne Maibaum •
Marius Oesterheld • Philipp Schrögel
Hrsg.

Praxishandbuch Partizipation in der Wissenschaft

Methode, Modus oder Mindset

Springer VS

Hrsg.
Silke Voigt-Heucke
Leibniz-Institut für Zoo- und Wildtierforschung (IZW) im Forschungsverbund Berlin e.V.
Berlin, Deutschland

Museum für Naturkunde – Leibniz-Institut für Evolutions- und Biodiversitätsforschung
Berlin, Deutschland

Arne Maibaum
Technische Universität Berlin
Berlin, Deutschland

Philipp Schrögel
Technische Universität Chemnitz
Chemnitz, Deutschland

Marius Oesterheld
Museum für Naturkunde – Leibniz-Institut für Evolutions- und Biodiversitätsforschung
Berlin, Deutschland

ISBN 978-3-658-51092-3 ISBN 978-3-658-51093-0 (eBook)
https://doi.org/10.1007/978-3-658-51093-0

Die Deutsche Nationalbibliothek verzeichnet diese Publikation in der Deutschen Nationalbibliografie; detaillierte bibliografische Daten sind im Internet über https://portal.dnb.de abrufbar.

Museum für Naturkunde - Leibniz-Institut für Evolutions- und Biodiversitätsforschung

Planung/Lektorat: Cori Antonia Mackrodt
Springer VS ist ein Imprint der eingetragenen Gesellschaft Springer Fachmedien Wiesbaden GmbH und ist ein Teil von Springer Nature.
Die Anschrift der Gesellschaft ist: Abraham-Lincoln-Str. 46, 65189 Wiesbaden, Germany

Vorwort

Unsere Gesellschaft steht vor tiefgreifenden Herausforderungen und Chancen. Wissenschaft und Forschung des 21. Jahrhunderts tragen eine besondere Verantwortung: Sie müssen die Transformation hin zu einer nachhaltigen, zukunftsfähigen Gesellschaft aktiv gestalten. Dies erfordert eine enge, vertrauensvolle Zusammenarbeit zwischen Wissenschaft und Gesellschaft, denn nur gemeinsam können wir nachhaltige technische und soziale Innovationen entwickeln, die langfristig Bestand haben.

Wir erleben eine fundamentale Veränderung in der Art und Weise, wie Wissen generiert und weitergegeben wird. Wissenschaft und Gesellschaft stehen in einem neuen Verhältnis zueinander, geprägt von gegenseitigen Erwartungen und wachsender Interaktion. Das Wissenschaftssystem ist gefordert, seine Relevanz, Reputation und Wirksamkeit weiterzuentwickeln, um auf die drängenden Fragen unserer Zeit Antworten zu geben.

Transdisziplinäre und partizipative Forschungsansätze sind sowohl Ausdruck als auch treibende Kraft dieser Transformation. Sie vereinen ein breites Anwendungsfeld mit innovativen methodischen Zugängen – von Citizen Science über Reallabore bis hin zu partizipativer Wissenschaftskommunikation. In dieser Vielfalt spiegelt sich die gesamte wissenschaftliche Landschaft wider: Sozial-, Natur-, Lebens- und Ingenieurwissenschaften integrieren zunehmend transdisziplinäre und partizipative Ansätze in ihre Forschungsprojekte.

Seit Jahrzehnten bereichern diese Forschungsmodi die Wissenschaft und werden kontinuierlich weiterentwickelt. In enger Kooperation mit gesellschaftlichen Akteuren entstehen praxisrelevante Forschungsfragen, die einen echten Mehrwert für Wissenschaft und Gesellschaft schaffen. Die Einbindung von Expert:innen aus der Praxis eröffnet neue Perspektiven, vertieft das Verständnis komplexer Zusammenhänge und legt die Grundlage für zukunftsweisende Innovationen, die erfolgreich in die gesellschaftliche Anwendung überführt werden können.

Dennoch stehen wir vor Herausforderungen: Transdisziplinäre und partizipative Forschung sind noch nicht in allen Disziplinen etabliert und genießen nicht überall die verdiente wissenschaftliche Anerkennung. In manchen Bereichen fehlt es an angemessener Förderung, sodass solche Projekte fälschlicherweise als bloße „Akzeptanzbeschaffung" oder „Particitainment" abgetan werden.

Doch es gibt allen Grund zur Zuversicht. Die Erfolge dieser Ansätze zeigen Wirkung: Sie gewinnen zunehmend an Bedeutung – in der wissenschaftspolitischen Debatte, in der wissenschaftlichen Community und in der Gesellschaft. Das vorliegende Handbuch ist ein Ausdruck dieser Entwicklung. Es trägt zur Weiterentwicklung von Methoden, Praxis und Diskursen der transdisziplinären und partizipativen Forschung bei und stärkt das Zusammenwirken der verschiedenen wissenschaftlichen Communities.

Dieses Zusammenwirken ist essenziell, denn:

- Wissenschaftliche Disziplinen und Communities stehen vor ähnlichen Herausforderungen und können voneinander lernen.
- Die mangelnde institutionelle Anerkennung und Förderung transdisziplinärer und partizipativer Forschung betrifft alle Communities gleichermaßen.
- Theoretische und methodische Fragestellungen überschneiden sich oft und profitieren von interdisziplinärem Austausch.

Dieser Band führt zentrale Diskursstränge zusammen, erweitert theoretische und methodische Reflexionsräume und trägt somit zur Weiterentwicklung und Etablierung transdisziplinärer und partizipativer Forschung bei.

Die Transformation des Wissenschaftssystems braucht viele engagierte Akteure – auch außerhalb der Wissenschaft. Die enge Zusammenarbeit der verschiedenen wissenschaftlichen Communities, wie sie beispielsweise in der Gesellschaft für transdisziplinäre und partizipative Forschung (GTPF) gefördert wird, verdeutlicht die Relevanz dieser Forschungsmodi für alle Fachdisziplinen. Gemeinsam können wir die gesellschaftliche Bedeutung dieser Ansätze sichtbar machen und die wissenschaftspolitischen Rahmenbedingungen verbessern.

Herausforderungen gibt es – doch sie sind weder neu noch unüberwindbar. Dieser Band bietet praxisnahe Handlungsempfehlungen und Orientierung für Forschende, die transdisziplinär und partizipativ forschen (wollen) und sich für diese Forschungsmodi engagieren.

Viele der Autor:innen dieses Bandes sind aktive Mitglieder der GTPF und gestalten die Debatten innerhalb dieser Community aktiv mit. Insofern ist dieses Handbuch nicht nur eine Sammlung von Wissen und Erkenntnissen, sondern auch ein Ausdruck eines wachsenden und sich vertiefenden gemeinsamen Engagements.

Wir wünschen Ihnen eine inspirierende und erkenntnisreiche Lektüre.

Berlin, Februar 2025

Prof. Dr. Christine Ahrend, Dr. Susanne Hecker, Thomas Korbun
Gesellschaft für transdisziplinäre und partizipative Forschung e. V.

Förderung

Das dem Handbuch zugrundeliegende Vorhaben wurde mit Mitteln des Bundesministerium für Forschung, Technologie und Raumfahrt (BMFTR) unter dem Förderkennzeichen 01PA2301A gefördert.

Gefördert durch:

Bundesministerium
für Forschung, Technologie
und Raumfahrt

Inhaltsverzeichnis

Editorial 1
Silke Voigt-Heucke, Arne Maibaum, Marius Oesterheld und Philipp Schrögel

Transdisziplinarität – Transformation der Akteur:innen 7
Christine Ahrend

Mindset – Theorie und Grundlagen

Die Vielfalt der Partizipation in der Forschung: Begriffe, Methoden und Perspektiven 19
Till Bruckermann, Justus Henke, Philipp Schrögel und Ulrike Sturm

Inklusion und Diversität in partizipativer Forschung 43
Birgit Behrisch, Philipp Schrögel, Christine Möhrs und Rahaf Farag

Institutionalisierung partizipativer Forschung 65
Kathrin Wieck, Audrey Podann, Inge Leurs, Julia Backhaus und Alexander Sonntag

Wirkungen partizipativer Forschungsformate – Gemeinsamkeiten und Unterschiede von transdisziplinärer Forschung und Citizen Science 85
Martina Schäfer, Sabrina Kirschke und Stephanie Jahn

Modus – Ansätze, Traditionen, und Praxisbeispiele

Transdisziplinäre Forschung als partizipativer und integrativer Ansatz zur Bearbeitung komplexer gesellschaftlicher Herausforderungen 105
Melanie Mbah, Oskar Marg, Michael Kreß-Ludwig, Julia Diekämper, Carolin Schröder und Gabriele Wendorf

Co-Exploration von Forschungsthemen in transdisziplinärer Forschung: Erfahrungen aus der Praxis des TD-Lab ... 135
Ina Opitz, Nadin Gaasch, Melanie Kryst und Wiebke Hahn

Partizipation im Kontext von Reallaborarbeit – Diskurs und Praxis ... 147
Anja Steglich, Julia Backhaus, Daniela Karow-Kluge, Jonathan Schreiber, Grit Bürgow und Oliver Parodi

Citizen Science: gemeinsam Wissen schaffen ... 169
Silke Voigt-Heucke, Vanessa van den Bogaert, Till Bruckermann, Christin Liedtke, Norbert Steinhaus und Marius Oesterheld

Citizen Science: Beispiele aus der Biodiversitätsforschung ... 181
Sophie P. Ewert, Julia Flister, Sarah Kiefer, Sophia Kimmig, Elisabeth Kühn, Silke Oldorff, Silke Voigt-Heucke, Julia von Gönner und Frederic Griesbaum

Citizen Science in den Science and Technology Studies: Perspektiven, Konzepte und Praxisbeispiele ... 201
Julie Sascia Mewes, Dana Mahr und Constanze Scherz

Partizipative Ansätze in der Gesundheitsforschung ... 215
Raphaela E. Kaisler, Gertrud Hammel, Birgit Behrisch, Susanne Hartung, Nils B. Heyen, Sarah Weschke und Viktor von Wyl

Beispiele partizipativer Ansätze in der Gesundheitsforschung ... 227
Raphaela E. Kaisler, Gertrud Hammel, Birgit Behrisch, Susanne Hartung, Nils B. Heyen, Sarah Weschke und Viktor von Wyl

Partizipative Wissenschaftskommunikation ... 237
Philipp Schrögel, Christin Liedtke und Anna Soßdorf

Partizipative Wissenschaftskommunikation mit künstlerischen Impulsen: Zwei Case Studies der Plattform NEXUS Experiments ... 253
Mathilde Bessert-Nettelbeck, Philipp Schrögel, Judith Saurer, Philipp Kellmeyer und Sabrina Livanec

Praxisnah lehren, transdisziplinär lernen: Partizipative Wissenschaftskommunikation im Lehrmodul Engineering for Impact ... 265
Thies Johannsen und Konstantin S. Kiprijanov

Künstlerische Forschung als partizipativer Ansatz ... 283
Martin Tscholl und Ulrike Sturm

Artistic Research als echte Hybridisierung von Kunst und Wissenschaft? Zwei Beispiele aus den Neurowissenschaften ... 291
Mathilde Bessert-Nettelbeck, Yuna Yacong Liu, Philipp Kellmeyer und Sabrina Livanec

Design zwischen Wissenschaft und Gesellschaft: Das Potenzial zukunftsorientierten Designs für die partizipative Forschung 303
Lynn Harles und Marie-Lena Heidingsfelder

Responsible Research and Innovation 315
Julia Backhaus, Simone Kaiser und Norbert Steinhaus

Public Engagement in der Forschung 331
Alina Loth und Mhairi Stewart

Wissenschaftsläden als Schnittstellen für den wissenschaftlich-zivilgesellschaftlichen Dialog 349
Norbert Steinhaus und Daniel Ludwig

Partizipative Ansätze in der Wasserforschung 359
Sabrina Kirschke, Tamara Avellán, Hannah Kosow und Andrea B. Müller

Partizipation in der Forschungsförderung: Lehren aus dem PRO-Ethics-Projekt 371
Stefanie Schuerz, Gerda Geyer, Sabine Mayer und Markus Gerold

Partizipative Museumspraxis – „Natur der Dinge": Das Anthropozän gemeinsam sammeln 383
Elisabeth Heyne und Ulrike Sturm

Methoden – Leitfäden und Praxishandreichungen

Plattformarbeit als Schlüssel zur Community: Die Rolle von mit:forschen! für Citizen Science in Deutschland 397
Moritz Müller und Wiebke Brink

Kooperative Entwicklung von Webplattformen in der partizipativen Forschung 407
Theresa Serafin und Moritz Müller

Citizen-Science-Wettbewerbe – Ein Format zur Förderung lokaler Citizen-Science-Aktivitäten 413
Gesine Heinrich und Florence Mühlenbein

Ein partizipatives Forschungsprojekt durchführen: Erste Schritte 423
Marius Oesterheld und Anna Soßdorf

Ein partizipatives Forschungsprojekt durchführen: Leitfaden Teilnehmendenmanagement 431
Wiebke Rössig, Yori Schultka und Fabienne Wehrle

Ein partizipatives Forschungsprojekt durchführen: Anerkennung für Mitforschende in Citizen Science . . . 437
Laura Ferschinger, Ina Opitz, Anna Soßdorf und Anett Richter

Ein partizipatives Forschungsprojekt durchführen: Systematisches Vorgehen zur wirkungsorientierten Projektbegleitung und formativen Evaluation . . . 445
Emilia Nagy, Martina Schäfer, Jasmin Wiefek und Josefa Kny

Vorstellung: Der Public Engagement-Kodex. Ein ko-produktiver Leitfaden . . . 459
Sonja Hammann, Alina Loth und Janis-Anne Fischer

Vorstellung: Der community-übergreifend und kollaborativ erarbeitete Leitfaden für Partizipation in der Forschung . . . 465
Philipp Schrögel

Vorstellung: Das PRO-Ethics Framework – ein Ethik-Leitfaden für Partizipation in Forschung und Innovation . . . 473
Stefanie Schuerz, Markus Gerold, Gerda Geyer und Sabine Mayer

Perspektiven

Beteiligung der Öffentlichkeit an Wissenschaft und Forschung. Fragen und Wünsche der Partizipationscommunity . . . 483
Sabrina Kirschke, Mathilde Bessert-Nettelbeck, Andreas Bischof, Susanne Hecker, Arne Maibaum, Victoria Shennan, Mhairi Stewart und Silke Voigt-Heucke

Editorial

Silke Voigt-Heucke, Arne Maibaum, Marius Oesterheld
und Philipp Schrögel

Wissenschaft und Gesellschaft stehen heute enger denn je in einem Wechselverhältnis. Die Herausforderungen unserer Zeit – vom Klimawandel über Digitalisierung bis hin zu Fragen der Gesundheit – betreffen sowohl die Forschung als auch den Alltag vieler Menschen. Zugleich wächst der Anspruch, dass wissenschaftliche Erkenntnisse nicht hinter verschlossenen Türen entstehen, sondern im Austausch mit denjenigen, die von ihnen betroffen sind. Hier setzt Partizipation in der Forschung in ihren vielfältigen Ausprägungen an: Sie eröffnet Räume, in denen Wissen aus unterschiedlichen Quellen zusammenkommt, Perspektiven erweitert werden und Lösungen entstehen können, die gemeinsam produziert wurden und die gesellschaftlich tragfähig sind.

Beteiligung in der Wissenschaft ist allerdings weder selbstverständlich noch trivial. Sie verlangt ein bewusstes Nachdenken darüber, welche Ziele verfolgt werden, welche An-

S. Voigt-Heucke (✉)
Leibniz-Institut für Zoo- und Wildtierforschung (IZW) im Forschungsverbund Berlin e.V., Berlin, Deutschland

Museum für Naturkunde – Leibniz-Institut für Evolutions- und Biodiversitätsforschung, Berlin, Deutschland
E-Mail: voigt-heucke@izw-berlin.de

A. Maibaum
Technische Universität Berlin, Berlin, Deutschland
E-Mail: arne.maibaum@tu-berlin.de

M. Oesterheld
Museum für Naturkunde – Leibniz-Institut für Evolutions- und Biodiversitätsforschung, Berlin, Deutschland
E-Mail: marius.oesterheld@mfn.berlin

P. Schrögel
Technische Universität Chemnitz, Chemnitz, Deutschland
E-Mail: philipp.schroegel@hsw.tu-chemnitz.de

S. Voigt-Heucke et al., *Praxishandbuch Partizipation in der Wissenschaft*,
https://doi.org/10.1007/978-3-658-51093-0_1

forderungen die unterschiedlichen Beteiligten stellen, welche Methoden geeignet sind, wie die verschiedenen Wissensformen sich zusammenfügen und wie die Qualität der erarbeiteten Ergebnisse gesichert werden kann. Erfolgreiche Partizipation kann Vertrauen in Wissenschaft stärken, die Legitimität von Entscheidungen erhöhen und zur Demokratisierung von Wissenschaft beitragen sowie die Relevanz von Forschung steigern. Gleichzeitig birgt sie Risiken: Wird Beteiligung nur pro forma organisiert, können Enttäuschungen entstehen und Misstrauen wachsen. Umso wichtiger ist es, dass sich die verschiedenen partizipativ arbeitende Communities aus Forschenden und Praktiker:innen über Standards, Erfolgsfaktoren, Grenzen und Möglichkeiten von Partizipation austauschen.

Unser Praxishandbuch möchte hierfür einen Beitrag leisten. Das Buch richtet sich an ein breites Publikum aus Forscher:innen, Politiker:innen, Praktiker:innen sowie Vertreter:innen der Fördermittelgeber und der organisierten Zivilgesellschaft. Es verbindet drei Perspektiven: Erstens stellt es theoretische Grundlagen und zentrale Konzepte vor, die helfen, das komplexe Feld der Partizipation in der Wissenschaft zu strukturieren. Zweitens dokumentiert es vielfältige Praxisbeispiele aus Universitäten, außeruniversitären Einrichtungen, zivilgesellschaftlichen Initiativen und internationalen Kontexten. Drittens bietet es konkrete Empfehlungen, Werkzeuge und Materialien, die Forschenden, Praktiker:innen, Politik und Förderinstitutionen die Umsetzung partizipativer Ansätze erleichtern.

Unser Ziel ist es, Partizipation nicht als Modewort, sondern als integralen Bestandteil exzellenter Wissenschaft zu begreifen, der konkrete Mehrwerte schaffen kann. Das Handbuch versteht sich daher nicht nur als Nachschlagewerk, sondern auch als Einladung zum Dialog und zur Zusammenarbeit. Partizipation lebt von gemeinsamer Weiterentwicklung – durch Austausch zwischen Disziplinen, zwischen Forschung und Praxis und vor allem zwischen Wissenschaft und Gesellschaft.

Dieses Handbuch unterscheidet sich darüber hinaus von anderen Sammelbänden durch die Tatsache, dass die Autor:innen weder auf einen Call for Papers geantwortet haben noch von uns, den Herausgeber:innen, ausgewählt und eingeladen wurden. Stattdessen entstand dieses Buch als Bottom-up-Projekt aus der Community selbst heraus. Sowohl die einzelnen Themen als auch die Autor:innen-Teams entstanden kollaborativ, ausgehend von den PartWiss-Konferenzen 2022 und 2023. Die Ausarbeitung des Konzepts und der Entwürfe nahm ihren Ursprung in verschiedenen Workshops – online und vor Ort im Berliner Museum für Naturkunde – und wurde anschließend von den Autor:innen-Teams fortgeführt. Das Konzept wurde von der Programmkommission der PartWiss-Konferenzen mitentwickelt. Themen und Kapitel sind gemeinschaftlich konzipiert und aus Vorschlägen und Bedürfnissen der Community hervorgegangen. So sind auch die Autor:innen-Teams organisch gewachsen und decken auch innerhalb einzelner Themen ein breites Spektrum an Wissen und Perspektiven aus unterschiedlichen, partizipativ arbeitenden Communities ab.

Ein solches Vorgehen hat ein Buch entstehen lassen, das ganz auf dem Wissen und den Erfahrungen der Expert:innen basiert. Das bedeutet jedoch auch, dass Felder nicht abgedeckt sind, für die sich keine Autor:innen meldeten. Beispielsweise böten Ausführungen zu partizipativer Technikentwicklung oder zu Partizipation in den Geschichtswissenschaften aufschlussreiche inhaltliche Ergänzungen. Wir haben uns als Herausgebende aber dazu entschieden, diese „Leerstellen“ so stehen zu lassen, damit der Band in seiner Gesamtheit den kollaborativen Prozess der Partizipations-Community widerspiegelt.

Bereits zu Beginn bestand in der Community der klare Wunsch, dass der Band zahlreiche praxisnahe Beispiele enthält. Entsprechend bieten die Kapitel (außerhalb des Theorieteils) stets direkte Anknüpfungen an Erfahrungen aus real durchgeführten Projekten und Programmen. Die Kapitel arbeiten mit Infoboxen, in denen Fachbegriffe erläutert werden, konkrete Beispiele veranschaulicht, komplexe Zusammenhänge schnell und verständlich erklärt sowie weiterführende Links bereitgestellt werden. Damit geht das Buch über eine reine Beschreibung eines theoretischen oder methodischen Idealzustands hinaus und bündelt Praxiswissen zum Nachschauen, Anregen und Nachmachen.

1 Aufbau des Handbuchs

Das Handbuch ist in drei übergreifende Teile gegliedert. Der erste Teil widmet sich den theoretischen Grundlagen: Hier werden zentrale Konzepte, Modelle und Begriffe erläutert, die den Diskurs über Partizipation in der Wissenschaft prägen. Als „Mindset“ zeichnen die Beiträge die großen Linien nach und führen in die Partizipation der Wissenschaft mit ihren Facetten ein. Auch hier bleibt der Band praktisch und themenorientiert.

Der zweite Teil richtet als „Modus“ den Blick noch stärker auf die Praxis. Die Beiträge stellen eine Vielzahl von Beispielen aus unterschiedlichen Bereichen vor – aus Universitäten ebenso wie aus außeruniversitären Forschungseinrichtungen oder aus Projekten der Zivilgesellschaft. Diese Vielfalt verdeutlicht, wie unterschiedlich Partizipation umgesetzt werden kann, und zeigt zugleich die Chancen und Herausforderungen in konkreten Kontexten. Auch in diesem Teil bleiben die Beiträge immer theoretisch fundiert, gerade wenn Ansätze und Traditionslinien vorgestellt werden; sie vermitteln gleichermaßen aber die entsprechenden Perspektiven aus der Partizipations-Praxis. Zusätzlich werden viele der Beiträge zu partizipativen Ansätzen von einem zweiten Beitrag mit dezidierten Praxisbeispielen aus dem Alltag der Partizipation der Autor:innen begleitet.

Der dritte Teil „Methoden“ gibt direkte Handlungsempfehlungen. Mit Leitfäden und methodischen Hinweisen unterstützen die Beiträge die interessierten Lesenden, eigene partizipative Vorhaben zu planen, umzusetzen und zu evaluieren. Dieser Teil versteht sich als Ressource für all jene, die in Forschung, Politik oder Praxis Partizipation aktiv gestalten wollen.

Im Folgenden wollen wir den Rahmen des Bands grob nachzeichnen, müssen aber aus Platzgründen darauf verzichten, alle unsere Autor:innen einzeln zu benennen – aufgrund der Vielfalt der enthaltenen Beiträge und Autor:innen-Kollektive ist dies nur kursorisch möglich.

Vorangestellt ist dem Band die Keynote von Prof. Dr. Christine Ahrend anlässlich der PartWiss23-Konferenz, die die Notwendigkeit einer gemeinsamen Transformation aller Akteursgruppen aus ihrer Perspektive als Vorsitzende der Gesellschaft für transdisziplinäre und partizipative Forschung (GTPF e. V.) hervorhebt. Den Abschluss bilden Einblicke in eine Umfrage zu den Fragen und Wünschen der Partizipationscommunity. Beide Beiträge rahmen den Band ein, indem sie die Verbindung zur Konferenzreihe und zur Community herstellen.

1.1 Teil I: Mindset – Theorie und Grundlagen

Der erste Teil des Handbuchs legt das theoretische Fundament und schafft einen gemeinsamen Bezugsrahmen für die folgenden Reflexionen und dargestellten Praxisbeispiele. Hier wird deutlich, dass Partizipation in der Forschung kein einheitliches Konzept ist, sondern ein breites Spektrum an Verständnissen, Zielen und Formen umfasst. Die vier Beiträge dieses Teils markieren die zentralen Bezugspunkte des Diskurses – von begrifflicher Orientierung über Fragen sozialer Gerechtigkeit und institutioneller Verankerung bis hin zu Wirkungslogiken. Gemeinsam bilden sie den konzeptionellen Rahmen, in dem sich die vielfältigen Ansätze und Projekte des Buchs verorten lassen.

Den Auftakt bildet der Beitrag „Die Vielfalt der Partizipation in der Forschung", der das Feld kartiert und eine gemeinsame Sprache anbietet. Er entfaltet eine Typologie partizipativer Forschung, die zwischen Konzepten, Forschungsmethoden und Praxisformaten unterscheidet, und zeigt zugleich die Spannungsfelder auf, in denen sich Akteur:innen bewegen. Damit schafft er ein Orientierungswissen, das für die Einordnung der nachfolgenden Beiträge essenziell ist.

Daran anschließend widmet sich „Inklusion und Diversität" einem Aspekt, der häufig übersehen wird: Partizipation ist nicht automatisch inklusiv. Der Beitrag arbeitet heraus, wie strukturelle Barrieren, Machtverhältnisse und ungleiche Zugänge Teilhabe behindern können, und diskutiert, wie Diversität und Intersektionalität als Leitprinzipien in der Gestaltung partizipativer Forschung verankert werden können. Von dort aus richtet der Beitrag zur Institutionalisierung den Blick auf die strukturelle Ebene. Partizipation braucht dauerhafte Rahmenbedingungen – in Förderlogiken, Organisationsstrukturen und Qualifizierungswegen. Und schließlich stellt der vierte Text zu Wirkungen partizipativer Forschungsformate die Frage in den Mittelpunkt, was partizipative Forschung tatsächlich bewirkt. Er bietet ein differenziertes Modell, um Wirkungsebenen und verschiedene Forschungstraditionen – etwa Transdisziplinarität und Citizen Science – miteinander in Beziehung zu setzen.

Gemeinsam zeigen diese vier Beiträge, warum Partizipation mehr ist als eine Methode: Sie ist ein Ansatz, der Wissenschaft als gesellschaftlichen Aushandlungsprozess begreift. Wer diesen ersten Teil liest, erhält das begriffliche und analytische Rüstzeug, um die Praxisbeispiele des zweiten Buchteils einzuordnen – und zugleich Anregungen, das eigene Verständnis von Beteiligung zu schärfen.

1.2 Teil II: Modus – Ansätze, Traditionen und Praxisbeispiele

Den Kern des Bands bilden 20 Beiträge, die das breite Spektrum partizipativer Ansätze und Traditionen vorstellen und durch vielfältige, unmittelbar anschließende Praxisbeispiele greifbar und nachvollziehbar machen. Die jeweils aufgeführten Beispiele repräsentieren weder Idealzustände noch abstrakte Soll-Konzepte, sondern veranschaulichen Erfahrungen tatsächlich durchgeführter Projekte und Erprobungsräume, deren Was, Wie und Wo konkret beschrieben werden und die ihre Lessons Learned transparent weitergeben. Viele Beiträge sind als Paar strukturiert: Ein theoretischer oder methodischer Zugang – etwa transdisziplinäres Arbeiten, Reallabore, Citizen Science, Gesundheitsforschung, künstlerische Forschung, Designforschung oder partizipative Wissenschaftskommunikation – wird jeweils durch einen zweiten Beitrag mit einem konkreten Beispiel flankiert, das Einblicke in Umsetzung, Herausforderungen und Wirkungen bietet. Ergänzt wird diese Zusammenstellung durch weitere Perspektiven zu Partizipation in der Wissenschaft wie Responsible Research and Innovation, Public Engagement, partizipative Museumspraxis und Beteiligung in der Forschungsförderung. In ihrer Gesamtheit lassen die Beiträge erfahrbar werden, wie vielgestaltig und praxisnah Partizipation sein kann, und sie laden dazu ein, die hier gesammelten Impulse praktisch zu nutzen und weiterzuentwickeln.

1.3 Teil III: Methoden – Leitfäden und Praxishandreichungen

Der dritte Teil des Handbuchs überführt die theoretischen Grundlagen und Praxisbeispiele in konkrete Handlungsempfehlungen. Die insgesamt zehn Beiträge versammeln Leitfäden, Werkzeuge und praxiserprobte Materialien, die insbesondere darauf ausgelegt sind, Praktiker:innen die Umsetzung partizipativer Projekte zu erleichtern.

Die Beiträge reichen von einführenden Orientierungen, etwa zur Rolle digitaler Plattformen in Citizen Science, bis zu spezifischen Formaten wie Citizen-Science-Wettbewerben. Einen anschließenden zusammenhängenden Schwerpunkt bilden vier Beiträge, die konkret auf einzelne Elemente beziehungsweise Schritte in der Durchführung eines partizipativen Projekts eingehen. Der Schwerpunkt bietet hilfreiche Handreichungen von den ersten Schritten über das Teilnehmenden-Management und die Anerkennungskultur bis hin zu wirkungsorientierter Evaluation. Zum Abschluss wird der Teil durch die Vorstellung zweier Leitfäden ergänzt: der Public-Engagement-Kodex und der ebenso im Projekt PartWiss erarbeitete Leitfaden für Partizipation in der Forschung. Gemeinsam ergeben diese Beiträge einen praxisnahen Werkzeugkasten, der geeignete Ansätze zur Strukturierung, Begleitung und Reflexion von Partizipation im Forschungsalltag umreißt, damit gute Zusammenarbeit in all ihren Phasen gelingen kann.

2 Danksagung

Die Herausgeber:innen danken allen Autor:innen für ihre Arbeit, dem Museum für Naturkunde Berlin und der Technischen Universität Chemnitz, die die PartWiss-Konferenzreihe ins Leben gerufen und die Entstehung dieses Buchs ermöglicht haben, sowie dem BMFTR und dem Projektträger DLR für die Förderung. Wir danken unseren Ansprechpartner:innen beim BMBF/BMFTR Tanja Abendschein-Angerstein und beim Deutschen Zentrum für Luft- und Raumfahrt (DLR) Karen Ranke und Dagny Vedder für die stets hilfreiche Begleitung des Projekts.

Wir bedanken uns für das hilfreiche und engagierte Lektorat bei Martin Zimmermann.

Außerdem möchten wir unseren Kolleginnen Isabel Thum und Klara Erikson danken, die das Projekt am Museum für Naturkunde Berlin unterstützt haben.

Viel Freude beim Lesen, Ausprobieren, Weiterdenken und beim Austausch darüber.

Silke Voigt-Heucke baut am Leibniz-IZW ein Akteursnetzwerk zum Wildtiermanagement auf, koordiniert das Projekt „Wildtiernah Berlin" und forscht zu Citizen Science.

Arne Maibaum ist Techniksoziologe und forscht zu Robotik, technischer Entwicklung und ihren sozialen Dynamiken, insbesondere in partizipativen Kontexten.

Marius Oesterheld leitet das Citizen-Science-Team am Museum für Naturkunde Berlin. Er forscht unter anderem zur Schnittstelle zwischen partizipativer Forschung und Politik.

Philipp Schrögel ist wissenschaftlicher Mitarbeiter an der TU Chemnitz. Er forscht zu kreativen und partizipativen Formen von Wissenschaftskommunikation und Public Engagement.

Transdisziplinarität – Transformation der Akteur:innen

Gedanken zur Gründung der Gesellschaft für transdisziplinäre und partizipative Forschung (GTPF) – Rede anlässlich der Tagung PartWiss23

Christine Ahrend

1 Unsere Motivation für die Gründung einer Fachgesellschaft

Wir alle setzen uns ein, Transdisziplinarität und Partizipation als wesentliche Merkmale eines weiteren Forschungsmodus zu etablieren, dessen Ziel die Gestaltung einer nachhaltigen Zukunft ist. Hierfür braucht es eine Stärkung von Räumen und Kompetenzen für eine praxis- und wirkungsorientierte transdisziplinäre Forschung, die auch Capacity-Building-Angebote für Forschungs- und Praxisakteur:innen umfasst. Wir sehen die Gründung einer Gesellschaft für transdisziplinäre und partizipative Forschung (Fachgesellschaft) als einen zentralen Baustein für die Entwicklung und Bündelung solcher Angebote an. Hierzu möchten wir mit Ministerien, Förderinstitutionen und Politik ins Gespräch kommen.

Alles sei doch schon auf einem guten Weg, könnte man meinen, denn Forschen mit der Gesellschaft, Transdisziplinarität, Reallabore, Citizen Science, multidirektionaler und zirkulärer Transfer, Mission Oriented Research werden schon gefördert. Viele Fördermittelgeber:innen erwarten offensichtlich eine Öffnung der Wissenschaft zu einer intensiveren Kooperation mit Praxispartner:innen und gesellschaftlichen Akteur:innen. Und auch in der Wissenschaft gibt es wieder einen Trend zu neuen Formaten der Kollaboration mit außerwissenschaftlichen Forschungspartner:innen zwecks Lösung gesellschaftlich relevanter Probleme. Was fehlt also?

C. Ahrend (✉)
Technische Universität Berlin, Institut für Land- und Seeverkehr, Fachgebiet Integrierte Verkehrsplanung, Berlin, Deutschland
E-Mail: christine.ahrend@tu-berlin.de

S. Voigt-Heucke et al., *Praxishandbuch Partizipation in der Wissenschaft*,
https://doi.org/10.1007/978-3-658-51093-0_2

Ein stärkeres, außer Frage stehendes Commitment hinsichtlich der Notwendigkeit von Transdisziplinarität und Partizipation als wesentliche Merkmale eines Forschungsmodus bei allen Akteur:innengruppen (Gesellschaft, Politik, Wirtschaft, Wissenschaft) sowie deren eigene Transformation.

Dazu ein Beispiel: Wir lesen häufig von der Transformation der Gesellschaft. Meine persönliche Motivation darin ist die Transformation der Wissenschaft. In strategischen Projekten, an denen ich als junge Wissenschaftlerin außerhalb der Forschung an öffentlichen Hochschulen und Forschungseinrichtungen mitwirkte, habe ich erfahren, wie Kreativität und Perspektiven unterschiedlichster Wissensträger:innen genutzt werden können. Die Forschungsprojekte verunsicherten uns Wissenschaftler:innen und lieferten Impulse, die wir zunächst für unsinnig hielten – um dann zu merken, dass sie gar nicht so gehaltlos sind. Der transdisziplinäre Forschungsstil ist sehr reizvoll, weil er für die Transformation des Wissenschaftssystems ergiebig sein kann.

2 Problemlinien des Wissenschaftssystem

Eine Teilhabe an Wissenschaft – im Sinn von Information – haben wird inzwischen durch Wissenschaftskommunikation gut erreicht. Sie ermöglicht eine transparente Darstellung wissenschaftlicher Methoden und Prozesse und lässt die hinter diesen Prozessen und Ergebnissen stehenden Einrichtungen und Personen sichtbar werden. Von Forschenden selbst wird längst erwartet, dass sie über ihre Arbeit in einer Weise sprechen können, die auch für eine breite Öffentlichkeit zugänglich ist. In den letzten Jahren hat sich daher die Praxis vom reinen Push-Content, wie Newsletter, Websites, Vorträge, Filme oder auch die populären Science-Slams, in Richtung interaktiver und partizipativer Formate entwickelt.

2.1 Die Erwartungshaltung gegenüber Wissenschaft wird stärker

Nicht wissenschaftliche Stakeholder:innen investieren ihr Wissen in co-kreativen Prozessen auf Augenhöhe mit der Wissenschaft. Statt Wissen nur in eine Richtung zu kommunizieren, entstehen Austauschprozesse bis hin zu transdisziplinären Forschungsprozessen, bei denen Forschungsfragen, -prozesse und die Ergebnissicherung sektorenübergreifend entwickelt und bearbeitet werden. Dieser Wandel von der Wissenschaftskommunikation zum Knowledge Exchange wird auch dadurch deutlich, dass beispielsweise Förderanträge des BMBF oder der DFG nach Konzepten für den Transfer der Ergebnisse in die Praxis oder die Beteiligung der Gesellschaft verlangen, wie z. B. zum Wissenschaftsjahr 2022 „Nachgefragt". Ähnliches gilt für Förderlinien der EU, wie das „New European Bauhaus".

Gleichzeitig sind die meisten Institutionen des Wissenschaftssystems (noch) nicht darauf ausgerichtet – und sowohl methodisch als auch strukturell nicht hinreichend kompetent – diesen neuen Anforderungen zu entsprechen. Die disziplinären Grenzen sind nach wie vor oft eng, die Methoden sind kaum auf die Wissensintegration unterschiedlicher Wissensbestände und Wissenstypen ausgerichtet und auch den Wissenschaftler:innen ist die benötigte „professionelle Vielsprachigkeit" als Kompetenz nicht immer in die Wiege gelegt. Dies waren schon einige Aufgaben für eine sich selbst transformierende Wissenschaft. Aber wo ein Wille ist, da ist ein Weg ... Doch wie weit sind wir auf diesem Weg bisher gekommen?

2.2 Ängste im Wissenschaftssystem

Seit meiner Amtszeit im Präsidium der TU Berlin 2014–2022 bis heute musste ich immer wieder deutlich machen, dass es um die Entwicklung einer universitätsweiten Strategie geht. Zentren, Institute, Pilotprojekte, Wissenschaftsläden etc. sind Experimentierräume, deren Kompetenzen als „weiteres NORMAL" in der Selbstorganisation von Hochschulen nun fest etabliert werden sollten. Transdisziplinäres Forschen hat neben interdisziplinärem und disziplinärem Forschen seinen festen Platz. Aber hat es diesen wirklich? Sollte es haben, doch bisher ist der transdisziplinäre Forschungsmodus noch kein fester Bestandteil des wissenschaftlichen Selbstverständnisses. Aber er ist zumindest schon präsent, wenn er explizit im Exzellenz-Verbund ein Leuchtturmthema ist. Mit der Berlin University Alliance[1] verfolgen wir verschiedene transdisziplinäre Pfade. Auch hier erleben wir immer wieder offene und auch verdeckte Diskussionen, die sich letztendlich darum drehen, ob Wissenschaftler:innen Definitionsmacht abgeben können, ohne sich aus dem Wissenschaftssystem herauszubewegen. Denn dieses Risiko erschüttert das eigene Selbstverständnis und verunsichert, weil das Reputationssystem der Wissenschaft diesen weiteren Forschungsmodus immer noch nicht vorsieht. Die Wissenschaftsfreiheit, ein – wie ich finde – hohes Gut, wird in Gefahr gesehen, wenn gesellschaftliche Probleme wissenschaftlich erforscht werden, um sie einer Lösung zuzuführen.

2.3 Wie ist das Verhältnis von Wissenschaft und Normativität – von Wissenschaft und Transdisziplinarität

Weitverbreitet ist ein Verständnis von Wissenschaft, demzufolge sie Erkenntnis und Wissen bereitstelle, aber Normativität und Handlungsorientierung nicht beinhalten dürfe. Damit werden eine normative oder auch intrinsische Ausrichtung – wie die am Prinzip der Nachhaltigkeit – und eine Handlungsorientierung – wie sie den Anspruch transformativer Forschung prägt – als nicht den Voraussetzungen von Wissenschaft entsprechend charakterisiert. In dieser Diskussion und in vielen anderen habe ich immer wieder wahrnehmen können, dass es nur die zweckfreie Wissenschaft geben dürfe, die nicht finalisierte Wissenschaft.

Was ist aber, wenn sie nach Wissen fragt, um ein normatives Ziel zu erreichen? Ist sie dann „unfrei"? Nein, eben nicht. Sicherlich brauchen wir die Sicherheit im Wissenschafts-

[1] Die Berlin University Alliance ist ein Exzellenz-Verbund der Freien Universität Berlin, der Humboldt-Universität zu Berlin, der Technischen Universität Berlin und der Charité – Universitätsmedizin Berlin, der zur Stärkung innovativer Forschung begründet wurde (https://www.berlin-university-alliance.de).

system, nicht zweckgebunden forschen zu MÜSSEN. Denn diese Sicherheit ermöglicht, dass zunächst Wissen generiert wird, ohne rechtfertigen zu müssen, wofür es gut sein kann. Das ist sozusagen in der Perspektive derer, über die ich jetzt rede, die eigentliche Wissenschaft, aus der allein alles Neue komme. Das stimmt ja auch in gewissem Maß. Denn wenn man beispielsweise nicht weiß, wie chemische Elemente grundsätzlich reagieren, kann man später auch schwerlich Neues bauen oder produzieren. Grundlagenforschung ist notwendig und wichtig, ohne Zweifel. Aber in diesen Diskussionen wurde mir eben auch gesagt, dass das Wissen allein und exklusiv in der Wissenschaft entstehe. Und daher sei es völlig falsch, dass ich wiederum behaupte, es gäbe auch andere Wissensbestände, die fundiert sind und die Wissenschaft bereichern könnten.

Solange dieses Denken in den Universitäten und Hochschulen vorherrscht, nämlich dass es die reine Forschung gebe und die „unreine" – oder die andere, die aber irgendwie nicht wissenschaftlich sei –, werden wir Widerständen begegnen. Als Teilsystem einer hochkomplexen Gesellschaft betrügt sich die Wissenschaft selbst, wenn sie auf der Trennung von Erkenntnis und Verantwortung beharrt, wo neue Formate der Kooperation existenziell werden.

Bedeutet denn Kooperation auch das Ende wissenschaftlicher Unabhängigkeit? Nein, das Gegenteil ist der Fall: In einer Zeit, in der „alternative Fakten" zu relevanten Teilen des gesellschaftlichen Diskurses werden, verfügt die Wissenschaft mehr als andere Akteur:innen noch immer über einen wichtigen Schatz: Ihre Unabhängigkeit und Glaubwürdigkeit. Hier kann sie aus eigener Stärke und weiterhin ihren eigenen Grundsätzen verpflichtet einen wertvollen Beitrag zur Weiterentwicklung der Gesellschaft leisten – sofern sie an dieser Stelle eine normative Setzung für sich annimmt: Die Aufgabe der Wissenschaft im 21. Jahrhundert ist, zum Erhalt der Zukunftsfähigkeit unserer Gesellschaften und unseres Planeten beizutragen.

Die Aufgabe, das Wissenschaftssystem um den transdisziplinären Forschungsmodus zu erweitern, liegt zunächst bei den Hochschulen selbst. Doch sind auch die Akteur:innen aus Politik und Verwaltung, Zivilgesellschaft und außeruniversitären Institutionen in der Verantwortung, die sich selbst neu erfindende (nicht sich selbst verlierende) Wissenschaft einzufordern.

2.4 Das Wissenschaftssystem: Wie könnten wir es erweitern, erneuern, stabilisieren?

In den vergangenen Jahren haben transdisziplinäre Forschungsansätze an Bedeutung gewonnen. Bei diesen Ansätzen gehen Wissenschaft und außerwissenschaftliche Akteur:innen Kooperationen ein. Wissenschaft „trans"zendiert insofern, als sie das Wissen und die Expertise Dritter ernsthaft aufnimmt. Dieser Ansatz wird insbesondere dann relevant, wenn zur Bearbeitung und Lösung hochkomplexer gesellschaftlicher Herausforderung möglichst viele und unterschiedliche Wissensbestände gebraucht werden, z. B. im Zusammenhang mit dem Klimawandel, dem sozialen Zusammenhalt oder den Potenzialen und Herausforderungen durch Digitalisierung.

Die wichtigsten Voraussetzungen dafür möchte ich noch einmal zusammenfassen, auch wenn sie bekannt sein werden, denn diese Voraussetzungen sind nach wie vor herausfordernd für alle Beteiligten, insbesondere in der Wissenschaft. Zentral ist die Kooperation auf Augenhöhe bereits am Anfang eines Forschungsprozesses bei der gemeinsamen Problembeschreibung. Hier sind systematisch unterschiedliche Perspektiven erforderlich, um ein Forschungsdesign zu entwickeln, das Wirkungspotenziale hat, dessen Erkenntnisse und Lösungen umsetzbar sind und auf Akzeptanz stoßen können. Nicht-Wissenschaftler:innen haben hier Mit-Entscheidungsrechte im Feld der Wissenschaft. Der gemeinsame Forschungsprozess selbst muss zwingend wissenschaftsgeleitet sein und strengen wissenschaftlichen Kriterien genügen. Die Ergebnisse sollten ebenfalls kooperativ entwickelt werden. Hier fällt die Wissenschaft häufig heraus oder zieht sich auch heraus. So oder so: Hier bewegt sie sich dann im Entscheidungsraum der nicht wissenschaftlichen Welt und muss dort auch zugelassen sein.

In der transdisziplinären Wissenschaft müssen alle Beteiligten ein erweitertes Rollenverständnis einnehmen, insbesondere während der anspruchsvollen Integration unterschiedlicher Wissensbestände. Dies betrifft in besonderer Weise das eigene Rollenverständnis der Wissenschaftler:innen. Es muss Abschied genommen werden vom Bild der unangefochtenen Expert:in, der:die sich das Wissen anderer gegebenenfalls als Untersuchungsgegenstand zu eigen macht.

Ein neues oder erweitertes Bild von Wissenschaft beinhaltet auch ein grundsätzliches Nachdenken über Karrierewege und Karrierechancen im Wissenschaftssystem. Neben der wissenschaftlichen Qualifikation und der notwendigen Expertise werden die Kooperationsfähigkeit und die Neugierde aufs „Draußen" wichtiger werden müssen.

Die gestaltende Beteiligung an Prozessen, die zur Lösung großer gesellschaftlicher Herausforderungen beitragen, mag zunächst nach einer Politisierung der Wissenschaft klingen. Sie ist aber vielmehr ein Weg der Wissenschaft, ihre Rolle im 21. Jahrhundert zu finden und sich von innen heraus zu öffnen, zu erweitern, ein Stück weit zu befreien, zu transzendieren. Das Wissenschaftssystem wird sich dabei nicht verlieren, dafür aber robuster werden – seinen Platz in der Gesellschaft selbst finden und seine Verantwortung für die Gesellschaft in die eigene Hand nehmen.

2.5 Folgen für Wissenschaftler:innen, die sich dem transdisziplinären partizipativen Forschungsmodus zuwenden

Forschen mit der Gesellschaft ist noch nicht reputationstauglich. Das ist ein wirklich großes Problem. Ein Kollege aus dem damaligen Transferbeirat der TU Berlin sagte einmal zu mir: Diese Arbeit – gemeint war Transfer – machen eigentlich nur Leute wie er und ich, die beschlossen haben, dass die wissenschaftliche Karriere im Prinzip vollendet sei, und nun einfach etwas tun möchten, das wir auch wichtig finden für die Wissenschaft, die Forschung und die Lehre. So ähnlich hat er es dargestellt und leider ist es auch so. Anders gesprochen: Wer kann sich auf eine Professur bewerben und argumentieren, dass sein Zitationsindex vielleicht nicht der höchste ist, er oder sie aber dafür eine große Anzahl an

Erfolgen in transformativen Projekten aufweisen kann, in denen er oder sie durch wissenschaftliches Forschen und Arbeiten in Zusammenarbeit mit nicht wissenschaftlichen Wissensträger:innen etwas erwirkt hat? Solche Erfolge zählen in Berufungsverfahren (bisher) nicht ernsthaft. Investition in Transdisziplinarität und Partizipation ist für Wissenschaftler:innen bisher noch karriereschädlich oder zumindest der Reputation nicht förderlich. Und solange es sich so verhält, wird sich die Wissenschaft aus der Gesellschaft nicht die Impulse holen können, von denen ich weiß, dass sie dort vorhanden sind. Und andersrum wird die Gesellschaft die Wissenschaft nicht nahe, sondern eher distanziert erleben. Die wirkkräftige Bündelung von Wissensbeständen für transformative Problemlösungen könnte viel mehr Kraft entfalten, wenn es Forschenden ermöglicht würde, ihre Karriereschwerpunkte auch auf Partizipation und Transdisziplinarität auszurichten.

Die Transformation des Reputationssystems ist zunächst die Aufgabe des Bundes, der Länder und der Hochschulen. Ich meine aber, die Zivilgesellschaft ist ebenfalls nötig, um eine Indikatorik für soziale Innovationen zu erdenken, die dann auch in das Reputationssystem der Wissenschaft einfließen kann.

3 Die Transformation in Bund und Ländern

Transdisziplinäre und transformative Forschung wurde im Rahmen des Förderschwerpunkts Forschung für Nachhaltige Entwicklung (FONA) des Bundesministeriums für Bildung und Forschung (BMBF) wie auch in zahlreichen weiteren Programmen der Forschungsförderung von Stiftungen finanziell ermöglicht. Transdisziplinarität wird seit Beginn der 2000er-Jahre als ein Forschungsmodus im Bereich der sozial-ökologischen Forschung unterstützt und ergänzt disziplinär und interdisziplinär geprägte Wissenschaftsansätze. Gerade dieser Forschungsmodus ist in besonderer Weise geeignet, gesellschaftliche Problemstellungen in ihrer Komplexität leistungsorientiert zu bearbeiten. Umsetzungsrelevante gesellschaftliche Lösungsoptionen können nur entwickelt werden, wenn das Erfahrungswissen und die Expertise gesellschaftlich relevanter Akteursgruppen (z. B. Unternehmen, NGOs, Bürgerinitiativen, Politik, Verwaltung) im gesamten Forschungsprozess systematisch integriert werden. Neben der Erarbeitung konzeptioneller und methodologischer Grundlagen stehen auch die konkrete Gestaltung notwendiger Veränderungsprozesse und deren Erfolgsfaktoren im Fokus einer Vielzahl von (Forschungs-) Akteur:innen. Diese international anerkannte und sichtbare Expertise gilt es auch in Zukunft zu konsolidieren, weiter zu stärken und wettbewerbsfähig zu halten.

Es ist der Zeitpunkt erreicht, Konstanten einzuführen, die transdisziplinäre Entwicklungs- und Abwägungsprozesse ermöglichen, um für die Politik- und Gesellschaftsberatung in aktuellen und künftigen Krisen besser gewappnet zu sein. Dabei kommt der notwendigen Verschränkung sozialer Innovationen und technischer Innovationen eine besondere Bedeutung zu. Konstanten einzuführen, ist eine große und entscheidende Aufgabe für Bund und Länder. Eine wirklich herausfordernde Transformationsarbeit der Akteur:innen in Bund und Ländern. Und auch hier gilt: die Akteur:innen aus Zivilgesellschaft, Verwaltung und Wissenschaft sind Teil dieses Transformationsprozesses.

4 Und die Gesellschaft? Möglichkeiten der Nicht-Wissenschaftler:innen

Sehr wichtige Akteur:innengruppen in transdisziplinären und partizipativen Projekten sind Bürgerschaften und die organisierte Zivilgesellschaft. Sie sind mit einer zu geringen Wirkmacht und mit geringen personellen und finanziellen Ressourcen ausgestattet; denn entsprechende Fördergelder fließen überwiegend in Wissenschaft und Wirtschaft. So ist es für Bürgerschaften und organisierte Zivilgesellschaft schwer, transdisziplinäre Prozesse durchzuführen, weil sie in der Regel keine Honorare erhalten und Einzelne nicht von ihrer eigentlichen Arbeit freigestellt werden können. Sie können in der Regel nur ehrenamtlich mitwirken. Somit bleibt im Forschungsprozess eine Dysbalance bestehen. In den meisten Projekten definieren die Wissenschaftler:innen deshalb, wann das gemeinsame Arbeiten mit den gesellschaftlichen Partner:innen startet und wann diese sich wieder zurückziehen mögen. Das liegt allein schon daran, dass die Wissenschaftler:innen den Projektantrag schreiben und allein verantwortlich für den Projekterfolg sind. Doch die Wirkkraft des Transformativen beginnt ja erst, wenn etwas gemeinsam gedacht, verantwortet und erzielt wird, wenn gemeinsame Interessen verbinden.

Die Kapazität überraschender Impulse für die Wissenschaftler:innen wird bisher nicht ausgeschöpft. Hier bedarf es, wie ausgeführt, der Anerkennung der Zivilgesellschaft als unverzichtbare Akteurin durch adäquate Mittelzuweisungen in transdisziplinären und partizipativen Projekten. Doch auch die strengen Hierarchien im Wissenschaftssystem erzeugen Reibungen mit der häufig agileren Arbeitsform in anderen gesellschaftlichen Teilbereichen. Auch Komplexität und Dauer der Mittelakquisition treiben alle Partner:innen gemeinsam in Sinnkrisen. Die Verfahren der Projektakquise und der Projektbewirtschaftung im Wissenschaftssystem müssen (auch) für transdisziplinäre und partizipative Projekte unbedingt vereinfacht und beschleunigt werden. Die organisierte Zivilgesellschaft wäre für diesen Shift des Wissenschaftssystems als Sparringpartnerin ausgesprochen wichtig. Oder deutlicher ausgedrückt: Die Neuausrichtung und Beschleunigung der Mittelflüsse zu erwirken, gehört aus meiner Sicht auch zu den Aufgabenfeld der gesellschaftlichen Akteur:innen.

Denn die fehlende Augenhöhe gesellschaftlicher Akteur:innen in transdisziplinären und partizipativen Prozessen ist gesellschaftspolitisch misslich, weil Partizipation Demokratie stützt und demokratische Kompetenzen fördert. In Zeiten, in denen emotionale und polarisierende Debatten zu einem großen Teil virtuell im digitalen Raum ausgetragen werden, können z. B. Reallabore ein realweltliches (haptisches) Angebot vor Ort zum konstruktiven Streiten und Lernen sowie zur konkreten Mitgestaltung bieten. Diese Beiträge zu einer gelebten Demokratie, sozialer Kohäsion und gemeinsamer Zukunftsgestaltung gilt es in Förderverfahren anzuerkennen und dauerhaft zu berücksichtigen.

Da die gesellschaftlichen, ökonomischen, kulturellen wie industriellen Transformationsprozesse alle Bereiche unseres Lebens beeinflussen („Große Transformation") und letztlich nur sektoren-, branchen-, disziplinübergreifend gelingen können, müssen diese auch von einer breiten gesellschaftlichen Koalition gestaltet werden. Transdisziplinäre und partizipative Projekte ermöglichen genau die dafür nötigen Inter-Aktionen und fördern Co-Design, Co-Produktion und Co-Evaluation.

5 Institutionalisierung von Partizipation und Transdisziplinarität

Wie können wissenschaftliche Einrichtungen diese vielen unterschiedlichen Aufgaben bewältigen und mit neuen Ansprüchen an wissenschaftliche Arbeit umgehen? Die aktuellen Entwicklungen markieren schließlich eine tiefe Transformation des Wissenschaftssystems, der bestehenden Gewohnheiten, der Mittelallokation, der Erwartungen und etablierten Verfahren.

Wie kann es gelingen? In Berlin – hier als Beispiel – kam die Landesregierung auf die Technische Universität zu, um gemeinsam über eine Institution nachzudenken, die Fach-, Methoden- und Netzwerkwissen bündelt, aktuell hält und den Akteur:innen des Landes zur Verfügung stellt. Die „StadtManufaktur" wurde an der TU Berlin konzipiert, in der Wissen von und für Forschungsprojekte gebündelt werden kann – eine Service Unit, nutzbar für Interessent:innen der Universität sowie der Stadtgesellschaft. Es ging allen um Qualitätssicherung, die es ermöglicht, den Wissensstatus aus allen Projekten zu halten, Wissen zu ergänzen und Netzwerke aktiv zu pflegen: der klassische Wissenstransfer für strategische Pfade.

Wir haben einen großen Antrag geschrieben, der dann Stück für Stück auf ein Pilotprojekt reduziert worden ist. Der Wille war da, die Notwendigkeit wurde gesehen – doch die Umsetzung ist noch nicht recht gelungen. Dennoch war das gemeinsame Verständnis von Landesregierung und TU Berlin über die Notwendigkeit institutionalisierter Unterstützung von Reallaboren ein großer Erfolg. Es ist eine außergewöhnliche institutionelle Verankerung, die die Projektlogik sprengt. Und wenn ich dieses Beispiel der „StadtManufaktur" so betrachte, dann hat es aufgrund der interinstitutionellen Verankerung von Personalstellen doch einen außergewöhnlichen Charakter. Es ist ein weiterer Schritt gelungen, zwischen der Universität, dem Bezirk und der Stadt ein institutionelles Gefüge zu bauen. Er hat dazu beigetragen, dass der strategische Blick auch nach innen geworfen wurde. Denn mit der Einrichtung der „Stabsstelle Science and Society" ist auf der Institutionalisierungsebene ein großer Schritt an der TU Berlin vollzogen worden. Wir versuchen, mit der Stabsstelle eine Service-Einrichtung anzubieten, die eine inhaltliche Unterstützung für die Fachgebiete bildet und Enabler für das transdisziplinäre Geschehen ist. Zudem unterstützen wir Projektakquise und halten Netzwerke für kommende Projekte vor. Die Forschungsprojekte selbst laufen in Fachgebieten, nicht in der Stabsstelle. Sie ist eine Service Unit für Interessierte – nicht mehr und nicht weniger.

Inwieweit bietet die Stabsstelle Hilfestellung für jene Initiativen, die für transdisziplinäre Formen der Forschung stehen? Mit Fachexpertise. Die Leiterin der „Stabsstelle Science and Society" hat einen schönen Begriff geprägt. Sie nennt dieses Profil der Menschen, die dort arbeiten, Integration Experts. Deren Hauptjob ist es, die verschiedenen Akteur:innen, deren Rollen und Paradigmen besser zu verstehen als diese sich selbst verstehen, um deren Zusammenarbeit fruchtbarer zu machen; Konflikte kommen sehen und vorher schon klären; wenn Konflikte da sind, sie lösen; spüren, dass Interessen noch nicht richtig formuliert sind; eingreifen, wenn aus einem Projekt Akteur:innen herausfallen, weil dann doch die Wissenschaftler:innen wieder ihre dominante Rolle annehmen; an den Projektanträgen mitschreiben, aber nicht einfach Textbausteine fabrizieren, sondern in die Diskussion gehen. In dieser Service-Einrichtung soll wirklich das Top-Wissen bereitgehalten werden für Interessierte an oder aus der TU.

6 Wohin soll es gehen?

Wir alle sind Akteur:innen, alle müssen sich transformieren, um transformativ wirken zu können Das Ziel, das wir auch durch die Gesellschaft für transdisziplinäre und partizipative Forschung (GTPF) erreichen wollen ist, Transdisziplinarität sowie partizipative und transformative Ansätze in Wissenschaft, Wirtschaft, Zivilgesellschaft und Politik fest zu verankern und nachhaltig zu fördern. Wir benötigen alle vier Wirkfelder, wenn wir für eine wissenschaftsgestützte Transformation der Gesellschaft die Wissenschaft transformieren wollen.

Für die transdisziplinäre und partizipative Forschungsarbeit wünsche ich mir in fünf Jahren, dass die GTPF in diesem „Kleeblatt von Wirkgefüge" ein entschlossenes und die Transformation des Wissenschaftssystem treibendes Netzwerk ist, das sich in gegenseitiger Anerkennung den komplexen Herausforderungen unserer Zeit stellt.

Auch wünsche ich mir, dass die Einrichtungen in der GTPF und die großen wie kleinen nahestehenden Verbände und Gesellschaften sich gegenseitig stärken. Denn ich bin zutiefst überzeugt davon, dass diese Partnerschaften uns helfen, die Wissenschaft zu erneuern. Und wenn sie nicht gleich zur Erneuerung beitragen, so zumindest zu einer Belebung – in der Grundlagenforschung wie in der Anwendungsforschung, wenn man sie denn trennen möchte.

Ich wünsche mir, dass Kommunen, Länder, Fördermittelgeber in fünf Jahren es ermöglichen, dass nicht universitäre Partner:innen Kapazitäten für transdisziplinäre und transformative Projekte erhalten.

Ich wünsche mir, dass die GTPF die benannten Akteur:innen begeistert, gemeinsam mit ihr dem Wissenschaftssystem im 21. Jahrhundert ein Upgrade zu ermöglichen. Kooperationen mit der Gesellschaft sind dafür ein zentraler Baustein.

Christine Ahrend ist Professorin für integrierte Verkehrsplanung an der TU Berlin und war zuvor Managerin in der Konzernforschung. Sie war bis 2022 Erste Vizepräsidentin der TU Berlin für Forschung, Berufung und Transfer und bis 2025 erste Vorsitzende der GTPF.

Mindset – Theorie und Grundlagen

Die Vielfalt der Partizipation in der Forschung: Begriffe, Methoden und Perspektiven

Till Bruckermann, Justus Henke, Philipp Schrögel und Ulrike Sturm

1 Einleitung

Partizipation in der Forschung umfasst eine große Bandbreite der Einbeziehung nicht-beruflich Forschender in den Forschungsprozess, in politische und gesellschaftliche Diskussionen über Ausrichtung, Prioritäten, Grenzen und Möglichkeiten von Wissenschaft und Technologie sowie in wechselseitige interaktive Austausch- und Lernprozesse zu wissenschaftsbezogenen Themen. Diese Ansätze spielen eine zunehmende Rolle: in der Wissenschaftspolitik (SPD et al., 2024), in der Wissenschaftsgemeinschaft selbst (Allianz der Wissenschaftsorganisationen, 2022) und als Forderung aus der Zivilgesellschaft heraus (NABU, 2016). Die Vorstellung von Forschung als ein von gesellschaftlichen Einflüssen isolierter Prozess weicht einem neuen Verständnis, das auf Zusammenarbeit, Austausch und einer inklusiven Herangehensweise basiert.

Wenngleich unterschiedliche Begriffe, Konzeptionen und Definitionen von partizipativer Forschung im wissenschaftlichen Diskurs verhandelt und in den Praxiscommunities genutzt werden (Von Unger, 2014), lässt sich dennoch ein gemeinsamer Kern feststellen: Partizipation in der Forschung liegt vor, wenn das Wissen und die Erfahrungen

T. Bruckermann
Leibniz Universität Hannover, Institut für Erziehungswissenschaft, Hannover, Deutschland

J. Henke
Institut für Hochschulforschung Halle-Wittenberg (HoF), Wittenberg, Deutschland

P. Schrögel (✉)
Technische Universität Chemnitz, Chemnitz, Deutschland
E-Mail: philipp.schroegel@hsw.tu-chemnitz.de

U. Sturm
Museum für Naturkunde – Leibniz-Institut für Evolutions- und Biodiversitätsforschung, Berlin, Deutschland

S. Voigt-Heucke et al., *Praxishandbuch Partizipation in der Wissenschaft*,
https://doi.org/10.1007/978-3-658-51093-0_3

nicht-beruflich Forschender Teil des Forschungsprozesses und von Entscheidungen, die z. B. wissenschaftliche Ergebnisse, Empfehlungen oder Prioritäten betreffen, werden (Bessert-Nettelbeck et al., 2023). Wissens-Ko-Produktion ist ein zentraler Aspekt partizipativer Forschung. Diese erfolgt demnach transakademisch, d. h. die Grenzen einer rein akademischen Wissenschaft überschreitend. In vielen Fällen werden in partizipativer Forschung durch die Verbindung verschiedener Wissensformen die disziplinären Perspektiven überwunden, was eine interdisziplinäre Zusammenarbeit der beteiligten Forschenden erfordert. Die Verbindung beider Aspekte resultiert in einer transdisziplinären Perspektive partizipativer Forschung (Lawrence, 2023).

Dieser Beitrag gibt einen Überblick über die verschiedenen Konzepte, Forschungslinien und Praktiken. Dabei werden auch Überschneidungen und Uneindeutigkeiten thematisiert und das Feld in zwei Arten von Systematisierungen beschrieben:

1. Ein Überblick zu bestehenden Typologien und Unterscheidungsdimensionen von Partizipation in der Forschung als Meta-Typologie.
2. Ein systematischer Ordnungsversuch der Konzepte und Begriffe für Partizipation in der Forschung.

Diese sollen für Praxis und Diskurs in der partizipativen Forschung Orientierung geben und die Vielfalt an Zielsetzungen aufzeigen, die im Hinblick auf partizipative Forschung formuliert werden: etwa die Verbesserung der Qualität und Relevanz von Ergebnissen sowie die Förderung demokratischer Werte und gesellschaftlicher Akzeptanz von Wissenschaft.

2 Überblick zu bestehenden Typologien und Unterscheidungsdimensionen von Partizipation in der Forschung

Es gibt unterschiedliche Perspektiven und entsprechende Typologien hinsichtlich der Frage, was mit Partizipation in der Forschung gemeint sein könnte. Ein breiter Forschungsbegriff kann die Entwicklung von Forschungsfragen über die Durchführung einer Datenerhebung und Analyse bis zur Kommunikation der Erkenntnisse umfassen. Partizipation in der Forschung kann an allen diesen Schritten und in unterschiedlichen disziplinären Kontexten ansetzen.

Insgesamt zeigt sich ein sehr heterogenes Bild an Verständnissen von Partizipation in der Forschung – sowohl in konzeptionellen Arbeiten als auch in der partizipativen Praxis. Begriffe und Typologien sind teilweise nur unscharf definiert, eine Kontextualisierung, Abgrenzung oder auch Verbindung zu anderen bestehenden Typologien und Begriffsverständnissen wird häufig nicht vorgenommen oder nur kursorisch skizziert. Dies ist im Detail schwierig zu rekonstruieren und auf historische Entwicklungen, disziplinäre Logiken und unabhängig voneinander arbeitende Forschungs- und Praxiscommunities zurückzuführen. Zudem zeigt sich, dass jede Typologie normative und epistemische Rahmungen transportiert, die bestimmte Praktiken der Partizipation legitimieren oder ausschließen.

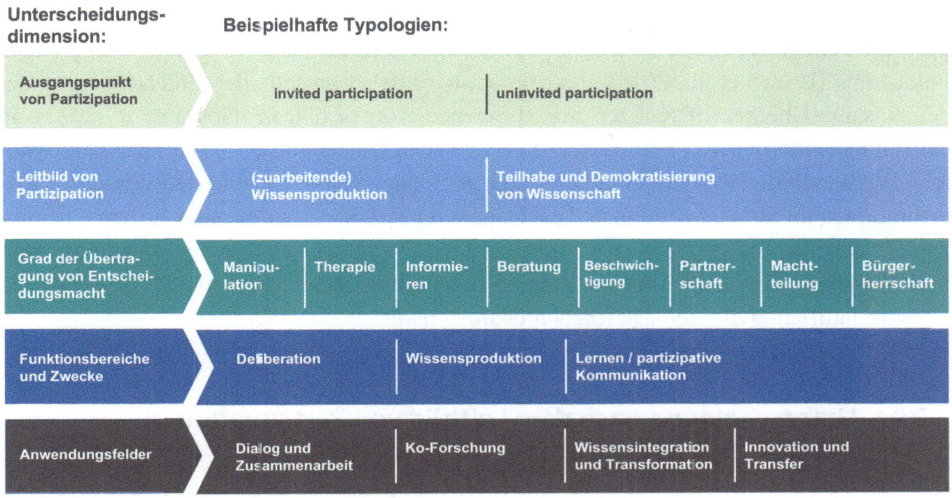

Abb. 1 Überblick zu den gewählten Unterscheidungsdimensionen und der entsprechenden Typenbildung bestehender Strukturierungen für Partizipation in der Forschung

Ziel dieses Abschnitts ist es daher, eine heuristische Meta-Typologie zu entwickeln, die Gemeinsamkeiten und Spannungsfelder verdeutlicht. Methodisch wird ein vergleichender Zugriff gewählt, der verbreitete Typologien (z. B. nach Ziel, Tiefe der Beteiligung oder institutionellem Kontext) in ihren Grundannahmen rekonstruiert und in Beziehung setzt. So entsteht eine Grundlage (siehe Abb. 1), um im Folgenden präziser zu diskutieren, wie sich die Ansätze zueinander verhalten und welche Anschlussmöglichkeiten sie für Praxis und Diskurs eröffnen.

2.1 Unterscheidung nach dem Ausgangspunkt von Partizipation

Eine grundlegende Unterscheidungsmöglichkeit beschreibt zwei Bereiche – invited und uninvited participation. Einerseits eingeladene Partizipation im Rahmen institutionalisierter Verfahren, in der Regel mit einer spezifischen Zielsetzung von Wissenschaft oder Politik initiiert, mit dem Anspruch, wissenschaftliche Prozesse und Strukturen zu öffnen. Andererseits selbstermächtigte/uneingeladene Partizipation, ausgehend von zivilgesellschaftlichen Initiativen oder Projekten, die aus thematischem Interesse oder konkreten Bedürfnissen von Stakeholder:innen, Betroffenen oder Amateurforscher:innen die Verbindungen zu wissenschaftlichen Prozessen einfordern (Wynne, 2007). Diese Form der Partizipation kann wichtige Beiträge zur Reflexion und Überwindung von Hierarchien, Machtstrukturen und Exklusionsdynamiken leisten (siehe der Beitrag „Inklusion und Diversität in partizipativer Forschung“ in diesem Band). Bei kollaborativen Projekten mit organisierten zivilgesellschaftlichen Gruppen (Wehling, 2012) ist die Unterscheidung nicht mehr so klar zu treffen. Im Bereich Citizen Science, in dem Amateur-Forschungs-Vereinigungen eine lange

Tradition haben (Mahr & Dickel, 2019), aber auch neue, selbstorganisierte Initiativen wie Safecast – ein globales Strahlungsmonitoring durch Lai:innen nach dem Reaktorunglück in Fukushima (Brown et al., 2016) – existieren, wird daher anstelle der Unterscheidung der gemeinsame Überbegriff ‚Citizen Social Science' vorgeschlagen (Göbel et al., 2022). In der Implementierung von Formaten zeigen sich auch Unterschiede im Lauf der Zeit: Während Wissenschaftsläden ursprünglich als Gegenmodelle zu den etablierten Wissenschaftsinstitutionen im Sinn einer uninvited participation gegründet wurden, sind sie heute in einigen Fällen auch Teil von Wissenschaftseinrichtungen und gestalten eingeladene partizipative Verfahren mit (siehe den Beitrag „Wissenschaftsläden als Schnittstellen für den wissenschaftlich-zivilgesellschaftlichen Dialog" in diesem Band).

2.2 Unterscheidung nach dem Leitbild von Partizipation

Eng verbunden mit der Unterscheidung zwischen eingeladener und selbstermächtigter Partizipation ist die Unterscheidung nach dem jeweiligen Leitbild für Partizipation. Zwei übergreifende Leitbilder nehmen eine zentrale Rolle ein: Partizipation als (zuarbeitende) Wissensproduktion oder Partizipation als Teilhabe und Demokratisierung von Wissenschaft.

Beide Aspekte bzw. ihre Setzung als Unterscheidungskategorie finden sich in den partizipativen Traditionen verschiedener Felder, wie z. B. in der Forschung zu sozial-ökologischer Transformation (Dickel et al., 2020) oder bei Citizen Science (Cooper & Lewenstein, 2016; Sauermann et al., 2020). In der Praxis ist eine klare Zuordnung oft nicht eindeutig zu treffen, da die Argumentationslinien in der Beschreibung und Zielsetzung von Projekten auch parallel genannt werden. Die Unterscheidung ist dabei nicht notwendigerweise deckungsgleich mit dem partizipativ gestalteten Aspekt – der normativen (in Bezug auf Governance und wissenschaftsbezogene Entscheidungen) und epistemischen Dimension (neue Gestaltung von Wissensproduktion) von Partizipation (Schrögel & Kolleck, 2019).

2.3 Unterscheidung nach dem Grad der Übertragung von Entscheidungsmacht

Ein zentraler Ansatz für viele bestehende Typologien ist die Differenzierung nach der Partizipationstiefe. Diese wird meist in unterschiedlichen, aufeinander aufbauenden Stufen beschrieben.

Diese Typologien beziehen sich auf das Modell der sogenannten Partizipationsleiter, entworfen von Sherry Arnstein für den Bereich politischer Partizipation. Es beschreibt mehrere Stufen für den jeweiligen Grad an Macht und Kontrolle, die an die beteiligten Bürger:innen delegiert werden, von keiner Beteiligung über Stufen der Scheinbeteiligung bis zu „Bürger:innenmacht" (Arnstein, 1969). Dieses Prinzip findet sich in einer Reihe von Modellen für forschungsbezogene Partizipation wieder (Schrögel & Kolleck, 2019). Dies gilt einerseits für dialogische Ansätze des Public Engagements (siehe Abschn. 3.2) mit Ausprägungen von Kommunikation über Konsultationen bis zu Partizipation (Rowe & Frewer, 2005). Im Feld der Technikfolgenabschätzung liegen diese Stufen der Beteiligung durch den Modus der Politikberatung auch noch näher an den Ursprüngen in der politischen Partizipation. Andererseits finden sich auch Anpassungen des Stufenmodells für die Mitwirkung an der Durchführung von Forschung im Bereich Citizen Science (Bonney et al., 2009; Haklay, 2013; Shirk et al., 2012) mit Ausprägungen von beitragender über kollaborative bis hin zu mitgestaltender und kollegialer Zusammenarbeit. Diese Unterscheidung orientiert sich den prototypischen Phasen eines Forschungsprozesses, wobei die weitestgehende Beteiligung bereits bei der Definition der Forschungsfrage ansetzt, während sich weniger tiefgehende partizipative Ansätze auf das Erheben von Daten im Crowdsourcing (Auslagerung von Aufgaben an eine große, oft internetbasierte Gruppe von Menschen – die „Crowd") beschränkt. Dies ist aber kein fester Zusammenhang zwischen einzelnen Ansätzen und Beteiligungstiefe, und im Rahmen eines partizipativen Projekts können für jede Phase unterschiedliche Entscheidungen getroffen werden (Vaughn & Jacquez, 2020).

2.4 Unterscheidung nach Funktionsbereichen und Zwecken

Quer dazu liegt eine weitere zentrale Unterscheidung in Typologien zur Partizipation nach den Bereichen bzw. Zwecken: Deliberation, Wissensproduktion, Lernen/partizipative Kommunikation. Aufbauend auf der zuvor erwähnten Unterscheidung der normativen (Deliberation) und epistemischen (Wissensproduktion) Dimension (Schrögel & Kolleck, 2019) und ergänzt um den Aspekt wechselseitiger Lernerfahrungen aus dialogischen Formaten (Davies et al., 2009) schlägt die Arbeitsgruppe Partizipation der #FactoryWisskomm eine Typologie anhand dreier Formen der Partizipation in der Wissenschaft vor: „Partizipation in Bezug auf Ziele, Agenda, Governance, Rahmenbedingungen von Forschung (z. B. Bürger:innendialoge), Partizipation als direkte Beteiligung an Forschung (z. B. Citizen Science) und Partizipation im Sinne von Erleben, Mitmachen, Mitdiskutieren als wechselseitiges Lernerlebnis für alle Beteiligten (z. B. in Science-Centern)" (Schrögel et al., 2021, S. 3).

Eine ähnliche Unterscheidung liegt der „Stellungnahme der Allianz der Wissenschaftsorganisationen zur Partizipation in der Forschung" (2022) zugrunde. Die ersten beiden Dimensionen sind weitestgehend deckungsgleich: Beteiligung an der Forschungsplanung und bei der Durchführung von Forschungsprojekten, wohingegen als Drittes nicht die Perspektive des Lernens, sondern der interaktiven/partizipativen Wissenschaftskommunikation gesetzt wird: „Bürgerinnen und Bürger in der Forschungsdissemination". Diese Typologie ist damit eher mit der Typologie des Nationalen Koordinationszentrums für Public Engagement im Vereinigten Königreich vergleichbar: „Inspirieren" (Einbeziehen und Informieren der Öffentlichkeit über Forschung), „Zusammenarbeiten" (aktives Zuhören in Bezug auf Ansichten, Bedenken der Öffentlichkeit) und „Beraten" (partnerschaftliche Arbeit an der Lösung von Problemen, wozu trotz der Bezeichnung der Kategorie auch direkte Beteiligung an Forschungsprozessen zählt, auch wenn diese nicht im Zentrum dialogischen Public Engagements stehen) (NCCPE, o. J.).

2.5 Unterscheidung nach Anwendungsfeldern

In Anlehnung an die Typologie nach Funktionsbereichen schlägt die Partizipationsstrategie Forschung (BMBF, 2023) eine Typologie mit vier Feldern nach dem jeweiligen Fokus der partizipativen Ansätze bzw. Communities vor.

Die ersten beiden Felder ähneln den zuvor erwähnten zwei Dimensionen: „Fokus auf Durchführung von Forschung/Ko-Forschung“ (z. B. Citizen Science) und „Fokus auf Dialog und Zusammenarbeit“ (z. B. partizipative Technikfolgenabschätzung). Das dritte Feld „Fokus auf Wissensintegration und Transformation“ umfasst im Wesentlichen zwei Konzepte, die jeweils eine spezifische Ausrichtung und theoretische Grundlage haben: transdisziplinäre (Nachhaltigkeits-)Forschung und Innovationsforschung nach dem Quadruple-Helix-Modell (siehe Abschn. 3.1). Das vierte Feld „Fokus auf Innovation und Transfer“ hebt den Anwendungsbereich und die innovationsspezifischen Communities hervor. Ergänzend und querliegend führt diese Typologie auch beispielhafte Bereiche mit ausgeprägten partizipativen Traditionen auf, die sich in ihren teilweise sehr spezifischen Kontexten parallel zu den allgemeinen Diskursen über Partizipation etabliert haben (z. B. partizipative Gesundheitsforschung).

Aus der Vielschichtigkeit dieser Darstellung und dem Zuschnitt der vier Felder mit teilweise überlappenden Zuordnungen lässt sich noch eine weitere, wenn auch kaum trennscharf greifbare Unterscheidungsmöglichkeit ableiten: Partizipation als Theorie, als Praxis oder als Politik. Diese Unterscheidung impliziert zum einen partizipative Ansätze mit weitreichenden theoretischen Grundlagen in Verbindung mit entsprechenden Methoden und etablierten größeren Communities, wie transdisziplinäre (Nachhaltigkeits-)Forschung mit einem Modus-2-Verständnis von Wissenschaft und Innovationsforschung nach dem Quadruple-Helix-Modell (siehe Abschn. 3.1). Zum anderen impliziert die Unterscheidung Partizipation als konkrete Praxis, ausgehend entweder von spezifischen methodischen Ansätzen wie Citizen Science oder Partizipative Aktionsforschung oder von spezifischen Disziplinen mit entsprechenden partizipativen Traditionen wie partizipative Gesundheitsforschung. Darüber hinaus kann Partizipation auch als politische Agenda gedeutet werden, die sich im Aufgreifen spezifischer Begriffe oder Konzepte in politischen Stellungnahmen und der Forschungsförderung zeigt. Beispielhaft hierfür seien die Verbindung von Sozialen Innovationen mit Partizipation, die Förderung von Responsible Research and Innovation (RRI) oder die Entwicklung der Namen der EU-Förderprogramme im Zeitverlauf – von „Science and Society“ zu „Science in Society“ und dann „Science with and for Society“ genannt (Conceição et al., 2020).

3 Ein Ordnungsversuch der Konzepte und Begriffe für Partizipation in der Forschung

Die eingangs umrissene Vielfalt, teilweise uneinheitliche Begriffsverwendungen und nicht immer klaren Definitionen sowie an manchen Stellen fehlende theoretische Bezüge und Kontextualisierungen haben eine Vielzahl an Begriffen bewirkt, die aber auf verschiedenen Ebenen ansetzen.

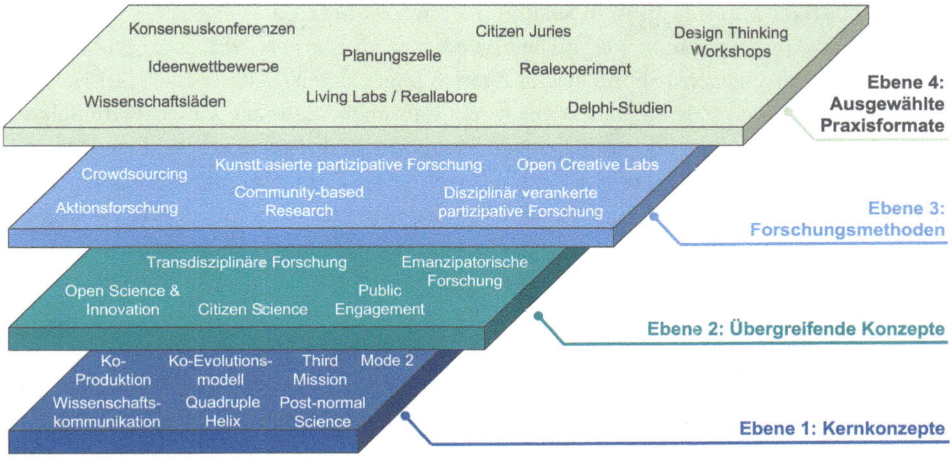

Abb. 2 Partizipation in der Forschung als Ebenenmodell

Wir schlagen hier eine theoretisch-heuristische Anordnung der Begriffe in vier Ebenen vor, die sich pragmatisch und ausgehend von übergreifenden Konzepten und Verständnissen nach Grad der Abstraktion in mehreren Stufen an konkrete Praktiken annähert: Zunächst werden als Grundlage wissen(schafts)soziologische Kernkonzepte präsentiert, in der Folge dann darauf aufbauende, übergreifende Konzepte von Partizipation in der Forschung. Dem folgt eine Übersicht von Forschungsmethoden und -ansätzen in der Partizipation, die die Brücke schlagen zwischen theoretischen Konzepten und der konkreten Umsetzung. Als oberste Ebene ist ein Anriss ausgewählter konkreter Praxisformate aufgeführt, die die für Mitwirkende sichtbare und erfahrbare Umsetzung von Partizipation darstellen. Zum Überblick werden die nachfolgend erörterten Begriffe in einem Ebenenmodell der Partizipation in der Forschung zusammengeführt (siehe Abb. 2).

3.1 Kernkonzepte für partizipative Forschung

Ko-Produktion von Wissen

Das Konzept Ko-Produktion von Wissen (Jasanoff, 2004) beschreibt, dass wissenschaftliche Erkenntnisse nicht isoliert entstehen, sondern stets in sozialen, kulturellen und politischen Kontexten eingebettet sind. Zugleich prägen wissenschaftliche und technologische Entwicklungen diese gesellschaftlichen Strukturen.

Es gibt unterschiedliche Definitionen und Vorstellungen zur Ko-Produktion, die hauptsächlich auf drei Praxis- bzw. Forschungsbereiche zurückzuführen sind: öffentliche Verwaltung, Wissenschafts- und Technologiestudien sowie Nachhaltigkeitswissenschaften (Miller & Wyborn, 2020). Allen Bereichen gemein ist die Auffassung, dass Ko-Produktion politisch ist und auf Veränderungen abzielt. Beispielsweise werden neue Formen der Zusammenarbeit entwickelt, die sowohl das für die Zielerreichung erforderliche Wissen als auch die notwendigen gesellschaftlichen Veränderungsprozesse zur Umsetzung dieses Wissens hervorbringen sollen.

Wissenschaftskommunikation in soziopolitischen Kontexten

Wissenschaftskommunikation wird im heutigen Verständnis als breiter Dachbegriff verwendet, unter den verschiedenste Formate und Zielrichtungen fallen (Schäfer et al., 2015). Dabei fand „eine Erweiterung des Spektrums von rein informierenden und wissensvermittelnden hin zu stärker interaktiven und partizipativen Formaten" (Schrögel et al., 2021, S. 1) statt.

Dieser Wandel von einem reinen Defizitmodell – von Kommunikation als Belehrung – zu einem dialogischen Public Engagement with Science macht auch die Berücksichtigung weiterer Ebenen in der Betrachtung von Wissenschaftskommunikation nötig: „Wenn wir Wissenschaftskommunikation als Bedeutungsstiftung verstehen, lenkt das unsere Aufmerksamkeit auf deren Funktionen auf der Ebene geteilter Identitäten und Vorstellungen, neben der unbestrittenen Rolle bei der Verbreitung bestimmter wissenschaftlicher Vorstellungen" (Davies et al., 2019, S. 3). Allerdings ist bei manchen Entwicklungen in der Praxis kritisch festzustellen, dass es teilweise nur das Versprechen von Beteiligung ohne echte inhaltliche Auseinandersetzung oder die Einbeziehung bei Entscheidungen ist (Nisbet & Scheufele, 2009).

Neben partizipativen und dialogischen Formaten sind konventionelle, informationsvermittelnde Formate weiterhin Bestandteil von Wissenschaftskommunikation (Metcalfe, 2019). Statt einer strikten Trennung schlagen Bucchi und Trench (2021) vor, Wissenschaftskommunikation als dynamisches Spektrum zu verstehen und breiter als „social conversation around science" (gesellschaftliches Gespräch um Wissenschaft) zu denken. Denn Gespräche zu wissenschaftlichen Themen werden auch jenseits initiierter Beteiligungsformate in mediatisierten gesellschaftlichen und politischen Debatten geführt (Scheufele, 2014).

Mode-2-Wissenschaft

Das Konzept von Modus-2- bzw. Mode-2-Wissenschaft bezeichnet eine gegenwärtige Form der Wissensproduktion, die sich vom traditionellen, akademisch-zentrierten Mode 1 unterscheidet. In Mode 2 ist die Wissensproduktion transdisziplinär und transferorientiert, sie findet im Kontext der Anwendung statt und bezieht verschiedene gesellschaftliche Akteur:innen ein (Nowotny, 2000, S. 102 f.). Diese Herangehensweise führt zu einem wechselseitigen Austausch zwischen theoretischen Grundlagen und Erfahrungen aus angewandter Praxis, wobei die herkömmlichen Grenzen zwischen Grundlagenforschung und Anwendungsorientierung verschwimmen (Gibbons et al., 1994, S. 19, 87).

Das Konzept beschreibt eine Interaktion zwischen unterschiedlichen gesellschaftlichen Feldern in der Wissensproduktion und betont, dass Forschungsteilnehmende nicht zwingend Forscher:innen sein müssen. Dieser Ansatz bedingt eine breiter gefächerte Qualitätssicherung und mehr soziale Verantwortung in Forschungsprozessen, zugleich ist er auch eine Reaktion auf zunehmende Konkurrenz und internationalen Wettbewerb (Gibbons et al., 1994, S. 68). Hochschulen bringt dies dazu, sich vermehrt auf kontextbasierte Wissensproduktion und Innovationsprozesse in Netzwerken einzustellen, in denen die Nutzer:innen eine größere Rolle spielen und soziale Akzeptanz entscheidend ist (Arbo & Benneworth, 2007, S. 163).

Es bleibt beim Mode 2 indes unklar, ob es sich um eine empirische Beschreibung einer Transformation oder ein anzustrebendes Ideal handelt. Zudem werden Zweifel an der Ausweitung partizipativer Wissensgenerierung geäußert, da solche Beteiligungsprojekte zwar die Differenz zwischen Laienwissen und wissenschaftlichem Wissen politisieren, sie jedoch nicht aufheben können (Weingart, 1999).

Triple/Quadruple Helix

Die Konzepte der Triple und Quadruple Helix beschreiben Modelle der Interaktion zwischen Universitäten, Industrie und Regierung, um die Entwicklung von Innovationen zu fördern. Die Triple Helix betont die Bedeutung der Zusammenarbeit dieser drei Sektoren, während die Quadruple Helix zusätzlich die Rolle der Gesellschaft und der Öffentlichkeit hervorhebt, insbesondere im Hinblick auf partizipative Forschungsansätze. Die Triple Helix wurde maßgeblich von Etzkowitz und Leydesdorff (1995) geprägt, die die Dynamik dieser Beziehungen untersuchten. Die Erweiterung zur Quadruple Helix erfolgte u. a. von Carayannis und Campbell (2009), die die Bedeutung der Einbeziehung der Zivilgesellschaft und der Endnutzer:innen in den Innovationsprozess betonen. Diese Modelle sind für die Gestaltung von Forschungspartizipation insofern relevant, als sie einen Rahmen bieten, in dem alle Stakeholder:innen nicht nur als Nutzer:innen, sondern auch als Mitgestaltende von Forschung und Entwicklung agieren können. So wird ein inklusiver und transdisziplinärer Ansatz gefördert, der die Grenzen traditioneller Forschung überschreitet und zu nachhaltigeren und gesellschaftlich relevanten Innovationen führt.

Post-Normal Science

Post-Normal Science ist ein Konzept, das auf Situationen wissenschaftlicher Unsicherheit und hoher Entscheidungsrisiken eingeht und betont, dass traditionelle wissenschaftliche Methoden in solchen Kontexten oft nicht ausreichen (Funtowicz & Ravetz, 1994). Es wird argumentiert, dass in Situationen, in denen Informationen unsicher, Werte umstritten, Einsätze hoch und Entscheidungen dringend sind, ein erweitertes Verständnis von Wissenserzeugung notwendig ist. Hierbei wird die Rolle der Partizipation besonders hervorgehoben. Post-Normal Science fordert eine stärkere Einbindung von Stakeholder:innen aus Wirtschaft und Zivilgesellschaft sowie Bürger:innen in den wissenschaftlichen Prozess. Ziel ist, die Vielfalt von Perspektiven und Werten, die in komplexe wissenschaftliche Debatten einfließen, auszuweiten. Dieser Ansatz erkennt an, dass wissenschaftliche Erkenntnisse oft von sozialen und ethischen Überlegungen beeinflusst sind und dass partizipative Verfahren zu robusteren und demokratischeren Entscheidungsprozessen beitragen können (Nowotny, 2003).

Ko-Evolutions-Modell der Wissenskonstruktion

Das Ko-Evolutionsmodell beschreibt die kollaborative Wissenskonstruktion in zwei Systemen, die zur Produktion neuen Wissens interagieren (Cress & Kimmerle, 2016). Das individuelle System bezieht sich auf einzelne Akteur:innen und umfasst kognitive Prozesse der Wissenskonstruktion. Das soziale System bezieht sich auf die Gruppe und umfasst sozial-kommunikative Prozesse (Cress & Kimmerle, 2008). Wissen wird durch Interaktionen zwischen beiden Systemen konstruiert: Im sozialen System entwickelt sich Wissen, indem die beteiligten Individuen im Austausch eigene Vorstellungen einbringen (Externalisierung von Informationen), und im individuellen System entwickelt sich Wissen, indem Individuen über andere Vorstellungen bzw. Informationen lernen (Internalisierung von Informationen). Die gegenseitige Bedingtheit der Prozesse individuellen Lernens und kollaborativer Wissenskonstruktion wird als Ko-Evolution beschrieben (Cress & Kimmerle, 2008).

Der Wissensbegriff im Ko-Evolutionsmodell ist insofern breit gefasst, als Wissen nicht als individuelle Eigenschaft, sondern als soziales Konstrukt aufgefasst wird (Kimmerle et al., 2015). Wissen ist hier das Produkt einer Gruppe, in der die Mitglieder aufeinander angewiesen sind (Epistemic Dependency), wie bspw. in der Forschungskooperation am CERN (Hardwig, 1985), aber eben auch in Crowdsourced Science (Watson & Floridi, 2018). Wissen wird im sozialen System in Formen der Kommunikation sowie (digitalen) Artefakten und im kognitiven System in Form mentaler Repräsentationen abgebildet. Damit Wissenskonstruktion gelingt, müssen Kommunikation und individuelle Wissensrepräsentationen anschlussfähig sein, wobei in der Gruppe regel- bzw. normbasiert bestimmt wird, welches Wissen anschlussfähig ist (Cress & Kimmerle, 2016). Dadurch kann Wissenskonstruktion einerseits analytisch für unterschiedliche Gruppen (z. B. Wissenschaftler:innen und nicht wissenschaftliche Gruppen) beschrieben und andererseits für individuelle Lernprozesse im normativen Sinn (z. B. Konzeptwechseltheorien) optimiert werden (Oeberst et al., 2014).

Third Mission

Die Third Mission ist eine Institutions- und rollenbezogene Theorie, die sich auf die wirtschaftlichen, sozialen und kulturellen Aktivitäten einer Hochschule bezieht, neben ihren zwei traditionellen Missionen Lehre und Forschung (Compagnucci & Spigarelli, 2020; Henke et al., 2017). Sie umfasst den Wissens- und Technologietransfer, das gesellschaftliche Engagement und die Weiterbildungsangebote von Hochschulen. Dazu zählen nicht nur Aktivitäten, die vom Leitungs- und Managementbereich der Hochschulen ausgehend eine stärkere – und zwar hier auch über Hochschulen vermittelte – Einbindung gesellschaftlicher Akteur:innen strategisch entwickeln oder konkret durchführen, sondern auch die vielen partizipativ angelegten Aktivitäten von Forschenden – zuweilen völlig unabhängig von den Hochschulstrukturen. Die Third Mission ist damit ein Sammelbegriff, der es Hochschulen ermöglicht, ihr gesellschaftliches Wirken insgesamt beschreib- und kommunizierbar zu machen. Letztlich wird es hierüber zu einer gleichwertigen Querschnittsaufgabe von Hochschulen erhoben.

3.2 Übergreifende Konzepte zur Partizipation in der Forschung

Open Science und Open Innovation

Open Science bezeichnet ein Konzept zur Öffnung der Wissenschaft. Ziel dieser Öffnung ist es, Wissenschaftsprozesse transparent zu machen und Forschungsergebnisse möglichst schnell zu teilen und weit zu verbreiten. Fecher und Friesike (Fecher & Friesike, 2014) teilen den Diskurs zu Open Science in fünf Schulen ein: 1) Infrastruktur; 2) Zugänglichkeit der Wissensproduktion; 3) alternative Wirkungsmessung; 4) Zugang zum Wissen; 5) kollaborative Forschung. Open Science wird häufig in engem Zusammenhang mit digitalen Technologien und kollaborativen Werkzeugen sowie Effizienz von Wissenschaft diskutiert. Eine Kritik an Open Science bezieht sich daher auf die Gefahren der Verengung einer epistemischen Vielfalt durch dominante Metriken, Standards und Plattformen (Leonelli, 2021). Während sich Konzepte wie Citizen Science stärker auf Inklusion gesellschaftlicher Akteur:innen in Forschung beziehen, hat Open Science eine stärkere Verbindung zu Open Innovation (Vohland & Göbel, 2017). Open Innovation stammt aus dem Bereich der Wirtschaftswissenschaften und beschreibt die Anwendung des über das einzelne Unternehmen offen verfügbaren Wissens bzw. seiner Ideen in Geschäftsmodellen (Chesbrough, 2006). Crowdsourcing ist eine häufig angewandte partizipative Methode dieses Konzepts (Seltzer & Mahmoudi, 2013).

Bürgerforschung/Citizen Science

Als Bürgerforschung, Bürgerwissenschaften oder Citizen Science wird die Beteiligung von Personen in wissenschaftlicher Forschung bezeichnet, die im jeweiligen Forschungsgebiet nicht institutionell gebunden sind (Bonn et al., 2022). Ziele bürgerwissenschaftlicher Forschung sind: die Generierung neuen Wissens (z. B. durch große, ansonsten kaum verfügbare Datenmengen; Dillon et al., 2016), individuelles Lernen sowie individuelle Entwicklung durch Forschungstätigkeiten (z. B. situiertes Lernen; Hsu et al., 2023) und die Mitwirkung in politischen sowie gesellschaftlichen Entscheidungsprozessen, wobei Citizen Science ein transformatives Potenzial zugeschrieben wird (z. B. von Gönner et al., 2023). Citizen Science kann im konkreten Fall sowohl Forschungstätigkeiten bspw. in Umweltschutzprojekten als auch die Mitwirkung in forschungsbasierten Entscheidungsprozessen bedeuten. Diese Vielfalt geht auf Begriffstraditionen zurück, die dem oben beschriebenen Leitbild der Partizipation als Demokratisierung (Irwin, 1995) oder Wissensproduktion folgen (Bonney, 1996). Im heutigen Anwendungsbereich von Citizen Science kann sich die Beteiligung auch auf experimentelle Forschung erstrecken und damit über die herkömmliche Beteiligung in Beobachtungsstudien hinausgehen (Strasser et al., 2019). Typologien von Citizen Science orientieren sich häufig an den epistemologischen Praktiken und können zur klassifizierenden (z. B. Shirk et al., 2012) oder analytischen Beschreibung (z. B. Strasser et al., 2019) von Projekten genutzt werden.

Public Engagement with Science

Public Engagement bezeichnet den aktiven, kontinuierlichen und wechselseitigen Austausch zwischen Wissenschaft und Gesellschaft. Dabei werden Bürger:innen, Organisationen oder Institutionen unabhängig von ihrem Hintergrund in Forschungsprozesse einbezogen, um wissenschaftliche Diskurse mit vielfältigen Perspektiven und Erfahrungen zu bereichern (Berlin School of Public Engagement, 2022). Public Engagement bezieht sich vor allem auf die sozialen Handlungsweisen, mittels derer Wissenschaft in Gesellschaft integriert wird, wahlweise als Stakeholder:in, Innovator:in, über politische Beratung sowie als potenzielle Herausforderung für etabliertes Alltagswissen und traditionelle Werte (Peters, 2023). Public Engagement ist insbesondere im Vereinigten Königreich ein breit etabliertes Konzept, typische Formen umfassen eine Vielzahl von Aktivitäten, die auf die Einbindung der Öffentlichkeit in wissenschaftliche sowie technologische Diskussionen und Entscheidungsprozesse abzielen. Als Grundformen kann zwischen Public Communication, Public Consultation und Public Participation unterschieden werden (Rowe & Frewer, 2005). Zu diesen Aktivitäten gehören öffentliche Diskussionen, Workshops, Bürgerforen, Konsultationen und partizipative Veranstaltungen, bei denen Bürger:innen direkt mit Wissenschaftler:innen und Entscheidungsträger:innen interagieren können (Peters, 2023). Weitere Formen beinhalten die Einrichtung von Wissenschaftsfestivals und öffentlichen Ausstellungen, die Nutzung sozialer Medien zur Förderung des wissenschaftlichen Diskurses sowie Bildungsinitiativen, die darauf abzielen, das Bewusstsein und das Verständnis für Wissenschaft und Technologie zu verbessern (Maia de Loureiro et al., 2021). Während Citizen Science die direkte Beteiligung der Öffentlichkeit an der Forschung betont, verfolgt Public Engagement einen breiteren Ansatz zur Förderung des wissenschaftlichen Diskurses und der Sensibilisierung in der Öffentlichkeit. Dieses Verständnis überschneidet sich mit dem Anspruch von partizipativer Wissenschaftskommunikation als Teilbereich von Wissenschaftskommunikation (siehe Abschn. 3.1).

Transdisziplinäre Forschung

Transdisziplinäre Forschung liefert Erkenntnisse für einen bestimmten Fall und Kontext, ohne eng an eine bestimmte Fachdisziplin gekoppelt zu sein (Adler et al., 2018). Sie kann anhand von sieben Schlüsselmerkmalen beschrieben werden: 1) Überwindung disziplinärer Grenzen durch die Schwerpunktsetzung auf eine theoretische Einheit von Wissen; 2) multidisziplinäre und interdisziplinäre Forschung; 3) Beteiligung (nicht akademischer) gesellschaftlicher Akteur:innen; 4) Betrachtung komplexer Probleme der realen Welt; 5) transformative Arbeitsweise; 6) Gemeinwohlorientierung; 7) Berücksichtigung eines breiten Kontexts (Lawrence et al., 2022). Bereits in der Definition der Problemstellung sollten wissenschaftliche und gesellschaftliche Interessen berücksichtigt werden, sodass meist bereits in dieser ersten Phase (nicht akademische) gesellschaftliche Akteur:innen beteiligt sind. Es gibt jedoch auch zu diesem Begriff eine Vielzahl an Definitionen und Traditionen, die sich auch in der Praxis widerspiegeln. Die Entwicklung des Ansatzes ist insbesondere mit komplexen und vernetzten Herausforderungen wie Klimawandel und Umweltzerstörung verbunden (Bernstein, 2015). Transdisziplinäre Forschung findet daher meist auch Anwendung, um diverse Wege und Lösungen zu (unter)suchen.

Emanzipatorische Forschung

Emanzipatorische Forschungsansätze grenzen sich von anderen Ansätzen ab, indem sie Menschen in marginalisierten Gruppen, wie z. B. Menschen mit Behinderung, empowern, d. h. ihnen die Gestaltung des ganzen Forschungsprozesses ermöglichen sollen (Behrisch, 2022, S. 113). Dabei ist Empowerment nicht Ziel und Aufgabe des Forschungsprozesses.

Stattdessen zielen diese Forschungsansätze darauf ab, Personen, die sich selbst empowern, beim Forschen zu unterstützen. Die Forscher:innen stellen dazu ihr Wissen und ihre Fähigkeiten zur Verfügung (Oliver, 1992). Vier Rollenbeschreibungen können dabei unterschieden werden: 1) Emanzipatorische Forschung: Expert:innen in eigener Sache haben Kontrolle, Macht und Entscheidungsgewalt über den Forschungsprozess. Forscher:innen übernehmen die Rolle der Berater:innen. 2) Partizipatorische Forschung: Expert:innen arbeiten vor allem in der Phase der Datenerhebung partnerschaftlich mit. Forscher:innen haben eine grundsätzlich offene Haltung, Expert:innen einzubeziehen. 3) Inklusive Forschung: Expert:innen in eigener Sache mit Lernschwierigkeiten sind an allen Phasen des Forschungsprozesses aktiv beteiligt. Forscher:innen unterstützen den Empowermentprozess von Expert:innen in eigener Sache. 4) Transdisziplinäre Forschung: Expert:innen bringen ihr Erfahrungswissen ein. Forscher:innen verknüpfen fachübergreifend wissenschaftliches Wissen mit Erfahrungswissen.

3.3 Forschungsmethoden und -ansätze

Aktionsforschung/Partizipative Aktionsforschung

Partizipative Aktionsforschung wird als konzeptioneller Forschungsansatz verstanden, nicht nur als einzelne anzuwendende Methode. Dabei arbeiten Wissenschaftler:innen gemeinsam mit Community-Vertreter:innen in einem kollaborativen, iterativen und offenen Prozess zusammen, um mit verschiedenen Wissensbeständen (z. B. Faktenwissen, Alltagswissen, Anwendungswissen) insbesondere soziale Probleme zu adressieren. Neben dem wissenschaftlichen Erkenntnisgewinn stehen konkrete handlungsorientierte Lösungen im Fokus (Cornish et al., 2023). Die Forschenden sind dabei nicht nur als Beobachtende tätig, sondern gleichermaßen mit den Communities in der Umsetzung der Empfehlungen engagiert. Die eigenständige und gemeinsame Entscheidung aller Beteiligten steht im Vordergrund – auch hinsichtlich der eigenen Ansprüche an Partizipation, um allen eine offene Entscheidung zu ermöglichen und auch die Partizipation an sich nicht mit externen Vorgaben und Annahmen aufzuzwingen (McIntyre, 2008). Das Konzept der Aktionsforschung geht auf Überlegungen des Sozialpsychologen Kurt Lewin in den 1940er-Jahren zurück, der damit die Trennung zwischen Forschenden und Beforschten aufheben wollte. Breiteren Anklang fand das Konzept seit den 1960er-Jahren mit der kritischen Reflexion und Demokratisierungsbestrebungen in der Wissenschaft (Wakeford & Rodriguez, 2018). Der Ansatz der Aktionsforschung wird in verschiedenen Disziplinen genutzt, bspw. Sozial- und Organisationsforschung, Pädagogik oder Gesundheitsforschung.

Gemeinschaftsbasierte Forschung/Community-based Research

Gemeinschaftsbasierte Forschung oder Community-based Research (CBR) – oft auch Community-based Participatory Research (CBPR) – ist eine partizipative Forschungspraxis, die auf den Konzepten partizipativer Aktionsforschung aufbaut. Sie beinhaltet die

Zusammenarbeit zwischen Forschenden und Mitgliedern der Gemeinschaft, um soziale Probleme anzugehen und den sozialen Wandel zu fördern. CBR entstand als Antwort auf den Bedarf an inklusiver, gerechter und für die untersuchten Gemeinschaften relevanter Forschung. Besonders im Bereich öffentlicher Gesundheit wird der Ansatz schon länger genutzt (Israel et al., 1998). Ein gemeinsames Element von CBR ist, dass es die aktive Beteiligung der Mitglieder der Gemeinschaft in allen Phasen des Forschungsprozesses betont, von der Problemidentifikation über die Datenerhebung und -analyse bis hin zur Verbreitung der Ergebnisse. Damit setzt CBR dezidiert auf ko-kreative Partizipation. CBR zielt darauf ab, Gemeinschaften zu stärken, indem sie ihnen eine Stimme und Entscheidungsfreiheit bei der Gestaltung von Forschungsagenden und -ergebnissen gibt. Es wird gegenwärtig bevorzugt in marginalisierten und unterversorgten Gemeinschaften eingesetzt, bspw. bei indigenen Bevölkerungsgruppen (Morrison et al., 2022), von Rassismus betroffenen Frauen (Norwood et al., 2022) oder jungen Menschen, die Drogen konsumieren (Cristiani et al., 2021). Indem CBR die Mitglieder der Gemeinschaft als gleichberechtigte Partner:innen einbezieht, wird versucht, Machtungleichgewichte zu bekämpfen, soziale Gerechtigkeit zu fördern und Wissen zu generieren, das für die Gemeinschaft bedeutsam und umsetzbar ist.

Crowdsourcing und Volunteer Monitoring

Kollektive Intelligenz ist eine weitere Form der Einbindung der Öffentlichkeit in die Forschung. Crowdsourcing und Volunteer Monitoring als zentrale Konzepte ermöglichen es, wissenschaftliche Projekte mit der Hilfe von Freiwilligen zu realisieren. Crowdsourcing kommt bspw. bei umfangreichen Datensammlungen oder Analysen von Bildern und Videos durch Lai:innen zum Einsatz und wird auch als vorrangig kontributive Partizipation verstanden (Eitzel et al., 2017). Damit verwandt ist das Konzept der Crowd Science (Franzoni & Sauermann, 2014), das Partizipation vor dem Hintergrund neuer digitaler Infrastrukturen für Zusammenarbeit vor allem als Beteiligung von sehr vielen Freiwilligen an der Bearbeitung von Hilfsarbeiten in Forschungsprozessen beschreibt.

Im Bereich der Biodiversitäts- und Umweltbeobachtung ist insbesondere in Naturschutz-Kontexten und der Umweltgerechtigkeitsbewegung der Begriff des Monitorings statt Science oder Research verbreitet. Monitoring unterscheidet sich demnach von Crowdsourcing dadurch, dass es sich in der Regel um eine gezielte und systematische Beobachtung sowie Datenerfassung handelt, zumeist mit dem Ziel, langfristige Veränderungen oder Trends zu identifizieren (Eitzel et al., 2017). Während Crowdsourcing breit angelegt sein kann und auf die Masse der Teilnehmenden setzt, um Informationen oder Lösungen zu generieren, fokussiert Monitoring stärker die kontinuierliche und detaillierte Überwachung spezifischer Parameter oder Ökosysteme.

Open Creative Labs, Reallabore, Wissenschaftsläden

In der heutigen Wissenschafts- und Forschungslandschaft haben sich parallel zu den Entwicklungen in der partizipativen Forschung diverse physische und virtuelle Räume etabliert, die als Zentren für Innovation und Forschung dienen. Diese Open Creative Labs zeichnen sich durch ihre Ausrichtung auf Offenheit, Teilhabe, Gemeinschaft, Partizipation und kreatives Schaffen aus (Ibert et al., 2018). Sie umfassen eine Vielzahl an Formaten des temporären Organisierens und Zusammenarbeitens, darunter nicht nur wissenschaftlich orientierte Reallabore, sondern auch offene Werkstätten, Maker und Hacker Spaces sowie Co-Working Spaces. Eine weitere wichtige Form in diesem Kontext sind Wissenschaftsläden (Peter & Steinhaus, 2012).

Open Creative Labs bieten eine breite Palette partizipativer Methoden. Neben Citizen Science treten Formate wie Zukunftswerkstätten und Quartiersmanagement in den Vordergrund, die insbesondere bei lokalen Beteiligungsprozessen und Stadtentwicklungsprojekten eine Rolle spielen. Diese Instrumente dienen nicht nur der politischen Partizipation von Bürger:innen, sondern auch der Mitgestaltung bei Forschungs- und Entwicklungsfragen, die an lokal bedeutsame Themenstellungen anknüpfen. Stärker den wissenschaftlichen Aspekt betonen Reallabore bzw. Living Labs – Räume, in denen sich Akteur:innen und relevante soziotechnische Einflussfaktoren in realen Umgebungen beobachten und beeinflussen lassen (Schneidewind & Singer-Brodowski, 2013, S. 127). Häufig sind sie auf städtischer, Stadtteil- oder Dorf-Ebene angesiedelt und eng mit Hochschulen verbunden, wo sie als partizipative Forschungsvorhaben realisiert werden.

Kunstbasierte partizipative Forschung

Kunstbasierte partizipative Forschung, ein interdisziplinäres Feld, das Kunst und Wissenschaft verbindet, ist seit den 2000er-Jahren ein zunehmend diskutiertes Thema in der zeitgenössischen Wissenschaft und Kunst. Diese Forschungsform, die kunstbasierte Forschung (Art-based Research) und künstlerische Forschung (Artistic Research) unterscheidet, integriert verschiedene Kunstformen und fördert eine strukturierte, kreative Wissensgenerierung (Barone & Eisner, 2011; Leavy, 2017; Schreier, 2017). In partizipativen Prozessen trägt sie zur Förderung von Verständnis und Zusammenarbeit bei, indem sie alternative Fragen und Reflexionsprozesse anregt und die Rolle der Forschenden sowie der Forschungssubjekte beleuchtet (Tröndle & Warmers, 2012). Kunstbasierte Forschung umfasst eine breite Palette von Wissensformen, darunter technisches, implizites und sensorisches Wissen, und zeichnet sich beständig durch ihre Ergebnisoffenheit und die Integration von Intuition und experimenteller Praxis aus (Kämpf-Jansen, 2021; Schön, 1983). Die Zusammenarbeit kann zu einer Hybridisierung der Wissensformen führen und „die Beziehungen zwischen Künstlern und Wissenschaftlern und ihren Objekten und ihrem Publikum neu […] gestalten“ (Born & Barry, 2010, S. 105; siehe auch die Beiträge „Partizipative Wissenschaftskommunikation mit künstlerischen Impulsen“ und „Künstlerische Forschung“ in diesem Band).

Disziplinär verankerte partizipative Forschungsmethoden

Daneben gibt es weitere Forschungsansätze, die sehr eng an Forschungsdisziplinen gekoppelt sind und diese methodisch mit einigen der zuvor geschilderten Ansätze kombinieren. Beispielhaft seien im Folgenden drei genannt:

Partizipative Gesundheitsforschung (siehe den Beitrag „Partizipative Ansätze in der Gesundheitsforschung“ in diesem Band) ist international bereits weitverbreitet, befindet sich in Deutschland allerdings noch im Aufbau. Dabei werden Forschungsprozesse partnerschaftlich von Wissenschaftler:innen, Betroffenen und z. B. auch von Akteur:innen des Gesundheits- oder Sozialwesens gestaltet, mit dem Ziel, Machthierarchien zu hinterfragen und abzubauen. Der Ansatz baut auf mehreren Forschungstraditionen auf, von der Aktions- und Praxisforschung über feministische Forschung und Disability Studies bis zu konstruktivistischen und emanzipatorischen Ansätzen (von Peter et al., 2020).

In der Entomologie und Ornithologie hat die Mitwirkung von Amateur:innen (im ursprünglichen Wortsinn, ohne die teilweise mitschwingende abwertende Konnotation) eine lange Tradition (Greenwood, 2007). Der Christmas Bird Count bspw. gilt als ältestes bürgerwissenschaftliches Projekt: Diese Vogelzählung fand erstmals im Jahr 1900 in den Vereinigten Staaten von Amerika statt, ausgerufen als Naturschutz-Alternative zu weihnachtlichen Jagdgesellschaften. Bei diesen partizipativen Ansätzen spielen nicht nur aus der Wissenschaft heraus initiierte Crowdsourcing- bzw. -monitoring-Aktivitäten eine Rolle, auch zivilgesellschaftliche Forschungsgesellschaften ehrenamtlicher Forschender mit teils langen Traditionen leisten wichtige Beiträge (Schrögel & Kolleck, 2019).

In der Stadtentwicklung bzw. Stadtplanung (und ebenso z. B. in der Raum-, Verkehrs- oder Umweltplanung) sind partizipative Ansätze in politischen und formalen Entscheidungsprozessen nur schwierig von partizipativen Forschungsansätzen zu trennen, da diese oft gemeinsam konzipiert und gestaltet werden (Nared & Bole, 2020). Entsprechende Forschung bezieht sich oft auf CBR und transdisziplinäre Forschung und setzt neben dialogischen Formaten z. B. auch auf Reallabore.

Diese drei Ansätze bilden lediglich eine exemplarische Auswahl der vielfältigen aktiven Communities, wo auch partizipative Ansätze für Public History, Astronomie oder Forschung zu Sozialer Arbeit praktiziert werden.

3.4 Ausgewählte Praxisformate der partizipativen Forschung

In der praktischen Umsetzung wird eine Vielzahl partizipativer Formate und Methoden eingesetzt. Dabei werden Bezeichnungen nicht immer konsistent verwendet und zwischen Methoden und Formaten nicht eindeutig getrennt. Ebenso finden sich verschiedene Bezeichnungen für strukturell und methodisch sehr ähnliche Formate. Zudem bestehen beträchtliche Überschneidungen bzw. enge Kopplungen zwischen einigen der beschriebenen Forschungsmethoden und -ansätze und konkreten Formaten in der Umsetzung. Im Folgenden sind beispielhaft drei Formate genannt:

Realexperimente sind der methodische Kern der Forschung in Reallaboren (siehe den Beitrag „Partizipation im Kontext von Reallaborarbeit“ in diesem Band). Sie finden nicht unter abgeschlossenen, kontrollierten Laborbedingungen statt, sondern als Intervention (z. B. in der Gestaltung von Infrastruktur) in den zugrunde liegenden realweltlichen Kontexten und binden situationsspezifische Randbedingungen ein. Forschende arbeiten hier gemeinsam mit anderen Akteur:innen und neben der Wissensproduktion ist die Anwendung bereits Teil des Konzepts (Groß et al., 2015).

Design Thinking und Co-Design Workshops sind spezifische Formate bzw. Methoden zur Gestaltung partizipativer Design(forschungs)prozesse (siehe auch den Beitrag „Design zwischen Wissenschaft und Gesellschaft" in diesem Band). Darüber hinaus findet das Format Anwendung z. B. in der Community-based Research oder der Partizipativen Aktionsforschung (Katoppo & Sudradjat, 2015). Kern des Formats ist ein kollaborativer, iterativer Prozess vom Beobachten und Verstehen über die Ideenfindung bis zur Entwicklung eines Prototyps.

Konsensuskonferenzen, teilweise auch unter dem Namen Bürgerkonferenzen, sind ein etabliertes Format der partizipativen Technikfolgenabschätzung. Dabei werden Bürger:innen nach Zufallsauswahl – mit dem Ziel einer möglichst heterogenen Zusammensetzung – zur gemeinsamen Diskussion mit Forschenden und anderen Expert:innen eingeladen. Ziel ist es, zu einem kontroversen (soziotechnischen) Thema Perspektiven, Bewertungen und Fakten zu sammeln und wo möglich Konsens zu identifizieren (Joss & Durant, 1995).

Darüber hinaus gibt es etliche weitere Praxisformate mit unterschiedlichen Ausrichtungen, wie bspw. Planungszellen oder Citizen Juries (Gooberman-Hill et al., 2008) zur Einbindung von Bürger:innen in Forschungsplanung und Agendasetting, offene (Ideen-)Wettbewerbe als spezifische Form von Co-Design und Crowdsourcing (Ebner et al., 2009) oder Delphi-Studien, insbesondere zur Entwicklung und Diskussion zukünftiger Szenarien (Cuhls, 2019). Ein guter Überblick über partizipative Methoden mit Fokus auf Dialog und Deliberation (nicht ausgerichtet auf Partizipation in der Forschung, aber gleichermaßen anwendbar) findet sich auf der österreichischen Online-Plattform partizipation.at (https://partizipation.at/partizipation-anwenden/methoden/) oder auf der Plattform Participedia (https://participedia.net/).

4 Schlussfolgerungen und Ausblick

Beim Blick auf das weite Begriffsfeld von Partizipation in der Forschung zeigt sich eine große Vielfalt an Begriffen und Verständnissen in den wissenschaftlichen Bezügen und in der praktischen Umsetzung. Dabei treffen teils unterschiedliche Traditionslinien aktiver Communities mit spezifischen Schwerpunkten aufeinander, und die Definitionen, Kontextualisierungen und Abgrenzungen sind nicht immer klar gefasst. Auch wenn die fokussierte Arbeit innerhalb dieser Communities durch jeweils bestehende Standards und kanonisierte theoretische und empirische Grundlagen gut abgesichert ist, eröffnet der Blick über einzelne Communities hinaus die Gelegenheit, andere Praktiken kennenzulernen und von häufig ähnlichen Erfahrungen wechselseitig zu lernen.

Literatur

Adler, C., Hirsch Hadorn, G., Breu, T., Wiesmann, U., & Pohl, C. (2018). Conceptualizing the transfer of knowledge across cases in transdisciplinary research. *Sustainability Science, 13*(1), 179–190. https://doi.org/10.1007/s11625-017-0444-2

Allianz der Wissenschaftsorganisationen. (2022). Stellungnahme: Allianz der Wissenschaftsorganisationen zur Partizipation in der Forschung. https://www.allianz-der-wissenschaftsorganisationen.de/themen-stellungnahmen/partizipation-in-der-forschung/. Zugegriffen am 28.04.2026.

Arbo, P., & Benneworth, P. (2007). *Understanding the Regional Contribution of Higher Education Institutions: A Literature Review* (OECD Education Working Papers, Bd. 9).

Arnstein, S. R. (1969). A ladder of citizen participation. *Journal of the American Institute of Planners, 35*(4), 216–224. https://doi.org/10.1080/01944366908977225

Barone, T., & Eisner, E. W. (2011). *Arts based research.* Sage. https://doi.org/10.4135/9781452230627

Behrisch, B. (2022). Partizipatorische und emanzipatorische Forschung in den Disability Studies. In A. Waldschmidt (Hrsg.), *Handbuch disability studies* (S. 109–124). Springer VS. https://doi.org/10.1007/978-3-531-18925-3_7

Berlin School of Public Engagement. (2022). *Der Public-Engagement-Kodex. Wie wir den Dialog zwischen Wissenschaft und Öffentlichkeit gestalten.* https://cyber-valley.de/uploads/news/attachment/692/2022_pe-kodex.pdf. Zugegriffen am 28.04.2026.

Bernstein, J. H. (2015). *Transdisciplinarity: A review of its origins, development, and current issues.* https://academicworks.cuny.edu/kb_pubs/37/. Zugegriffen am 28.04.2026.

Bessert-Nettelbeck, M., Bischof, A., Sturm, U., Nagy, E., Schraudner, M., Backhaus, J., Bruckermann, T., Hecker, S., Henke, J., Köpferl, K., Kirschke, S., Liedtke, C., Mahr, F., Maibaum, A., Podann, A., Rössig, W., Schäfer, M., Schröder, C., Schrögel, P., et al. (2023). Participation as a research approach in academia: A converging field. *Research Ideas and Outcomes, 9*, Artikel e105155. https://doi.org/10.3897/rio.9.e105155

Bonn, A., Brink, W., Hecker, S., Herrmann, T. M., Liedtke, C., Premke-Kraus, M., Voigt-Heucke, S., Von Gönner, J., Altmann, C. S., Bauhus, W., Bengtsson, L., Büermann, A., Brandt, M., Bruckermann, T., Dietrich, P., Dörler, D., Eich-Brod, R., Eichinger, M., Ferschinger, L., … Woll, S. (2022). *Weißbuch Citizen-Science-Strategie 2030 für Deutschland.* Helmholtz-Gemeinschaft, Leibniz-Gemeinschaft, Universitäten und außeruniversitäre Einrichtungen.

Bonney, R. (1996). Citizen science: A lab tradition. *Living Bird, 15*(4), 7–15.

Bonney, R., Cooper, C. B., Dickinson, J. L., Kelling, S., Phillips, T. B., Rosenberg, K. V., & Shirk, J. L. (2009). Citizen science: A developing tool for expanding science knowledge and scientific literacy. *BioScience, 59*(11), 977–984. https://doi.org/10.1525/bio.2009.59.11.9

Born, G., & Barry, A. (2010). Art-science: From public understanding to public experiment. *Journal of Cultural Economy, 3*(1), 103–119. https://doi.org/10.1080/17530351003617610

Brown, A., Franken, P., Bonner, S., Dolezal, N., & Moross, J. (2016). Safecast: Successful citizen-science for radiation measurement and communication after Fukushima. *Journal of Radiological Protection, 36*(2), S82. https://doi.org/10.1088/0952-4746/36/2/S82

Bucchi, M., & Trench, B. (2021). Rethinking science communication as the social conversation around science. *Journal of Science Communication, 20*(3), Y01. https://doi.org/10.22323/2.20030401

Bundesministerium für Bildung und Forschung (BMBF). (2023). *Partizipationsstrategie Forschung.* https://www.bmbf.de/SharedDocs/Downloads/de/2023/partizipationsstrategie.pdf?__blob=publicationFile&v=1. Zugegriffen am 28.04.2026.

Carayannis, E. G., & Campbell, D. F. J. (2009). 'Mode 3' and 'Quadruple Helix': Toward a 21st century fractal innovation ecosystem. *International Journal of Technology Management, 46*(3/4), 201. https://doi.org/10.1504/IJTM.2009.023374

Chesbrough, H. (2006). Open innovation: A new paradigm for understanding industrial innovation. In H. Chesbrough, W. Vanhaverbeke, & J. West (Hrsg.), *Open innovation: Researching a new paradigm* (S. 1–12). Oxford University Press. https://doi.org/10.1093/oso/9780199290727.003.0001

Compagnucci, L., & Spigarelli, F. (2020). The third mission of the university: A systematic literature review on potentials and constraints. *Technological Forecasting and Social Change, 161*, Artikel 120284. https://doi.org/10.1016/j.techfore.2020.120284

Conceição, C. P., Ávila, P., Coelho, A. R., & Costa, A. F. (2020). European action plans for science – society relations: Changing buzzwords, changing the agenda. *Minerva, 58*(1), 1–24. https://doi.org/10.1007/s11024-019-09380-7

Cooper, C. B., & Lewenstein, B. (2016). Two meanings of citizen science. In D. Cavalier & E. B. Kennedy (Hrsg.), *From the rightful place of science: Citizen Science* (S. 51–62). Consortium for Science, Policy & Outcomes.

Cornish, F., Breton, N., Moreno-Tabarez, U., Delgado, J., Rua, M., de -Graft Aikins, A., & Hodgetts, D. (2023). Participatory action research. *Nature Reviews Methods Primers, 3*(1), 1–14. https://doi.org/10.1038/s43586-023-00214-1

Cress, U., & Kimmerle, J. (2008). A systemic and cognitive view on collaborative knowledge building with wikis. *International Journal of Computer-Supported Collaborative Learning, 3*(2), 105–122. https://doi.org/10.1007/s11412-007-9035-z

Cress, U., & Kimmerle, J. (2016). Gemeinsame Wissenskonstruktion im Internet. In N. C. Krämer, S. Schwan, D. Unz, & M. Suckfüll (Hrsg.), *Medienpsychologie. Schlüsselbegriffe und Konzepte* (2., überarb. u. erw. Aufl., S. 441–445). W. Kohlhammer.

Cristiani, V., Kumbamu, A., Asiedu, G. B., Johnson, S. K., Gewirtz O'Brien, J. R., Ziebart, G., Mogen, M. R., Lynch, B., & Kumar, S. (2021). Use of community based participatory research to design interventions for healthy lifestyle in an alternative learning environment. *Journal of Primary Care & Community Health, 12*, Artikel 215013272110147. https://doi.org/10.1177/21501327211014749

Cuhls, K. (2019). Die Delphi-Methode – eine Einführung. In M. Niederberger & O. Renn (Hrsg.), *Delphi-Verfahren in den Sozial- und Gesundheitswissenschaften: Konzept, Varianten und Anwendungsbeispiele* (S. 3–31). Springer Fachmedien. https://doi.org/10.1007/978-3-658-21657-3_1

Davies, S., McCallie, E., Simonsson, E., Lehr, J. L., & Duensing, S. (2009). Discussing dialogue: Perspectives on the value of science dialogue events that do not inform policy. *Public Understanding of Science, 18*(3), 338–353. https://doi.org/10.1177/0963662507079760

Davies, S. R., Halpern, M., Horst, M., Kirby, D. A., & Lewenstein, B. (2019). Science stories as culture: Experience, identity, narrative and emotion in public communication of science. *Journal of Science Communication, 18*(5). https://doi.org/10.22323/2.18050201

Dickel, S., Maasen, S., & Wenninger, A. (2020). Nachhaltige Transformation der Wissenschaft? *Soziologie Und Nachhaltigkeit, 6*(1), 1–20. https://doi.org/10.17879/sun-2020-2732

Dillon, J., Stevenson, R. B., & Wals, A. E. J. (2016). Introduction to the special section moving from citizen to civic science to address wicked conservation problems. *Conservation Biology, 30*(3), 450–455. https://doi.org/10.1111/cobi.12689

Ebner, W., Leimeister, J. M., & Krcmar, H. (2009). Community engineering for innovations: The ideas competition as a method to nurture a virtual community for innovations. *R&D Management, 39*(4), 342–356. https://doi.org/10.1111/j.1467-9310.2009.00564.x

Eitzel, M. V., Cappadonna, J. L., Santos-Lang, C., Duerr, R., Virapongse, A., West, S., Kyba, C. C. M., Bowser, A., Cooper, C. B., Sforzi, A., Metcalfe, A. N., Harris, E. S., Thiel, M., Haklay, M., Ponciano, L., Roche, J., Roche, J., Ceccaroni, L., Shilling, F., et al. (2017). Citizen science terminology matters: Exploring key terms. *Citizen Science: Theory and Practice, 2*(1), 1–20. https://doi.org/10.5334/cstp.96

Etzkowitz, H., & Leydesdorff, L. (1995). The Triple Helix – University-Industry-Government Relations: A Laboratory for Knowledge Based Economic Development (SSRN Scholarly Paper 2480085). https://ssrn.com/abstract=2480085

Fecher, B., & Friesike, S. (2014). Open science: One term, five schools of thought. In S. Bartling & S. Friesike (Hrsg.), *Opening science* (S. 17–47). Springer International Publishing. https://doi.org/10.1007/978-3-319-00026-8_2

Franzoni, C., & Sauermann, H. (2014). Crowd science: The organization of scientific research in open collaborative projects. *Research Policy, 43*(1), 1–20. https://doi.org/10.1016/j.respol.2013.07.005

Funtowicz, S. O., & Ravetz, J. R. (1994). Uncertainty, complexity and post-normal science. *Environmental Toxicology and Chemistry, 13*(12), 1881–1885. https://doi.org/10.1002/etc.5620131203

Gibbons, M., Limoges, C., Nowotny, H., Schwartzman, S., Scott, P., & Trow, M. A. (1994). *The new production of knowledge* (1. Aufl.). Sage Publications.

Göbel, C., Mauermeister, S., & Henke, J. (2022). Citizen social science in Germany – Cooperation beyond invited and uninvited participation. *Humanities and Social Sciences Communications, 9*(1). https://doi.org/10.1057/s41599-022-01198-1

von Gönner, J., Herrmann, T. M., Bruckermann, T., Eichinger, M., Hecker, S., Klan, F., Lorke, J., Richter, A., Sturm, U., Voigt-Heucke, S., Brink, W., Liedtke, C., Premke-Kraus, M., Altmann, C., Bauhus, W., Bengtsson, L., Büermann, A., Dietrich, P., Dörler, D., et al. (2023). Citizen science's transformative impact on science, citizen empowerment and socio-political processes. *Socio-Ecological Practice Research, 5*(1), 11–33. https://doi.org/10.1007/s42532-022-00136-4

Gooberman-Hill, R., Horwood, J., & Calnan, M. (2008). Citizens' juries in planning research priorities: Process, engagement and outcome. *Health Expectations: An International Journal of Public Participation in Health Care and Health Policy, 11*(3), 272–281. https://doi.org/10.1111/j.1369-7625.2008.00502.x

Greenwood, J. J. D. (2007). Citizens, science and bird conservation. *Journal of Ornithology, 148*(S1), 77–124. https://doi.org/10.1007/s10336-007-0239-9

Groß, M., Hoffmann-Riem, H., & Krohn, W. (2015). *Realexperimente: Ökologische Gestaltungsprozesse in der Wissensgesellschaft*. Transcript.

Haklay, M. (2013). Citizen science and volunteered geographic information: Overview and typology of participation. In D. Sui, S. Elwood, & M. Goodchild (Hrsg.), *Crowdsourcing geographic knowledge* (S. 105–122). Springer Netherlands. https://doi.org/10.1007/978-94-007-4587-2_7

Hardwig, J. (1985). Epistemic dependence. *The Journal of Philosophy, 82*(7), 335–349. https://doi.org/10.2307/2026523

Henke, J., Pasternack, P., & Schmid, S. (2017). *Mission, die dritte*. Berliner Wissenschafts-Verlag. https://www.hof.uni-halle.de/web/dateien/pdf/2017-HePaSchm_Mission-die-dritte_web.pdf. Zugegriffen am 28.04.2026.

Hsu, C.-H., Kao, W.-C., & Chai, L. (2023). Revolutionizing informal education: Intersection of citizen science and learning theories. *Interdisciplinary Journal of Environmental and Science Education, 19*(4), Artikel e2319. https://doi.org/10.29333/ijese/13726

Ibert, O., Brinks, V., & Schmidt, S. (2018). *Do it! Partizipation und Innovation durch „Machen" in Open Creative Labs: Politische Gestaltungsaufgaben und Förderoptionen* (IRS dialog 1/2018). Leibniz Institute for Research on Society and Space (IRS).

Irwin, A. (1995). *Citizen science: A study of people, expertise and sustainable development*. Routledge.

Israel, B. A., Schulz, A. J., Parker, E. A., & Becker, A. B. (1998). Review of community-based research: Assessing partnership approaches to improve public health. *Annual Review of Public Health, 19*(1), 173–202. https://doi.org/10.1146/annurev.publhealth.19.1.173

Jasanoff, S. (2004). *States of knowledge: The co-production of science and the social order* (1. Aufl.). Taylor & Francis.

Joss, S., & Durant, J. (Hrsg.). (1995). *Public participation in science: The role of consensus conferences in Europe*. Science Museum.

Kämpf-Jansen, H. (2021). *Ästhetische Forschung: Wege durch Alltag, Kunst und Wissenschaft: zu einem innovativen Konzept ästhetischer Bildung* (4., durchgeseh. Aufl.). Tectum.

Katoppo, M. L., & Sudradjat, I. (2015). Combining PARTICIPATORY ACTION RESEARCH (PAR) and Design Thinking (DT) as an alternative research method in Architecture. *Procedia – Social and Behavioral Sciences, 184*, 118–125. https://doi.org/10.1016/j.sbspro.2015.05.069

Kimmerle, J., Moskaliuk, J., Oeberst, A., & Cress, U. (2015). Learning and collective knowledge construction with social media. *Educational Psychologist, 50*(2), 120–137. https://doi.org/10.1080/00461520.2015.1036273

Lawrence, M. G., Williams, S., Nanz, P., & Renn, O. (2022). Characteristics, potentials, and challenges of transdisciplinary research. *One Earth, 5*(1), 44–61. https://doi.org/10.1016/j.oneear.2021.12.010

Lawrence, R. J. (Hrsg.). (2023). *Handbook of transdisciplinarity: Global perspectives*. Edward Elgar Publishing. https://doi.org/10.4337/9781802207835

Leavy, P. (2017). Introduction to arts-based research. In P. Leavy (Hrsg.), *Handbook of arts-based research* (S. 3–21). Guilford Press.

Leonelli, S. (2021, Oktober). *Open Science and Epistemic Diversity: Friends or Foes?* http://philsci-archive.pitt.edu/19817/

Mahr, D., & Dickel, S. (2019). Citizen science beyond invited participation: Nineteenth century amateur naturalists, epistemic autonomy, and big data approaches avant la lettre. *History and Philosophy of the Life Sciences, 41*(4), 41. https://doi.org/10.1007/s40656-019-0280-z

Maia de Loureiro, P., Horta, H., & Santos, J. (2021). Mapping case studies of public engagement and participation in science and technology. *Science & Technology Studies, 34*(2), 46–64. https://doi.org/10.23987/sts.88827

McIntyre, A. (2008). *Participatory action research*. Sage Publications. https://doi.org/10.4135/9781483385679

Metcalfe, J. (2019). *Rethinking science communication models in practice* [Dissertation, Australian National University].

Miller, C. A., & Wyborn, C. (2020). Co-production in global sustainability: Histories and theories. *Environmental Science & Policy, 113*, 88–95. https://doi.org/10.1016/j.envsci.2018.01.016

Morrison, S. D., Sudha, S., Denzongpa, K., Adrong, H., Bernot, K., Malotky, M., & Nsonwu, M. (2022). Using community-based participatory research to characterize health and lifestyle behaviors of montagnards, a Refugee-origin Asian-American Subgroup. *Journal of Immigrant and Minority Health, 24*(5), 1103–1112. https://doi.org/10.1007/s10903-021-01272-x

NABU. (2016). *Zivilgesellschaftliche Beteiligung in Forschungs- und Innovationspolitik zeitgemäß gestalten* (Stellungnahme | Leitlinien zur Partizipation). Naturschutzbund Deutschland (NABU). https://www.nabu.de/imperia/md/content/nabude/nachhaltigkeit/160807-nabu_stellungnahme-partizipation_bmbf.pdf. Zugegriffen am 28.04.2026.

Nared, J., & Bole, D. (Hrsg.). (2020). *Participatory research and planning in practice*. Springer International Publishing. https://doi.org/10.1007/978-3-030-28014-7

NCCPE. (o.J.) National Co-ordinating Centre for Public Engagement. Introducing public engagement. https://www.publicengagement.ac.uk/introducing-public-engagement. Zugegriffen am 28.04.2026.

Nisbet, M. C., & Scheufele, D. A. (2009). What's next for science communication? Promising directions and lingering distractions. *American Journal of Botany, 96*(10), 1767–1778. https://doi.org/10.3732/ajb.0900041

Norwood, C., Jacquez, F., Carr, T., Murawsky, S., Beck, K., & Tuttle, A. (2022). Reproductive justice, public black feminism in practice: A reflection on community-based participatory research in Cincinnati. *Societies, 12*(1), 17. https://doi.org/10.3390/soc12010017

Nowotny, H. (2000). *Es ist so. Es könnte auch anders sein: Über das veränderte Verhältnis von Wissenschaft und Gesellschaft*. Suhrkamp.

Nowotny, H. (2003). Democratising expertise and socially robust knowledge. *Science and Public Policy, 30*(3), 151–156. https://doi.org/10.3152/147154303781780461

Oeberst, A., Halatchliyski, I., Kimmerle, J., & Cress, U. (2014). Knowledge construction in Wikipedia: A systemic-constructivist analysis. *Journal of the Learning Sciences, 23*(2), 149–176. https://doi.org/10.1080/10508406.2014.888352

Oliver, M. (1992). Changing the social relations of research production? *Disability, handicap & society, 7*(2), 101–114. https://doi.org/10.1080/02674649266780141

Peter, B., & Steinhaus, N. (2012). Wissenschaftsläden: Wissens-Broker mit weltweit gutem Ruf. In B. Dernbach, C. Kleinert, & H. Münder (Hrsg.), *Handbuch Wissenschaftskommunikation* (S. 117–123). VS Verlag für Sozialwissenschaften. https://doi.org/10.1007/978-3-531-18927-7_15

von Peter, S., Bär, G., Behrisch, B., Bethmann, A., Hartung, S., Kasberg, A., Wulff, I., & Wright, M. (2020). Participatory research in Germany – Quo vadis? *Gesundheitswesen, 82*(4), 328–332. https://doi.org/10.1055/a-1076-8078

Peters, H. P. (2023). Public engagement as rhetoric, persuasion as practice. *Mètode Revista de difusió de la investigació,13,* 5.

Rowe, G., & Frewer, L. J. (2005). A typology of public engagement mechanisms. *Science, Technology, & Human Values, 30*(2), 251–290. https://doi.org/10.1177/0162243904271724

Sauermann, H., Vohland, K., Antoniou, V., Balázs, B., Göbel, C., Karatzas, K., Mooney, P., Perelló, J., Ponti, M., Samson, R., & Winter, S. (2020). Citizen science and sustainability transitions. *Research Policy, 49*(5), Artikel 103978. https://doi.org/10.1016/j.respol.2020.103978

Schäfer, M. S., Kristiansen, S., & Bonfadelli, H. (Hrsg.). (2015). *Wissenschaftskommunikation im Wandel.* Halem.

Scheufele, D. A. (2014). Science communication as political communication. *Proceedings of the National Academy of Sciences of the United States of America, 111*(4), 13585–13592. https://doi.org/10.1073/pnas.1317516111

Schneidewind, U., & Singer-Brodowski, M. (2013). *Transformative Wissenschaft.* Metropolis.

Schön, D. A. (1983). *The reflective practitioner: How professionals think in action.* Basic Books.

Schreier, M. (2017). Kontexte Qualitativer Sozialforschung: Arts-Based Research, Mixed Methods Und Emergent Methods. *Forum Qualitative Sozialforschung, 18*(2). https://doi.org/10.17169/fqs-18.2.2815

Schrögel, P., & Kolleck, A. (2019). The many faces of participation in science. Literature review and proposal for a three-dimensional framework. *Science & Technology Studies, 32*(2), 77–99. https://doi.org/10.23987/sts.59519

Schrögel, P., Hecker, S., Mayer, M., Unterleitner, K., König, T., & Brandt, S. (2021). *Partizipative Wissenschaftskommunikation – Ergänzung zur AG Partizipation der #FactoryWisskomm.* Zenodo. https://doi.org/10.5281/zenodo.7581552

Seltzer, E., & Mahmoudi, D. (2013). Citizen participation, open innovation, and crowdsourcing: Challenges and opportunities for planning. *Journal of Planning Literature, 28*(1), 3–18. https://doi.org/10.1177/0885412212469112

Shirk, J. L., Ballard, H. L., Wilderman, C. C., Phillips, T. B., Wiggins, A., Jordan, R., McCallie, E., Minarchek, M., Lewenstein, B. V., Krasny, M. E., & Bonney, R. (2012). Public participation in scientific research: A framework for deliberate design. *Ecology and Society, 17*(2), 29. https://doi.org/10.5751/ES-04705-170229

SPD, BÜNDNIS 90/DIE GRÜNEN & FDP. (2024). *Wissenschaftskommunikation systematisch und umfassend stärken.* Deutscher Bundestag; Drucksache 20/1060.

Strasser, B. J., Baudry, J., Mahr, D., Sanchez, G., & Tancoigne, E. (2019). "Citizen science"? Rethinking science and public participation. *Science & Technology Studies, 32*(2), 52–76. https://doi.org/10.23987/sts.60425

Tröndle, M., & Warmers, J. (Hrsg.). (2012). *Kunstforschung als ästhetische Wissenschaft: Beiträge zur transdisziplinären Hybridisierung von Wissenschaft und Kunst.* Transcript.

Vaughn, L. M., & Jacquez, F. (2020). Participatory research methods – choice points in the research process. *Journal of Participatory Research Methods, 1*(1). https://doi.org/10.35844/001c.13244

Vohland, K., & Göbel, C. (2017). Open Science und Citizen Science als symbiotische Beziehung? *TATuP – Zeitschrift für Technikfolgenabschätzung in Theorie und Praxis, 26*(1–2), 18–24.

Von Unger, H. (2014). Partizipative Ansätze. In H. von Unger (Hrsg.), *Partizipative Forschung* (S. 13–34). Springer Fachmedien. https://doi.org/10.1007/978-3-658-01290-8_2

Wakeford, T., & Rodriguez, J. S. (2018). *Participatory action research: Towards a more fruitful knowledge*. University of Bristol: AHRC Connected Communities Programme.

Watson, D., & Floridi, L. (2018). Crowdsourced science: Sociotechnical epistemology in the e-research paradigm. *Synthese, 195*(2), 741–764. https://doi.org/10.1007/s11229-016-1238-2

Wehling, P. (2012). From invited to uninvited participation (and back?): Rethinking civil society engagement in technology assessment and development. *Poiesis & Praxis: International Journal of Ethics of Science and Technology Assessment, 9*(1–2), 43–60. https://doi.org/10.1007/s10202-012-0125-2

Weingart, P. (1999). Neue Formen der Wissensproduktion: Fakt, Fiktion und Mode. *TATuP – Zeitschrift für Technikfolgenabschätzung in Theorie und Praxis, 8*(3–4), 48–57. https://doi.org/10.14512/tatup.8.3-4.48

Wynne, B. (2007). Public participation in science and technology: Performing and obscuring a political – conceptual category mistake. *East Asian Science, Technology and Society: an International Journal, 1*(1), 99–110. https://doi.org/10.1007/s12280-007-9004-7

Till Bruckermann ist Universitätsprofessor an der Leibniz Universität Hannover. Er forscht zum Lernen in Citizen Science und zur Entwicklung eines Wissenschaftsverständnisses.

Dr. Justus Henke ist seit 2012 wissenschaftlicher Mitarbeiter am HoF mit Forschungsschwerpunkten und Wissenschaftskommunikation und Wissenschaftsmanagement.

Philipp Schrögel ist wissenschaftlicher Mitarbeiter an der TU Chemnitz. Er forscht zu kreativen und partizipativen Formen von Wissenschaftskommunikation und Public Engagement.

Ulrike Sturm leitet am Museum für Naturkunde Berlin die Arbeitsgruppe „Mensch-Natur-Beziehungen im Anthropozän" und forscht zu partizipativen und digitalen Praktiken.

Inklusion und Diversität in partizipativer Forschung

Birgit Behrisch, Philipp Schrögel, Christine Möhrs und Rahaf Farag

1 Einleitung – Eingeschränkte Vielfalt von Mitwirkenden an partizipativer Forschung

In der partizipativen Forschung[1] arbeiten Wissenschaftler:innen mit Menschen aus der Gesellschaft zusammen. Dabei geht es häufig nicht nur darum, gemeinsam neues Wissen zu schaffen, sondern auch darum, Wissenschaft gerechter, zugänglicher und für mehr Menschen relevant zu machen. Der Anspruch dabei: Alle sollen mitreden und mitmachen können. Neben den wissenschaftlichen Mehrwerten der zielgerichteten Zusammenarbeit haben partizipative Ansätze in Forschung und Wissenschaftskommunikation auch eine starke normative Grundlage. Sie orientieren sich an Prinzipien wie (sozialer) Gerechtigkeit, Demokratie und der gesellschaftlichen Einbettung von Wissenschaft. Dabei werden die Ansprüche an die Art der Einbeziehung verschiedener gesellschaftlicher Gruppen zunehmend explizit thematisiert und als zentrales Handlungsfeld für Partizipation, Kommu-

[1] Partizipation in der Forschung findet unter einer Vielzahl an Benennungen und mit etlichen unterschiedlichen Ausrichtungen und Schwerpunkten statt (Schrögel et al., 2025). Sofern in diesem Beitrag kein partizipativer Ansatz explizit benannt ist, beziehen sich die Ausführungen übergreifend auf alle Formen von Partizipation.

B. Behrisch (✉)
Katholische Hochschule für Sozialwesen Berlin, Berlin, Deutschland
E-Mail: birgit.behrisch@khsb-berlin.de

P. Schrögel
Technische Universität Chemnitz, Chemnitz, Deutschland
E-Mail: philipp.schroegel@hsw.tu-chemnitz.de

C. Möhrs · R. Farag
Leibniz-Institut für Deutsche Sprache, Mannheim, Deutschland

S. Voigt-Heucke et al., *Praxishandbuch Partizipation in der Wissenschaft*,
https://doi.org/10.1007/978-3-658-51093-0_4

nikation und Public Engagement benannt (Canfield et al., 2020). In der Praxis zeigt sich jedoch, dass Beteiligung in Wissenschaft und Wissenschaftskommunikation trotz aller Ansprüche oft bestehende Ungleichheiten fortschreibt und vor allem Menschen erreicht, die bereits akademisch gebildet und sozioökonomisch gut gestellt sind oder sich ohnehin für Forschung interessieren (Judd & McKinnon, 2021; Humm et al., 2020). Viele andere Perspektiven – etwa von Menschen mit Behinderungen, mit Migrationsgeschichte oder mit geringem Einkommen – bleiben hingegen oft unterrepräsentiert und finden kaum Berücksichtigung.[2]

In der Beschreibung des Felds und der Handlungsbedürfnisse hat sich im internationalen Kontext der Dreiklang Diversity, Equity, Inclusion (DEI) etabliert – also Vielfalt, Gerechtigkeit und Teilhabe. Allerdings zeigt ein Blick auf die Praxis und wissenschaftliche Arbeiten, dass kaum ein gemeinsames Verständnis oder eine einheitliche Definition der Begriffe vorliegt (Judd & McKinnon, 2021). Dabei kann die Einbeziehung der Konzepte, die hinter diesen Begriffen stehen, helfen, genauer hinzusehen: Wer ist beteiligt? Wer fühlt sich angesprochen? Und: Wie kann Forschung so gestaltet werden, dass sich mehr Menschen darin wiederfinden?

Neben der zunehmenden gemeinsamen Benennung der Begriffe als scheinbar festes, zusammenhängendes Konzept zeigen sich aber einerseits soziale und thematische Schwerpunkte: „Tendenziell wird in der kultur- und bildungspolitischen Praxis Diversität eher im Kontext von Nationalität/Religion/Herkunft eingesetzt, Inklusion eher im Kontext von Menschen mit Behinderung" (Keuchel, 2016, o. S.). Andererseits liegen den Begrifflichkeiten unterschiedliche Perspektiven zugrunde. Während Diversität sich eher auf die Vielfalt innerhalb einer Gruppe bezieht, fokussiert Inklusion auf den strukturellen Umgang mit Personen und deren Erleben. Somit erfordert der Übergang von Diversität zu Inklusion „die Anerkennung der Auswirkungen von struktureller Voreingenommenheit und sozialer Gerechtigkeit" (Puritty et al., 2017, S. 1101).

In einigen Ansätzen werden die drei Begriffe als aufeinander aufbauende Schritte verstanden: Ausgangspunkt ist eine Analyse gesellschaftlicher Vielfalt, insbesondere wenn Diversität intersektional – also unter Berücksichtigung mehrerer Diskriminierungsformen – gedacht wird. Darauf folgen handlungsleitende Prinzipien zur Inklusion, etwa zur Beseitigung struktureller Barrieren, und schließlich eine Vision für gerechte Teilhabe: „From Diversity to Inclusion to Equity" (Bernstein et al., 2020). Zugleich wird auch hinsichtlich der einzelnen Aspekte ein kontinuierlicher Reflexionsbedarf erörtert, denn „Inklusion bedeutet mehr als nur erfolgreiche Teilnahme, und ebenso bedeutet Vielfalt nicht einfach nur eine Vielfalt an demografischen Merkmalen" (Quick & Feldman, 2011, zit. n. Judd & McKinnon, 2021, S. 4).

[2] Gegenwärtig zeigen sich in verschiedenen Bereichen und Orten weltweit teils massive politische und gesellschaftliche Gegenbewegungen, die für eine aktive Rücknahme von Maßnahmen für eine inklusive und diverse Gesellschaft eintreten. Sich wertebasiert für eine vielfältige und inklusive Gestaltung von Partizipation in der Wissenschaft einzusetzen, ist damit ein hochaktuelles Thema.

Dieser Beitrag legt dar, warum Inklusion und Diversität entscheidend für echte Beteiligung in der Forschung sind,[3] führt in die Begriffe ein, ordnet sie ein, verdeutlicht, warum eine weitergehende Auseinandersetzung mit den komplexen Zusammenhängen erforderlich ist, und veranschaulicht an drei Beispielen, wie partizipative Projekte in der Praxis funktionieren – und was es dabei zu beachten gilt.

2 Konzepte und Theorien für Diversität und Bezüge zu Partizipation in der Forschung

2.1 Definition und theoretische Hintergründe

Diversität beziehungsweise Diversity beschreibt individuelle, soziale und strukturelle Unterschiede und Gemeinsamkeiten von Menschen und Gruppen. Diese Unterschiede werden durch gesellschaftliche Strukturen und Reaktionen verstärkt oder teils erst präsent gemacht. Als Kerndimensionen von Diversität haben sich weitgehend sieben Aspekte etabliert, wie sie beispielsweise in der „Charta der Vielfalt"[4] – einer Initiative deutscher Unternehmen – benannt werden: Geschlecht, Ethnizität und Hautfarbe, Alter, sexuelle Orientierung, psychische und physische Fähigkeiten, Religion und Weltanschauung sowie soziale Herkunft bzw. soziale Klasse.

Die Aspekte können aber nicht getrennt voneinander betrachtet werden, da sie sich gegenseitig beeinflussen. Dieses Zusammenwirken mehrerer Diskriminierungsmechanismen, die in der Wechselwirkung als Mehrfachdiskriminierung bzw. mehrdimensionale Diskriminierung auch weitere, neue Formen der Diskriminierung schaffen können, wird als Intersektionalität bezeichnet (Crenshaw, 1989).

Eine etablierte Form der Strukturierung und Darstellung der verschiedenen Dimensionen von Diversität findet sich im sogenannten Diversity Wheel bzw. Rad der Vielfalt. Es wurde ursprünglich im Kontext von Diversity Management in Unternehmen entwickelt (Loden & Rosener, 1991; siehe auch die „Four Layers of Diversity" von Gardenswartz & Rowe, 1995). Konkret für den Einsatz in der Wissenschaftskommunikation wurde darauf aufbauend ein eigenes „SciComm Diversity Wheel" entwickelt (siehe Abb. 1, Humm et al., 2024). Diese Variante kombiniert die Vielfalts- beziehungsweise Exklusionsdimensionen mit der Benennung von Barrieren in Wissenschaft und Gesellschaft spezifisch für die Kommunikation über wissenschaftliche Themen.

[3] Der Begriff ‚Gerechtigkeit' ist in den deutschsprachigen Debatten um Forschung und Wissenschaftskommunikation bisher wenig klar gefasst. In den Diskussionen zu Diversität und Inklusion wird Gerechtigkeit oft „mitgeführt" – meist im Zusammenhang mit dem Thema soziale Ungleichheit. Deshalb konzentriert sich dieser Artikel auf die Konzepte ‚Diversität' und ‚Inklusion' und plädiert im Fazit für eine stärkere Berücksichtigung der Gerechtigkeitsfrage.

[4] Siehe https://www.charta-der-vielfalt.de/.

Abb. 1 Das SciComm Diversity Wheel (Humm et al., 2024) stellt Exklusionsdimensionen und Barrieren spezifisch für die Kommunikation über wissenschaftliche Themen dar

Die Zusammenfassung in einer derartigen Struktur ermöglicht es, sich einen Gesamtüberblick zu Diversitätsdimensionen zu verschaffen. Sie kann beispielsweise als Analyse- und Reflexionswerkzeug für Organisationen genutzt werden. Neben dem hier gezeigten Beispiel existieren kontextabhängig weitere Varianten des Diversity Wheel – in Bezug sowohl auf die Struktur als auch auf die Benennung. So bezeichnet etwa die „Charta der Vielfalt" eine Variante als „Privilege and Power Wheel", in dem der Aspekt „Macht" explizit ins Zentrum gestellt wird.

An dieser Frage der Positionierung von Persönlichkeit/Individuen oder Macht als zentrales Element setzt auch Kritik an gängigen Diversitätskonzepten an: Die beschreibende und reflexive Perspektive bleibe an der Oberfläche und thematisiere die dahinterliegenden normativen Herrschaftsverhältnisse sowie grundlegende Veränderungsbedarfe nur unzureichend. Ebenso ergeben sich aus der reinen Betrachtung heraus nicht immer konkrete Ansätze für Veränderung. Darüber hinaus ist auch zu beobachten, dass Diversität oft nur in der Außendarstellung von Organisationen positiv aufgegriffen wird, z. B. in der Werbung, ohne dass interne strukturelle Probleme adressiert werden („Diversity Washing"). Eine weitere Kritik an Diversitätskonzepten ist, dass eine Systematisierung dazu führen kann, bei empirischen Erhebungen und quantitativen Abfragen starr an festen Kategorien festzuhalten, anstatt individuelle Umstände und vernetzte Problemlagen angemessen zu berücksichtigen.

Insgesamt lassen sich zwei unterschiedliche Ebenen in den Konzepten von Diversität erkennen: Im politiknahen, anwendungsorientierten Bereich, in dem es um die Gestaltung von Maßnahmen geht, besteht eher ein analytischer Fokus, während im wissenschaftlichen Kontext eher ein umfassenderer, intersektionaler Ansatz gewählt wird, der Machtstrukturen, Kontexte und übergeordnete Zusammenhänge adressiert (Knapp, 2005).

Beispielhaft soll die Kerndimension Ethnizität näher betrachtet werden, um die Komplexität und Vielschichtigkeit des Felds aufzuzeigen. Dabei handelt es sich um „nicht vererbliche Merkmale wie die Zugehörigkeit des Menschen zu einem bestimmten Kulturkreis, zu einer gemeinsamen Religion und Sprache, wobei kennzeichnend ist, dass die betreffenden Menschen aufgrund dieser Merkmale eine dauerhafte Einheit bilden (z. B. Kurden, Sorben, Sinti und Roma)" (ArbG Würzburg, 3 Ca 664/08, 23.01.2009). Diese an festen Kategorien ausgerichteten Eigenschaftszuschreibungen verallgemeinern und vereinfachen die komplexe Vielfalt zwar erheblich,[5] bieten aber in der Praxis Orientierungs-, Deutungs- und Identifikationsmöglichkeiten sowie Wege, um Bewusstsein für die Potenziale und Ressourcen von Gruppenmitgliedern zu schaffen, und deuten damit auch Maßnahmen an, um diese gezielt fruchtbar zu machen (z. B. Diversity Management).

Aus theoretischer Perspektive hingegen, die Strukturen auf einer übergeordneten Makro-Ebene betrachtet, werden hier umstrittene Begriffe und Konzepte bedient. Diese stehen unter dem Verdacht, zu stark zu vereinfachen, kontrastierende Ansätze zu verfestigen, starre Festschreibungen, binäre Denkstrukturen und eine homogenisierende Grundhaltung zu fördern. Hierzu gehört auch der Kulturbegriff als solcher, dessen „Diskursfeld [sich] zwischen einem stark strukturierten, ‚geschlossenen' und einem vollständig prozesshaften ‚offenen' Kulturverständnis" (Bolten, 2014, S. 50–52) erstreckt. Jeder Zugang innerhalb dieses Spektrums eröffnet eigene Deutungsrahmen und trägt dazu bei, Kultur als vielschichtiges und dynamisches Konzept besser zu verstehen (auch Cnyrim, 2020, S. 113). Beispielsweise wird aus einer engen, geschlossenen Perspektive Kultur oft als klar abgrenzbare Einheit verstanden – etwa als nationale Hochkultur oder als historisch gewachsenes Gefüge von Werten und sozialen Praktiken des Alltags. Dieses Verständnis

[5] Nach Auffassung der Antidiskriminierungsstelle des Bundes ist die ethnische Herkunft weniger eine objektive Tatsache als eine soziale Vorstellung bzw. eine Zuschreibung, die einer Gruppe häufig mehr Gemeinsamkeiten unterstellt, als tatsächlich vorhanden sind (https://www.antidiskriminierungsstelle.de/DE/ueber-diskriminierung/diskriminierungsmerkmale/ethnische-herkunft-rassismus/ethnische-herkunft-rassismus.html).

folgt der sogenannten Container-Metapher: Kulturen gelten als voneinander getrennt und in sich homogen. Zugehörigkeit wird nach dem Entweder-oder-Prinzip bestimmt. Ein erweiterter, offener Zugang hingegen betrachtet Kultur als dynamisches Netzwerk von Bedeutungen, das durch Austausch, Vielfalt und zwischenmenschliche Beziehungen geprägt ist. Im Mittelpunkt stehen hier nicht starre Grenzen, sondern die vielfältigen Überschneidungen, Wechselwirkungen und individuellen Lebensgeschichten (Bolten, 2014, S. 50–56). Mit anderen Worten: Kultur lässt sich unterschiedlich definieren, und zwar je nach Perspektive – von starr und abgrenzbar bis hin zu offen, vernetzt und dynamisch.

2.2 Diversität und Partizipation

Partizipative Ansätze und Diversitätsdiskurse sollten zusammenhängend gedacht werden. Konkret geschieht das beispielsweise schon im Konzept ‚Citizen Social Science' (Lorenz, 2020) oder als wichtige Methode für dekoloniale Ansätze – also solche wissenschaftlichen und aktivistischen Ansätze, die die Überwindung kolonialer Strukturen und Denkweisen ins Zentrum stellen (Kia-Keating & Juang, 2022).

Mit Blick auf die konkrete Umsetzung in Museen und partizipative Formen der Auseinandersetzung mit Wissenschaft stellt Emily Dawson (2018) zum Status quo fest: „Praktiken der Wissenschaftskommunikation [konstruieren] eine enge Öffentlichkeit, die die Form, Werte und Praktiken dominanter Gruppen widerspiegelt" (S. 774). Öffentlichkeiten, die ausgeschlossen oder nicht beteiligt waren, wurden in der Forschung weitgehend ignoriert oder negativ dargestellt. Um dies zu ändern, müssen die vielfältigen Lebensrealitäten und komplexen Zusammenhänge gesellschaftlicher Strukturen und Diskriminierungsmechanismen berücksichtigt werden. Verkürzte Erklärungen und vereinzelte Maßnahmen reichen dafür meist nicht aus.

Um Partizipation in der Forschung zu ermöglichen, ist ein präziser Blick auf die Beziehungen und Interaktionen der Beteiligten hilfreich und notwendig zugleich. Dabei geht es auch darum, Verständigungsmöglichkeiten zu erkennen, gezielt zu schaffen und aktiv zu fördern. Verständigung bedeutet in diesem Zusammenhang mehr als das Sprechen einer gemeinsamen Sprache – sie umfasst vielfältige Formen des Austauschs zwischen Menschen mit unterschiedlichen Hintergründen, Erfahrungen und Ressourcen. Ebenso wichtig ist es, die Bedingungen und Ressourcen zu benennen, die Verständigung überhaupt erst ermöglichen. Zeutschel (2016, S. 94) spricht in diesem Zusammenhang von einem „Hinein-Zoomen […] in die konkreten Erfahrungen und Eigenheiten der Beteiligten" (auch Bolten, 2016). Ein solcher prozessorientierter, interaktionaler Ansatz – also das Verständnis, dass Akteur:innen oder Systeme wechselseitig aufeinander einwirken – wirft die Frage auf, inwieweit Unterschiede zwischen den Beteiligten für die jeweiligen Kommunikationssituationen relevant sind. Wie manifestieren sich Differenzen im Diskurs? Wie werden sie kommunikativ hervorgebracht und wie gehen die Beteiligten damit um?

Eine Möglichkeit, stereotype Kategorien in der Analyse zu vermeiden, besteht darin, einen Perspektivwechsel vorzunehmen und mit einer Reflexion zu beginnen. Dazu gehört, die eigene Sichtweise zu relativieren und aktiv in den Dialog mit dem Gegenüber zu treten. Ziel ist es, die eigene Position transparent zu machen und gemeinsam mit einem bewussten Sprachgebrauch zu diskutieren (Bolten, 2016, S. 80; von Helmolt, 2016).

Bei der Betrachtung diversitätssensibler partizipativer Prozesse in der Forschung darf nicht übersehen werden, dass Wissenschaft selbst bisher noch wenig divers ist (Norkus, 2018). Aus der Öffnung des Wissenschaftssystems durch partizipative Ansätze ergibt sich daher die Notwendigkeit, die internen Organisationsstrukturen und die Diversität eingebundener Interaktionsgruppen gemeinsam zu denken, wie Scharf et al. (2018) für Museen ausführen.

3 Konzepte und Theorien für Inklusion und Bezüge zu Partizipation in der Forschung

3.1 Definition und theoretische Hintergründe

Inklusion als Konzept wird in verschiedenen Wissenschaftsdisziplinen und Handlungsbereichen mit teils sehr unterschiedlichen inhaltlichen Auslegungen verwendet. Der Begriff bewegt sich dabei von einer Beschreibung sozialer Umstände bis hin zur Bestimmung gesellschaftlicher Werte und Normen. Als sozialpolitische Leitidee zielt ‚Inklusion' auf eine Einbindung aller Menschen in verschiedene bedeutende Bereiche von Gesellschaft, Organisationen, Institutionen oder Gruppen. Der Gegenbegriff ‚Exklusion' verweist dementsprechend auf den Umstand oder die Gefahr, dass Personen von zentralen gesellschaftlichen Positionen ausgeschlossen sind oder werden können. In diesem Sinn definiert die Europäische Union soziale Ausgrenzung (Social Exclusion) als einen Prozess, durch den Personen, etwa wegen Armut oder infolge von Diskriminierung, „an der vollwertigen Teilhabe gehindert", d. h. „von der Teilnahme an Aktivitäten (wirtschaftlicher, sozialer und kultureller Art) ausgeschlossen (werden), die für andere Menschen die Norm sind" (Europäische Kommission, 2004, S. 12). Beide Begriffe von Inklusion und Exklusion kritisieren Umstände sozialer Ungleichheit und thematisieren Fragen nach sozialer Gerechtigkeit.

Der Inklusionsbegriff drückt des Weiteren ein gesellschaftliches Streben aus, den Ausschluss von Gesellschaftsmitgliedern von vornherein zu verhindern, sodass eine spätere Integrationsleistung nicht benötigt wird. Im Gegensatz zu Inklusion wird Integration als Prozess aufgefasst, in dem Individuen und Gruppen sich an vorgegebene Strukturen anpassen und in diese eingliedern müssen, was mittlerweile Integration zu einem kritischen Konzept macht.[6]

Inklusion lässt sich sowohl als Ziel gesellschaftlicher Teilhabe aller Menschen als auch als (andauernder) Prozess für dieses Ziel beschreiben. Über Inklusion wird kritisch hinterfragt, inwiefern rechtliche Normen, Ressourcen oder soziale Rollen die gesellschaftliche

[6] Diese Interpretation wird der eigentlichen Bedeutung und Geschichte des Begriffs ‚Integration' nicht gerecht, was hier aber nicht ausführlicher diskutiert werden kann.

Einbindung von Personengruppen ermöglichen oder behindern (Kastl, 2017). Behindernde Strukturen und Praktiken sollten dementsprechend transformiert und umgebaut werden, um allen Mitgliedern der Gesellschaft eine strukturelle Einbindung in soziale Zusammenhänge zu ermöglichen. Besonderes Augenmerk wird dabei auf eine möglichst barrierefreie Gestaltung von Infrastrukturen, Institutionen und Programmen gelegt.

Im Begriff der Inklusion werden somit die Dominanz (Hegemonie) bestimmter soziokultureller und sozioökonomischer Denkweisen und die damit verbundenen gängigen Vorstellungen von Normalität, gesellschaftlichen Konventionen und Standards infrage gestellt. Insbesondere beim Thema Diskriminierung wird Inklusion eng mit dem Konzept der Diversität verknüpft, um die Anerkennung vielfältiger Lebensweisen und Identitäten sozialer Gruppen zu betonen (Scherr, 2017).

In Deutschland wurde der Begriff ‚Inklusion' gesellschaftlich vor allem über Diskussionen um die Umsetzung des Übereinkommens über die Rechte von Menschen mit Behinderungen (UN-Behindertenrechtskonvention/UN-BRK) der Vereinten Nationen verbreitet. In dieser menschenrechtsbasierten Debatte steht vor allem die bildungspolitische Gestaltung eines inklusiven Schulsystems ohne weitere Aussonderung von Kindern und Jugendlichen mit Behinderungen im Fokus. Wenn Inklusionsdebatten vorrangig die Perspektive von Menschen mit Behinderungen thematisieren, spricht man von einem engen Verständnis von Inklusion. In einem sogenannten weiten Inklusionsverständnis werden neben Behinderung weitere Vielfaltsaspekte wie beispielsweise Geschlecht, sexuelle Orientierung, Herkunft und Sprache in die Diskussion einbezogen (Lindmeier & Lütje-Klose, 2015). Beide Begriffsdefinitionen analysieren kritisch, wie soziale Kategorien und Abgrenzungen von Personengruppen über gesellschaftliche Prozesse hervorgebracht werden – worüber ein Anschluss an den Diskurs um Diversität entsteht.

3.2 Inklusion und Partizipation

‚Inklusion' ist ein Begriff, der schwerpunktmäßig die Einbeziehung von Personen in gesellschaftliche Strukturen, Organisationen und Interaktionen thematisiert (Kastl, 2017). Dementsprechend sind Themen wie Zugänglichkeit und Barrierefreiheit für einige Personengruppen von zentraler Bedeutung, wenn es um Inklusion geht. Der barrierefreien Gestaltung von Zugängen und Prozessen kommt eine besondere Bedeutung zu, da dies für bestimmte Personengruppen eine entscheidende Voraussetzung für Partizipation darstellt. Barrierefreiheit im Sinn eines „Universal Design" bezieht sich auf eine „allgemeine Gestaltung des Lebensumfeldes für alle Menschen, die möglichst niemanden ausschließt und von allen gleichermaßen genutzt werden kann" (Bundesfachstelle Barrierefreiheit).[7] In dieser Auslegung durch das Behindertengleichstellungsgesetz (BGG) bezieht sich Barrierefreiheit auf eine allgemeine Gestaltung für einen unbestimmten Personenkreis. Gestal-

[7] Siehe https://www.bundesfachstelle-barrierefreiheit.de/DE/Ueber-Uns/Definition-Barrierefreiheit/definition-barrierefreiheit.html.

tung schließt alle von Menschen gemachten Produkte ein und betrifft die Bereiche Gebäudezugänglichkeit und öffentlicher Raum, Mobilitätsgestaltung, Veranstaltungsmanagement, Kommunikations- und Informationstechnologien, Kultur und Medien sowie Produkte und Dienstleistungen. Soziale Verhaltensweisen und zwischenmenschliche Interaktionen bzw. der Abbau von Vorurteilen werden rechtlich nicht dem Begriff ‚Barrierefreiheit' zugeordnet. Gemeinschafts- und Wertebildung sowie Abbau von Diskriminierung sind aber grundlegende Aspekte der Gestaltung inklusiver Einrichtungen, Quartiere oder Institutionen, wie es z. B. in der inklusiven Organisationsentwicklung im Index für Inklusion (z. B. Booth & Ainscow, 2019) aufgezeigt wird.

4 Praxisperspektiven

In Anbetracht der vielfältigen partizipativen Ansätze in der Wissenschaft sowie der Vielfalt an Projekten mit Fokus auf Teilhabe diverser Personen- und Bevölkerungsgruppen lassen sich die praktischen Implikationen von Inklusion und Diversität für eine Partizipation in der Wissenschaft nur schwierig übergreifend konkretisieren. Daher werden im Folgenden beispielhaft drei spezifische Praxisperspektiven vertiefend beschrieben.

4.1 Partizipationsdebatten im Kontext von Behinderung

Mit Blick auf die Personengruppe von Menschen mit chronischen Erkrankungen und Behinderungen sollen die Themen Inklusion und Diversität im Weiteren anhand zweier Aspekte ausgeführt werden. Zum einen geht es um die Zugänglichkeit von Forschungsprojekten für diesen Personenkreis. Zum anderen vollzieht sich in der Community der Selbstvertretungsbewegung behinderter Menschen und in Verbindung mit den Disability Studies seit über drei Jahrzehnten eine spezifische Debatte zur Beteiligung an Forschungsprozessen, die über die Begriffe ‚Emanzipation' und ‚Empowerment' geprägt ist.

Die Gruppe von Menschen mit Behinderungen umfasst „Menschen, die langfristige körperliche, seelische, geistige oder Sinnesbeeinträchtigungen haben, welche sie in Wechselwirkung mit verschiedenen Barrieren an der vollen, wirksamen und gleichberechtigten Teilhabe an der Gesellschaft hindern können" (Art. 1 UN-BRK). Der Begriff ‚Behinderung' spiegelt damit eine hohe Heterogenität verschiedener Lebensumstände und Unterstützungsbedarfe wider. Anforderungen für Partizipation werden daher auf verschiedenen Ebenen besprochen:

- Informationsmaterial für, in und über Projekte(n): barrierearmer Zugang und Verwendung durch Informationen in Gebärdensprache oder Leichter Sprache; Anfertigung barrierearmer Dokumente unter Beachtung der technischen Anforderungen für Menschen mit Sehbeeinträchtigungen u. Ä.

- Veranstaltungen: barrierefreier Zugang zu Gebäuden, Buffets und Toiletten für Menschen mit Rollstuhlnutzung; verschiedene Verdolmetschungen hinsichtlich Gebärendsprache, Schriftdolmetscher:innen und Leichte Sprache; Ruheraum für Menschen, die Erholung benötigen u. Ä.
- Forschungsaktionen: Ermöglichung einer gleichberechtigten Teilnahme an den jeweils geplanten Forschungsaktivitäten im Projekt durch entsprechende didaktische und/oder partizipative Anpassung von Arbeitsmaterialien, Terminstrukturen und Arbeitsaufträgen u. Ä.

Neben den Diskussionen um die Ausgestaltung von Zugänglichkeit und Barrierefreiheit von Forschungsprojekten wird seit Jahrzehnten seitens der Disability Studies die Wissensproduktion in der Wissenschaft kritisch kommentiert und diskutiert (Behrisch, 2022). Ähnlich wie in den Gender oder Postcolonial Studies erfolgt in den Disability Studies eine Infragestellung, inwiefern Forschung als neutral und objektiv (im Sinn eines positivistischen Grundverständnisses) gelten kann. Schon in den 1990er-Jahren wurde in den britischen Disability Studies debattiert, inwieweit empirische Forschungsergebnisse bereits durch methodische Entscheidungen in der Datenerhebung und -analyse vorgeprägt sind und daher eine Neuorientierung der Forschung zum Thema Behinderung erforderlich ist. Beispielsweise verdeutlicht Oliver (1990) anhand der Bevölkerungsstudie des britischen Office of Population, Censuses and Surveys (OPCS), wie Frageformulierungen Behinderung konstruieren. Ein entscheidender Unterschied resultiert daraus, ob in einem Fragebogen danach gefragt wird, ob z. B. eine Narbe oder eine Missbildung tägliche Aktivitäten behinderter Menschen einschränkt oder ob dies eher an der Reaktion anderer Menschen auf körperliche Abweichungen liegt (Oliver, 1990, S. 7 f.). Die erste Formulierung betrachtet Behinderung als individuelles Problem eines Menschen (medizinisches Modell), während die zweite Formulierung behindernde Umstände in sozialen Prozessen als Behinderung ansieht (soziales Modell). Daran anschließend wird bis heute diskutiert, inwieweit in der Wissenschaft Fragestellungen bearbeitet werden, die Menschen mit Behinderungen selbst als relevant ansehen oder die ihnen einen unmittelbaren Vorteil erbringen. Dabei betonen einige Autor:innen, dass Forschungsprojekte die Lebensqualität oder soziale Dienste für behinderte Menschen verbessern sollten, während andere auf die begrenzte gesellschaftliche Wirkung von Forschungsergebnissen hinweisen und dies nicht als Aufgabengebiet von Forschung begreifen (Behrisch, 2022).

In Bezug auf die Beteiligung von Menschen mit Behinderungen an Forschung haben sich in den Disability Studies mittlerweile vier Ansätze herausgebildet: emanzipatorische Forschung, partizipative Handlungsforschung, inklusive Forschung (aus dem Bereich der Forschung mit Menschen mit Lernschwierigkeiten) und betroffenenkontrollierte Forschung (aus dem Bereich der Forschung von Menschen mit psychosozialen Beeinträchtigungen). Die vier Ansätze unterscheiden sich hinsichtlich ihrer Vorstellungen der Zusammenarbeit von Wissenschaftler:innen und Menschen mit Behinderungen als Expert:innen ihrer eigenen Lebenssituation (Behrisch, 2022). Zum Beispiel verfolgen partizipative Ansätze als Ziel oft ein Empowerment marginalisierter Personengruppen, während emanzipatorische Ansätze anzweifeln, dass Menschen „empowert" werden können. Vielmehr ist danach zu fragen, wie Forschung dazu beitragen kann, Menschen mit Behinderungen zu unterstützen, die den Entschluss gefasst haben, sich selbst zu empowern (Oliver, 1992, S. 111). Dementsprechend haben Wissenschaftler:innen in emanzipatorischen Projekten die Rolle, ihre wissenschaftliche Expertise und ihre Forschungsmethoden der Community behinderter Menschen zur Verfügung zu stellen, um Fragestellungen zu beforschen, die für die Betroffenen relevant sind. Gleichzeitig wird betroffenenorientierte Forschung auch über Peer Research und die Inklusion von Wissenschaftler:innen mit Behinderung ins Forschungssystem gefordert. Insbesondere Peer-Research-Projekte lassen behinderte Wissenschaftler:innen ihre eigenen Lebenserfahrungen nutzen, um wissenschaftliche Perspektiven zu verändern und neue Fragestellungen zu entwickeln, und fördern somit die Sichtbarkeit der Lebensrealität behinderter Menschen in ihrer gesamten Komplexität, Widersprüchlichkeit und Vielfalt (Waldschmidt, 2004). In diesem Kontext wird auch allgemein die Forderung gestärkt, in partizipativen Projekten beteiligten Menschen mit Behinderungen eine Honorierung oder Aufwandsentschädigung zu zahlen.

Im Zuge der Umsetzung der UN-BRK in den letzten Jahren ist die normative Forderung nach Partizipation behinderter Menschen in der Forschung – zumindest in der Teilhabe- und Inklusionsforschung zur Lebenssituation von Menschen mit Behinderung – im wissenschaftlichen Mainstream angelangt. Die Zahl an Projekten unter Beteiligung von Menschen mit Behinderungen steigt derzeit, wobei die grundlegenden Debatten um partizipative und emanzipatorische Umsetzungen weiterhin die Diskussionen prägen.

4.2 Partizipative Entwicklung eines Kommunikationsformats mit Berufsschüler:innen

Bildungshintergrund und soziale Herkunft formen eine Diversity-Dimension mit wesentlicher Bedeutung für Partizipation in der Forschung. Dies gilt einerseits für Bildungswege: Von 100 Kindern von Akademiker:innen beginnen 79 ein Studium und 43 absolvieren einen Masterabschluss. Dagegen sind es bei den Kindern von Nichtakademiker:innen zum Studienbeginn nur 27 und nur noch elf beim Masterabschluss (Stifterverband für die Deutsche Wissenschaft, 2022). Andererseits zeigt sich die Unterrepräsentation von Menschen mit niedrigem formalen Bildungsgrad auch bei der Teilnahme an Kultur- und Weiterbildungsangeboten (Allmanritter & Tewes-Schünzel, 2022). Zudem steht ein niedriger formaler Bildungsgrad auch mit einem geringeren allgemeineren Vertrauen in Wissenschaft (Wissenschaft im Dialog/Kantar, 2023) in Verbindung.

Ausgangslage und Projekthintergrund

In diesem Feld sind Berufsschüler:innen eine bisher vernachlässigte Gruppe in Bezug auf Partizipation und Wissenschaftskommunikation. Entsprechende Angebote für Schüler:innen werden zu weiten Teilen nur von weiterführenden Schulen angenommen oder von Hochschulen sogar explizit auf diese ausgerichtet, mit dem Ziel, Studierende zu gewinnen.

Die theoretische Grundlage zum Verständnis der Ausschlussmechanismen basiert auf dem Konzept des sozialen und kulturellen Kapitals (Bourdieu, 1987). Dazu zählen beispielsweise der Bildungshintergrund, Netzwerke und erlernte gesellschaftliche Verhaltensweisen. Zusammen mit dem finanziellen Kapital beeinflussen diese Kapitalformen maßgeblich die gesellschaftliche Stellung. Daraus ergibt sich, beabsichtigt und unbeabsichtigt, eine habituelle (d. h. in Bezug auf das Auftreten einer Person, die Gesamtheit ihrer Vorlieben und Gewohnheiten) Abgrenzung akademisch geprägter Schichten, die sich auch in Kommunikations- und Bildungsformaten wiederfindet. Liebau (2015) identifizierte für das Feld der kulturellen Bildung konkret vier Ausschlussmechanismen. Diese können für (partizipative) Wissenschaftskommunikation im Hinblick auf soziale Herkunft und Bildungshintergrund angewendet werden, was auch die Aussagen von Berufsschüler:innen aus dem Projekt „Wissenschaft für alle“ (das im Folgenden näher beschrieben wird) zeigen:

1. Wer kaum Erfahrungen mit Wissenschaft und Wissenschaftskommunikation hat, wird auch weniger Bedarfe entwickeln. Fehlende Angebote sind eine weitere Hürde: „Man könnte ja von der Uni aus auch eher mal an Hauptschulen gehen und da Projekte vorstellen und versuchen, mit den Schülern zusammenzuarbeiten“ (Berufsschüler).
2. Eine Teilnahme wird aufgrund sozialer Scham und Fremdheit ausgeschlossen; Wissenschaft wird als etwas gesehen, das für andere ist: „Naja, man denkt sich halt auch oft, dass die viel klüger sind als wir“ (Berufsschüler).
3. Individuelle Beschämung durch schlechte Erfahrungen kann eine Hürde darstellen. Dazu zählt auch die Mitwirkung an akademisch geprägten Diskussionsformen. Diese sind voraussetzungsreich und können genau diejenigen, für die sie gemeint sind, ausgrenzen (Partizipationsparadoxon, Humm & Schrögel, 2020): „Wenn man da zu einem Vortrag geht […], dann fragt man am Ende auch nicht. Weil das kommt dann so rüber: Ja, der Hauptschüler hat wieder nix kapiert“ (Berufsschüler).
4. Beschleunigte Pluralisierungs- und Individualisierungsprozesse in der Globalisierung, d. h. vielfältigere und individuell unterschiedliche Lebensstile. Diese können sich an Werten wie z. B. Spaß und Freundschaft orientieren, oder von der Verwertungslogik des Kapitalismus in Bezug auf Geld und Beruf beeinflusst sein: „Tagsüber ist halt eher nur Arbeit. Abends hat man dann auch nicht mehr viel Zeit und die Schule macht einen auch kaputt“ (Berufsschüler).

Projektbeschreibung und Projektziele

Im Rahmen des Projekts „Wissenschaft für alle“ des Karlsruher Instituts für Technologie und „Wissenschaft im Dialog“, gefördert von der Robert Bosch Stiftung (2017–2020), wurden drei beispielhafte Communities in einem Co-Design-Ansatz zur Entwicklung von Format und Themen eingebunden – darunter Berufsschüler:innen. Kooperationspartnerin war die Heinrich-Meidinger-Schule in Karlsruhe.

Zu Beginn des Projekts wurden in Workshops Bedürfnisse und Wissenschaftsperspektiven der Schüler[8] erhoben. Anschließend wurden in Co-Design-Workshops mit

[8] Die teilnehmende Klasse setzte sich nur aus männlichen Schülern zusammen.

einer Klasse neue Formate für die Wissenschaftskommunikation erkundet. In den Ideen der Schüler ließen sich vier Aspekte identifizieren: ein Bezug zur handwerklichen Arbeit, z. B. in der Form von Experimenten, die Nutzung von Onlinemedien (z. B. Livestreams bei Twitch), Eventformate, die auch Freizeitcharakter haben und Essen/Getränke oder Wettbewerbselemente beinhalten, sowie die Einbindung von Prominenten oder Influencer:innen. Zu den möglichen wissenschaftlichen Inhalten gab es nur vereinzelte Anmerkungen. Als Ansatz für das Pilotprojekt wurden zwei Ideen aus dem Formatentwicklungsworkshop kombiniert: eine Challenge zwischen Klassen oder Schulen und ein Event in einer Kneipen-Atmosphäre (Adler et al., 2020, S. 2). Das resultierende Format war das „Science-Pub-Quiz Handwerk trifft Wissenschaft“, bei dem die Fragen beide Bereiche adressierten. Es wurde kein reines Faktenwissen abgefragt, sondern Schätzfragen gewählt, um bildungsbezogene Bloßstellungen zu vermeiden. Ergänzt wurde das Format durch zwei Kurzvorträge von Doktorand:innen zu Themen mit Bezügen in beide Bereiche (Geophysik und Technikgeschichte), die dann auch in Fragen aufgegriffen wurden.

Projektbilanz

Die Umsetzung des Formats im Januar 2020 traf auf einige Hürden. Eine ursprünglich geplante Umsetzung im bekannten Rahmen eines Schulfests konnte baustellenbedingt nicht erfolgen. Neben einer Kooperation mit der Kreishandwerkerschaft wurden dann Werbematerialien an allen beruflichen Schulen in Karlsruhe verteilt. Der neue Termin konnte dann als auf den ersten Blick erfolgreiche Veranstaltung mit rund 80 Teilnehmenden umgesetzt werden. Allerdings zeigte die Evaluation, dass ansonsten kaum Berufsschüler:innen teilnahmen.

Empirische verlässliche Informationen zur Nicht-Teilnahme konnten nicht erhoben werden. Einzelne Rückmeldungen deuten darauf hin, dass die erforderliche Terminverschiebung in eine Phase der betrieblichen Arbeit mit entsprechenden Belastungen führte und das ansonsten bei Berufsschüler:innen wenig bekannte Format an einem von ihnen nicht regelmäßig besuchten Ort Auswirkungen hatte (Adler et al., 2020).

Auf den ersten Blick konnte in diesem Beispiel auch das partizipative Co-Design eines Kommunikationsformats gemeinsam mit der Community nicht die angestrebte Zielgruppe erreichen. Allerdings kann dies nur als Teilergebnis gelten, denn eine zuvor im Rahmen des Projekts erarbeitete zentrale Empfehlung – „einmalige Aktivitäten sind nicht erfolgversprechend“ (Humm & Schrögel, 2020) – konnte aufgrund des Projektkontexts nicht realisiert werden.

Insgesamt zeigt sich, wie groß die strukturellen Hürden für eine Teilhabe oft sind. Die Etablierung diverser und inklusiver Formate erfordert ein längerfristiges Engagement.

4.3 Citizen Science mit Kindern und Jugendlichen (Projekt: „Die Sprach-Checker“)

Wie können Kinder und Jugendliche ihren mehrsprachigen Alltag erforschen und ihn für andere erfahrbar machen? Der folgende Abschnitt stellt das Citizen-Science-Projekt „Die

Sprach-Checker – So sprechen wir in der Neckarstadt“ vor, das vom Leibniz-Institut für Deutsche Sprache (IDS) in Mannheim initiiert wurde.[9] Ausgehend von dieser Leitfrage verfolgt der Projektansatz das Ziel, das Bewusstsein und die Wertschätzung für die vielfältigen Sprachkompetenzen der Citizen Scientists sowie für die sprachliche Besonderheit im Viertel zu fördern. Verschiedene Projektaktionen sind als außerschulisches Nachmittagsangebot oder auch im regulären Schulunterricht umsetzbar.

Ausgangslage und Projekthintergrund

Sprache betrifft uns alle – sie ist ein gesellschaftliches Gut, das wir sowohl individuell prägen als auch gemeinsam im Miteinander formen und weiterentwickeln. Gerade deshalb bietet sie enormes Potenzial für bürgerwissenschaftliche Projekte. Im Citizen-Science-Projekt „Die Sprach-Checker – So sprechen wir in der Neckarstadt“ erleben Kinder und Jugendliche zusammen mit Forschenden ihre eigenen Sprachschätze und lernen, die Vielfalt an Sprachkenntnissen und -praktiken wertzuschätzen. Ziel ist es, ein Klima des Vertrauens zu schaffen, in dem junge Menschen Fragen stellen können, die ihnen im Alltag zu Sprache(n) begegnen. So erfahren Wissenschaft und Öffentlichkeit mehr über die mehrsprachige Lebenswirklichkeit der Bürger:innen. Gemeinsam kann untersucht werden, wie Kinder und Jugendliche mehrere Sprachen lernen, wie sprachliche Fähigkeiten erfasst werden – und wie es erlebt wird, mit verschiedenen Sprachen aufzuwachsen.

Der Mannheimer Stadtteil Neckarstadt-West ist ein echtes Vielfaltsquartier: Hier leben Menschen aus über 100 Nationen.[10] Diese Vielfalt birgt aus der Perspektive des Stadtteils große Chancen, beispielsweise für ein lebendiges Miteinander, und fördert wie fordert (idealerweise) ein Bewusstsein für eine plurale Gesellschaft. Gleichzeitig bringt sie Herausforderungen mit sich, die ein hohes Maß an Engagement, Dialog und lokal zugeschnittenen (Bildungs-)Angeboten erfordern.

Partizipatorische Ansätze spielen in der Stadtteilarbeit und in lokalen Beteiligungsformaten[11] eine bedeutende Rolle. Sie sind eng mit den Grundsätzen der Sustainable Development Goals (SDGs) verknüpft, zu deren Umsetzung sich die Stadt Mannheim ausdrücklich bekennt. Die Kenntnis der sprachlichen Situation und die Reflexion über die eigene Sprachkompetenz sind bedeutende Grundlagen für Bildungsprozesse.

[9] Das Projekt „Die Sprach-Checker“ war 2022 Preisträger im Wettbewerb „Auf die Plätze! Citizen Science in deiner Stadt“ (https://www.citizenscience-wettbewerb.de/). Der Wettbewerb wurde von „Wissenschaft im Dialog“ und dem Museum für Naturkunde Berlin in enger Zusammenarbeit mit der Citizen-Science-Plattform „mit:forschen! Gemeinsam wissen schaffen“ umgesetzt. Gefördert wurde das Verbundprojekt vom Bundesministerium für Bildung und Forschung. Nach dem ersten Projektjahr (2022–2023) wurde die Fortsetzung durch Mittel von Neckarstadt Kids e. V. sowie den GBG-Förderpreis 2023 ermöglicht.

[10] Mannheimer Erklärung für ein Zusammenleben in Vielfalt: https://www.mannheim.de/de/service-bieten/integration-migration/mannheimer-buendnis-fuer-ein-zusammenleben-in-vielfalt/mannheimer-erklaerung-fuer-ein-zusammenleben-in-vielfalt.

[11] Zum Leitbild der Stadt Mannheim und zur Umsetzung des SDGs: https://www.mannheim.de/de/stadt-gestalten/leitbild-mannheim-2030.

Gerade für Kinder und Jugendliche ist es entscheidend, ihre mehrsprachige Lebenswelt bewusst wahrzunehmen und wertzuschätzen. Das Projekt „Die Sprach-Checker“ setzt genau hier an: Es lädt junge Menschen ein, die sprachliche Realität ihres Stadtteils zu erkunden und so einen Beitrag zu mehr Bildungsgerechtigkeit und kultureller Teilhabe zu leisten.

Projektbeschreibung und Projektziele

Das Projekt „Die Sprach-Checker“ setzt auf einen partizipativen Ansatz, bei dem Kinder und Jugendliche als Citizen Scientists aktiv in den Forschungsprozess eingebunden sind. Nach einer Einführung in linguistische Methoden entwickeln sie eigene Forschungsfragen, erheben Sprachdaten und diskutieren die Ergebnisse.

Inhaltlich beschäftigt sich das Projekt mit Themen individueller und gesellschaftlicher Mehrsprachigkeit sowie mit Sprachlandschaften im öffentlichen und halböffentlichen Raum. Auch die Bereiche Stadtsprachenforschung, Sprachvergleich und das Verhältnis von Bildungsgerechtigkeit und Sprache (Milieuforschung) sind relevant. Durch den Projektansatz können verengte, defizitorientierte Perspektiven verändert werden, indem der Mehrwert der Mehrsprachigkeit aufgedeckt wird. Zusammenfassend lassen sich folgende methodische Wege und Ergebnisse[12] formulieren:

- Sprachbewusstheit (Language Awareness) stärken: Kinder setzen sich mit ihren sprachlichen Ressourcen auseinander – kreativ in Zeichnungen (Sprachenporträts) und in einer selbstgestalteten mehrsprachigen Geschichte.
- (Forschungs-)Fragen entwickeln: Kinder und Jugendliche entwickeln Fragen rund um Sprache gemeinsam mit Forscher:innen und pädagogischem Personal.
- Sprachbiografien erheben: Jugendliche und Erwachsene bringen sich in die Entwicklung und Durchführung sprachbiografischer Interviews mit Audio- und Videomaterial[13] (Erzählungen z. B. über mehrsprachige Erziehung, Spracherfahrungen und Kommunikationspraktiken) ein.
- Sprachlandschaften kartieren: Jugendliche fotografieren sprachliche Spuren im Stadtteil und integrieren diese in die Citizen-Science-App „Lingscape“.[14]

[12] Zu den Projektergebnissen im Detail: https://www.ids-mannheim.de/zfo/dz-deutsche-sprache/.

[13] Zum Beispiel Ritter und Hochholzer 2019.

[14] Für die Dokumentation der gesammelten Daten nutzt das Projekt die App „Lingscape“ (https://lingscape.uni.lu/de/), die an der Universität Luxemburg unter Beteiligung von Citizen Scientists speziell für diese Methode (Linguistic Landscaping) entwickelt wurde. Damit ist diese Aktivität zugleich in die weltweite Bewegung zur Erkundung sprachlicher Landschaften (Linguistic Landscapes) eingebettet und eröffnet durch diese globale Perspektive einen wertschätzenden Blick auf sprachliche Vielfalt, der über die eigene Lokalität hinausreicht.

Durch den Mixed-Methods-Ansatz zielt das Projekt auf Antworten auf die übergeordneten Forschungsfragen und macht Diversität für alle Beteiligten positiv erlebbar:

- Methoden: Kennenlernen und Einsatz von Forschungsmethoden und -tools (inklusive Datenerhebung),
- Sprache und Identifikation: Verständnis der Sprachlandschaft im öffentlichen Raum und Erkennen der unterschiedlichen kommunikativen Zwecke sprachlicher Zeichen, Beschäftigung mit eigener (lokal bezogener) Sprachkompetenz innerhalb des eigenen Stadtteils,
- Empowerment: Förderung von Selbst-/Sprachbewusstsein, Selbstwirksamkeit, Selbstständigkeit,
- soziale Inklusion: attraktives Bildungsangebot, Einbeziehung traditionell unterrepräsentierter Zielgruppen.

Die vielschichtigen Ansätze im Sprach-Checker-Projekt wollen zu einem ganzheitlichen Verständnis von Sprache beitragen und dabei die beteiligten Zielgruppen in ihrer Vielfalt anerkennend einbeziehen und mitnehmen. Mit dieser Haltung agiert das Projekt im Sinn von Vermeer: „Man lernt nie eine Sprache allein, man lernt eine ganze Welt mit ihr und um sie, und ohne diese Welt lernt man die Sprache nicht […]" (Vermeer, 1996, S. 164).

Das Projekt „Die Sprach-Checker" ermöglicht einen differenzierten Einblick in den Alltag der Bevölkerung. Ein zentraler Grundpfeiler ist die Zusammenarbeit mit Institutionen im Stadtteil, die das Vertrauen der Bevölkerung vor Ort genießen – ein entscheidender Mehrwert für die Ansprache und Motivation der Citizen Scientists.[15] Um der Diversität im Projekt gerecht zu werden, setzt es auf folgende Maßnahmen:

- Wissenschaftskommunikation: Erklärvideos,[16] Handouts und von Citizen Scientists erstellte Dokumentationen – analog, auf Social Media und bei öffentlichen Veranstaltungen,
- Verständigungswege: Berücksichtigung unterschiedlicher Arbeitsdynamiken der Beteiligten, Gespräche vor Ort zur Aushandlung partizipativer Formate, mehrsprachige Kommunikation durch Übersetzung von Materialien, Einsatz von Dolmetscher:innen und pädagogischem Personal zur Sprachmittlung.

Projektbilanz

Partizipative Methoden sind besonders geeignet, um Kinder und Jugendliche für sprachliche Vielfalt zu sensibilisieren. Der Einsatz digitaler Medien, von Apps und kreativen Formaten – wie dem Kinderbuch, den Visualisierungen mittels Sprachenporträts oder Aus-

[15] Zu den Projektpartnern: https://www.ids-mannheim.de/zfo/dz-deutsche-sprache/sprachforschung-und-citizen-science/.

[16] YouTube-Playlist zu Erklärvideos und weiterem Videomaterial: https://youtube.com/playlist?list=PLIvbABMA5kgaGJTl2gn-05rCuCHJPPG2-&si=Kt23dQCDV7_kFDdK.

drucksformen wie dem Sprach-Checker-Rap – ermöglicht Identifikation, weckt Begeisterung und fördert neben sprachlichen und methodischen Kompetenzen auch Teamfähigkeit und Selbstwirksamkeit. Die Jugendlichen berichten von einem gestärkten Bewusstsein für ihre eigenen Sprachschätze und erleben, dass sie mit ihren Fragen und Erfahrungen die Forschung mitgestalten dürfen. Oder wie es eine Grundschülerin treffend formulierte: „Wenn du Experte für deine Sprache Arabisch bist, dann kann ich doch auch Expertin für meine Sprache sein".

Für die praktische Umsetzung eigener Projekte und Initiativen ist eine kommentierte Zusammenstellung an Leitfäden und Toolboxen für die inklusive, diversitätssensible Gestaltung von Partizipation in der Forschung als Ergänzungsmaterial zu diesem Beitrag online verfügbar: https://doi.org/10.5281/zenodo.15780742.

5 Fazit – Inklusion und Diversität als Gelingensbedingungen von Partizipation

Partizipation in der Forschung lebt von Offenheit – für neue Perspektiven, andere Lebenswelten und vielfältige Erfahrungen. Damit alle Menschen die Chance haben, sich einzubringen, braucht es Projekte, die bewusst auf Inklusion und Vielfalt achten. Das heißt: Teilhabe darf nicht dem Zufall überlassen werden. Damit partizipative Forschung wirklich alle einbezieht, sind eine offene Haltung gegenüber Vielfalt sowie Strukturen erforderlich, die echte Mitwirkung ermöglichen. Dafür ist es notwendig, die Komplexität der Herausforderung und die Vielfalt der Vielfaltsdimensionen – ob Herkunft, Bildung oder körperliche Voraussetzungen wie in den drei aufgeführten Praxisperspektiven oder viele andere – zu erkennen und deren Verbindungen zu verstehen. Die Praxisperspektiven zeigen jedoch auch, wie intensiv Debatten über Inklusion und Diversität mit Fragen, aber auch Auswirkungen sozialer Gerechtigkeit verschränkt sind, die über die Umsetzung eines einzelnen wissenschaftlichen Projekts hinausreichen. Die Beispiele veranschaulichen: Wer mehr Menschen erreichen will, muss Hürden abbauen: durch barrierefreie Zugänge, passende Sprache, vertrauensvolle Zusammenarbeit oder die Anerkennung von Lebenserfahrung als Expertise.

Dem internationalen Dreiklang aus Diversity, Equity, Inclusion (DEI) folgend ergibt sich für partizipative Forschung die Notwendigkeit, methodische Ansätze der Wissensproduktion konsequent mit einer ethischen Reflexion zu verbinden. Diese Reflexion würde Fragen sozialer Gerechtigkeit und Teilhabe adressieren und die epistemische Gerechtigkeit (Fricker, 2023) ins Zentrum rücken. Diese fragt: Wer wird in der Forschung gehört – und wessen Wissen wird übersehen oder nicht ernst genommen? Damit ist gemeint, dass die Erfahrungen bestimmter gesellschaftlicher Gruppen in der Wissenschaft häufig nicht wahrgenommen werden und zugleich die bestehenden wissenschaftlichen Strukturen es diesen Gruppen erschweren, ihr eigenes Wissen sichtbar zu machen oder Gehör zu finden.

Wenn Menschen ihre Perspektiven, Erfahrungen und ihr Wissen erst in die „richtige Sprache“ übersetzen müssen, um in wissenschaftlichen Kontexten gehört zu werden, wird Beteiligung schnell zu einem anspruchsvollen Prozess. Die Projekte verdeutlichen: Inklusion und Diversität sind nicht nur eine moralische Anforderung, sondern sie bereichern wissenschaftliche Prozesse inhaltlich und methodisch. Sie ermöglichen Zugänge zu Lebensrealitäten, die in der konventionellen Forschung oft außen vor bleiben, und können dadurch neue Perspektiven, Fragestellungen und Lösungsansätze aufzeigen. Somit tragen sie zu einem umfassenderen, realitätsnäheren Verständnis gesellschaftlicher Zusammenhänge bei.

Trotz aller Bemühungen in einem partizipativen Forschungsprojekt bleiben häufig Hürden bestehen: strukturelle Ausschlüsse, fehlende Ressourcen, sprachliche und kulturelle Barrieren oder Unsicherheiten im Umgang mit heterogenen Gruppen. Doch die Beispiele zeigen auch: Diese Hürden sind gestaltbar, wenn Beteiligung nicht als Einladung in ein fertig vorbereitetes Forschungsprojekt, sondern Forschung selbst als gemeinsamer Gestaltungsprozess verstanden wird.

Gerade in Zeiten gesellschaftlicher Umbrüche und wachsender Komplexität ist es strategisch klug und gesellschaftlich notwendig, auf breite Beteiligung zu setzen. Partizipation, die Diversität und Inklusion ernst nimmt, ist kein bloßes Zusatzangebot. Sie ist der Schlüssel zu einer offenen, verantwortungsvollen und zukunftsfähigen Wissenschaft.

Literatur

Adler, J., Humm, C., & Schrögel, P. (2020). *Erfahrungsberichte zu den durchgeführten Pilotformaten. 2) Wissenschaftskommunikation für und mit Berufsschüler*innen: Science-Pub-Quiz „Handwerk trifft Wissenschaft“ in Karlsruhe.* Karlsruher Institut für Technologie. https://doi.org/10.5281/zenodo.3988237

Allmanritter, V., & Tewes-Schünzel, O. (2022). *Kulturelle Teilhabe in Berlin 2021. Kulturbesuche, Freizeitaktivitäten und digitale Angebote in Zeiten von COVID-19* (Schriftenreihe Kultursoziologie Nr. 2). Institut für Kulturelle Teilhabeforschung.

Behrisch, B. (2022). Partizipatorische und emanzipatorische Forschung. In A. Waldschmidt (Hrsg.), *Handbuch Disability Studies* (S. 109–124). Springer VS. https://doi.org/10.1007/978-3-531-18925-3_7

Bernstein, R. S., Bulger, M., Salipante, P., & Weisinger, J. Y. (2020). From diversity to inclusion to equity: A theory of generative interactions. *Journal of Business Ethics, 167*, 395–410. https://doi.org/10.1007/s10551-019-04180-1

Bolten, J. (2014). „Diversität“ aus der Perspektive eines offenen Interkulturalitätsbegriffs. In A. Moosmüller & J. Möller-Kiero (Hrsg.), *Interkulturalität und kulturelle Diversität* (S. 47–60). Waxmann.

Bolten, J. (2016). Interkulturelle Trainings neu denken. *Interculture journal: Online-Zeitschrift für interkulturelle Studien, 15*(26), 75–91. https://nbn-resolving.org/urn:nbn:de:0168-ssoar-55550-2

Booth, T., & Ainscow, M. (2019). *Index für Inklusion: Ein Leitfaden für Schulentwicklung (herausgegeben und adaptiert für deutschsprachige Bildungssysteme von Bruno Achermann, Donja Ahrandjani-Amirpur, Maria-Luise Braunsteiner, Heidrun Demo, Elisabeth Plate, Andrea Platte).* Beltz Juventa.

Bourdieu, P. (1987). *Die feinen Unterschiede*. Suhrkamp.

Canfield, K. N., Menezes, S., Matsuda, S. B., Moore, A., Mosley Austin, A. N., Dewsbury, B. M., Feliu-Mójer, M., McDuffie, K., Moore, K., Reich, C., Smith, H., & Taylor, C. (2020). Science communication demands a critical approach that centers inclusion, equity, and intersectionality. *Frontiers in Communication, 5*(2). https://doi.org/10.3389/fcomm.2020.00002

Cnyrim, A. (2020). Interkulturalität begegnet Fremdsprachendidaktik. Dem Traumpaar zur Silberhochzeit. Einleitende Überlegungen zum Themenschwerpunkt „Interkulturalität". *Zeitschrift für Interkulturellen Fremdsprachenunterricht: MehrSprachen Lernen und Lehren, 25*(1), 109–114.

Crenshaw, K. (1989). Demarginalizing the intersection of race and sex: A black feminist critique of antidiscrimination doctrine, feminist theory and antiracist politics. *University of Chicago Legal Forum, 1989*(1), 139–167.

Dawson, E. (2018). Reimagining publics and (non) participation: Exploring exclusion from science communication through the experiences of low-income, minority ethnic groups. *Public Understanding of Science, 27*(7), 772–786. https://doi.org/10.1177/0963662517750072

Europäische Kommission. (2004). *Gemeinsamer Bericht über die soziale Eingliederung*. https://ec.europa.eu/employment_social/soc-prot/soc-incl/final_joint_inclusion_report_2003_de.pdf. Zugegriffen am 03.05.2026.

Extra, G. (2010). Mapping linguistic diversity in multicultural contexts: Demolinguistic perspectives. In J. A. Fishman & G. Ofelia (Hrsg.), *Handbook of language and ethnic identity* (2. Aufl., S. 107–122). Oxford University Press.

Fricker, M. (2023). *Epistemische Ungerechtigkeit. Macht und die Ethik des Wissens*. H. C. Beck.

Gardenswartz, L., & Rowe, A. (1995). *Diversity teams at work*. Irwin.

von Helmolt, K. (2016). Perspektivenreflexives Sprechen über Interkulturalität. *interculture journal: Online-Zeitschrift für interkulturelle Studien, 15*(26), 33–42. https://nbn-resolving.org/urn:nbn:de:0168-ssoar-55247-8

Humm, C., & Schrögel, P. (2020). Science for all? Practical recommendations on reaching underserved audiences. *Frontiers in Communication, 5*(42). https://doi.org/10.3389/fcomm.2020.00042

Humm, C., Schrögel, P., & Leßmöllmann, A. (2020). Feeling left out: Underserved audiences in science communication. *Media and Communication, 8*(1), 164–176. https://doi.org/10.17645/mac.v8i1.2480

Humm, C., Schrögel, P., & Welz, M. (2024). *Exklusion in der Wissenschaftskommunikation: Fehlende Diversität und Barrieren. Ein Forschungsüberblick*. Transfer Unit Wissenschaftskommunikation. https://wissenschaft-im-dialog.de/documents/327/TransferUnit_Forschungsueberblick_Diversitaet.pdf. Zugegriffen am 03.05.2026

Judd, K., & McKinnon, M. (2021). A systematic map of inclusion, equity and diversity in science communication research: Do we practice what we preach? *Frontiers. Communication, 6*(744365). https://doi.org/10.3389/fcomm.2021.744365

Kastl, J. M. (2017). *Einführung in die Soziologie der Behinderung* (2. Aufl.). Springer VS.

Keuchel, S. (2016). 1.2 Zur Diskussion der Begriffe Diversität und Inklusion – mit einem Fokus auf die Verwendung und Entwicklung beider Begriffe in Kultur und Kultureller Bildung. *Kulturelle Bildung Online*. https://www.kubi-online.de/artikel/zur-diskussion-begriffe-diversitaet-inklusion-einem-fokus-verwendung-entwicklung-beider. Zugegriffen am 03.05.2026

Kia-Keating, M., & Juang, L. P. (2022). Participatory science as a decolonizing methodology: Leveraging collective knowledge from partnerships with refugee and immigrant communities. *Cultural Diversity and Ethnic Minority Psychology, 28*(3), 299–305. https://doi.org/10.1037/cdp0000514

Knapp, G. A. (2005). „Intersectionality“: ein neues Paradigma feministischer Theorie? Zur transatlantischen Reise von „Race, Class, Gender“. *Feministische Studien, 23*(1), 68–81.

Liebau, E. (2015). Kulturelle Bildung für alle und von allen? Über Teilhabe an und Zugänge zur Kulturellen Bildung. *Kulturelle Bildung Online*. https://www.kubi-online.de/artikel/kulturelle-bildung-alle-allen-ueber-teilhabe-zugaenge-zur-kulturellen-bildung. Zugegriffen am 03.05.2026

Lindmeier, C., & Lütje-Klose, B. (2015). Inklusion als Querschnittsaufgabe in der Erziehungswissenschaft. *Erziehungswissenschaft, 26*(51), 7–16. https://doi.org/10.3224/ezw.v26i2.21065

Loden, M., & Rosener, J. B. (1991). *Workforce America! Managing employee diversity as a vital resource*. Homewood, Ill. : Business One Irwin.

Lorenz, L. (2020). Addressing diversity in science communication through citizen social science. *Journal of Science Communication, 19*(4), Artikel 04. https://doi.org/10.22323/2.19040204

Norkus, M. (2018). Prekäre Partizipation: Intersektionale Verschränkungen von sozialer Klasse und Geschlecht in der Wissenschaft. In M. Laufenberg, M. Erlemann, M. Norkus, & G. Petschick (Hrsg.), *Prekäre Gleichstellung: Geschlechtergerechtigkeit, soziale Ungleichheit und unsichere Arbeitsverhältnisse in der Wissenschaft* (S. 211–239). Springer VS. https://doi.org/10.1007/978-3-658-11631-6_9

Oliver, M. (1990). *The politics of disablement: A sociological approach*. Macmillan Education.

Oliver, M. (1992). Changing the social relations of research production? *Disability & Society, 7*(2), 101–113. https://doi.org/10.1080/02674649266780141

Puritty, C., Strickland, L. R., Alia, E., Blonder, B., Klein, E., Kohl, M. T., McGee, E., Quintana, M., Ridley, R., Tellmann, B., & Gerber, L. R. (2017). Without inclusion, diversity initiatives may not be enough. *Science, 357*(6356), 1101–1102. https://doi.org/10.1126/science.aai9054

Quick, K. S., & Feldman, M. S. (2011). Distinguishing participation and inclusion. *Journal of Planning Education and Research, 31*(3), 272–290. https://doi.org/10.1177/0739456X11410979

Ritter, A., & Hochholzer, R. (2019). Sprachbiographien mehrsprachiger Jugendlicher: Eine Studie mit neu zugewanderten Schülerinnen und Schülern. *Critical Multilingualism Studies, 7*(3), 32–54.

Scharf, I., Wunderlich, D., & Heisig, J. (2018). *Museen und Outreach: Outreach als strategisches Diversity-Instrument*. Waxmann.

Scherr, A. (2017). Soziologische Diskriminierungsforschung. In A. Scherr, A. El-Mafaalani, & G. Yüksel (Hrsg.), *Handbuch Diskriminierung* (S. 1–21). Springer VS.

Schrögel, P., Altinalana, L., Backhaus, J., Behrisch, B., Bischof, A., Burwitz, M., Enzingmüller, C., Hahn, J., Henke, J., Hoffmann, W., Kösters, K., Meyer, K., Müller, M., Semrau, J., & Wehrle, F. (2025). *Ein Leitfaden für Partizipation in der Forschung*. PartWiss. https://doi.org/10.5281/zenodo.14786253

Stifterverband für die Deutsche Wissenschaft e. V. (Hrsg.). (2022). *Hochschulbildung in der Transformation. Hochschul-Bildungs-Report 2020, Abschlussbericht*. Stifterverband für die Deutsche Wissenschaft e. V. https://www.stifterverband.org/download/file/fid/11000. Zugegriffen am 03.05.2026

Vermeer, H. J. (1996). Sprache oder Kultur? In H. Salevsky (Hrsg.), *Dolmetscher- und Übersetzerausbildung gestern, heute und morgen*. Berliner Beiträge zur Translationswissenschaft. Akten des internationalen wissenschaftlichen Kolloquiums anläßlich des 100-jährigen Jubiläums der Dolmetscher- und Übersetzerausbildung Rußisch an der Berliner Universität (1894–1994), veranstaltet an der Humboldt-Universität zu Berlin am 12. und 13. Mai 1995 (S. 163–169). Peter Lang.

Waldschmidt, A. (2004). „Behinderung“ revisited – Das Forschungsprogramm der Disability Studies aus soziologischer Sicht. *Vierteljahresschrift für Heilpädagogik und ihre Nachbargebiete, 73*(4), 365–376.

Wissenschaft im Dialog/Kantar. (2023). *Wissenschaftsbarometer 2023*. Wissenschaft im Dialog.

Zeutschel, U. (2016). „Zoomen“ zum Entdecken interkultureller Verständigungspotenziale und -ressourcen. *interculture journal. Online-Zeitschrift für interkulturelle Studien, 15*(26), 93–96.

Birgit Behrisch ist Professorin für Erziehungswissenschaft an der Katholischen Hochschule für Sozialwesen Berlin. Sie forscht im Bereich Disability Studies und Familie.

Philipp Schrögel ist wissenschaftlicher Mitarbeiter an der TU Chemnitz. Er forscht zu kreativen und partizipativen Formen von Wissenschaftskommunikation und Public Engagement.

Christine Möhrs arbeitet am Leibniz-Institut für Deutsche Sprache. Sie forscht u. a. mit Citizen-Science-Ansätzen zu sprachlicher Vielfalt unter Beteiligung junger Zielgruppen.

Rahaf Farag arbeitet am Leibniz-Institut für Deutsche Sprache. Sie forscht u. a. mit Citizen-Science-Ansätzen zu sprachlicher Vielfalt unter Beteiligung junger Zielgruppen.

Institutionalisierung partizipativer Forschung

Kathrin Wieck, Audrey Podann, Inge Leurs, Julia Backhaus und Alexander Sonntag

1 Herausforderungen zur Institutionalisierung partizipativer Forschung

Die Rolle der Wissenschaft in der Gesellschaft unterliegt einem fortlaufenden Wandel und damit auch die Methoden der Wissensproduktion. Die Wissenschaftsfreiheit garantiert zwar die Unabhängigkeit der Wissenschaft von staatlichen Eingriffen (§ 4 Abs. 2 Hochschulrahmengesetz), allerdings ist auch die Wissenschaftsförderung von Trends und politischer Einflussnahme abhängig, sodass ein Steuerungseffekt in die Wissenschaft seitens der politischen Institutionen gegeben ist. Insbesondere mittels finanzieller Steuerung durch Drittmittel, aber auch weiterer Instrumente wie Hochschulverträge, Audits, Evaluierungen und Zielvereinbarungen können Themen von gesellschaftlichen Akteur:innen in Hochschulen und Forschungseinrichtungen gesetzt werden.

Insbesondere in den vergangenen Jahren sind die gesellschaftlichen Herausforderungen komplexer, beschleunigter und krisenhafter geworden. Zu den großen gesellschaftlichen Herausforderungen werden insbesondere die des Anthropozäns wie Klimawandel, Urba-

K. Wieck (✉) · A. Podann
Technische Universität Berlin, Stabsstelle Science and Society, Berlin, Deutschland
E-Mail: kathrin.wieck@tu-berlin.de

I. Leurs
University of Twente, Knowledge, Transformation & Society (KiTeS), Enschede, Niederlande

J. Backhaus
RWTH Aachen University, Living Labs Incubator, Human Technology Center, Aachen, Deutschland
E-Mail: julia.backhaus@humtec.rwth-aachen.de

A. Sonntag
Human Technology Center der RWTH Aachen University, Aachen, Deutschland

S. Voigt-Heucke et al., *Praxishandbuch Partizipation in der Wissenschaft*,
https://doi.org/10.1007/978-3-658-51093-0_5

nisierung, soziale Krisen, Artenverlust, Ressourcenknappheit, Bodenerosion, aber auch demografischer Wandel, Digitalisierung sowie die Energie- und Mobilitätswende gezählt. Die Wissenschaft wird vermehrt als zentrale gesellschaftliche Ressource gesehen, zu Lösungen dieser Herausforderungen beizutragen. Aus der Forschung werden dazu maßgebliche Beiträge ebenso zur Gestaltung sozial-ökologischer Transformation erhofft und erwartet – unter der Parole „Follow the science" mobilisierten z. B. die Fridays-for-Future-Bewegung oder Befürworter:innen starker staatlicher Steuerung in der Corona-Pandemie. Gleichzeitig und in den gleichen Themenbereichen wird der Wissenschaft aber Weltfremdheit in Form des vielfach genannten „Elfenbeinturms" zum Vorwurf gemacht und eine stärkere Orientierung an gesellschaftlichen Bedarfen verordnet. Das Selbstverständnis der Wissenschaft als Ort der akademischen Freiheit und Selbstorganisation wird durch diese Anforderungen durchaus tangiert, zumal sie wesentlich auf die Bereitschaft der breiten Gesellschaft angewiesen ist, sie zu finanzieren.

Zugleich ist der Transformationsdruck in allen gesellschaftlichen Sektoren durch mehrere sich gleichzeitig vollziehende, miteinander verwobene Krisen erheblich gestiegen. Das stellt das Wissenschaftssystem vor die Herausforderung, Raum und Strukturen für transdisziplinäre und partizipative Forschung zu schaffen und sie für ein breites Anwendungsfeld zu institutionalisieren. Dass dieser Forschungsmodus aber eine genuin wissenschaftliche Entwicklung ist und keineswegs ein externer Eingriff in die Wissenschaft, kann eventuell zu mehr Wandlungsbereitschaft in den wissenschaftlichen Institutionen beitragen.

Der vorliegende Beitrag widmet sich der Frage, wie Hochschulen partizipative und transdisziplinäre Forschung besser unterstützen können und wie langfristig strukturelle Anreize für diese Forschungsmodi geschaffen werden können.

Unter Institutionalisierung wird ein institutioneller Wandel hin zur Entwicklung kollaborativer Wissenschaftskulturen, kontinuierlicher operativer Strukturen und verbindlicher Hochschulstrategien zur Förderung partizipativer und transdisziplinärer Forschung verstanden. Dies beinhaltet, langfristige Kooperationen zwischen wissenschaftlichen und außerwissenschaftlichen Akteur:innen zu initiieren, gemeinsame Wissensarchive unterschiedlicher Wissenstypen aufzubauen sowie neue Kollaborationsmodelle der Wissenschaft dauerhaft im gesellschaftlichen Kontext zu verankern. In Bezug auf den aktuellen Forschungsstand zur Institutionalisierung des Wissensaustauschs von Forschung und Gesellschaft reflektieren wir empirisch drei beispielhafte Anwendungsfälle im deutschen und europäischen Kontext auf verschiedenen institutionellen Wirkungsebenen. Wir vertreten in diesem Beitrag die Position, dass eine systematische Institutionalisierung partizipativer Forschung in ihren verschiedenen Dimensionen – auf der strukturellen Makroebene, auf der methodischen Mesoebene und auf der Mikroebene der Forschungspraxis – notwendig ist. Die institutionelle Transformation der Wissenschaft sollte national und international erfolgen, die Hochschulen und insbesondere die Universitäten sollten entsprechend ihre Strukturen anpassen. Mit dieser Kategorisierung wird der Versuch unternommen, eine mögliche institutionelle Transformation für einen langfristigen Wissenstransfer systematisch zu beschreiben und unterstützende Entwicklungsprozesse an den Universitäten dahingehend anzuschieben.

2 Impulse zur Institutionalisierung partizipativer Forschung

Partizipative Forschung hat sich in unterschiedlichen methodischen Ausrichtungen in den vergangenen Jahrzehnten als ein relevanter Forschungsmodus bewiesen: Insbesondere durch die Beteiligung von Bürger:innen und außerwissenschaftlichen Expert:innen in ökologischen und anderen lebensweltlichen Forschungskontexten hat sich ein breites, intern ausdifferenziertes Spektrum partizipatorischer Forschungsansätze entwickelt. Wir subsummieren hierzu partizipative Forschung, transdisziplinäre Forschung, transformative Forschung (inklusive Reallabore), Citizen Science und vorausgehende Ansätze wie beispielsweise Aktionsforschung, anwendungsorientierte Forschung, Interventionsforschung. Für wissenschaftliche Institutionen, insbesondere Universitäten mit ihren tradierten Hierarchien der Disziplinen, auf denen grundsätzlich die gesamten Ordnungs- und Beteiligungsstrukturen der Universität strukturiert werden – ist die Verbreiterung der Forschungsansätze von disziplinären über interdisziplinäre und vermehrt zu transdisziplinären Ansätzen Chance und Herausforderung zugleich.

Für einen institutionellen Wandel besteht angesichts der Anforderungen an die Forschung innerhalb der Hochschulen, den gesellschaftlichen krisenbedingten Problemen durch das Zusammenwirken von Wissenschaft und Gesellschaft kreativ, innovativ und langfristig zu begegnen, noch immenser Handlungsbedarf. Dieser besteht aber auch nach außen, um der Fragmentierung vereinzelter hochschulstrategischer Initiativen entgegenzuwirken und den Transfer in Richtung eines multidirektionalen Wissensaustausches zu erweitern. Dazu gehört auch die Repräsentanz und Sichtbarkeit für die Forschungspolitik, für die Förderlandschaft sowie für eine gemeinsame Ausrichtung der Hochschulen zum Forschen mit der Gesellschaft zu erhöhen. Dies geschieht, indem gemeinsame Kompetenzen aus verschiedenen Wissenstypen sowie akademischen und nicht akademischen Wissensbeständen (Wissensarchive) aufgebaut, Koalitionen von Communities partizipativen Forschens gebildet und übertragbare oder gemeinsame strategische Konzepte und Formate geschaffen werden (Bammer et al., 2020; Smith et al., 2020; Vienni-Baptista & Klein, 2022, S. 182).

Der Blick hinter die Kulissen akademischer Forschung und Lehre – in den hochschulstrategiebildenden Apparat des Wissenschaftsmanagements – lässt nur vereinzelt gebündelte und systematische Strukturen zur Förderung, Begleitung und langfristigen Etablierung partizipativer Forschungsmodi in der deutschen Hochschullandschaft erkennen. Dabei sind gerade die Universitäten in dem gesellschaftlichen Transformationsprozess besonders gefordert. Sie sind maßgebliche Orte des Generierens, Verhandelns und Transferierens von neuem Wissen, Erkenntnisgewinn und gesellschaftlichen Problemlösungen sowie des Hervorbringens qualifizierter Nachwuchsarbeitskräfte.

Trotz der genannten Leerstellen in Strategie und Praxis ist zu konstatieren, dass in den letzten zwei Jahrzehnten der gesellschaftliche Diskurs und das Praktizieren von verschiedenen Modi partizipativer Forschung in akademischen Einrichtungen beträchtlich angewachsen ist (Lam et al., 2021; Lawrence et al., 2022; Hecker et al., 2018; Schneidewind & Singer-Brodowski, 2013; Lang et al., 2012; Jahn et al., 2012). Er ist auch Bestandteil einer politischen Agenda und programmatischer Zielsetzungen. Auch die wissenschaftliche Literatur zu dem methodologischen Feld ist für die Gestaltung nachhaltiger Entwicklung und dem Umgang mit den großen Herausforderungen des Klimawandels, der globalen Gesundheit, der Energie- und Mobilitätswende u. a. gewachsen, insbesondere zu den Prozessen, den Akteur:innen, den Formaten der Wissensgenerierung und -reflexion, zu den Methoden und Instrumenten sowie zu den gesellschaftlichen und wissenschaftlichen Wirkungen (Laursen et al., 2024; Studer & Pohl, 2023; Kny et al., 2023; Schäfer et al., 2021; Defila & Di Gulio, 2018; Bergmann et al., 2012).

Entsprechend kamen in den vergangenen Jahrzehnten die Impulse für mehr Partizipation in der Wissenschaft in Deutschland auch nicht primär aus dem Universitätsmanagement. Sie erwuchsen aus Disziplinen, die aus ihrem fachlichen Theorie- und Methodenrepertoire sowie aus einer entwicklungsorientierten räumlichen und ökologischen Perspektive zur Gestaltung von Nachhaltigkeit die Zusammenarbeit mit gesellschaftlichen Akteur:innen forschend und lehrend praktizieren. Als Beispiele sind die planerischen, gestalterischen und ökologischen Disziplinen zu nennen. Zudem wurden insbesondere durch verschiedene universitäre und außeruniversitäre Forschungseinrichtungen als Vorreiter in der deutschen Hochschullandschaft, wie das Wuppertal-Institut, das Öko-Institut, das Institut für sozial-ökologische Forschung (ISOE), das KIT, die Leuphana Universität, die RWTH Aachen University und die TU Berlin, innovative partizipative Forschungsansätze entwickelt, in denen die disziplinären Grenzen und Traditionen eine untergeordnete Rolle spielen. Hier haben sich insbesondere technische Universitäten und Hochschulen für angewandte Forschung profiliert. Mehr Präsenz von Inter- und Transdisziplinarität in der Struktur- und Entwicklungsplanung zeigen vorerst vor allem die jungen, neu konfigurierten Universitäten.

Auf der Ebene der nationalen und europäischen Forschungsförderung entwickeln sich zunehmend Programmlinien, die das Potenzial partizipativer Forschung adressieren bis hin zu nationalen Citizen-Science- und Partizipations-Strategien. Zudem unterstützen einige nationale und europäische Förderprogramme und Stiftungen partizipative Forschung, z. B. die Linie Forschung für nachhaltige Entwicklung (FONA) des BMFTR, Stiftungen wie die Bosch, die Mercator, die Schrader oder die Volkswagen, die Förderung von Reallaboren in Baden-Württemberg seit 2015, die missionsorientierten EU-Förderlinien zur Etablierung einer Transformationsagenda wie Horizon 2020 und Horizon Europe, Erasmus+ sowie die Exzellenzinitiativen. Diese sind jedoch als langfristige strategische Leitlinien für Forschung, Lehre und zirkulären Transfer vielfach noch nicht implementiert und umgesetzt.

Zudem wird mit der Entwicklung und dem Austausch von Formaten und Methoden partizipativer Forschung ein wichtiger Baustein zur Institutionalisierung dieses Forschungsmodus an den Hochschulen und außeruniversitären Einrichtungen gelegt. Dazu zählen wir auch die Plattformen verschiedener Forschungsgemeinschaften zu partizipativem Forschen und Transdisziplinarität. Sie leisten einen wesentlichen Beitrag zum Kapazitätsaufbau, Wissenstransfer, zur Methodenentwicklung und -reflexion sowie Netzwerkbildung.[1] Sie bündeln, reflektieren und unterstützen navigierend durch die For-

[1] ITD Alliance (https://itd-alliance.org/), td-net (https://transdisciplinarity.ch/de), tdAcademy (https://td-academy.org/), Gesellschaft für transdisziplinäre und partizipative Forschung (https://gtpf.science/), Netzwerk Reallabore der Nachhaltigkeit Home (https://www.reallabor-netzwerk.de/).

mate der Umsetzung wie Reallabore, Citizen Science, transformative Forschung, Co-Design, Open Science, Aktionsforschung als mögliche Ansätze. Sie regen dazu an, verschiedene Prinzipien, Methoden und Evaluierungen gemeinsamen Forschens zu erproben und gleichzeitig als Standards zu verstetigen und übertragbar zu machen. Angesichts dieser Entwicklungen beginnen Hochschulen, sich zu bewegen und partizipative Forschung als Teil ihres gesellschaftlichen Auftrags und auch als ein wissenschaftlich fundiertes Vorgehen zu begreifen.

3 Diskurse zur Institutionalisierung partizipativer Forschung

Das Potenzial zur Institutionalisierung partizipativer Forschung ist neben den hochschulpolitischen Debatten vermehrt auch Thema in wissenschaftlichen Publikationen. Es besteht noch ein erheblicher Bedarf an institutionellen Veränderungen, um partizipative Forschungsformen zu ermöglichen und sie als regulären Teil des Wissenschaftssystems in akademischen Einrichtungen zu etablieren (Williams et al., 2024; Vienni-Baptista & Klein, 2022; Ahrend & Podann, 2021; Bammer et al., 2020). Dies ist notwendig, um transdisziplinäre Projekte im Hinblick auf die gesellschaftliche und wissenschaftliche Wirkung effektiver zu initiieren und sie als Forschungspraxis zu implementieren, mit Beratungskapazitäten zu unterstützen und in Forschung und Lehre zu vernetzen sowie langfristige Kooperationen zwischen Forschung und Gesellschaft zu ermöglichen. Als beispielgebende Ansätze sind hierzu die entwickelten Formate des Labors für transdisziplinäre Forschung der Berlin University Alliance zu nennen (Berlin University Alliance, 2024a, b). In der Literatur über Hochschulmanagement sowie Inter- und Transdisziplinarität wird die Bedeutung der Schaffung von Strukturen, Strategien und anderen Methoden zur Implementierung der partizipativen Forschung in die akademische Welt zunehmend betont und zugleich ihre bisher unzureichende systematische Erforschung erwähnt (Williams et al., 2024; Leurs et al., 2024; Vienni-Baptista & Klein, 2022; Ahrend & Podann, 2021; Klein, 2010).

In den letzten Jahrzehnten wurden die Governancestrukturen der Universitäten erheblich reformiert, um den demokratischen Charakter, die Zusammensetzung der Leitungsgremien und den Grad der Zentralisierung der Entscheidungsfindung innerhalb der europäischen Universitäten zu verändern (De Boer & Maassen, 2020). Das Verständnis dieser Reformen und ihre tiefgreifenden Auswirkungen auf die Governancestrukturen der Universitäten sind von entscheidender Bedeutung, um die direkte Einflussnahme auf Forschung und Forschungsinhalte zu verstehen. Zu den wichtigsten Veränderungen gehören die Umstellung von einer kontinuierlichen Forschungsfinanzierung in einen aufgeteilten Finanzierungsmodus aus wiederkehrenden Zahlungen und temporären projektbezogenen Drittmitteln, die Integration von Zielen der öffentlichen Politik in die Wissenschaftspolitik, die Umgestaltung der Hochschulgovernance und die Förderung von Transferinitiativen und der Zusammenarbeit zwischen Wirtschaftsunternehmen und öffentlich finanzierter Forschung (Gläser & Laudel, 2016; Whitley et al., 2010).

Hochschulleitungen können also den Inhalt der Forschung verändern, beispielsweise durch die Konstruktion und Wahrnehmung von Verantwortung für Forschungsziele und -ansätze. Dies gilt auch für partizipative Ansätze wie Bürgerwissenschaft sowie inter- und transdisziplinäre Forschungsmethoden. Die Steuerung der Wissenschaft ist mehrdimensional: Sie umfasst Governancestrukturen, Akteur:innen, Initiativen und wechselseitige Beziehungen auf der Makro-, Meso- und Mikroebene. Jede dieser Ebenen spielt eine Rolle bei der Gestaltung von Forschungsinhalten. Auch die Genese der an Fachdisziplinen ausgerichteten akademischen Institutionen ist von Bedeutung, um hindernde, aber auch befördernde Faktoren für die Ermöglichung partizipativer Forschungsweisen auf den drei Ebenen zu filtern. Dies können (nach Vienni-Baptista & Klein, 2022; Williams et al., 2024, S. 5) auf der Makroebene Wissenssysteme und strategische Planungen sein, die institutionell verankert sind wie in Universitäten, Forschungsinstituten, Verwaltung und Politik, auf der Mesoebene Beförderungs- und Anerkennungskriterien innerhalb der Institute, Forschungszentren und Forschungsprogramme und auf der Mikroebene einzelner Forschender individuelle Forschungskapazitäten und -profile. Eine Mischung verschiedener Mechanismen der Institutionalisierung ist notwendig, um einerseits umsetzbare Forschungsergebnisse im lebensweltlichen Kontext zu erzielen und andererseits Kapazitäten aufzubauen für eine langfristige kollaborative Forschung. Dem Wissenschaftsmanagement kommt für die Institutionalisierung eine bedeutende Rolle zu, da es eine flexible polyzentrische Organisationsumgebung aufbauen kann (Dedeurwaerdere, 2024). Nach Gläser (2019) spielen hingegen die individuell Forschenden eine sehr direkte Rolle: Sie haben das Hoheitsrecht, Entscheidungen über Forschungsprojekte zu treffen. Dennoch wirkt auf Forschende auch ein Instrumentarium zur Einflussnahme auf die Produktion bestimmten Wissens ein. Die Mikroebene der Projekte und die individuell Forschenden werden auch von Vienni-Baptista und Klein (2022) im Hinblick auf ihre Wirksamkeit für die Institutionalisierung sowie mit Notwendigkeit zur weiteren Untersuchung hervorgehoben.

Klein (2010) thematisiert auch die Schwierigkeiten interdisziplinärer Initiativen, sich zu dauerhaften Strukturen innerhalb der Hochschulen zu entwickeln, nicht zuletzt da ihre Erfolgschancen von vielen Variablen abhängig sind. Daher bestehen inter- und transdisziplinäre Initiativen in erster Linie als isolierte Enklaven oder Vorzeigeobjekte innerhalb des etablierten disziplinären Rahmens der Hochschulbildung mit begrenzter Einflussnahme (Klein, 2010). Dies führt nur zu geringen Anpassungen der Leistungsstandards an den Forschungseinrichtungen, der Ressourcenzuweisung und der in den Strategieplänen dargelegten Ergebnisse. Beispielsweise wird an den britischen forschungsintensiven Universitäten Interdisziplinarität in den Strategieplänen für Lehre, Forschung und Infrastruktur zwar erwähnt, jedoch beruht die gesamte Hochschulbildung weiterhin auf konventionellen disziplinären Strukturen (Vienni-Baptista & Klein, 2022, S. 15). Sowohl in der Lehre als auch in der Forschung sind Lücken zu erkennen. Es gibt Widerstände sowohl gegen mehr partizipative Ansätze in der Forschung als auch in der Lehre, da die Befürchtung, etablierte und disziplinorientierte Routinen und Traditionen aufzugeben, an erster Stelle der Einwände steht. Administrative, finanzielle und kulturelle Barrieren sowie unsichtbare Hierarchien zwischen den Abteilungen behindern die interdisziplinäre Zusammenarbeit und führen zu institutionellen Praktiken, die tendenziell interdisziplinär Forschende einschränken (Klein, 2010). Ylijoki (2022) verweist auf die Erfahrung von Unverbundenheit, die von unterschiedlichen Traditionen, Forschungspraktiken bis hin zu ganzen Weltsichten herrühren. Diese kognitiven und erkenntnistheoretischen Barrieren seien tief verwurzelt und eng mit sozialen und kulturellen Erwartungen verwoben, die sich durch Codes in Verhalten, Sprache und Kleidung zeigen.

Wie Vienni-Baptista und Klein (2022, S. 5) feststellen, findet die Institutionalisierung der partizipativen Forschung auf mehreren Ebenen statt, z. B. auf der „lokalen, regionalen, nationalen und internationalen Ebene". Es ist wichtig, den historischen und geografischen Kontext sowie die zeitliche und räumliche Organisation der Inter- und Transdisziplinarität zu betrachten. Mit diesen Charakteristika werden in den Abschn. 4.1 und 4.3 die Technische Universität Berlin und die RWTH Aachen University betrachtet.

4 Ebenen der Institutionalisierung partizipativer Forschung

Ein Ausbau partizipativer Forschung in Richtung eines Zukunftskonzepts der Universitäten sowie eine systematische wissenschaftsbasierte Ausbildung sind demnach notwendige Schritte auf dem Weg zu einer umfassenden Institutionalisierung von Partizipation, Transdisziplinarität und Transformation als Forschungs-, Lehr- und Innovationsprinzip. Drei modellhafte und wechselseitig wirkende Ebenen der Institutionalisierung sollen hier anhand von Beispielen aufgerufen werden (Abb. 1). Entwickelt in Abhängigkeit zu nationalen und regionalen Förderlinien und -vorgaben enthalten sie spezifische Bausteine, die dazu beigetragen haben, eine fördernde Strategieumgebung für partizipatives Forschen zu schaffen. Sie resultieren aus einer geschichtlichen Entwicklung universitärer Governancestrukturen (Strukturaufbau der TU Berlin), aus Strategieentwicklungen eines Verbunds (Formate der ENHANCE Alliance) sowie aus gebündelten Einzelinitiativen (Living-Lab-Strategieentwicklung RWTH Aachen University).

4.1 Makroebene: Strukturaufbau durch innovative Wissensökosysteme

Auf der Makroebene sehen wir Strategieinitiativen und deren Zusammenwirken im Wissenschaftsmanagement wie operationelle Einheiten, wissenschaftliche Programme, Forschungszentren, Forschungsteams und -werkstätten, Reform- und Aktionspläne, Hochschulstrategien und Positionspapiere, strategische Positionen und Arbeitsfelder, Richtlinien, Services, Partnerschaften, Lehrprogramme, Curricula etc. Die Entwicklung und Umsetzung von Strategien zur Schaffung tragfähiger Strukturen für partizipative und transdisziplinäre Forschung erfolgt tendenziell in Institutionen, die bereits ein geteiltes Grundverständnis davon haben, in welchen Kooperationsbeziehungen sie mit gesellschaftlichen Akteur:innen kooperieren wollen, oder bei denen aus der thematischen Schwer-

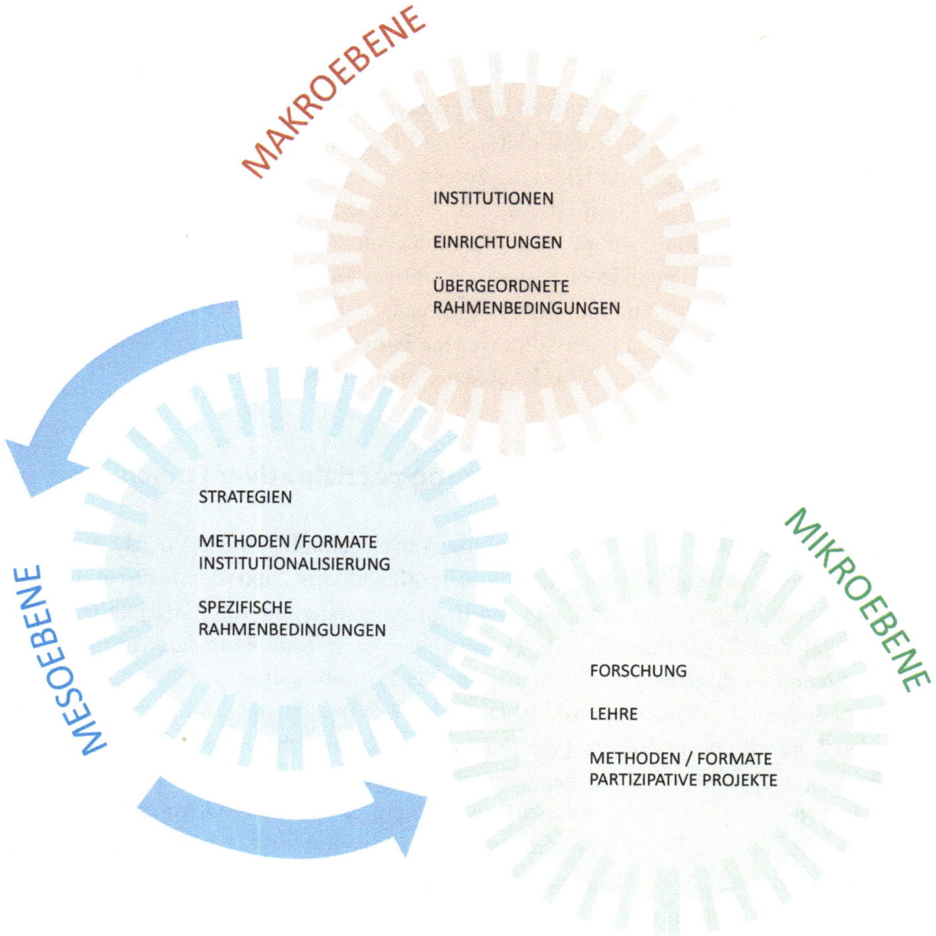

Abb. 1 Drei Ebenen der Institutionalisierung partizipativer Forschung. (Abbildung: Kathrin Wieck)

punktsetzung heraus partizipative und transdisziplinäre Ansätze selbstverständlich sind. Auf dieser Ebene soll beispielhaft der schrittweise Aufbau des innovativen Wissensökosystems der TU Berlin genannt werden, das verschiedene Serviceeinrichtungen, strukturelle Einheiten sowie strategische Ansätze zur Verankerung von Transdisziplinarität und partizipativem Forschen als institutionalisierten Forschungsmodus integriert.

Die TU Berlin verfolgt seit 2015 den Strukturaufbau zur Institutionalisierung von partizipativer und transdisziplinärer Forschung durch eine Kombination und Integration von Initiativen auf der Makroebene und der Mikroebene (Ahrend & Podann, 2021, S. 9 f.). Nach einem begrifflichen und wissenschaftstheoretischen Diskurs mit einem strategisch ausgesuchten Kreis universitärer Stakeholder:innen sowie gemeinsam veranstalteten Workshops wurden Themen identifiziert, in denen die TU Berlin in Pilotprozessen transdisziplinäre Forschungsprojekte initiieren konnte. Parallel lancierte die Universitätsleitung einen aus der internen Forschungsförderung finanzierten Call für Citizen-Science-Projekte mit sehr großer Resonanz, aus dem vier Forschungsprojekte hervorgegangen sind. Im Zuge der gemeinsamen Erarbeitung einer TUB Transferstrategie[2] mit vielen Mitgliedern der Universität wurden Bottom-up-Projekte gesammelt und miteinander vernetzt. Top-down initiiert war schließlich eine Reihe von Trialog-Workshops, in denen gezielt gesellschaftliche Akteur:innen zu den gewählten Pilotthemen eingeladen wurden, um sich mit Wissenschaftler:innen unterschiedlicher Karrierestufen und Wissenschaftsmanager:innen auszutauschen und neue Kooperationen anzuregen. Ziel war es, einen ergebnisoffenen Diskurs auf Augenhöhe und ein gemeinsames Problem-Framing durchzuführen, um gemeinsame Fragestellungen zu entwickeln. Hervorgegangen sind neue Projekte mit der Stadtgesellschaft. Ein weiterer Schritt diente dem systematischen Strukturaufbau, der Ermittlung der strukturellen Beschaffenheit und der Bedarfe. Die Verstetigung der Institutionalisierung war nach Ahrend und Podann (2021) eine besondere Herausforderung, da es in der deutschen Universitäts- und Förderlandschaft kaum Vorbilder oder Orientierungspunkte und spärliche Finanzierungsmöglichkeiten gibt.

Dieser verknüpfte Prozess war die Grundlage zur Gründung der Stabsstelle Science and Society an der Schnittstelle von Wissenschaft und Praxispartner:innen für den gemeinsamen Wissenstransfer. Ein wesentlicher Beitrag zur Institutionalisierung partizipativer Forschung durch die zentrale Geschäftsstelle ist, dass Projekte und Initiativen von allgemeiner strategischer Bedeutung für die Universität dort angesiedelt und entwickelt werden können. Dazu gehören das Labor für transdisziplinäre Forschung (TD-Lab)[3] zur Exzellenzinitiative der Berliner Universitätsallianz, die Reallaborplattform der TU Berlin (Stadtmanufaktur)[4] sowie die aktuelle Entwicklung des klimaangepassten Universitätscampus der TU Berlin als Reallabor. Mit dem Neubau des Museums-Pavillons TULIUM auf dem TUB-Campus entsteht derzeit ein weiteres Reallabor als gemeinsames Projekt der TU Berlin und des Berliner Bezirks Charlottenburg-Wilmersdorf. Gemeinsames Ziel ist eine stärkere Vernetzung der Stadt mit der Universität und die Etablierung eines kreativen Orts für den Wissensaustausch zwischen Forschung und Gesellschaft sowie zur Vermittlung von Innovationen und experimentellen Lösungen für eine nachhaltige und klimagerechte Bau- und Planungspraxis. Als ein zukunftsweisendes Pilotprojekt soll es baulich, konstruktiv und prozessual neue Standards etablieren. Durch den Strukturaufbau der Stabsstelle werden die Projekte dabei unterstützt, mehr Sichtbarkeit und Vernetzungsmöglichkeiten zu erlangen. Ahrend und Podann (2021) heben hervor, dass der erforderliche Wandel zur Institutionalisierung erst durch eine Erneuerung von Anreizsystemen, Anerkennungskulturen, Karrierewegen und Mittelzuweisungen sowie die Anpassung der innerinstitutionellen Mechanismen vollzogen ist. Das Ziel besteht im Wesentlichen darin, dass partizipatives Forschen ebenso Anerkennung und Unterstützung erfährt wie die disziplinäre oder interdisziplinäre Arbeit (Ahrend & Podann, 2021).

---

[2] Siehe https://www.static.tu.berlin/fileadmin/www/10000000/Transfer/Transferstrategie_TU_Berlin.pdf.

[3] Siehe https://www.berlin-university-alliance.de/commitments/knowledge-exchange/research-forums/indTD.

[4] Siehe https://stadtmanufaktur.info/.

4.2 Mesoebene: Methoden und Formate zur Institutionalisierung

Die Mesoebene zeichnet sich durch quervernetzende und prozessstimulierende Formate, Methoden und Instrumente zur Verknüpfung strategischer Konzepte und einzelner Forschungspraktiken aus. Diese Formate bilden den methodischen Rahmen für verschiedene Forschungsprojekte und Einzelinitiativen. Des Weiteren zählen wir zu den Methoden und Formaten die institutionell verändernd wirkenden Ansätze zur Schaffung einer gemeinsamen Wissensbasis, zur Vorbereitung strukturwirkender Prozesse sowie zur Bildung von Koalitionen durch Forschungsmanagement, Forschende sowie gesellschaftliche Akteur:innen (Bammer et al., 2020). Die Methoden und Formate bilden übergeordnet an der Schnittstelle von Wissenschaft und Gesellschaft Spielarten der Umsetzung partizipativer Forschung ab, wie Reallabore und Citizen Science. Sie operieren experimentell, systemisch oder untersuchend auf verschiedenen Partizipationsstufen, die von Datensammlung, Information und Beratung bis hin zur Co-Produktion, Co-Creation und Kollaboration reichen. Hierbei geht es um die systematische Entwicklung von Prozessen zur institutionellen Transformation, um partizipative Forschungsaktivitäten zu ermöglichen und gezielter unterstützen zu können. Wir argumentieren, dass die Formen und Formate partizipativen Forschens (auf der Mesoebene) nur dann gänzlich wirksam werden können – in wissenschaftlicher, gesellschaftlicher und strategischer Hinsicht –, wenn sie von einer kollaborativen Universitätsumgebung mit Teilhabe von Gesellschaft nicht nur gefördert und strategisch verankert, sondern auch verstetigt werden. Eine Implementierung dieser Ansätze durch universitäre Strukturen ist also notwendig, um einzelne Projekte operativ und wissenschaftlich für die gesellschaftliche Transformation beraten zu können, stabile Netzwerke und Partnerschaften zwischen wissenschaftlichen und gesellschaftlichen Akteur:innen zu bilden und Synergien zu weiteren Projekten und Formaten zu schaffen. Die Prozesse der Netzwerkbildung innerhalb der Institutionen, in universitären Allianzen sowie möglicher Übertragbarkeit in andere Universitäten können auch selbst als interaktive Lernumgebungen verstanden werden (van Mierlo et al., 2010). Die „prime movers“ (van Mierlo et al., 2010) schaffen ein systemisches Netzwerk der Wissensintegration, das sich nicht nur aus dem Wissen verschiedener Akteur:innen aus Forschung und Gesellschaft speist, sondern auch mit dem Wissen aus spezifischen Strategien, Forschungsmethoden, Formaten des Wissensaustauschs oder Forschungsprodukten verknüpft ist (siehe Abschn. 5).

4.3 Mikroebene: Living Labs als katalysatorische Formate strategischer Entwicklung

Living Labs und Reallabore sind ein wichtiges Instrument für die partizipative Forschung an Hochschulen. Als Plattformen für inter- und transdisziplinäre Zusammenarbeit sind sie als Einzelinitiativen auf der Mikroebene einzuordnen. Sie fungieren als Schnittstellen zwischen Wissenschaft, Gesellschaft, Politik und Wirtschaft und ermöglichen die kollaborative Exploration von Herausforderungen sowie die Entwicklung sozialer Innovationen, neuer Technologien und nachhaltiger Lösungen. Was als ein Living Lab oder Reallabor angesehen werden kann, ist in der Fachliteratur Gegenstand definitorischer Auseinandersetzung. 2015 wurden in einem systematischen Literaturüberblick 70 verschiedene Definitionen von Living Labs herausgearbeitet (Leminen, 2015, S. 20). Parodi und Seebacher (2024, S. 421) beschreiben, wie die Grenzen zwischen den Begrifflichkeiten verschwimmen – „entweder durch die zunehmende Integration der Merkmale des jeweils anderen oder definitorische Unschärfe". Hinsichtlich der strategischen Einordnung hat sich sowohl in der deutschsprachigen Reallaborforschung als auch in der internationalen Living Lab Community der Konsens etabliert, dass die Institutionalisierung langfristig angelegter Vernetzung Priorität hat (ENoLL, 2025).

Zur Unterstützung dieser besonderen Forschungseinrichtungen hat die RWTH Aachen University im Rahmen der Maßnahme 5 „Collaborate in Living Labs" ihrer aktuellen Exzellenzstrategie (2019–2026) den Living Labs Incubator (LLI)[5] als Struktur auf der Mesoebene geschaffen. Diese Institution hat sich der Vernetzung, begleitenden Forschung sowie der forschungsnahen Lehre zum Thema Reallabore verschrieben.

Mit Blick auf die Institutionalisierung lassen sich basierend auf den bisherigen Erfahrungen des LLI einige Lehren ziehen. Zum einen entpuppen sich quer zu den traditionellen, oftmals disziplinär geordneten Organisationsstrukturen verlaufende Organisationseinheiten, wie beispielsweise Reallabore oder auch größer angelegte Innovationsökosysteme (Smolka & Böschen, 2023) als Herde für themen- oder formatspezifische Kollaborationen und Innovationen. Zum anderen bieten Reallabore, nicht zuletzt aufgrund ihrer unterschiedlichen Ausrichtungen und ihrer diversen institutionellen Setups, einen Rahmen für sämtliche Formen der Partizipation. Diese zu stärken sowie Forschung und Entwicklung gemeinsam mit gesellschaftlichen Akteur:innen auch in und durch Reallabore zu fördern, bedarf Zeit und institutioneller Unterstützung. Langfristig finanzierte Organisationseinheiten können am ehesten einen Beitrag dazu leisten, Partizipation sowohl auf der Mikroebene als auch generell und strukturell in Forschung und Lehre zu fördern (Hadfield et al., 2023).

5 Integrierte Methodenentwicklung für eine institutionelle Transformation in der ENHANCE Alliance

Die graduelle Institutionalisierung von Transdisziplinarität, um Universitäten als Treiber nachhaltiger Entwicklung dauerhaft zu befähigen, ist eine Zielsetzung in der ENHANCE Alliance,[6] einem Verbund aus zehn technischen Universitäten (NTNU Trondheim, CHALMERS Göteborg, TU Berlin, RWTH Aachen University, WUT Warschau, POLIMI Mailand, UPV Valencia, GdanskTech, TU Delft, ETH Zürich). Die institutionelle Transformation me-

[5] Siehe https://www.humtec.rwth-aachen.de/cms/HUMTEC/Forschung/~mgveq/Living-Labs-Incubator/?lidx=1.

[6] Siehe https://enhanceuniversity.eu/about/, https://enhanceuniversity.eu/enhanceria/.

thodisch anzugehen, wurde initial mit sieben Universitäten in dem Projekt ENHANCERIA als ein systematisch integrierter Prozess aufgesetzt. Er bespielt grundsätzlich zwei ENHANCE-programmspezifische Dimensionen: die Schaffung eines Common Understanding sowie das Verständnis und das Berücksichtigen der vielfältigen universitären Zugänge transdisziplinärer Aktivitäten, um produktive Synergieeffekte für die Transformation zu erzeugen.

Dieser Blick hinter die Kulissen, wie die Integrationsarbeit gegenwärtig im Verbund methodisch entwickelt wird, ist insofern ein Versuch, als es für die institutionelle Transformation keine Prototypen oder Handlungsleitfäden gibt (Bammer et al., 2020). Des Weiteren muss den unterschiedlichen politischen Rahmenbedingungen an den Partneruniversitäten zur Ermöglichung transdisziplinären Vorgehens Rechnung getragen werden. Neben verschiedenen Wissenschaftskulturen spielen dabei vor allem die Governancestrukturen, strategische Ausrichtungen, normative Hochschulstrategien, Förderbedingungen, Kooperationen, Berufungsstrategien und Strategien zur Nachwuchsförderung (die Makroebene) eine gewichtige Rolle. Aber auch der ungleichgewichtige Erfahrungsschatz hinsichtlich partizipativer Forschungsprojekte auf der Mikroebene ist von Bedeutung. Der integrierte Ansatz zur Institutionalisierung wurde schrittweise als ein Prozess zur Entwicklung einer gegenseitigen Lernumgebung aufgesetzt. Einige Schritte werden im folgenden Abschnitt skizziert.

5.1 Co-Produktion eines geteilten Verständnisses von Transdisziplinarität

Jenseits der fachlich ausdifferenzierten Diskurse über Methoden, Prozesse, Wirkungen und Evaluierungen transdisziplinären Forschens war gemeinsam zu klären, was unter Transdisziplinarität verstanden wird und über welche Kategorien und Spielräume partizipativen Forschens wir an der Schnittstelle von Wissenschaft und Gesellschaft seitens der Universitäten reden. Das Ziel der initialen Diskussionen bestand darin, ein geteiltes Verständnis zu entwickeln, sich auf ein gemeinsames Wording zu einigen und einen Weg für mögliche Implementierungen des transdisziplinären Forschungsmodus auf institutioneller Ebene der Allianz zu bereiten. In einem systematisch angelegten Mapping-Prozess (Steckbriefe, Fragebogen, Interviews, Workshops) wurden verschiedene Ansätze von Transdisziplinarität – wie partizipative Forschung, Koproduktion, Kollaboration oder Co-Design – über breite Fragestellungen im Suchraster zur Identifizierung einbezogen. Diese Ansätze gingen Hand in Hand mit dem Anliegen der ENHANCE-Universitäten, auch Studierenden sowie nicht akademischen Akteur:innen einen besseren Zugang zur Beteiligung an transdisziplinärer Forschung zu ermöglichen und die Rolle der Universität als Grundlage für den Wissensaustausch mit der Gesellschaft zu fördern. Eine weitere gemeinsame Grunderwartung war die Produktion von neuem Wissen, das auf die gesellschaftlichen Bedarfe und Auswirkungen ausgerichtet ist. Die gesellschaftliche Wirkung als Mehrwert durch die Lösung gesellschaftlicher Probleme wurde als ein wichtiges Kriterium für ein gemeinsames Verständnis von Transdisziplinarität definiert. Die verhandelte ENHANCE-Definition ist Ausdruck eines geteilten und – aufgrund der unterschiedlichen

Ansätze und Rahmenbedingungen – breitgefächerten Verständnisses von Transdisziplinarität. In der ENHANCE Alliance hat die Definition die Funktion, eine geteilte Vision als gemeinsame Arbeitsgrundlage und strukturbildenden Baustein im vorgesehenen Aktionsplan für die Institutionalisierung transdisziplinären Forschens zu initialisieren.

ENHANCE-Definition von Transdisziplinarität als umfassendes geteiltes Verständnis Transdisciplinary research refers to the interaction between various academic disciplines and relevant non-academic stakeholders with the goal of driving knowledge exchange between science and society to tackle sustainable development challenges and bring about societal transformation.

5.2 Co-Produktion von Arbeitsprozessen und das Konzept der ENHANCE Good Practices

Der Arbeitsprozess in der ENHANCE Alliance wurde für die Schaffung einer gemeinsamen Wissensbasis co-produktiv gestaltet. Das beinhaltete zunächst, sich einen Überblick über die relevanten Ansätze transdisziplinären Forschens innerhalb der Allianz zu verschaffen, diese zu analysieren und zu diskutieren, um voneinander zu lernen: über das Mapping der unterschiedlichen Zugänge und Typologien sowie das Identifizieren methodisch innovativer und kreativer Praxis- und Strukturbeispiele, die schon in den ENHANCE-Universitäten vorhanden sind. Als Kriterien zur Kategorisierung wurden die verschiedenen Ebenen der Partizipation in einer breitgefächerten Dimensionierung (informieren, beraten, kollaborieren, Co-Creation) und die gesellschaftliche Wirkung angesetzt. In Abhängigkeit von der jeweiligen strategischen Ausrichtung der Universität und möglichen strukturellen Barrieren wurde das Erreichen gesellschaftlicher Wirkung differenziert, um den Mehrwert für nachhaltige Entwicklung sichtbar zu machen:

- durch die kollaborative Gestaltung eines gesamten transdisziplinären Forschungsprozesses,
- durch die Ermöglichung des Wissensaustauschs von Forschung und Gesellschaft in einer langfristigen Perspektive,
- durch das Co-Design von Problemlösungen zu gesellschaftlichen Herausforderungen, z. B. in Form von Prototypen, Pilotprojekten oder durch strategische universitäre Partnerschaften (mit Industrie, Unternehmen oder städtischen sowie regionalen Verwaltungen),
- durch die Sensibilisierung der Gesellschaft für die Notwendigkeit von Co-Design-Lösungen mittels Berücksichtigung von Perspektiven aus Wissenschaft, Wirtschaft, Verwaltung und Politik.

Diese breite Rahmensetzung für gesellschaftliche Wirkungen dient der Erweiterung der Möglichkeiten für eine gemeinsame Strategiebildung und der Übertragbarkeit von Methoden und Formaten zur Institutionalisierung von Transdisziplinarität an den ENHANCE-Universitäten.

Methoden und Formate zur Umsetzung von Institutionalisierungsmaßnahmen vorzuschlagen, stellt sich jedoch nicht nur als systematische Entwicklungsarbeit dar und gründet nicht nur auf einer strikten Trennung der Strategie- und der Praxisebene. Es bedarf auch hierzu einer fördernden universitären Umgebung. An den ENHANCE-Universitäten gibt es jedoch sehr unterschiedliche Rahmenbedingungen in den verschiedenen strategischen Ausrichtungen (Exzellenzstrategien, strategische Partnerschaften, Konzept des Wissenstransfers, Förderinstrumente und -strategien etc.) innerhalb der Governancestrukturen der Einrichtungen (Präsidien, Serviceeinrichtungen, Fakultäten etc.) sowie zu Erfahrungen und Entstehungsbedingungen für den Aufbau von Strukturen und Projekten zum Wissensaustausch mit der Gesellschaft. Aus diesem Grund berücksichtigte das Mapping auch die stimulierenden und hindernden universitären Faktoren zur Implementierung von Transdisziplinarität. Dazu gehören beispielsweise fehlende Ressourcen zum Aufbau und zur Begleitung langfristiger Kooperationsbeziehungen mit gesellschaftlichen Akteur:innen, unzureichende Fördervoraussetzungen und etablierte disziplinäre Strukturen an den Universitäten.

Das Konzept der ENHANCE Good Practices spielt für diesen institutionellen Strukturaufbau eine verknüpfende Rolle. Jede ENHANCE-Universität unterliegt eigenen strategischen Rahmenbedingungen für die Umsetzung transdisziplinärer Initiativen in der Praxis, sodass die Übertragbarkeit an eine andere Universität eingeschränkt oder gar unmöglich ist. Die ausgewählten 25 ENHANCE Good Practices sind hervorzuhebende transdisziplinäre Beispielinitiativen aus allen ENHANCE-Partneruniversitäten. Sie enthalten Faktoren der Kreativität, Innovation und Besonderheiten in der Verknüpfung strategischer und praktischer Ansätze, die modellhaft übertragbare Formate bilden können. An der Schnittstelle zwischen Strukturbildung und Projektpraxis repräsentieren sie Plattformen, strategische Partnerschaften, Förderprogramme, strategische Einheiten und Forschungsbereiche, Forschungszentren, Forschungsprogramme, Forschungsprojekte und Masterkurse. Reallabore als Format bilden die höchste Verknüpfungskompetenz ab. Wie im übergeordneten FOREU2-Verbund aller Horizon-2020-geförderten europäischen Allianzen anvisiert spiegeln die ENHANCE Good Practices konkrete und realisierte Zielsetzungen wider. Dabei spielen Faktoren wie einfache Implementierung, hohe Erfolgswahrscheinlichkeit und Übertragbarkeit auf andere Allianzen eine wichtige Rolle. Sie wirken verknüpfend in beide Richtungen: auf die Strategieebene zur Förderung des Wissensaustauschs von Forschung und Gesellschaft und auf die Praxisebene des Durchführens partizipativer Projekte. Sie enthalten normative Setzungen für reguläre Standards und Prozesse (die an institutionelle Vorgaben gebunden sind), besitzen aber auch die Fähigkeit, auf verschiedene wissenschaftskulturelle und universitäre Kontexte zu reagieren. Dies können beispielsweise Kooperationsmodelle zwischen Universität und Stadtverwaltung, transdisziplinär angelegte Kurse aus bestehenden Curricula, Serviceeinrichtungen zur Förderung des langfristigen Wissensaustauschs von Forschung und Gesellschaft, Forschungszentren, Forschungsprogramme und -werkstätten sowie auch strategische Plattformen für auf Partnerschaften und Kooperationen basierende inter- und transdisziplinäre Projekte sein.

5.3 Die Co-Produktion von Formaten als Bestandteil einer gemeinsamen Transformationstoolbox

Um eine institutionelle Transformation an den ENHANCE-Universitäten schrittweise herbeizuführen, wurde innerhalb der Arbeitsgruppe eine Toolbox zur Institutionalisierung von Transdisziplinarität erarbeitet. Darin wurden die in der ENHANCE Alliance entwickelten neuen Prozesse, Formate und Methoden integriert, aber exemplarisch auch instrumentelle Vorgehensweisen aus den ENHANCE Good Practices extrahiert. Letztere werden als mögliche übertragbare Instrumente zur Implementierung vorgeschlagen. Verschiedene Kriterien zur Auswahl von Instrumenten spielten dabei eine Rolle: z. B. die Verortung in den Bereichen Strategie, Forschung und Lehre, die Ausrichtung auf Nachhaltigkeitsziele, die Wechselwirkung von Praxis- (Mikro) und Strategieebene (Makro) sowie die Abbildung verschiedener gesellschaftlicher Wirkungsbereiche (siehe oben). Insgesamt wurden 25 ENHANCE Good Practices, teils als strategiegeleitete Initiativen (strategische Forschungszentren, institutionelle Strategien, Kooperationsmodelle etc.), teils als projektbezogene transdisziplinäre Initiativen in Forschung und Lehre (Forschungsprogramme, Forschungsprojekte, Living Labs, Masterkurse etc.) identifiziert. Eine Auswahl der potenziell übertragbaren Tools zur Institutionalisierung zeigt Abb. 2. Die Transformationstoolbox ist verfügbar über die über die Website der ENHANCE Alliance.[7]

Die Walk & Talks sind ein Beispiel für ein gemeinsam entwickeltes ENHANCE-Format zur Generierung einer wechselseitigen Lernumgebung für partizipative Forschungsansätze an den Universitäten – in Form kuratierter Exkursionen. Neben dem Kennenlernen lokaler partizipativer Forschungsprojekte zur Förderung des Wissensaustauschs von Forschung und Gesellschaft an den jeweiligen Partneruniversitäten dienen die Walk & Talks auch dazu, Strategien und Strukturen zur Unterstützung transdisziplinärer Forschung besser zu verstehen und von den Projektkoordinator:innen und Wissenschaftsmanager:innen unmittelbar und vor Ort zu erfahren. Das Format der Exkursionen bietet die Möglichkeit, Netzwerke mit relevanten Kontaktpersonen an den Partneruniversitäten sowie direkt mit lokalen Projekten aufzubauen. Der Wissens- und Erfahrungsaustausch sowie die Transferierbarkeit der Projektmethoden ist in diesem Zusammenhang von zentraler Bedeutung. Es geht vor allem darum, integriertes archiviertes Wissen in den Projekten unmittelbar, physisch und greifbar zu erfahren und damit vermittelbarer zu machen. Neben Präsentationen, Round Tables und Diskussionsrunden enthält es organisierte Führungen zu ausgewählten partizipativen Projekten und Gesprächen mit den Projektverantwortlichen. Die Walk & Talks können innerhalb des Universitätscampus stattfinden, aber auch zu Kooperationsprojekten mit städtischen Verwaltungen und Planungseinrichtungen in der Stadt, z. B. Reallabore, führen.

Der ENHANCE-Ansatz für die Entwicklung eines integrierten Prozesses zur Institutionalisierung transdisziplinärer Forschung verdeutlicht den Versuch, eine gemeinsame Lernumgebung und so Möglichkeitsräume für partizipatives Forschen und Lehren zu schaffen.

[7] Siehe https://enhanceuniversity.eu/enhanceria/.

Abb. 2 ENHANCE Tools zur Institutionalisierung von Transdisziplinarität, Auswahl von ENHANCE Good Practice Beispielen. (Quelle: Wieck, 2024, S. 23)

So soll jede Partneruniversität in der Allianz an der strategisch ausgerichteten Neuausrichtung zur Ermöglichung von Partizipation teilhaben können und von den Synergien profitieren. Dies sind ambitionierte Pioniervorhaben, die langfristig und weitgreifend an einer institutionellen Öffnung der Universitäten in die Gesellschaft wirken wollen. Die hier skizzierten drei Schritte der Co-Produktion – Generierung eines gemeinsamen Verständnisses von Transdisziplinarität (neues integriertes Wissen), ein gemeinsames Identifizieren von Beispielen guter Praxis (Integration von Beispielen aus einer größeren Reichweite) sowie die Entwicklung neuer Formate (neue Themenfelder der institutionellen Transformation) – bilden Facetten der Modelle von Strategien des Wandels ab, die von Toombs und Tierney (1991) und Klein (2010, S. 68) umrissen werden. Es bleiben dennoch komplexe Herausforderungen, um dauerhafte und stabile Rahmenbedingungen zur Förderung partizipativer und transdisziplinärer Forschung institutionell zu verankern. Diskurs, Formatentwicklung und Methodenreflexion für einen erweiterten Wissenstransfer sind eröffnet, auf die europäische Agenda gehoben und folgen den strategischen missionsorientierten EU-Programmlinien. Sie werden derzeit innerhalb der folgefinanzierten Projekte der erweiterten ENHANCE Alliance fortgesetzt. Dennoch bleiben sie auch immense wissenschaftliche, dialogische und politische Herausforderungen, um insbesondere innerhalb der Institutionen dauerhaft und verlässlich die Verknüpfung von Wissen aus Forschung und Gesellschaft für die Lösungen der bedeutenden, planetaren Herausforderungen zu fördern.

6 Ausblick

Erste wegbereitende Maßnahmen zur Strategie- und Strukturbildung an den Universitäten für eine gezieltere Unterstützung, Begleitung und Förderung partizipativer Forschung sind eingeleitet. Wie die in diesem Beitrag skizzierten Beispiele veranschaulichen, werden institutionelle Transformationsschritte auf verschiedenen Ebenen wirksam und sollten miteinander verknüpft werden. Dennoch ist das Aufgabenfeld für einen strategischen Wandel zur Institutionalisierung partizipativer Forschung groß (und bezieht sich nicht nur auf universitäre Einrichtungen). Es ist darüber hinaus auch multidimensional, betrifft es doch verschiedene und miteinander verwobene Strategiebereiche, die für einen strategischen Wandel institutionell angefasst werden müssen: Es geht um das Zusammenwirken von Governancestrukturen, Hochschulpolitik, Präsidien, Strategiepapieren, Verwaltungseinheiten und Fachbereichen mit Erfahrungen von Forschenden, Wissenschaftsmanagement, Studierenden und Nachwuchskräften. Es geht aber auch darum, die Machbarkeit zur Umsetzung von Maßnahmen strategischen Wandels auszuloten, die Grenzen aufzuzeigen und Spielräume zu nutzen. Experimentierfreudigkeit, Impulse und Pioniervorhaben, um neue Wege zu gehen und Überzeugungsarbeit zu leisten, sind auch hierfür gefragt. Aus unserer Perspektive können die Netzwerke der Inter- und Transdisziplinarität das Thema der Institutionalisierung partizipativen Forschens stärker als bisher auf ihre Agenda setzen, um nicht nur universitätsintern, sondern auch nach außen sichtbarer und langfristig die Unterstützung von Förderpolitik und Programmlinien für partizipatives Forschen zu gewinnen und erhalten.

Literatur

Ahrend, C., & Podann, A. (2021). Institutionalisierung. In T. Schmohl & T. Philipp (Hrsg.), *Handbuch Transdisziplinäre Didaktik* (S. 141–150). transcript. https://doi.org/10.14361/9783839455654-014

Bammer, G., O'Rourke, M., O'Connell, D., Neuhauser, L., Midgley, G., Thompson Klein, J., Grigg, N. J., Gadlin, H., Elsum, I. R., Bursztyn, M., Fulton, E. A., Pohl, C., Smithson, M., Vilsmaier, U., Bergmann, M., Jaeger, J., Merkx, F., Vienni Baptista, B., Burgman, M. A., et al. (2020). Expertise in research integration and implementation for tackling complex problems: When is it needed, where can it be found and how can it be strengthened? *Palgrave Communications, 6*, 5. https://doi.org/10.1057/s41599-019-0380-0

Bergmann, M., Jahn, T., Knobloch, T., Krohn, W., Pohl, C., & Schramm, E. (2012). *Methods for transdisciplinary research: A primer for practice*. Campus.

Berlin University Alliance (Hrsg.). (2024a). *Themenwerkstätten Urban Health. Ein Format für Co-Exploration des TD-Lab – Labor für transdisziplinäre Forschung der Berlin University Alliance*. Werkstattbericht. https://doi.org/10.14279/depositonce-19193

Berlin University Alliance (Hrsg.). (2024b). *Jugendbeteiligung für wissenschaftliches Agenda-Setting. Ein Format für Co-Exploration des TD-Lab – Labor für transdisziplinäre Forschung der Berlin University Alliance*. Werkstattbericht. https://doi.org/10.14279/depositonce-19120

De Boer, H., & Maassen, P. (2020). University governance and leadership in Continental Northwestern Europe. *Studies in Higher Education, 45*(10), 2045–2053. https://doi.org/10.1080/03075079.2020.1823640

Dedeurwaerdere, T. (2024). *Transdisciplinary research, sustainability and social transformation: Governance and knowledge co-production*. Routledge. https://doi.org/10.4324/9781032624297

Defila, R., & Di Gulio, A. (2018). *Transdisziplinär und transformativ forschen: Eine Methodensammlung*. Springer VS. https://doi.org/10.1007/978-3-658-21530-9

European Network of Living Labs (ENOLL), Schuurman, D., DeLosRìos-White, M. I., & Desole, M. (2025). *Living lab origins, developments, and future perspectives*. Zenodo.

Gläser, J. (2019). How can governance change research content? Linking science policy studies to the sociology of science. In D. Simon, S. Kuhlmann, J. Stamm, & W. Canzler (Hrsg.), *Handbook on science and public policy* (S. 419–447). Edward Elgar Publishing. https://doi.org/10.4337/9781784715946.00033

Gläser, J., & Laudel, G. (2016). *Experteninterviews und qualitative Inhaltsanalyse: als Instrumente rekonstruierender Untersuchungen*. Springer VS.

Hadfield, P., Sharp, D., Zarea, M., Pigeon, J., Peng, X., Rye, S., & Raven, R. (2023). *Governing university living labs for sustainable development: Lessons from international case studies*. Monash Sustainable Development Institute (Monash University Melbourne, Australia). https://doi.org/10.26180/22138073

Hecker, S., Haklay, M., Bowser, A., Makuch, Z., Vogel, J., & Bonn, A. (Hrsg.). (2018). *Citizen science: Innovation in open science, society and policy*. UCL Press. http://www.jstor.org/stable/j.ctv550cf2

Jahn, T., Bergmann, M., & Keil, F. (2012). Transdisciplinarity: Between mainstreaming and marginalization. *Ecological Economics, 79*, 1–10.

Klein, J. T. (2010). *Creating interdisciplinary campus cultures: A model for strength and sustainability*. Wiley.

Kny, J., Claus, R., Harris, J., & Schäfer, M. (2023). Assessing societal effects: Lessons from evaluation approaches in transdisciplinary research fields. *GAIA – Ecological Perspectives for Science and Society, 32*(1), 178–185.

Lam, D., Freund, M. E., Kny, J., Marg, O., Mbah, M., Theiler, L., Bergmann, M., Brohmann, B., Lang, D., & Schäfer, M. (2021). Transdisciplinary research: Towards an integrative perspective. *GAIA – Ecological Perspectives for Science and Society, 30*(4), 243–249.

Lang, D. J., Wiek, A., Bergmann, M., Stauffacher, M., Martens, P., Moll, P., Swilling, M., & Thomas, C. J. (2012). Transdisciplinary research in sustainability science: Practice, principles, and challenges. *Sustainability Science, 7*(S1), 25–43. https://doi.org/10.1007/s11625-011-0149-x

Laursen, B., Vienni-Baptista, B., Bammer, G., Di Giulio, A., Paulsen, T., Robson-Williams, M., & Studer, S. (2024). Toolkitting: An unrecognized form of expertise for overcoming fragmentation in inter- and transdisciplinarity. *Humanities and Social Sciences Communications, 11*, 857. https://doi.org/10.1057/s41599-024-03279-9

Lawrence, M. G., Williams, S., Nanz, P., & Renn, O. (2022). Characteristics, potentials, and challenges of transdisciplinary research. *One Earth, 5*(1), 44–61.

Leminen, S. (2015). *Living labs as open innovation networks. Networks, roles and innovation outcomes* (PhD Thesis, Aalto University Espoo).

Leurs, I., Rostek, K., Wieck, K., Backhaus, J., & Orozco-Messana, J. (2024). Transdisciplinary research for sustainable development: Diverse and best-practice at European Technical Universities. *Foundations Of Management, 16*(1), 41–58. https://doi.org/10.2478/fman-2024-0003

van Mierlo, B., Leeuwis, C., Smits, R., & Klein Woolthuis, R. J. A. (2010). Learning towards system innovation: Evaluating a systemic instrument. *Technological Forecasting and Social Change, 77*(2), 318–334. https://doi.org/10.1016/j.techfore.2009.08.004

Parodi, O., & Seebacher, A (2024). Real-world labs and living labs. In F. Darbellay (Hrsg.), *Elgar encyclopedia of interdisciplinarity and transdisciplinarity* (S. 421–425). Edward Elgar Publishing eBooks. https://doi.org/10.4337/9781035317967.ch93

Schäfer, M., Bergmann, M., & Theiler, L. (2021). Systematizing societal effects of transdisciplinary research. *Research Evaluation, 30*(4), 484–499. https://doi.org/10.1093/reseval/rvab019

Schneidewind, U., & Singer-Brodowski, M. (2013). *Transformative Wissenschaft: Klimawandel im deutschen Wissenschafts- und Hochschulsystem*. Metropolis.

Smith, K. E., Bandola-Gill, J., Meer, N., Stewart, E., & Watermeyer, R. (2020). *The impact agenda: Controversies, consequences and challenges*. Policy Press.

Smolka, M., & Böschen, S. (2023). Responsible innovation ecosystem governance: Socio-technical integration research for systems-level capacity building. *Journal of Responsible Innovation, 10*(1), 1–30. https://doi.org/10.1080/23299460.2023.2207937

Studer, S., & Pohl, C. (2023). Methodensammlungen für die transdisziplinäre Forschung. In M. Sonnberger, A. Bleicher, & M. Groß (Hrsg.), *Handbuch Umweltsoziologie* (S. 1–14). Springer VS. https://doi.org/10.1007/978-3-658-37222-4_18-1

Toombs, W., & Tierney, W. G. (1991). *Meeting the Mandate: Renewing the College and Departmental Curriculum*. ASHE-ERIC Higher Education Report No. 6, 1991. ASHE-ERIC Higher Education Reports, The George Washington University.

Vienni-Baptista, B., & Klein, J. T. (2022). *Institutionalizing interdisciplinarity and transdisciplinarity: Collaboration across cultures and communities*. Routledge.

Whitley, R., Gläser, J., & Engwall, L. (2010). *Reconfiguring knowledge production: Changing Authority Relationships in the Sciences and Their Consequences for Intellectual Innovation*. Oxford University Press.

Wieck, K. (Hrsg.). (2024). *D3.4 Transformation toolbox for the institutionalisation of transdisciplinarity at the ENHANCE universities: Recommendations for piloting a new transformation toolbox for European institutions* (ENHANCERIA Project [Horizon 2020, Project No. 10103580], Deliverable Report). ENHANCE Alliance, Technische Universität Berlin. https://enhanceuniversity.eu/resources/recommendations-for-piloting-a-new-transformation-toolbox-for-european-institutions

Williams, R., Wittmayer, J. M., Schäpke, N., Lawrence, M., & Loorbach, D. (2024). *Institutionalisation of Transdisciplinarity in Research Organisations – A Review of Key Dimensions*. DIT Working Paper #2. Universität Rotterdam, Design Impact Transition Platform.
Ylijoki, O.-H. (2022). Invisible hierarchies in academic work and career-building in an interdisciplinary landscape. *European Journal of Higher Education, 12*(4), 356–372. https://doi.org/10.1080/21568235.2022.2049335

Kathrin Wieck ist Landschaftsarchitektin und entwickelt an der Stabsstelle Science & Society/TU Berlin Methoden zur Institutionalisierung und Praxis von Transdisziplinarität.

Audrey Podann leitet die Stabsstelle Science & Society/TU Berlin. Sie arbeitet zur Institutionalisierung transdisziplinärer Forschung und strategischer Organisationsentwicklung.

Inge Leurs is researching the embedding of transdisciplinary education and the role of power dynamics within this process.

Julia Backhaus koordiniert den Living Labs Incubator der RWTH Aachen University. Sie untersucht und unterstützt transdisziplinäre, transformative Forschung.

Alexander Sonntag ist Wissenschaftliche Hilfskraft am Human Technology Center der RWTH Aachen University. Er forscht zu transdisziplinärem Wissenstransfer in Reallaboren.

Wirkungen partizipativer Forschungsformate – Gemeinsamkeiten und Unterschiede von transdisziplinärer Forschung und Citizen Science

Martina Schäfer, Sabrina Kirschke und Stephanie Jahn

1 Einleitung

Transdisziplinäre (td) und partizipative Forschung wie Citizen Science (CS) treten an, um mit dem Einbezug nicht wissenschaftlicher Akteur:innen – aus Wirtschaft, Verwaltung und Zivilgesellschaft sowie Bürger:innen – einen Beitrag zur Wissensgenerierung für das bessere Verständnis und die Adressierung oftmals komplexer sozial-ökologischer Probleme wie Klimawandel, Verlust an Biodiversität, Hunger etc. zu leisten. Zugleich stellt sich die Frage, welche konkreten Wirkungen diese Forschungsansätze in Wissenschaft und Gesellschaft haben und unter welchen Bedingungen sich diese Wirkungen entfalten. Dabei besteht aufseiten der transdisziplinär und partizipativ Forschenden der Anspruch, die Wirkungen in Gesellschaft und Wissenschaft nachzuzeichnen und – wo möglich – zu messen, um die Qualität der Forschung und die Anerkennung für diesen Forschungstyp zu verbessern. Auch externe Akteur:innen wie die Politik und die Forschungsförderung fordern vermehrt, den angenommenen gesellschaftlichen Nutzen und den wissenschaftlichen Mehrwert dieser Forschungsansätze zu belegen (Kopfmüller et al., 2024; Bührer et al., 2022).

M. Schäfer (✉)
Technische Universität Berlin, Zentrum Technik und Gesellschaft (ZTG), Berlin, Deutschland
E-Mail: schaefer@ztg.tu-berlin.de

S. Kirschke
Museum für Naturkunde – Leibniz-Institut für Evolutions- und Biodiversitätsforschung, Berlin, Deutschland

S. Jahn
Martin-Luther-Universität Halle-Wittenberg, Just Transition Center/Transfer- und Gründungsservice, Halle, Deutschland

S. Voigt-Heucke et al., *Praxishandbuch Partizipation in der Wissenschaft*,
https://doi.org/10.1007/978-3-658-51093-0_6

Dieser Beitrag möchte einen Überblick über die mit transdisziplinärer (td) und bürgerwissenschaftlicher (CS) Forschung verbundenen Wirkungen und Einflussfaktoren für das Anlegen von Wirkungspotenzialen geben. Es liegen sehr unterschiedliche Definitionen der Wirkung von Forschung vor (Belcher & Halliwell, 2021). Wir verstehen unter Wirkungen sowohl kurzfristige als auch mittel- und langfristige Veränderungen in Wissenschaft und Gesellschaft, die direkt oder indirekt mit den Forschungsaktivitäten in Verbindung gebracht werden können. In diesem Artikel vergleichen wir Ansätze von td Forschung und CS, da sich deren Zielsetzungen und methodischen Vorgehensweisen unterscheiden. So werden die Fragen, was erreicht werden soll, wer dazu in den Forschungsprozess einbezogen wird und wann und wie dies geschieht, oftmals unterschiedlich angegangen, wie auch die Beispiele in diesem Handbuch zeigen.

Zugleich soll erwähnt werden, dass die Bandbreite der Ausgestaltung innerhalb der beiden Forschungsansätze groß ist: Es gibt weder *die* transdisziplinäre Forschung noch *die* Citizen Science. So können transdisziplinäre Ansätze sich darin unterscheiden, wie intensiv und in welcher Phase nicht-wissenschaftlich Akteur:innen beteiligt werden und ob die Umsetzung bereits Teil des Projekts ist (z. B. Reallabore). Citizen-Science-Projekte unterscheiden sich zum einen darin, ob die Bürger:innen vor allem bei der Datenerhebung oder auch an den weiteren Schritten des wissenschaftlichen Arbeitens beteiligt werden. Zum anderen gibt es CS-Projekte, die neben Bürger:innen weitere nicht-wissenschaftliche Akteur:innen einbeziehen und sich damit transdisziplinären Ansätzen annähern. Die mit diesen unterschiedlichen Ausrichtungen verbundenen Wirkungen können sich dementsprechend stark unterscheiden. Dennoch versucht dieser Artikel auf der Basis des derzeitigen Stands der Forschung, Schwerpunkte zu verdeutlichen, Verknüpfungsmöglichkeiten zwischen den beiden, bisher eher nebeneinanderstehenden partizipativen Ansätzen aufzuzeigen und gemeinsame Schlussfolgerungen für die Forschenden und das (Förder-)Umfeld zu ziehen.

Abschn. 2 veranschaulicht die Wirkungsformen und -potenziale transdisziplinärer und bürgerwissenschaftlicher Forschung und benennt Einflussfaktoren für die Wirkungserzeugung. Abschn. 3 verweist auf zentrale Herausforderungen beim Nachzeichnen und Erfassen von Wirkungen, die bei der Gestaltung von Wirkungsmessung berücksichtigt werden sollten. In Abschn. 4 werden schließlich die zentralen Gemeinsamkeiten und Unterschiede der beiden Forschungsansätze herausgearbeitet und Implikationen für die Wirkungserfassung von td Forschung und CS diskutiert.

2 Wirkungsformen und -potenziale transdisziplinärer und partizipativer Forschung

Seitens der Forschenden und der Forschungsförderung wird zunehmend angestrebt, Wirkungen des Forschungshandelns nachzuzeichnen – eine exakte Zuordnung ist allerdings in vielen Fällen mit großen Herausforderungen verbunden (siehe Abschn. 3). Übergreifend wird angenommen, dass Wirkungen sowohl durch die Art des Forschungsprozesses (d. h. durch die Interaktion zwischen Wissenschaft und Praxis) als auch durch die Umsetzung bzw. den Transfer der erzielten Ergebnisse in die Gesellschaft entstehen (Lang et al., 2012; Jahn, 2008).

2.1 Wirkungen transdisziplinärer Forschung

Transdisziplinäre Forschung hat das Ziel, zur Lösung komplexer lebensweltlicher Probleme (wie Klimawandel, Armut, Hunger, Gesundheitsversorgung) beizutragen und die mit ihnen verbundenen wissenschaftlichen Fragen zu bearbeiten. Transdisziplinäre Forschung geht davon aus, dass zu diesem Zweck der Einbezug von Perspektiven, Wissen und Erfahrungen nicht-wissenschaftlicher Akteur:innen notwendig ist (Jahn, 2008; Lang et al., 2012). Dabei werden überwiegend Vertreter:innen von Interessengruppen wie Politik, Verwaltung, Wirtschaft und der organisierten Zivilgesellschaft (NGOs) einbezogen. Punktuell können auch partizipative Formate eine Rolle spielen, bei denen künftige Nutzer:innen oder von dem Problem – oder seinen Lösungen – betroffene Bürger:innen adressiert werden.

Wirkungen in die Wissenschaft

Obwohl td Forschung sowohl Beiträge zur Lösung gesellschaftlicher Probleme als auch zur Weiterentwicklung wissenschaftlicher Erkenntnisse leisten möchte (Jahn, 2008), fokussiert die Forschung zur Impact-Messung bisher hauptsächlich auf die gesellschaftlichen Wirkungen (Newig et al., 2019).

Die Wirkungen von td Forschung in die Wissenschaft sind aktuell noch wenig erforscht. In Bezug auf klassische Indikatoren der Wirkungsmessung von Forschung zeigen Newig et al. (2019), dass Projekte, die sich stärker mit nicht-wissenschaftlichen Akteur:innen austauschen, weniger wissenschaftliche Publikationen veröffentlichen und diese auch weniger zitiert werden. In Bezug auf Wirkungen abseits der Resonanz auf wissenschaftliche Publikationen haben Marg und Theiler (2023) Effekte auf das wissenschaftliche Arbeiten in drei Bereichen identifiziert:

- Veränderungen im Problemverständnis der Forschenden – durch td Forschung kann sich das Problemverständnis der Forschenden erweitern, verschieben oder auch zuspitzen.
- Stärkere Reflexivität von Forschenden – td Forschung kann die Reflexivität von Forschenden in Bezug auf die Grenzen der eigenen disziplinären Perspektive oder angewandter wissenschaftlicher Methoden stärken und die Reflexion in Bezug auf Verantwortlichkeit und Machtverhältnisse in Forschungskontexten anregen.
- Veränderung der Qualität der Forschungsergebnisse – td Forschung kann zu methodologischen Innovationen führen, Zugang zu Daten ermöglichen, die sonst nicht verfügbar wären, und die Aktualität der Forschungsergebnisse verbessern.

Wirkungen in die Gesellschaft

In Bezug auf gesellschaftliche Wirkungen von td Forschung wird davon ausgegangen, dass der Einfluss des transdisziplinären Forschungsteams mit der zeitlichen und räumlichen Entfernung von den konkreten Aktivitäten im Forschungsprojekt abnimmt und zunehmend weitere Kontextbedingungen (Akteurskonstellationen, politische Gelegenheitsfenster, das Wirken von Intermediär:innen oder Multiplikator:innen etc.) eine Rolle spielen. Das bedeutet, in transdisziplinären Projekten können durch die Ausgestaltung des Forschungsprozesses Wirkungspotenziale angelegt werden – wie weitgehend sich diese entfalten können, hängt jedoch nicht nur vom transdisziplinären Forschungsteam ab (Lux et al., 2019).

Belcher et al. (2020) differenzieren nach dem Grad des Einflusses folgende Wirkungssphären (siehe auch Schäfer et al., 2021, 2024), denen verschiedene Wirkungsarten zugeordnet werden können (Schäfer et al., 2021; Mitchell et al., 2015; Wiek et al., 2014):

1. Wirkungen, auf deren Eintreten das transdisziplinäre Projektteam innerhalb des zeitlichen und räumlichen Projektkontexts über das Forschungshandeln deutlichen Einfluss hat (Sphere of Control). Hierzu gehören beispielsweise:
   - Lerneffekte, individuelles oder gemeinsames Lernen (über verschiedene Perspektiven auf das Handlungsfeld, aber auch zu den jeweiligen Handlungslogiken und Anforderungen der Projektpartner:innen) und Capacity Building (z. B. Kompetenzaufbau zu transdisziplinärer Zusammenarbeit),
   - Netzwerkeffekte, z. B. Aufbau neuer (strategischer) Kontakte und Entwicklung vertrauensvoller Beziehungen zwischen den transdisziplinären Partner:innen,
   - Stärkung der Reputation (der beteiligten Praxisakteur:innen und Wissenschaftler:innen),
   - Veränderung individueller und organisationaler Praktiken im transdisziplinären Projektteam und nahem Umfeld (z. B. im Rahmen von Experimenten in der Reallaborforschung).
2. Wirkungen, auf deren Eintreten das transdisziplinäre Projektteam innerhalb oder über das Projekt hinaus einen gewissen Einfluss hat, die aber auch vom Handeln anderer Akteur:innen und förderlichen Rahmenbedingungen abhängig sind (Sphere of Influence). Hierzu gehören beispielsweise:
   - Veränderung von individuellen und organisationalen Praktiken in breiteren Kreisen von Akteur:innen (z. B. verändertes Mobilitäts- oder Ernährungsverhalten, Einführung neuer Geschäftsmodelle),
   - die Verstetigung als positiv bewerteter Veränderungen im Projektkontext durch entsprechende Institutionalisierung,
   - das Aufgreifen von Projektergebnissen durch Akteur:innen in anderen inhaltlichen und räumlichen Kontexten.
3. Weitergehende Wirkungen, zu denen das Forschungsprojekt einen Beitrag leisten möchte, bei denen ein direkter Einfluss und die Zuordenbarkeit allerdings nicht gegeben sind – vielmehr agiert das Projekt als ein:e Akteur:in unter mehreren (Sphere of Interest). Hierzu gehören beispielsweise:
   - strukturelle Veränderungen (z. B. infrastrukturelle Veränderungen, Etablierung neuer Organisationen),
   - Einfluss auf gesellschaftliche Diskurse, demokratische Willensbildungsprozesse und die Etablierung neuer Konzepte,
   - Beitrag zur Veränderung von (gesetzlichen) Regelungen,

- Beitrag zu übergeordneten gesellschaftlichen Zielen, wie den Zielen für nachhaltige Entwicklung der Vereinten Nationen (z. B. Erhaltung von Biodiversität, Reduktion von Armut etc.).

Den Wirkungen liegen in der Regel Veränderungen individueller Praktiken zugrunde, die – je nach bearbeitetem Problem – in verschiedenen gesellschaftlichen Bereichen stattfinden. Dabei kann es sich um die Praktiken von Individuen in ihrer Rolle als Bürger:innen oder Konsument:innen oder als Teil von Institutionen, wie Unternehmen, Verwaltung, organisierte Zivilgesellschaft etc. handeln. Je nach Zielstellung und Vorgehensweise von td Projekten können die angestrebten und realistisch zu erreichenden sowie zuordenbaren Wirkungen sehr unterschiedlich sein.

Um sich über die Zusammenhänge zwischen Forschungsaktivitäten und -ergebnissen sowie Wirkungen verschiedener Ordnung klarer zu werden, werden häufig Theory-of-Change-Ansätze (ToC) eingesetzt (Schneider et al., 2019). ToC beschreiben die Zusammenhänge, durch die Aktivitäten und Interventionen zu den gewünschten Ergebnissen führen sollen, und spezifizieren die dabei zugrunde liegenden Annahmen sowie Erfolgsbedingungen (Bührer et al., 2022). Sie können zur Planung, zum Monitoring und auch zur Erfassung von Wirkungen genutzt werden (Wiefek et al., 2024).

Einflussfaktoren

In den folgenden Absätzen soll darauf eingegangen werden, welchen Einfluss die Gestaltung des Forschungsprozesses (projektbezogene Einflussfaktoren) sowie weitere Kontextbedingungen (z. B. Akteurskonstellationen, rechtliche Bedingungen) auf das Anlegen von Wirkungspotenzialen haben.

Projektbezogene Einflussfaktoren

In den letzten Jahren wurden empirische Erkenntnisse darüber gewonnen, wie das Potenzial zur Erzeugung von Wirkungen im Forschungsprozess gestärkt werden kann. Diese Erkenntnisse betreffen insbesondere Charakteristika der Planung, des Projektdesigns und -managements sowie die gezielte Verbreitung der Ergebnisse am Ende des Projekts. Wesentlich ist, dass die aufgeführten Maßnahmen nur in solchen Projekten wirkungsrelevant werden können, in denen die beteiligten Akteur:innen grundsätzlich an einer (einvernehmlichen) Problemlösung interessiert sind (Schneider et al., 2019).

Tab. 1 gibt einen Überblick über die projektbezogenen Einflussfaktoren und die Art der jeweils vorliegenden empirischen Befunde.

Während Einflussfaktoren hinsichtlich der Entfaltung von Wirkungen in der Gesellschaft umfassend untersucht wurden, befindet sich die Forschung zur Förderung von Wirkungen transdisziplinärer Forschung in die Wissenschaft noch in den Anfängen. Ebenso liegen kaum Ergebnisse zu Synergien zwischen den Wirkungen in die Gesellschaft und die Wissenschaft vor. Derzeit beschränkt sich das Wissen auf Strategien zur Steigerung der wissenschaftlichen Produktivität. Zu diesen Strategien gehören ein kontinuierlicher Fokus auf die wissenschaftliche Verwertbarkeit der Ergebnisse sowie die gezielte Kombination

Tab. 1 Empirische Evidenz über projektbezogene Einflussfaktoren auf die Erzeugung von Wirkungspotenzial durch td Forschung

Projektbezogene Einflussfaktoren	Art der empirischen Evidenz
Projektplanung und -design	
frühzeitiger Einbezug nicht-wissenschaftlicher Akteur:innen in der Phase der Problemidentifikation und -formulierung	quantitative Befunde (z. B. Newig et al., 2019; Binder et al., 2020) und qualitative Befunde (z. B. Lux et al., 2019)
Passfähigkeit des transdisziplinären Forschungsdesigns mit der Zielsetzung der Projekte, der Diversität der beteiligten Akteur:innen und der Konflikthaftigkeit des Themas	qualitative Befunde (z. B. Schneider & Buser, 2018).
Anpassungsfähigkeit des Projektdesigns, um Dynamiken im Handlungsfeld gerecht zu werden (Adaptivität)	qualitative Befunde (z. B. Lux et al., 2019)
Projektmanagement	
Offenlegen der unterschiedlichen Werte und Interessen der Projektpartner:innen und frühzeitige Vermittlung, Transparenz hinsichtlich der Machtungleichgewichte	qualitative Befunde (z. B. Lux et al., 2019; Schneider et al., 2019)
Rollen und Zuständigkeiten der Projektpartner:innen klären, beobachten und ggf. anpassen	qualitative Befunde (z. B. Lux et al., 2019)
höhere Intensität der Interaktion mit nicht-wissenschaftlichen Akteur:innen im Vergleich zu eher seltenen und punktuellen Interaktionen	quantitative, vergleichende Studien (z. B. Binder et al., 2020)
Etablierung einer Kultur der Zusammenarbeit, die einen transparenten und offenen Umgang im Projektteam umfasst	qualitative Befunde (z. B. Lux et al., 2019)
Verbreitung der Ergebnisse	
gezielte Aufbereitung und Verbreitung von Forschungsergebnissen für nicht-wissenschaftliche Akteur:innen in Form von beispielsweise Handreichungen, Checklisten, Vorträgen etc.	quantitative Befunde (z. B. Newig et al., 2019) und qualitative Befunde (z. B. Nagy et al., 2020)
Transfer von Ergebnissen über den Projektkontext hinaus durch Kontakte und Maßnahmen der beteiligten nicht-wissenschaftlichen Akteur:innen	qualitative Befunde (z. B. Nagy et al., 2020)

disziplinärer, inter- und transdisziplinärer Forschungsphasen (Newig et al., 2019). Darüber hinaus hat sich gezeigt, dass der Einsatz von Methoden der Wissensintegration zwischen Wissenschaftler:innen und Akteur:innen aus der Praxis die Publikationsleistung von Projekten und somit auch die Wahrscheinlichkeit steigert, dass die Ergebnisse in der Wissenschaft aufgegriffen werden (Newig et al., 2019).

Kontextbezogene Einflussfaktoren

Neben einer wirkungsorientierten Gestaltung des Forschungsprozesses haben auch Kontextfaktoren, wie die Ausgestaltung der Forschungsförderung und eine angemessene Finanzierung von td Projekten, zentralen Einfluss auf die Wirksamkeit (Newig et al., 2019;

Lux et al., 2019). Wesentlich ist eine Offenheit der Fördermittelgeber für Anpassungen des Forschungsdesigns, wenn auf veränderte Rahmenbedingungen in der „realen Welt" reagiert werden muss, um das Projekt weiterhin wirkungsorientiert durchführen zu können (Lux et al., 2019). Darüber hinaus hängt es stark von sich verändernden Rahmenbedingungen im jeweiligen Handlungsfeld ab, ob die angestrebten Wirkungen, wie z. B. infrastrukturelle Anpassungen oder Veränderungen gesellschaftlicher Diskurse, erzielt werden können. So können sich z. B. aufgrund veränderter politischer Konstellationen, neuer Gesetzgebungen oder finanzieller Anreize Gelegenheitsfenster für die Umsetzung von Forschungsergebnissen öffnen – oder auch schließen (Schneider et al., 2019).

2.2 Wirkungen von Citizen Science

Citizen Science bzw. bürgerwissenschaftliche Forschung ist ein weitverbreiteter Forschungsansatz, der sich über verschiedene Regionen, Problemfelder und wissenschaftliche Disziplinen erstreckt, wobei die Auffassung, was CS bedeutet, breit gefächert ist (Haklay et al., 2021). Ein verbreitetes Verständnis ist „die aktive Beteiligung von Personen an wissenschaftlichen Prozessen, die nicht in diesem Wissenschaftsbereich institutionell gebunden sind" (Bonn et al., 2022, S. 11). Charakteristisch ist die gemeinsame Erhebung und zum Teil auch die Analyse von Daten durch Bürger:innen und Forscher:innen. Aufgrund des Anspruchs, einen wissenschaftlichen Beitrag zu leisten, grenzt sich CS von verwandten Konzepten wie partizipativer Wissenschaftskommunikation ab, wenngleich diese Konzepte zumeist gemeinsam angewendet werden (z. B. Bonn et al., 2022; Gantenberg et al., 2024). Aufgrund der Vielfalt an Verständnissen und der Variationen bei der Ausgestaltung von Formaten können die Wirkungen von CS vielfältig sein (Wehn et al., 2021; Lorke & Schmid-Loertzer, 2022). Zudem werden insbesondere gesellschaftliche Wirkungen oftmals nicht systematisch im Rahmen einer umfassenden Begleitforschung untersucht (Wehn et al., 2021). Dennoch liegen Erkenntnisse zu den Wirkungen von CS in Wissenschaft und Gesellschaft vor, die im Folgenden exemplarisch dargestellt werden.

Wirkungen in die Wissenschaft

Der Fokus der Analyse von Wirkungen in die Wissenschaft liegt im Bereich der bürgerwissenschaftlichen Forschung auf Quantität und Qualität von Forschungsdaten, die auch im Rahmen wissenschaftlicher Publikationen genutzt werden können.

Dabei wird oftmals die Möglichkeit der Erhebung und Verarbeitung umfangreicherer wissenschaftlicher Daten mithilfe der Unterstützung von Bürger:innen hervorgehoben (Finger et al., 2023). Beispielhaft sind hier etwa Daten mit Bezug zu den ökologischen, sozialen und ökonomischen Nachhaltigkeitszielen der Vereinten Nationen zu nennen (Fraisl et al., 2020). Relevant sind auch Beiträge zur Umweltforschung, wie beispielsweise das Monitoring von Biodiversität (Chandler et al., 2017) oder Wasserqualität (Kirschke et al., 2023), sowie CS-Aktivitäten in den Sozial- und Geisteswissenschaften (Tauginienė et al., 2020).

Neben der Quantität wird die Qualität von Daten diskutiert (Balázs et al., 2021). Verschiedene Autor:innen bewerten die Qualität bürgerwissenschaftlich generierter Daten grundsätzlich positiv (Brown & Williams, 2019; Finger et al., 2023). Zugleich kann die Qualitätsfrage nicht pauschal, sondern nur unter Berücksichtigung der jeweiligen Projektziele, der zu erhebenden Daten sowie des Projektdesigns und der entsprechenden Umsetzung durch Bürger:innen beantwortet werden (Balázs et al., 2021).

Mit der Generierung hochwertiger Daten geht potenziell eine erhöhte Publikationsleistung, etwa in Form von begutachteten Journal-Artikeln, einher (Haklay et al., 2021). Bibliometrische Analysen zeigen, dass zumindest die Anzahl von Artikeln mit Bezug auf bzw. unter Verwendung von CS-Daten seit der Jahrtausendwende signifikant zugenommen hat (Gantenberg et al., 2024).

Neben diesen an Daten und Publikationen orientierten Wirkungen werden vermehrt Wirkungen in die Wissenschaft erwähnt, die bisher weniger umfassend beschrieben sind. Beispiele sind Effekte auf wissenschaftliche Prozesse und hier insbesondere die Entwicklung partizipativer Methoden, die Erschließung neuer Forschungsfelder und -fragen oder die Umsetzung von Folgeprojekten (Wehn et al., 2021; Kieslinger et al., 2018). Zudem kann die Bildung neuer Netzwerke in die Gesellschaft insofern relevant sein, als sie zu fortlaufender Kommunikation und damit auch zu mehr Verständnis für wissenschaftliche Erkenntnisse führen können (z. B. Wagenknecht et al., 2021) – ein Aspekt, der sich auch im Hinblick auf die weitere Förderung von Wissenschaft durch die Gesellschaft bezahlt machen kann.

Wirkungen in die Gesellschaft

Wirkungen in die Gesellschaft sind vielfältig und betreffen, wie im Bereich der td-Forschung, zum einen direkte Wirkungen bei den beteiligten Bürger:innen, zum anderen indirekt in dem jeweils behandelten lebensweltlichen Problemfeld. Ähnlich wie bei den gesellschaftlichen Wirkungen von td Forschung können nach dem Grad des Einflusses folgende Wirkungssphären und -arten unterschieden werden:

1. Wirkungen, auf deren Eintreten das Projektteam innerhalb des zeitlichen und räumlichen Projektkontexts über das Forschungshandeln hohen Einfluss hat (Sphere of Control). Hierzu gehören beispielsweise:
   - direkte Lerneffekte bei Bürger:innen (z. B. Aristeidou & Herodotou, 2020), insbesondere Aneignung neuen Wissens zu wissenschaftlichen Ergebnissen und Prozessen, z. B. erweitertes Wissen und entsprechende Kompetenzen bezüglich wissenschaftlicher Vorgehensweisen, konkreter Methoden der Datenerhebung und -analyse oder deren Interpretation (Somerwill & Wehn, 2022; Kirschke et al., 2023),
   - Änderungen von Einstellungen der Bürger:innen zur Wissenschaft (Aristeidou & Herodotou, 2020; Somerwill & Wehn, 2022) über den Kontakt zu und die Kommunikation mit Wissenschaftler:innen. So kann Kommunikation beispielsweise zu mehr Verständnis und Vertrauen in wissenschaftliche Ergebnisse führen (Wagenknecht et al., 2021).
2. Wirkungen, auf deren Eintreten das Projektteam innerhalb oder über das Projekt hinaus einen gewissen Einfluss hat, die aber auch vom Handeln anderer Akteur:innen und

förderlichen Rahmenbedingungen abhängig sind (Sphere of Influence). Hierzu gehören beispielsweise weitergehende Lerneffekte bei Bürger:innen, insbesondere Aneignung neuen Wissens und neuer Einstellungen zu gesellschaftlichen Problemlagen, z. B. veränderte Wahrnehmung von und vertieftes Wissen um Biodiversität oder Probleme der Wasserqualität (Somerwill & Wehn, 2022; Kirschke et al., 2023).

3. Weitergehende Wirkungen, zu denen das Forschungsprojekt einen Beitrag leisten möchte, bei denen ein direkter Einfluss und die Zuordenbarkeit allerdings nicht gegeben sind –, sondern das Projekt als ein:e Akteur:in unter mehreren agiert (Sphere of Interest). Hierzu gehören beispielsweise:
   - Adressierung lebensweltlicher Probleme (Hecker et al., 2018), etwa wenn die erhobenen Daten im Sinn eines evidenzbasierten Politikansatzes in politischen Prozessen für Agenda Setting oder das Design und die Evaluierung politischer Maßnahmen genutzt werden, z. B. die verbesserte Messbarkeit von Nachhaltigkeitsindikatoren durch die Nutzung und Kommunikation von Bürger:innen erhobener Daten über den wissenschaftlichen Kontext hinaus (Fraisl et al., 2020; Sprinks et al., 2021),
   - Verhaltensänderungen von Bürger:innen (Somerwill & Wehn, 2022; Lorke & Schmid-Loertzer, 2022), z. B. verstärktes politisches Engagement der Bürger:innen mit Bezug zu lokalen Umweltproblemen (Haklay et al., 2021). Ob CS zu verändertem Interesse und veränderter Motivation als Basis für politisches Engagement führt, ist bislang unzureichend untersucht (Finger et al., 2023).

Neben diesen positiven Wirkungen in die Gesellschaft wird auch über potenzielle negative Wirkungen berichtet. Walker et al. (2021) haben beispielsweise mit Bezug zur Wasserforschung auf potenzielle negative Effekte auf die Lebensumstände (z. B. Überforderung der Bürger:innen, Gesundheits- und Sicherheitsaspekte), das Risiko der Entmündigung (etwa durch die Verstärkung bestehender Machtstrukturen infolge der Exklusion bestimmter Gruppen bzw. der Nutzung spezifischer Technologien) sowie demotivierende Effekte (z. B. angesichts hohen Zeitaufwands oder methodischer Komplexität) hingewiesen. Diese potenziellen negativen Wirkungen verweisen auch auf die bedeutende Rolle des Designs von CS, auf die im nächsten Abschnitt zu den Einflussfaktoren näher eingegangen wird.

Einflussfaktoren

Expertendiskussionen, Guidelines und Überblicksarbeiten zeigen, dass Wirkungen von CS in Wissenschaft und Gesellschaft auch vom Design der Projekte abhängen (z. B. Capdevila et al., 2020; Balázs et al., 2021; Moczek et al., 2021). Im Folgenden werden exemplarische Erkenntnisse zu projektbezogenen Faktoren und Kontextfaktoren dargestellt.

Projektbezogene Einflussfaktoren

Bei projektbezogenen Einflussfaktoren lassen sich Design-Faktoren in der Phase der Planung, der Umsetzung und zum Projektabschluss unterscheiden, die sich wahlweise auf die wissenschaftlichen, die gesellschaftlichen oder auf beide Zielgruppen auswirken. Entlang ausgewählter Überblicksliteratur werden sie zusammenfassend in Tab. 2 dargestellt. Generell werden eine exakte Planung und flexible Anpassung bürgerwissenschaftlicher Vorha-

Tab. 2 Überblicksliteratur zu projektbezogenen Einflussfaktoren hinsichtlich der Erzeugung von Wirkungspotenzial durch CS

Projektbezogene Einflussfaktoren	Überblicksliteratur
Projektplanung	
Klärung des Hintergrunds der Bürger:innen, z. B. Wissen zu wissenschaftlichen Prozessen, entsprechende praktische Erfahrungen, vorliegende Motivation oder auch sozioökonomischer Hintergrund (Alter, Geschlecht, formaler Bildungsstand, Beruf), Anpassung des bürgerwissenschaftlichen Vorhabens an den entsprechenden Hintergrund	Capdevila et al. (2020); Moczek et al. (2021)
Klärung des Hintergrunds der Forscher:innen: Motivation zur Umsetzung von Bürgerwissenschaft, Wissen zu und Erfahrung mit bürgerwissenschaftlichen Prozessen seitens der Verantwortlichen zur Sicherung von Qualität und Lernprozessen, entsprechende Spezifizierung von Verantwortlichkeiten für den wissenschaftlichen Prozess, z. B. institutionell angebundene Wissenschaftler:innen oder zivilgesellschaftliche Akteur:innen	Capdevila et al. (2020); Kirschke et al. (2023)
Instrumente der Rekrutierung: Berücksichtigung eines breiten Spektrums von Werbemaßnahmen über das Radio, lokale Zeitungen bis hin zu sozialen Medien in Abhängigkeit von Zielgruppe und regionalem Kontext, Auswahl als Einflussfaktor dafür, wie viele Bürger:innen an einem bürgerwissenschaftlichen Forschungsvorhaben teilnehmen und damit auch wie umfangreich bürgerwissenschaftliche Daten erhoben werden können	Balázs et al. (2021), S. 153; Capdevila et al. (2020)
Projektumsetzung	
Trainings etwa zur Datenerhebung, -verarbeitung und -analyse vor Beginn bürgerwissenschaftlicher Aktivitäten für Datenqualität	Balázs et al. (2021)
technische Hilfsmittel wie Apps und Onlineplattformen, um die Erhebung und den Transfer von Daten zu erleichtern, Integration mit neuen KI-Tools	Fraisl et al. (2024)
Kommunikations- und Feedbackkultur: Austausch zwischen Wissenschaftler:innen und Bürger:innen zwecks Förderung von Motivation, Sicherstellung der Anwendung wissenschaftlicher Methoden und entsprechender Datenqualität, Nutzung diverser bilateraler und multilateraler sowie analoger und digitaler Formate	Capdevila et al. (2020)
flexible Anpassung von Projektzielen und Messmethoden an die jeweiligen Bedingungen im Projektverlauf, um auf die Fähigkeiten und Bedürfnisse der Beteiligten einzugehen	Balázs et al. (2021)
Abschluss von Projekten	
gemeinsame Evaluation des Gesamtprozesses, z. B. über Kommunikation und Feedback, klassische sozialwissenschaftliche Erhebungsmethoden wie Umfragen, gemeinsame Reflexion im Rahmen von Fokusgruppendiskussionen mit Bürger:innen	Schaefer et al. (2021)
Beitrag von Bürger:innen zur Dissemination und zu weiteren Aktivitäten der (partizipativen) Wissenschaftskommunikation	Gantenberg et al. (2024)

ben gefordert, welche die Ziele und Interessen der beteiligten Forscher:innen und Bürger:innen integrieren. Darüber hinaus liegt eine Vielzahl an Best Practices und Handlungsempfehlungen zu ethischen, rechtlichen und Aspekten der Datenintegration vor, die etwa im Weißbuch Citizen Science dargestellt sind (Bonn et al., 2022).

Kontextbezogene Einflussfaktoren
Neben diesen projektbezogenen Faktoren werden in der Literatur relevante Kontextfaktoren von CS-Projekten aufgeführt. Zentral ist hierbei die fortlaufende und angemessene Finanzierung bürgerwissenschaftlicher Projekte. Diese Finanzierung geht über die Mittel für die wissenschaftlichen Erhebungen, wie bzw. für Monitoring-Equipment, hinaus und umfasst weitere Bedarfe, wie Mittel für die Organisation von Zusammenkünften oder Aufwandsentschädigungen für Teilnehmer:innen. Dies stärkt die Motivation der Bürger:innen, an CS-Projekten teilzunehmen, entsprechende Daten zu generieren und über wissenschaftliche Prozesse und Themen zu lernen. Schließlich kann der regionale Kontext eine Rolle spielen, wie etwa die entsprechenden kulturellen, politischen und rechtlichen Rahmenbedingungen, unter denen die Projekte umgesetzt werden. Zum Beispiel deuten Erfahrungen in verschiedenen regionalen Kontexten darauf hin, dass gesellschaftliche Rollenbilder mitunter beeinflussen, welche spezifischen Rollen verschiedene Geschlechter in CS-Projekten einnehmen können und wollen (Capdevila et al., 2020).

3 Herausforderungen des Nachzeichnens und Erfassens von Wirkungen

Grundsätzlich lassen sich gesellschaftliche und wissenschaftliche Wirkungen von Forschung auf verschiedenen Wegen erfassen (z. B. Schäfer et al., 2021). Einerseits können die Wirkungen detailliert und projektspezifisch, qualitativ-beschreibend und prozessual dargestellt (z. B. Lux et al., 2019), andererseits Wirkungen standardisiert und zum Teil quantitativ über Indikatoren „gemessen" und für verschiedene Projekte vergleichend untersucht werden (z. B. Newig et al., 2019; Binder et al., 2020; Kirschke et al., 2023).

Zahlreiche Autor:innen verweisen auf grundsätzliche und methodische, mit der Nachverfolgung und Messung von Wirkungen verbundene Herausforderungen, auf die im Folgenden eingegangen werden soll. Als zentrale Herausforderung wird das Problem der Attribution benannt, also der Zurechenbarkeit von Wirkungen zu spezifischen Forschungsaktivitäten. Dass es selten möglich ist, kausale Zusammenhänge zwischen Forschungsaktivitäten und -ergebnissen einzelner Projekte und ihren Wirkungen zu beschreiben (Kopfmüller et al., 2024; Wehn et al., 2021; Bornmann, 2013; Schäfer et al., 2021), hat u. a. folgende Gründe:

- Komplexität: Forschungsaktivitäten finden in dynamischen, komplexen Systemen mit diversen Neben- und Folgewirkungen statt. Dabei ist ein Forschungsprojekt im jeweiligen Handlungsfeld immer nur ein:e Akteur:in unter mehreren. Veränderungen werden jedoch

häufig erst durch das Zusammenwirken mehrerer Forschungsprojekte und weiterer Einflüsse (z. B. veränderte Rahmenbedingungen oder Akteurskonstellationen) erzielt.
- Zeitverzögertes Auftreten: Wirkungen treten aufgrund der komplexen Wirkungspfade häufig erst stark zeitverzögert auf. So reagiert z. B. Politik mitunter erst nach vielen Jahren auf wissenschaftliche Evidenz. Durch Wirkungserfassungen während der Projektlaufzeit und im Projektkontext gerät daher nur ein Teil der Wirkungen in den Blick (Schäfer et al., 2021; Lux et al., 2019). Im Hinblick auf die Erfassung von Wirkungen durch CS wird ebenfalls auf fehlende Langzeit-Studien verwiesen (Aristeidou & Herodotou, 2020).
- Mehrstufige Kommunikationsketten: Kommunikation vom jeweiligen Forschungsprojekt in die Gesellschaft verläuft häufig über mehrere Intermediär:innen oder Multiplikator:innen, bis die jeweilige Zielgruppe erreicht wird (Kaufmann-Hayoz et al., 2016). Dies hat auch zur Folge, dass z. B. das Aufgreifen von Projektergebnissen in anderen räumlichen Kontexten schwierig nachvollziehbar wird.

In engem Zusammenhang mit dem geschilderten Problem der Zurechenbarkeit stehen methodische Probleme der Wirkungserfassung:

- Um Veränderungen nachvollziehen zu können, ist die Erfassung des Ausgangszustands ebenso notwendig wie die Datenerhebungen nach Projektende. Derartige Prä- bzw. Post-Test-Designs sind aufwendig und es ist häufig schwierig, ausreichende Rücklaufquoten zu erzielen. Der Einsatz qualitativer Methoden wie Interviews oder Fokusgruppen erscheint hier teilweise sinnvoller als quantitative Befragungen.
- In Projekten, die in realweltliche Prozesse eingreifen, ist es aus ethischen oder organisatorischen Gründen häufig nicht möglich, eine Vergleichsgruppe (ohne Intervention oder erprobte Maßnahmen) im Untersuchungsdesign vorzusehen, wodurch die Zurechenbarkeit von Wirkungen ermöglicht würde.
- Die Erfassung von Wirkungen, wie z. B. Lerneffekte, die Veränderung individueller oder organisationaler Praktiken oder der Niederschlag von Projektergebnissen in Gesetzesänderungen oder im gesellschaftlichen Diskurs, kann sehr aufwendig sein. Nur selten besteht die Möglichkeit, Wirkungen über einfach erfassbare „objektive" Daten zu belegen. Häufig wird sich daher auf die Erfassung von Aussagen der Projektdurchführenden und von Akteur:innen im Umfeld des Projekts beschränkt, was zu einem gewissen Bias führen kann (Sprinks et al., 2021).
- Wirkungen verschiedener Projekte zu vergleichen, ist aufgrund der unterschiedlichen Zielsetzungen, Ausgangsbedingungen und Operationalisierungen transdisziplinärer und partizipativer Forschung schwierig und oftmals nur auf einem hohen Abstraktionsniveau möglich (Newig et al., 2019).

Projekte, die Aussagen zu ihrer Wirksamkeit treffen möchten, stehen daher vor der Aufgabe, sich je nach Zielsetzung und Ressourcen darüber zu verständigen, welche Art Wirkungen mit welchen Methoden der Datenerfassung nachverfolgt werden können. Daher ist die Erarbeitung eines Evaluationskonzepts mit entsprechenden Kriterien und Indikatoren sowie mit Methoden und Verantwortlichkeiten für die Datenerfassung notwendig (Wiefek et al., 2024).

4 Diskussion und Ausblick

Forschungsformate wie transdisziplinäre Forschung und Citizen Science können signifikante Auswirkungen auf Wissenschaft und Gesellschaft haben, wobei sie in ihren angestrebten und erwartbaren Wirkungen unterschiedliche Schwerpunkte setzen.

CS legt den Schwerpunkt auf die Generierung von Forschungsdaten und darauf basierende Publikationen sowie auf den Austausch zwischen Wissenschaftler:innen, Bürger:innen und entsprechender Intermediär:innen, wie zivilgesellschaftliche Organisationen, und daraus resultierenden Lerneffekten. Dabei kann die Einflusssphäre umfangreich sein, beispielsweise wenn eine große Anzahl von Bürger:innen an Projekten beteiligt ist oder die Ergebnisse aktiv in die Praxis kommuniziert werden.

Bei transdisziplinären Ansätzen liegt der Fokus auf direkten gesellschaftlichen Wirkungen, wie Lerneffekten hinsichtlich des Problemverständnisses, der Bildung von Akteurskonstellationen, die Veränderungsprozesse angehen können, bis hin zur Erprobung von Lösungsansätzen im jeweiligen lebensweltlichen Problemfeld. Wissenschaftliche Beiträge treten hinter dieser Zielstellung teilweise in den Hintergrund, jedoch kann auch td Forschung zur Verbesserung der Datenqualität und vor allem zur Reflexionsfähigkeit der Forschenden beitragen. Nicht intendierte oder negative Effekte transdisziplinärer Prozesse werden – im Unterschied zum Diskurs um Citizen Science – in der Literatur bisher eher selten thematisiert (Zscheischler & Rogga, 2015).

Insgesamt sind sowohl td Forschung als auch CS wichtige Ansätze, um das Verhältnis zwischen Wissenschaft und Gesellschaft weiterzuentwickeln und gesellschaftliche Transformationsprozesse zu unterstützen. Die Integration und die Kombination der beiden Ansätze in der Zielsetzung und im Forschungsdesign von Projekten vermögen Wirkungspotenziale zu verstärken. Auch werden aktuell bei beiden Ansätzen Wirkungen in die Wissenschaft und die Gesellschaft weitgehend unabhängig voneinander betrachtet. Es besteht jedoch ein wachsendes Interesse daran, Synergien zwischen den wissenschaftlichen Ergebnissen und den gesellschaftlichen Auswirkungen herauszuarbeiten (siehe z. B. das Projekt tdAcademy, www.td-academy.org).

Die grundsätzlichen und methodischen Herausforderungen für die Wirkungserfassung gelten für beide Ansätze. Unterstützend für derartige Bemühungen wäre, wenn sich in Zukunft neben dem Fokus auf Publikationen ein erweitertes Verständnis von Wirkungen in die Wissenschaft durchsetzt (siehe Abschn. 2.1.1; Marg & Theiler, 2023) sowie die Fülle und die Diversität gesellschaftlicher Wirkungen anerkannt werden (Schäfer et al., 2021).

Neben bereits erprobten Ansätzen der Ex-post-Evaluation von Wirkungen partizipativer Forschung (z. B. Lux et al., 2019) sind vor allem formative Wirkungsevaluation und partizipative Wissenschaftskommunikation vielversprechende Ansätze zur Stärkung von

Wirkungspotenzialen (z. B. Schäfer et al., 2024). Bei der formativen Evaluation geht es vorrangig nicht um die Rechenschaftspflicht gegenüber der:dem Geldgeber:in, sondern um das gegenseitige Lernen unter den beteiligten Akteur:innen und um ein gemeinsames Verständnis für die angestrebten Wirkungen und ihre Realisierung. Formative Evaluation kann daher dazu dienen, im Voraus Wirkungsorientierung zu erzeugen (Ex-ante-Evaluation), während des Forschungsprozesses den Aufbau von Wirkungspotenzialen begleitend zu unterstützen und zu dokumentieren (begleitende Evaluation und Monitoring) sowie im Nachhinein die Wirkungen zu erfassen und zu bewerten (Ex-post-Evaluation). Zudem haben verschiedene Formate der Wissenschaftskommunikation das Potenzial, die Wirkungen von transdisziplinärer und bürgerwissenschaftlicher Forschung zu verstärken (z. B. Girardullo et al., 2023; Fischer et al., 2024). Ergänzend sind breit und mittel- bis langfristig angelegte Studien zur Wirkungserfassung aufzusetzen, die zudem regionale und kulturelle Kontexte berücksichtigen (Schneider et al., 2019). Bei allen Ansätzen der Evaluation von Wirkungen sollte angestrebt werden, auch nicht-wissenschaftliche Akteur:innen in die Wirkungserfassung und -bewertung einzubeziehen (Binder et al., 2020; Bührer et al., 2022).

Wie dargestellt, liefern partizipative Forschungsformate wie td Forschung und CS wichtige Beiträge für Wissenschaft und Gesellschaft. Um diese Wirkungen zu fördern, sie angemessen anzuerkennen und zu würdigen sowie zur Qualitätssicherung beizutragen, sind neue Anerkennungssysteme erforderlich. Ergänzend ist es bedeutsam, bei Fördermittelgeber:innen ein Verständnis für realistische Ansprüche an das Erzielen wissenschaftlicher und gesellschaftlicher Wirkungen in Projektlaufzeiten von zumeist zwei bis drei Jahren zu erzeugen. Außerdem sollten sie für die Herausforderungen sensibilisiert werden, die mit der Formulierung sinnvoller Indikatoren und der Erfassung von Wirkungen verbunden sind (siehe Abschn. 3). Bei beiden Ansätzen hat sich gezeigt, dass die Fähigkeit wesentlich ist, Forschungsprozesse im Verlauf an neue Gegebenheiten anzupassen, was eine entsprechende Offenheit der Mittelgeber:innen erfordert.

Die verstärkte Wirkungsorientierung von Forschung birgt auch Risiken. Es entstehen Anreize, schnelle Lösungen zu erzeugen und zu diesem Zweck eher gezielt Expert:innen einzubeziehen als unterschiedliche gesellschaftliche Akteur:innen zu beteiligen (Musch & von Streit, 2020). Zusätzlich besteht die Gefahr, dass bevorzugt Projekte gefördert werden, die direkt anwendbare Ergebnisse versprechen (ebd.). Beides kann zu einer Priorisierung von gut messbaren und schnell erreichbaren Outputs auf Kosten von tiefgreifenden, langfristigen Lösungen führen (ebd.). Entsprechend sollte der Fokus nicht ausschließlich auf die Effektivität von partizipativen Forschungsprojekten gelegt werden, sondern auch auf die Legitimität der Prozesse, durch die sie zu ihren Ergebnissen und Wirkungen gelangen (Belcher & Halliwell, 2021). Diese Legitimität zeigt sich darin, dass der Forschungsprozess Werte, Interessen und Betroffenheit berücksichtigt und seine Ergebnisse unparteiisch sind (ebd.).

Danksagung Wir danken Emilia Nagy vom ZTG der TU Berlin für die sehr hilfreiche Durchsicht und Kommentierung einer frühen Fassung des Artikels.

Literatur

Aristeidou, M., & Herodotou, C. (2020). Online citizen science: A systematic review of effects on learning and scientific literacy. *Citizen Science: Theory and Practice, 5*(1), 1–12. https://doi.org/10.5334/cstp.224

Balázs, B., Mooney, P., Nováková, E., Bastin, L., & Arsanjani, J. J. (2021). Data quality in citizen science. In K. Vohland, A. Land-Zandstra, L. Ceccaroni, R. Lemmens, J. Perelló, M. Ponti, R. Samson, & K. Wagenknecht (Hrsg.), *The science of citizen science* (S. 139–157). Springer Nature.

Belcher, B., & Halliwell, J. (2021). Conceptualizing the elements of research impact: Towards semantic standards. *Humanities and Social Sciences Communications, 8*, 183. https://doi.org/10.1057/s41599-021-00854-2

Belcher, B. M., Davel, R., & Claus, R. (2020). A refined method for theory-based evaluation of the societal impacts of research. *MethodsX, 7*, 100788. https://doi.org/10.1016/j.mex.2020.100788

Binder, C. R., Fritz, L., Hansmann, R., Balthasaar, A., & Roose, Z. (2020). Increasing the relevance of science for practice and practice for science: Quantitative empirical insights. *Science and Public Policy, 47*(6), 772–787. https://doi.org/10.1093/scipol/scaa066

Bonn, A., Brink, W., Hecker, S., Herrmann, T. M., Liedtke, C., Premke-Kraus, M., Voigt-Heucke, S., von Gönner, J., Altmann, C. S., Bauhus, W., Bengtsson, L., Büermann, A., Brandt, M., Bruckermann, T., Dietrich, P., Dörler, D., Eich-Brod, R., Eichinger, M., Ferschinger, L., Freyberg, L., … & Woll, S. (2022). *Weißbuch Citizen-Science-Strategie 2030 für Deutschland*. https://doi.org/10.31235/osf.io/ew4uk

Bornmann, L. (2013). What is societal impact of research and how can it be assessed? A literature survey. *Journal of the American Society for Information Science and Technology, 64*(2), 217–233. https://doi.org/10.1002/asi.22803

Brown, E. D., & Williams, B. K. (2019). The potential for citizen science to produce reliable and useful information in ecology. *Conservation Biology, 33*(3), 561–569. https://doi.org/10.1111/cobi.13223

Bührer, S., Feidenheimer, A., Walz, R., Lindner, R., Beckert, B., & Wallwaey, E. (2022). *Concepts and methods to measure societal impacts – an overview*. Discussion Papers Innovation Systems and Policy Analysis No. 74. Fraun-hofer ISI. https://publica-rest.fraunhofer.de/server/api/core/bitstreams/06cee3b3-f386-4ef5-8026-26c9311e0923/content

Capdevila, A. S. L., Kokimova, A., Ray, S. S., Avellán, T., Kim, J., & Kirschke, S. (2020). Success factors for citizen science projects in water quality monitoring. *Science of the Total Environment, 728*, 137843. https://doi.org/10.1016/j.scitotenv.2020.137843

Chandler, M., See, L., Copas, K., Bonde, A. M., López, B. C., Danielsen, F., Legind, J. F., Masinde, S., Miller-Rushing, A. J., Newman, G., Rosemartin, A., & Turak, E. (2017). Contribution of citizen science towards international biodiversity monitoring. *Biological Conservation, 213*, 280–294. https://doi.org/10.1016/j.biocon.2016.09.004

Finger, L., van den Bogaert, V., Schmidt, L., Fleischer, J., Stadtler, M., Sommer, K., & Wirth, J. (2023). The science of citizen science: A systematic literature review on educational and scientific outcomes. *Frontiers in Education, 8*, 226529. https://doi.org/10.3389/feduc.2023.1226529

Fischer, C., Radinger-Peer, V., Krainer, L., & Penker, M. (2024). Communication tools and their support for integration in transdisciplinary research projects. *Humanities and Social Sciences Communications, 11*(1), 1–16. https://doi.org/10.1057/s41599-024-02607-3

Fraisl, D., Campbell, J., See, L., Wehn, U., Wardlaw, J., Gold, M., Moorthy, I., Arias, R., Piera, J., Oliver, J. L., Masó, J., Penker, M., & Fritz, S. (2020). Mapping citizen science contributions to the UN sustainable development goals. *Sustainability Science, 15*, 1735–1751. https://doi.org/10.1007/s11625-020-00833-7

Fraisl, D., See, L., Fritz, S., Haklay, M., & McCallum, I. (2024). Leveraging the collaborative power of AI and citizen science for sustainable development. *Nature Sustainability, 8*, 125–132. https://doi.org/10.1038/s41893-024-01489-2

Gantenberg, J., Henke, J., & Jurack, E. (2024). *Potenziale und Herausforderungen partizipativer Wissenschaftskommunikation. Forschungsüberblick und Empfehlungen für die Praxis*. Transfer Unit Wissenschaftskommunikation. https://transferunit.de/thema/forschungsueberblick-potenziale-und-herausforderungen-partizipativer-wissenschaftskommunikation/

Giardullo, P., Neresini, F., Magalhães, J., Luís, C., Marín-González, E., & Arias, R. (2023). Citizen science and participatory science communication: An empirically informed discussion connecting research and theory. *Journal of Science Communication – JCOM, 22*(2), A01. https://doi.org/10.22323/2.22020201

Haklay, M. M., Dörler, D., Heigl, F., Manzoni, M., Hecker, S., & Vohland, K. (2021). What is citizen science? In K. Vohland, A. Land-Zandstra, L. Ceccaroni, R. Lemmens, J. Perelló, M. Ponti, R. Samson, & K. Wagenknecht (Hrsg.), *The science of citizen science* (S. 13–34). Springer Nature.

Hecker, S., Bonney, R., Haklay, M., Hölker, F., Hofer, H., Goebel, C., Gold, M., Makuch, Z., Ponti, M., Richter, A., Robinson, L., Rubio Iglesias, J., Owen, R., Peltola, T., Sforzi, A., Shirk, J., Vogel, J., Vohland, K., Witt, T., & Bonn, A. (2018). Innovation in citizen science–perspectives on science-policy advances. *Citizen Science: Theory and Practice, 3*(1), 4. https://doi.org/10.5334/cstp.114

Jahn, T. (2008). Transdisziplinarität in der Forschungspraxis. In M. Bergmann & E. Schramm (Hrsg.), *Transdisziplinäre Forschung. Integrative Forschungsprozesse verstehen und bewerten* (S. 21–37). Campus.

Kaufmann-Hayoz, R., Defila, R., Di Giulio, A., & Winkelmann, M. (2016). Was man sich erhoffen darf. Zur gesellschaftlichen Wirkung von transdisziplinärer Forschung. In R. Defila & A. Di Giulio (Hrsg.), *Transdisziplinär forschen. Zwischen Ideal und gelebter Praxis* (S. 289–327). Campus.

Kieslinger, B., Schäfer, T., Heigl, F., Dörler, D., Richter, A., & Bonn, A. (2018). *Evaluating citizen science-towards an open framework*. UCL Press.

Kirschke, S., Bennett, C., Ghazani, A. B., Kirschke, D., Lee, Y., Loghmani Khouzani, S. T., & Nath, S. (2023). Design impacts of citizen science. A comparative analysis of water monitoring projects. *Frontiers in Environmental Science, 11*, 1186238. https://doi.org/10.3389/fenvs.2023.1186238

Kopfmüller, J., Walz, R., Benighaus, C., Bührer, S., Danielzyk, R., Deckers, M., Ferse, S., Frank, D., Helming, K., Kreutzer, D., Lutz, R., Maikämper, M., Peters, I., Pfeifer, L., Pflaum, H., Potthast, T., Schlüter, A., Schlünz, B., Schreiner, S., …, & Winkelmann, M. (2024). *Exzellent Forschen in gesellschaftlicher Verantwortung. Positionspapier des Projektkonsortiums LeNa Shape*. https://www.nachhaltig-forschen.de/positionspapier

Lang, D. J., Wiek, A., Bergmann, M., Stauffacher, M., Martens, P., Moll, P., Swilling, M., & Thomas, C. J. (2012). Transdisciplinary research in sustainability science: Practice, principles, and challenges. *Sustainability Science, 7*(1), 25–43. https://doi.org/10.1007/s11625-011-0149-x

Lorke, J., & Schmid-Loertzer, V. (2022). *Wie wirkt eigentlich Citizen Science? Ein Blick in die Forschungsliteratur*. Bürger schaffen Wissen – Die Citizen-Science-Plattform für Deutschland. https://doi.org/10.5281/zenodo.6797922

Lux, A., Schäfer, M., Bergmann, M., Jahn, T., Marg, O., Nagy, E., Ransiek, A.-C., & Theiler, L. (2019). Societal effects of transdisciplinary sustainability research. How can they be strengthened during the research process? *Environmental Science & Policy, 101*, 183–191. https://doi.org/10.1016/j.envsci.2019.08.012

Marg, O., & Theiler, L. (2023). Effects of transdisciplinary research on scientific knowledge and reflexivity. *Research Evaluation, 32*(4), 635–647. https://doi.org/10.1093/reseval/rvad033

Mitchell, C., Cordell, D., & Fam, D. (2015). Beginning at the end: The outcome spaces framework to guide purposive transdisciplinary research. *Futures, 65*, 86–96. https://doi.org/10.1016/j.futures.2014.10.007

Moczek, N., Hecker, S., & Voigt-Heucke, S. L. (2021). The known unknowns: What citizen science projects in Germany know about their volunteers – and what they don't know. *Sustainability, 13*(20), Artikel 11553. https://doi.org/10.3390/su132011553

Musch, A.-K., & von Streit, A. (2020). (Un) intended effects of participation in sustainability science: A criteria-guided comparative case study. *Environmental Science & Policy, 104*, 55–66. https://doi.org/10.1016/j.envsci.2019.10.004

Nagy, E., Ransiek, A., Schäfer, M., Lux, A., Bergmann, M., Jahn, T., Marg, O., & Theiler, L. (2020). Transfer as a reciprocal process: How to foster receptivity to results of transdisciplinary research. *Environmental Science & Policy, 104*, 148–160. https://doi.org/10.1016/j.envsci.2019.11.007

Newig, J., Jahn, S., Lang, D. J., Kahle, J., & Bergmann, M. (2019). Linking modes of research to their scientific and societal outcomes. Evidence from 81 sustainability-oriented research projects. *Environmental Science & Policy, 101*, 147–155. https://doi.org/10.1016/j.envsci.2019.08.008

Oxford English Dictionary. (2014). *Citizen science*. Oxford University Press.

Schaefer, T., Kieslinger, B., Brandt, M., & van den Bogaert, V. (2021). Evaluation in citizen science: The art of tracing a moving target. In K. Vohland, A. Land-Zandstra, L. Ceccaroni, R. Lemmens, J. Perelló, M. Ponti, R. Samson, & K. Wagenknecht (Hrsg.), *The science of citizen science* (S. 495–514). Springer Nature.

Schäfer, M., Bergmann, M., & Theiler, L. (2021). Systematizing societal effects of transdisciplinary research. *Research Evaluation, 30*(4), 484–499. https://doi.org/10.1093/reseval/rvab019

Schäfer, M., Nagy, E., & Kny, J. (2024). Fostering reflective impact orientation in transdisciplinary research – A multi-method workshop format. *MethodsX, 13*. https://doi.org/10.1016/j.mex.2024.102795

Schneider, F., & Buser, T. (2018). Promising degrees of stakeholder interaction in research for sustainable development. *Sustainability Science, 13*(1), 129–142. https://link.springer.com/article/10.1007/s11625-017-0507-4

Schneider, F., Giger, M., Harari, N., Moser, S., Oberlack, C., Providoli, I., Schmid, L., Tribaldos, T., & Zimmermann, A. (2019). Transdisciplinary co-production of knowledge and sustainability transformations: Three generic mechanisms of impact generation. *Environmental Science & Policy, 102*, 26–35. https://doi.org/10.1016/j.envsci.2019.08.017

Somerwill, L., & Wehn, U. (2022). How to measure the impact of citizen science on environmental attitudes, behaviour and knowledge? A review of state-of-the-art approaches. *Environmental Sciences Europe, 34*(1), 1–29. https://doi.org/10.1186/s12302-022-00596-1

Sprinks, J., Woods, S. M., Parkinson, S., Wehn, U., Joyce, H., Ceccaroni, L., & Gharesifard, M. (2021). Coordinator perceptions when assessing the impact of citizen science towards sustainable development goals. *Sustainability, 13*(4), 2377. https://doi.org/10.3390/su13042377

Tauginienė, L., Butkevičienė, E., Vohland, K., Heinisch, B., Daskolia, M., Suškevičs, M., Portela, M., Balázs, B., & Prūse, B. (2020). Citizen science in the social sciences and humanities: The power of interdisciplinarity. *Palgrave Communications, 6*(1), 1–11. https://doi.org/10.1057/s41599-020-0471-y

Walker, D. W., Smigaj, M., & Tani, M. (2021). The benefits and negative impacts of citizen science applications to water as experienced by participants and communities. *Wiley Interdisciplinary Reviews: Water, 8*(1), e1488. https://doi.org/10.1002/wat2.1488

Wagenknecht, K., Woods, T., Nold, C., Rüfenacht, S., Voigt-Heucke, S., Caplan, A., Hecker, S. and Vohland, K. (2021). A question of dialogue? Reflections on how citizen science can enhance communication between science and society *Journal of Science Communication JCOM* 20(03), A13. https://doi.org/10.22323/2.20030213

Wehn, U., Gharesifard, M., Ceccaroni, L., Joyce, H., Ajates, R., Woods, S., Bilbao, A., Parkinson, S., Gold, M., & Wheatland, J. (2021). Impact assessment of citizen science: State of the art and guiding principles for a consolidated approach. *Sustainability Science, 16*, 1683–1699. https://doi.org/10.1007/s11625-021-00959-2

Wiefek, J., Nagy, E., & Schäfer, M. (2024). Systematic impact-orientation in real-world laboratories: Introducing a framework for designing formative evaluation of transdisciplinary research. *GAIA – Ecological Perspectives for Science and Society, 33*(S1), 94–101.

Wiek, A., Talwar, S., O'Shea, M., & Robinson, J. (2014). Toward a methodological scheme for capturing societal effects of participatory sustainability research. *Research Evaluation, 23*(2), 117–132. https://doi.org/10.1093/reseval/rvt031

Zscheischler, J., & Rogga, S. (2015). Transdisciplinarity in land use science – A review of concepts, empirical findings and current practices. *Futures, 65*, 28–44. https://doi.org/10.1016/j.futures.2014.11.005

Martina Schäfer ist seit 2010 Wissenschaftliche Geschäftsführerin am Zentrum Technik und Gesellschaft der TU Berlin und insbesondere in transdisziplinärer Forschung tätig.

Sabrina Kirschke leitet am Museum für Naturkunde Berlin die Public Policy Research Unit. Sie forscht zu partizipativen Ansätzen in der Politikgestaltung.

Stephanie Jahn ist Dialog- und Impact-Managerin am European Center of Just Transition Research and Impact-Driven Transfer (JTC) der Martin-Luther-Universität Halle-Wittenberg.

Modus – Ansätze, Traditionen, und Praxisbeispiele

Transdisziplinäre Forschung als partizipativer und integrativer Ansatz zur Bearbeitung komplexer gesellschaftlicher Herausforderungen

Melanie Mbah, Oskar Marg, Michael Kreß-Ludwig, Julia Diekämper, Carolin Schröder und Gabriele Wendorf

1 Einleitung

Die transdisziplinäre Forschung hat ihren Ursprung in der sozial-ökologischen Forschung (Becker et al., 1987) und fußt auf der Erkenntnis, dass gegenwärtige gesellschaftliche Probleme, wie beispielsweise Klimawandel oder Biodiversitätsverlust, durch eine hohe Komplexität gekennzeichnet sind, die nur durch ein problemorientiertes Vorgehen gemeinsam mit Akteuren aus der Praxis zu bewältigen ist. Die hohe Komplexität gegenwärtiger Probleme ist u. a. in den komplexer werdenden Technologien begründet, die in schnelleren Innovationszyklen entwickelt werden, deren Wirkungen häufig nur schwierig abgeschätzt werden können, woraus sich als Risiken nicht intendierte Nebenfolgen ergeben (Böschen et al., 2021). Hierbei sind die soziale und technologische Komplexität eng miteinander verwoben, bergen zahlreiche Ungewissheiten und Nicht-Wissen und bedürfen dennoch Entscheidungen zum Handeln (Böschen, 2015; Wehling, 2006).

M. Mbah (✉)
Öko-Institut e.V., Freiburg, Deutschland
E-Mail: M.Mbah@oeko.de

O. Marg
Frankfurt am Main, Deutschland

M. Kreß-Ludwig
Institut für sozial-ökologische Forschung (ISOE), Frankfurt am Main, Deutschland

J. Diekämper
Museum für Naturkunde – Leibniz-Institut für Evolutions- und Biodiversitätsforschung, Berlin, Deutschland

C. Schröder · G. Wendorf
Technische Universität Berlin, Zentrum Technik und Gesellschaft (ZTG), Berlin, Deutschland

S. Voigt-Heucke et al., *Praxishandbuch Partizipation in der Wissenschaft*,
https://doi.org/10.1007/978-3-658-51093-0_7

Die transdisziplinäre Forschung ist – zumindest dem Verständnis zufolge, an dem sich auch dieser Beitrag orientiert (s. u.) – durch die Zusammenarbeit mit außerwissenschaftlichen Akteuren – im Folgenden auch als Praxisakteuren oder Akteuren aus der Praxis bezeichnet – charakterisiert.

Hintergrund hierfür ist zum einen die Erkenntnis, dass durch den Einbezug unterschiedlicher Wissensbestände auch aus der Praxis sozial robusteres Wissen erzeugt werden kann, als es bei disziplinärer oder interdisziplinärer Forschung der Fall ist (Nowotny, 2003; Newig et al., 2019). Ein transdisziplinärer Forschungsansatz bringt diese unterschiedlichen Wissensbestände zusammen und ermöglicht so Lernen auf verschiedenen Ebenen über den kontinuierlichen Austausch zwischen Wissenschaft und Praxis zur Generierung neuen Wissens und neuer Praktiken.

Dies ist insofern von besonderer Bedeutung, als gegenwärtige Gesellschaften ausdifferenziert sind und verschiedene Akteurs-Gruppen die gesellschaftlichen Entwicklungen mitbestimmen möchten (vgl. Alcantara et al., 2016; Fraune & Knodt, 2019). Transdisziplinäre Forschung strebt an, diese Vielfalt von Akteuren mit ihren unterschiedlichen Interessen und Fragen einzubinden und ein Empowerment, also eine Ermächtigung zu selbstbestimmtem Handeln und Entscheiden, zu ermöglichen.

In diesem Beitrag wird darauf eingegangen, was sich hinter dem Begriff der transdisziplinären Forschung verbirgt, wie transdisziplinäre Forschung entstanden ist (Abschn. 2), welche Eigenschaften sie kennzeichnet und es wird exemplarisch aufgezeigt welche Methoden angewendet werden (Abschn. 3). Zuletzt wird anhand von Beispielen illustriert, wie transdisziplinäre Forschung in der konkreten Praxis umgesetzt wird und welche Ergebnisse erzielt werden können (Abschn. 4).

2 Entstehung und Status quo

2.1 Die sozial-ökologische Forschung als Ausgangspunkt der transdisziplinären Forschung

Die transdisziplinäre Forschung nach ihrem heutigen Verständnis existiert seit den 2000er-Jahren, basiert jedoch auf Entwicklungen und Diskursen der 1970er- und 1980er-Jahre. Diese Diskurse bezogen sich erstens auf das Erfordernis von Interdisziplinarität im Zuge der Abkehr vom Positivismus[1] hin zu einem neuen Verständnis von Wissenschaft, das auf Interaktionen und neuen dynamischen Strukturen beruht und auch soziale Rückkopplungen aufnimmt (Jantsch, 1972; Mittelstraß, 1987). Zweitens rückten zahlreiche ökologische Krisen, wie beispielsweise Ölverschmutzung, Dürren, Waldsterben, Überschwemmungen, Müllentsorgung und andere mehr, das Erfordernis eines neuen Forschungsmodus in den Fokus, wobei sich in diesem Zusammenhang die sozial-ökologische Forschung etablierte.

[1] Im Positivismus ist gefordert, dass Erkenntnisse und Wissen grundsätzlich beobachtbar, wahrnehmbar und wissenschaftlich überprüfbar sind.

Die sozial-ökologische Forschung wird von Becker et al. (1999, S. 13) definiert als: „[...] die Wissenschaft von den Beziehungen der Menschen zu ihrer jeweiligen natürlichen und gesellschaftlichen Umwelt. [Diese] Beziehungen [werden] in einer disziplinübergreifenden Perspektive untersucht, [mit dem Ziel] Wissen für gesellschaftliche Handlungskonzepte zu generieren [...]". Sie adressierte früh die Notwendigkeit, (Natur-) Wissenschaft und Gesellschaft stärker miteinander zu verbinden, um so das Verhältnis und die Wechselwirkungen zwischen Natur und gesellschaftlichem Handeln in den Fokus zu nehmen (Becker, 2003). Hierbei geht es darum, Problemstellungen und Krisenthemen nicht mehr rein disziplinär zu bearbeiten, sondern interdisziplinär, um der Komplexität und den Interdependenzen zwischen ökologisch-naturwissenschaftlichen und sozialwissenschaftlichen Aspekten gerecht zu werden. Becker et al. (1987) nahmen an, dass dies ein frühes Erkennen und Verstehen bestehender oder sich entwickelnder Krisen ermögliche, sodass auf Erstere angemessen reagiert und Letztere abgewendet werden können. Anthropogen verursachte Umweltprobleme wurden hierbei nicht als grundsätzlich neue Phänomene gesehen, vielmehr wurde betont, dass deren Kumulierung sowie Gefährdungs- und Zerstörungsausmaß enorm zugenommen haben.

Diese Forschungslinie wird seit dem Jahr 2000 explizit mit dem Förderschwerpunkt der Sozial-ökologischen Forschung (SÖF) des Bundesministeriums für Forschung, Technologie und Raumfahrt (BMFTR) staatlich gefördert (siehe BMBF, 2021). Dies stellt in der Förderpolitik den Übergang von der Umweltforschung zur Nachhaltigkeitsforschung dar. Seither hat sich der transdisziplinäre Forschungsmodus in verschiedenen Förderprogrammen in Deutschland etabliert. Auch international gewinnt die transdisziplinäre Forschung an Bedeutung (siehe bspw. https://itd-alliance.org/).

2.2 Von „Mode 1"- zu „Mode 2"-Forschung

Bevor jedoch von transdisziplinärer Forschung gesprochen bzw. der Begriff der Transdisziplinarität geprägt wurde, war zwischen der Mode-1- und Mode-2-Forschung unterschieden worden. Der bis dahin vorherrschende Forschungsmodus eines disziplinär ausgerichteten Wissenschaftssystems wurde als Mode-1-Forschung bezeichnet. Die Weiterentwicklung zu einem interdisziplinär verknüpften Wissenschaftssystem, in dem Wissen kodifiziert, objektiv nachvollziehbar und reproduzierbar vorliegt, stellt eine Demokratisierung von Expertise, von Wissen dar. Erich Jantsch (1972) verwendete den Begriff der Transdisziplinarität erstmals 1972, Mittelstraß (1987) im Jahr 1987 – beide im Verständnis einer starken Interdisziplinarität, die allerdings auf einer Rückkopplung gesellschaftlicher Diskurse von Wissenschaft beruht und diese aufgreift. Transdisziplinarität bedeutet demzufolge eine Weiterentwicklung der interdisziplinären Zusammenarbeit im Sinn andauernder interdisziplinärer Kooperationen. Gibbons (2011) und Nowotny (2003) führten hierfür den Begriff der Mode-2-Forschung bzw. des Mode-2-Wissens ein, der nicht mehr nur primär reliables Wissen – also wissenschaftlich unter gleichen Bedingungen reproduzierbares Wissen – umfasst, sondern vielmehr solches, das als „sozial robust" gilt (Nowotny, 2003).

Wissen ist demnach dann sozial robust, wenn es erstens auf Validität – also Gültigkeit – nicht nur im Labor der wissenschaftlichen Disziplin, sondern im realweltlichen Kontext, d. h. unter Berücksichtigung sozialer, kultureller, politischer und ökonomischer Faktoren getestet wurde. Zweitens erfordert dies die Integration weiterer Wissensbestände durch die Involvierung zukünftiger Nutzer:innen und Laien. Außerdem setzt sozial robustes Wissen kontinuierliches Testen und Validieren voraus, inklusive der Anpassung und Weiterentwicklung des Wissens (Nowotny, 2003, S. 155).

Für diese Ausweitung des Expertenbegriffs und die Integration weiterer gesellschaftlicher Wissensbestände in der Forschung, insbesondere durch den Einbezug „imaginierter Laien“, argumentierte Nowotny schon im Jahr 2003. Anders als nach dem heutigen Verständnis transdisziplinärer Forschung spricht sie nicht davon, Laien im wörtlichen Sinn aktiv einzubinden, jedoch sollen deren potenzielle Bedarfe und Anforderungen mitgedacht und durch Forschung adressiert werden (Nowotny, 2005, S. 40 f.).

Damit sei Transdisziplinarität ein „Forschungs- und Wissenschaftsprinzip, das dort wirksam wird, wo eine allein fachliche oder disziplinäre Definition von Problemlagen und Problemlösungen nicht möglich ist“ (Mittelstraß, 2005, S. 3). Transdisziplinarität wird von Mittelstraß (2005, S. 4) explizit nicht als ein „transwissenschaftliches Prinzip“ verstanden, d. h., dass auch die transdisziplinäre Forschung wissenschaftlichen Prinzipien folgt. Die Einbindung außerwissenschaftlicher Akteure – auch als Praxisakteure bezeichnet – wird hier nicht adressiert. Gleichzeitig konstatiert Mittelstraß, dass es sich bei Transdisziplinarität um ein Forschungsprinzip und nicht um eine Methode handelt. Lawrence et al. (2022) bezeichnen diese Mode-2-Denkschule auch als „unity of knowledge“, bei der ein Fokus auf einer Einheit theoretischen Wissens liegt, verbunden mit dem Ziel, disziplinäre Grenzen zu überwinden. Multi- und Interdisziplinarität sind deren Kennzeichen. Multidisziplinarität bezieht sich auf das Bearbeiten einer gemeinsamen Problemstellung aus Perspektive mehrerer Disziplinen, die jeweils für sich getrennt voneinander mögliche Lösungen erarbeiten. Interdisziplinarität hingegen bedeutet die gemeinsame Bearbeitung einer Problemstellung verschiedener Disziplinen in enger Zusammenarbeit untereinander (siehe auch Waag, 2012). In der Mode-2-Forschung wird Transdisziplinarität folglich noch als eine weiterentwickelte Form von Interdisziplinarität verstanden, jedoch schon mit dem Begriff der Transdisziplinarität belegt.

2.3 Der Transdisziplinäre Forschungsansatz

Bogner (2009, S. 167) beschreibt Transdisziplinarität „als Forschung über die Grenzen zwischen Wissenschaft und Gesellschaft hinweg“. Dies adressiert die Beteiligung gesellschaftlicher Akteure am Forschungsprozess, basierend auf einem gesellschaftlich relevanten Problemfeld. Dieses Verständnis teilen auch Pohl und Hirsch Hadorn (2006). Lawrence et al. (2022) bezeichnen diese Denkschule als „social engagement transdisciplinarity“.

In einem zentralen und vielzitierten Text über transdisziplinäre Forschung definieren Jahn et al. (2012) transdisziplinäre Forschung wie folgt:

> „Transdisziplinarität ist ein kritischer und selbstreflexiver Forschungsansatz, der gesellschaftliche und wissenschaftliche Probleme miteinander verbindet; sie produziert neues Wissen durch die Integration verschiedener wissenschaftlicher und außerwissenschaftlicher Erkenntnisse; ihr Ziel ist es, sowohl zum gesellschaftlichen als auch zum wissenschaftlichen Fortschritt beizutragen; Integration ist die kognitive Operation der Herstellung einer neuartigen, bisher nicht existierenden Verbindung zwischen den verschiedenen epistemischen, sozial-organisatorischen und kommunikativen Einheiten, die den gegebenen Problemkontext bilden." (eigene Übersetzung nach Jahn et al., 2012, S. 8)

Transdisziplinarität gilt folglich als eine Kombination aus Interdisziplinarität und dem Einbezug außerwissenschaftlicher Anspruchsgruppen (Jahn et al., 2012). Gesellschaftliche Akteure werden aktiv in die Wissensproduktion einbezogen, da deren „local knowledge" (Regeer & Bunders, 2003, S. 98) als bedeutsam für die Suche nach Lösungen komplexer Herausforderungen erachtet wird. Gemeinsame Wissensproduktion geht hierbei über eine Konsultation hinaus und bezieht sich auf ein enges Zusammenarbeiten und gemeinsames Produzieren neuen Wissens – das jeweils in die unterschiedlichen Sphären (Wissenschaft und Gesellschaft) integriert wird (so die idealtypische Vorstellung). Ein transdisziplinärer Forschungsprozess zielt folglich darauf ab, sozial robustes Wissen (Nowotny, 2003) zu erzeugen, indem seine Produktion kontextspezifisch ist und seine Relevanz über die rein akademische Forschung hinausreicht. Im Unterschied zu disziplinärer Forschung geht es also nicht primär darum, einen rein wissenschaftlichen Diskurs zu konsolidieren, sondern das gewonnene Wissen sowohl im akademischen Kontext als auch innerhalb der Gesellschaft anwenden zu können (Berscheid, 2020, S. 36). Die Integration unterschiedlicher Wissensbestände bedeutet jedoch keine Vereinheitlichung spezifischer Perspektiven und ersetzt daher disziplinäre, multidisziplinäre und interdisziplinäre Forschung nicht, sondern baut auf diesen auf.

Die transdisziplinäre Forschung eignet sich insbesondere für Probleme mit folgenden Merkmalen: Komplexität und Nicht-Linearität (etwa komplexe Problemstrukturen oder Probleme des Nichtwissens), Unsicherheit (etwa bezogen auf Gültigkeit und Bewertung von Wissen sowie auf Wirkungszusammenhänge) und Konflikte (etwa Wissens- und Wertekonflikte, Interessen- und Nutzungskonflikte oder Zielkonflikte) (Lux & Burkhart, 2023).

3 Charakteristika und Phasen transdisziplinärer Forschung

In der transdisziplinären Forschung wird zwischen vier Phasen des Forschungsprozesses unterschieden (Jahn et al., 2012, S. 5; Lawrence et al., 2022): Bildung eines gemeinsamen Forschungsgegenstandes, Produktion neuen Wissens, transdisziplinäre Integration und die kontinuierliche Reflexion und Evaluation.

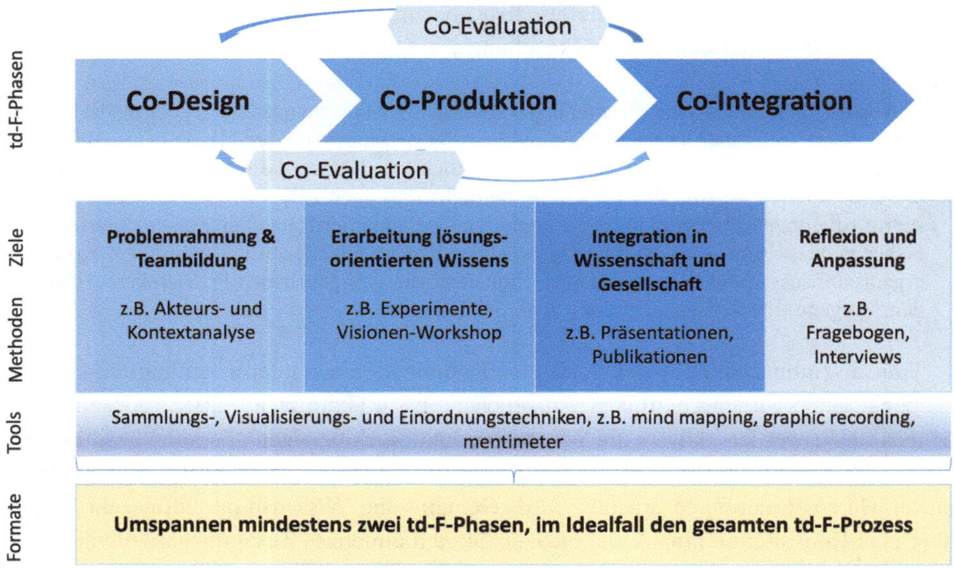

Abb. 1 Phasen eines transdisziplinären Forschungsprozesses, in welchen je nach Format, Handlungsfeld und Ziel, Methoden und Tools zum Einsatz kommen. (Leicht veränderte Darstellung nach Mbah et al., 2023 in Anlehnung an Lawrence et al., 2022 und basierend auf Jahn et al., 2012; Bergmann et al., 2010 und Lang et al., 2012)

Abb. 1 nach Mbah et al. (2023, 2026) unterscheidet in vier Phasen, die in diesem Beitrag der Strukturierung dienen: Co-Design, Co-Produktion, Co-Integration und Co-Evaluation. In der Praxis sind diese Phasen jedoch meist nicht trennscharf, aber durch spezifische Charakteristika geprägt. Beispielsweise steht die gemeinsame Problemkonstituierung insbesondere zu Beginn, in der Phase des Co-Designs, im Vordergrund – muss aber i. d. R. im weiteren Forschungsprozess wiederholt werden. Dies verweist auf den dynamischen und adaptiven Charakter transdisziplinärer Forschung.

Für jede der Phasen des transdisziplinären Forschungsprozesses gibt es unterschiedliche Methoden, die sich besonders gut eignen und je nach Format der transdisziplinären Forschung,[2] des Handlungsfeldes, der Rahmenbedingungen sowie der beteiligten Akteure zum Einsatz kommen können. Nachfolgend werden exemplarisch jeweils ein bis zwei Methoden je Phase skizziert (siehe Abb. 1).

3.1 Co-Design

Das Co-Design stellt in der Regel die erste Phase eines transdisziplinären Forschungsprozesses dar, in welcher die Identifikation und Strukturierung des gesellschaftlichen und

[2] Ein Format umspannt in der Regel mindestens zwei der transdisziplinären Forschungsphasen und setzt den Rahmen für den Forschungsprozess, wie z. B. ein Reallabor (Mbah et al., 2026).

wissenschaftlichen Problems im Fokus steht. Zudem wird in dieser Phase die Zusammenarbeit im Team organisiert und ggf. weitere Akteure ins Team integriert (Pohl & Hirsch Hadorn, 2006; Lang et al., 2012). Idealerweise beginnt diese Phase schon während der Antragstellung und ist durch einen intensiven Austausch zwischen Wissenschaft und Praxisakteuren geprägt.

Schritte und Gestaltungsprinzipien der Problemrahmung

Im Rahmen eines transdisziplinären Forschungsprozesses wird die gemeinsame Problemrahmung vor allem zu Beginn hergestellt, sollte aber im weiteren Verlauf immer wieder aktualisiert werden. Sie besteht nach Jahn et al. (2012) aus den folgenden Schritten:

1. Herstellung eines gemeinsamen Problemverständnisses und Transformation des gesellschaftlichen Problems in ein sogenanntes „Boundary Object": Ein Boundary Object ist ein Instrument bzw. „Brücke" (z. B. ein Begriff, Konzept oder Produkt), um die verschiedenen Disziplinen und Perspektiven miteinander zu verbinden, in Form einer geteilten Identität. Ein Beispiel dafür ist „Biodiversität".
2. Transformation dieses Boundary Objects in ein epistemisches Objekt (also ein Gegenstand des wissenschaftlichen Erkenntnisinteresses), durch die Anwendung von Theorien, wie z. B. die Beschreibung der Wechselwirkungen zwischen Landwirtschaft, Forstwirtschaft, Tourismus und Wildtieren in einem lokalen Naturschutzgebiet im Rahmen eines sozial-ökologischen Systems.
3. Ableitung von Forschungsfragen.
4. Zusammenstellung eines Teams inklusive der zentral einzubindenden Praxisakteure.

Lang et al. (2012) unterscheiden dies in zentrale Gestaltungsprinzipien: Zu Beginn steht der Aufbau eines kollaborativen Teams, gefolgt von der Entwicklung eines geteilten Verständnisses des gesellschaftlichen Problems, einer gemeinsamen Definition des Forschungsgegenstandes (inklusive Forschungsfragen und Erfolgskriterien) und der Gestaltung eines methodischen Rahmens zur kollaborativen Wissensproduktion und -integration. Die Abfolge dieser Schritte ist nicht starr festgelegt: einzelne Schritte können überdacht, angepasst und wiederholt werden, um dem dynamischen Charakter transdisziplinärer Forschung gerecht zu werden. Exemplarische Herausforderungen in dieser Phase sind ein fehlendes Problembewusstsein oder eine unzureichende Problembeschreibung, und eine mangelnde Legitimität des Teams oder einzelner beteiligter Akteure (Lang et al., 2012). Auch fehlende Kenntnisse über die relevanten lokalen Akteure können problematisch sein, weshalb eine Akteurs- und Kontextanalyse meist ein zentraler Ausgangspunkt ist (siehe Abschn. 4.1).

Exemplarische Methoden: Akteurs- und Konstellationsanalyse

Ausgangspunkt eines transdisziplinären Projektes ist in der Regel die sorgfältige Analyse des Kontextes, in den ein Projekt eingebettet ist, sowie die zu integrierenden und zu adressierenden Akteure. Dies ist Teil der Co-Design- Phase, also der Problemdefinition und

Teamfindungsphase. Hintergrund ist, dass Lösungsansätze, die für einen spezifischen Kontext und eine Problemstellung entwickelt wurden, weder für alle gesellschaftlichen Probleme vor Ort geeignet noch grundsätzlich auf andere Kontexte übertragbar sind, da hier andere Ausgangsbedingungen herrschen, z. B. bezüglich der Institutionenkonstellation, der politischen Ausgangssituation, der Akteursnetzwerke, der naturräumlichen Gegebenheiten, der sozioökonomischen Voraussetzungen etc. (Lam et al., 2021).

Transdisziplinäre Forschung greift dies auf, indem explizit Perspektiven unterschiedlicher Gruppen integriert werden. Folgende Fragen sind für die Analyse leitend: Welches sind die wichtigen Akteure vor Ort und für das Thema? Welche Ziele haben sie und welchen Herausforderungen sehen sie sich gegenüber? Welche besonderen Rahmenbedingungen vor Ort spielen eine Rolle hinsichtlich Transformation, welche Anknüpfungspunkte an bestehende Strukturen gibt es?

Akteurs- und Kontextanalysen können zu unterschiedlichen Zeitpunkten und Zielstellungen – zur (rückwirkenden oder begleitenden) Analyse oder zur strategischen Entwicklung – eingesetzt werden.

Das ESTEEM-Tool (Jolivet et al., 2006) beschreibt eine gängige Methode zur Akteursanalyse. Ziel ist es, möglichst diverse Perspektiven auf ein Problem über die Einbindung unterschiedlicher Akteure zu integrieren. Hierfür werden potenzielle Akteure entlang systematischer Fragen in einer Akteursmatrix (siehe Tab. 1) identifiziert, welche im Kontext eines Projektes relevant sein könnten. Die Akteure werden grob in vier Gruppen eingeteilt: (A) Unternehmen des privaten Sektors (z. B. Partner, Auftragnehmer). (B) Expert:innen (z. B. Technologieentwickler:innen, Umweltexpert:innen) (C) Öffentlicher Sektor (z. B. lokale Behörden) und (D) gewählte Politiker:innen und Leitungsgremien auf lokaler, regionaler und nationaler Ebene (z. B. Stadtrat).

Hierbei werden Fragen nach deren Interesse und Macht in Bezug auf das Projekt gestellt, nach deren Organisation und deren Projektaffinität. Diese Fragen helfen einzuschätzen, welche Akteure (a) potenziell kritisch – im positiven oder negativen Sinne – sind, (b) in einem potenziellen Konflikt zwischen deren Zielen und Erwartungen in Bezug auf die Projektziele und -möglichkeiten stehen könnten, (c) nicht gut bekannt sind und (d) bisher in der Projektkommunikation nicht in angemessener Weise angesprochen worden sind. Mit Hilfe der Akteursmatrix können dann diejenigen Akteure ausgewählt werden, die aus Sicht des Projektes besonders relevant sind.

Eine weitere Methode, die sich bereits in verschiedenen transformativen Kontexten bewährt hat, ist die „Konstellationsanalyse".[3] Diese wurde in der Innovationsforschung als sogenanntes „Brückenkonzept für [problemorientierte] Technologie-, Innovations- und Nachhaltigkeitsforschung" entwickelt (Nölting et al., 2005, S. 3). Mit ihr lassen sich Zusammenhänge zwischen Technik und unterschiedlich organisierter Gesellschaft – auch über verschiedene Ebenen hinweg – abbilden und analysieren.

[3] Die hier beschriebene Methode ist nur eine unter Vielen mit dem gleichen Namen. Sie basiert auf Schön et al. (2007) und Ohlhorst und Kröger (2015).

Tab. 1 Beispiel für eine Akteursmatrix. (Eigene, leicht veränderte Darstellung nach Jolivet et al., 2006, S. 40)

Charakterisierung	1. Identifikation	2. Interessen und Macht				3. Soziale Organisation		4. Affinität zum Projekt
Typ des Akteurs (AkteursGruppe)	Name/ Beschreibung des Akteurs	Erwartungen oder Bedenken: Motivation zu teilnehmen	Ressourcen, die der Akteur kontrolliert	Ersetzbarkeit	Formelle und informelle Einflusskanäle auf das Projekt	Überschneidungen von Rollen	soziale Netzwerke	
A. Unternehmen des privaten Sektors (Unternehmen Partner, Finanziers, Konkurrenten, usw.)								
B. Experten								
C. Öffentlicher Sektor (Administration, Politiker)								
D. Verbände und NGOs (z. B. Anwohnervereinigungen, Umweltorganisationen, Kirche)								
E. Nicht-assoziierte Personen und Gruppen (z. B. Nachbarn, Verbraucher)								

Allgemein kann eine Konstellationsanalyse die Kommunikation zwischen Wissenschaft und Praxis erleichtern, um unterschiedliche Perspektiven zu strukturieren, um komplexe Problemkonstellationen zu erfassen oder um Entwicklungspfade zu beschreiben oder Strategien zu entwickeln (Schön et al., 2007; Ohlhorst & Kröger, 2015).

Der Kern der Methode ist ein Workshop, bei dem eingeladene Stakeholder gemeinsam eine Visualisierung der Qualität einer Beziehung zwischen Akteuren, natürlichen Elementen, Zeichen und Codes sowie technischen Artefakten entwickeln. Eine solche Visualisierung hilft zu verstehen, wie Aspekte (nicht) miteinander zusammenhängen und welche Aspekte fehlen. Visualisierungen können entweder per Hand oder digital erfolgen. Dieser methodische Kern kann auch durch weitere Formate ergänzt werden. Zum Beispiel können vorab Interviews geführt werden, um Arbeitsweisen und Problemlagen besser zu verstehen und einordnen zu können. Oder es können mehrere Workshops hintereinandergeschaltet werden (Zustand der Vergangenheit, Ist-Zustand, Soll-Zustand, Strategien für die Zukunft).

Es können vielfältige Akteure in Konstellationsanalysen eingebunden werden, in der Regel in Abhängigkeit von deren Relevanz zur Lösung des jeweiligen Problems vor Ort. Die Identifikation dieser Akteure kann über ein Projektteam erfolgen, sollte aber in jedem Fall durch Vorschläge dieser Akteure ergänzt werden.

3.2 Co-Produktion

Co-Produktion als zweite idealtypische Phase eines transdisziplinären Forschungsprozesses wird auch bezeichnet als interdisziplinäre Integration mit dem Ziel der Produktion neuen Wissens (Jahn et al., 2012), als Co-Kreation von lösungsorientiertem, transferierbarem Wissen durch kollaborative Forschung (Lang et al., 2012) oder als Problembearbeitung (Pohl & Hirsch Hadorn, 2006).

Wissensarten in der transdisziplinären Forschung

Transdisziplinäre Forschung integriert Wissen aus verschiedenen wissenschaftlichen Disziplinen (Multi- und Interdisziplinarität) und Wissen von außerwissenschaftlichen Akteuren. Wissen wird bei transdisziplinärer Forschung typischerweise in drei verschiedene Arten unterschieden, die alle für den transdisziplinären Forschungsprozess relevant sind:

- Systemwissen verbessert das Problemverständnis;
- Orientierungswissen liefert Wissen über Möglichkeiten und Grenzen gesellschaftlicher Entscheidungen und Praktiken;
- Transformationswissen beschreibt Wege zur Realisierung von Zielen und zur Umsetzung von Lösungsvorschlägen (Lux & Burkhart, 2023).

Grunwald (2016) unterscheidet – in Abgrenzung zum Orientierungswissen – zusätzlich noch Zukunftswissen als vorausschauendes Wissen über die Zukunft, das etwa auf Szenarien basieren kann.

Ziele der Einbindung von Praxisakteuren in die Co-Produktion

Transdisziplinäre Forschung bezieht neben Wissenschaftler:innen auch Praktiker:innen aus Wirtschaft wie auch Politik, Verwaltung, Zivilgesellschaft und Betroffene aktiv in den Forschungsprozess ein.

Die Einbindung von verschiedenen Praxisakteuren kann sich durch ihren unterschiedlichen Einfluss auf das bearbeitete Problem unterscheiden und kann nach Chambers et al. (2021) unterschiedlichen Zielen dienen:

- Praxisrelevantes Wissen zur Unterstützung von Entscheidungsträger:innen und Politiken erzeugen,
- Wissen für das Empowerment marginalisierter Gruppen generieren,
- Wirkmächtige Transformationsakteure in geschützte Räume einbinden, Beitrag zur Institutionenbildung leisten,
- Machtungleichheiten relativieren,
- Gemeinsames Lernen und Beziehungsaufbau über kollaborative Lernräume unterstützen,
- Handlungsmöglichkeiten für Transformationen in experimentellen Ansätzen erkunden.

Formen und Intensitäten der Einbindung von Praxisakteuren

Partizipation kann im transdisziplinären Forschungsprozess in unterschiedlichen Intensitäten erfolgen. Krütli et al. (2010) unterscheiden vier Stufen von Beteiligung, die sich nach ihrer Intensität der Einbindung und Richtung der Kommunikation unterscheiden sowie zu unterschiedlichen Zeitpunkten des Forschungsprozesses eingesetzt werden können:[4]

- Information: einseitige Kommunikation aus dem transdisziplinären Forschungsprozess heraus nach außen mit begrenzter Möglichkeit der Einflussnahme.
- Konsultation: einseitige Kommunikation in den transdisziplinären Forschungsprozess hinein (z. B. Einstellungen erheben).
- Kollaboration: Zusammenarbeit im Forschungsprozess mit eher kleiner Anzahl von Personen.
- Empowerment: Beteiligte werden in Entscheidungsfindung mit einbezogen.

Eine weitere Möglichkeit der Differenzierung betrifft die partizipierenden Akteure: Je nach Phase und Aufgabe werden drei Typen der Wissensintegration unterschieden – im Team mit wissenschaftlichen und außer-wissenschaftlichen Akteuren (Common group learning), unter Expert:innen (Negotiation among experts) oder durch eine leitende Person (Integration by leader) (Hoffmann et al., 2017).

---

[4] Eine andere Möglichkeit besteht darin, Partizipationsformen danach zu unterscheiden, ob sie einen normativen Fokus verfolgt (Einbindung Öffentlichkeit, unterschiedliche Intensitäten), einen epistemischen Fokus (Einbindung Wissenschaft, unterschiedliche Zwecke) oder nach ihrer Reichweite (wie sehr öffnet sich die Forschung der Gesellschaft, Art der eingebundenen Akteure) (Schrögel & Kolleck, 2019).

Die Erarbeitung diversen und auch nichtwissenschaftlichen Wissens zusammen mit Praxisakteuren bedeutet nicht, dass disziplinäre und interdisziplinäre Forschung irrelevant werden, denn auch in dieser Phase finden disziplinäre und interdisziplinäre Arbeiten statt.

Exemplarische Herausforderungen im Co-Design sind Konflikte bezüglich methodologischer Standards, mangelnder Integrationsleistung, unterschiedlicher Organisationsstrukturen, kommunikativer Stile, vager oder widersprüchlicher Ergebnisse sowie der Angst zu Scheitern (Lang et al., 2012).

Exemplarische Methoden: Künstlerische Interventionen zur gemeinsamen Visionierung

Künstlerische Interventionen können in verschiedenen Phasen des Projektes eingesetzt werden. Sie eignen sich insbesondere dazu, Interesse bzw. Aufmerksamkeit für ein Thema zu wecken, um beispielsweise Akteure für eine Zusammenarbeit zu gewinnen oder aber einen gemeinsamen Visionierungsprozess anzustoßen. Ziele können aber auch sein, soziale Ressourcen freizusetzen und veränderte Alltagspraktiken zu initiieren. Künstlerische Interventionen werden häufig dann eingesetzt, wenn die Zielgruppe nicht eindeutig feststehend oder schwer erreichbar ist bzw. die allgemeine oder nicht-organisierte Öffentlichkeit adressiert werden soll, beispielsweise um neue Verhaltensweisen oder Zukunftsvorstellungen zu entwickeln.

Hierbei wird häufig mit Interventionen, die Irritationen auslösen sollen, gearbeitet. Dies kann in Form von Exponaten im öffentlichen Raum, künstlerischen Mitmach-Angeboten wie im „Café des Visions" erfolgen (Reinhold Graber, o. J.; Hoernemann und Waldbrodt, 2025a, 2025b). Sie sollen zum Nachdenken und Mitmachen anregen. Künstlerische Interventionen können hierbei als eine Methode in einer spezifischen Phase eingesetzt werden, um Aufmerksamkeit für ein Thema zu generieren. Ein künstlerisches Format kann aber auch den gesamten transdisziplinären Forschungsprozess strukturieren und unterschiedliche Methoden kombinieren. Ein Beispiel hierfür ist das Projekt Kreativität in Zwischenräumen (Brohmann et al., 2023). Hier wurden neben künstlerischen Elementen auch Interviews geführt, Material gesammelt und ausgewertet und in einer Publikation aufbereitet.

Künstlerische Interventionen und Formate können so „Prozesse entwickeln, die zum gemeinsamen Handeln inspirieren" (https://hoernemann-walbrodt.de/angebot/). Ein anderes Beispiel ist das Café des Visions (siehe https://cafe-des-visions.ch/) welches zum Ziel hat, Visionen dafür, wie städtischer Raum zukünftig gestaltet sein sollte, zu entwickeln. Hierbei werden beispielsweise folgende Fragen diskutiert: „Was wünschst du dir für diesen Ort? Wie soll er gestaltet werden? Was soll hier stattfinden? Was würde den Ort so einzigartig machen, dass du hier gerne Zeit verbringen würdest?" Cafégäste können ihre Wünsche und Ideen bildlich oder wörtlich einbringen. Das Café des Visions ist als ein Format aufgebaut, das verschiedene Methoden und künstlerische Interventionen miteinander kombiniert und sich über die verschiedenen Phasen eines transdisziplinären Forschungsprozesses erstreckt. Es können aber auch einzelne künstlerische Interventionen herausgegriffen und punktuell in einen anderen transdisziplinären Projektkontext eingebettet werden, im Sinne einer Methode (Rhodius et al., 2023).

Heinrichs (2018) konstatiert, dass kunstbasierte Ansätze Nachhaltigkeitstransformationen unterstützen können, indem andere Wege der Wissensproduktion und der Kommunikation eingesetzt werden und somit neue Einsichten in Wahrnehmungen und Erfahrungen menschlichen Handelns gewonnen werden können. Künstlerische Interventionen können demnach dabei unterstützen, abstrakte und komplexe Themen so aufzubereiten und zu kontextualisieren, dass ein umfassenderes Verständnis möglich ist, das nicht allein auf einer kognitiven Wahrnehmung beruht, sondern unterschiedliche Sinne anspricht (Heinrichs, 2019, S. 3–4). „Erkenntnisse aus der Psychologie und der Forschung zur Sozialen Arbeit zeigen, dass die kreativen Künste – sei es die bildende Kunst, Theater, Tanz oder fiktionales Schreiben – ein erhebliches Potenzial haben, kritische (Selbst-)Reflexion zu initiieren und damit neue Perspektiven in psychologischen und sozialen Therapien zu eröffnen." (Heinrichs, 2019, S. 7–8). Um künstlerische Interventionen in einem Projekt anwenden zu können, braucht es entweder entsprechende Kompetenzen im Projektteam oder aber es werden Künstler:innen beauftragt.

3.3 Co-Integration

Die idealtypische dritte Phase des transdisziplinären Forschungsprozesses wird auch als „(Re-)Integration and application of created knowledge" (Lang et al., 2012, S. 28), als „Transdisciplinary Integration"[5] (Jahn et al., 2012, S. 5) oder als „In-Wert-Setzung" (Pohl & Hirsch Hadorn, 2006, S. 57) bezeichnet. Im Mittelpunkt dieser Phase steht die Anwendung und Umsetzung der erarbeiteten Forschungsergebnisse. Dabei geht es nicht um klassischen Wissenstransfer von Wissenschaft zu Praxis, sondern darum, die gemeinsam erarbeiteten Ergebnisse in die gesellschaftliche und wissenschaftliche Praxis zurückzuführen. Dafür müssen jeweils passende Produkte und Formate entwickelt werden, die sowohl für die Gesellschaft als auch für die Wissenschaft sinnvoll nutzbar sind (Lang et al., 2012).

Bedeutung und Dimensionen der Wissensintegration

Transdisziplinäre Wissensintegration ist zwar wie Partizipation eine den gesamten Forschungsprozess durchziehende Aufgabe, spielt aber für das Ziel der Re-Integration in Gesellschaft und Wissenschaft eine hervorgehobene Rolle.

Integration bezeichnet laut Jahn et al. (2012) einen kognitiven Vorgang, bei dem eine neue, bislang nichtexistierende Verbindung zwischen unterschiedlichen Elementen eines gegebenen Kontextes hergestellt wird. Pohl et al. (2021, eigene Übersetzung) definieren Wissensintegration als ein „[…] offener Lernprozess ohne vorher festgelegte Ergebnisse. Er bezeichnet Beziehungen, die während eines transdisziplinären Forschungsprozesses zwischen Elementen hergestellt werden, die vorher nicht miteinander verbunden waren". Diese Elemente können Beteiligte eines transdisziplinären Forschungsprozesses, Denkstile sowie kollektive oder individuelle Ansichten sein (Pohl et al., 2021).

---

[5] „Evaluation of new knowledge for its contribution to societal and scientific progress." Jahn et al., 2012, S. 5.

Basierend auf Bergmann et al. (2010) und Pohl et al. (2021) können vier verschiedene Dimensionen von Integration unterschieden werden:

- Die kognitiv-epistemische Dimension meint die Zusammenführung fachlich-disziplinärer und alltagspraktischer Wissensbestände.
- Die sozial-organisatorische bzw. sozial-interaktionale Dimension steht für die Aushandlung unterschiedlicher Interessen und zielt auf eine gute Qualität sozialer Interaktionen durch z. B. Führen von Teams, Gruppenidentität, komplementäre Teamrollen oder Arbeitsweisen in der Gruppe.
- Die emotionale Dimension umfasst die Gefühlsebene des Teams, wie z. B. wechselseitigen Respekt.
- Die kommunikative Dimension zielt auf eine gute Verständigung untereinander, z. B. über das Festlegen von gemeinsamen Begriffsverständnissen.

Gelingensbedingungen der Wissensintegration

Für die Umsetzung von Wissensintegration im Forschungsprozess wird zu Beginn übergreifend die Gestaltung eines methodischen Rahmens zur kollaborativen Wissenserzeugung und -integration empfohlen, der dann im Verlauf angepasst und weiterentwickelt werden sollte (Lang et al., 2012). Hoffmann et al. (2017, S. 27) schlagen in ähnlicher Weise vor, dass jedes bewusste Bemühen um Synthese eine Strategie zur Integration verschiedener Wissensdomänen beinhalten sollte, indem die anzuwendenden Methoden und Verfahren definiert und die in den Gesamtprozess einzubeziehenden Akteure identifiziert werden. Beispiele für einzelne Methoden der Wissensintegration finden sich etwa bei Bergmann et al. (2010), der diese nach ihrer Funktion im Erkenntnisprozess differenziert.

Wissensintegration bedeutet aber nicht zwingend, dass ein Konsens im Sinne einer finalen einheitlichen Ansicht aller Beteiligten gefunden werden muss. Es ist auch eine Integration möglich, bei der unterschiedliche Denkkollektive nebeneinander koexistieren können (Pohl et al., 2021). Ebenfalls ist nicht zwingend notwendig, dass am Forschungsprozess Beteiligte ihren aus ihrer Disziplin oder Expertise kommenden Denkstil in Frage stellen.

Exemplarische Herausforderungen der Co-Integration sind passende Integrationsformen zu finden, die Entwicklung fallspezifischer Lösungsoptionen, die sich schwer auf andere Fälle und Kontexte übertragen lassen, die fehlende Legitimität transdisziplinärer Ergebnisse (etwa innerhalb politischer Entscheidungsprozesse) sowie unklare Qualitätsstandards zur Erfassung gesellschaftlicher und wissenschaftlicher Wirkungen (Lang et al., 2012; Pohl et al., 2021).

Exemplarische Methode: Knowledge literacy zur Wissensintegration im Sinne eines Wissenstransfers

Die Methoden einer Wissensintegration sollten an den Kontext angepasst sein, denn das entstandene Wissen unterliegt den Konstruktionsprozessen spezifischer Raum- und Zeitkonstellationen, d. h. der Kontext, in dem dies geschieht, ist für die Wissensintegration entscheidend (Lam et al., 2021). Unterscheiden lassen sich standardisierte Methoden, die die Integration unterstützen (wie z. B. die Modell- oder Szenario-Bildung), und Methoden zur Unterstützung der Kompetenzen der Forschenden beim Herstellen und Leiten von integrativen Prozessen, z. B. Kommunikations- und Lernmethoden.

Beispielhaft schlagen sich entsprechende Überlegungen in der Auswahl eines methodischen Rahmens der Wissensintegration nieder, die sich unter dem Begriff „Knowledge literacy" bündeln lassen. Mit ihm ist mehr als eine Publikationsstrategie von Forschungsergebnissen gemeint. Vielmehr geht es bei Knowledge literacy darum, ein integriertes Verfahren der Sichtbarmachung des Prozesses aufzunehmen sowie das zur Diskussion stellen von Erkenntnissen, um Wissen und Wissenschaft einzubetten. Welche konkreten nachhaltigen Outputs sind also in welchem Zusammenhang mit welchem Ziel verknüpft? Will man aus dem Projekt heraus Öffentlichkeiten nicht ausschließlich informieren, sondern unterschiedliche Zielgruppen aktiv und kollaborativ integrieren, braucht es einen echten wechselseitigen Austausch. In einem „elaborativen Raum" werden Zielgruppen nicht bloß adressiert, sondern die Vielzahl an Antworten als Wissensquelle ernst genommen, um zu verstehen, wie Wissen entsteht und wie es sich profilieren kann. Dabei setzt die prozessbegleitende Eruierung unterschiedliche Erzählweisen und Formattypen voraus. Zielgruppenspezifische Publikationen und Produkte können sowohl Handreichungen oder Policy Briefs als auch wissenschaftliche Artikel, Broschüren oder Webseiten sein.

Entscheidend ist die Installation von Knowledge literacy nicht erst ex post, sondern als konstitutiv und strukturierender Bestandteil des Forschungsprozesses. Dies kann beispielsweise in Form einer Redaktionsgruppe innerhalb des Projektteams erfolgen, die Überlegungen und Ergebnisse regelmäßig aufbereitet, mit Praxisakteuren diskutiert und weiterentwickelt. Unterstützend kann hier ein Leitfaden im Hinblick auf unterschiedliche Produkte sein.

Die Methode Knowledge literacy ermöglicht es, Spezifika und Inkonsistenzen zu identifizieren und unterstützt Lernen und Adaptieren, ohne auf Konsens im Sinne einer finalen einheitlichen Ansicht aller Beteiligten zu zielen.

3.4 Co-Evaluation

Co-Evaluation bezeichnet weniger eine eigene Phase als eine fortlaufende Aufgabe über alle drei zuvor beschriebenen Phasen hinweg. Eine kontinuierliche formative Evaluierung ermöglicht es, den Fortschritt zu analysieren und gegebenenfalls Anpassungen bei den nächsten Schritten vorzunehmen (Lang et al., 2012). Es ist wichtig, dass evaluative Prozesse formativ angelegt sind, „um gemeinsames Lernen und geteilte Schlussfolgerungen bezüglich der Gestaltung von Forschungsprozessen zu ermöglichen und ihre Wirksamkeit zu erhöhen" (Lux & Burkhart, 2023, S. 43).

Bewertungskriterien der Co-Evaluation

Evaluation setzt Kriterien zur Bewertung voraus. Belcher et al. (2015) haben folgende Qualitätsdimensionen transdisziplinärer Forschung zusammengefasst:

- Relevanz des Forschungsvorhabens
- Glaubwürdigkeit (Robustheit und Verlässlichkeit der Ergebnisse)
- Legitimität (Beteiligung aller relevanter Akteure mit ihren Interessen)
- Wirksamkeit (Beitrag zur Verbesserung des bearbeiteten Problems).

Eine weitere Möglichkeit ist, transdisziplinäre Forschungsprozesse primär auf das letztgenannte Kriterium hin – ihrer Wirksamkeit – zu evaluieren. Da es keine klaren Vorgaben dafür gibt, „wie Transformationen gezielt, erfolgreich und nachhaltig gestaltet werden können" (Lux & Burkhart, 2023, S. 41) sollte von der Förderung von Wirkungspotenzialen gesprochen werden. Für die Förderung von Wirkungspotenzialen sind ein enger Bezug und ein gutes Verständnis des gesellschaftlichen Problems, eine frühzeitige Auseinandersetzung mit erwarteten Wirkungen sowie eine darauf aufbauende Strategie für Partizipation, Integration und Transfer zentral. Des Weiteren sollten die verschiedenen Interessen und Rollen der Projektbeteiligten expliziert, die Anschlussfähigkeit von Ergebnissen beachtet und auf eine gute Kultur der Zusammenarbeit geachtet werden. Zudem braucht eine wirkungsvolle transdisziplinäre Forschung eine adaptive und reflexive Prozessgestaltung (Lux et al., 2019).

Co-Evaluation meint nicht „nur" Evaluation, sondern auch eine adaptive, iterative und reflexive Gestaltung des transdisziplinären Forschungsprozesses.

Lux et al. (2024) bezeichnen Adaptivität („adaptive shaping") als einen grundlegenden Ansatz, um mit der Komplexität sowie mit unvorhergesehenen Entwicklungen innerhalb des Projektteams oder im Projektkontext umzugehen. Dementsprechend seien Reflexivität und Iterativität zentrale Merkmale des transdisziplinären Forschungsprozesses. Die einzelnen Phasen verlaufen nicht linear, sondern überlappen sich und sind in wiederkehrenden Schleifen miteinander verflochten (vgl. Lux et al., 2024, S. 555).

Exemplarische Methode: Reflexion von Wirkungen mit der „most significant change"-Methode

Die „most significant change"-Methode kann sowohl im Projektverlauf als auch am Ende eingesetzt werden, um Wirkungen zu identifizieren und zu reflektieren. Sie ist partizipativ angelegt, d. h. neben dem Projektteam werden auch die im Projekt involvierten Akteure aus der Praxis einbezogen. Die Vorgehensweise ist qualitativ und verfolgt keine quantitative Messung von Wirkungen, sondern vielmehr von individuell und kollektiv wahrgenommenen Veränderungen und Wirkungen. Sie beruht im Wesentlichen auf Erzählungen und Diskussionen in der Gruppe (Davies & Dart, 2005).

Die most significant change-Methode wird in einem Workshop umgesetzt und kann bei Bedarf auch wiederkehrend im Projektverlauf eingesetzt werden, um Reflexion und Lernen anzuregen. Den Teilnehmenden wird die Frage danach gestellt, welche Veränderungen sie zurückblickend auf die vergangenen Monate als die bedeutendsten in Bezug auf ein spezifisches Thema, z. B. die Zusammenarbeit zwischen Wissenschaft und Praxis, sehen (SCNAT Wissen, o. J.). Im zweiten Schritt beantwortet jede:r Teilnehmende für sich diese Frage, indem eine kurze Geschichte dazu verfasst wird. Die Teilnehmenden werden dann in kleine Gruppen eingeteilt, in welchen die kurzen Geschichten vorgelesen und anhand der Frage, welche als die wichtigste Veränderung angesehen wird, diskutiert werden (Davies & Dart, 2005, S. 11). Im Plenum werden in einem abschließenden Schritt die wichtigsten Veränderungen gesammelt, kategorisiert und nochmals in Bezug auf die weitere oder eine zukünftige Zusammenarbeit bzw. auf konkret beabsichtigte Wirkungen, in deren Bedeutung bewertet. Alternativ kann dieser letzte Schritt auch in Form eines World Café stattfinden, um Wünsche und Anforderungen für zukünftige Zusammenarbeit oder Wirkungen zu sammeln (Wülser, 2020).

4 Transdisziplinäre Forschung in der Praxis – Beispiele aus unterschiedlichen Handlungsfeldern

Im Folgenden werden Praxisbeispiele aus drei Themenfeldern – Energiewende, Mobilität, Biodiversitätsverlust – vorgestellt. Hierbei werden Bezüge zu den Phasen eines transdisziplinären Forschungsprozesses und angewandten Methoden hergestellt.

4.1 Herausforderungen der Energiewende meistern – transdisziplinäre Ansätze für die Transformation des Energiesystems

Die Energiewende – d. h. der Umstieg von fossilen Energieträgern auf eine regenerative Energieproduktion – ist eine der drängendsten Aufgaben dieser Zeit, nicht nur wegen des Klimawandels, sondern auch um Abhängigkeiten von Importen (von z. B. Gas) zu reduzieren (Kagerl et al., 2022). In Deutschland steht nach dem Atomausstieg im April des Jahres 2023 die Erzeugung von Strom aus regenerativen Ressourcen im Fokus. Basis hierfür ist neben dem Aus- und Umbau des Stromnetzes zum Transport von Energie insbesondere der Ausbau Erneuerbarer Energien-Anlagen. Hiervon sind alle Regionen Deutschlands betroffen, d. h. die Energieproduktion wird dezentraler, denn zukünftig wird es Erneuerbare Energien-Anlagen an vielen verschiedenen Orten geben (Kelly & Mbah, 2023). Um diesen Ausbau zu beschleunigen, wurde das WindBG[6] im Jahr 2022 erlassen, in welchem allen Bundesländern prozentuale Flächenbeitragswerte zur Ausweisung von Flächen für den Ausbau von Windenergieanlagen zugewiesen sind, welche bis 2027 bzw. 2032 zu erreichen sind. Durch die zusätzliche Ausweisung von Flächen für Windkraft-Anlagen und

[6] Gesetz zur Festlegung von Flächenbedarfen für Windenergieanlagen an Land (Windenergieflächenbedarfsgesetz – WindBG).

Freiflächen-Photovoltaik erhöht sich der Flächendruck auf schon jetzt begrenzte Flächenkapazitäten in einem dicht besiedelten Land wie Deutschland. Daraus ergeben sich Konflikte, sodass konkrete Projekte trotz generell hohen Zustimmungswerten zu Erneuerbaren Energien und deren Ausbau, regional und lokal häufig auf Ablehnung stoßen (Wolf et al., 2022). Die aktuelle Planungspraxis vermag es häufig nicht, den regionalen und lokalen Bedarfen gerecht zu werden und diese angemessen in die Planung einzubeziehen (Kelly & Mbah, 2024). Hier setzen transdisziplinäre Ansätze zur Planung und Umsetzung der Energiewende an.

Laufende Projekte des Öko-Instituts befassen sich mit Aspekten, wie z. B. der Rolle von Ortsverbundenheit (Devine-Wright & Batel, 2017) und Ausgestaltung von Partizipation (Holstenkamp & Radtke, 2018) in einem transdisziplinären Forschungsansatz, wie z. B. in den Projekten: „Planwende durch die Transdisziplinäre Integration regionaler und soziokultureller Faktoren in die Planung von Energiewende-Maßnahmen vor Ort" (PlanTieFEn) (www.plantiefen.de) und „Neue Energienetzstrukturen für die Energiewende" (ENSURE) (https://www.kopernikus-projekte.de/projekte/ensure). In PlanTieFEn steht die konkrete Planung und Ausweisung von Flächen für Erneuerbare Energien-Anlagen im Vordergrund und fokussiert hierbei insbesondere darauf, welche sozioemotionalen und kulturhistorischen Aspekte vor Ort relevant sein können und wie diese in der Planung besser über partizipative Formate integriert werden können. In ENSURE zielt ein Arbeitspaket u. a. auf die Entwicklung regionaler Energievisionen und -narrative, die Teil einer kollaborativ gestalteten regionalen Energietransformation sein können (Kelly & Mbah, 2023, 2024).

Neben einer Akteurs- und Kontextanalyse mit Hilfe des ESTEEM-Tools nach Jolivet et al. (2006) sind in diesen beiden Projekten vor allem Workshops mit Praxisakteuren[7] in der Phase der Co-Produktion zentral. Im Folgenden wird das Beispiel der transdisziplinären Energievisionsentwicklung in ENSURE näher beschrieben.

Hierfür wurde und wird in ENSURE die Methode des Back- and Forecasting nach Vergagt und Quist (2011) angewandt, um eine Zukunftsvision für einen wünschenswerten Soll-Zustand zu entwickeln. Abb. 2 zeigt entlang welcher Fragen das Back- and Forecasting durchgeführt worden war.

Diese Fragen wurden in einem dreistündigen Workshop mit 12 Teilnehmenden aus der Lokal- und Regionalverwaltung sowie -politik, Wirtschaft und Gesellschaft aus dem Kreis Steinburg erörtert. Hierbei wurde zuerst der Blick auf die Vergangenheit gerichtet, dann auf die Gegenwart Bezug genommen, um zuletzt in die Zukunft zu blicken und hierbei auch Fragen danach zu erörtern, was es braucht, um diese Zukunftsvision zu erreichen (Transformationswissen).

Im Ergebnis wurde eine Energievision entwickelt, welche die Existenzsicherung für künftige Generationen trotz Klimawandel als übergeordnetes Ziel anstrebt. Dies ist für die Untersuchungsregion in Schleswig-Holstein aufgrund der Tatsache, dass große Teile der Landesfläche unter dem Meeresspiegel liegen, besonders relevant. Hierfür bedarf es

[7] Diese sind in den Projekten ENSURE und PlanTieFEn Vertreter:innen aus: Politik, Verwaltung, Zivilgesellschaft, Wirtschaft sowie interessierte Bürger:innen.

Abb. 2 Back- and Forecasting zur Entwicklung einer regionalen Energievision im Kreis Steinburg (Schleswig-Holstein). (Mbah & Kelly, 2022)

flächenschonender und nachhaltiger Konzepte, um die Region weiterhin für die Energieproduktion sowie Wohnen und Arbeiten attraktiv zu halten. Wichtige Erkenntnisse in Bezug auf das erforderliche Transformationswissen sind beispielsweise, dass erstens eine frühzeitige Kommunikation und aktive Beteiligungsangebote im Rahmen von Leuchtturmprojekten wichtig sind, um positive Energie-Narrative zu entwickeln und zu verbreiten. Zweitens bedarf es eines massiven Ausbaus von PV-Dachanlagen inklusive der Einrichtung eines PV-Katasters sowie drittens eines regulatorisch flexibel ausgestalteten Denkmalschutzes (Kelly & Mbah, 2023, 2024).

Zusammenfassend kann festgehalten werden, dass beide Projekte aufgrund deren transdisziplinären Ausgestaltung eine gute Resonanz von Seiten der teilnehmenden Praxisakteure erfahren und über diese hinaus Wirkungen entfalten können. Beispielsweise über Publikationen (z. B. Kelly & Mbah, 2024), wie auch in die Praxis (z. B. World Economic Forum, 2023). Dies verdeutlicht, dass transdisziplinäre Ansätze helfen aktuelle und drängende Transformationen – hier des Energiesystems – gemeinsam robust und zukunftsfähig zu gestalten.

4.2 Transdisziplinäre Forschung zur Bewältigung der Mobilitätswende, die Projekte Neue Mobilität Berlin, mieri-mobil

Der Mobilitätssektor verursacht aktuell weltweit ungefähr ein Viertel der Treibhausgase (https://www.eea.europa.eu/en/topics/in-depth/transport-and-mobility). Zudem ist es in der EU der einzige Sektor, in dem trotz Klima- und Energiepolitik die Treibhausgasemissionen im Zeitraum von 1990 bis 2019 um 33 % gestiegen sind (European Environment Agency, 2022, S. 5). Nachhaltige Mobilität ist eine der größten Herausforderungen (Butler et al., 2020, S. 10), denn es handelt sich um komplexe und langfristige Transformationsprozesse, die nur dann erfolgreich sein können, wenn unterschiedliche Ansätze und Pfade für verschiedene Standorte entwickelt werden können (Foltýnová et al., 2020). So stellt zum Beispiel auch die European Environment Agency in ihrem 2022 veröffentlichten Report fest, dass der Weg zu nachhaltiger Mobilität Innovationen und Veränderungen in sozialen Normen, Werten und Lebensstilen erfordert (European Environment Agency, 2022, S. 74).

Neuere, kritische Forschungsansätze fordern daher, Zusammenhänge und Abhängigkeiten zwischen verschiedenen Faktoren genauer zu untersuchen, um die tatsächliche Komplexität des Mobilitätssystems und das damit verbundene individuelle Mobilitätsverhalten zu verstehen (Butler et al., 2020, S. 4). Gleichzeitig werden Forderungen laut, von einem infrastrukturellen Fokus auf eine stärker menschenzentrierte Perspektive zu verlagern, die auch die Beeinflussung individuellen Mobilitätsverhaltens durch sozioökonomische Aspekte und Alltagskulturen in den Blick nimmt (Evans et al., 2019, S. 31).

Transdisziplinäre Forschung zu Mobilität greift diese Forschungslücken und Herausforderungen auf: Sie ermöglicht einerseits, die vielfältigen Einflussfaktoren auf Mobilitätsverhalten zu berücksichtigen, indem eine Vielzahl von Akteuren und Rahmenbedingungen in den Blick genommen und in den Forschungsprozess integriert werden und somit komplexes Systemwissen generiert wird. Andererseits verbindet transdisziplinäre Forschung oft auch die normativen Zielvorstellungen (hier: eine nachhaltigere, treibhausgasreduzierte Mobilität) mit dem Anspruch, durch Forschung auch einen transformativen Weg darzustellen und – wenn möglich – zu beschreiten. Das für diese Veränderungen erforderliche Handlungs- bzw. Transformationswissen kann nur durch eine Herangehensweise erreicht werden, die Wissen und Perspektiven unterschiedlicher Akteursgruppen zueinander in Beziehung setzt und daraus integrierte Lösungen entwickelt. Hier geht es vor allem darum, gegenseitiges Verständnis zu erhöhen: Mobilität ist ein sehr emotionales Thema. Daher eignen sich für die transdisziplinäre Forschung vor allem Formate, die individuellen Austausch ermöglichen und andere Perspektiven einnehmen lassen. Das Wissen verschiedener Akteure, z. B. die Kenntnis der Straßenverkehrsordnung und die Kenntnis von Verwaltungshierarchien und -prozessen sind dabei ebenso Bestandteil der Wissensintegration wie das Verständnis individueller Gründe und Entscheidungsprozesse der Verkehrsteilnehmenden bei der Wahl von Mobilitätsformen.

Unterstützende Formate sind hierbei zum Beispiel Akteurs- und Kontextanalysen, die individuelle Perspektiven zueinander in Bezug setzen und Wissensintegration/Lernen über Zusammenhänge und Inhalte/Fakten erst ermöglichen, aber auch künstlerische Interventionen. Eine Form der forschenden Erprobung derartiger Transformationsprozesse ist die Forschung in Form von Realexperimenten – im Format Reallabor. Dies erfordert auch, dass Wissenschaft eine neue Rolle einnimmt (Wendorf, 2023).

Im Folgenden werden kurz zwei Projekte vorgestellt: Von 2016 bis 2021 zielte das transdisziplinäre Projekt NEUE MOBILITÄT BERLIN (http://neue-mobilitaet.berlin/) darauf ab, adäquate Strategien für eine nachhaltigere Mobilität zu entwickeln. Das Kernteam bestand aus dem Bezirksamt Charlottenburg-Wilmersdorf als politische und administrative Einrichtung, dem Zentrum Technik und Gesellschaft (ZTG) TU Berlin als transdisziplinaritätserfahrenem wissenschaftlichem Partner, dem Kompetenzzentrum für urbane Mobilität der BMW Group als Mobilitätsanbieter, der Innovationsagentur eMo als staatliche Agentur und dem insel-projekt Berlin, einem lokalen Akteur, der sich für nachhaltige Entwicklung einsetzt. Das integrierte Wissen dieser Akteure über Rahmenbedingungen, Prozesse und anzusprechende Akteure vor Ort (z. B. lokale Gewerbetreibende, aktive Bürger:innen, Stadtteilzentren, lokale Politik) ist dabei die Voraussetzung, um Transformationsprozesse gemeinsam planen und erproben zu können.

Im Projektverlauf entwickelte das Team verschiedene kontextbezogene Realexperimente mit und für verschiedene Teilnehmergruppen – von persönlichen Diskussionen im offenen Raum über große öffentliche Foren bis hin zur temporären Umnutzung von Straßenraum oder der Einrichtung von Parklets (Aufenthaltsbereiche im Straßenraum).

Ein im Rahmen des Projekts entwickeltes Experiment war die Aktion „Sommerflotte"/ „Deine Flotte" in den Jahren 2018 bis 2021. Hauptziel bestand darin, durch Gutscheine des ÖPNV und vielfältiger Mobilitätsanbieter die individuelle Erprobung alternativer Formen nachhaltiger Mobilität zu erleichtern.

Diese unterschiedlichen Experimente ermöglichten ein besseres Verständnis für die Gegebenheiten, Zusammenhänge und Entwicklungspfade vor Ort (Schröder, 2022). Für den Forschungsprozess kann festgehalten werden, dass ein hoher Grad an Flexibilität des Forschungsvorgehens erforderlich ist. Erst im Laufe des Projekts konnte gemeinsam festgestellt werden, welche Angebote tatsächlich funktionieren und wie sie gemeinsam umgesetzt werden können. Basis dafür war das zunehmende Vertrauen der Akteure ineinander.

Um direkt an diesen Befunden anzusetzen, entstand mit einem ähnlichen Projektteam das Projekt „mieri-mobil" (https://www.mieri-mobil.berlin/). Dieses thematisiert Synergien und Herausforderungen räumlicher Nutzungen durch Mobilitätsstationen. Die am Mierendorffplatz geschaffenen Angebote umfassten einen Shared-Mobility-Hub mit zusätzlicher Paket- und Gemüsekisten-Abholstation. Auch hier wurde in verschiedenen Formaten der Dialog mit der Anwohnerschaft gesucht, um eine Analyse des Standorts sowie der Bedarfe und Nutzungsbedingungen zu ermöglichen. Parallel wurde eine qualitative Analyse der Nutzung der Mobilitätsangebote und deren Auswirkungen auf den Stadtraum durchgeführt (Wirkungs- und Prozessevaluation). Angewendete Methoden hierbei waren unter anderem teilnehmende Beobachtung durch regelmäßige Besuche vor Ort, qualitative Befragung von Anwohnenden und lokalen Unternehmen durch Fragebögen (Papier und online), drei Anrainer:innenworkshops unter Beteiligung von Vertreter:innen des Bezirksamts sowie ein Peer-Review-Workshop zur Reflektion (Abraham & Schröder, 2023).

In diesem Projekt war auch ein intensiver Austausch mit den verschiedensten am Planungsprozess beteiligten Politik- und Verwaltungsbereichen sowie Anwohnenden und Gewerbetreibenden der Schlüssel zu einem gemeinsamen Handeln. Zusammenfassend kann gesagt werden, dass qualitative Verbesserungen des Forschungs- und Erkenntnisprozesses wichtig und möglich sind. In den beiden Beispielen zeigte sich, wie wichtig ein transdisziplinäres Zusammenspiel der beteiligten Akteure für den jeweiligen Projekterfolg ist. Gleichzeitig wird deutlich, dass diese Art der Forschung andere Ziele, Methoden, Mindsets braucht als disziplinäre Grundlagenforschung.

4.3 Transdisziplinäres Arbeiten als Grundlage für ein ganzheitliches Verständnis von Biodiversitätsverlust

Biologische Vielfalt ist wesentliche Grundlage für Überleben und Wohlergehen auf und mit dem Planeten und damit ist deren Erhalt eine der drängendsten Herausforderungen unserer Zeit für einen bewohnbaren Planeten. Dass das formale Wissen[8] um entsprechende Notwendigkeiten nicht ausreicht, davon sprechen nicht zuletzt regelmäßig warnende Sachstandsberichte (z. B. IPCC, 2023). Globale Übereinkommen, wie etwa die Sustainable Development Goals (SDGs) oder das Montreal Abkommen (BMUV, 2022), legen einen normativen Konsens bezogen auf notwendige Veränderungen nahe. Entsprechende Bemühungen machen jedoch deutlich, dass es ganz unterschiedlicher Perspektiven bedarf, um die Wechselwirkungen zwischen Natur, Gesellschaften, Technologien und Umwelt angemessen zu beschreiben und zu gestalten. Auch deshalb braucht es Begegnungsorte, an denen Menschen gemeinsam denken und sich austauschen in einem lösungsorientierten Sinn. Keinen Warteraum radikaler Transformationen, sondern ein mobilisierendes Aktionsprogramm.

Transdisziplinarität ist in Hinblick auf Gegenstand, Fragestellung und Zielsetzung begründbar, weshalb der Themenkomplex Biodiversitätsverlust naheliegend für entsprechende inter- und transdisziplinäre Herangehensweisen als Grundlage für die Entwicklung sozial robusten Wissens für die praktische Umsetzung erscheint.

Vor diesem Hintergrund ist das Netzwerk Naturwissen am Museum für Naturkunde Berlin entstanden. Dieses Netzwerk ist eine Dachorganisation unterschiedlicher Partner:innen aus Berlin/Brandenburg mit dem Ziel, neue Denkwege und Handlungsweisen zu erproben. Die Netzwerker:innen bringen unterschiedliche Perspektiven, Erfahrungen und Expertisen mit. Sie kommen aus den Wissenschaften, dem Kulturbereich und der Zivilgesellschaft. Gemeinsam gewinnen und reflektieren sie „Naturwissen". Dies geschieht beispielsweise im co-kreativen Aufsetzen von Projekten basierend auf verbindender Struktur und Themen. Die einzelnen Projekte bilden dann ein Netz und sind Teil einer gemeinsamen Geschichte. Entscheidend für diese Geschichte ist der transparente Prozess als Instrument der Reflexion, um Erfahrungen zu teilen. Mit dem Zusammenschluss im Netzwerk wird eine Wissensintegration über die Zusammenführung unterschiedlicher Wissensbestände ermöglicht. Ziel ist das gemeinsame Lernen. Entsprechend leitend ist für das Netzwerk die Frage: Wie kommen wir vom Wissen ins Tun?

Aus den Projekten sind unterschiedliche Aktivitäten als Vehikel der Wissensintegration entstanden. Dies war möglich, weil Forschende und Praktiker:innen in einem semistrukturierten Prozess gemeinsame Fragestellungen und Formate zu deren Beantwortung identifizierten, in die empirisches, analytisches, institutionelles und soziales Wissen verwoben war. Die Formate fungierten als Stimulus, mit Praxisakteuren ins Gespräch zu kommen, Einblicke in deren Wissensbestände zu erhalten und Anpassungen vornehmen

[8] Bezeichnet sind Kenntnisse, die der Wissende nicht (primär) aus eigenen Erfahrungen und Interaktionen erworben hat und die Teil der Deutungsmuster sind (Stangl, 2024). Bezogen auf den Biodiversitätsverlust zählt hierzu das Wissen um die Vielfalt der Ökosysteme, die Vielfalt der Arten und die genetische Vielfalt innerhalb von Arten.

zu können. Den Formaten gemeinsam ist, dass sie jeweils Dimensionen des Themas Biodiversitätsverlust beleuchten. In den verschiedenen Formaten werden über die Integration unterschiedlicher Praxisakteure verschiedene Perspektiven auf das Thema Biodiversitätsverlust wie auch die Vielfalt an Herangehensweisen im Netzwerk sichtbar. Dabei sind die Gesprächsanlässe innerhalb der Projekte keineswegs isolierte Ereignisse, sondern eingebettet in den übergreifenden Prozess des Netzwerks. Sie dienen sowohl der Erprobung als auch der Rückkopplung der gemeinsam entwickelten Fragestellungen an spezifische Kontexte und Zielgruppen. Da die Reflexion über diese Gesprächsanlässe in die Weiterentwicklung des Netzwerks einfließen, entsteht ein dynamischer Kreislauf zwischen Wissenschaftlicher Theorie und Erkenntnissen und praktischer Anwendung.

Formate des Netzwerks Naturwissen waren beispielsweise künstlerische Interventionen in der Ausstellung des Museums und Workshops mit Jugendlichen im Theater. In der Prignitz richtete das Netzwerk ein Dialogforum als Auseinandersetzung mit Landnutzung mit besonderem Fokus auf Ernährung aus. Durch das Nebeneinander unterschiedlicher Wissensbestände können einzelne Prozesse und ihre funktionalen Beziehungen sowie Mechanismen, die ökologische Systeme regulieren und stabilisieren identifiziert werden. Dies erlaubt, die Dynamik ökologischer Prozesse ganzheitlicher zu erfassen.

Die Interaktion zwischen Wissenschaft und Praxisakteuren ist eine bedeutende Wissensquelle, wenn wir uns den Kernfragen unserer Zeit widmen wollen. Um die Kluft zwischen wissenschaftlicher Erkenntnis und der Umsetzung in die Praxis zu verstehen, braucht es eine Pluralität an Zugängen.

5 Fazit

Dieser Beitrag hat das Ziel, die transdisziplinäre Forschung sowohl theoretisch-konzeptionell als auch praxisbezogen zu skizzieren. Ausgehend von der Genese transdisziplinärer Forschung als einem neuen Forschungsmodus, welcher zunächst mehr als eine starke Interdisziplinarität begriffen wurde, der lebensweltliche Probleme aufgreift aber noch in einem reinen Wissenschaftskontext bearbeitet, wurde anschließend das heutige Verständnis transdisziplinärer Forschung dargestellt: Transdisziplinarität wird als ein neuer innovativer Forschungsmodus verstanden, der auf eine enge Zusammenarbeit wissenschaftlicher und außerwissenschaftlicher Akteure ausgerichtet ist. Ziel dabei ist, neues Wissen für gesellschaftliche Herausforderungen zu entwickeln, in sog. Realexperimenten oder in Form von Prototypen zu erproben und damit hinsichtlich Praxistauglichkeit zu prüfen. Dadurch sollen Transformationen wirkungsvoll angestoßen und zukunftsfähig ausgestaltet werden.

Transdisziplinäre Forschung weist vier idealtypische Forschungsphasen – Co-Design, Co-Produktion, Co-Integration und Co-Evaluation – auf, für welche verschiedene Bezeichnungen und Verständnisse existieren. Zu jeder Forschungsphase lassen sich Methoden zuordnen, in welchen diese typischerweise zum Einsatz kommen können. Dies kann transdisziplinär Forschenden als Hilfestellung für die Strukturierung eines Forschungsprojektes beim Aufsetzen eines neuen Projektes dienen.

Die konkreten Praxisbeispiele in unterschiedlichen Handlungsfeldern zeigen deren möglichen Einsatz auf. Hierbei wurde die Bedeutung von Akteurs- und Kontextwissen für die erfolgreiche Umsetzung transdisziplinärer Projekte aber auch für Transformationen generell herausgestellt. Einzubeziehende Akteursgruppen sind nicht festgelegt, dies kann die interessierte Öffentlichkeit sein, es können aber auch gezielt spezifische Stakeholder sein – je nach Kontext, Themenfeld und Ziel.

Je nach Handlungsfeld kann ein unterschiedliches methodisches Vorgehen, gerade auch in Bezug auf die Fragestellung, sinnvoll sein, um eine gelungene Zusammenarbeit zu ermöglichen und Wirkungen zu erzielen. So wurde beispielsweise deutlich, dass in Bezug auf die Energiewende insbesondere Partizipation und deren Ausgestaltung für die Planungspraxis ein relevantes Thema ist, zu welchem transdisziplinäre Ansätze einen Beitrag leisten können. Im Mobilitätsbereich kann insbesondere das Format Reallabor das Entwickeln und Erproben in Realexperimenten unterstützen, um Verhaltensänderungen zu initiieren. Im dritten hier angeführten Handlungsfeld, dem Biodiversitätsverlust, liegt der Fokus sowohl auf Information und Kommunikation wie auch der Sammlung und Integration von Wissensbeständen; dort ist ein netzwerkorientiertes, wissensintegrierendes Vorgehen zentral.

Je nach Kontext ist transdisziplinäre Forschung also sehr verschieden auszugestalten (Frölich et al., 2026; Mbah et al., 2026). Dabei verläuft transdisziplinäre Forschung selten idealtypisch wie in Abschn. 3 dargestellt, sondern erfordert Flexibilität und Offenheit aller Akteure und insbesondere der Forschenden, beispielsweise das Forschungsdesign oder die Fragestellung anzupassen. Nicht selten treten Machtasymmetrien, Konflikte oder Unstimmigkeiten innerhalb der interdisziplinären oder transdisziplinären Projektteams auf, weshalb auch Konfliktmanagement und Mediation wichtige Kompetenzen im Projektteam sind (Brundiers et al., 2013; Hoffmann et al., 2024).

Mit Hilfe der Praxisbeispiele konnte aufgezeigt werden, dass die transdisziplinäre Forschung in den jeweiligen Handlungsfeldern eine hohe Relevanz hat und dass dieser Ansatz die jeweilig notwendigen Transformationen (des Energiesystems, des Mobilitätssektors und in Bezug auf die Biodiversität), durch die Integration von Praxisakteuren und die Entwicklung sozial robusten Wissens, unterstützen kann.

Literatur

Abraham, M., & Schröder, C. (2023). Mainstreaming sustainable urban mobility – The Mieri-Mobil project. In I. Keseru & A. Randhahn (Hrsg.), *Towards user-centric transport in Europe 3. Making digital mobility inclusive and accessible* (Lecture notes in mobility, S. 142–153). Springer International Publishing.

Alcantara, S., Bach, N., Kuhn, R., & Ullrich, P. (Hrsg.). (2016). *Demokratietheorie und Partizipationspraxis. Analyse und Anwendungspotentiale deliberativer Verfahren.* Springer VS.

Becker, E. (2003). Soziale Ökologie: Konturen und Konzepte einer neuen Wissenschaft. In G. Matschonat & A. Gerber (Hrsg.), *Wissenschaftstheoretische Perspektiven für die Umweltwissenschaften* (S. 165–195). Margraf Publishers.

Becker, E., Brenner, H., Fetcher, I., Schumm, W., Traube, K., & von Weizsäcker, E. U. (1987). *Soziale Ökologie. Gutachten zur Förderung der sozial-ökologischen Forschung in Hessen.* Forschungsgruppe Soziale Ökologie.

Becker, E., Jahn, T., & Schramm, E. (1999). *Sozial-ökologische Forschung. Rahmenkonzept für einen neuen Förderschwerpunkt. Gutachten im Auftrag des BMBF* (ISOE-Studientexte, 6). Institut für sozial-ökologische Forschung (ISOE).

Belcher, B. M., Rasmussen, K. E., Kemshaw, M. R., & Zornes, D. A. (2015). Defining and assessing research quality in a transdisciplinary context. *Research Evaluation, 25*(1), 1–17.

Bergmann, M., Jahn, T., Knobloch, T., Krohn, W., Pohl, C., & Schramm, E. (2010). *Methoden transdisziplinärer Forschung. Ein Überblick mit Anwendungsbeispielen* (1. Aufl.). Campus.

Berscheid, A.-L. (2020). *Arbeit an der Grenzfläche. Inter- und Transdisziplinarität in der Forschungspraxis*. Springer Vieweg.

Bogner, A., Kastenhofer, K., & Torgersen, H. (2009). Inter- und Transdisziplinarität. Eine anhaltend aktuelle Debatte. *GAIA – Ecological Perspectives for Science and Society, 18*(2), 166–168.

Böschen, S. (2015). *Nichtwissenskulturen und Nichtwissensdiskurse. Über den Umgang mit Nichtwissen in Wissenschaft und Öffentlichkeit* (unter Mitarbeit von P. Wehling, Wissenschafts- und Technikforschung, Bd. 15, 1. Aufl.). Nomos. https://ebookcentral.proquest.com/lib/kxp/detail.action?docID=4500007

Böschen, S., Grunwald, A., Krings, B.-J., & Rösch, C. (Hrsg.). (2021). *Technikfolgenabschätzung. Handbuch für Wissenschaft und Praxis* (1. Aufl.). Nomos. http://nbn-resolving.org/urn:nbn:de:bsz:31-epflicht-1861819

Brohmann, B., Hoernemann, J., Lüdinghausen, K. von, Heiden, J. von der, Kroppach, C., Söller, M., Schneider, J., Lange, N., Kotzerke, M., Walbrodt, Jakob B. I., Stöcker, W., & Battke, K. B. (2023). *Kreativität in Zwischenräumen. Was kann Kunst in Schule?* (Zukunft:Kunst e. V. Bonn, Hrsg.). https://hoernemann-walbrodt.de/kreativitaet-in-zwischenraeumen/. Zugegriffen am 30.01.2026.

Brundiers, K., Wiek, A., & Kay, B. (2013). The role of transacademic interface managers in transformational sustainability research and education. *Sustainability, 5*, 4614–4636.

Bundesministerium für Bildung und Forschung (BMBF). (2021). *Sozial-ökologische Forschung. Förderkonzept für eine gesellschaftsbezogene Nachhaltigkeitsforschung*. BMBF. https://www.bmftr.bund.de/SharedDocs/Publikationen/DE/7/31075_Sozial-oekologische_Forschung.pdf?__blob=publicationFile&v=5. Zugegriffen am 30.01.2026.

Bundesministerium für Umwelt, Naturschutz, nukleare Sicherheit und Verbraucherschutz (BMUV). (2022). *Der Beschluss von Montreal zum Schutz der Natur*. BMUV. https://www.bmuv.de/fileadmin/Daten_BMU/Download_PDF/Europa___International/montreal_ergebnisse_bf.pdf. Zugegriffen am 30.01.2026.

Butler, L., Yigitcanlar, T., & Paz, A. (2020). Smart urban mobility innovations: A comprehensive review and evaluation. *IEEE Access, 8*, 196034–196049. https://doi.org/10.1109/ACCESS.2020.3034596

Chambers, J. M., Wyborn, C., Ryan, M. E., Reid, R. S., Riechers, M., Serban, A., Bennett, N. J., Cvitanovic, C., Fernández-Giménez, M. E., Galvin, K. A., Goldstein, B. E., Klenk, N. L., Tengö, M., Brennan, R., Cockburn, J. J., Hill, R., Munera, C., Nel, J. L., Österblom, H., Bednarek, A. T., et al. (2021). Six modes of co-production for sustainability. *Nature Sustainability, 4*(11), 983–996. https://doi.org/10.1038/s41893-021-00755-x

Davies, R., & Dart, J. (2005). *The „most significant change" (MSC) technique. A guide to its use*. https://www.researchgate.net/publication/275409002_The_'Most_Significant_Change'_MSC_Technique_A_Guide_to_Its_Use/link/553bd3b60cf29b5ee4b87d86/download?_tp=eyJjb250ZXh0Ijp7ImZpcnN0UGFnZSI6InB1YmxpY2F0aW9uIiwicGFnZSI6InB1YmxpY2F0aW9uIn19. Zugegriffen am 30.01.2026.

Devine-Wright, P., & Batel, S. (2017). My neighbourhood, my country or my planet? The influence of multiple place attachments and climate change concern on social acceptance of energy infrastructure. *Global Environmental Change, 47*, 110–120. https://doi.org/10.1016/j.gloenvcha.2017.08.003

European Environment Agency. (2022). *Transport and environment report 2021. Decarbonising road transport: The role of vehicles, fuels and transport demand* (EEA Report, 02/2022). Publications Office of the European Union.

Evans, J., Karvonen, A., Luque-Ayala, A., Martin, C., McCormick, K., Raven, R., & Palgan, Y. V. (2019). Smart and sustainable cities? Pipedreams, practicalities and possibilities. *Local Environment, 24*(7), 557–564.

Foltýnová, H. B., Vejchodská, E., Rybová, K., & Květoň, V. (2020). Sustainable urban mobility: One definition, different stakeholders' opinions. *Transportation Research Part D: Transport and Environment, 87*, 102465. https://doi.org/10.1016/j.trd.2020.102465

Fraune, C., & Knodt, M. (2019). Politische Partizipation in der Mehrebenengovernance der Energiewende als institutionelles Beteiligungsparadox. In C. Fraune, M. Knodt, S. Gölz, & K. Langer (Hrsg.), *Akzeptanz und politische Partizipation in der Energietransformation. Gesellschaftliche Herausforderungen jenseits von Technik und Ressourcenausstattung* (Energietransformation, S. 159–182). Springer VS.

Frölich, N., Rhodius, R., Jauer, L., Mbah, M., Weisser, A., & Lang, D. J. (2026). Navigating four junctions: A framework to design context- and format-sensitive transdisciplinary research. *Sustainability Science.*

Gibbons, M., Limoges, C., Nowotny, H., Schwartzman, S., Scott, P., & Trow, M. (2011). *The new production of knowledge. The dynamics of science and research in contemporary societies.* SAGE Publications.

Grunwald, A. (2016). *Nachhaltigkeit verstehen.* oekom. https://www.ciando.com/img/books/extract/3960061471_lp.pdf. Zugegriffen am 30.01.2026.

Heinrichs, H. (2018). Sustainability science with Ozzy Osbourne, Julia Roberts and Ai Weiwei: The potential of arts-based research for sustainable development. *GAIA – Ecological Perspectives for Science and Society, 27*(1), 132–137. https://doi.org/10.14512/gaia.27.1.8

Heinrichs, H. (2019). Strengthening sensory sustainability science – Theoretical and methodological considerations. *Sustainability, 11*(769), 1–16. https://doi.org/10.3390/su11030769

Hoernemann & Walbrodt. (2025a). *Büro für die Nutzung von Fehlern und Zufällen.* Hoernemann & Waldbrodt. https://hoernemann-walbrodt.de/buero-fuer-die-nutzung-von-fehlern-und-zufaellen/. Zugegriffen am 23.05.2025.

Hoernemann & Walbrodt. (2025b). *Kreativität in Zwischenräumen.* Hoernemann & Waldbrodt. https://hoernemann-walbrodt.de/kreativitaet-in-zwischenraeumen/. Zugegriffen am 23.05.2025.

Hoffmann, S., Pohl, C., & Hering, J. G. (2017). Methods and procedures of transdisciplinary knowledge integration: Empirical insights from four thematic synthesis processes. *E&S, 22*(1). https://doi.org/10.5751/es-08955-220127

Hoffmann, S., Deutsch, L., & O'Rourke, M. (2024). Integration experts and expertise. In F. Darbellay (Hrsg.), *Elgar encyclopedia of interdisciplinarity and transdisciplinarity* (Elgar encyclopedias in the social sciences, S. 273–276). Edward Elgar Publishing.

Holstenkamp, L., & Radtke, J. (Hrsg.). (2018). *Handbuch Energiewende und Partizipation.* Springer VS.

Intergovernmental Panel on Climate Change (IPCC). (2023). *AR6 synthesis report: Climate change 2023.* IPCC. https://www.ipcc.ch/report/ar6/syr/

Jahn, T., Bergmann, M., & Keil, F. (2012). Transdisciplinarity: Between mainstreaming and marginalization. *Ecological Economics, 79*, 1–10. https://doi.org/10.1016/j.ecolecon.2012.04.017

Jantsch, E. (1972). Towards interdisciplinarity and transdisciplinarity in education and innovation. In CERI (Hrsg.), *Interdisciplinarity. Problems of teaching and research in universities* (S. 97–120). OECD.

Jolivet, E., Mourik, R. M., Raven, R. P. J. M., Feenstra, C. F. J., Alcantud Torrent, A., Heiskanen, E., Hodson, M., Brohmann, B., Oniszk-Poplawska, A., DiFiori, M., Fritsche, U. R., Fucsko, J., Huenecke, K., Poti, B., Prasad, G., Schaeffer, B., & Maack, M. (2006). *General manual for the application of the ESTEEM tool* (Create acceptance – Cultural influences on renewable energy acceptance and tools for the development of communication strategies to promote acceptance among key actors groups). European Commission. https://www.esteem-tool.eu/fileadmin/esteem-tool/docs/ESTEEMmanual.pdf Zugegriffen am 30.01.2026.

Kagerl, C., Moritz, M., Roth, D., Stegmaier, J., Stepanok, I., & Weber, E. (2022). Energiekrise und Lieferstopp für Gas: Auswirkungen auf die Betriebe in Deutschland. *Wirtschaftsdienst, 102*(6), 486–491.

Kelly, R., & Mbah, M. (2023, November 28.–29.). Regional challenges of the energy transformation – Top down acceleration versus bottom-up demands. In K. Haverkamp, R. van Leuwen, M. Lopes, K. Matschoss, & T. Bouman (Hrsg.), *BEHAVE conference 2023. The 7th European conference on behaviour change for energy efficiency* (S. 503–515). Maastricht.

Kelly, R., & Mbah, M. (2024). Regionale Energiewende-Governance zur Co-Transformation zukunftsfähiger Energieinfrastrukturen als Daseinsvorsorge im ländlichen Raum. *Raumforschung und Raumordnung | Spatial Research and Planning, 82*(2), 127–142.

Krütli, P., Stauffacher, M., Flüeler, T., & Scholz, R. W. (2010). Functional-dynamic public participation in technological decision-making: Site selection processes of nuclear waste repositories. *Journal of Risk Research, 13*(7), 861–875. https://doi.org/10.1080/13669871003703252

Lam, D. P. M., Freund, M. E., Kny, J., Marg, O., Mbah, M., Theiler, L., Bergmann, M., Brohmann, B., Lang, D. J., & Schäfer, M. (2021). Transdisciplinary research: Towards an integrative perspective. *GAIA – Ecological Perspectives for Science and Society, 30*(4), 243–249.

Lang, D. J., Wiek, A., Bergmann, M., Stauffacher, M., Martens, P., Moll, P., Swilling, M., & Thomas, C. J. (2012). Transdisciplinary research in sustainability science: Practice, principles, and challenges. *Sustainability Science, 7*(S1), 25–43. https://doi.org/10.1007/s11625-011-0149-x

Lawrence, M. G., Williams, S., Nanz, P., & Renn, O. (2022). Characteristics, potentials, and challenges of transdisciplinary research. *One Earth, 5*(1), 44–61. https://doi.org/10.1016/j.oneear.2021.12.010

Lux, A., Schäfer, M., Bergmann, M., Jahn, T., Marg, O., Nagy, E., Ransiek, A.-C., & Theiler, L. (2019). Societal effects of transdisciplinary sustainability research – How can they be strengthened during the research process? *Environmental Science & Policy, 101*, 183–191. https://doi.org/10.1016/j.envsci.2019.08.012

Lux, A., & Burkhart, S. (2023). Transdisziplinarität in der Anpassungsforschung. Eine Dokumenten- und Literaturanalyse (Climate Change 02). Umweltbundesamt. https://www.umweltbundesamt.de/sites/default/files/medien/479/publikationen/cc_02-2023_transdisziplinaritaet_in_der_anpassungsforschung.pdf. Zugegriffen am 30.01.2026

Lux, A., Kreß-Ludwig, M., & Schneider, F. (2024). Transdisciplinary research process. In E. Elgar (Hrsg.), *Elgar encyclopedia of interdisciplinarity and transdisciplinarity* (S. 553–557). Edward Elgar Publishing.

Mbah, M., & Kelly, R. (2022). *Zukunftsvision für die Energieregion Kreis Steinburg. Unveröffentlichte Präsentation im Rahmen des Kopernikus-Projektes ENSURE*. Öko-Institut e.V..

Mbah, M., Brohmann, B., & Rhodius, R. (2023). Innovative Formate transdisziplinärer Forschung. Präsentation Partner:innenkreis tdAcademy, online, 10.01.2023.

Mbah, M., Rhodius, R., & Brohmann, B. (2026). *Zur Rolle von Formaten und Methoden in der transdisziplinären Nachhaltigkeitsforschung – Stand und Perspektiven*. Öko-Institut e.V.

Mittelstraß, J. (1987). Die Stunde der Interdisziplinarität? In J. Kocka (Hrsg.), *Interdisziplinarität. Praxis – Herausforderung – Ideologie* (S. 152–158). Suhrkamp.

Mittelstraß, J. (2005). Methodische Transdisziplinarität. Mit der Anmerkung eines Naturwissenschaftlers. *Technikfolgenabschätzung – Theorie und Praxis, 14*(2), 18–23.

Newig, J., Jahn, S., Lang, D. J., Kahle, J., & Bergmann, M. (2019). Linking modes of research to their scientific and societal outcomes. Evidence from 81 sustainability-oriented research projects. *Environmental Science and Policy, 101*, 147–155.

Nölting, B., Meister, M., & Schön, S. (2005). Technik als ein Element in Konstellationen analysieren und entwickeln. Das interdisziplinäre Brückenkonzept „Konstellationsanalyse". In A. Bora (Hrsg.), *Technik in einer fragilen Welt. Die Rolle der Technikfolgenabschätzung* (Gesellschaft, Technik, Umwelt, Bd. 7). Edition Sigma.

Nowotny, H. (2003). Democratising expertise and socially robust knowledge. *Science and Public Policy, 30*(3), 151–156.
Nowotny, H. (2005). Experten, Expertisen und imaginierte Laien. In A. Bogner & H. Torgersen (Hrsg.), *Wozu Experten? Ambivalenzen der Beziehung von Wissenschaft und Politik* (1. Aufl., S. 33–44). VS Verlag für Sozialwissenschaften.
Ohlhorst, D., & Kröger, M. (2015). Konstellationsanalyse: Einbindung von Experten und Stakeholdern in interdisziplinäre Forschungsprojekte. In M. Niederberger & S. Wassermann (Hrsg.), *Methoden der Experten- und Stakeholdereinbindung in der sozialwissenschaftlichen Forschung* (S. 95–116). Springer VS.
Pohl, C., & Hirsch Hadorn, G. (2006). *Gestaltungsprinzipien für die transdisziplinäre Forschung*. oekom.
Pohl, C., Klein, J. T., Hoffmann, S., Mitchell, C., & Fam, D. (2021). Conceptualising transdisciplinary integration as a multidimensional interactive process. *Environmental Science & Policy, 118*, 18–26. https://doi.org/10.1016/j.envsci.2020.12.005
Regeer, B. J., & Bunders, J. F. G. (2003). The epistemology of transdisciplinary research: From knowledge integration to communities of practice. *Interdisciplinary Environmental Review, 5*(2), 53901, 98. https://doi.org/10.1504/IER.2003.053901
Reinhold Graber, A (o.J.). *Abstract.* Café des Visions. https://cafe-des-visions.ch/. Zugegriffen am 23.05.2025.
Rhodius, R., Brohmann, B., & Mbah, M. (2023). Vom Reallabor bis zur künstlerischen Intervention – innovative Formate und Methoden für Transformationen. In G. Voshage (Hrsg.), *Nachhaltigkeit und Nachhaltige Entwicklung* (Passauer Kontaktstudium, Bd. 17). Universität Passau.
Schön, S., Kruse, S., Meister, M., Nölting, B., & Ohlhorst, D. (2007). *Handbuch Konstellationsanalyse. Ein interdisziplinäres Brückenkonzept für die Nachhaltigkeits-, Technik- und Innovationsforschung*. oekom. http://bvbr.bib-bvb.de:8991/F?func=service&doc_library=BVB01&doc_number=015441239&line_number=0002&func_code=DB_RECORDS&service_type=MEDIA. Zugegriffen am 30.01.2026.
Schröder, C. (2022). Best of both worlds? The potentials and challenges of implementing sustainable and smart urban mobility. *Frontiers in Sustainable Cities, 4*, 931987. https://doi.org/10.3389/frsc.2022.931987
Schrögel, P., & Kolleck, A. (2019). The Many Faces of Participation in Science. *S&TS, 32*(2), 77–99. https://doi.org/10.23987/sts.59519
SCNAT Wissen (o.J.). *A workshop using the most significant change technique*. Akademie der Naturwissenschaften Schweiz SCNAT. https://naturwissenschaften.ch/co-producing-knowledge-explained/practical_experiences/most_significant_change. Zugegriffen am 23.05.2025.
Stangl, W. (2024). *Wissen* (Online-Lexikon für Psychologie & Pädagogik, Hrsg.). https://lexikon.stangl.eu/12803/wissen-formales-informales. Zugegriffen am 30.01.2026.
Vergragt, P. J., & Quist, J. (2011). Backcasting for sustainability: Introduction to the special issue. *Technological Forecasting and Social Change, 78*(5), 747–755. https://doi.org/10.1016/j.techfore.2011.03.010
Waag, P. (2012). *Inter- und transdisziplinäre (Nachhaltigkeits-)Forschung in Wissenschaft und Gesellschaft* (artec-paper, 181). Universität Bremen, Artec Forschungszentrum Nachhaltigkeit.
Wehling, P. (2006). *Im Schatten des Wissens? Perspektiven der Soziologie des Nichtwissens*. UVK Verlagsgesellschaft mbH.
Wendorf, G. (2023). Transformationsprozesse gestalten – die Rolle der Wissenschaften in der Praxis. In K. S. Kiprijanov, T. Philipp, & T. Roelcke (Hrsg.), *Transferwissenschaften: Mode oder Mehrwert?* (unter Mitarbeit von K. Parlar & A. M. Pichler, Transferwissenschaften, Bd. 16, S. 127–146). Peter Lang.
Wolf, I., Huttarsch, J.-H., Fischer, A.-K., & Ebersbach, B. (2022). *Soziales Nachhaltigkeitsbarometer der Energie- und Verkehrswende 2022. Was die Menschen in Deutschland bewegt – Ergebnisse einer Panelstudie zu den Themen Energie und Verkehr* (unter Mitarbeit von K. Propp &

D. Labarca Pinto). Kopernikus-Projekt Ariadne Potsdam-Institut für Klimafolgenforschung [PIK]).
World Economic Forum. (Hrsg.). (2023). *Using a people-positive approach to accelerate the scale-up of clean power. A c-suite guide for community engagement*. WEF. https://www3.weforum.org/docs/WEF_Using_a_People_positive_Approach_to_Accelerate_the_Scale_up_of_Clean_Power_2023.pdf. Zugegriffen am 30.01.2026.
Wülser, G. (2020). *Most significant change technique*. Swiss academies of arts and sciences. https://zenodo.org/records/3717069/files/Most_significant_change_td-net_toolbox_profile.pdf?download=1. Zugegriffen am 30.01.2026.

Melanie Mbah ist Forschungskoordinatorin für transdisziplinäre Nachhaltigkeitsforschung am Öko-Institut. Sie forscht zu Governance der Energiewende und Endlagerung.

Oskar Marg forscht zu Reallaboren und transdisziplinärer Forschung und hat in verschiedenen Begleitforschungsprojekten gearbeitet.

Michael Kreß-Ludwig leitet am ISOE das Forschungsfeld Transdisziplinarität. Er arbeitet zu Gestaltung und Wirkungen transdisziplinärer Forschungsprozesse.

Julia Diekämper leitet im Projekt Wissenstransfer das Netzwerk Naturwissen. Sie konzipiert und realisiert transdisziplinäre Projekte an der Grenze.

Carolin Schröder arbeitet zu nachhaltiger und smarter Stadtentwicklung. Langjährige Erfahrung in partizipativen, transdisziplinären Projekten sowie Reallaboren.

Gabriele Wendorf leitet das ZTG der TU Berlin. Ihre Schwerpunkte sind Stadtforschung, Reallabore und die Rolle von Wissenschaftler*innen in transdisziplinären Projekten.

Co-Exploration von Forschungsthemen in transdisziplinärer Forschung: Erfahrungen aus der Praxis des TD-Lab

Ina Opitz, Nadin Gaasch, Melanie Kryst und Wiebke Hahn

1 Einführung: Zur Relevanz von Co-Exploration

Transdisziplinäre Forschung ist mit dem Ziel verbunden, Wissen für gesellschaftliche Veränderungen zu erarbeiten. Dafür weichen transdisziplinär Forschende in einigen wesentlichen Punkten von bisherigen Standards der inter- und disziplinären Forschung ab:

1. Nicht nur Wissenschaftler:innen erarbeiten Wissen. Vielmehr werden auch Personen aus der jeweiligen thematischen Praxis in den Forschungsprozess einbezogen, wie Ehrenamtliche aus zivilgesellschaftlichen Organisationen, Mitarbeiter:innen aus der Verwaltung oder Unternehmer:innen.
2. Die Beteiligung dieser verschiedenen Expert:innen geht deutlich über eine standardisierte quantitative oder qualitative Befragung hinaus. Wissenschaftler:innen und Pra-

I. Opitz (✉)
Berlin University Alliance, TD-Lab, Berlin, Deutschland
E-Mail: ina.opitz@berlin-university-alliance.de

N. Gaasch
Berlin University Alliance, TD-Lab, Berlin, Deutschland

Technische Universität Berlin/Berlin University Alliance, Berlin, Deutschland

M. Kryst
Berlin University Alliance, TD-Lab, Berlin, Deutschland

con gressa GmbH, Berlin, Germany

W. Hahn
Berlin University Alliance, TD-Lab, Berlin, Deutschland

Universität Bremen, Exzellenzcluster Die Marsperspektive, Bremen, Deutschland

S. Voigt-Heucke et al., *Praxishandbuch Partizipation in der Wissenschaft*,
https://doi.org/10.1007/978-3-658-51093-0_8

xispartner:innen gestalten vielmehr gleichberechtigt und entsprechend den ihnen zur Verfügung stehenden Ressourcen den gesamten Forschungsprozess mit.
3. Fragestellungen und Ziele des Forschungsvorhabens werden gemeinsam festgelegt (Jahn et al., 2012, S. 4 ff.).
4. Das Kernanliegen besteht darin, die Vielfalt an Wissensbeständen sichtbar zu machen und kontextspezifisch zu integrieren. Ziel ist, „die Perspektiven und Bedeutungen auf das gemeinsame Anliegen der Problembearbeitung zu beziehen" (Pohl & Hirsch-Hadorn, 2008, S. 13).

Hier jedoch stellt sich ein systemisches Problem, mit dem transdisziplinäre und partizipative Forschungsprojekte konfrontiert sind. Entsprechend der gängigen Praxis in der Forschungsförderung stellen Wissenschaftler:innen allein oder in einem Konsortium einen Antrag für die Finanzierung eines Forschungsprojekts. Darin müssen bereits Problembeschreibungen, Forschungsfragen und -ziele beschrieben sein. Für disziplinäre und zum Teil für interdisziplinäre Projekte mag dies sinnvoll sein, weil Problembeschreibungen dort vor allem auf eigene Vorarbeiten und Forschungsergebnisse anderer aufbauen. Für die transdisziplinäre Forschung fehlen jedoch Konzepte für eine systematisch aufgesetzte Phase vor Einreichung eines Antrags, in der auch die Problemwahrnehmungen, Themen und Fragen gesellschaftlicher Akteur:innen eingebracht werden können (z. B. Hoffmann et al., 2017, S. 15 ff.; Pearce & Ejderyan, 2020, S. 691). Um Erfahrungen im gemeinsamen Setzen von Forschungsschwerpunkten und -themen in dieser Vorantragsphase zu sammeln und institutionell zu verankern, hat das TD-Lab – Labor für transdisziplinäre Forschung der Berlin University Alliance (BUA) im Rahmen zweier BUA-Förderlinien zwei Pilotprozesse durchgeführt.

Die BUA ist der im Rahmen der Exzellenzinitiative geförderte Verbund der Berliner Universitäten und der Charité. Ein Schwerpunkt ihrer Arbeit ist die Förderung des multidirektionalen Wissensaustauschs zwischen Wissenschaft und Gesellschaft. Das TD-Lab bietet dafür Services wie Beratung, Training und ein Förderprogramm an. In Experimentierräumen entwickelt das TD-Lab Formate und Prozesse, um transdisziplinäres und partizipatives Forschen theoriegeleitet und methodenbasiert im Verbund zu stärken. Die beiden Pilotprozesse „Jugendbeteiligung für die Next Grand Challenge" und „Themenwerkstätten Urban Health" sind Gegenstand dieses Artikels.

Bezugnehmend auf einen transdisziplinären Prozess mit den drei Phasen Co-Design, Co-Produktion und Re-Integration (Jahn et al., 2012, S. 4) hat das TD-Lab mit den Pilotprozessen eine Phase der Co-Exploration vorgeschaltet. Co-Exploration umfasst das methodenbasierte gemeinsame Erkunden eines Forschungsraums oder Themenfeldes, mit dem Ziel, Forschungsschwerpunkte für ein Förderprogramm zu setzen oder Projektideen zu sammeln. Expert:innen aus Wissenschaft und Gesellschaft arbeiten dabei heraus, welche Probleme für eine gesellschaftliche Transformation bearbeitet werden sollten. Zu diesem Prozesszeitpunkt bestehen noch keine Verbindlichkeiten in Bezug auf ein konkretes Forschungsvorhaben. Im Vergleich dazu beschreibt die Co-Design-Phase die erste Phase in einem Forschungsprojekt zu einem spezifischen Forschungsthema. Sehr konkret werden hier die Forschungsfragen und das Forschungsdesign gemeinschaftlich erarbeitet und die gemeinsame Problemwahrnehmung der Projektbeteiligten geschärft. Das Abstraktionsniveau ist deutlich niedriger als in der Co-Explorationsphase. Abb. 1 illus-

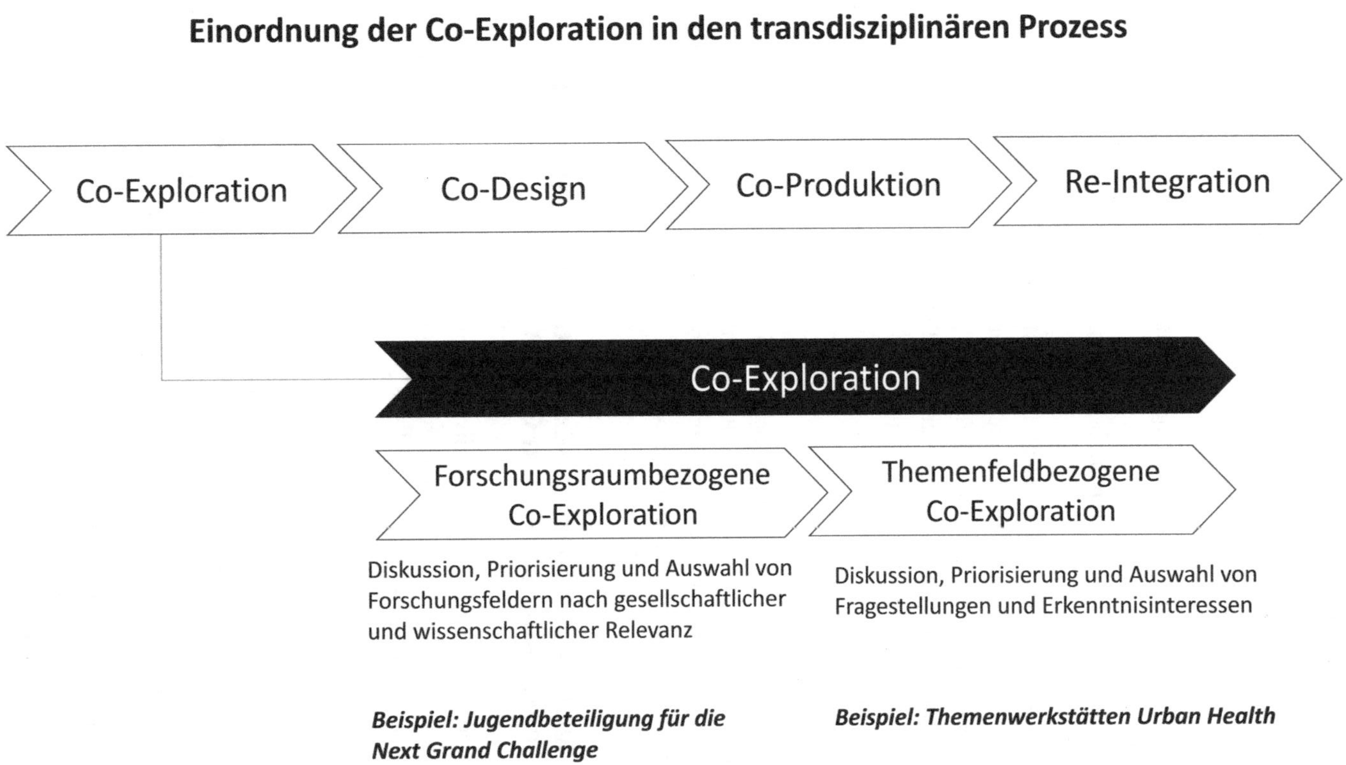

Abb. 1 Einordnung der Phase der Co-Exploration in den transdisziplinären Prozess und Zuordnung der beiden Pilotprozesse. (Eigene Darstellung)

triert die Einordnung der Phase der Co-Exploration in den transdisziplinären Prozess sowie die Einordnung der beiden Pilotprozesse als forschungsraumbezogene bzw. themenfeldbezogene Co-Exploration.

In der Praxis sind mit der Co-Exploration einige Herausforderungen verbunden. Diese ähneln in Teilen denjenigen der Initialphase transdisziplinärer Forschungsprojekte:

- Qualität der Gruppeninteraktion und Beziehungsbildung ermöglichen (Pearce & Ejderyan, 2020, S. 690),
- verschiedene Interessen und Perspektiven integrieren (Pearce & Ejderyan, 2020, S. 698; Bichler et al., 2020, S. 160),
- Schaffung gemeinsamer Werte und Visionen (Horcea-Milcu et al., 2022, S. 194),
- Herstellen von Verbindlichkeit und Übernahme von Verantwortung durch die Projektbeteiligten (Horcea-Milcu et al., 2022, S. 193 f.),
- Berücksichtigung unterschiedlicher Ressourcen, vor allem Zeit (Horcea-Milcu et al., 2022, S. 194 f.; Pearce & Ejderyan, 2020, S. 691),
- umfassende und differenzierte Problemdefinition und Formulierung gemeinsamer Ziele (Horcea-Milcu et al., 2022, S. 194).

Wie das TD-Lab diesen Herausforderungen begegnet ist und welche spezifischen zusätzlichen Herausforderungen Co-Exploration mit sich bringt, wird in dem vorliegenden Beitrag anhand der beiden Pilotprozesse aufgezeigt. Darüber hinaus wird der Frage nachgegangen, wann und für wen Co-Exploration sinnvoll und umsetzbar ist.

2 Forschungsraumbezogene Co-Exploration: Das Beispiel der Jugendbeteiligung für die Next Grand Challenge

Die BUA fördert Forschungsprojekte entlang diverser Herausforderungen von globaler gesellschaftlicher Relevanz. Die dritte Herausforderung (sogenannte Next Grand Challenge) wurde in einem partizipativen, ergebnisoffenen Prozess entwickelt. Dabei erhielten Berliner Jugendliche (14–18 Jahre) die Gelegenheit, am wissenschaftlichen Themenfindungsprozess teilzunehmen: aus der Perspektive zukünftiger Generationen und mit innovativen, nicht disziplinären Ideen.

Abb. 2 veranschaulicht den Prozess der Jugendbeteiligung für die Next Grand Challenge, der mit 41 Berliner Jugendlichen durchgeführt wurde. In drei je eintägigen vorbereitenden Workshops und einem dreitägigen „IdeenCamp" haben die Jugendlichen 15 Themenvorschläge für die Next Grand Challenge der BUA ausgearbeitet. Parallel konnten auch Wissenschaftler:innen der Alliance Themenvorschläge einreichen. Im weiteren Verlauf des Prozesses wurden die Themen integriert und gemeinsam durch Jugendliche, Wissenschaftler:innen und weiteren Praxisakteur:innen beim „Next Grand Challenge Forum" vertieft. Die Auswahl des finalen Themas aus fünf Themenschwerpunkten erfolgte durch die höchste Leitungsebene der Alliance. Während des Prozesses ergaben sich einige Herausforderungen, denen das TD-Lab wie folgt begegnet ist:

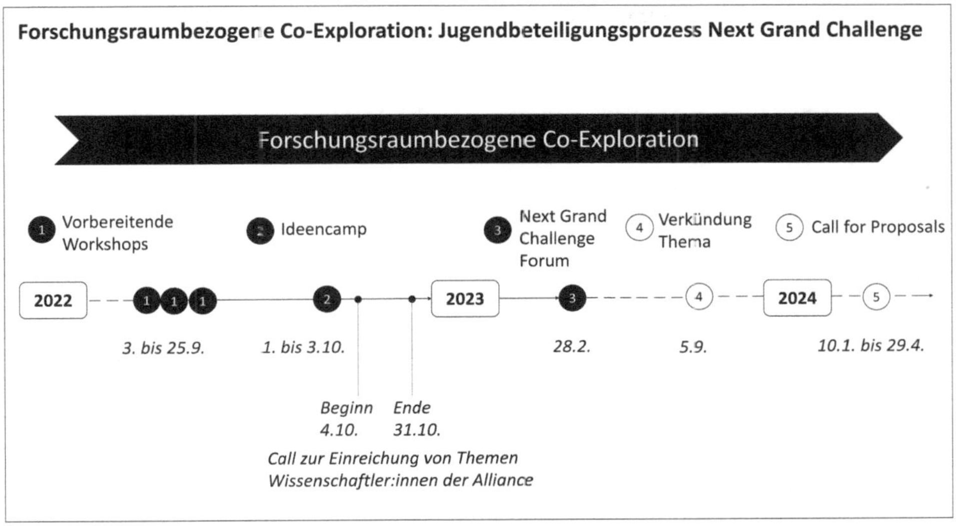

Abb. 2 Der Prozess der Jugendbeteiligung für die Next Grand Challenge

- Für eine forschungsraumbezogene Co-Exploration bedarf es der unbedingten Unterstützung der Leitungsebenen und des Willens, die Ergebnisse des transdisziplinären Prozesses in der Ausgestaltung der Forschungsagenda zu berücksichtigen. Solch eine sichtbare Unterstützung ist essenziell, damit der Prozess in Bezug auf Aufwand, Nützlichkeit und die mit ihm verbundenen Visionen nicht ständig von innen oder außen infrage gestellt wird. Um die Unterstützung der Leitungsebenen über den gesamten Prozess zu erhalten, wurden diese regelmäßig informiert und ihre Anforderungen an den Prozess sowie an die Themenvorschläge in die Planung einbezogen.
- Der partizipative Themenfindungsprozess setzte eine umfassende Ergebnisoffenheit voraus. Für alle Beteiligten, sowohl für die Leitungen als auch für die beteiligten Jugendlichen und Wissenschaftler:innen ergab sich daraus eine große Unsicherheit, ob die eingereichten Themen in Zuschnitt und thematischer Ausrichtung zu den strategischen Zielen der BUA passen. Dieser Unsicherheit begegnete das TD-Lab, indem der Gesamtprozess und die Anforderungen an ein Thema im Vorfeld präzise abgestimmt wurden. Auch hatten die Leitungsgremien die Möglichkeit, aus zuletzt fünf Themenschwerpunkten den strategisch passenden auszuwählen. Ihre Wahl fiel auf das Thema „Responsible Innovation in Times of Transformation".
- Um eine gute Qualität der Gruppeninteraktion von Jugendlichen mit Wissenschaftler:innen zu erreichen, wurden die Jugendlichen mit ausreichend Kontextwissen zur Forschungslandschaft in Berlin versorgt – so hatten sie die Gelegenheit, sich eine begründete Meinung zu bilden. Zu diesem Zweck brachte das TD-Lab die teilnehmenden Jugendlichen mit Wissenschaftler:innen ins Gespräch, die in vergangenen Förderlinien der BUA eingebunden gewesen waren. Sie erhielten anhand einer Datenanalyse

Informationen zu Themen mit hohem Forschungspotenzial. Die Jugendlichen wurden durch Teamer:innen und wissenschaftliche Coaches begleitet (Kryst & Barth, 2024).

- Die Herausforderung, verschiedene Perspektiven zu integrieren, bezieht sich nicht nur auf die offensichtlichen Differenzen zwischen den Sichtweisen von Wissenschaftler:innen und Jugendlichen, sondern auch auf unterschiedliche Ausgangslagen der Jugendlichen selbst. Über eine aufwendige Teilnehmendensuche wurde eine möglichst heterogene Gruppe Jugendlicher in Berlin auf das Programm aufmerksam gemacht. Viele der Jugendlichen hatten vor ihrer Teilnahme kaum oder keinen Kontakt mit Wissenschaft und Forschung gehabt. Integrierende Methoden wurden während der Workshops angewendet, um das Kennenlernen, den Vertrauensaufbau und das gemeinsame Arbeiten der Jugendlichen in Kleingruppen zu unterstützen. Zudem wurde der Kontakt der Jugendlichen mit den Wissenschaftler:innen beim „Next Grand Challenge Forum" möglichst auf Augenhöhe gestaltet, z. B. durch gegenseitiges Duzen während der Veranstaltung, klare und einfache Diskussionsaufgaben sowie -regeln und ein aktives Zugehen auf die Jugendlichen durch die Moderation.
- Jugendliche stellen eine schwierig zu erreichende Zielgruppe dar, da sie vor allem durch schulische und außerschulische Aktivitäten gebunden sind und wenig Zeit in transdisziplinäre Prozesse einbringen können. Um trotzdem dem Zeitplan des Prozesses folgen zu können, wurden die Workshops und das „IdeenCamp" an Wochenenden durchgeführt. Ein wertschätzender Moderationsansatz konzentrierte sich auf die Potenziale, Stärken und konstruktive Zusammenarbeit der Jugendlichen und beugte so Demotivation und Ergebnislosigkeit vor. Den Jugendlichen wurde darüber hinaus eine Aufwandsentschädigung gezahlt. Die Mitarbeit der Jugendlichen wurde zudem durch einen feierlichen Abschluss und die Ausstellung eines Teilnahmezertifikats gewürdigt.

Die Ex-post-Evaluierung der Jugendbeteiligung verdeutlichte, dass es sowohl für die Wissenschaftler:innen als auch für die Jugendlichen einen Mehrwert ergab, in direkten Austausch zu kommen und die Perspektiven und Arbeitsweisen der jeweils anderen kennenzulernen. Die befragten Wissenschaftler:innen schätzten die originellen Impulse, die Jugendlichen schätzten den unmittelbaren Einblick in das wissenschaftliche Arbeiten (Kryst & Barth, 2024).

3 Themenfeldbezogene Co-Exploration: Das Beispiel der „Themenwerkstätten Urban Health"

Themenwerkstätten sind eine Reihe aufeinander aufbauender Workshops der themenfeldbezogenen Co-Exploration. Die „Themenwerkstätten Urban Health" wurden vom TD-Lab als sechsmonatiger Pilotprozess für die BUA entwickelt und durchgeführt. Das Ziel war, die exzellente Forschung in Berlin im Themenfeld Global Health durch transdisziplinäre Forschung zu stärken. Konkret wurden gemeinsame Fragestellungen aus Wissenschaft und Gesellschaft im Themenfeld Urban Health erarbeitet, um diese in transdisziplinäre Drittmittelprojekte zu überführen.

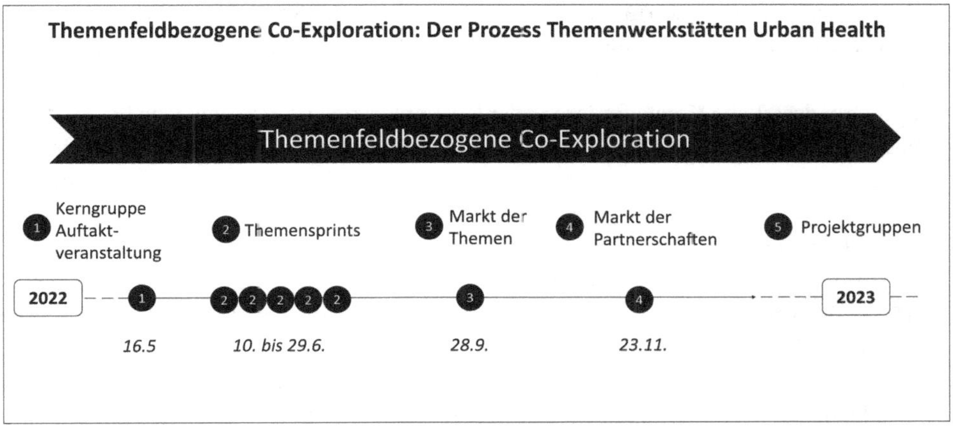

Abb. 3 Prozessphasen der „Themenwerkstätten Urban Health"

Im Themenwerkstätten-Prozess wurden acht Veranstaltungen durchgeführt (siehe Abb. 3): eine Auftaktveranstaltung (Phase 1), fünf bereichsspezifische Themensprints (Phase 2), ein Markt der Themen (Phase 3) und ein Markt der Partnerschaften (Phase 4). Bei der Auftaktveranstaltung waren Vertreter:innen aus den fünf Bereichen Kunst und Kultur, Politik und Verwaltung, Wirtschaft, organisierte Zivilgesellschaft und Wissenschaft geladen, um sich auf den gemeinsamen Prozess zu verständigen. In den Themensprints entwickelten Vertreter:innen innerhalb der eigenen Akteursgruppe ein Verständnis der Herausforderungen im Bereich Urban Health in Berlin und erarbeiteten mögliche Lösungsoptionen. Die Ergebnisse der Themensprints waren jeweils drei bis fünf konkrete Fragestellungen. Beim Markt der Themen kamen erstmals alle Teilnehmenden zusammen, um ihre Ideen zu präsentieren und gemeinsam neue Perspektiven auf das Themenfeld zu entwickeln. Im Ergebnis lagen geschärfte Themen mit groben Projektideen vor. Auf dem Markt der Partnerschaften wurden sie konkretisiert und entsprechende Projektgruppen gebildet, die in Phase 5 die Projektideen weiterentwickelten und Drittmittelanträge formulierten. Den Herausforderungen der themenfeldbezogenen Co-Exploration in den Themenwerkstätten begegnete das TD-Lab folgendermaßen:

- Auch in der themenfeldbezogenen Co-Exploration ist die Unterstützung der Leitungsebenen eine entscheidende Erfolgsbedingung. Um diese zu erreichen, wurde ein ausgiebiger Konsultations- und Informationsprozess vorab und begleitend zu den „Themenwerkstätten Urban Health" durchgeführt, Ergebnisse und Methoden wurden dokumentiert sowie der Gesamtprozess extern evaluiert.
- Die „Themenwerkstätten Urban Health" erforderten sowohl bei den Leitungen als auch bei den Teilnehmenden aus Wissenschaft und Gesellschaft eine umfassende Prozess- und Ergebnisoffenheit. Die Beteiligten wussten zu Beginn des Pilotprozesses nicht, welchen Nutzen sie aus der Zusammenarbeit ziehen würden. Von Beginn an war klar, dass es vonseiten der BUA keine anschließenden Projektfinanzierungen geben würde, weshalb insbesondere unter den Wissenschaftler:innen große Unsicherheiten bestan-

den, ob sich der Prozess für sie lohnt. Das TD-Lab ist dieser Unsicherheit mit höchstmöglicher Transparenz begegnet. In Phase 5 wurden die Projektgruppen bei der Suche nach Drittmitteln intensiv unterstützt.

- Eine grundsätzliche Herausforderung der Co-Exploration ist, verschiedene Perspektiven aus Wissenschaft und Praxis sichtbar zu machen und zu integrieren, um neue Forschungsimpulse setzen zu können. Dafür wurden unterschiedliche Methoden und Tools angewendet (z. B. Venn-Diagramm, Canvas, Partnerschaftsprofile) und den spezifischen Anforderungen entsprechend in den Workshops entwickelt. Für die Fragestellungen aus den einzelnen Themensprints hat das TD-Lab beispielsweise ein Kartenspiel erarbeitet, das für die weiteren Phasen zentral war. Das Spiel stellt einen niedrigschwelligen Ansatz dar, um sich über die diversen Perspektiven zu verständigen und daraus neue Themenkombinationen zu kreieren. Alle Methoden wurden mit den Kolleg:innen des td-net der Akademie der Wissenschaften der Schweiz reflektiert und verbessert (Gaasch, 2024).
- Ein Themenfindungsprozess wie der der Themenwerkstätten Urban Health zielt zunächst darauf ab, Themen zu öffnen, ohne diese zugleich zu bewerten oder in spezifische Kontexte zu setzen. Es ist in dieser Phase äußerst schwierig, bei den Teilnehmenden ein Gefühl der Verantwortung für einzelne Themen und das Fortführen des Prozesses herzustellen, zugleich aber essenziell, um in Phase 5 konkrete Projektideen weiterzuverfolgen. Ein solches Verantwortungsgefühl für Lösungsansätze wurde entweder von Personen in den Prozess mitgebracht oder durch Schärfung der Projektideen in Phase 4 erzeugt.
- Um die Ressourcen der Teilnehmenden, vor allem die ihnen zur Verfügung stehende Zeit, zu respektieren und zu schonen, wurden die zentralen Ergebnisse in allen Veranstaltungen transparent dokumentiert. Auf „Hausaufgaben" für die Teilnehmenden in Vorbereitung auf die Veranstaltungen wurde verzichtet und in der späteren Projektentwicklung (Phase 5) maximale Unterstützung geboten. Dies erforderte allerdings einen hohen personellen Aufwand aufseiten des TD-Lab. Die angebotene Aufwandsentschädigung wurde nur von einer Person genutzt.
- Die umfassende und differenzierte Problemdefinition und die präzise Formulierung gemeinsamer Ziele gelten als wesentliche Herausforderungen während der Anfangsphase transdisziplinärer Prozesse, weil zumeist auf verschiedenen Abstraktionsebenen und aus verschiedenen Perspektiven argumentiert wird. Zusätzlich ist in den „Themenwerkstätten Urban Health" aufgefallen, dass Teilnehmende oft nicht in der Rolle als Fachexpert:innen argumentieren, sondern aus einer individuellen Position bzw. Betroffenheit heraus. Eine frühzeitige Reflexion der eigenen Rolle im Prozess, gute Beispiele für Zielformulierungen oder der Einsatz eines Projekt-Canvas zur systematischen Differenzierung der Begrifflichkeiten (Herausforderung, Ziel, Vorgehen) haben bei der Problembeschreibung und Zielformulierung geholfen (Gaasch, 2024).

Der Ex-post-Evaluierung der Themenwerkstätten knapp ein Jahr nach dem Markt der Partnerschaften (Phase 4) zufolge hat die überwiegende Mehrheit der Teilnehmenden den Prozess positiv wahrgenommen. Der Mehrwert für die Teilnehmenden lag darin, neue Kontakte und Netzwerke zu knüpfen, und in der Erkenntnis, dass Wissenschaft und Praxis gesellschaftliche Herausforderungen gemeinsam bearbeiten sollten. Aus den Themenwerkstätten sind fünf Projektideen entstanden, von denen sich bereits drei um eine Drittmittelförderung beworben haben.

4 Erkenntnisse aus der Praxis der Co-Exploration

Co-Exploration ist eine gemeinsame Suchbewegung von Wissenschaft und Praxis, die vor der Konstituierung eines Projekts stattfindet. Mit Co-Exploration können innovative Themenfelder in einem Forschungsraum aufgedeckt werden. Sie bietet somit einen Ausgangspunkt für neue Forschungsideen, die gesellschaftliche Bedarfe aus erster Hand beinhalten. Wie die Praxis der Co-Exploration in zwei Pilotprozessen zeigt, ähneln Aufgaben und Herausforderungen denen in der Initialphase eines Projekts (Horcea-Milcu et al., 2022, S. 188 ff.; Cockburn et al., 2016, S. 4): Diese Herausforderungen erfordern ein hohes Maß an Transparenz, eigens für die Prozesse entwickelte Methoden und ausreichende Flexibilität in der Ausgestaltung der einzelnen Prozessphasen.

4.1 Co-Exploration – spezifische Herausforderungen

Eine für die Co-Exploration spezifische Voraussetzung ist die Unterstützung durch die Leitungsebenen der eigenen Institution vor und während des Prozesses. Verstärkt wird diese Notwendigkeit durch die Prozess- und Ergebnisoffenheit. Beteiligte der Co-Exploration müssen aufgrund dieser Offenheit ein hohes Maß an Vertrauen sowie Flexibilität aufbringen, das jeweils durch Transparenz, Erwartungsmanagement und die Möglichkeit, an der Entwicklung des Prozesses selbst mitzuwirken, gestärkt werden sollte.

Die potenziell lange Dauer des transdisziplinären Forschungsprozesses, wenn dieser mit einer Co-Exploration beginnt, kann zu Konflikten führen oder gar den Ausstieg von Teilnehmenden bewirken, wenn diese im eigenen Organisationskontext schnellere Ergebnisse erzielen müssen. Auch hier ist Transparenz hinsichtlich der Dauer des Prozesses, aber auch das Aufzeigen von Mehrwerten entscheidend.

Vor diesem Hintergrund muss auch das Gewinnen von Mitwirkenden im Prozess der Co-Exploration als Herausforderung verstanden werden. Eine gezielte Recherche vorab sowie eine passgenaue Ansprache sind für eine erfolgreiche Durchführung unerlässlich.

4.2 Co-Exploration – eine lohnende Erweiterung des transdisziplinären Forschungsprozesses

Mit der „Jugendbeteiligung für die Next Grand Challenge“ und den „Themenwerkstätten Urban Health“ wurden für die Praxis der Co-Exploration viele wertvolle Erkenntnisse und Erfahrungen gewonnen. In der BUA hat das TD-Lab dafür ein einzigartiges Innovationsumfeld gefunden. Doch warum, durch wen und wie sollten auch andere Co-Exploration durchführen?

Wissenschaft muss heute mehr denn je ihre Legitimität und Relevanz für die Gesellschaft nachweisen. Die frühe Beteiligung von Expert:innen sowie qualitätvolle und transparente Prozesse der Co-Exploration können dazu beitragen, Legitimität und Relevanz herzustellen und nachzuweisen (BMBF, 2023, S. 5). Dies betrifft nicht nur transdisziplinäre und partizipative Forschung, sondern das Agenda-Setting in der Forschung insgesamt. Zudem fördert die Einbindung unterschiedlicher Akteur:innen das soziale Lernen und die Wissensintegration. Wie sich in den Evaluierungen gezeigt hat, bildeten genau dieser Austausch und das Kennenlernen anderer Perspektiven den bedeutendsten Mehrwert für alle Teilnehmenden.

Darüber hinaus wurden in den Prozessen konkrete Themen und Projektideen erarbeitet, die eine hohe Innovationskraft versprechen. Diese Innovationskraft besteht zum einen darin, neue Konsortien für die Erforschung und Umsetzung gesellschaftlicher Transformation etabliert zu haben. Zum anderen sind durch die Integration von wissenschaftlichen und Praxis-Perspektiven neue oder adaptierte Innovationsideen entstanden, die anschließend in transdisziplinären Projekten vertieft und erprobt werden können.

Forschungsfeldbezogene und themenfeldbezogene Co-Exploration sind grundsätzlich für all jene Organisationseinheiten im Wissenschaftssystem gewinnbringend, die Agenda-Setting betreiben: Ministerien, Hochschulen, Forschungsverbünde, einzelne Forschungsinstitute oder -gruppen. Mit dem Wissenschaftsjahr 2022 „Nachgefragt!“ hat das BMBF bereits Impulse gesetzt, um Perspektiven und Fragen aus der Bevölkerung in Forschungsprogramme aufzunehmen. Besonders für die transdisziplinäre und partizipative Forschung wäre es sinnvoll, wenn Fördermittelgebende und Wissenschaftsorganisationen die Phase der Co-Exploration und/oder eine thematisch und organisatorisch vorbereitende Initialphase finanzieren würden, denn der Aufbau leistungsstarker und vor allem neuer Konsortien, die Integration verschiedener Perspektiven und Werte, die Verständigung auf eine einheitliche Problemwahrnehmung und das Formulieren von Forschungsthemen benötigen Zeit. Soziale Innovationen und gesellschaftliche Transformation brauchen gut vorbereitete und durchdachte transdisziplinäre und partizipative Forschung. Co-Exploration kann dazu beitragen.

Literatur

Bichler, B., Wach, E., & Ripoll, S. (2020). Participatory analysis and action to promote agroecological food systems – Methodological insights from a three-country initiative: Nicaragua, Senegal and England. *Landbauforschung, 70*(2), 157–168. https://doi.org/10.3220/LBF1614324857000

Bundesministerium für Bildung und Forschung (BMBF). (2023). *Partizipationsstrategie Forschung*. https://www.bmbf.de/SharedDocs/Downloads/de/2023/partizipationsstrategie.html

Cockburn, J., Rouget, M., Slotow, R., Roberts, D., Boon, R., Douwes, E., O'Donoghue, S., Downs, C. T., Mukherjee, S., Musakwa, W., Mutanga, O., Mwabvu, T., Odindi, J., Odindo, A., Procheş, Ş., Ramdhani, S., Sershen, R.-M. J., Schoeman, M. C., et al. (2016). How to build science-action partnerships for local land-use planning and management: Lessons from Durban, South Africa. *Ecology & Society, 21*(1), 28. https://doi.org/10.5751/ES-08109-210128

Gaasch, N. (2024). *Themenwerkstätten Urban Health. Ein Format für die Co-Exploration transdisziplinärer Forschung im Rahmen des Schwerpunkts Global Health*. Werkstattbericht. https://doi.org/10.14279/depositonce-19193

Hoffmann, S., Pohl, C., & Hering, J. G. (2017). Exploring transdisciplinary integration within a large research program: Empirical lessons from 1 four thematic synthesis processes. *Research Policy, 46*(3), 678–692. https://doi.org/10.1016/j.respol.2017.01.004

Horcea-Milcu, A. I., Leventon, J., & Lang, D. J. (2022). Making transdisciplinary happen: Phase 0, or before the beginning. *Environmental Science and Policy, 136*, 187–197. https://doi.org/10.1016/j.envsci.2022.05.019

Jahn, T., Bergmann, M., & Keil, F. (2012). Transdiciplinarity: Between mainstreaming and marginalization. *Ecological Economics, 79*, 1–10. https://doi.org/10.1016/j.ecolecon.2012.04.017

Kryst, M., & Barth, R. (2024). *Jugendbeteiligung für wissenschaftliches Agenda-Setting. Ein Format für Co-Exploration im Rahmend des Schwerpunkts Next Grand Challenge*. Werkstattbericht. https://doi.org/10.14279/depositonce-19120

Pearce, B. B. J., & Ejderyan, O. (2020). Joint problem framing as a reflexive practice: Honing a transdisciplinary skill. *Sustainability Science, 15*, 683–698. https://doi.org/10.1007/s11625-019-00744-2

Pohl, C., & Hirsch Hadorn, G. (2008). Gestaltung transdisziplinärer Forschung. *Sozialwissenschaften und Berufspraxis, 31*(1), 5–22. https://nbn-resolving.org/urn:nbn:de:0168-ssoar-44574

Dr. Ina Opitz ist Geografin. Als Programmmanagerin ist sie verantwortlich für das TD-Lab Funding Programm und die Kollegiale Antragsberatung.

Nadin Gaasch ist Referentin für transdisziplinäre Forschung im TD-Lab der Berlin University Alliance und angestellt an der Technischen Universität Berlin.

Dr. Melanie Kryst ist promovierte Politikwissenschaftlerin, von 2021–2026 war sie Referentin im Labor für transdisziplinäre Forschung (TD-Lab) der Berlin University Alliance. Seit 2026 ist sie Co-Geschäftsführerin bei con gressa GmbH Berlin.

Wiebke Hahn war von 2021–2023 Teil des TD-Labs der Berlin University Alliance. Nun leitet sie die Wissenschaftskommunikation eines Exzellenzclusters der Universität Bremen.

Partizipation im Kontext von Reallaborarbeit – Diskurs und Praxis

Anja Steglich, Julia Backhaus, Daniela Karow-Kluge, Jonathan Schreiber, Grit Bürgow und Oliver Parodi

1 Einleitung – zum Begriff ,Reallabor' und zur Motivation der Autor:innen

Aktuell werden unter dem Begriff ,Reallabor' viele experimentelle Vorhaben, laufende Transformationsprozesse und auch Maßnahmen zur Wirtschaftsförderung diskutiert. Ein konsolidiertes Verständnis über Form und Funktion von Reallaboren ist aktuell Gegenstand fachlicher und politischer Diskurse.

Es gibt vielfältige Diskurslinien und der Diskurs um Reallabore, Living Labs, Real-World Labs oder Urban Labs hat sich stark ausdifferenziert und zugleich durchmischt. Vorliegender Beitrag wirft ein Schlaglicht auf zwei im deutschsprachigen Kontext wesent-

A. Steglich (✉) · G. Bürgow
Technische Universität Berlin, Berlin, Deutschland
E-Mail: anja.steglich@tu-berlin.de

J. Backhaus
RWTH Aachen University, Human Technology Center, Living Labs Incubator, Aachen, Deutschland
E-Mail: julia.backhaus@humtec.rwth-aachen.de

D. Karow-Kluge
RWTH Aachen University, Lehrstuhl für Planungstheorie und Stadtentwicklung, Aachen, Deutschland

J. Schreiber
Öko-Institut e.V., Berlin, Deutschland

O. Parodi
Karlsruher Institut für Technologie (KIT), Karlsruher Transformationszentrum für Nachhaltigkeit und Kulturwandel, Karlsruhe, Deutschland

S. Voigt-Heucke et al., *Praxishandbuch Partizipation in der Wissenschaft*,
https://doi.org/10.1007/978-3-658-51093-0_9

liche wissenschaftliche Diskussionsstränge, Reallabore und Living Labs. Für Reallabore werden folgende Kerncharakteristika geltend gemacht: Forschung, Transformativität, Orientierung am Leitbild nachhaltiger Entwicklung, Transdisziplinarität, zivilgesellschaftliche Orientierung, Modellcharakter, Langfristigkeit, Laborcharakter, Bildungsauftrag. Diese Kerncharakteristika sichern den begrifflichen und methodischen Rahmen sowie die gesellschaftliche Zielsetzung von Reallaboren als Instrumente und Institutionen einer nachhaltigen Entwicklung (zusammenfassend Parodi et al., 2021; Parodi & Steglich, 2021). Darüber hinaus – insbesondere im Bereich der nationalen Förderpolitik – werden die Begriffe der Reallabore und Living Labs vorrangig im Kontext technologischer Innovation und hierbei vor allem in den Bereichen Energie- und Mobilitätswende sowie Digitalisierung und Automatisierung verwendet. Damit einher geht ein besonderes Interesse an regulatorischem Experimentier- und Erneuerungsbedarf (Backhaus et al., 2022; BMWK, 2023).

Relevanz, Reichweite und Kraft gesellschaftlicher Partizipation lassen sich in beiden Diskurssträngen abbilden. Die Autor:innen möchten mit diesem Beitrag die Vielfalt und auch einen „Trend" in der Verwendung des Begriffs abbilden (Abschn. 1) sowie beispielhaft die verschiedenen Ebenen und die Relevanz von Partizipation im Kontext der Reallaborarbeit deutlich werden lassen (Abschn. 2).

1.1 Diskurslinien und Diskursräume

Aktuell werden unter dem Begriff ‚Reallabor' zahlreiche experimentelle Vorhaben und auch Fördermaßnahmen ins Leben gerufen. Ein konsolidiertes Verständnis über Form und Funktion von Reallaboren ist Gegenstand fachlicher und politischer Diskurse und ein allgemein geteiltes Verständnis über Form und Funktion von Reallaboren existiert bislang nicht (Parodi & Steglich, 2021). Im theoretisch-konzeptionellen und praktischen Diskurs hat sich aber ein breit anerkanntes Verständnis entwickelt: Reallabore sind transdisziplinäre Forschungs- und Entwicklungseinrichtungen, deren Kernaufgabe darin besteht, im räumlich und zeitlich definierten Kontext Nachhaltigkeitsexperimente durchzuführen, um gesellschaftliche Transformations- und Lernprozesse anzustoßen und/oder zu verstetigen. In diesem Zusammenhang werden mehrere Kerncharakteristika von Reallaboren geltend gemacht: Forschung, Transformativität, Orientierung am Leitbild nachhaltiger Entwicklung, Transdisziplinarität, zivilgesellschaftliche Orientierung, Modellcharakter, Langfristigkeit, Laborcharakter, Bildungsauftrag. Diese Kerncharakteristika sichern einen begrifflichen und methodischen Rahmen sowie die gesellschaftliche Zielsetzung von Reallaboren als Instrumente und Institutionen einer nachhaltigen Entwicklung (Parodi et al., 2021; Parodi & Steglich, 2021). Abschn. 2 dieses Beitrags liefert Beispiele zur Inspiration und methodischen Herangehensweise in der Reallaborarbeit. Orientierung bei der Unterscheidung der Begriffe ‚Reallabor' und ‚Realexperiment' bieten Parodi et al., 2024.

1.2 Partizipation im Reallabordiskurs

Die Partizipation in Reallaboren unterscheidet sich von formellen und planerischen Prozessen der Partizipation insofern wesentlich, als Forschungs-, Praxis- und Bildungsziele miteinander verknüpft (Eckart et al., 2018), iterativ und phasenweise aufeinander bezogen sind sowie ausdrücklich miteinander verschränkt werden. Partizipation im Reallabor bezieht sich im zeit-räumlichen Kontext auf die transdisziplinäre Formulierung von Forschungsfragen, auf die transdisziplinäre Entwicklung von Methoden und somit auch auf damit verbundene Zielkonflikte und das entstehende Handlungswissen (Parodi & Steglich, 2021). Im Reallaborformat lernen und forschen Wissenschafts- und Praxisakteur:innen gemeinsam, dieser Anspruch rückt die Bedeutung der Partizipation im Kontext des kollaborativen Forschens und Lernens in den Mittelpunkt des Formats (Beecroft, 2020). Aus dieser zentralen Position erwächst auch die Notwendigkeit, sich mit den Möglichkeiten, Formen (Meyer-Soylu et al., 2016) und Grenzen der Partizipation auseinanderzusetzen (Alcántara et al., 2018; Quint et al., 2018).

Aufgrund der zentralen Bedeutung von Partizipation können Reallabore ihre transformative Kraft entfalten und sind prädestiniert, Maßstäbe gesellschaftlicher Partizipation neu zu formulieren. Wanner et al. (2023) heben hervor, dass im Reallaborkontext Partizipation schon in der Wissensproduktion ermöglicht wird: „Die tatsächliche Kraft von Reallaboren entfaltet sich dann, wenn sie nicht nur als Innovations-, sondern vor allem als gesellschaftliches Transformationsinstrument in Richtung einer nachhaltigen Entwicklung gefasst werden“ (S. 3).

Der Begriff der Reallabore wird auch im Kontext technologischer Innovation und vor allem in den Bereichen Energie- und Mobilitätswende sowie Digitalisierung und Automatisierung verwendet. In diesen Bereichen besteht ein besonderes Interesse an regulatorischem Experimentier- und Erneuerungsbedarf (Backhaus et al., 2022; BMWK, 2023). Die Forschung an und in laborgestützten realen Umgebungen hat seit 2015 deutlich zugenommen (Hossain et al., 2019) und scheint nicht nachzulassen (Schäpke et al., 2024). Labore und ähnliche experimentelle Prozesse oder Projekte in der realen Welt inspirieren die inter- und transdisziplinäre Zusammenarbeit zur Transformation. Zu den Themen, die in Forschung und Praxis zum Thema Reallabore ganz oben auf der Agenda stehen, gehören Erfolgsfaktoren (Bergmann et al., 2021), Lernen (Wanner et al., 2018), Auswirkungen (Schäpke et al., 2024) sowie Formate und Methoden für Partizipation, transdisziplinäre Zusammenarbeit und Wissensbildung (Defila & Di Giulio, 2018, 2019).

Im internationalen Kontext verwendet die deutschsprachige Reallabor-Community zumeist den Begriff ‚Real-World Labs‘. In einer der umfassendsten und detailliertesten vergleichenden Übersichten (Schäpke et al., 2017) werden verschiedene Arten von Experimenten in der realen Welt unterschieden (Real-World Labs, Sustainable Living Labs, Urban Transition Labs and Niche Experiments), wobei Überschneidungen in Theorie und Praxis und folglich Schwierigkeiten bei der Definition und Differenzierung von Experimenten anerkannt werden (Schäpke et al., 2017; Parodi & Seebacher, 2024). Compagnucci et al. (2021) haben die folgenden Merkmale von Sustainable Living Labs, also Living Labs in der Nachhaltigkeitsforschung identifiziert: (1) ein Ansatz für Forschung und Wissensbildung, (2) ein iteratives, experimentelles Design, das dem Lernen und der Reflexivität verpflichtet ist, (3) eine langfristige Ausrichtung auf gesellschaftliche Veränderungen und ein damit einhergehendes Interesse an Übertragbarkeit oder Skalierbarkeit, (4) ein Fokus auf ein reales Umfeld. In einer Übersichtsarbeit von Hossain et al. (2019) werden Living Labs als kollaborative Innovationsumgebungen beschrieben, in denen Akteur:innen in Co-Creation-Prozesse eingebunden sind, um neue Produkte, Dienstleistungen und Lösungen in realen Umgebungen zu entwickeln und zu testen. Zuvor haben Evans und Karvonen (2014) urbane Labore als experimentelle Räume in Städten beschrieben, die kollaborative Problemlösungs-, Innovations- und Lernprozesse unter Beteiligung verschiedener Interessengruppen ermöglichen, um urbane Herausforderungen zu bewältigen und eine nachhaltige Entwicklung zu fördern. Während der genaue Fokus dieser laborbasierten Ansätze von der Produkt- oder Dienstleistungsinnovation bis hin zur nachhaltigen (Stadt-)Entwicklung reicht, können die Zusammenarbeit mehrerer Interessengruppen und der auf Nachhaltigkeit ausgerichtete transformative Wandel als gemeinsame Nenner betrachtet werden. Zu den Anwendungsbereichen und Kontexten gehören u. a. Ernährung, Mobilität, Gesundheit, häusliche Energienutzung sowie Stadtplanung und -entwicklung.

Im Folgenden werden wir anhand von Beispielen Bezüge zu den bisher genannten Diskurslinien herstellen. Diese Zuordnung wird an vielen Stellen nicht eindeutig sein, der Diskurs um Reallabore, Living Labs, Real-World Labs und Urban Labs hat sich weit ausdifferenziert und zugleich vermischt. Im Zentrum der dargestellten Beiträge steht daher die Relevanz von Partizipation im Kontext von Reallaboren. Formate, Entwicklungspotenziale und auch Grenzen der im Prozess wirksam werdenden Partizipationsstrategien sollen beispielhaft illustriert werden und einen breiten Diskurs- und Reflexionsrahmen für Reallaborarbeit aufspannen. Die Beispiele fokussieren die Bedeutung der Langfristigkeit und Nachhaltigkeitsorientierung im Reallaborkontext. Sie illustrieren kontextabhängig die Bedeutung des Experimentierens sowie das Wechselspiel von Technologieentwicklung und gesellschaftlicher Partizipation im Kontext der Entwicklung von Transformationsstrategien.

2 Beispiele aus der Praxis

2.1 Berliner Reallabore zur Entwicklung blau-grüner Infrastruktur und klimatischer Resilienz

Im BMBF-Verbundforschungsprojekt „Roof Water-Farm“ wurde 2013–2017 die gebäudeintegrierte Kombination von Wasseraufbereitung mit Fisch- und Pflanzenproduktion als flächen- und ressourcenschonende Stadtgestaltungsstrategie untersucht (Million et al.,

2018). Die Pilotforschungsphase diente sowohl der Technologieentwicklung als auch der Sichtbarmachung des partizipativen Potenzials der Technologie, Forschungsfragen und -methodik waren transdisziplinär ausgerichtet. Dieser Entwicklung folgte die Etablierung des Reallabors Roof Water-Farm.

Besonderheiten des Standorts

Der Standort des RWF-Reallabors wurde schon 1987 im Rahmen der Internationalen Bauausstellung (IBA) experimentell genutzt. Am Standort ist es gelungen, langfristig einen Referenz- und Reflexionsraum für die Weiterentwicklung von Infrastruktur im Spannungsfeld von Kreislaufstadt, Klimawandel, Technologieentwicklung und städtischem Alltag aufzuspannen: Die weitreichendste experimentelle Intervention waren die getrennten Leitungsnetze zur Wasseraufbereitung des häuslichen Abwassers, die 1987 im Quartier in Berlin-Kreuzberg realisiert wurden, um sozial-ökologisches Wohnen zu realisieren. Die Grauwasseraufbereitung von 1987 verdunstete mehr Wasser als gereinigt wurde. Diese technologischen Erfahrungen führten zum Umbau des Systems, sodass das Regenwasser der umliegenden Dachflächen vor Ort verdunstet und die ursprüngliche Grauwasseraufbereitung im Innenhof heute natürliche Klimaanlage ist. Im Besucher:innen- und Wasserhaus werden seit 2006 die 250 Bewohner:innen mit je 30–50 L pro Tag Betriebswasser aus dem lokal aufbereiteten Grauwasser für die WC-Spülung versorgt (Million et al., 2018).

Forschungsverbund und Forschungsphase „Roof Water-Farm"

2013 wurde der Standort mit dem BMBF-Verbundprojekt „Roof Water-Farm" um weitere technologische Innovationen erweitert: Im Fokus der Technologieentwicklung standen Betriebswassernutzung für wasserbasierte Fisch- und Pflanzenzucht sowie die Aufbereitung des Schwarzwassers zu urbanem Flüssigdünger. In den Entwicklungsphasen der Verbundforschung spielten Kommunikations- und Gestaltungsstrategien sowie diverse institutionelle Allianzen aus Forschung, Stadtentwicklung und Nutzer:innen eine wichtige Rolle. Der RWF-Forschungsverbund entwickelte künstlerisch-experimentelle Methoden zur Integration lokaler Bedarfe und des Wissens von Akteur:innen in den Forschungsprozess. Herausforderungen und Potenziale der Infrastrukturentwicklung wurden dafür bildlich und sprachlich für die tiefe Partizipation verschiedenster Akteur:innen aufbereitet. Mit der Integration eines weiteren Themas und gesellschaftlichen Bedarfs – wasserbasierter Nahrungsmittelanbau – in die Technologieentwicklung, erweiterten sich die Möglichkeiten für gesellschaftliche Partizipation sprunghaft und weitere Innovationspotenziale wurden vor Ort sichtbar.

Entwicklung zum Reallabor „Roof Water-Farm"

Heute, über 30 Jahre nach der pionierhaften Installation der getrennten Wasserleitungsnetze im Gebäude, bieten der Ort und das (Reallabor Roof Water-Farm, o. J.) Lösungsstrategien, um der lokalen und regionalen Wasser- und Klimakrise mit Lösungen aus der urbanen Landwirtschaft bzw. wasserbasierten Farmingstrategien zu begegnen.

Das ehemals forschungsgeförderte Projekt ist heute ein etablierter innerstädtischer Lernort, Inkubator und Katalysator für die Klima- und Kreislaufstadt, trägt sich als Reallabor aus privatwirtschaftlichem Engagement, Forschungsförderung und Bildungsarbeit. Auf dem Weg dahin, direkt nach Ende der Pilotforschungsphase, wurde z. B. eine studentische Projektwerkstatt ins Leben gerufen, die das Gewächshaus als Arbeits- und Experimentierraum nutzen konnte. Heute wird das Reallabor-Gewächshaus unter dem Dach der Reallaborplattform und strategischen Kooperationsinitiative der TU Berlin, der StadtManufaktur Berlin, gemeinsam mit interessierten Studierenden, Wissenschaftler:innen und Stadtmacher:innen betrieben. Es zeigt und diskutiert neue Wege koproduktiver Stadtentwicklung, etwa 30 bis 70 Führungen im Jahr sind keine Seltenheit. Die Transferierbarkeit und Skalierbarkeit der technologischen Lösungsansätze des Roof Water Farm Reallabors sind baulich zu belegen: Gemeinsam mit der Ersten Wohnungsgenossenschaft Berlin-Pankow (EWG) hat das Ingenieurbüro Nolde & Partner GmbH in 40 Wohneinheiten Wasser- und Energierecycling im Gebäude realisiert, wofür die EWG gemeinsam mit den Initiator:innen des RWF-Reallabors 2020 für Innovation im Einsatz für den Klimaschutz ausgezeichnet wurde. In diesem Projekt der EWG werden, neben der Trinkwassereinsparung von 40 % durch die Nutzung von Betriebswasser aus aufbereitetem Grauwasser für die WC-Spülung und Waschmaschinen, auch rund 30 % Energie für die Warmwasserbereitung eingespart. Die Idee für eine solche Projektentwicklung entstand im Rahmen einer Führung durch das RWF-Reallabor. Auch die landeseigene Wohnungsbaugesellschaft berlinovo hat das Konzept im Rahmen einer Führung überzeugt: Ein neues Studierenden-Apartmenthaus mit 450 Wohneinheiten in Berlin-Pankow hat seit 2023 eine eigene Grauwasser-Sammelleitung mit Wasser- und Energierückgewinnung. Die Möglichkeit, regelmäßig Führungen und andere partizipative Bildungsformate durchzuführen, bewirkt Transfer und die Skalierung der technologischen und gestalterischen Lösungen des RWF-Reallabors.

Modularität und Partizipation: das Reallabor „Mobile blau-grüne Infrastruktur"

Aus dem RWF-Reallabor wurde ein Folgeprojekt entwickelt. Von 2019 bis 2024 wurde im BMBF-Projekt „Gartenleistungen" das Reallabor „Mobile blau-grüne Infrastruktur" betrieben. Es umfasste eine Wasseraufbereitung und eine hydroponische (Hydroponik = wasserbasierter Pflanzenanbau) Vertikalfarm für eine Beachvolleyball-Anlage im Gleisdreieckpark in Berlin. Als Prototyp und Realexperiment wurde der „Shower-Tower" entwickelt und optimiert (Bürgow & Horn, 2020). Der „Shower-Tower" ist eine Vertikalfarm zum Nahrungsmittelanbau und nutzt das örtliche Duschwasser in aufbereiteter Form zur Bewässerung: Das Grauwasser auf dem Standort der Sportanlage wird geerntet und in einem kompakten Wasserklärsystem vor Ort aufbereitet, die Toiletten sind mittlerweile an die Duschwasseraufbereitung angeschlossen. Der „Shower Tower" wird heute vom Betreiber der Volleyballanlage unterhalten, d. h. die Sanitäranlagen werden zur Verfügung gestellt und zugleich Salate und Kräuter für den Beach-Burger oder den Beach-Cocktail in der Gastronomie produziert. Das Realexperiment ist gelungen, die Reallaborphase ist als innovatives Betriebskonzept verstetigt. Die Initiator:innen der Reallabore „Roof Water-Farm" und „Mobile blau-grüne Infrastruktur" entwickeln weitere Betreiber:innenmodelle und transferieren die robusten Technologien und sozialen Innovationen, ein Start-up ist gegründet und weitere Standorte in Berliner Schulen und auf dem Campus der TU Berlin sind entstanden (Bürgow et al., 2024; Steglich et al., 2024) (Abb. 1 und 2).

Reflexionen – partizipative Technologieentwicklung

Zusammenfassend lässt sich sagen, dass die technologischen Interventionen in den genannten Reallaboren ihre eigentlichen Stärken erst durch die breite und intensive Integration potenzieller Nutzer:innen zeigen. Diese Integration fand und findet in den genannten Beispielen als Führung, Workshop oder auch als tägliches Realexperiment (Duschwasseraufbereitung für Nahrungsmittelanbau) statt. Alltagstauglichkeit und Sichtbarkeit im Stadtraum und eine mögliche Bandbreite in der Anwendung vom Do-It-Yourself-Modul bis zum Hightech-Format tragen zur Skalierung oder zum Transfer der entwickelten gesellschaftlichen Lösungsansätze bei.

Abb. 1 Blick auf das Reallabor „Roof Water-Farm" mit Gebäuden, Wasserhaus zur Grauwasseraufbereitung, Feuchtgebiet zur Regenwassernutzung und Gewächshaus für wasserbasiertes Urban Farming. (Quelle: RWF/Angela Million)

Abb. 2 Blick in das RWF-Gewächshaus mit unterschiedlichen Prototypen und Realexperimenten aus den Reallaboren Roof-Water-Farm und „Mobile blau-grüne Infrastruktur". (Quelle: RWF/ Grit Bürgow)

Mit Blick auf den gesamten Prozess (Besonderheiten des Standorts, Entwicklung der Reallabore „Roof Water-Farm" und „Mobile blau-grüne Infrastruktur") lassen sich Stellschrauben der Transformation von Wasserinfrastruktur im Food-Water-Energy-Nexus benennen. Dazu gehören:

- die Trennung der Stoffströme als regulatorisch und baulich übergeordnete Rahmenbedingung für die Transformation der Wasserinfrastruktur,
- die Modularität und Vielfalt in der städtebaulichen Anwendung und davon abhängig Möglichkeiten und Grenzen für Monitoring und Wartung der Technologien,
- breite gesellschaftliche Resonanz und Ko-Produktion sowie
- valide Daten zu Klimawirksamkeit, Produktqualität, Effizienz und Wirtschaftlichkeit (Million et al., 2018).

Mit Blick auf die Relevanz von Partizipation im Reallaborkontext lässt sich Folgendes resümieren: In der Umsetzung sind Genese, Anerkennung und Nutzbarmachung von Prozess- und Gestaltungswissen der beteiligten Netzwerke von zentraler Bedeutung. Die beschriebenen Transformationsprozesse zur Infrastrukturentwicklung sind ergebnisoffen und zukunftsweisend in ihrer alltäglichen, lebensweltlichen und in ihrer technologischen Dimension. In dieser dynamischen Wechselwirkung entwickelt sich der Transformationsprozess und genau hier entscheidet sich auch der Grad der Transferierbarkeit/Übertragbarkeit. Im beschriebenen Beispiel wurden Formate und Methoden gefunden, Forschungs- und Entwicklungsanliegen mit Nutzungsinteressen und Anwendungswissen zusammenzubringen und darüber hinaus gesellschaftliche Partizipation zur Triebkraft weiterer technologischer Entwicklungen und städtischer Transferierbarkeit/Übertragbarkeit werden zu lassen.

Dieses Wissen entfaltet und verfestigt sich angesichts der Vielfalt der beteiligten Netzwerke von Akteur:innen durch Einbettung in einen – zu gestaltenden – regulatorischen Kontext. Im reflexiven Raum des Reallabors dürfen Fehler gemacht und es darf nachgebessert werden. Gesellschaftliche Partizipation ist zentral, um überhaupt technologische Potenziale und Risiken sicht- und erfahrbar, gestaltbar zu machen – im angeführten Beispiel können hier die unterschiedlichen Varianten des Urban Farming und deren baulich-experimentelle Weiterentwicklungen im Anwendungskontext genannt werden. Die Kontextabhängigkeit und die Transferierbarkeit der Reallaborarbeit und der damit verbundenen Realexperimente sind illustriert worden und sie sind weder der technologischen noch der sozialen Innovation zuzuordnen, im Kontext der Nachhaltigkeitsorientierung bedingen sie einander.[1]

2.2 Zukunft im ländlichen Raum gemeinsam gestalten (ZUGG)

Das Reallabor „ZUGG": Zukunft im ländlichen Raum gemeinsam gestalten

Das Reallabor ZUGG folgte dem Wissenschaftlichen Beirat der Bundesregierung Globale Umweltveränderung (2016), wonach Reallabore als „wissenschaftlich konstruierte Räume einer kollaborativen Nachhaltigkeitsforschung mit Interventionscharakter" gelten (Weber et al., 2022). Der wissenschaftlich konstruierte Raum kann dabei zum einen als Raumtyp der Projektregion als Mittelstädte einer peripheren ländlichen Region (nach RegioStar 17) verstanden werden. Zum anderen lässt sich der thematische Raum als Fokus auf nachhaltige Mobilität und Innenstadtentwicklung durch bürgerschaftliches Engagement eingrenzen. Im Projekt arbeiten Prozessverantwortliche – also Wissenschaftspartner:innen und Praxispartner:innen, Bürger:innen, Kommunalverwaltung, lokale Wirtschaft sowie Initiativen und Netzwerke gemeinsam an Lösungsideen. Im Sinn der Nachhaltigkeitsforschung verschreibt sich das Projekt ZUGG (Öko-Institut, 2024) dem Leitbild einer nachhaltigen Zukunft und legt einen Schwerpunkt auf soziale Nachhaltigkeitsaspekte (insbesondere Daseinsvorsorge). Das Reallabor-Ziel der Intervention greift ZUGG insofern auf, als mutig neue Ideen ausprobiert werden dürfen. Dabei bleibt die langfristige Tragfähigkeit zwar im Blick, aber einem ergebnisoffenen Prozess wird hohes Gewicht verliehen (Eckart et al., 2018).

---

[1] Teile des Textes wurden bereits veröffentlicht in Steglich et al., 2024 sowie Steglich & Bürgow, 2023.

Reallabor-Prozess

Mit dem Projekt ZUGG wurde der Partizipationsschwerpunkt auf das Engagement von Bürger:innen gelegt. Vorab erfolgten eine raumbezogene wissenschaftliche Analyse und eine Untersuchung inspirierender Good-Practice-Beispiele für die Projektthemen. Dann wurde die Co-Creation-Phase des Projekts gestartet. Unter wissenschaftlicher Anleitung untersuchte die kommunale Verwaltung ihre Bedarfe und Herausforderungen. Online über ein interaktives Videoformat und analog per Postkarten wurden Bedarfe der Bürger:innen ermittelt. Das Projektteam erstellte auf dieser Basis grobe mögliche Ideen für Pilotvorhaben. Im nächsten Schritt wurden mehrere Tausend Haushalte dazu eingeladen, die skizzierten Pilotvorhaben nach ihren Vorstellungen auszugestalten und unter Assistenz umzusetzen. So entstanden drei Bürgerteams, also Gruppen von Bürger:innen, die sich für die Gestaltung ihrer Stadt einsetzen. Ein viertes Bürgerteam bildete sich im Lauf des Projekts, da Menschen eines der Pilotvorhaben der bestehenden Projektgruppen in ihrer eigenen Stadt umsetzen wollten. Für die Umsetzung der Projektideen stand ein finanzielles Budget zur Verfügung. Die Gruppengrößen schwankten je nach Thema und Zeitpunkt des Prozesses zwischen weniger als zehn und mehr als 20 Engagierten pro Bürgerteam.[2]

In mehreren Workshops entwickelten die Bürgerteams einerseits unterschiedliche Projektideen und setzten sie andererseits aktiv um. Das Bürgerteam „Mobilität Wittenberge" organisierte eine Lastenradleihe, betreut von ehrenamtlichen Radpaten. So kamen die beiden Lastenräder „Elbkahn" und „Hansdampf" nach Wittenberge, die kostenfrei über die fLotte Brandenburg ausgeliehen werden können. Das Bürgerteam „Innenstadt Wittenberge" setzte sich für eine Aufwertung des Bismarckplatzes zu einem zentralen Treffpunkt ein. Es entwarf und baute modulare Stadtmöbel und eine Büchertauschbox. Dabei entstand eine Bauanleitung, die es interessierten Bürger:innen oder kommunalen Akteur:innen erleichtern kann, eigene Bauprojekte in ihrer Stadt umzusetzen (Technologie- und Gewerbezentrum Prignitz GmbH, 2024). Das Bürgerteam aus Perleberg machte unbekannte Orte in der Innenstadt sichtbar und gab ihnen temporär eine neue Funktion. Unter dem Motto „Von Bürgern für Bürger" engagierten sich Perleberger:innen bei Flohmärkten, Repair-Cafés, Upcycling- und Bastelangeboten und schufen neue Begegnungsorte in der Stadt. Das Bürgerteam aus Perleberg setzte sich außerdem für eine Belebung des Hagens, einer Grünfläche im Herzen der Stadt, ein. Dort wurden von Kindern bemalte Nistkästen aufgehängt und ein „Geschichten-Baum" aufgestellt, der mittels QR-Codes historische Anekdoten der Stadtgeschichte hörbar macht. Das Bürgerteam „StadtMöbel Perleberg" wurde von den Stadtmöbeln auf dem Bismarckplatz in Wittenberge inspiriert und nahm sich die Aufwertung des Schuhmarkts vor, der als innerstädtische Parkplatz- und Verkehrsfläche von Autos dominiert wird. Für einen Fahrradständer in Form einer

[2] Das TGZ Prignitz koordinierte und unterstützte die Bürgerteams darin, ihre Ideen voranzutreiben und umzusetzen. Der Projektpartner Öko-Institut e. V. koordinierte das Gesamtvorhaben und leistete den parallelen Forschungsprozess. So evaluierte das Öko-Institut den Prozess der Bürgerteams und die Wirkungen der umgesetzten Projektideen. Über die gesamte Zeit des Forschungsvorhabens ZUGG standen die Projektpartner:innen im regelmäßigen Austausch.

Autoskulptur wurde von der Stadt ein Parkplatz entwidmet. Zudem entstanden selbstgebaute Stadtmöbel.

Reflexion – Erfolgsfaktoren einer gelingenden Partizipation

Bisherige Erkenntnisse zur Rolle von Partizipation, insbesondere der von Bürger:innen, wurden vornehmlich aus der Perspektive von Wissenschaftler:innen formuliert (Eckart et al., 2018; Scheppe et al., 2023). Unter Berücksichtigung der Qualitätskriterien für Partizipation in Reallaboren (Eckart et al., 2018) sollen mit ZUGG die bisher identifizierten Erfolgsfaktoren von Partizipation in Reallaboren (Scheppe et al., 2023) um die Bürger:innen- und Praxis-Perspektive, spezifisch für Kleinstädte im peripher-ländlichen Raum, ergänzt werden.

Der Partizipationsprozess des Projekts orientierte sich an den Qualitätskriterien der Partizipation in Reallaboren nach Eckart et al. (2018):

- Zielorientierung – also das Verfolgen einer klaren Zielstellung bei gleichzeitiger Berücksichtigung der Ressourcen der Beteiligten. Im Projekt ZUGG wurde die Zielstellung regelmäßig mit den Bürgerteams reflektiert und bei Bedarf nachjustiert.
- Offenheit und Barrierefreiheit – also eine Beteiligungsmöglichkeit für alle für das Transformationsvorhaben relevanten Akteur:innen. Im Projekt ZUGG wurden alle Bürger:innen der Städte auf unterschiedlichen Wegen und mehrfach zur Beteiligung eingeladen.
- Transparenz – also eine verständliche Darstellung von Prozess und Transformationsvorhaben. Im Projekt ZUGG diente die Projektwebsite als zentrale Transparenz-Plattform. Hier wurden auch niedrigschwellige Kommunikationsformate, wie etwa Videos zur Darstellung genutzt.
- Effektivität und Effizienz – also ein im Ergebnis für die beteiligten Akteur:innen vorteilhafter Prozess. Im Projekt ZUGG wurden die Wünsche der Bürger:innen in Projekten umgesetzt.
- Legitimation – also eine praktische Legitimation des Vorhabens aus Sicht der Praxisakteur:innen. Im Projekt ZUGG war während des gesamten Projektverlaufs die von beiden Projektstädten getragene Wirtschaftsförderung als Praxispartnerin vertreten. Darüber hinaus wurden kommunale Vertreter:innen in Abstimmungsprozesse einbezogen. Für die Umsetzung der Realexperimente richtunggebende Entscheidungen wurden von den Bürgerteams getroffen.
- Kommunizierbarkeit und Erprobbarkeit – also sichtbare, erlebbare Realexperimente. Für alle Realexperimente liegt umfangreiches Dokumentationsmaterial frei verfügbar vor, darüber hinaus lassen sich alle Realexperimente vor Ort niedrigschwellig ausprobieren.

Im Blick auf bisherige Partizipationsprozesse konnten von Scheppe et al. (2023) folgende konkrete Erfolgsfaktoren für Bürger:innen-Beteiligung in Reallaboren identifiziert werden:

- Prozessqualität: Transparenz und Fairness, professionelle Gestaltung (roter Faden durch den Prozessverlauf), kontinuierliche Kommunikation, angemessener Aufwand für die Bürger:innen, Ergebnisoffenheit.
- Erlebensqualität: Wertschätzung, Spaßfaktor, Vertrauensaufbau.
- Wirksamkeit: Mitgestaltung, Zielerreichung, Weiterentwicklung/Wissenszuwachs.

Erkenntnisse zur Partizipation von Bürger:innen in Reallabor-Projekten wurden in ZUGG mit drei unterschiedlichen Herangehensweisen gewonnen:

1. Ausgehend von ihren Praxiserfahrungen in der Betreuung von Bürgerteams formulierte die TGZ Prignitz Handlungsempfehlungen aus der Praxis.
2. Das Öko-Institut führte im Rahmen der Prozessevaluation zudem mit insgesamt 14 Personen leitfadengestützte Interviews und wertete so den Partizipationsprozess mittels qualitativer Inhaltsanalyse aus. Für die Interviews wurden neben Mitgliedern der Bürgerteams der beiden Städte Perleberg und Wittenberge weitere Personen ausgewählt, die sich aktiv in den Prozess eingebracht hatten. Diese Personengruppen sind externe Fachpersonen, Personen aus der kommunalen Verwaltung und Prozessverantwortliche beim Praxis- und beim Wissenschaftspartner. Zum Zeitpunkt der Interviews (Oktober und November 2023) waren die Pilotvorhaben noch nicht abgeschlossen und insbesondere ihre Verstetigung erst in Grundzügen geklärt. Dies spiegelt sich auch teilweise in den Ergebnissen wider.
3. Die Ergebnisse der separaten Wirkungsevaluation basieren vornehmlich auf standardisierten Befragungen und waren für die Beurteilung des Beteiligungsprozesses daher weniger geeignet, wurden jedoch zur Kontextualisierung genutzt. Nach den Ergebnissen dieser Vorgehensweise sollten in (Reallabor-)Projekten mit Bürgerbeteiligung in Ergänzung zu Scheppe et al. (2023) weitere Erfolgsfaktoren berücksichtigt werden:
   - Intensive Betreuung: Im Projekt ZUGG war eine intensive Betreuung der Bürgerteams durch den Praxispartner notwendig – nur so konnten alle Realexperimente erfolgreich umgesetzt werden. Ohne diese Betreuung wäre eine Umsetzung der Vorhaben kaum möglich gewesen.
   - Überschaubare Prozesslänge: In allen Bürgerteams des Projekts wurden Teilnehmende verloren. Eine überschaubare Prozesslänge und eine nicht zu groß dimensionierte Umsetzungsvision verbessern die Erfolgschancen.
   - Eigener Ideenprozess: Der Beteiligungsprozess sollte Raum für die Ideen der Bürger:innen bieten. Vor der Beteiligung feststehende Eingrenzungen sollten klar kommuniziert werden.
   - Persönliches Interesse: Eine persönliche Betroffenheit oder ein persönliches Interesse am Projektthema durch die Bürger:innen steigert die Erfolgschancen des Vorhabens.
   - Budget: Um Bürger:innen die Umsetzung eigener Projektideen zu ermöglichen, sollte entsprechendes Budget vorgehalten werden.

- Vielfältige Kommunikationskanäle: Unterschiedliche Methoden der Ansprache ermöglichen die Einbindung diverser Bevölkerungsgruppen.
- Bestehende Strukturen und Initiativen nutzen: Bestehende lokale Strukturen oder Initiativen einzubeziehen, führt zu gewinnbringenden Synergieeffekten.
- Ergebnisoffenheit erfordert Struktur: Beteiligungstreffen sollten gut moderiert werden, um einer Überforderung durch Offenheit vorzubeugen. Darüber hinaus ist eine frühzeitige Information zu den Rahmenbedingungen des Reallabor-Projekts hilfreich für partizipativ entwickelte Planungsschritte. Kleingruppen und abgesteckte Aufgaben können die Beteiligungsresonanz erhöhen.
- Verantwortungsübernahme frühzeitig stärken: Sofern die Realexperimente verstetigt werden sollen, sollte sich das Projektteam frühzeitig um eine Verantwortungsübernahme durch Bürger:innen bemühen.
- Sensibilisierte Verwaltung: Produktive Zusammenarbeit mit einer sensiblen, bürgerorientieren Kommunalverwaltung unterstützt den Projektverlauf maßgeblich.
- Expertise einbinden: Fachpersonen unterstützen den Bürger:innen-Beteiligungsprozess mit ihrer Expertise besonders sinnvoll, wenn sie die Bedürfnisse der Bürger:innen verstehen und respektieren.

Die hier dargestellten Erfolgsfaktoren zur Bürger:innen-Beteiligung und Partizipation in Reallaboren stellen nur einen Ausschnitt der Projektergebnisse dar und finden sich in umfassenderer Form als digitale Publikation (Reiche et al., 2024). Auch mit den hier ergänzten Erfolgsfaktoren für Beteiligungsprozesse in Reallaboren ist kaum der Vollständigkeit Genüge getan. Forschung, die die Erfolgsfaktoren von Partizipation in Reallaboren systematisch und auf internationaler Literatur aufbauend untersucht, könnte daher zukünftigen Reallabor-Projekten eine wesentliche Unterstützung sein (Weber et al., 2022; Reiche et al., 2024).

2.3 Partizipative Stadtentwicklung: das Reallabor Theaterplatz in Aachen, NRW

Das Reallabor Theaterplatz war ein zeitlich und räumlich klar umrissener Erprobungsraum für die Umgestaltung des Aachener Theaterplatzes, des zentralen Kultur-, Verkehrs- und Aufenthaltsraums im Herzen der Innenstadt. Ausgangspunkt und Kernbausteine für den dem regulären Planungsprozess vorgelagerten Transformationsprozess waren im Rahmen des Reallabors unterschiedliche temporäre Interventionen und Aktionen auf Probe im Zeitraum von März bis September 2020. Sie hatten das Ziel, einen offenen Prozess und eine dialogreiche Auseinandersetzung über mögliche Zukünfte des Theaterplatzes mit den Bürger:innen vor Ort anzustoßen. Es sollten neue Perspektiven getestet sowie ein gemeinsamer Erfahrungs- und Lernraum geschaffen werden. Die Erfahrungen, Ideen und Anregungen aus dieser Testphase wurden ausgewertet und flossen in das weitere Planungsverfahren ein.

Wie sieht ein zeitgenössischer Theaterplatz aus? Welche Gelegenheiten bietet er für die Menschen in der Stadt, sich auszutauschen, sich zu präsentieren oder zu erholen? Wie muss er dafür gestaltet sein? Antworten auf diese Fragen sollten nicht abstrakt oder in reinen Fachworkshops entwickelt werden, sondern direkt auf dem Platz selbst und gemeinsam mit allen, die mitmachen und sich einbringen wollen. Kuratiert und umgesetzt wurde die siebenmonatige Hauptphase des Reallabors durch das Citymanagement der Stadt Aachen. Außerdem an dem Prozess beteiligt waren der Fachbereich Stadtentwicklung, -planung und Mobilitätsinfrastruktur der Stadt Aachen, das Stadttheater Aachen, Baukultur Nordrhein-Westfalen, die RWTH Aachen, die Volkshochschule Aachen, die Hochschule für Musik und Tanz, die IHK Aachen, verschiedene regionale Institutionen und Firmen, vor allem aus den Bereichen Mobilität und Bildung, Künstler:innen sowie diverse Initiativen und Verbände bestehend aus Anwohnenden, Einzelhändler:innen und Gastronomiebetreibenden. Finanziert wurden sämtliche Maßnahmen durch die Städtebauförderung (RWTH Aachen University, o. J.).

Aufbauend auf den guten Erfahrungen und Ergebnissen aus dem Reallabor haben die Stadt Aachen und die Regionetz GmbH im Anschluss an den Reallabor-Prozess nach wegweisenden politischen Entscheidungen im April 2021 den Planungsprozess für die dauerhafte Umgestaltung gestartet. In die Ausschreibung des Planungswettbewerbs flossen Erkenntnisse aus dem Reallabor direkt ein. Im Jahr 2022 wurde die Entwurfs- und Ausführungsplanung mit den beauftragten Preisträger:innen und im Dialog mit Politik und Öffentlichkeit fortgeführt. Bis zur dauerhaften Umgestaltung (Baubeginn ab Februar 2025) blieben mit den „Theatergärten" einige im Reallabor entstandene Installationen auch noch lange nach dem eigentlichen Prozess des Probierens und Experimentierens stehen. Mit Unterstützung einer Kommunikationsagentur geht es der Stadt unter Leitung des Fachbereichs Stadtentwicklung, -planung und Mobilitätsinfrastruktur darum, die Umbauphase weiterhin im engen Austausch mit den Anwohnenden, den vor Ort Gewerbetreibenden und allen Nutzenden zu gestalten (Citymanagement der Stadt Aachen, o. J.).

Prozessbeschreibung

Der Prozess des Reallabors Theaterplatz ist – da dem eigentlichen Planungsprozess vorgelagert – treffend als „Phase Null" bezeichnet worden und umfasste diverse Formate und Interventionen (Heinkel et al., o. J.). So waren, bevor das Reallabor begann, zunächst ein Fotowettbewerb und eine Informationsveranstaltung abgehalten worden, um erste Ideen und wichtige Zielsetzungen gemeinsam mit Anwohner:innen, Gewerbetreibenden und der interessierten Öffentlichkeit zu sammeln und zu sortieren.

Das Reallabor selbst war als offener und dynamischer Prozess geplant, was sich aufgrund der fast zeitgleich einsetzenden Kontaktbeschränkungen infolge der Covid-19-Pandemie im Frühjahr 2020 in Aachen als sehr wichtig und zielführend erwies. So konnte entlang der zuvor auf Basis der im Projektteam sowie im Austausch mit Anwohnenden formulierten Fragen, Ziele und Aufgaben ein „roter Faden" formuliert und die Interventionen, Veranstaltungen sowie der weitere Dialogprozess trotz der Einschränkungen kuratiert werden. Bei aller Planung und Vorbereitung wurde darauf geachtet, Events nicht nur als Selbstzweck durchzuführen, sondern tatsächlich neue Ideen mit Relevanz für den zukünftigen Stadtraum sowie die Bedarfe der Nutzenden und Anforderungen an Klima- und Mobilitätswende zu testen. Nach einer ersten, dem Reallabor vorgelagerten Informationsveranstaltung für Anwohnende, andere Stakeholder:innen und interessierte Bürger:innen im Februar 2020 mit dem Zweck, anvisierte Ziele und notwendige Prozessschritte vorzustellen sowie Anregungen und Ideen aufzunehmen, begann die Phase der konkreten Konzeptentwicklung mithilfe diverser Interventionen in den Stadtraum. Durch Workshops, Expert:innengespräche, öffentliche Veranstaltungen und Evaluationen der verschiedenen Maßnahmen mithilfe kleiner Umfragen oder gezielten Nachfragens seitens des Projektteams wurden die Erprobungsmaßnahmen im Prozess laufend ausgewertet und angepasst. Dabei erwies sich die „planbar", ein von der Stadt Aachen angemieteter Raum direkt am Theaterplatz, als ein wichtiger Baustein in der Kommunikation. Der Raum, in dem das Citymanagement arbeitete und seine regelmäßigen Bürger:innensprechzeiten anbot, fungierte als Schnittstelle zwischen sämtlichen Interessensgruppen und machte das Citymanagement zu einem Teil des Geschehens vor Ort.

Die drei Hauptinterventionen im Verlauf des Reallaborprozesses, die aufgrund der zu diesem Zeitpunkt grassierenden Covid-19-Pandemie Interaktion auf Abstand ermöglichen mussten, umfassten:

- die Errichtung der „Theatergärten" (mehrere Konstruktionen zum Verweilen und Begrünen an der Nordseite des Theaters, die es – nicht zuletzt wegen der Sperrung des Bereichs für den privaten Individualverkehr per Pkw – den ansässigen Gastromom:innen ermöglichten, ihren Außenbereich erheblich auszuweiten und aufzuwerten),
- Tanzperformances, die den Raum für Kunstschaffende und -genießende neu- und andersartig erfahrbar werden ließen, sowie
- eine großflächigere Sperrung des Platzes für den Individualverkehr und eine besonders gestaltete temporäre Bushaltestelle während der Europäischen Mobilitätswoche.

Ziel der sehr unterschiedlichen Maßnahmen war es, jeweils verschiedene Gruppen, die den Platz im Alltag frequentieren, gezielt anzusprechen und einzubinden. Mit einfachen Holzkonstruktionen wurden mögliche Gestaltungsformen für Möblierung, Begrünung und Aufteilung des Platzes erprobt, zunächst nur auf der Nordseite des Theaters, während der Europäischen Mobilitätswoche 2020 dann für den gesamten Straßenraum rund um das Theater. Während der Mobilitätswoche wurde der Platz für den gesamten motorisierten Individualverkehr gesperrt. Lediglich die Busse des ÖPNV, Anlieger:innen, der Lieferverkehr, Taxis und Besucher:innen der ansässigen Ärztehäuser durften den Platz passieren. Die auf diese Weise veränderte Verkehrsführung ließ temporär neue Raumnutzungen und -wahrnehmungen zu. Vor allem die Verkehrsberuhigung wurde als große Aufwertung des Platzes und seines Erlebens empfunden (Heinkel et al., o. J.).

Partizipation als Ziel und Methode

Das Reallabor Theaterplatz umfasste einen transdisziplinären, partizipativen Prozess, der verschiedene Aspekte der klimafreundlichen Stadtentwicklung und Mobilität integrierte und der vor der Planung und Umsetzung baulicher Maßnahmen als Ausprobierphase begann. Eine der zentralen, seitens der Stadt Aachen verfolgten Zielsetzungen besteht darin, den öffentlichen Raum so zu gestalten, dass er den Bedürfnissen der Bürger:innen gerecht wird. Dies beinhaltet die Schaffung von Grünflächen, die Gestaltung von Aufenthaltsqualität und die Verbesserung der Infrastruktur für Fußgänger:innen und Fahrradfahrende. Neben überwiegend konsumfreien Bereichen soll der Platz auch der Außengastronomie Raum bieten und gut erreichbar bleiben. Daraus ergaben sich die folgenden Aufgaben: den Platz schöner gestalten mit viel Aufenthaltsqualität, einen Beitrag zur Verkehrswende leisten, den Folgen des Klimawandels begegnen und Raum für Kultur, Handel und Gastronomie bieten. Während die Ziele durch das Projektteam grob abgesteckt und vorgegeben waren, da sie sich an gesamtgesellschaftlichen Zielen einer Transformation in Richtung Nachhaltigkeit orientieren, ließen das Wie, das Wo und das Was viel Raum für Exploration und Diskussion. Gleichzeitig soll die Infrastruktur unter der Erde mit Strom- und Gasleitungen, Abwasserkanälen und Fernwärmetrassen geprüft und erneuert werden. Damit Letzteres gelingen kann, arbeiten über den gesamten Prozessverlauf ein Planungsteam aus Landschaftsarchitekt:innen, Verkehrsplaner:innen und Ingenieur:innen mit der Stadt und ihrer Partnerin Regionetz GmbH eng zusammen.

Um die Um- und Ausgestaltung des Theaterplatzes offen zu verhandeln, wurden verschiedene Formate entwickelt und realisiert. Zwecks Partizipation wurde zum einen eine regelmäßige, offene Bürger:innen-Sprechstunde in Leben gerufen sowie Workshops und Dialogformate mit den verschiedenen Stakeholder:innen-Gruppen, vor allem im Rahmen der Europäischen Mobilitätswoche 2020, organisiert. Zum anderen wurden mit Blick auf die Gestaltung des besonderen Kulturstandorts diverse künstlerische Interventionen durchgeführt, wie beispielsweise die oben bereits erwähnten Tanzperformances sowie Pop-up Konzerte der ortsansässigen Hochschule für Musik und Tanz und eine Lichtinstallation. Des Weiteren befand sich durch Studierende der Masterstudiengänge in Architektur und Stadtplanung der RWTH Aachen eine stadträumliche Intervention, die der Stadt eine Bühne bieten sollte, in Planung. Wegen der zweiten Welle ansteigender Covid-19-Infektionszahlen konnte sie aber nicht realisiert werden. Jedes dieser Formate sorgte für ein neues Erleben des Platzes sowie einen reflektierenden Austausch hierzu.

Durch die Aktionen und Interventionen wurde der Theaterplatz wieder zu einem belebten und beliebten Treffpunkt in der Innenstadt. Zudem wurde eine mögliche Zukunft nach der langen Bauphase erlebbar, die als Zielvorstellung die lange Phase der Umbaumaßnahmen, in der Dreck und Lärm dominieren, vielleicht erträglicher machen kann. Im Anschluss an den Reallaborprozess wurden die Ergebnisse aus den experimentellen Interventionen und den verschiedenen partizipativen Methoden ausgewertet und zentrale Erkenntnisse, Kritik und Anregungen in die Ausschreibung des anschließenden Planungswettbewerbs überführt und so Bestandteil des regulären Stadtentwicklungsprozesses.

Reflexionen zur Bedeutung von Partizipation im Reallabor Theaterplatz

Das Reallabor Theaterplatz hat als Erprobungsraum vor dem anschließenden Planungswettbewerb, der Entwurfs- und Ausführungsplanung und Umsetzung wichtige Erkenntnisse und Erfahrungen in Bezug auf die zukünftige Freiraumgestaltung des Platzes wie auch für die Stadtentwicklung und Mobilitätsgestaltung in Aachen allgemein generiert. Einer der Haupterfolge des Projekts liegt in seiner prozess- und ergebnisoffenen sowie partizipativen Herangehensweise, die es ermöglicht hat, die Vielfalt der Interessen und Perspektiven der Stadtgesellschaft einzubeziehen.

Darüber hinaus hat das Reallabor dazu beigetragen, innovative Lösungen für die Herausforderungen der Innenstadtentwicklung zu identifizieren und zu testen. Die temporären Interventionen haben als Realexperimente gezeigt, dass Maßnahmen wie die Förderung des Fahrradverkehrs und die Umgestaltung des Straßenraums zugunsten unterschiedlicher Nutzungsarten positive Auswirkungen auf die Lebensqualität und die Umwelt haben können. So wurde abstrakter Wandel erlebbar sowie Dialog und Austausch zu konkreten Maßnahmen und Gestaltungsmöglichkeiten ermöglicht. Manche „radikalere" Maßnahme, wie die Sperrung einer Hauptschlagader des Innenstadtverkehrs für private Pkw, wurde im Rahmen des Reallabors überhaupt erst denk- und machbar. Die Umsetzung wiederum legte offen, dass scheinbar Unmögliches durchaus möglich und organisiert werden kann.

Dennoch hat das Projekt auch Herausforderungen mit sich gebracht und Lektionen lernen lassen. Zum Beispiel wurde deutlich, dass Veränderungen im öffentlichen (Frei-) Raum häufig auf Widerstand stoßen und einen kontinuierlichen Dialog erfordern. Darüber hinaus müssen die relevanten finanziellen und politischen Rahmenbedingungen berücksichtigt werden, um langfristige Erfolge zu gewährleisten.

Insgesamt hat das Reallabor Theaterplatz einen wichtigen Beitrag zur Diskussion über eine zukunftsfähige Stadtentwicklung und Mobilitätsgestaltung in Aachen geleistet. Durch die enge Zusammenarbeit der Stadtverwaltung mit den örtlichen Hochschulen, lokalen Organisationen, Initiativen, Händler:innen und Bürger:innen konnten neue Ideen entwickelt und umgesetzt werden. Sie dienen als Anregungen auch für andere Stadträume und haben das Potenzial, Stadträume lebenswerter und nachhaltiger zu gestalten (Eckhardt et al., 2023). Es hat gezeigt, dass durch partizipative Ansätze und innovative Lösungen positive Veränderungen möglich sind und die Zusammenarbeit verschiedener Akteur:innen entscheidend für den Erfolg solcher Projekte und somit auch für den urbanen Transformationsprozess ist (Abb. 3).

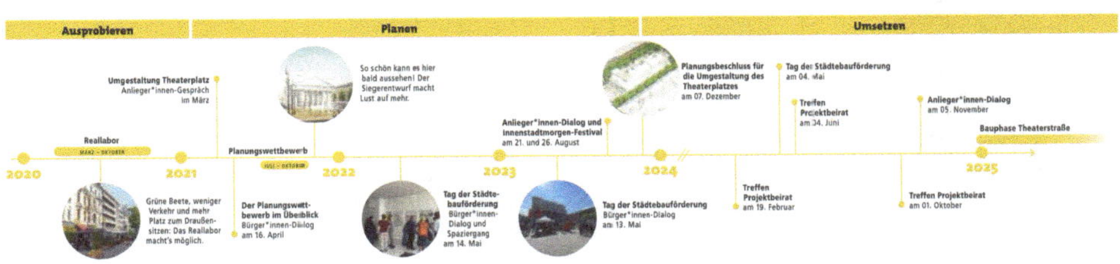

Abb. 3 Reallabor-Prozess als Vorstufe für städtebauliche Planungs- und Umbaumaßnahmen. (Quelle: Stadt Aachen, 2023)

3 Resümee

Die genannten Beispiele veranschaulichen, dass Relevanz, Reichweite und Kraft gesellschaftlicher Partizipation direkt mit der Verwendung verschiedener Begrifflichkeiten und Praktiken der transdisziplinären, transformativen, experimentellen Forschung in realweltlichen Settings verknüpft sind. Zugleich finden sich sehr unterschiedliche Formen und Ausprägungen der Partizipation in diesen verschiedenen Forschungstraditionen und -kontexten. Für die Praxis bedeutet dies, dass Partizipation stets kontextsensibel gestaltet werden muss: Erfolgsfaktoren und Herausforderungen variieren je nach thematischem Fokus, räumlichem Setting und Zusammensetzung der beteiligten Akteur:innen.

Literatur

Abt, J., Blecken, L., Bock, S., Diringer, J., & Fahrenkrug, K. (Hrsg.). (2022). *Von Beteiligung zur Koproduktion. Wege der Zusammenarbeit von Kommune und Bürgerschaft für eine zukunftsfähige kommunale Entwicklung*. Springer VS. https://doi.org/10.1007/978-3-658-36181-5

Agora Verkehrswende. (Hrsg.). (2023). *ÖV-Atlas Deutschland*. https://www.agora-verkehrswende.de/veroeffentlichungen/oev-atlas-deutschland/. Zugegriffen am 18.04.2026.

Alcántara, S., Quint, A., & Seebacher, A. (2018). Der Partizipationsmythos „Partizipation in Reallaboren muss repräsentativ sein". In R. Defila & A. Di Giulio (Hrsg.), *Transdisziplinär und transformativ forschen. Eine Methodensammlung* (S. 137–141). Springer VS.

Backhaus, J., John, S., Böschen, S., de la Varga, A., & Gramelsberger, G. (2022). Reallabore um die RWTH Aachen: Rückblicke, Einblicke, Lichtblicke. *pnd – planung neu denken, 1*. https://doi.org/10.18154/RWTH-2022-05170

Beecroft, R. (2020). *Das Reallabor als transdisziplinärer Rahmen zur Unterstützung und Vernetzung von Lernzyklen* (Dissertation, Leuphana-Universität Lüneburg).

Bergmann, M., Schäpke, N., Marg, O., Stelzer, F., Lang, D. J., Bossert, M., Gantert, M., Häußler, E., Marquardt, E., Piontek, F. M., Potthast, T., Rhodius, R., Rudolph, M., Ruddat, M., Seebacher, A., & Sußmann, N. (2021). Transdisciplinary sustainability research in real-world labs: Success factors and methods for change. *Sustainability Science, 16*, 541–564. https://doi.org/10.1007/s11625-020-00886-8

BMWK. (2023). *Reallabore – Testräume für Innovation und Regulierung*. https://www.bmwk.de/Redaktion/DE/Dossier/reallabore-testraeume-fuer-innovation-und-regulierung.html. Zugegriffen am 18.04.2026.

Böschen, S., Backhaus, J., de la Varga, A., John, S., & Gramelsberger, G. (2021). Reallabore: Simulierte Experimente – simulierte Demokratie? In K. Braun & C. Kropp (Hrsg.), *In digitaler Gesellschaft: Neukonfigurationen zwischen Robotern, Algorithmen und Usern* (S. 275–301). transcript.

Bürgow, G., & Horn, A. (2020). Mobiles Wasserrecycling & Vertical Farming. Gemeinschaftliche Prototypentwicklung für den Stadtraum. *Stadt+Grün, 12*, 34–39.

Bürgow, G., Horn, A., & Steglich, A. (2024). Kooperatives Vertikalfarm- und Klimaflächenmanagement. Die Beach Farm 61 im Berliner Gleisdreieckpark. *Stadt+Grün, 1*, 46–50.

Citymanagement der Stadt Aachen. (o.J.). *Reallabor Theaterplatz*. https://citymanagement-aachen.de/hausgemacht/reallabor-theaterplatz/. Zugegriffen am 18.04.2026.

Compagnucci, L., Spigarelli, F., Coelho, J., & Duarte, C. (2021). Living Labs and user engagement for innovation and sustainability. *Journal of Cleaner Production, 289*, Artikel 125721. https://doi.org/10.1016/j.jclepro.2020.125721

Defila, R., & Di Giulio, A. (Hrsg.). (2018). *Transdisziplinär und transformativ forschen. Eine Methodensammlung*. Springer.

Defila, R., & Di Giulio, A. (2019). *Transdisziplinär und transformativ forschen* (Bd. 2). Springer Fachmedien. https://doi.org/10.1007/978-3-658-27135-0

Deutsches Institut für Urbanistik gGmbH (Difu) & Institut Raum & Energie. (Hrsg.). (o.J.). *Kommunen innovativ. Neue Lösungen für Kommunen und Regionen im demografischen Wandel*. https://kommunen-innovativ.de/. Zugegriffen am 18.04.2026.

Eckart, J., Ley, A., Häußler, E., & Erl, T. (2018). Leitfragen für die Gestaltung von Partizipationsprozessen in Reallaboren. In R. Defila & A. Di Giulio (Hrsg.), *Transdisziplinär und transformativ forschen. Eine Methodensammlung* (S. 105–135). Springer VS.

Eckhardt, M., Kölmel, R., Ertin, D., Wilkskamp, K., & Lube, F. (2023). *Innovationsradar zur Mobilitäts- und Raumwende*. Kompetenznetzwerk Umweltwirtschaft.NRW, Düsseldorf. https://www.knuw.nrw/fileadmin/public/Redaktion/Dokumente/Publikationen/Innovationsradare/2023/Innovationsradar_zur_Mobilitaetswende_bf.pdf. Zugegriffen am 18.04.2026.

Evans, J., & Karvonen, A. (2014). "Give Me a Laboratory and I Will Lower Your Carbon Footprint!" – Urban Laboratories and the Governance of Low-Carbon Futures. *International Journal of Urban and Regional Research, 38*(2), 413–430. https://doi.org/10.1111/1468-2427.12077

Heinkel, F., Kremerkothen, C., & Köddermann, P. (o.J.). *Phase Null: Theaterplatz Aachen*. Baukultur Nordrhein-Westfalen e. V. https://baukultur.nrw/publikationen/phase-null-theaterplatz-aachen/. Zugegriffen am 18.04.2026.

Hossain, M., Leminen, S., & Westerlund, M. (2019). A systematic review of living lab literature. *Journal of Cleaner Production, 213*, 976–988. https://doi.org/10.1016/j.jclepro.2018.12.257

IÖW = Institut für ökologische Wirtschaftsforschung. (o.J.). *Reallabor Mobile blau-grüne Infrastruktur*. https://www.gartenleistungen.de/reallabore/mobile-blau-gr%C3%BCne-infrastruktur/. Zugegriffen am 18.04.2026.

Meyer-Soylu, S., Parodi, O., Trenks, H., & Seebacher, A. (2016). Das Reallabor als Partizipationskontinuum. Erfahrungen aus dem Quartier Zukunft und Reallabor 131 in Karlsruhe. *Technikfolgenabschätzung in Theorie und Praxis, 25*(3), 31–40. https://doi.org/10.14512/tatup.25.3.31

Million, A., Bürgow, G., & Steglich, A. (Hrsg.). (2018). *ROOF WATER-FARM. Urbanes Wasser für urbane Landwirtschaft*. TU Berlin.

Öko-Institut. (2024). *Kommunen innovativ – ZUGG: Zukunft im ländlichen Raum gemeinsam gestalten – Perleberg und Wittenberge als Zukunftsorte zwischen den Metropolen Berlin und Hamburg entwickeln – Flächenpotentiale kreativ nutzen und Mobilität neu denken*. https://www.oeko.de/projekte/detail/kommunen-innovativ-zugg-zukunft-im-laendlichen-raum-gemeinsam-gestalten-perleberg-und-wittenberge-als-zukunftsorte-zwischen-den-metropolen-berlin-und-hamburg-entwickeln-flaechenpotentiale-kreativ-nutzen-und-mobilitaet-neu-denken/. Zugegriffen am 18.04.2026.

Parodi, O., & Seebacher, A. (2024). Real-world labs and living labs. In F. Darbellay (Hrsg.), *Elgar encyclopedia of interdisciplinarity and transdisciplinarity* (S. 421–425). Edward Elgar Publishing.

Parodi, O., & Steglich, A. (2021). Reallabor. In T. Schmohl & T. Philipp (Hrsg.), *Handbuch Transdisziplinäre Didaktik* (S. 255–266). transcript.

Parodi, O., Ober, S., Lah, O., Steglich, A., Wagner, F., & Podann, A. (2021). Herausforderung Reallabor. Werkstattbericht zur Reallaborforschung. *GAIA – Ecological Perspectives for. Science and Society, 30*(4), 286–288. https://doi.org/10.14512/gaia.30.4.15

Parodi, O., Ober, S., Lang, D. J., & Albiez, M. (2024). Reallabor versus Realexperiment. Was macht den Unterschied? *GAIA – Ecological Perspectives for Science and Society, 33*(2), 216–221. https://doi.org/10.14512/gaia.33.2.4

Quint, A., Alcántara, S., & Seebacher, A. (2018). Der Partizipationsmythos „Partizipation in Reallaboren ist per se transparent und muss es auch sein". In R. Defila & A. Di Giulio (Hrsg.), *Transdisziplinär und transformativ forschen. Eine Methodensammlung* (S. 69–73). Springer VS.

Reallabor Roof Water-Farm. (o.J.). https://www.roofwaterfarm.com

Reiche, M., Unger, N., Weber, M., & Schreiber, J. (2024). *Handlungsempfehlungen zur Bürgerbeteiligung in Reallaboren. Empfehlungen für Bürgerteams zu den Themen nachhaltige Mobilität und Innenstadtbelebung aus der Prozessevaluation für Bürger:innen, Kommunen, Praxis- und Umsetzungspartner:innen, Wissenschaftspartner:innen, Fördermittelgeber und Projektträger sowie Vereine und Initiativen.* Unter Mitarbeit von Polina Franke. Öko-Institut e. V. Berlin. https://www.oeko.de/fileadmin/oekodoc/Handlungsempfehlungen-Buergerbeteiligung-in-Reallaboren.pdf. Zugegriffen am 18.04.2026.

RWTH Aachen University. (o.J.). *Reallabor Theaterplatz.* https://www.humtec.rwth-aachen.de/go/id/tolhr?#aaaaaaaaaatolju

Schäpke, N., Stelzer, F., Bergmann, M., Singer-Brodowski, M., Wanner, M., Caniglia, G., & Lang, D. J. (2017). *Reallabore im Kontext transformativer Forschung: Ansatzpunkte zur Konzeption und Einbettung in den internationalen Forschungsstand – Real-world laboratories in the context of transformative research: Conceptual building blocks and embedding into the international state of the art.* https://doi.org/10.13140/RG.2.2.28604.23687

Schäpke, N., Beecroft, R., Wanner, M., Wagner, F., Rhodius, R., Laborgne, P., & Parodi, O. (2024). Gaining deep leverage? Reflecting and shaping real-world lab impacts through leverage points. *GAIA – Ecological Perspectives for Science and Society, 33(1)*, 116–124. https://doi.org/10.14512/gaia.33.S1.17

Scheppe, J. J., Lang-Lehmann, S., Ehrmann, K., Bäumer, T., Müller, P., & Bronner, U. (2023). Beteiligung aus Sicht von Bürger:innen: Ergebnisse einer qualitativen Studie. *pnd – planung neu denken, 1*, 183–198. https://doi.org/10.18154/RWTH-2023-04115

Stadt Aachen. (2023). *Prozess – Theaterplatz Aachen.* https://www.theaterplatz-aachen.de/prozess/. Zugegriffen am 18.04.2026.

Steglich, A., & Bürgow, G. (2023). Von Roof Water-Farm zur StadtManufaktur: Stadtlandschaftliche Klimaanpassung, Ressourcen- und Wasserkreisläufe als Reallabor gestalten und umsetzen! In F. Bentlin & L. Behrend (Hrsg.), *How2Kiez – Nachhaltige Quartiersentwicklung.* Berlin Universities Publishing.

Steglich, A., Bürgow, G., & Horn, A. (2024). ClimateHOOD_CampusPARK Charlottenburg. Strategische Nachbarschaft und kooperative Praktiken für das Klima. *Stadt+Grün, 3*, 23–27.

Technologie- und Gewerbezentrum Prignitz GmbH. (2024). *Mach mit, mach's nach: Eine Bauanleitung für modulare Stadtmöbel im Bürgerbeteiligungsprojekt „Wir machen Prignitz".* https://wir-machen-prignitz.de/wp-content/uploads/sites/2/2024/04/Bauanleitung_Stadtmoebel.pdf. Zugegriffen am 18.04.2026.

Wanner, M., Fischedick, M., Liedtke, C., & Baedeker, C. (2023, März 15). *Thesenpapier: Reallabore als forschungsbasiertes Innovationsund Transformationsinstrument. Deutscher Bundestag, Ausschuss für Bildung, Forschung und Technikfolgenabschätzung.* https://www.bundestag.de/resource/blob/937516/c25c2242080e70b431da58d349a03df8/A-Drs_20-18-103a-data.pdf. Zugegriffen am 18.04.2026.

Wanner, M., Hilger, A., Westerkowski, J., Rose, M., Stelzer, F., & Schäpke, N. (2018). Towards a cyclical concept of real-world laboratories. *DisP – The Planning Review, 54*(2), 94–114. https://doi.org/10.1080/02513625.2018.1487651

WBGU – Wissenschaftlicher Beirat für Globale Umweltveränderungen. (2016). *Der Umzug der Menschheit: Die transformative Kraft der Städte.* WBGU.

Weber, M., Degreif, S., & Schreiber, J. (2022). *Reallabore: eine praxis-orientierte Näherung in wenigen Worten am Beispiel des Forschungsprojektes „Zukunft im ländlichen Raum gemeinsam gestalten (ZUGG)".* https://wir-machen-prignitz.de/wp-content/uploads/sites/2/2022/07/Kurzpapier_Reallabor_ZUGG.pdf. Zugegriffen am 18.04.2026.

Anja Steglich ist Landschaftsgestalterin, Transformationsforscherin und Co-Gründerin der Roof-Water-Farm. Für die TU Berlin leitet Sie die Entwicklung der Reallaborplattform StadtManufaktur und ist Umweltbeauftragte für Klimaresilienz und Wassermanagement.

Julia Backhaus koordiniert den Living Labs Incubator der RWTH Aachen University. Sie untersucht und unterstützt transdisziplinäre, transformative Forschung.

Daniela Karow-Kluge ist Postdoc an der RWTH Aachen University. Sie beforscht kokreative Transformationsprozesse urbaner Räume sowie Umbaupraktiken von Stadt und Landschaft.

Jonathan Schreiber arbeitet als Wissenschaftler im Bereich Ressourcen & Mobilität am Öko-Institut. Er forscht transdisziplinär zur Mobilität im urbanen und ländlichen Raum.

Grit Bürgow ist Stadt- und Landschaftsgestalterin mit Hintergrund in Lebensmittel- und Biotechnologie, Co-Gründerin Roof Water-Farm und Reallabor Mobile Blau-Grüne Infrastruktur.

Oliver Parodi leitet am KIT das Karlsruher Transformationszentrum für Nachhaltigkeit und Kulturwandel. Er ist Nachhaltigkeitsforscher und Reallaborant der ersten Stunde.

Citizen Science: gemeinsam Wissen schaffen

Silke Voigt-Heucke, Vanessa van den Bogaert, Till Bruckermann, Christin Liedtke, Norbert Steinhaus und Marius Oesterheld

1 Was ist Citizen Science?

Citizen Science ist ein kollaborativer Forschungsansatz, bei dem Bürger:innen[1] (häufig als Citizen Scientists bezeichnet) aktiv in verschiedene Phasen wissenschaftlicher Prozesse eingebunden werden (Irwin, 1995; Bonney, 1996; Haklay et al., 2021). Zwei Merkmale

[1] Im Sinn von Personen, die nicht hauptberuflich in der Forschung tätig sind, und nicht in Bezug auf eine Staatsbürgerschaft.

S. Voigt-Heucke (✉)
Leibniz-Institut für Zoo- und Wildtierforschung (IZW) im Forschungsverbund Berlin e.V., Berlin, Deutschland

Museum für Naturkunde – Leibniz-Institut für Evolutions- und Biodiversitätsforschung, Berlin, Deutschland
E-Mail: voigt-heucke@izw-berlin.de

V. van den Bogaert
Leibniz Universität Hannover/Ruhr Universität Bochum, Hannover, Deutschland

T. Bruckermann
Leibniz Universität Hannover, Institut für Erziehungswissenschaft, Hannover, Deutschland

C. Liedtke
Helmholtz-Gemeinschaft, Geschäftsstelle Berlin, Berlin, Deutschland

N. Steinhaus
Wissenschaftsladen Bonn e.V., Bonn, Deutschland

M. Oesterheld
Museum für Naturkunde – Leibniz-Institut für Evolutions- und Biodiversitätsforschung, Berlin, Deutschland
E-Mail: marius.oesterheld@mfn.berlin

S. Voigt-Heucke et al., *Praxishandbuch Partizipation in der Wissenschaft*,
https://doi.org/10.1007/978-3-658-51093-0_10

teilen alle Citizen-Science-Projekte: Sie zielen auf die Produktion neuer wissenschaftlicher Erkenntnisse ab und beziehen Bürger:innen aktiv ein. Ein weiteres entscheidendes Merkmal von Citizen-Science-Initiativen ist, dass sie grundsätzlich allen Interessierten offenstehen – unabhängig von Bildungsabschlüssen oder beruflichem Hintergrund (siehe Beitrag „Die Vielfalt der Partizipation in der Forschung: Begriffe, Methoden und Perspektiven").

Die Beteiligung kann unterschiedliche Formen annehmen, wie später noch im Detail ausgeführt wird: das Sammeln und Aufbereiten von Daten, die Entwicklung eigener Fragestellungen, die Mitwirkung an der Auswahl von Forschungsmethoden, die Analyse und Interpretation von Daten oder die Verbreitung der Ergebnisse.

Citizen Science wird in zahlreichen Disziplinen praktiziert, von den Umweltwissenschaften und der Astronomie über die Medizin bis hin zu den Sozial- und Kulturwissenschaften. Sie öffnet die Wissenschaft gegenüber der Gesellschaft und schafft neue Brücken zwischen Forschung und Alltag. Durch die Einbeziehung der Erkenntnisinteressen, Erfahrungen, Fähigkeiten und des Wissens von Bürger:innen können innovative Forschungsfragen, Methoden und Lösungsansätze entstehen. Wie Strasser und Kolleg:innen hervorheben, knüpft Citizen Science dabei an eine lange Tradition bürgerschaftlicher Forschung an, die heute unter einem gemeinsamen Begriff vielfältige Formen der Beteiligung bündelt (Strasser et al., 2019). Frühe Beispiele sind der jährliche „Christmas Bird Count", eine seit 1900 von der US-amerikanischen National Audubon Society organisierte Vogelzählaktion, oder die Krefeld-Studie in Deutschland. Letztere beruht auf der jahrzehntelangen Mitarbeit Freiwilliger, die von 1989 bis 2016 Insektenbestände erfassten und damit auf den dramatischen Rückgang vieler Arten hinwiesen.

Best Practice: Plastik Piraten – Gewässer erforschen, Umwelt schützen

Das bundesweite Jugendprojekt „Plastik Piraten" untersucht Plastikmüll in und an deutschen Flüssen. Teilnehmende Jugendliche erheben nach standardisiertem Protokoll Daten (z. B. zur Anzahl von Plastikpartikeln oder zur Verteilung verschiedener Mülltypen), die in eine nationale Datenbank einfließen. Das Projekt verbindet praxisorientierte Umweltbildung mit belastbaren wissenschaftlichen Ergebnissen und trägt zur Forschung wie auch zur Sensibilisierung der Öffentlichkeit bei. Seit 2020 wird es auch auf andere europäische Länder ausgeweitet. ◄

Auch lokale Geschichts- und Kulturvereine sowie naturwissenschaftliche Fachgesellschaften verfügen über langjährige Erfahrung in der Zusammenarbeit zwischen professionellen Forschenden und interessierten Laien. Der Begriff ‚Citizen Science' wurde jedoch erst Ende des 20. Jahrhunderts geprägt. In den 1990er-Jahren führten der britische Soziologe Alan Irwin (1995) und der US-amerikanische Biologe Rick Bonney (1996) den Ausdruck unabhängig voneinander ein, wobei sie unterschiedliche Aspekte in den Vordergrund stellten. Irwin verstand Citizen Science als Instrument der Demokratisierung, indem Bürger:innen in Forschung sowie wissenschafts- und umweltpolitische Entscheidungen einbezogen werden. Bonney betonte dagegen den praktischen Nutzen, insbesondere die

Sammlung großer Datenmengen durch Freiwillige im Rahmen des Biodiversitäts-Monitorings. Der Wissenschaftstheoretiker Peter Finke, der 2014 die erste deutschsprachige Monografie zu Citizen Science veröffentlichte, kritisierte ein rein instrumentelles Verständnis („Citizen Science light"). Für ihn ist Citizen Science nur dann „echt", wenn Bürger:innen eigenständig forschen und nicht nur Daten für die institutionelle Forschung bereitstellen. Beide Traditionen – die demokratische Öffnung von Wissenschaft einerseits und der praktische Nutzen freiwilliger Datensammlung andererseits – prägen Citizen Science bis heute, wobei je nach Projekt, Disziplin und Zielsetzung mal die eine, mal die andere stärker im Vordergrund steht.

Auf internationaler Ebene entstanden in den vergangenen zwei Jahrzehnten zahlreiche Organisationen, die Citizen Science fördern und vernetzen (Hecker et al., 2018). In Europa koordiniert die European Citizen Science Association (ECSA) über die Plattform citizenscience.eu Aktivitäten und Ressourcen. In Deutschland bildet „mit:forschen! – Gemeinsam Wissen schaffen", in Österreich „Österreich forscht" und in der Schweiz „Schweiz forscht" die zentrale Anlaufstelle.

Citizen-Science-Anlaufstellen in Europa

Europa: ECSA – Europäisches Netzwerk für Citizen Science (www.ecsa.ngo) & Citizenscience.eu – Plattform für Projekte und Ressourcen (www.citizenscience.eu)
Deutschland: mit:forschen! – Citizen-Science-Plattform und Netzwerk (www.mit-forschen.org)
Österreich: Österreich forscht – Projektdatenbank und Vernetzung (www.citizen-science.at)
Schweiz: Schweiz forscht – Plattform für Citizen-Science-Projekte (www.schweiz-forscht.ch) ◀

2 Citizen Science in Deutschland

Aufbauend auf einer langen Tradition bürgerschaftlicher Forschung, wie sie in Lai:innen-Fachgesellschaften schon im 19. Jahrhundert praktiziert worden war, fand Citizen Science bereits vor 37 Jahren mit der Krefeld-Studie erste Anwendung in der deutschen Forschungslandschaft. Der institutionelle Aufschwung begann jedoch mit dem durch das Bundesministerium für Bildung und Forschung (BMBF) geförderten GEWISS-Bausteinprogramm (GEWISS: BürGEr schaffen WISSen – WISSen schafft Bürger), das 2014 startete und einen bundesweiten Dialog zur Förderung von Citizen Science anstieß. Aus diesem Dialog entstand mit dem Grünbuch „Citizen Science Strategie 2020" das erste Strategiepapier der wachsenden Citizen-Science-Community (Bonn et al., 2016). Ziel war es, neue Formen von Citizen Science zu entwickeln und die Zusammenarbeit von Forschenden zu fördern. Im selben Jahr entstand die Plattform „mit:forschen! – Gemeinsam Wissen schaffen" (ehemals Bürger schaffen Wissen), die sich seither als zentrale Akteurin in der deutschen Citizen-Science-Landschaft etabliert hat (siehe den Beitrag „Plattformarbeit als Schlüssel zur

Community: Die Rolle von mit:forschen! für Citizen Science in Deutschland“). Sie bietet nicht nur eine umfangreiche Projektdatenbank, sondern auch Schulungen und Ressourcen, organisiert eine jährliche Fachtagung und fördert gezielt die Vernetzung innerhalb der Community.

In den Folgejahren wurde der Ruf nach einer strukturellen Weiterentwicklung lauter. Zwei gezielte Förderrichtlinien des BMBF in den Jahren 2017 und 2019 gaben wichtige Impulse für das Wachstum und die Professionalisierung des Felds. Auch einzelne Hochschulen übernahmen zunehmend eine Vorreiterrolle: Die Universität Münster veranstaltet seit 2019 einen internen Citizen-Science-Wettbewerb und hat eine eigene Transferstelle eingerichtet. An der Friedrich-Schiller-Universität Jena wurde 2020 die erste Professur für Citizen Science in Deutschland geschaffen und die Heinrich-Heine-Universität Düsseldorf unterstützt einschlägige Projekte mit einem spezifischen Förderfonds. Darüber hinaus treibt auch die außeruniversitäre Forschungsorganisation Helmholtz-Gemeinschaft den Bereich aktiv voran und initiierte 2019 ein dreijähriges Förderprogramm für Citizen-Science-Projekte.

Zwischen 2020 und 2022 arbeiteten themenspezifische Arbeitsgruppen am Weißbuch Citizen-Science-Strategie 2030 (Bonn et al., 2022). Die Beteiligten identifizierten zusätzliche Handlungsfelder wie beispielsweise die institutionelle Verankerung (siehe den Beitrag zur „Institutionalisierung partizipativer Forschung“) und fassten sie in 94 Handlungsempfehlungen zusammen. Diese Strategie dient seither als Richtschnur und Gesprächsgrundlage für weitere Initiativen und Aktivitäten. Unterschiedliche Arbeitsgruppen sind entstanden und setzen sich dafür ein, Citizen-Science-bezogene Forschungsthemen und strukturelle Anliegen gezielt zu platzieren. Ein klarer Trend ist dabei die stärkere Einbindung von Bürgerforschenden bereits in der frühen Phase der Projektentwicklung, insbesondere bei der Formulierung von Forschungsfragen. Diese ko-kreativen Ansätze bieten enormes Potenzial für eine nachhaltige und partizipative Wissenschaftspraxis.

Die wachsende politische Bedeutung von Citizen Science zeigt sich auch auf übergeordneter Ebene: Die Verankerung im Koalitionsvertrag der Bundesregierung (2021–2025) und die Veröffentlichung der Partizipationsstrategie Forschung durch das Bundesministerium für Bildung und Forschung (BMBF 2023) unterstreichen die zunehmende Relevanz partizipativer Forschungsansätze. Darüber hinaus hat sich die Allianz der Wissenschaftsorganisationen in einer Stellungnahme (2022) ausdrücklich zur Stärkung von Citizen Science bekannt und signalisiert ihre Bereitschaft, sich aktiv am Ausbau partizipativer Forschung zu beteiligen.

Die Projektdatenbank der deutschen Citizen-Science-Plattform mit:forschen! umfasst Projekte aller gängigen Beteiligungsgrade. Der Großteil der dort gelisteten Projekte hat einen naturwissenschaftlichen Hintergrund. In den letzten Jahren zunehmend stärker vertreten sind auch Initiativen aus den Sozial-, Kultur- und Geisteswissenschaften sowie der Medizin und Gesundheitsforschung. Auf Erstere entfallen derzeit etwa 20 %, auf Letztere rund zehn Prozent der Projekte (Stand 2025). Etwa zwei Drittel der auf mit:forschen! vertretenen Vorhaben wurden von Forschungseinrichtungen initiiert, ein kleinerer, aber wachsender Anteil (aktuell etwa 25 %) wird von zivilgesellschaftlichen Organisationen koordiniert. Andere Akteur:innen wie Behörden, Unternehmen oder Privatpersonen spielen bisher nur eine untergeordnete Rolle. Unter den Teilnehmenden sind Personen mit akademischem Abschluss im Vergleich zur Gesamtbevölkerung deutlich überrepräsentiert. Auf Ebene der Institutionen wie auch der Teilnehmenden wäre eine stärkere Diversifizierung wünschenswert, um ein breiteres Spektrum an Wissen, Perspektiven und Erkenntnisinteressen in die Forschung einzubringen. Mit der Plattform ist zudem ein deutschlandweites Netzwerk entstanden, das künftig weiter ausgebaut werden kann.

3 Beteiligungsgrade in Citizen Science

Citizen Science umfasst ein breites Spektrum an Beteiligungsformen (siehe Tab. 1): von Crowdsourcing, bei dem einzelne, klar umrissene Teilaufgaben an Freiwillige übertragen werden, über die Mitwirkung bei der Datenanalyse bis hin zu ko-kreativen Projekten, in denen hauptamtliche Wissenschaftler:innen und Citizen Scientists von Beginn an gleichberechtigt zusammenarbeiten und Forschungsfragen gemeinsam entwickeln. Auch Forschungsprojekte, an denen gar keine hauptamtlichen Wissenschaftler:innen beteiligt sind, können unter den Begriff ‚Citizen Science' fallen. Ein häufig genutztes Modell unterscheidet mehrere Stufen (Bonney et al., 2009; Shirk et al., 2012; Haklay, 2013) von rein beitragender Beteiligung über kollaborative Ansätze bis hin zu „Extreme Citizen Science" oder kollegialer Forschung ohne institutionelle Beteiligung. Schrögel und Kolleck (2019) ordnen diese unterschiedlichen Beteiligungsgrade in ihren „Participatory Science Cube" ein.

Auf dem niedrigsten Beteiligungsgrad übernehmen Citizen Scientists klar abgegrenzte Aufgaben, etwa im Bereich der Datensammlung, und folgen dabei einem von hauptamtlichen Wissenschaftler:innen vorgegebenen Protokoll. Solche Projekte sind oft niedrigschwellig und damit auch für Menschen geeignet, die wenig Vorkenntnisse mitbringen oder sich nur punktuell einbringen möchten.

Tab. 1 Auswahl gängiger Stufenmodelle zu Beteiligungsgraden in Citizen Science

Typische Beteiligungspraxis	Bonney et al., 2009	Shirk et al., 2012	Haklay, 2013
Freiwillige sammeln Daten oder übernehmen andere vorgegebene Aufgaben	*beitragend*	*beitragend*	*Crowdsourcing* *kollektive Intelligenz*
Beteiligung an Datenanalyse und -interpretation	*kollaborativ*	*kollaborativ*	*partizipative Forschung*
Gemeinsame Entwicklung von Fragen und Methoden	*ko-kreativ*	*ko-kreativ*	*Extreme Citizen Science*
Forschung ohne professionelle Wissenschaftler:innen	–	*kollegial*	–

In kollaborativen Projekten sind die Freiwilligen zusätzlich in weitere Aspekte des Forschungsprozesses eingebunden, etwa in die Entwicklung von Methoden, die Interpretation von Daten oder die Kommunikation der Ergebnisse. Die Wahl von Forschungsthema und -frage liegt hier jedoch in der Regel weiterhin bei der wissenschaftlichen Projektleitung. Im Vergleich zu Crowdsourcing bieten solche Projekte den Teilnehmenden tiefere Einblicke in wissenschaftliche Prozesse, erfordern jedoch auch einen höheren Zeit- und Arbeitsaufwand.

Von Ko-Kreation spricht man, wenn Citizen Scientists in alle Phasen und Aspekte eines Forschungsprojekts als gleichberechtigte Partner:innen eingebunden sind, sodass sie Themensetzung und Forschungsdesign aktiv beeinflussen und eigene Fragen und Anliegen in die Forschung einbringen können. Dies gilt auch für sogenannte kollegiale Projekte, in denen ganz ohne Beteiligung hauptamtlicher Wissenschaftler:innen geforscht wird.

Keiner dieser Beteiligungsgrade ist grundsätzlich den anderen überlegen. Entscheidend ist, dass die gewählte Beteiligungsform den Zielen des Projekts und den vorhandenen Ressourcen entspricht und dass die Aufgaben klar definiert sowie die Rollen aller Beteiligten transparent kommuniziert werden.

Damit ein Projekt als Citizen Science gelten kann, müssen zwei grundlegende Kriterien erfüllt sein: Erstens muss es darauf abzielen, neue wissenschaftliche Erkenntnisse zu gewinnen. Dieser Anspruch unterscheidet Citizen Science sowohl von herkömmlicher Wissenschaftskommunikation als auch von rein aktivistischen bzw. politischen Initiativen. Zweitens müssen Bürger:innen aktiv in den Forschungsprozess eingebunden sein. Dieses Kriterium ist nicht erfüllt, wenn sie lediglich als Forschungsgegenstand dienen, wie es in konventionellen medizinischen oder sozialwissenschaftlichen Studien der Fall ist. Beide Mindestanforderungen sind auch in den „Zehn Prinzipien der Citizen Science" festgehalten (ECSA, 2015). Diese wurden 2015 von einer Arbeitsgruppe der ECSA formuliert und haben sich seither als Best-Practice-Standard etabliert. Citizen Science bewegt sich somit in einem Spannungsfeld zwischen teils divergierenden Zielen und potenziellen Mehrwerten für Wissenschaft, Gesellschaft und Individuen. Genau diese Balance macht Citizen Science einzigartig und erfordert in der Praxis eine sorgfältige Abwägung zwischen wissenschaftlichem und individuellem Erkenntnisgewinn.

4 Citizen Science in Bildungsökosystemen

Bildungsökosysteme vereinen die Vielfalt formaler und informeller Lernmöglichkeiten, die sich in unterschiedlichen Kontexten entfalten und gemeinsam zur Bildung des Individuums beitragen (Barron, 2006). Dazu gehört das Lernen in Schulen und Universitäten ebenso wie außerschulische Aktivitäten und lebenslanges Lernen. Durch diese umfassende Betrachtung von Bildungskontexten können unterschiedliche Lernumgebungen und -initiativen miteinander verbunden werden, um Synergien zu schaffen. Citizen Science kann als Teil solcher Bildungsökosysteme verstanden werden, die zur Förderung einer diversifizierten Wissenskultur beitragen. Citizen-Science-Ansätze integrieren sowohl formale Institutionen wie Schulen und Universitäten als auch informelle Lernumgebungen wie Museen, Bibliotheken und digitale Plattformen. Zusätzlich können Familien, Gemeindemitglieder, Vereine, Behörden, Unternehmen und Entscheidungsträger:innen aus der Politik in Citizen-Science-Projekten eine wesentliche Rolle spielen. Citizen Science bietet innerhalb solcher Netzwerke einen bidirektionalen Wissenserwerb, indem individuelles Wissen in kollektive soziale Systeme externalisiert und kollektive Erkenntnisse durch Einzelpersonen internalisiert werden (Bruckermann, 2024).

Durch die Beteiligung von Schüler:innen an Citizen-Science-Projekten wird eine direkte Verbindung zwischen den Lernenden und den sozialen Strukturen der Wissenschaft etabliert (Lorke et al., 2024). Diese Interaktion bereichert sowohl die individuelle Wissenskonstruktion der Schüler:innen als auch kollektive wissenschaftliche Erkenntnisse. Die Schüler:innen bringen ihre Erfahrungen und ihr lokales Wissen in die Projekte ein und erweitern zugleich ihr Verständnis für wissenschaftliche Prozesse (Bruckermann, 2024). Eine im Hochschulkontext durchgeführte Studie zeigt zudem, dass Citizen-Science-Projekte Selbstwirksamkeit und Kompetenzerleben bei Studierenden fördern können (Tillotson-Chavez & Weber, 2024). Citizen Science bietet außerdem eine Kooperationsplattform für Bildungseinrichtungen, um eng mit Forschungsprojekten zusammenzuarbeiten.

Technologien spielen hierbei insofern eine bedeutende Rolle, als sie den Lernenden helfen können, Daten zu sammeln und zu analysieren, was wiederum die Integration digitaler Werkzeuge in den Bildungsprozess fördert. Durch ihre flexiblen Strukturen sind Citizen-Science-Ansätze anpassungsfähig an unterschiedliche Lernkontexte und -bedürfnisse. Projekte können je nach Interessenslage und Vorwissen der Schüler:innen modifiziert und in verschiedene Fächer integriert werden. Diese Anpassungsfähigkeit ermöglicht es, sowohl lokale als auch globale Themen in den Unterricht einzubinden und dadurch vielfältige Bildungskontexte zu bedienen.

Der partizipative Fokus von Citizen-Science-Ansätzen bezieht Schüler:innen, Lehrer:innen und andere Bildungsakteur:innen aktiv mit ein. Die Integration der Perspektiven und Bedürfnisse aller Beteiligten ermöglicht einen inklusiven, schülerzentrierten Lernprozess, der das Engagement und die Motivation der Lernenden fördern kann (Müller et al., 2025). Citizen-Science-Ansätze bieten somit vielfältige Möglichkeiten, Bildungsökosysteme zu ergänzen und zu bereichern. Die innovative Verbindung von Praxis und Theorie, die Förderung wichtiger Kompetenzen sowie die flexible Anpassbarkeit machen sie zu einem wertvollen Ansatz im Bildungsbereich. Allerdings bestehen auch Hürden, wie etwa zusätzlicher Zeitbedarf, die Frage nach der Integration in den Lehrplan sowie Fortbildungsbedarf aufseiten der Lehrenden, um ein solches Projekt planen und umsetzen zu können (siehe Beitrag „Praxisnah lehren, transdisziplinär lernen: Partizipative Wissenschaftskommunikation im Lehrmodul Engineering for Impact“). Wie auch Solé und Kolleg:innen (2024) hervorheben, besteht eine Herausforderung in der Balance zwischen wissenschaftlichen und curricularen Zielen. Erfolgreiche Projekte investieren daher in Lehrkräftefortbildung, die Bereitstellung didaktischer Materialien und eine gute Zusammenarbeit zwischen Wissenschaft und Schule (Müller et al., 2025).

Best Practice: Sparkling Science – Österreichs Innovationsmotor

„Sparkling Science" ist ein österreichisches Förderprogramm, das seit 2007 Wissenschaftler:innen und Schüler:innen in gemeinsamen Forschungsprojekten zusammenbringt. Die Projekte decken ein breites Themenspektrum von den Natur- bis zu den Geisteswissenschaften ab und fördern zugleich wissenschaftliche Kompetenzen, Innovationsfähigkeit sowie den Dialog zwischen Forschung und Gesellschaft. ◄

5 Mehrwerte und Wirksamkeit von Citizen Science

Für die Forschung zeigt sich der Wert von Citizen Science in zahlreichen exzellenten Publikationen, die erst durch die Mitarbeit engagierter Bürger:innen möglich wurden. Der seit 2023 vergebene Wissenschaftspreis „Wissen der Vielen", mit dem mit:forschen! herausragende Forschungsarbeiten auszeichnet, verdeutlicht diesen Trend. Eine interdisziplinäre Jury aus Professor:innen wählt dafür Publikationen aus, die den Mehrwert von Citizen Science in der Forschung in besonderer Weise unterstreichen.

Citizen Science ermöglicht durch die Einbindung von Freiwilligen eine höhere zeitliche und räumliche Auflösung von Monitoring-Daten, als dies mit herkömmlichen Erhebungsmethoden möglich wäre. So lassen sich Datenlücken schließen, die aufgrund begrenzter Ressourcen in Verwaltung und Wissenschaft bestehen (Theobald et al., 2015). Die im Rahmen von Citizen-Science-Projekten erhobenen Daten können Behörden dabei unterstützen, politische Maßnahmen zu entwickeln, umzusetzen und zu überwachen. Sie können etwa helfen, Berichtspflichten zu europarechtlich geschützten Arten zu erfüllen, und fließen teilweise in Artenschutzprojekte, Umweltgutachten und Rote Listen ein (siehe den Beitrag „Citizen Science: Beispiele aus der Biodiversitätsforschung").

Darüber hinaus kann die aktive Mitarbeit in Forschungsprojekten dazu beitragen, das Wissenschaftsverständnis der Teilnehmenden zu stärken und Vertrauen in wissenschaftliche Methoden und Institutionen zu fördern (Brandt et al., 2022; Finger et al., 2023; Momme et al., 2025). Durch die Beteiligung unterschiedlichster gesellschaftlicher Gruppen kann Citizen Science zudem ermöglichen, dass vielfältige Perspektiven in die Forschung einfließen. Dies kann dazu führen, dass Innovationen praxisnäher und besser anwendbar werden, die Transparenz von Forschungsvorhaben zunimmt und die Akzeptanz der darauf basierenden Entscheidungen gestärkt wird. Verbesserungen lassen sich so gezielter auf Basis der realen Erfahrungen der Beteiligten vornehmen. Gleichzeitig bietet Citizen Science das Potenzial, Teilnehmende für drängende ökologische Herausforderungen zu sensibilisieren und insbesondere Jugendlichen praxisnahe Kenntnisse zu vermitteln (z. B. Kruse et al., 2020; Roche et al., 2020).

Die Wirksamkeit von Citizen-Science-Projekten hängt maßgeblich davon ab, wie sie konzipiert, organisiert und auf die Bedürfnisse aller Beteiligten abgestimmt werden (siehe

Beitrag „Wirkungen partizipativer Forschungsformate – Gemeinsamkeiten und Unterschiede von transdisziplinärer Forschung und Citizen Science“). Wichtig ist in diesem Zusammenhang ein kontinuierlicher Abgleich zwischen Forschungsfrage, Projektziel, Beteiligungsformat und vorhandenen Ressourcen. Für den langfristigen Erfolg ist es entscheidend, ausreichend Freiwillige zu gewinnen und über längere Zeit zu binden, wofür Anerkennung und Wertschätzung, Trainingsangebote, eine transparente und regelmäßige Kommunikation sowie ein erkennbarer Nutzen für die Teilnehmenden ganz wesentliche Rollen spielen. Grundsätzlich sollten Citizen-Science-Projekte immer einen Mehrwert für alle beteiligten Akteursgruppen bieten (siehe Beitrag „Ein partizipatives Forschungsprojekt durchführen: Anerkennung für Mitforschende in Citizen Science“). Werden diese Faktoren berücksichtigt, können Citizen-Science-Projekte ihre gesellschaftlichen und wissenschaftlichen Potenziale besonders wirksam entfalten.

6 Fazit

Citizen Science hat das Potenzial, Menschen nachhaltig zu begeistern, ihren Wunsch nach stärkerer gesellschaftlicher Teilhabe zu erfüllen und ihr Vertrauen in die Wissenschaft zu stärken. Sie kann Innovationen hervorbringen, soziale Prozesse in Gang setzen und zu einer zukunftsfähigen, partizipativen Forschungskultur beitragen. Künftige Entwicklungen im Bereich Citizen Science werden voraussichtlich stark von digitalen Technologien und der zunehmenden Verfügbarkeit offener Daten beeinflusst sein. Wichtige Trends sind zudem die stärkere Einbindung bislang unterrepräsentierter Gruppen und die Entwicklung inklusiver Formate, die eine breitere gesellschaftliche Teilhabe ermöglichen. Wenn es gelingt, Diversität zu fördern (siehe Beitrag „Inklusion und Diversität in partizipativer Forschung“), Wirkung systematisch zu messen (siehe Beitrag „Ein partizipatives Forschungsprojekt durchführen: Systematische wirkungsorientierte Projektbegleitung und formative Evaluation“) und tragfähige Strukturen aufzubauen (siehe Beitrag „Institutionalisierung partizipativer Forschung“), könnte sich Citizen Science nachhaltig als fester Bestandteil einer partizipativen Forschungskultur etablieren.

Literatur

Allianz der Wissenschaftsorganisationen. (2022, November 9). *Allianz der Wissenschaftsorganisationen zur Partizipation in der Forschung [Stellungnahme]*. https://www.allianz-der-wissenschaftsorganisationen.de/themen-stellungnahmen/partizipation-in-der-forschung/. Zugegriffen am 03.05.2025.

Barron, B. (2006). Interest and self-sustained learning as catalysts of development: A learning ecology perspective. *Human Development, 49*(4), 193–224. https://doi.org/10.1159/000094368

Bonn, A., Richter, A., Vohland, K., Pettibone, L., Brandt, M., Feldmann, R., Goebel, C., Grefe, C., Hecker, S., Hennen, L., Hofer, H., Kiefer, S., Klotz, S., Kluttig, T., Krause, J., Küsel, K., Liedtke, C., Mahla, A., Neumeier, V., et al. (2016). *Grünbuch Citizen Science Strategie 2020 für Deutsch-*

land. Helmholtz-Zentrum für Umweltforschung (UFZ); Deutsches Zentrum für integrative Biodiversitätsforschung (iDiv) Halle-Jena-Leipzig; Museum für Naturkunde Berlin; Berlin-Brandenburgisches Institut für Biodiversitätsforschung (BBIB). https://www.mitforschen.org/sites/default/files/assets/dokumente/gewiss-gruenbuch_citizen_science_strategie.pdf. Zugegriffen am 03.05.2026.

Bonn, A., Brink, W., Hecker, S., Herrmann, T. M., Liedtke, C., Premke-Kraus, M., Voigt-Heucke, S., von Gönner, J., Altmann, C. S., Bauhus, W., Bengtsson, L., Büermann, A., Brandt, M., Bruckermann, T., Dietrich, P., Dörler, D., Eich-Brod, R., Eichinger, M., Ferschinger, L., et al. (2022). *Weißbuch Citizen-Science-Strategie 2030 für Deutschland.* https://doi.org/10.31235/osf.io/ew4uk_v1

Bonney, R. (1996). Citizen science: A lab tradition. *Living Bird, 15*(4), 7–15.

Bonney, R., Ballard, H., Jordan, R., McCallie, E., Phillips, T., Shirk, J., & Wilderman, C. C. (2009). *Public participation in scientific research: Defining the field and assessing its potential for informal science education.* CAISE Inquiry Group Report. Center for Advancement of Informal Science Education.

Brandt, M., Groom, Q., Magro, A., Misevic, D., Narraway, C. L., Bruckermann, T., Beniermann, A., Børsen, T., González, J., Meeus, S., Roy, H. E., Sá-Pinto, X., Torres, J. R., & Jenkins, T. (2022). Promoting scientific literacy in evolution through citizen science. *Proceedings of the Royal Society B: Biological Sciences, 289*(1980), Artikel 20221077. https://doi.org/10.1098/rspb.2022.1077

Bruckermann, T. (2024). Forschungspartizipation und Bürgerwissenschaften: Lernen durch kollaborative Wissenskonstruktion. In G. Reinmann & R. Rhein (Hrsg.), *Wissenschaftskommunikation* (S. 279–300). (Wissenschaftsdidaktik; Nr. IV). transcript. https://doi.org/10.14361/9783839462973

Bundesministerium für Bildung und Forschung. (2023, Juni 27). *Partizipationsstrategie Forschung [Strategiebericht].* https://www.bmbf.de/SharedDocs/Downloads/DE/2023/partizipationsstrategie.pdf. Zugegriffen am 03.05.2026.

ECSA (European Citizen Science Association). (2015). *Ten Principles of Citizen Science.* Zenodo. https://doi.org/10.17605/OSF.IO/XPR2N

Finger, L., van den Bogaert, V., Schmidt, L., Fleischer, J., Stadtler, M., Sommer, K., & Wirth, J. (2023). The science of citizen science: A systematic literature review on educational and scientific outcomes. *Frontiers in Education, 8*, Artikel 1226529. https://doi.org/10.3389/feduc.2023.1226529

Finke, P. (2014). *Citizen Science: das unterschätzte Wissen der Laien.* Oekom-Verlag.

Haklay, M. (2013). Citizen science and volunteered geographic information: Overview and typology of participation. In D. Sui, S. Elwood, & M. F. Goodchild (Hrsg.), *Crowdsourcing geographic knowledge* (S. 105–122). Springer. https://doi.org/10.1007/978-94-007-4587-2_7

Haklay, M., Dörler, D., Heigl, F., Manzoni, M., Hecker, S., & Vohland, K. (2021). What is citizen science? The challenges of definition. In K. Vohland, A. Land-Zandstra, L. Ceccaroni, R. Lemmens, J. Perelló, M. Ponti, R. Samson, & K. Wagenknecht (Hrsg.), *The science of citizen science* (S. 13–33). Springer. https://doi.org/10.1007/978-3-030-58278-4_2

Hecker, S., Haklay, M., Bowser, A., Makuch, Z., Vogel, J., & Bonn, A. (Hrsg.). (2018). *Citizen science: Innovation in open science, Society and Policy.* UCL Press. http://www.jstor.org/stable/10.2307/j.ctv550cf2. Zugegriffen am 03.05.2026.

Irwin, A. (1995). *Citizen Science: A Study of People, Expertise and Sustainable Development* (1. Aufl.). Routledge.

Kruse, K., Kiessling, T., Knickmeier, K., Thiel, M., & Parchmann, I. (2020). Chapter 11. Can participation in a citizen science project empower schoolchildren to believe in their ability to act on environmental problems? In I. Parchmann, S. Simon, & J. Apotheker (Hrsg.), *Advances in chemistry education series* (S. 225–240). Royal Society of Chemistry. https://doi.org/10.1039/9781788016087-00225

Lorke, J., Bruckermann, T., Helbing, I., Tchekov, E., & Scheuch, M. (2024). Citizen Science: (Mit-)Forschen in Lehrkräftebildung & Schulpraxis. In M. Kubsch, S. Sorge, J. Arnold, & N. Graulich (Hrsg.), *Lehrkräftebildung von Morgen* (S. 267–276). Waxmann.

Momme, J. M., Hendriks, F., & Enzingmüller, C. (2025). From participation to trust? Understanding trust dynamics in participatory science communication. *Science Communication, 0*(0). https://doi.org/10.1177/10755470251333399

Müller, M., van den Bogaert, V., Foss-Jähn, M., Klein, P., Lorke, J., & Bruckermann, T. (2025). What factors affect the implementation of citizen science in secondary school science classrooms? A scoping review. *International Journal of Science Education, Part B, 15*(3), 433–452. https://doi.org/10.1080/21548455.2025.2462797

Roche, J., Bell, L., Galvão, C., Golumbic, Y. N., Kloetzer, L., Knoben, N., Laakso, M., Lorke, J., Mannion, G., Massetti, L., Mauchline, A., Pata, K., Ruck, A., Taraba, P., & Winter, S. (2020). Citizen science, education, and learning: Challenges and opportunities. *Frontiers in Sociology, 5*, Artikel 613814. https://doi.org/10.3389/fsoc.2020.613814

Schrögel, P., & Kolleck, A. (2019). The many faces of participation in science: Literature review and proposal for a three-dimensional framework. *Science & Technology Studies, 32*(2), 77–99. https://doi.org/10.23987/sts.59519

Shirk, J. L., Ballard, H. L., Wilderman, C. C., Phillips, T., Wiggins, A., Jordan, R., McCallie, E., Minarchek, M., Lewenstein, B. V., Krasny, M. E., & Bonney, R. (2012). Public participation in scientific research: A framework for deliberate design. *Ecology and Society, 17*(2), 29. https://doi.org/10.5751/ES-04705-170229

Solé, C., Couso, D., & Hernández, M. I. (2024). Citizen science in schools: a systematic literature review. *International Journal of Science Education, Part B, 14*(3), 383–399. https://doi.org/10.1080/21548455.2023.2280009

Strasser, B. J., Baudry, J., Mahr, D., Sanchez, G., & Tancoigne, E. (2019). "Citizen Science"? Rethinking science and public participation. *Science & Technology Studies, 32*(2), 52–76. https://doi.org/10.23987/sts.60425

Theobald, E. J., Ettinger, A. K., Burgess, H. K., DeBey, L. B., Schmidt, N. R., Froehlich, H. E., Wagner, C., HilleRisLambers, J., Tewksbury, J., Harsch, M. A., & Parrish, J. K. (2015). Global change and local solutions: Tapping the unrealized potential of citizen science for biodiversity research. *Biological Conservation, 181*, 236–244. https://doi.org/10.1016/j.biocon.2014.10.021

Tillotson-Chavez, K., & Weber, J. (2024). A new generation of citizen scientists: Self-efficacy and skill growth in a voluntary project applied in the college classroom setting. *Citizen Science: Theory and Practice, 9*(1), 7. https://doi.org/10.5334/cstp.641

Silke Voigt-Heucke baut am Leibniz-IZW ein Akteursnetzwerk zum Wildtiermanagement auf, koordiniert das Projekt „Wildtiernah Berlin" und forscht zu Citizen Science.

Vanessa van den Bogaert ist wissenschaftliche Mitarbeiterin im Arbeitsbereich Lehr-Lern-Forschung in innovativen, außerschulischen Lern- und Entwicklungsräumen.

Till Bruckermann ist Universitätsprofessor an der Leibniz Universität Hannover. Er forscht zum Lernen in Citizen Science und zur Entwicklung eines Wissenschaftsverständnisses.

Christin Liedtke verantwortet als Kommunikationswissenschaftlerin in der Wissenschaft diverse Formate und ist Communitymanagerin Citizen Science in der Helmholtz-Gemeinschaft.

Norbert Steinhaus ist Projektentwickler und Projektkoordinator beim Wissenschaftsladen Bonn mit den Schwerpunkten Co-Creation, Partizipation und Multi-Actor Engagement.

Marius Oesterheld leitet das Citizen-Science-Team am Museum für Naturkunde Berlin. Er forscht unter anderem zur Schnittstelle zwischen partizipativer Forschung und Politik.

Citizen Science: Beispiele aus der Biodiversitätsforschung

Sophie P. Ewert, Julia Flister, Sarah Kiefer, Sophia Kimmig, Elisabeth Kühn, Silke Oldorff, Silke Voigt-Heucke, Julia von Gönner und Frederic Griesbaum

1 Einleitung

Die Vielfalt der Natur fasziniert Menschen seit jeher. Pflanzen und Tiere wurden in Erzählungen, Gedichten und Sammlungen nicht nur beschrieben, sondern häufig auch als Sinnbilder für Neugier und Entdeckungsgeist interpretiert (Allen, 1976). Besonders im 19. Jahrhundert erlebte dieses Interesse einen Aufschwung: Viele Menschen, die sich in-

S. P. Ewert · J. Flister · F. Griesbaum (✉)
Museum für Naturkunde – Leibniz-Institut für Evolutions- und Biodiversitätsforschung, Berlin, Deutschland
E-Mail: Frederic.Griesbaum@mfn.berlin

S. Kiefer · S. Kimmig
Leibniz-Institut für Gewässerökologie und Binnenfischerei (IGB), Berlin, Deutschland

E. Kühn
Helmholtz-Zentrum für Umweltforschung (UFZ), Leipzig, Deutschland

S. Oldorff
NABU Deutschland e.V., Stechlin, Deutschland

S. Voigt-Heucke
Museum für Naturkunde – Leibniz-Institut für Evolutions- und Biodiversitätsforschung, Berlin, Deutschland

Leibniz-Institut für Zoo- und Wildtierforschung (IZW) im Forschungsverbund Berlin e.V., Berlin, Deutschland
E-Mail: voigt-heucke@izw-berlin.de

J. von Gönner
Helmholtz-Zentrum für Umweltforschung (UFZ), Deutsches Zentrum für Integrative Biodiversitätsforschung (iDiv) Halle-Jena-Leipzig/Nationales Monitoringzentrum zur Biodiversität, Leipzig, Deutschland

S. Voigt-Heucke et al., *Praxishandbuch Partizipation in der Wissenschaft*,
https://doi.org/10.1007/978-3-658-51093-0_11

tensiv mit der Natur beschäftigten, verstanden sich als „Naturforscher:innen". Einige von ihnen professionalisierten sich über Universitäten und Museen, andere engagierten sich ehrenamtlich in Gruppen, teilten ihre Beobachtungen und gaben ihr Wissen weiter (Greenwood, 2007). Dieses Zusammenspiel aus professioneller und freiwilliger Forschung legte den Grundstein für die bis heute andauernde Tradition der Naturbeobachtung. Es trug zur Entwicklung von Methoden und Sammlungen bei, die die heutige Biodiversitätsforschung prägen, und vollzog somit einen wichtigen Schritt in der Erforschung der Biodiversität.

Mit dem Aufkommen moderner Hilfsmittel wie Ferngläsern, Kameras und standardisierten Zählmethoden erfuhr die Naturforschung gegen Ende des 19. Jahrhunderts einen Wandel (Allen, 1976; Strasser et al., 2019). Ihre Entwicklung wurde maßgeblich von drei institutionellen Strukturen geprägt: ehrenamtlichen Vereinigungen, naturhistorischen Museen und Universitäten. Besonders im Biodiversitätsmonitoring setzten engagierte Naturbeobachter:innen wichtige Standards. Heute knüpft Citizen Science (CS) an diese Tradition an und gewinnt in der Biodiversitätsforschung zunehmend an Bedeutung. Sie bietet Freiwilligen die Möglichkeit, aktiv zum Schutz der Natur beizutragen, Wissen aufzubauen und Teil einer Gemeinschaft zu sein (Peter et al., 2021; Kühn et al., 2022). Zugleich profitiert die Wissenschaft von Daten, die dank vieler helfender Hände über große Zeiträume und Flächen hinweg gesammelt werden können. Neue Technologien, wie etwa Apps und Online-Plattformen, erleichtern die Teilnahme und sichern die Qualität der erhobenen Daten (Sheard et al., 2024).

CS schlägt damit eine Brücke zwischen Forschung und gesellschaftlichem Engagement (Silvertown, 2009). Die gesammelten Daten fließen nicht nur in wissenschaftliche Publikationen ein, sondern auch in staatliche Berichte, etwa zur Entwicklung von Biodiversitätsindikatoren (McKinley et al., 2017). Erfolgreiche Langzeitprojekte wie das „Monitoring seltener Brutvögel" (MsB) zeigen, welchen Wert ehrenamtliches Engagement für den Artenschutz hat und wie viel Vertrauen in die Datenqualität es verdient (www.dda-web.de/monitoring/msb/programm, Stand Oktober 2025). Neben der Datenerhebung fördert CS auch Umweltbildung und das öffentliche Bewusstsein für Biodiversitätsthemen. Die Bandbreite der Projekte – von reiner Datensammlung bis hin zu dialogischen Formaten – ermöglicht die Einbindung unterschiedlichster Menschen und die Möglichkeit, individuelle Beiträge zu leisten. CS verbindet somit auf vielfältige Weise wissenschaftliche Forschung mit nachhaltigem gesellschaftlichem Handeln.

2 Einblicke in Projektbeispiele

Um die inhaltliche, aber auch prozessbezogene Vielfalt von CS-Projekten im Bereich Biodiversität zu veranschaulichen, stellen wir exemplarisch einige Projekte vor. Nach den inhaltlichen Angaben beschreiben wir die Projekte anhand ihrer Merkmale und deren Zuordnung in die drei Dimensionen Wissenschaft, Teilnehmende und Wirkung (basierend auf Kieslinger et al., 2018). Der Beteiligungsgrad der Teilnehmenden ist angelehnt an die Partizipationsmodelle von Shirk et al. (2012) und Haklay (2013) und wird von uns in drei Kategorien eingeteilt: „Beitragen“ (contributory), „Mitarbeiten“ (collaborative) und „Mitgestalten“ (co-created). Sie beschreiben den möglichen oder geforderten Partizipationsgrad, der von Datensammlung über Datenauswertung oder Mitarbeit am Projektdesign bis hin zur Co-Entwicklung der Projekte und Beteiligung an den Forschungsprozessen reicht.

Die Einblicke in die Projekte zielen darauf ab, die Bandbreite der CS-Projekte sowie die Vielfalt der Merkmale und Dimensionen aufzuzeigen, die im Planungs- und Forschungsprozess berücksichtigt und stets evaluiert werden sollten. Hiermit möchten wir Impulse für zukünftige Initiativen setzen und die Relevanz von Bürger:innenbeteiligung in der Biodiversitätsforschung sowohl aus wissenschaftlicher als auch aus gesellschaftlicher Perspektive hervorheben.

2.1 iNaturalist

Übersicht

iNaturalist ist eine globale Plattform und gleichermaßen ein soziales Netzwerk zum Melden von Naturbeobachtungen mit community-basierter Datenverifizierung.

Website: www.inaturalist.org
Institutionen: California Academy of Sciences, National Geographic Society
Projektbeginn und Laufzeit: seit 2008
Untersuchungsgebiet: global
Zielgruppe: allgemeine Öffentlichkeit
Teilnehmendenzahl: 5 Mio. angemeldete Benutzer:innen (Stand 2022)

iNaturalist hat sich als eine der größten globalen Online-Meldeplattformen etabliert. Mit über 250 Mio. Beobachtungen (www.inaturalist.org, Stand Juli 2025) bietet das Open-Access-Portal eine riesige Datenbank, die Forschende für vielfältige Fragestellungen nutzen (z. B. Gazdic & Groom, 2019; Fritz & Ihlow, 2022; Forti & Szabo, 2023). Nutzer:innen können eigene Projekte zur lokalen Arterfassung oder zu bestimmten Tiergruppen erstellen. Viele Institutionen nutzen dies für sogenannte BioBlitz-Veranstaltungen (Ballard et al., 2017; Meeus et al., 2023), bei denen in Zusammenarbeit mit Fachleuten in einem begrenzten Gebiet und Zeitraum möglichst viele Organismen gemeldet werden. Diese Events dienen der Datensammlung, Umweltbildung, Aufklärung über Arten und Habitate sowie einem Einblick in wissenschaftliches Arbeiten. Eine integrierte KI hilft bei der Bestimmung und ergänzt das Arbeiten mit teils komplexer Bestimmungsliteratur. Weitere Meldeplattformen sind z. B. Observation.org (Observation International), Naturgucker (NABU), Ornitho.de (DDA), eBird (Cornell Lab of Ornithology), PlantNet (PlantNet Konsortium).

2.2 Stadtwildtiere/Wilde Nachbarn

Übersicht

Das Projekt „Stadtwildtiere/Wilde Nachbarn" ist eine Online-Plattform für die Meldung von Tieren und Tierspuren. Außerdem bietet es innovative Ansätze zur Zusammenarbeit mit Schulen, Kommunen und Bildungseinrichtungen in der gesamten D-A-CH-Region.

Website: www.stadtwildtiere.de (/ch bzw./at)

Institutionen: Verein StadtNatur Zürich, Vogelwarte Wien, Leibniz-IZW Berlin, Universität Freiburg

Projektbeginn und Laufzeit: seit 2013 (seit 2017 auch in Deutschland)

Untersuchungsgebiet: D-A-CH-Region

Zielgruppe: allgemeine Öffentlichkeit, Bildungseinrichtungen, Kommunen

Teilnehmendenzahl: registrierte User:innen: 9000 (Schweiz), 2100 (Österreich), 1500 (Deutschland) plus Gast-User:innen, bis dato etwa 124.000 Meldungen

Stadtwildtiere/Wilde Nachbarn widmet sich der Erfassung, Erforschung und Förderung von Biodiversität im Siedlungsraum. Es ist ein Konsortium der D-A-CH-Region, in dem verschiedene Städte (StadtWildTiere) und Regionen (Wilde Nachbarn) beteiligt sind.

Das Projekt beinhaltet unterschiedliche Formen partizipativer Forschung. Neben der fortwährenden Meldung von Tieren und Spuren gibt es konkrete Aktionen zu spezifischen Arten(gruppen), die mit der Erhebung weiterer Daten verbunden sein können, z. B. die Erfassung von Lichtquellen bei einer Aktion zu nachtaktiven Wildtieren. Das Projekt eignet sich hervorragend für die Zusammenarbeit mit Kommunen, Schulen und anderen Bildungseinrichtungen, wie sie im Ursprungsland Schweiz bereits Praxis ist. Darüber hinaus wird systematische Forschung durchgeführt, bspw. im Rahmen eines Projekts zur Erhebung der Igel-Bestände in Zürich, in dem Bürgerwissenschaftler:innen für einen begrenzten Zeitraum standardisiert Igel-Spurentunnel betreuten.

2.3 Stunde der Gartenvögel

Übersicht

Die Stunde der Gartenvögel vom NABU ruft jedes Jahr im Frühjahr Interessierte zu einer stündlichen Vogelzählung in Gärten, Parks und von Balkonen auf. Das langjährige Projekt ermöglicht Aussagen über Trends der Vögel im Siedlungsraum und dient als Inspiration für ähnliche Folgeprojekte.

Website: www.stundedergartenvoegel.de

Institutionen: NABU (Naturschutzbund Deutschland) e. V., LBV (Landesbund für Vogelschutz in Bayern)

Projektbeginn und Laufzeit: seit 2005 jährlich Mitte Mai an drei oder vier Tagen, zehn Tage Zeit zum Melden der Beobachtung an NABU oder LBV

Untersuchungsgebiet: Deutschland

Zielgruppe: allgemeine Öffentlichkeit

Teilnehmendenzahl: jährlich im Durchschnitt über 50.000

Bei der Stunde der Gartenvögel zählen Bürger:innen jedes Jahr im Mai Vögel im Siedlungsraum nach einem einfachen, aber standardisierten Protokoll. Ziel ist es, Trends im Vogelvorkommen über Jahre zu beobachten. Das Projekt zeichnet sich durch die gelungene Verbindung von niedrigschwelliger Teilnahme und hoher wissenschaftlicher Relevanz aus: Ohne Vorkenntnisse können Menschen ihre Beobachtungen analog oder digital einreichen, wodurch breite Bevölkerungsgruppen eingebunden werden. Die lange Laufzeit seit 2005 sowie hohe Teilnehmendenzahlen ermöglichen belastbare Aussagen zu häufigen Arten. Einen weiteren Erfolgsfaktor bringt die enge Verzahnung mit Bildungsarbeit – etwa durch die Schulstunde der Gartenvögel – sowie die gezielte Kommunikation über vielfältige Kanäle. Es zeigt sich, dass klare Zeitfenster, einfache Regeln und öffentlichkeitswirksame Begleitung den Zugang erleichtern und zugleich zu belastbaren Daten führen.

2.4 Tagfalter-Monitoring Deutschland

Übersicht
Das Tagfalter-Monitoring Deutschland (TMD) ist ein bundesweites CS-Projekt, bei dem Ehrenamtliche nach einer standardisierten Methode Tagfalter zählen. Die Ergebnisse werden wissenschaftlich ausgewertet und fließen in politische Entscheidungsprozesse ein.

Website: www.tagfalter-monitoring.de

Institutionen: Helmholtz-Zentrum für Umweltforschung (UFZ) Leipzig, Gesellschaft für Schmetterlingsschutz (GfS)

Projektbeginn und Laufzeit: seit 2005 – fortlaufend

Untersuchungsgebiet: bundesweit (Deutschland)

Zielgruppe: alle Interessierten, Falterexpert:innen

Teilnehmendenzahl: ca. 500 pro Jahr

Tagfalter sind sehr gute Indikatoren für den Zustand von Lebensräumen und für Veränderungen von Lebensgemeinschaften (van Swaay et al., 2020). Daher ist die Erhebung der langen TMD-Zeitreihendaten für die Wissenschaft von großem Wert. Auf Grundlage der TMD-Daten konnten bereits Trends für 82 heimische Falterarten und für Artgemeinschaften errechnet werden. Die Ergebnisse des TMD werden in zahlreichen Publikationen zur Bestandssituation und -entwicklung von Tagfaltern, ihren ökologischen Ansprüchen und zur Analyse des Zustands von Grünland aufgegriffen und fließen in die Berechnung des europäischen „Index der Grünlandschmetterlinge“ ein, der eine wichtige Rolle in der EU-Verordnung zur Wiederherstellung der Natur (Nature Restoration Regulation) spielt (van Swaay et al., 2022). Zugleich ist das TMD mit einer Laufzeit von nunmehr 20 Jahren (Stand 2025) ein Beispiel für ein erfolgreiches CS-Projekt im Bereich Biodiversitätsmonitoring.

2.5 Mückenatlas

Übersicht

Das Projekt „Mückenatlas" trägt zum Monitoring und zur Kartierung der Stechmückenarten in Deutschland bei. Es leistet damit einen wertvollen Beitrag zu Maßnahmen des Gesundheitsschutzes und zur Biodiversitätsforschung.

Website: www.mueckenatlas.com
Institutionen: Friedrich-Loeffler-Institut, Leibniz-Zentrum für Agrarlandforschung
Projektbeginn und Laufzeit: seit 2012
Untersuchungsgebiet: bundesweit (Deutschland)
Zielgruppe: Privatpersonen, Schulklassen
Teilnehmendenzahl: mehr als 37.000 (Stand Mai 2024), Einsendungen 39.912 (Stand Juni 2025)

Der Mückenatlas lädt seit 2012 dazu ein, einen Beitrag zur Kartierung der Stechmückenarten zu leisten. Bürger:innen fangen, konservieren und senden Mücken zwecks Bestimmung der Art an die Projektinitator:innen und Forscher:innen des Friedrich-Loeffler-Instituts (FLI) und des Leibniz-Zentrums für Agrarlandforschung (ZALF). Die Ergebnisse werden im Anschluss an die Bürger:innen verschickt und online auf der Projektwebsite veröffentlicht. Zusätzlich wird ein Datensatz zu jeder Stechmücke als Nachweis an die deutsche Stechmücken-Datenbank CULBASE geschickt (Walther & Kampen, 2017). Die Forschung gewinnt Datenmengen und Datenpunkte, die ohne den Einsatz der Bürger:innen nicht zusammenkämen. Für die Bürger:innen entstehen neues und wertvolles Wissen sowie eine Möglichkeit zum aktiven Einbringen in die Wissenschaft. Beispielsweise konnten infolge des Nachweises der Asiatischen Tigermücke (Aedes albopictus) in Berlin 2022 gezielte Eindämmungsmaßnahmen eingeleitet werden (Walther & Kampen, 2017).

2.6 Birdiary – Wie divers ist mein Garten?

Übersicht

Im Projekt „Birdiary – Wie divers ist mein Garten?" erfassen smarte Futterstationen mit Kamera und künstlicher Intelligenz (KI) Vogelarten im Garten. Hier vereint sich der Ansatz der Bürgerwissenschaften mit neueren Technologien und erlaubt eine durchgehende Datenaufnahme.

Website: https://wiediversistmeingarten.org
Institution: Universität Münster, Institut für Geoinformatik
Projektbeginn und Laufzeit: Entwicklungszeit ab 2020; Projekt: seit April 2022
Untersuchungsgebiet: Deutschland
Zielgruppe: Privatpersonen und interessierte Institutionen mit Gärten, Wissenschaftler:innen
Teilnehmendenzahl: aktuell circa 70 Vogelboxen im Einsatz (Stand 2025)

Vogel-Interessierte und Technikversierte sind in diesem Projekt gleichermaßen angesprochen. Wird die Vogelfutterstation z. B. im Garten aufgebaut und von Vögeln genutzt, entstehen Videoaufnahmen der Vögel, anhand derer eine KI die Arten erkennen kann. Die auf der Online-Plattform hochgeladenen Ergebnisse werden von Artenkenner:innen bzw.

anderen Teilnehmenden und Interessierten verifiziert. Teilnehmende erhalten unmittelbares Feedback via Onlinekarte. Die Daten sind öffentlich einsehbar und nutzbar. Die Futterstationen laufen kontinuierlich und ermöglichen eine detaillierte Erfassung über längere Zeiträume. Hervorzuheben ist die Kombination aus technischer Innovation und aktiver Bürger:innenbeteiligung für den Naturschutz: Die Verbindung von KI mit manueller Verifizierung sorgt für hohe Datenqualität bei gleichzeitig niedrigeren Einstiegshürden in das Artenmonitoring. Citizen Scientists können darüber hinaus aktiv an der Weiterentwicklung der Technik mitwirken.

2.7 Frosch im Wassertropfen

Übersicht

Das Projekt „Frosch im Wassertropfen" geht dem Artenschwund der Amphibien in Österreich nach, indem Bürger:innen in Kleingewässern ihrer Wahl (privat oder öffentlich zugänglich) Wasserproben sammeln, in denen dann durch DNA-Analyse Amphibienarten gesucht und nachgewiesen werden.

Website: www.uibk.ac.at/projects/frosch-im-wassertropfen/
Institution: Universität Innsbruck
Projektbeginn und Laufzeit: Pilotprojekt in Tirol 2019, österreichweit seit 2023
Untersuchungsgebiet: Österreich
Zielgruppe: Privatpersonen und Schutzgebietsbetreuer:innen
Teilnehmendenzahl: 1120 (Stand 2024)

Amphibien sind die weltweit am stärksten bedrohte Wirbeltierklasse und ihre Bestände nehmen auch in Mitteleuropa stark ab. Das Projekt untersucht ergänzend zu bestehenden Monitorings, inwieweit Kleingewässer, insbesondere private Gartenteiche, von Frosch- und Schwanzlurchen bewohnt und zur Fortpflanzung genutzt werden. Diese für Wissenschaftler:innen oft unzugänglichen Flächen könnten vor allem im urbanen Raum wichtige Rückzugsorte sein. Die niederschwellige Entnahme von Wasserproben wird mit der Analyse sogenannter Umwelt-DNA (eDNA) kombiniert: Dabei wird Amphibien-DNA aus dem Wasser extrahiert und die Arten genetisch identifiziert – ohne dass Tiere direkt nachgewiesen werden müssen. Dies erleichtert die Teilnahme erheblich.

2.8 FLOW: Fließgewässer erforschen – gemeinsam Wissen schaffen

Übersicht

Das FLOW-Projekt befähigt Bürger:innen, kleine Bäche bundesweit ökologisch zu überwachen. Sie erfassen Gewässerstruktur, Wasserqualität und wirbellose Tiere (Makrozoobenthos). Ziel ist es, das offizielle Gewässermonitoring zu unterstützen und zu ergänzen.

Webseite: www.flow-projekt.de
Institutionen: Helmholtz-Zentrum für Umweltforschung (UFZ) Leipzig, Deutsches Zentrum für integrative Biodiversitätsforschung (iDiv) Halle-Jena-Leipzig, Bund für Umwelt und Naturschutz Deutschland e. V. (BUND – bis Januar 2024), Deutscher Angelfischerverband e. V. (DAFV – ab März 2025)

Projektbeginn und Laufzeit: 2021 – fortlaufend
Untersuchungsgebiet: bundesweit (Deutschland)
Zielgruppe: Umwelt- und Angelverbände, Schulen (ab Klasse 9), alle Interessierten ab 15 Jahren, Zusammenarbeit in Gruppen mit 5–15 Personen
Teilnehmendenzahl: bisher insgesamt über 90 Gruppen mit ca. 900 Teilnehmenden

Ziel des vom Nationalen Monitoringzentrum zur Biodiversität am Bundesamt für Naturschutz geförderten Projekts FLOW ist es, gemeinsam mit interessierten Bürger:innen ein bundesweites ökologisches Monitoring kleiner Bäche umzusetzen. Dadurch können offizielle Monitoringprogramme (z. B. EU-Wasserrahmenrichtlinie, Nationales Kleingewässermonitoring) mit zusätzlichen Daten zu kleinen Bächen unter 10 km^2 Einzugsgebietsgröße ergänzt werden. Die Bürgerforschenden bewerten anhand standardisierter Protokolle die Gewässerstruktur (d. h. Lebensraumqualität) ihrer Bäche, messen punktuell Temperatur sowie Nährstoff- und Sauerstoffkonzentration des Wassers und beproben und bestimmen die wirbellosen Tiere des Gewässergrunds (Makrozoobenthos). Dazu bietet das FLOW-Projekt Online- und Präsenzschulungen für Teilnehmende und Multiplikator:innen, Bestimmungsliteratur, Videotutorials, Feldmaterial sowie regelmäßigen persönlichen Austausch zwischen Bürgerforschenden und Wissenschaftler:innen an.

2.9 Tauchen für den Naturschutz

Übersicht
In diesem Projekt des NABU bewerten ausgebildete Naturschutztaucher:innen den ökologischen Zustand von Seen, indem sie regelmäßig die Makrophytenbestände kartieren und so einen einzigartigen Datensatz für den Seenschutz erstellen.
Website: www.nabu-naturschutztauchen.de
Institutionen: Naturschutzbund Deutschland (NABU) e. V., Verband Deutscher Sporttaucher (VDST)
Projektbeginn und Laufzeit: seit 2008 – fortlaufend
Untersuchungsgebiet: bundesweit (Deutschland), vorrangig Brandenburg, Berlin, Hessen, Mecklenburg-Vorpommern, Nordrhein-Westfalen, Sachsen, Hamburg, Rheinland-Pfalz, Baden-Württemberg
Zielgruppe: Sporttaucher:innen, Naturschützer:innen, Eigentümer:innen, Nutzergruppen, wie Angler:innen, Touristiker:innen
Teilnehmendenzahl: über 500 ausgebildete Naturschutztaucher:innen, davon ca. 300 aktiv

Im NABU-Projekt „Tauchen für den Naturschutz" engagieren sich seit vielen Jahren ehrenamtliche Taucher:innen, um den Zustand heimischer Seen zu erfassen und ihren Schutz zu verbessern. Mithilfe standardisierter Methoden dokumentieren sie regelmäßig die Wasserpflanzenbestände unter Wasser und liefern so wertvolle Daten zur Bewertung nach EU-Naturschutzrichtlinien. Schulungen, Praxistreffen und fachlicher Austausch sorgen für eine fundierte Ausbildung und laufende Weiterentwicklung. Die Daten werden mit einfachen Mitteln wie Erfassungsbögen, Bestimmungshilfen und einer eigenen App erfasst und ausgewertet. Die Ergebnisse fließen in konkrete Schutzmaßnahmen ein, etwa gemeinsam mit Behörden, Naturschutzgruppen oder Angelvereinen. In einigen Seen wird inzwischen auch das Fischereimanagement angepasst, um den ökologischen Zustand gezielt zu verbessern. So entsteht ein erfolgreiches Netzwerk aus engagierten Freiwilligen, Fachleuten und lokalen Akteur:innen für den Schutz unserer Seen.

2.10 Boddenhecht

Übersicht
Das Projekt erforschte die Hechtbestände rund um Rügen hinsichtlich Wanderbewegung, Laichgebieten und sozio-ökonomischer Aspekte der Fischerei und des Tourismus, um Handlungsempfehlungen für ein wissensbasiertes Management zu erarbeiten.

Website: www.ifishman.de/projekte/boddenhecht/uebersicht-boddenhecht/

Institutionen: Leibniz-Institut für Gewässerökologie und Binnenfischerei (Leibniz-IGB), Landesforschungsanstalt für Landwirtschaft, Institut für Fischerei in Rostock

Projektbeginn und Laufzeit: Anfang 2019 bis Mitte 2023

Untersuchungsgebiet: Boddengewässer, Mecklenburg-Vorpommern

Zielgruppen: Angler:innen, Fischer:innen, Vertreter:innen von Tourismus, Naturschutz, NGOs, Großhandel, Fischereiverwaltung, Wissenschaft

Teilnehmendenzahl: an die 1000 Angler:innen, 120 Fischer:innen, ca. 700 Melder:innen von markierten Hechten

Im Projekt „Boddenhecht" (Förderung: Europäischer Meeres- und Fischereifonds der EU und Ministerium für Landwirtschaft und Umwelt Mecklenburg-Vorpommern) arbeiteten Wissenschaftler:innen mit Vertreter:innen verschiedener Interessengruppen (Angelfischerei, Berufsfischerei, Angeltourismus, Naturschutz, Fischgroßhandel, Fischereiverwaltung) inter- und transdisziplinär zusammen, um wesentliche Einflussfaktoren auf die Boddenhechtbestände zu erforschen, Wanderbewegungen zu analysieren, Laichgebiete einzugrenzen und von allen akzeptierte Bewirtschaftungsoptionen zu identifizieren. Viele wissenschaftliche Aufsätze und andere Artikel in Print- und Online-Medien publizierten die Ergebnisse, viele Auszeichnungen (z. B. Communicator-Preis der Deutschen Forschungsgemeinschaft, 2020) wurden gewonnen. Außerdem wurden in elf partizipativen Arbeitsgruppentreffen (runden Tischen) Handlungsempfehlungen abgeleitet und 21 neue Forschungsfragen formuliert (Ehrlich et al., 2023; Arlinghaus et al., 2022, 2023).

3 Fazit

Die vorgestellten Einblicke in Projektbeispiele veranschaulichen die inhaltliche und prozessbezogene Bandbreite der Anwendung von CS in der Biodiversitätsforschung. Die Projekte unterscheiden sich in ihren wissenschaftlichen Fragestellungen und Herangehensweisen (Tab. 1a), der Integration von Bürger:innen (Tab. 1b) sowie ihrer längerfristigen Wirkung (Tab. 1c).

Tab. 1 Vergleichende Darstellung der Projekte über die drei Dimensionen Wissenschaft (1a), Teilnehmende (1b) und Wirkung (1c) hinweg (angelehnt an Kieslinger et al., 2018). Der Grad der Beteiligung (in 1b) unterscheidet sich nach Beitragen (z. B. ein Wildtier melden), Mitarbeiten (z. B. Freiwillige beim Falter zählen koordinieren), Mitgestalten (z. B. aktive Mitgestaltung der iNaturalist-Plattform oder an runden Tischen) (angelehnt an Shirk et al., 2012; Haklay, 2013). * PR-P: Peer-Review-Publikationen; GL: Graue Literatur; Media: Öffentlichkeitsarbeit, Social Media

1a Dimension: Wissenschaft				
Projekt	Wissensgewinn	Output*	Daten und Datenmanagement	Projektevaluation und Anpassung
iNaturalist	Verbreitung, zeitliche Aktivität und Interaktionen von Arten	PR-P mit iNaturalist-Daten	Sichtungen (KI-gestützt) mit Fotos/Aufnahmen, GPS, Metadaten • Datenerfassung per App • Community-Validierung • Open-Access-Daten • interaktive, öffentliche Karte	Administrator:innen und Expert:innen passen Taxonomie an den Stand der Wissenschaft an • Feedbackmöglichkeit für Teilnehmende im Web
Stadtwildtiere/ Wilde Nachbarn	Verbreitung, Bestandstrends und Raumnutzung urbaner Wildtiere	PR-P • GL	Sichtungen von Wildtieren und Spuren mit Fotos/Aufnahmen, GPS, Metadaten • Datenerfassung teils über Transekte und CS-Aktionen • Expert:innen-Validierung • öffentliche Karte	Steuerungsboard • Vereinfachung des Prozesses und Feedbackmöglichkeit für Teilnehmende • Austausch mit Behörden/ anderen Organisationen
Stunde der Gartenvögel	Verbreitung, Bestandstrends von Vogelarten im Siedlungsbereich	GL • Media	Anzahl Individuen und Vogelarten, Meta-Daten • Datenerfassung per App, Telefon, Post, Web • interaktive, öffentliche Karte	Erweiterung des Fragenkatalogs • Feedbackmöglichkeit durch Teilnehmende
Tagfalter-Monitoring Deutschland	Verbreitung, Bestandstrends von Tagfalterarten	PR-P • GL	Anzahl Individuen und Tagfalterarten mit Fotos • Habitat-Daten • Datenerfassung über App, Web • öffentliche Karte	Jährliche Treffen der Koordinator:innen • Feedbackmöglichkeit durch Teilnehmende
Mückenatlas	Verbreitung von Stechmückenarten • Referenzsammlung	PR-P • GL	Einsendung konservierter Stechmücken, GPS, Metadaten • DNA-Daten als Referenzdatensatz • Expert:innen-Bestimmung • öffentliche Karte	Interne Evaluation • Umfrage zu (verhaltens)biologischen Eigenschaften der eingereichten Mücken

Birdiary	Erfassung von Vogelarten in Gärten • Entwicklung KI-gestützten Monitorings	PR-P	Videoaufnahmen von Vögeln • GPS • Gewicht • Umweltdaten • Datenerfassung über Web • KI-gestützte Artbestimmung • Community- Validierung • Open-Access-Daten • öffentliche Karte	Weiterentwicklung der Vogelboxen in Workshops mit Bürger:innen (in der Vergangenheit)
Frosch im Wassertropfen	Vorkommen von Amphibienarten und Amphibienpilz	GL • Media	Einsendung von Gewässerproben für DNA-Laboranalyse • Habitat-Daten • Metadaten • Qualitätssicherung durch Bewerbungsverfahren • Open-Access-Daten • Ergebnisse privat einsehbar	Kleineres Pilotprojekt diente zur Evaluierung • Ausweitung auf ganz Österreich
FLOW	Bewertung des Zustands von Fließgewässern • Ergänzung behördlichen Monitorings	PR-P • GL • Media	Nachweise von Makrozoobenthos-Arten • Gewässerstrukturgüte und -qualität • Fotos • GPS • Datenerfassung per Web und eingeschickte Proben • Expert:innen-Validierung	Kontinuierliche Anpassung der Methoden • Schulungen auf Basis von Teilnehmenden-Feedback und Studienergebnissen (Machbarkeitsstudie, Pilotphase, bundesweit)
Tauchen für den Naturschutz	Bestandstrends von Makrophyten in Seen • Ergänzung behördlichen Monitorings • Herbarium	PR-P • Media	Sichtungen von Arten • Gewässerstrukturgüte • Fotos • GPS • Pflanzenteile • Datenerfassung in Dokument oder App • Bestimmungshilfen in projekteigener Literatur und App	Methodik vom Bundesamt für Naturschutz vorgegeben und bewährt
Boddenhecht	Verbreitung, Bestandstrends von Boddenhechten • sozial-ökologische Aspekte der Fischerei	PR-P • Buch: Boddenhecht	Erfassung morphologischer Daten und Genetik • Geodaten • Datenerfassung in Projektdatenbanken	Jährliche Treffen des Beirats und Anpassungen der Empfehlungen

(Fortsetzung)

Tab. 1 (Fortsetzung)

1b Dimension: Teilnehmende

Projekt	Grad der Beteiligung	Einsatzart	Zeitaufwand (Intensität)	Vorkenntnisse und Anforderungen	Identifikation und Motivation
iNaturalist	Beitragen Mitarbeiten Mitgestalten	Beobachtungen melden • Datenvalidierung • Mitentwicklung	Sehr gering (punktuell) bis sehr hoch (kontinuierlich)	Variabel: keine • Artenkenner:innen • taxonomische Expert:innen	Gamification • Interesse an Natur und Umwelt • Feedback durch Nachbestimmungen und Karte
Stadtwildtiere/ Wilde Nachbarn	Beitragen Mitarbeiten	Beobachtungen melden • Teilnahme an Aktionen (Mitkartieren) • eigene Projekte	Gering (punktuell) bis hoch (projektbezogen bis kontinuierlich)	Variabel: gering • Artenkenner:innen	Gamification • Interesse an Wildtieren und Naturschutz • Interesse am eigenen Wohnumfeld • Feedback durch Karte
Stunde der Gartenvögel	Beitragen	Beobachtungen melden am Mai-Wochenende	Sehr gering (punktuell) bis gering (wiederholt)	Keine	Interesse an Vögeln und Schutz im eigenen Wohnumfeld • niedrigschwellige Teilnahme • Feedback durch Karte
Tagfalter-Monitoring Deutschland	Beitragen Mitarbeiten	Beobachtungen Melden • eigene Projekte	Mittel (regelmäßig über Saison) bis hoch (Projektkoordination)	Variabel: gering • Artenkenner:innen	Interesse an Tagfaltern • Beitrag zur Biodiversitätsforschung (Tagfalter als Indikatoren!) • Zeit in der Natur • ansprechende Artengruppe
Mückenatlas	Beitragen	Fang, Konservierung und Versand der Stechmücken • Umfrage ausfüllen	Gering (punktuell) bis mittel (wiederholt)	Keine	Interesse an Diversität von Stechmücken (auch als Krankheitsüberträger) • Interesse am eigenen Wohnumfeld

Birdiary	Beitragen Mitarbeiten	Vogelbox mit Technik aufbauen und betreuen • technisch weiterentwickeln • Datenvalidierung	Eher gering (Inbetriebnahme) bis hoch (Langzeitbetreuung, Entwicklung)	Variabel: keine • Technik-Kenntnisse • Artenkenner:innen Benötigt: eigenes WLAN • finanzieller Aufwand	Interesse an Technik (KI) und Vogelarten im eigenen Garten • schnelles Feedback über Live-Aufnahmen
Frosch im Wassertropfen	Beitragen	Bewerbung • Probennahme • Einsendung von Proben	Mittel (projektbezogen)	Keine Benötigt: Zugang zu amphibienträchtigem Gewässer	Ansprechende Artengruppe • persönlicher Bezug durch Beprobung „eigener“ Gewässer • Interesse an moderner Technologie (Umwelt-DNA) • privates Feedback
FLOW	Beitragen Mitarbeiten	Gewässeruntersuchungen • Artbestimmungen • Daten melden • Einsätze und Schulungen	Eher gering (projektbezogen) bis eher hoch (Gruppenleitung, Schulung)	Variabel: gering • Artenkenner:innen Gruppenleitung benötigt: Schulungen, Selbstständigkeit	Interesse am Zustand lokaler Bäche • Beitrag zur Forschung • Mit Gleichgesinnten in der Natur • Wasserorganismen entdecken
Tauchen für den Naturschutz	Beitragen Mitarbeiten Mitgestalten	Beobachtungen melden • Schulungen • Eigenorganisation • Engagement in Politik	Mittel bis sehr hoch (wiederholt bis kontinuierlich)	Artenkenner:innen • Taucherfahrung Benötigt: Tauchausbildung • Ausrüstung • Spezialkurs Naturschutztauchen	Bereicherung des Tauchens • Identifikation mit „eigenen“ Seen • Beitrag zur Forschung • Wissensverbesserung
Boddenhecht	Beitragen Mitarbeiten	Meldung besenderter Hechte • angeln/besendern • runde Tische	Sehr gering (punktuell) bis eher hoch (wiederholt bis kontinuierlich)	Artenkenner:innen Benötigt: Angelschein • Angelerlaubnis	Interesse am Zustand und an der Zukunft der Boddenhecht-Population

(Fortsetzung)

Tab. 1 (Fortsetzung)

1c Dimension: Wirkung			
Projekt	Sozialer Einfluss	Ökologischer Einfluss	Innovationspotenzial und Synergieeffekte
iNaturalist	Sensibilisierung/Bildung: Biodiversität, Artenkenntnis • Vernetzung durch Social-Network-Funktionen	Besseres Verständnis von Biogeografie • Vorkommen und Bestandstrends von (seltenen) Arten	Training von KI-gestützter Bestimmung • verifizierte Daten fließen zu GBIF (Global Biodiversity Information Facility) • Open-Access-Daten für wissenschaftliche Zwecke
Stadtwildtiere/ Wilde Nachbarn	Sensibilisierung/Bildung: Biodiversität, Artenkenntnis, Akzeptanz, urbane Umweltfaktoren • Zusammenarbeit lokaler Akteur:innen	Besseres Verständnis von Biogeografie • Vorkommen und Bestandstrends von (seltenen) Arten • Aufwertung von Habitaten im Siedlungsraum • Motivation zu ökologischer Garten-/Balkon-Gestaltung	Breite Zielgruppe und niedrigschwelliger Zugang durch Nutzung sichtbarer und charismatischer Fokus-Arten • Zukunftspotenzial für landesweites oder D-A-CH-weites Monitoring
Stunde der Gartenvögel	Sensibilisierung/Bildung: Stadtvögel und Schutzmaßnahmen • Lobbyarbeit für Vogelarten und Schutz	Aktivierung zur Schaffung von Vogelschutz-Maßnahmen • Kampagnen zum Vogelschutz	Sehr öffentlichkeitswirksam und niedrigschwellig • Erweiterung im Folgeprojekt „Stunde der Wintervögel“ • Inspiration für ähnliches Projekt in der Schweiz seit 2014
Tagfalter-Monitoring Deutschland	Sensibilisierung/Bildung: Status von Tagfaltern, Artenkenntnis • Kapazitätsaufbau und Kooperationen für langfristiges Tagfalter-Monitoring	Erkenntnisse über Entwicklung der Tagfalterbestände • Tagfalter als Indikatoren für andere Insekten	Verbreitungskarten und Rote Listen • Beratung der Politik: „Index der Grünlandschmetterlinge“
Mückenatlas	Sensibilisierung/Bildung: heimische und eingeschleppte Stechmückenarten, Bedeutung und Krankheitsübertragung	Verbreitungskarten und Verbreitungspotenzial von Stechmückenarten in Deutschland • Proben als DNA-Sammlung und Referenzsammlung	Eindämmung von krankheitsübertragenden Stechmückenarten • Beitrag Stechmückendatenbank „CULBASE“ • Integration von Bildung und Schulen

Birdiary	Sensibilisierung/Bildung: Vogelarten in Gärten, Nutzung von Technik für Naturschutz • erhöhte Selbstwirksamkeit durch eigenen Aufbau	Entwicklung von Technologien im Einsatz für Naturschutz • Anregung zum Vogelschutz	Schnittstelle zur Technologie-Entwicklung • wirtschaftliche Nachhaltigkeit von Tools • Open-Access-Daten für wissenschaftliche Zwecke
Frosch im Wassertropfen	Sensibilisierung/Bildung: Amphibienschutz in eigenen Gewässern	Füllen von Datenlücken zu Populationstrends von Amphibien und deren Gefährdungsfaktoren • Erstinformationen zur Pilzausbreitung in Österreich	Innovative Methode Umwelt-DNA in CS • Ausweitung auf Monitoring in Nationalparks und Schutzgebieten
FLOW	Sensibilisierung/Bildung: Bedeutung und Schutz von Fließgewässern • Kapazitätsaufbau und Kooperationen für Gewässermonitoring und -schutz	Zustand und Schadstoffbelastung kleiner Bäche • Datengrundlage zur und Umsetzung von Gewässerschutzmaßnahmen	Vernetzung/Kooperation verschiedener Akteur:innen • Beteiligung von Flächenverantwortlichen und Landwirten angestrebt
Tauchen für den Naturschutz	Sensibilisierung und Bildung: Bedeutung und Schutz von Seen • Kapazitätsaufbau in Gesellschaft • Taucher:innen als Multiplikator:innen	Erkenntnisse über den Zustand von Seen und deren Makrophyten und Fischfauna • Dokumentation von Beeinträchtigungen unter Wasser	Vernetzung/Kooperation verschiedener Akteur:innen • Schnuppertauchen mit Gemeinden • Nutzung von Hobby/Sport für Citizen Science
Boddenhecht	Sensibilisierung/Bildung: Gewässermanagement • Selbstwirksamkeit durch Partizipation	Nachhaltigkeit von Ressourcen-Nutzung • Handlungsempfehlungen für nachhaltiges Management für Entscheidungsträger:innen	Partizipative Entwicklung von Empfehlungen: steigert Akzeptanz für nachhaltiges modifiziertes Management

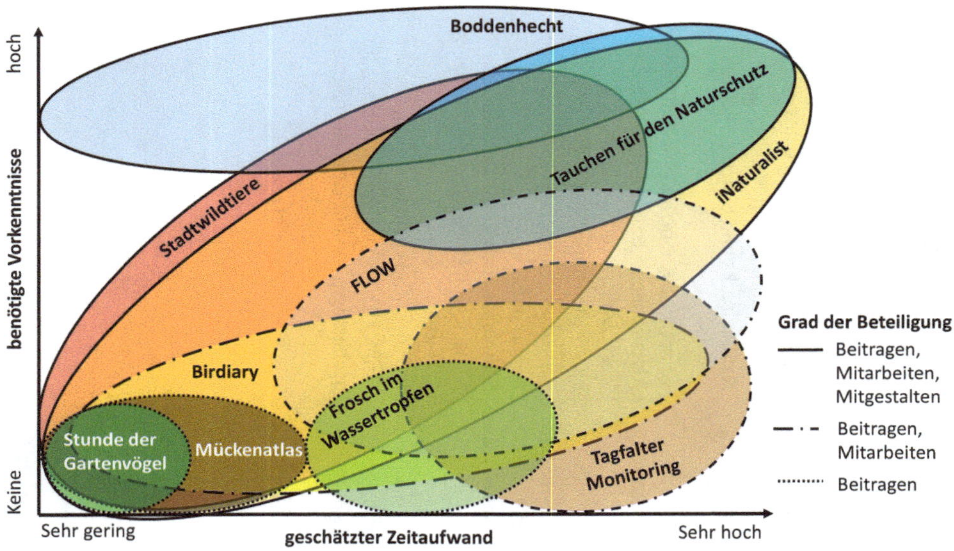

Abb. 1 Schematische Darstellung der vorgestellten Projekte entlang der Achsen „geschätzter Zeitaufwand" und „benötigte Vorkenntnisse". Beide Dimensionen stehen im Zusammenhang mit dem Grad der Beteiligung, dargestellt als Linientyp. Größe und Position der Flächen treffen keine Aussage über Qualität und Erfolg der Projekte

Abb. 1 illustriert außerdem die Heterogenität der Projekte basierend auf drei Merkmalen des Teilnehmendenmanagements (Tab. 1b): die Vorkenntnisse und der Zeitaufwand der beteiligten Bürgerwissenschaftler:innen und der Grad der Beteiligung. Einige Projekte ermöglichen bereits mit wenig Zeit und ohne Vorkenntnisse eine niedrigschwellige Beteiligung als Beitragende (z. B. reines Datensammeln), während andere sich zusätzlich – je nach Projektziel – an Personen mit spezifischem Wissen und höherem Engagement richten und dadurch auch eine aktive Mitarbeit (z. B. Datenvalidierung, Organisation) oder Mitgestaltung (z. B. Entwicklung) erlauben. Innovative Methoden, wie Einsatz von KI und Analyse von Umwelt-DNA, können dabei helfen, die geforderten Vorkenntnisse und den benötigten Mindestzeitaufwand der Teilnehmenden selbst bei Projekten mit komplexen Fragestellungen zu reduzieren, während umfangreiche oder detaillierte Datenerhebung gewährleistet bleibt. Die Vorgaben und Anforderungen für die Teilnahme an Projekten sowie die benötigte Teilnehmendenzahl zum Erhalt der erforderlichen Daten sind abhängig vom Projektziel, von den Fragestellungen und den vorhandenen Ressourcen (z. B. Material und Methoden, Betreuer:innen, Projektlaufzeit etc.).

Es gibt keinen grundsätzlich besseren oder schlechteren Ansatz, vielmehr sollten die drei Dimensionen und ihre Merkmale im Forschungs- und Planungsprozess abgewogen und stets reflektiert und angepasst werden, um Ressourcen sinnvoll zu nutzen. Entscheidend ist, dass jedes Projekt zielgerichtet und passend zur jeweiligen Zielgruppe und Forschungsfrage konzipiert wird.

Es ist daher notwendig, die Dimensionen und Merkmale bereits in der Planungsphase systematisch zu analysieren, um Zielsetzungen, Methoden und Synergien optimal aufeinander abzustimmen und hochwertige sowie nachhaltige Projekte umzusetzen.

Literatur

Allen, D. E. (1976). *The naturalist in Britain: A social history*. Allen Lane/Penguin Books.

Arlinghaus, R., Bergström, U., & Tibblin, P. (2022). *Special issue: Understanding, assessing and managing Baltic pike (Esox lucius)*. Fisheries Research.

Arlinghaus, R., Braun, M., Dhellemmes, F., Ehrlich, E., Feldhege, F. H., & Koemle, D. (2023). *BODDENHECHT – Ökologie, Nutzung und Schutz von Hechten in den Küstengewässern Mecklenburg-Vorpommerns*. Berichte des IGB 33.

Ballard, H. L., Robinson, L. D., Young, A. N., Pauly, G. B., Higgins, L. M., Johnson, R. F., & Tweddle, J. C. (2017). Contributions to conservation outcomes by natural history museum-led citizen science: Examining evidence and next steps. *Biological Conservation, 208*, 87–97. https://doi.org/10.1016/j.biocon.2016.08.040

Ehrlich, E., Niessner, D., & Arlinghaus, R. (2023). *Empfehlungen für das künftige Management des Boddenhechts (Esox lucius) aus Sicht verschiedener Interessengruppen*. Leibniz-Institut für Gewässerökologie und Binnenfischerei. https://doi.org/10.4126/FRL01-006447477

Forti, L. R., & Szabo, J. K. (2023). The iNaturalist platform as a source of data to study amphibians in Brazil. *Anais da Academia Brasileira de Ciências, 95*, Artikel e20220828. https://doi.org/10.1590/0001-3765202320220828

Fritz, U., & Ihlow, F. (2022). Citizen science, taxonomy and grass snakes: iNaturalist helps to clarify variation of coloration and pattern in Natrix natrix subspecies. *Vertebrata Zoologica, 72*, 533–549. https://doi.org/10.3897/vz.72.e87426

Gazdic, M., & Groom, Q. (2019). iNaturalist is an unexploited source of plant – insect interaction data. *Biodiversity Information Science and Standards 3*, e37303. https://doi.org/10.3897/biss.3.37303

Greenwood, J. (2007). Citizens, science and bird conservation. *Journal of Ornithology, 148*(1), 77–124. https://doi.org/10.1007/s10336-007-0239-9

Haklay, M. (2013). Citizen science and volunteered geographic information: Overview and typology of participation. In D. Sui, S. Elwood, & M. Goodchild (Hrsg.), *Crowdsourcing geographic knowledge: Volunteered geographic information (VGI) in theory and practice* (S. 105–122). Springer.

Kieslinger, B., Schäfer, T., Heigl, F., Dörler, D., Richter, A., & Bonn, A. (2018). *Evaluating citizen science – Towards an open framework*. UCL Press.

Kühn, E., Becker, M., Harpke, A., Kuehn, I., Kuhlicke, C., Schmitt, T., Settele, J., & Musche, M. (2022). The benefits of counting butterflies: Recommendations for a successful citizen science project. *Ecology and Society, 27*(2), 38. https://doi.org/10.5751/ES-12861-270238

McKinley, D. C., Miller-Rushing, A. J., Ballard, H. L., Bonney, R., Brown, H., Cook-Patton, S. C., Evans, D. M., French, R. A., Parrish, J. K., Phillips, T. B., Ryan, S. F., Shanley, L. A., Shirk, J. L., Stepenuck, K. F., Weltzin, J. F., Wiggins, A., Boyle, O. D., Briggs, R. D., Chapin, S. F., et al. (2017). Citizen science can improve conservation science, natural resource management, and en-

vironmental protection. *Biological Conservation, 208*, 15–28. https://doi.org/10.1016/j.biocon.2016.05.015
Meeus, S., Silva-Rocha, I., Adriaens, T., Brown, P. M., Chartosia, N., Claramunt-López, B., Dörler, D., Herfindal, I., Klees, D., Lanner, J., Lučić, L., Maes, D., Malawska, M., Marín Arraiza, P., Mertens, D., Piera, J., Tiago, P., Tobi, H., Wetterlind, J., & Groom, Q. J. (2023). More than a bit of fun: The multiple outcomes of a Bioblitz. *BioScience, 73*(3), 168–181. https://doi.org/10.1093/biosci/biac100
Peter, M., Diekötter, T., Höffler, T., & Kremer, K. (2021). Biodiversity citizen science: Outcomes for the participating citizens. *People and Nature, 3*(2), 294–311. https://doi.org/10.1002/pan3.10193
Sheard, J. K., Adriaens, T., Bowler, D. E., Büermann, A., Callaghan, C. T., Camprasse, E. C., Dörler, D., Földesi, R., Frampton, I., Groom, Q. J., Henderson, I. G., Helmus, M. R., Hill, J. K., Kühn, E., Lamas Garcia, A. M., Loxdale, H. D., Maes, D., Morinière, J., Nurmi, J., et al. (2024). Emerging technologies in citizen science and potential for insect monitoring. *Philosophical Transactions of the Royal Society B, 379*(1904), Artikel 20230106. https://doi.org/10.1098/rstb.2023.0106
Shirk, J. L., Ballard, H. L., Wilderman, C. C., Phillips, T., Wiggins, A., Jordan, R., McCallie, E., Minarchek, M., Lewenstein, B. V., Krasny, M. E., & Bonney, R. (2012). Public participation in scientific research: A framework for deliberate design. *Ecology and Society, 17*(2), 29. https://doi.org/10.5751/ES-04705-170229
Silvertown, J. (2009). A new dawn for citizen science. *Trends in Ecology & Evolution, 24*(9), 467–471. https://doi.org/10.1016/j.tree.2009.03.017
Strasser, B., Baudry, J., Mahr, D., Sanchez, G., & Tancoigne, E. (2019). "Citizen science"? Rethinking science and public participation. *Science & Technology Studies, 32*(2), 52–76. https://doi.org/10.23987/sts.60425
van Swaay, C. A. M., Dennis, E. B., Schmucki, R., Sevilleja, C. G., Åström, S., & Roy, D. B. (2020). *Assessing butterflies in Europe – Butterfly Indicators 1990–2018*. Butterfly Conservation Europe.
van Swaay, C. A. M., Dennis, E. B., Schmucki, R., Sevilleja, C. G., Åström, S., & Roy, D. B. (2022). *European grassland butterfly indicator 1990–2020*. Butterfly Conservation Europe & SPRING/eBMS, De Vlinderstichting.
Walther, D., & Kampen, H. (2017). The citizen science project 'Mueckenatlas' helps monitor the distribution and spread of invasive mosquito species in Germany. *Journal of Medical Entomology, 54*(6), 1790–1794. https://doi.org/10.1093/jme/tjx166

Sophie P. Ewert forscht am Museum für Naturkunde in Berlin zu den Themen Citizen Science, Biodiversität und Fledermäuse in der Agrarlandschaft.

Julia von Gönner hat an der FSU Jena studiert (Biologie auf Lehramt) und das Citizen Science-Projekt FLOW zum ökologischen Monitoring kleiner Fließgewässer entwickelt und koordiniert.

Julia Flister ist Biologin und Stadtökologin am Museum für Naturkunde Berlin. Sie forscht zu Citizen Science, Naturschutz und Biodiversität.

Sarah Kiefer arbeitet als wissenschaftliche Koordinatorin am Leibniz-IGB in Forschungsprojekten zu Biodiversität, Lichtverschmutzung und Flussrenaturierung.

Sophia Kimmig arbeitet am Leibniz-IGB, AG Ecological Novelty zu Stadtökologie und Invasionsbiologie mit Schwerpunkt Science-Society Interface (CS, Gamification, HWR).

Elisabeth Kühn ist Biologin und arbeitet am Helmholtz-Zentrum für Umweltforschung – UFZ. Sie koordiniert dort das Citizen Science-Projekt Tagfalter-Monitoring Deutschland.

Silke Oldorff ist Sprecherin des Bundesfachausschusses (BFA) „Lebendige Seen" des NABU Deutschland e.V. & Umweltreferentin auf Bundes- und Landesebene im Verband Deutscher Sporttaucher e.V.

Silke Voigt-Heucke baut am Leibniz-IZW ein Akteursnetzwerk zum Wildtiermanagement auf, koordiniert das Projekt Wildtiernah Berlin und forscht zu Citizen Science.

Frederic Griesbaum ist Biologe und Gastwissenschaftler am Museum für Naturkunde Berlin. Er forscht zu Amphibien und Reptilien, unter anderem mithilfe von Citizen-Science-Methoden.

Citizen Science in den Science and Technology Studies: Perspektiven, Konzepte und Praxisbeispiele

Julie Sascia Mewes, Dana Mahr und Constanze Scherz

1 Einleitung

Dieser Beitrag gibt einen Überblick über partizipative Forschungsansätze und Positionen innerhalb der Science and Technology Studies (STS). STS sind ein inter- und transdisziplinäres Forschungsfeld, das die Entstehung, Entwicklung und Folgen von Wissenschaft, Innovation und Technologie in ihrem historischen, kulturellen und sozialen Kontext untersucht und sich häufig als gesellschaftspolitisches oder sozial engagiertes Forschungsfeld versteht. Obwohl in den STS eine Vielzahl partizipativer Forschungsansätze zum Einsatz kommt, sind STS-Forscher:innen, die sich explizit als Teil der Gemeinschaft der Citizen Science (CS) verstehen, noch relativ selten. Dabei bieten die zahlreichen Schnittstellen und gemeinsamen Interessen beider Wissenschaftsgemeinschaften beträchtliches Potenzial für einen verstärkten Wissensaustausch, Vernetzung und Kooperation.

▶ **Definition: Science and Technology Studies (STS)** Die Science and Technology Studies (STS) sind ein internationales, inter- und transdisziplinäres Forschungsfeld, das die Entstehung, Entwicklung und Folgen von Wissenschaft, Innovation und Technologie in ihrem historischen, kulturellen und sozialen Kontext untersucht.

J. S. Mewes (✉)
Technische Universität Chemnitz, Institut für Soziologie, Chemnitz, Deutschland
E-Mail: julie.mewes@hsw.tu-chemnitz.de

D. Mahr · C. Scherz
Karlsruher Institut für Technologie (KIT), Institut für Technikfolgenabschätzung und Systemanalyse (ITAS), Karlsruhe, Deutschland

S. Voigt-Heucke et al., *Praxishandbuch Partizipation in der Wissenschaft*,
https://doi.org/10.1007/978-3-658-51093-0_12

Die STS tragen zur wissenschaftlichen Debatte über das Verhältnis und die Wechselwirkungen zwischen Wissenschaft, Innovation, Technologie und Gesellschaft bei. Darüber hinaus verstehen sich weite Teile der STS als gesellschaftspolitisch oder sozial engagiertes Forschungsfeld.

STS-Forscher:innen stehen daher zu Fragen sozialer, politischer, technologischer oder ökonomischer Gerechtigkeit, Politik und Innovation zumeist im engen Austausch mit Aktivist:innen, Wissenschaftler:innen aus anderen Feldern, Ärzt:innen, Ingenieur:innen und anderen Akteur:innen oder engagieren sich selbst wissen(schaft)s-, technologie- oder gesellschaftspolitisch (Hackett et al., 2007, S. 1; zur Entwicklung der STS in der deutschen Forschungslandschaft Lippert et al., 2021).

Im Folgenden stellen wir zunächst zentrale theoretische Perspektiven der STS auf partizipative Forschung vor. Anschließend beleuchten wir diese Konzepte anhand ausgewählter Projekte, in denen STS-Ansätze eine Rolle spielten. Zum Abschluss diskutieren wir Herausforderungen und Potenziale einer stärkeren Zusammenarbeit zwischen STS und Citizen Science.

Obwohl auch andere partizipative Forschungsansätze wie die transdisziplinäre Forschung für STS relevant sind, konzentriert sich dieser Beitrag auf das Verhältnis zwischen STS und Citizen Science. Diese Fokussierung ergibt sich aus der zunehmenden Relevanz von CS im öffentlichen Diskurs sowie aus der wachsenden Zahl an Publikationen, die sich aus STS-Perspektiven mit CS auseinandersetzen.

2 STS-Perspektiven auf Citizen Science

Ein wichtiges Ziel von CS-Ansätzen besteht darin, die Verbindung zwischen Wissenschaft und Gesellschaft zu stärken. Wie dies gelingt und welche Besonderheiten des Wissenserwerbs und -transfers in der CS dabei umgesetzt werden, ist noch nicht ausreichend erforscht. Um diese Fragen zu beantworten, bieten sich Perspektiven aus und Kooperationen mit den STS im besonderen Maß an (Mahr et al., 2018).

In den letzten fünf bis sieben Jahren beschäftigten sich STS-Forscher:innen zunehmend mit Citizen Science, was sich u. a. in der wachsenden Anzahl an Publikationen unter dem Schlagwort „Citizen Science" sowie im Erscheinen mehrerer thematischer Sonderausgaben renommierter STS-Zeitschriften zeigt (z. B. Wylie et al., 2017; Fan & Chen, 2019; Kasperowski & Kullenberg, 2019; Piña-Romero et al., 2022; Giardullo et al., 2023).

Eine bibliometrische Metaanalyse zeigt zudem eine signifikante Zunahme CS-bezogener Veröffentlichungen im STS-nahen Bereich seit etwa 2015 (Pelacho et al., 2021).

STS-Forscher:innen beschäftigen sich mit Citizen Science u. a. im Hinblick auf Fragen der Macht- und Ressourcenverteilung (Kinchy & Kimura, 2019; Peltola & Ratamäki, 2023), mit epistemischen Kulturen und ihren Dynamiken (Kasperowski & Hillman, 2018), mit den sozialen, politischen und regulatorischen Effekten von CS-Projekten, etwa auf

Umweltregulierungen oder Beteiligungspraktiken (Ottinger, 2022), mit der begrenzten demografischen Diversität beteiligter Akteur:innen (Van Oudheusden et al., 2024; Strasser et al., 2023) sowie mit grundsätzlichen Potenzialen und Spannungen im Hinblick auf Partizipation, Wissensautorität und Demokratisierung (Irwin, 2015).

STS-Forscher:innen nähern sich Citizen Science als analytischer Kategorie, um die zugrunde liegenden Konzepte, Werte und normativen Implikationen partizipativer Forschung zu reflektieren; als empirischem Forschungsgegenstand, etwa durch ethnografische Studien über die Praxis von CS-Projekten und deren institutionelle Einbettung; sowie als praktiziertem partizipativen Forschungsansatz, wenn sie selbst gemeinsam mit Bürger:innen Forschung gestalten und umsetzen (Kinchy, 2024).

3 Theoretische Perspektiven

Im Folgenden sollen ausgewählte Forschungsarbeiten aus den STS als Beispiele für drei theoretisch-konzeptionelle Forschungsperspektiven, nämlich Koproduktion, Kollaboration und Experiment, in und mit Citizen Science diskutiert werden. Diese Konzepte wurden aufgrund ihrer zentralen Bedeutung in den STS insgesamt und insbesondere in der Partizipationsforschung ausgewählt. Sie zählen zu den wiederkehrenden Schlüsselbegriffen in der aktuellen Ausgabe des „Handbook of Science and Technology Studies", das als zentrales Referenzwerk der internationalen STS-Community gilt und von der Society for the Social Studies of Science (4S) herausgegeben wird (Felt et al., 2017). Außerdem spiegeln sich in diesen drei Konzepten wesentliche Entwicklungen in der Forschung zur koproduktiven Beziehung zwischen Gesellschaft und Wissenschaft (Felt et al., 2017, S. 943–973), zu kollaborativen inter- und transdisziplinären Forschungsansätzen (Felt et al., 2017, S. 169–194 und 223–253) sowie zur Entwicklung innovativer und experimenteller Forschungsmethoden in den letzten zehn Jahren (Felt et al., 2017, S. 139–168, 195–222 und 223–252).

3.1 Koproduktion

Unter dem Begriff der Koproduktion werden hier Forschungskonzepte in den STS zusammengefasst, die den gesellschaftlichen Einfluss auf (akademische) Wissensproduktion beschreiben und analysieren. Wissenschaft findet nicht im „luftleeren Raum" oder außerhalb der Gesellschaft statt, sondern wird maßgeblich vom jeweiligen soziokulturellen, politischen, technologischen Umfeld geprägt. Wissenschaft ist Teil der Gesellschaft und das Umfeld, in dem sie aktiv ist, wirkt „koproduzierend" auf das dort geschaffene Wissen.

Ein Beispiel für diese Perspektive ist eine aktuelle STS-Studie über die Zusammenarbeit zwischen Forschenden und lokalen Gruppen im Kontext globaler Konflikte rund um das Thema Umweltverschmutzung. Conde und Walter (2022) identifizieren drei Dimensionen der Koproduktion von Wissen in der Zusammenarbeit zwischen Wissenschaft und sozialen Bewegungen:

1. Gemeinsame Wissensproduktion: etwa durch Kombination wissenschaftlicher, lokaler oder indigener Wissensformen.
2. Kontextualisierung des Wissens: Entwicklung neuer Interpretationsrahmen, z. B. zur politischen oder technischen Einordnung von Forschungsergebnissen.
3. Mobilisierung von Wissen: Strategien zur praktischen Anwendung des koproduzierten Wissens in politischen oder gesellschaftlichen Kontexten.

Diese Einteilung verdeutlicht, dass Koproduktion nicht nur eine Methode der gemeinsamen Erkenntnisgewinnung ist, sondern auch eine Form der gemeinsamen Reflexion und Handlungsvorbereitung, die verschiedene Phasen der Wissensverarbeitung umfasst.

3.2 Kollaboration

Kollaborative Formen inter- und transdisziplinären Engagements sind seit der Etablierung der STS als eigenständige Disziplin in den 1980er-Jahren ein wichtiger Bestandteil ihrer Forschungspraxis. In den letzten zehn Jahren hat die Verbreitung und Anerkennung kollaborativer Forschungsansätze stetig zugenommen. In diesem Zusammenhang wurde sogar die Frage aufgeworfen, ob sich die STS auf dem Weg zu einer „kollaborativen Wende" im Sinn eines Paradigmenwechsels befinden, in dessen Verlauf Kollaboration zum Standardansatz und zur Standardmethode wird (Farías, 2016).

Der kollaborative Forschungsansatz steht in engem Zusammenhang mit dem grundlegenden Selbstverständnis vieler STS-Forscher:innen, engagierte Wissenschaft zu betreiben. Engagierte STS-Forschung untersucht die sozialen Dynamiken, die wissenschaftliche, medizinische und Innovationspraktiken prägen, und zielt gleichzeitig darauf ab, diese Praktiken sozial verträglicher, nachhaltiger, sicherer und effektiver zu gestalten (Sismondo, 2008).

Die Auseinandersetzung mit Kollaboration auf einer theoretisch-konzeptionellen Ebene erforscht, wie sich heterogene Akteur:innen über (gesamt)gesellschaftlich relevante Problembestimmungen verständigen und zusammenarbeiten. Ziel ist dabei zu reflektieren, wie in heterogenen Kollektiven Lösungen für ein gemeinsames Problem gefunden werden können, die in ihrer Umsetzung über einseitige Wissensvermittlung hinausgehen und auf Dialog, wechselseitigem Lernen und wechselseitig sorgetragenden Beziehungen basieren (Bogusz, 2020).

3.3 Experiment

Mit „Experiment" werden hier Forschungsperspektiven zusammengefasst, in denen klassische Methoden der empirischen Sozialforschung durch künstlerisch-kreative, spekulative oder aktivistische Ansätze ergänzt oder ersetzt werden. Ziel ist es, die Grenzen zwischen

Kunst, Technologie, sozialer Intervention und wissenschaftlicher Forschung produktiv zu verwischen und neue Formen der Erkenntnis und des gesellschaftlichen Dialogs zu ermöglichen. Solche experimentellen Formate laden dazu ein, Forschung nicht nur als systematische Wissensgenerierung zu begreifen, sondern auch als ästhetische Praxis, als gesellschaftliche Intervention und als Reflexionsraum über Normen, Werte und Infrastrukturen.

Der Sammelband „Inventing the Social" (Marres et al., 2018) bietet einen Überblick über eine Vielzahl solcher experimentellen Methoden, die in den STS und angrenzenden Feldern entwickelt wurden. Sie reichen von spekulativen Designmethoden bis hin zu performativen Recherchestrategien, die sowohl für partizipative Forscher:innen als auch für aktivistische Praktiken relevant sind.

Ein Beispiel für ein besonders sichtbar-künstlerisches und zugleich partizipativ-technisches Projekt ist „Air Monitoring with Balloons" (Gabrys, 2019; Gabrys et al., 2016). In diesem Projekt entwickelten Wissenschaftler:innen gemeinsam mit Bürger:innen und Künstler:innen luftgestützte Messsysteme zur Erfassung von Feinstaub und Luftverschmutzung im urbanen Raum. Die Ballons – ausgestattet mit kostengünstigen Sensoren und GPS – dienten nicht nur der Datenerhebung, sondern fungierten zugleich als ästhetisch aufgeladene Signale in der Stadtlandschaft. Sie machten das Unsichtbare sichtbar und aktivierten Diskussionen über Umweltgerechtigkeit, Datenzugang und partizipative Infrastrukturpolitik. Die kreative Verbindung von Design, Technologie und politischer Botschaft veranschaulicht die Rolle des Experiments als öffentlicher, partizipativer Forschungsraum.

Ein weiteres Beispiel, das stärker den Fokus auf partizipative Infrastrukturentwicklung legt, ist die Studie von Christian Nold (2018) zur Lärmkontroverse am Londoner Flughafen Heathrow. In diesem Fall wurde mit Anwohner:innen gemeinsam ein alternativer Prototyp zur Messung und öffentlichen Archivierung von Fluglärm entwickelt. In Gruppendiskussionen wurden Kriterien definiert, die in einem öffentlich zugänglichen Online-Archiv dokumentiert wurden. Drei Messgeräte wurden im Umfeld des Flughafens installiert. Die erhobenen Daten deckten Unregelmäßigkeiten im offiziellen Monitoring des Flughafenbetreibers auf. Obwohl weniger künstlerisch, zeigt dieses Beispiel, wie experimentelle Gestaltung auch ohne visuelle Dramatisierung als sozial-interventionistische Methode genutzt werden kann – als ein Mittel, um Infrastrukturen zu problematisieren, Machtverhältnisse offenzulegen und technopolitische Aushandlungen anzustoßen.

Beide Fallbeispiele verdeutlichen, wie experimentelle Praktiken in den STS konzipiert und genutzt werden können, um sich reflexiv, partizipativ und auch provokativ mit gesellschaftlich relevanten Themen auseinanderzusetzen – und dies zielt nicht nur auf Erkenntnisgewinnung ab, sondern auch auf eine Veränderung von Wahrnehmung, Handlungsmöglichkeiten und Machtverhältnissen.

3.4 Zwischenfazit

Die drei vorgestellten STS-Konzepte verweisen darauf, dass partizipative Forschung von unterschiedlichen Akteur:innen mit unterschiedlichen Infrastrukturen, Ressourcen, Interessen und Methoden realisiert wird. Sie heben die Relevanz von Konzepten zu deren Beschreibung und Verständnis, wie denen der Koproduktion neuen Wissens durch Akteur:innen mit diversen Wissensformen, Formen der Kollaboration zwischen den Akteur:innen sowie das Experiment als Beschreibung künstlerisch-kreativer sowie innovativ-aktivistischer Forschungsansätze in den STS und darüber hinaus hervor. Im zuletzt vorgestellten Konzept verschwimmt bereits die Unterscheidung zwischen theoretisch-konzeptionellen Forschungsperspektiven und praktisch-experimentell ausgerichteten partizipativen Forschungsansätzen, in denen STS-Forscher:innen selbst als Praktiker:innen aktiv waren. Diese werden im nächsten Abschnitt vertiefend dargestellt.

4 STS-Forscher:innen als CS-Praktiker:innen

STS-Forscher:innen können eine einzigartige Mischung aus kritischer Analyse, ethischer Einsicht, Kommunikationsfähigkeit und interdisziplinärem Training in den Bereich der CS einbringen. Ihre Beiträge reichen von der kritischen Analyse von Machtdynamiken in Projekten bis hin zu ethischer Beratung, öffentlichem Engagement, Kapazitätsaufbau, interdisziplinärer Zusammenarbeit und kritischer Technologieberatung. Diese Elemente können in der praktischen Umsetzung der theoretischen Dimensionen von Koproduktion, Kollaboration und Experimenten an der Schnittstelle von STS und CS gewinnbringend zur Anwendung kommen, wie die drei folgenden Beispiele zeigen.

4.1 Beispiel 1: BabyLegs

Das Projekt „BabyLegs" untersucht die Entwicklung des zur Überwachung der Mikroplastikverschmutzung im Meer entwickelten Open-Source-Geräts BabyLegs (Liboiron, 2017). BabyLegs ist eine kostengünstige Alternative zu herkömmlichen wissenschaftlichen Instrumenten und ermöglicht gemeinschaftliche Forschung und Datenerhebung in ländlichen und küstennahen Gebieten. Das Projekt untersucht die Herausforderungen, die sich aus dem Umgang mit geistigem Eigentum und der universitären Technologietransferpolitik ergeben, um BabyLegs als Open-Source-Produkt verschiedenen Interessengruppen zugänglich zu machen. Das Projekt integriert Methoden und epistemische Perspektiven der STS.

Koproduktion: Das Projekt erkennt die Koproduktion wissenschaftlichen Wissens und technologischer Artefakte mit sozialen Kontexten an. Durch die Einbeziehung ländlicher und indigener Gemeinschaften in Neufundland und Labrador in die Entwicklung und Nutzung von BabyLegs schätzt das Projekt die Bedeutung der Einbeziehung lokalen Wissens und lokaler Werte in die wissenschaftliche Forschung wert.

Kollaboration: Zusammenarbeit ist insofern ein zentrales Element des Projekts, als es verschiedene Interessengruppen einbezieht, darunter Forscher:innen, Gemeindemitglieder und Aktivist:innen. Durch die Zusammenarbeit dieser Gruppen fördert das Projekt demokratische und partizipative Ansätze in der Wissenschaft und stellt traditionelle Hierarchien und Machtstrukturen in der Wissenschaft infrage.

Experiment: Das Projekt nutzt experimentelle Taktiken, um bestehende Normen und Praktiken zu hinterfragen, insbesondere in Bezug auf Rechte geistigen Eigentums und Technologietransfer. Indem es sich der universitären IP-Politik widersetzt und BabyLegs als Open-Source-Gerät entwickelt, erforscht das Projekt alternative Modelle der Wissensproduktion und -verbreitung.

Insgesamt ist BabyLegs ein Beispiel dafür, wie STS-Methoden wissenschaftliche Forschung und Innovation beeinflussen und gestalten können, indem sie die Bedeutung von Koproduktion, Kollaboration und Experiment für die Bewältigung gesellschaftlicher Herausforderungen und die Förderung gerechterer Formen der Wissensproduktion hervorheben.

4.2 Beispiel 2: Digital Preservation Europe

Das Projekt „Digital Preservation Europe" untersucht die komplexe Beziehung zwischen Digitalisierung und der Repräsentation von kulturellem Erbe (Nyhlén & Gidlund, 2019). Während die Digitalisierung verspricht, etablierte Machtstrukturen und ausschließende Praktiken infrage zu stellen, hängt ihr transformatives Potenzial davon ab, wie sie umgesetzt wird. Anstatt bestehende Normen und Praktiken einfach zu reproduzieren, zielt das Projekt darauf ab, in den Digitalisierungsprozess einzugreifen, indem es eine reflexive Designmethode anwendet, die auf kritischen Informationssystemen und normkritischen Designprinzipien basiert. Ausgehend von den Erkenntnissen der STS erkennt das Projekt an, dass Technologie nicht neutral ist, sondern von sozialen, kulturellen und politischen Kontexten beeinflusst wird.

Die Methodik des Projekts basiert auf einer dreistufigen koproduktiven Übung, die dazu dient, Ein- und Ausschlussdynamiken bei der Gestaltung des digitalen Kulturerbes zu visualisieren und zu hinterfragen. Die Teilnehmenden werden aufgefordert zu identifizieren, was in ihrer täglichen Praxis ein- und ausgeschlossen wird, um eine Diskussion über die zugrunde liegenden Annahmen und Möglichkeiten der Veränderung anzuregen. Durch Workshops und empirische Fallstudien versucht das Projekt, die Perspektiven zu erweitern und wirklich inklusive Praktiken bei der Präsentation des digitalen Kulturerbes zu fördern. Auf der Grundlage von STS-Perspektiven erkennt das Projekt das komplexe Zusammenspiel zwischen Technologie und Gesellschaft an und unterstreicht die Bedeutung einer kollaborativen kritischen Bewertung von Digitalisierungsprozessen, um Fragen der Macht und des Ausschlusses anzugehen. Durch die Einbeziehung normkritischer Gestaltungsprinzipien sollen etablierte Normen und Praktiken infrage gestellt werden, um letztlich zu einer inklusiveren und transformativen Darstellung des digitalen Kulturerbes beitragen.

4.3 Beispiel 3: Genese eines Hämophilie-Pflegezentrums

Das Projekt konzentriert sich auf die Schnittstelle zwischen den STS und der praktischen Gesundheitsfürsorge im Bereich der Versorgung von Menschen mit Hämophilie (Zuiderent-Jerak, 2010). Es stellt herkömmliche Darstellungen des Fortschritts in der medizinischen Versorgung infrage, indem es die Komplexität und die Herausforderungen hervorhebt, die mit der Einführung neuer Versorgungsformen und medizinischer Geräte verbunden sind. Statt Fortschritte als lineare Verbesserung zu betrachten, nimmt das Projekt eine kritische Haltung ein und erkennt an, dass Veränderungen in der Versorgungspraxis häufig neue Probleme und Komplexitäten in der sozio-technischen Landschaft des Gesundheitswesens hervorrufen.

Im Mittelpunkt des Projekts steht das Konzept einer „interventionistischen" STS-Forschung, d. h., dass Forscher:innen aktiv an der Gestaltung und Verbesserung von Gesundheitspraktiken mitwirken, anstatt diese nur zu beobachten oder zu analysieren. Diesem Ansatz liegt die Überzeugung zugrunde, dass Forschende eine proaktive Rolle bei der Bewältigung der Herausforderungen und Komplexitäten des Gesundheitswesens spielen und zur Entwicklung effektiverer und ethischer Praktiken beitragen können.

Das Projekt untersucht theoretische Perspektiven der Intervention in der STS-Forschung und betont die Bedeutung der „künstlerischen Kontamination" als Mittel für Forscher:innen, sich mit der Normativität der von ihnen untersuchten Praktiken auseinanderzusetzen. Durch das Eintauchen in die normative Komplexität des Gesundheitswesens können Forscherinnen ein tieferes Verständnis der Dynamik entwickeln und Möglichkeiten für sinnvolle Interventionen erkennen (Zuiderent-Jerak & Bruun Jensen, 2007; siehe auch Downey & Zuiderent-Jerak, 2021). Ein zentrales Argument des Projekts ist die Notwendigkeit eines situierten und experimentellen Ansatzes der Intervention, der die Komplexität und Heterogenität der Praktiken im Gesundheitswesen anerkennt. Anstatt Normen oder Werte von außen aufzuzwingen, sollten sich die Forscher:innen mit den spezifischen Kontexten und Dynamiken des jeweiligen Umfelds auseinandersetzen und ihre Interventionen auf die einzigartigen Herausforderungen und Möglichkeiten zuschneiden.

Um diese Konzepte in der Praxis zu veranschaulichen, stellt das Projekt eine Fallstudie über den Aufbau eines Hämophilie-Pflegezentrums an einer niederländischen Universitätsklinik vor. In dieser Fallstudie nahm der Forscher aktiv an dem organisatorischen Veränderungsprozess teil und arbeitete gemeinsam mit dem Gesundheitspersonal an der Neugestaltung und Verbesserung der Hämophilieversorgung.

Anhand dieser Fallstudie zeigt das Projekt, wie interventionistische STS-Forschung zu sinnvollen Verbesserungen im Gesundheitswesen und anderen Bereichen führen kann. Durch die aktive Zusammenarbeit mit Praktiker:innen und Interessenvertreter:innen können Forscher:innen verbesserungsbedürftige Bereiche identifizieren und Interventionen entwickeln, die auf die spezifischen Bedürfnisse und Herausforderungen des Gesundheitswesens eingehen. Das Projekt unterstreicht auch die Bedeutung einer kritischen und damit koproduktiven Haltung während des gesamten Interventionsprozesses. Forscher:innen sollen sich vor der Gefahr der Kooptierung und des Social Engineering hüten und sicherstellen, dass ihre Interventionen von der Verpflichtung zu ethischer und effektiver Pflege und nicht von externen Agenden oder Interessen geleitet werden. Dabei ist es epistemisch notwendig, mit allen beteiligten Akteur:innen (insbesondere Patient:innen) zusammenzuarbeiten, um deren genuines Erfahrungswissen zu integrieren.

4.4 Zwischenfazit

Die drei Beispiele verdeutlichen, wie STS-Forscher:innen kritische Analysen, ethische Einsicht und interdisziplinäres Training in ihrer Forschung operationalisieren. Beispiele wie „BabyLegs“ betonen die Koproduktion von Wissen, indem sie lokales Wissen einbeziehen, Zusammenarbeit fördern und bestehende sozio-epistemische Normen durch Experimente hinterfragen. „Digital Preservation Europe“ greift in die Digitalisierung kulturellen Erbes durch normkritisches Design ein und betont die Nicht-Neutralität von Technologie. Das „Hämophilie-Pflegezentrum“ verbindet STS-Forschung mit Gesundheitspraxis, indem es die aktive Kollaboration von Forschenden und Patient:innen bei der Gestaltung ethischer Praktiken betont. Diese Beispiele zeigen, wie STS-Methoden eingesetzt werden, um gerechtere Formen der Wissensproduktion zu fördern, was auch ein Desiderat für die Praxis der CS darstellt.

5 Zusammenfassung und Ausblick

Der vorliegende Beitrag bietet einen vertieften Einblick in die vielfältigen partizipativen Forschungsansätze innerhalb der Science and Technology Studies (STS) und deren Bedeutung für das Feld der Citizen Science (CS) und veranschaulicht, wie Perspektiven und Methoden der STS die CS bereichern können und umgekehrt. Drei zentrale Konzepte der STS standen im Mittelpunkt der Betrachtung: Koproduktion, Kollaboration und Experiment.

Die Idee der Koproduktion in den STS betont die enge Verflechtung von Wissenschaft und Gesellschaft in der Wissensproduktion. Ein herausragendes Beispiel ist das Projekt „BabyLegs“, das ein Open-Source-Gerät zur Überwachung der Mikroplastikverschmutzung im Meer entwickelt hat. Die Einbeziehung lokaler Gemeinschaften unterstreicht die Bedeutung lokalen Wissens in der wissenschaftlichen Forschung und zeigt, wie kollaborative Forschung zu einem tieferen Verständnis und einer breiteren Akzeptanz wissenschaftlicher Ergebnisse führen kann (siehe auch Mahr, 2021).

Kollaboration ist ein weiteres zentrales Konzept der STS, das auf die Zusammenarbeit verschiedener Interessengruppen abzielt. Projekte wie „Digital Preservation Europe“ betonen die Notwendigkeit, konventionelle Praktiken einer Überprüfung zu unterziehen und alternative Modelle der Wissensproduktion zu erforschen. Dieser Ansatz fördert nicht nur die Demokratisierung der Wissenschaft, sondern stellt auch traditionelle Machtstrukturen infrage und trägt zum Aufbau einer vielfältigen und integrativen Forschungsgemeinschaft bei.

Experimentelle Forschungsmethoden werden auch in den STS eingesetzt, um neue Erkenntnisse zu gewinnen und bestehende Normen herauszufordern. Ein spannendes Beispiel ist das Projekt zur Untersuchung des Fluglärms am Londoner Flughafen Heathrow, das künstlerische und kreative Methoden einsetzt, um gesellschaftliche Kontroversen zu untersuchen und Interventionen zu ermöglichen. Diese experimentellen Ansätze tragen dazu bei, die Grenzen zwischen Kunst, Aktivismus und traditioneller Forschung aufzulösen und neue Wege der Wissensproduktion und -vermittlung zu eröffnen.

Diese Beispiele zeigen, wie die Perspektiven und Methoden der STS dazu beitragen können, die Bemühungen der Citizen Science zu stärken – etwa durch die konzeptionelle Schärfung von Koproduktion, die Reflexion von Kollaborationsformen oder durch experimentelle Ansätze, die neue Räume der Beteiligung eröffnen. Gleichzeitig eröffnet die Beschäftigung mit Citizen Science auch neue Impulse für die STS selbst: Sie macht auf Fragen der Skalierung, der Infrastrukturentwicklung und der öffentlichen Relevanz von Forschung aufmerksam – Aspekte, die in klassischen STS-Diskussionen bislang zumeist randständig behandelt wurden. In diesem Zusammenspiel liegt die besondere Stärke eines produktiven Austauschs: Beide Felder können voneinander lernen – und gemeinsam neue Formen partizipativer Wissensproduktion gestalten, die auf die Herausforderungen komplexer Gesellschaften reagieren.

Die Diskussion über die Integration von STS-Perspektiven in die CS und umgekehrt ermöglicht es, über die Grenzen traditioneller wissenschaftlicher Disziplinen und der impliziten Machtstrukturen zwischen Lai:innen und Expert:innen, die auch im Zuge der zunehmenden Professionalisierung der CS beobachtet werden können (Mahr, 2023), hinweg neues Wissen zu generieren und innovative Lösungen für komplexe gesellschaftliche Herausforderungen zu entwickeln. Sie zeigt, wie die Verbindung von Theorie und Praxis dazu beitragen kann, die Wechselwirkungen zwischen Wissenschaft, Technologie und Gesellschaft besser zu verstehen und aktiv zu gestalten. Als eine derartige Gestaltungskraft (und nicht nur als Methode verstanden) kann die CS von den Perspektiven der STS in den im Folgenden umrissenen Dimensionen profitieren.

Reflexion von Machtstrukturen STS-Ansätze können dabei helfen, Machtverhältnisse innerhalb von CS-Projekten zu analysieren und kritisch zu reflektieren – etwa hinsichtlich der Frage, wer Zugang zu welchen Entscheidungen, Daten oder Deutungsmacht hat. Dabei wird nicht vorausgesetzt, dass alle Beteiligten denselben Grad an Mitbestimmung wünschen: Manche Teilnehmende möchten sich aktiv in Forschung und Gestaltung einbringen, andere bevorzugen eine punktuelle, aufgabenbezogene Beteiligung – etwa durch das Hochladen von Beobachtungsdaten. STS-Perspektiven können hier helfen, diese unterschiedlichen Beteiligungsformen sichtbar zu machen, zu legitimieren und gegebenenfalls Räume für freiwillige Einflussnahme zu schaffen.

Sensibilisierung für gesellschaftliche Auswirkungen STS fokussieren intensiv auf die gesellschaftlichen Auswirkungen von Wissenschaft und Technologie. Durch die Integration dieser Perspektive in CS-Projekte können Forscher:innen und andere Stakeholder:innen im Feld der CS ein besseres Verständnis für die sozialen, kulturellen und politischen Kontexte entwickeln, in denen ihre Arbeit stattfindet. Dadurch vermögen sie, ihre Projekte besser an die Bedürfnisse und Anliegen der Gesellschaft anzupassen und relevantere Ergebnisse zu erzielen.

Förderung von Reflexivität und Selbstkritik STS fördern die kontinuierliche Reflexion über Forschungspraktiken, Annahmen und Werte. Dies kann dazu beitragen, potenzielle Voreingenommenheiten und Vorurteile in partizipativen Forschungsprojekten besser zu identifizieren und zu bearbeiten und damit sicherzustellen, dass die Ergebnisse zuverlässig und repräsentativ sind.

Reflexives Toolkit: Was STS von Citizen Science lernen können

Während der vorliegende Beitrag vor allem beleuchtet, wie STS-Perspektiven Citizen-Science-Projekte bereichern können, lohnt sich auch ein systematischer Blick in die entgegengesetzte Richtung. Citizen Science – insbesondere in ihrer praktischen Vielfalt – bietet ein Repertoire an Verfahren, Haltungen und institutionellen Innovationen, von denen auch die STS als Forschungsfeld profitieren können. Im Sinn eines reflexiven Toolkits lassen sich vier Dimensionen identifizieren:

1. **Öffentlichkeitsnähe als epistemische Praxis**: CS-Projekte erproben kontinuierlich neue Formate der Wissenschaftskommunikation, des Dialogs und der Sichtbarkeit – von Online-Plattformen bis hin zu Community-Events. Diese öffentliche Verankerung könnte STS-Forschung inspirieren, ihre eigenen Ergebnisse sichtbarer und diskursiv anschlussfähiger zu gestalten.
2. **Methodische Innovation durch Pragmatismus**: Während STS-Methoden oft deutlich theoriebasiert sind, zeichnen sich viele CS-Projekte durch kreative, kontextbezogene und pragmatische Forschungsdesigns aus. Diese „methodische Improvisation" bietet Anregungen für reflexive STS-Methodenentwicklung – etwa durch niedrigschwellige Erhebungsformate oder situierte Validierungsprozesse.
3. **Institutionelle Infrastrukturen für Teilhabe**: Viele erfolgreiche CS-Initiativen haben nachhaltige, demokratisch strukturierte Infrastrukturen aufgebaut – Plattformen, Ethikrichtlinien, Beteiligungsgremien. Diese könnten Modell stehen für STS, die bislang oft projektgebunden und temporär partizipativ agieren.
4. **Politische Verantwortung und Allianzen**: CS-Projekte bewegen sich häufig explizit in gesellschaftspolitischen Spannungsfeldern (Umweltgerechtigkeit, Gesundheitsversorgung, Datenhoheit). Diese Nähe zu „realen" Problemlagen und politischen Konstellationen kann dazu beitragen, dass STS sich als engagiertes Forschungsfeld kritisch weiterentwickelt– nicht nur als Analytikerin, sondern als Ko-Akteurin gesellschaftlicher Veränderung.

In diesem Sinn kann die Auseinandersetzung mit Citizen Science nicht nur Impulse für die Praxis der partizipativen Forschung geben, sondern auch die Selbstverständnisse der STS als reflexive, öffentliche und transformative Wissenschaft schärfen.

Literatur

Bogusz, T. (2020). Kollaboratives Forschen. In S. Selke, O. Neun, R. Jende, S. Lessenich, & H. Bude (Hrsg.), *Handbuch Öffentliche Soziologie*, Reihe: Öffentliche Wissenschaft und gesellschaftlicher Wandel, 1–9. Springer Fachmedien. https://doi.org/10.1007/978-3-658-16991-6_28-1

Conde, M., & Walter, M. (2022). Knowledge co-production in scientific and activist alliances: Unsettling coloniality. *Engaging Science, Technology, and Society, 8*, 150–170. https://doi.org/10.17351/ests2022.479

Downey, G. L., & Zuiderent-Jerak, T. (Hrsg.). (2021). *Making & doing: Activating STS through knowledge expression and travel*. The MIT Press.

Fan, F., & Chen, S.-L. (2019). Citizen, science, and citizen science. *East Asian Science, Technology and Society: An International Journal, 13*, 181–193. https://doi.org/10.1215/18752160-7542643

Farías, I. (2016). Editorial – A collaborative turn in STS? *EASST Review, 35*(1), 1–3.

Felt, U., Fouché, R., Miller, C., & Smith-Doerr, L. (2017). *The handbook of science and technology studies* (4. Aufl.). The MIT Press.

Gabrys, J. (2019). Sensing the air and experimenting with environmental citizenship. In R. Glas, S. Lammes, M. de Lange, J. Raessens, & I. de Vries (Hrsg.), *The playful citizen. Civic engagement in a mediatized culture* (S. 175–194). Amsterdam University Press.

Gabrys, J., Pritchard, H., & Barratt, B. (2016). Just good enough data: Figuring data citizenships through air pollution sensing and data stories. *Big Data & Society, 3*(2), 2053951716679677. https://doi.org/10.1177/2053951716679677

Giardullo, P., Neresini, F., Marín-González, E., Luís, C., Magalhães, J., & Arias, R. (2023). Citizen science and participatory science communication: an empirically informed discussion connecting research and theory. *Journal of Science Communication, 22*(02), A01. https://doi.org/10.22323/2.22020201

Hackett, E. J., Amsterdamska, O., Lynch, M. E., & Wajcman, J. (2007). *The handbook of science and technology studies* (3. Aufl.). The MIT Press.

Irwin, A. (2015). Citizen science and scientific citizenship: Same words different meanings? In B. Schiele, J. Le Marec, & P. Baranger (Hrsg.), *Science communication today: Current strategies and means of action* (S. 29–38). Presses Universitaires de Nancy.

Kasperowski, D., & Hillman, T. (2018). The epistemic culture in an online citizen science project: Programs, antiprograms and epistemic subjects. *Social Studies of Science, 48*, 564–588. https://doi.org/10.1177/0306312718778806

Kasperowski, D., & Kullenberg, C. (2019). The many modes of citizen science. *Science & Technology Studies, 32*, 2–7. https://doi.org/10.23987/sts.74404

Kinchy, A. (2024). Citizen science. In U. Felt & A. Irwin (Hrsg.), *Elgar encyclopedia of science and technology studies* (S. 215–224). Edward Elgar Publishing.

Kinchy, A., & Kimura, A. H. (2019). *Science by the people: Participation, power, and the politics of environmental knowledge*. Science Communication Today: Current Strategies and Means of Action. Rutgers University Press.

Liboiron, M. (2017). Compromised agency: The case of BabyLegs. *Engaging Science, Technology, and Society, 3*, 499–527. https://doi.org/10.17351/ests2017.126

Lippert, I., Mewes, J., Helm, P., Laser, S., Sørensen, E., & Kocksch, L. (2021). *stsing: Doing STS In, Through And Beyond the German Academic System*. Preprint. SocArXiv. https://doi.org/10.31235/osf.io/8pu5c

Mahr, D. (2021). *The knowledge of experience: Exploring epistemic diversity in digital health, participatory medicine, and environmental research*. Springer. https://doi.org/10.1007/978-981-16-3702-5

Mahr, D. (2023). Does it make sense to professionalize and institutionalize citizen science? *NanoEthics, 17*, 11. https://doi.org/10.1007/s11569-023-00446-1

Mahr, D., Göbel, C., Irwin, A., & Vohland, K. (2018). Watching or being watched: Enhancing productive discussion between the citizen sciences, the social sciences and the humanities. In S. Hecker, M. Haklay, A. Bowser, Z. Makuch, J. Vogel, & A. Bonn (Hrsg.), *Citizen science. Innovation in open science, society and policy* (S. 99–109). UCL Press.

Marres, N., Guggenheim, M., & Wilkie, A. (2018). *Inventing the social*. Mattering Press.

Nold, C. (2018). Turning controversies into questions of design: Prototyping alternative metrics for heathrow airport. In N. Marres, M. Guggenheim, & A. Wilkie (Hrsg.), *Inventing the Social* (S. 94–124). Mattering Press.

Nyhlén, S., & Gidlund, K. L. (2019). 'Everything' disappears … reflexive design and norm-critical intervention in the digitalization of cultural heritage. *Information, Communication & Society, 22*, 1361–1375. https://doi.org/10.1080/1369118X.2018.1424922

Ottinger, G. (2022). Misunderstanding citizen science: Hermeneutic ignorance in U.S. Environmental Regulation. *Science as Culture, 31*, 504–529. https://doi.org/10.1080/09505431.2022.2035710

Pelacho, M., Rodríguez, H., Broncano, F., Kubus, R., Sanz García, F., Gavete, B., & Lafuente, A. (2021). Science as a commons: Improving the governance of knowledge through citizen science. In K. Vohland, A. Land-Zandstra, L. Ceccaroni, R. Lemmens, J. Perelló, M. Ponti, R. Samson, & K. Wagenknecht (Hrsg.), *The science of citizen science* (S. 57–78). Springer International Publishing. https://doi.org/10.1007/978-3-030-58278-4_4

Peltola, T., & Ratamäki, O. (2023). Sharing epistemic power: Digitally mediated wolf monitoring in Finland. *Science as Culture, 33*(3), 1–24. https://doi.org/10.1080/09505431.2023.2214148

Piña-Romero, J., Reyes-Galindo, L., & Vallejo Novoa, L. A. (2022). Citizen science in Latin America and the Global South, Part 1. *Tapuya: Latin American Science, Technology and Society, 5(1)*, 2145040. https://doi.org/10.1080/25729861.2022.2145040

Sismondo, S. (2008). Science and technology studies and an engaged program. In E. J. Hackett (Hrsg.), *The handbook of science and technology studies* (3. Aufl., S. 13–31). The MIT Press.

Strasser, B. J., Tancoigne, E., Baudry, J., Piguet, S., Spiers, H., Luis-Fernandez Marquez, J., Kasparian, J., Grey, F., Anderson, D., & Lintott, C. (2023). Quantifying online citizen science: Dynamics and demographics of public participation in science. *PLoS One, 18*, e0293289. https://doi.org/10.1371/journal.pone.0293289

Van Oudheusden, M., Berti Suman, A., Huyse, T., Huyse, H., & Medvecky, F. (2024). The valuable plurality of the citizen sciences. *Science & Technology Studies, 37*(1), 10–20. https://doi.org/10.23987/sts.126210

Wylie, S., Shapiro, N., & Liboiron, M. (2017). Making and doing politics through grassroots scientific research on the energy and petrochemical industries. *Engaging Science, Technology, and Society, 3*, 393–425. https://doi.org/10.17351/ests2017.134

Zuiderent-Jerak, T. (2010). Embodied interventions – Interventions on bodies: Experiments in practices of science and technology studies and hemophilia care. *Science, Technology, & Human Values, 35*, 677–710. https://doi.org/10.1177/0162243909337119

Zuiderent-Jerak, T., & Bruun Jensen, C. (2007). Editorial introduction: Unpacking 'intervention' in science and technology studies. *Science as Culture, 16*, 227–235. https://doi.org/10.1080/09505430701568552

Dr. Julie Sascia Mewes ist als wissenschaftliche Koordinatorin der PartWiss-Konferenzreihe tätig und forscht mit und über ethnographische und partizipative Methodenpraxis in den STS.

Dr. Dana Mahr Forscherin am KIT-ITAS zu Technikfolgenabschätzung, Citizen Science und epistemischer Diversität an den Schnittstellen von Technik und Gesellschaft.

Constanze Scherz forscht zu partizipativen Verfahren in der Technikfolgenabschätzung, Methoden des Wissenstransfers und der Politikberatung.

Partizipative Ansätze in der Gesundheitsforschung

Raphaela E. Kaisler, Gertrud Hammel, Birgit Behrisch, Susanne Hartung, Nils B. Heyen, Sarah Weschke und Viktor von Wyl

1 Einleitung

„Citizen Science" – im Deutschen „Bürgerwissenschaften" – wird in diesem Handbuch als spezielle methodische Anwendung von Partizipation betrachtet. Unter Bürgerwissenschaften in der medizinischen und Gesundheits-Forschung werden verschiedene Beteiligungsgrade von Bürger:innen, Fachkräften, Patient:innen und Angehörigen zusammengefasst, wobei eine aktive und gleichberechtigte Beteiligung in mindestens einem Prozessabschnitt eines Projekts erfolgen muss, damit von einem bürgerwissenschaftlichen Ansatz gesprochen werden kann (Kaisler et al., 2026; Hammel et al., 2021).

R. E. Kaisler (✉)
Bertha von Suttner Privatuniversität St. Pölten, St. Pölten, Österreich
E-Mail: raphaela.kaisler@suttneruni.at

G. Hammel
Universität Augsburg, Augsburg, Deutschland

B. Behrisch
Katholische Hochschule für Sozialwesen Berlin, Berlin, Deutschland

S. Hartung
Hochschule Neubrandenburg, Neubrandenburg, Deutschland

N. B. Heyen · S. Weschke
Fraunhofer-Institut für System- und Innovationsforschung (ISI), Karlsruhe, Deutschland

V. von Wyl
Helmholtz-Zentrum für Umweltforschung (UFZ), Deutsches Zentrum für Integrative Biodiversitätsforschung (iDiv) Halle-Jena-Leipzig/Nationales Monitoringzentrum zur Biodiversität, Zürich, Schweiz

S. Voigt-Heucke et al., *Praxishandbuch Partizipation in der Wissenschaft*,
https://doi.org/10.1007/978-3-658-51093-0_13

Partizipative Gesundheitsforschung (PGF) ist ein partizipativer Ansatz, der die Gesundheit in den Blick nimmt und dabei auf eine lange Tradition von Ansätzen zurück geht, die eine aktive Beteiligung und Mitgestaltung in der Forschung anstreben und ermöglichen. So kommen hier u. a. die Ideen von Kurt Lewin (1946) zum Tragen, der in den 1940er-Jahren den Begriff ‚Action Research' prägte. Diese Forschungsrichtung setzt darauf, dass Forschende durch konkrete praxisrelevante Entwicklungen auf das untersuchte Feld einwirken. In Deutschland führte in den 1970er-Jahren die Verbindung verschiedener feministischer, postkolonialer und gesellschaftskritischer Theorien zu einer Vielzahl angewandter Action-Research-Ansätze (von Unger, 2014).

Das Hauptanliegen der heutigen PGF liegt neben der Wissensgenerierung darin, eine nachhaltige Veränderung der (Lebens-)Situation für die von der Forschung Betroffenen (in der Gesundheitsforschung sind das z. B. Patient:innen) zu realisieren. Der wissenschaftliche Erkenntnisgewinn findet durch eine Zusammenarbeit aller Beteiligten im Forschungsprozess statt (Behrisch & Wright, 2018). Dabei fließt neben fachwissenschaftlichem Wissen auch Erfahrungswissen aus professioneller Tätigkeit und dem Alltagsleben ein (von Unger, 2014) und ist heute ein häufig geforderter Bestandteil vieler Forschungsförderprogramme. Insbesondere im deutschsprachigen Raum werden PGF-Ansätze verstärkt beachtet (Hartung et al., 2025; Bethmann et al., 2021).

Zur Unterscheidung echter Partizipation und „Schein-Partizipation" nutzen Forschende verschiedene Stufenmodelle, die auf Arnsteins Bürgerbeteiligungsmodell (1969) basieren. Tatsächliche Partizipation wird dabei definiert als Verfahren, das die Mitbestimmung, Entscheidungskompetenz oder Selbstorganisation (als eigenverantwortliche Leitung und Organisation von Projekten durch nicht-akademisch Forschende und über Partizipation hinausgehende Stufe) ermöglicht. Formen wie Instrumentalisierung und Anweisung werden als Nicht-Partizipation, reine Information und Anhörung bereits als Vorstufen von Partizipation betrachtet. Dabei ist zu beachten, dass tatsächliche Partizipation und nicht „Schein-Partizipation" in Forschungsprogrammen gefordert wird. Haklay (2013) adaptierte Arnsteins Modell für Citizen Science und unterscheidet vier Beteiligungsgrade: Bei Level 1 und 2 („Crowdsourcing", „Distributive intelligence") beteiligen sich Bürger:innen an einfachen Aufgaben wie der Datensammlung über ihre Smartphones oder Bildklassifizierung, ohne spezielle Fachkenntnisse zu benötigen. Level 3 („Participatory science") umfasst konzeptionelle Mitarbeit, inklusive Hypothesenentwicklung, was oft Fachkenntnis und ein andauerndes Engagement erfordert. Auf Level 4 („Extreme citizen science") sind Bürger:innen in alle Phasen des Forschungsprozesses eingebunden. Haklay (2013) plädiert dafür Bürger:innen zu höheren Stufen an Beteiligung zu ermutigen, um ein tieferes wissenschaftliches Verständnis und gesellschaftliche Teilhabe zu stärken. Internationale Entwicklungen der PGF thematisieren zudem die Klärung von Partizipationsbegriffen und ethischen Fragen, die Evaluation des Mehrwerts sowie eine Vernetzung und Ausdifferenzierung der Ansätze (Wright, 2021).

In der medizinischen und Gesundheits-Forschung sollten Citizen Science und partizipative Ansätze wie die PGF stets eine aktive und sinnvolle Einbindung aller Beteiligten ermöglichen. Bürger:innen und Patient:innen können in verschiedenen Forschungsphasen eingebunden werden – wie etwa bei Themenwahl, Methodenauswahl, Datenerhebung und Ergebnisverbreitung. Die Forderung „Nichts über uns ohne uns“ aus der Behindertenrechtsbewegung gewinnt zunehmend an Bedeutung in der Gesundheitsforschung (Forsythe et al., 2018) und betont dabei den Mehrwert von Erfahrungswissen der Betroffenen als Expert:innen, dass herkömmlicher Forschung oft fehlt. Ihre Perspektiven tragen zur Empathie und Relevanz der Forschung für die Betroffenen bei. Dieser Ansatz erkennt das Wissen, das Patient:innen und ihre Angehörigen über eine bestimmte (meist chronische) Erkrankung haben, als Expertise an und nutzt es systematisch in allen Phasen des Forschungsprozesses.

Der Begriff der Gesundheit wird in der PGF nicht nur als Abwesenheit von Krankheit oder deren Verhinderung (Prävention) verstanden, sondern umfasst auch die Erhaltung und Förderung von Gesundheit außerhalb des Krankenversorgungssystems (Gesundheitsförderung). Insbesondere die Motivation von Patient:innen und Angehörigen, an einem bürgerwissenschaftlichen Projekt teilzunehmen, resultiert häufig aus einem hohen Leidensdruck infolge einer chronischen Erkrankung oder aus der Erfahrung mangelnder Versorgungsstrukturen. Diagnostik und Behandlung von Erkrankungen beschränken sich in der Regel auf quantitativ erfassbare Symptome. Erfahrungen bei der Bewältigung der Erkrankung und psychische Belastungen der Patient:innen und Angehörigen gehen nicht umfassend genug in herkömmliche Studien ohne Beteiligung ein. Ein ganzheitliches Gesundheitsverständnis bezieht, neben der physischen und psychischen, auch die soziale, die emotionale, die sexuelle bis hin zur spirituellen Dimension ein (Naidoo & Wills, 2019, S. 33). Dazu gehören auch Einflussfaktoren auf Lebensweisen und -bedingungen, wie Arbeit, soziale Netzwerke und Infrastrukturen (Modell der Determinanten von Gesundheit von Dahlgren & Whitehead, 1991, 2021), die von Erfahrungen der betroffenen Personen wirkungsvoll profitieren.

In diesem Beitrag werden spezifische Aspekte von Bürgerwissenschaften in der medizinischen und Gesundheits-Forschung dargestellt, u. a. das Subjekt-Objekt-Dilemma, gesundheitliche Ungleichheit, Digitalisierung, Transdisziplinarität. Weitere relevante Überlegungen zu Studienplanung, Daten und Informationen, Gesundheitsressourcen, Veränderung von Einstellungen sowie Selbstreflexion sind bei Kaisler et al. (2026) nachzulesen.

2 Mehrwert und Besonderheiten partizipativer Ansätze der Gesundheitsforschung

Die Einbindung von Betroffenen und nicht-akademisch Forschende in die Gesundheitsforschung bietet vielfältige Mehrwerte. Forschende gewinnen Einblicke in den Lebensalltag von Betroffenen, was die Relevanz und Umsetzbarkeit von Studien gemeinsam mit Betroffenen erhöht. Erfahrungswissen und persönliche gesundheitsrelevante Informationen der Betroffenen fließen gezielt in den Forschungsprozess ein und fördern eine stärkere Ausrichtung auf den Gesundheitserhalt. Persönliche Kontakte verbessern die Motivation aller Beteiligten und erhöhen die Akzeptanz und Teilnahmebereitschaft. Die Selbstreflexion fördert die Auseinandersetzung mit der eigenen Erkrankung, woraus neue und praxisnahe Forschungsfragen entstehen und zu einer vielfältigeren und bedarfsgerechteren Forschungslandschaft führen. Insgesamt trägt die Einbindung von Betroffenen dazu bei, Forschungsthemen und -ziele bedarfsgerechter zu gestalten, die Gesundheitsversorgung zu verbessern und das Vertrauen zwischen Forschung und Öffentlichkeit zu stärken (Kaisler et al., 2026).

2.1 Subjektivität und Objektivität in der Gesundheitsforschung

In der medizinischen Forschung stehen die teilnehmenden Patient:innen und Angehörigen vor dem Dilemma, gleichzeitig Forschungsobjekte und aktive Mitgestaltende als "Expert:innen" zu sein. Diese doppelte Rolle gefährdet jedoch nicht zwangsläufig die Objektivität. Die Distanz zum Forschungsgegenstand ist in der Wissenschaft ein wichtiges Kriterium, um wissenschaftliche Qualität im Sinn der Übertragbarkeit und Verallgemeinerung von Ergebnissen zu gewährleisten. In der PGF muss die zwangsläufige Nähe zum Forschungsgegenstand bewusst reflektiert und im Forschungsprozess fortlaufend diskutiert werden.

In der Praxis sind bereits während der Projektplanung eine klare Festlegung von Verantwortlichkeiten und die Klärung der Rollen aller Beteiligten hilfreich. Rollenwechsel innerhalb der Forschungsgruppe sollten transparent gemacht werden. Ziel muss es sein, die Balance von Nähe zum Forschungsgegenstand, die ja für erweitertes Wissen und neue Erkenntnis gewünscht ist, und Distanzverlust und damit der drohenden Unwissenschaftlichkeit auszutarieren. Um diesen Balanceakt zu bewältigen, bedarf es einer geschulten Projektleitung.

2.2 Verminderung gesundheitlicher Ungleichheit

Partizipative Forschungsansätze wie die PGF (PartNet, 2015; Hartung et al., 2025) zielen darauf ab, (positive) Veränderungen für die Menschen anzustoßen – und zwar für die Menschen, die von den Themen der Forschung betroffen sind. PGF legt dabei den Schwerpunkt auf Gesundheit und die Verminderung von sozial bedingten gesundheitlichen Ungleichheiten bzw. auf die Herstellung einer gesundheitlichen Chancengleichheit.

Gesundheit und die Chancen auf gute Gesundheit sind gesellschaftlich ungleich verteilt. „Vermeidbare und ungerechte Unterschiede in der Gesundheit oder Gesundheitsversorgung zwischen sozialstrukturellen Gruppen“ (Brand, 2018, S. 454) werden als gesundheitliche Ungleichheiten bezeichnet und Handlungsbedarf abgeleitet. In Anlehnung an Whitehead (1992) sind Unterschiede als ungerecht zu bewerten, wenn sie sich (1) aus gesundheitsschädigendem Gesundheitsverhalten ergeben, das nicht frei gewählt wurde, sondern sich aus den begrenzten Wahlmöglichkeiten der sozioökonomischen Strukturen ableitet, wenn sich (2) Unterschiede infolge der Wirkungen ungesunder Lebens- und Arbeitsbedingungen ergeben und (3) die Unterschiede aus ungeeigneten und ungenügenden Zugängen zu Leistungen des Sozial- und Gesundheitswesens erwachsen.

Gesundheitliche Ungleichheit wird anhand des eigenen oder familiären sozioökonomischen Status (Einkommen, Bildung und beruflicher Status), aber auch im Zusammenhang mit Migrationsstatus, Wohnregion, Geschlecht und Zugehörigkeit zu einer Minderheit aufgrund ihrer sexuellen Orientierung beschrieben. Zusammenfassend gilt: Gruppen mit einem niedrigen sozioökonomischen Status unterliegen im Verlauf ihres Lebens einem tendenziell höheren Risiko, zu erkranken und früher zu sterben. Ursachen dafür sind vor allem strukturelle Faktoren (z. B. Wohn- und Arbeitsbedingungen), psychosoziale Faktoren (z. B. Stress, geringe soziale Unterstützung) und das Gesundheitsverhalten. Studien (u. a. Moor et al., 2017) zeigen, dass strukturelle Faktoren und ihre vielfältigen Einflüsse am bedeutendsten für die Erklärung der mit niedrigerem Sozialstatus verbundenen gesundheitlichen Nachteile sind. Sie können sich sowohl direkt auf den Gesundheitszustand als auch indirekt über die psychosozialen Faktoren und das Gesundheitsverhalten auswirken. Das Gesundheitsverhalten an sich erklärt nur einen sehr geringen Teil der Gesundheit (Mielck & Wild, 2021, S. 208 ff.). Nach Stronks et al. (1996) werden nur 14 % des Gesundheitszustands durch das individuelle Verhalten erklärt.

Der PGF-Ansatz ermöglicht es, gesundheitliche Ungleichheiten durch die Partizipation der Mitforschenden bedürfnisbezogen zu adressieren, indem das Erfahrungswissen Betroffener (z. B. zu strukturellen Einflüssen auf Gesundheit) in den Erkenntnisprozess gleichberechtigt einfließt und neues Wissen im gemeinsamen Lernprozess generiert wird. Zudem können durch das lokale Wissen soziale Veränderungen (z. B. zur Stärkung der Interessen der Betroffenen oder zur Verbesserung der gesundheitsbeeinflussenden Strukturen) in den Blick genommen und bereits gemeinsam im Forschungsprozess angestoßen werden. Partizipativ entwickelte Maßnahmen u. a. in der Gesundheitsförderung erreichen belastete Personen besser und werden von diesen in höherem Maße akzeptiert (Funk et al., 2019).

2.3 Digitalisierung in der Gesundheitsforschung

Die Digitalisierung beeinflusst viele Lebensbereiche und -gewohnheiten und bietet im Kontext der Bürgerwissenschaften neue Potenziale. Digitale Geräte wie Smartphones und Tablets vereinfachen einerseits die Kommunikation, den Zugang und das Teilen von Information, andererseits verfügen diese Geräte auch über Sensoren, um Daten zu sammeln. Aus Sicht der Forschenden sind hier eine größere Skalierbarkeit und Reichweite zu nennen, die durch digitale Hilfsmittel gefördert werden (Maccani et al., 2020). Der Begriff ‚Skalierung' („scaling") meint die effiziente und einfache Ausweitung auf größere Bevölkerungsgruppen oder Regionen (WHO, 2010) und wird durch Prozessautomatisierungen oder Daten- und Informationsaustausch über das Internet gefördert. Der Begriff ‚Verbreitung' („spreading") beschreibt die Übertragung bestehender Bürgerwissenschaftsansätze und Erkenntnisse in andere Regionen, Bevölkerungsgruppen oder Anwendungsgebiete

(Maccani et al., 2020). Open Science (offene Wissenschaft im Sinne frei verfügbarer Daten und Prozessdokumentationen) und Open Access (freier Zugang zu Forschungsergebnissen) fördern diesen Prozess. Für Bürger:innen bedeutet Digitalisierung zudem leichtere Teilhabe, etwa durch Videokonferenzen oder Online-Workshops. Insbesondere für Personen mit eingeschränkter Mobilität oder Alltagseinschränkungen infolge von Erkrankungen ist eine digitale Partizipation relevant.

Digitalisierung trägt somit dazu bei, Bürgerwissenschaftsprojekte effizienter, einfacher zugänglich und flexibler auszugestalten. Dies ermöglicht mehr Beteiligung und vertiefte Mitbestimmung in bürgerwissenschaftlichen Projekten, was sich auch in höheren Partizipationsstufen bis hin zur verbesserten Selbstorganisation im Sinn von Wright (2021) widerspiegelt. Die folgenden vier Beispiele illustrieren, wie Digitalisierung die Skalierbarkeit, Verbreitung und Zugänglichkeit zu Bürgerwissenschaft vereinfachen kann:

- Crowdsourcing und Gamification: Unter Crowdsourcing wird zumeist die „Auslagerung" von Forschungsaktivitäten an Bürger:innen verstanden. Zum Beispiel können Bürger:innen Bildklassifizierungen übernehmen oder relevante Bildausschnitte herausarbeiten, häufig in spielerischer Form. Bürger:innen werden auf dem Basisniveau beteiligt (Level 1 nach Haklay, 2013).
- Bring your own Device: Die hohe Verbreitung elektronischer Geräte, wie Aktivitäts-Tracker („smarte Uhren"), führt dazu, dass viele gesundheitsrelevante Daten durch Privatpersonen gesammelt werden (Heyen, 2016). Mittels Datenspende können die Bürger:innen diese Daten der Forschung zur Verfügung stellen. Bürger:innen werden auf dem Basisniveau beteiligt (Level 1 nach Haklay, 2013).
- Narrative Gesundheitsforschung: Chronisch Kranke profitieren oftmals vom Wissen anderer Betroffener. Das Teilen und das systematische Auswerten solcher Betroffenenberichte zum Leben mit einer chronischen Krankheit sind mitunter sehr aufwändig und kostenintensiv. Die rasante Entwicklung digitaler Sprachmodelle (Large Language Models) kann diese Prozesse beschleunigen. Betroffene werden auf dem erweiterten Niveau beteiligt (Level 3 nach Haklay, 2013).
- Do-it-yourself (DIY) Medical Devices: Technisch versierte Patient:innen haben eigenständig und mit kommerziell verfügbaren Bauteilen eigene Medizingeräte entwickelt, so z. B. Insulinpumpen für Typ-1-Diabetes („künstliche Pankreas"). Die Baupläne sind frei im Internet verfügbar, und die Messdaten lassen sich aus diesen Systemen teilen und für die Forschung verwenden. Patient:innen werden auf dem Expert:innen-Niveau beteiligt (Level 4 nach Haklay, 2013) bzw. betreiben die Forschung eigenständig, also unabhängig von wissenschaftlichen Institutionen.

Bei all diesen digitalen Partizipationsformen muss jedoch mitbedacht werden, dass zwar viele, aber längst nicht alle Personen digital versiert sind. Zudem sind soziale Aspekte wie der persönliche Kontakt und das Begegnen im selben Raum digital schwierig zu ersetzen. Entsprechend sollten bürgerwissenschaftliche Projekte je nach Fragestellung und finanziellen Ressourcen auch analoge Teilnahmeformen anbieten.

2.4 Transdisziplinarität in der Gesundheitsforschung

Bürgerwissenschaften werden per se als transdisziplinärer Forschungsansatz bezeichnet (Defila & Di Giulio, 2018). Durch die Beteiligung nicht-akademisch Forschender – in der Gesundheitsforschung vor allem Patient:innen und Angehörige – und durch die erweiterte Wissensgenerierung verlässt bürgerwissenschaftliches Forschen die Grenzen von Disziplinen. Sie kann nicht mehr ausreichend mit Interdisziplinarität beschrieben werden. Historisch mündeten die Entwicklung und Ausdifferenzierung wissenschaftlicher Disziplinen in die Forderung nach interdisziplinärer Forschung. Mittelstraß (1998) prägte den Begriff ‚Transdisziplinarität' als „richtige" Interdisziplinarität: Transdisziplinarität ist „im Sinne wirklicher Interdisziplinarität Forschung gemeint, die sich aus ihren disziplinären Grenzen löst, die ihre Probleme disziplinenunabhängig definiert und disziplinenunabhängig löst" (Mittelstraß, 1998, S. 44). Dieser wissenschaftstheoretischen Betrachtung steht eine anwendungsorientierte gegenüber.

Die Begriffe ‚Disziplin' und ‚Fächer' werden im deutschen Sprachgebrauch nicht eindeutig verwendet. Manchmal werden die einzelnen Fächer der Medizin, z. B. Neurologie, Dermatologie etc., als eigenständige Disziplinen bezeichnet, bisweilen als Fachbereich. Interdisziplinäres Forschen wäre im ersten Fall schon gegeben, wenn einzelne Medizinfächer gemeinsam forschen, im letzteren Fall müssten nicht-medizinische Disziplinen, wie Psychologie, Ergotherapie oder Gesundheitswissenschaften, an der Forschung beteiligt sein, um von interdisziplinärer Zusammenarbeit sprechen zu können. Dies lässt sich hier nicht abschließend klären. Festgehalten werden kann, dass Transdisziplinarität in der medizinischen und Gesundheits-Forschung durch die Beteiligung nicht akademisch Forschender entsteht. Das Ziel ist „eine gemeinsam getragene, auf Integration ausgerichtete Zusammenführung unterschiedlicher Wissensformen, die für die Analyse eines Sachverhaltes und/oder zur Problemlösung benötigt werden" (Defila & Di Giulio, 2018).

In der praktischen Arbeit muss bei transdisziplinärer Forschung auf einige ergebnisrelevante Aspekte besonders geachtet werden:

- Sprache und Klarheit: In der medizinischen Forschung sind Begriffsklärung und verständliche Sprache genauso wesentlich wie in allen anderen Forschungsbereichen. Die lateinische Sprache zur Bezeichnung von Krankheitsgeschehen muss in Alltagssprache übersetzt werden, damit sichergestellt ist, dass alle Forschungsbeteiligten über dieselben Zustände, Symptome, Erfahrungen und Ergebnisse sprechen.
- Intensive Kommunikation: Kommunikation ist in allen Forschungsprojekten notwendige Gelingensbedingung. Die Beteiligung nicht akademisch Forschender erhöht den Kommunikationsbedarf. Die Basis für den Erfolg eines Projekts ist ein kontinuierlicher Austausch auf Augenhöhe.
- Erhöhter Koordinierungsbedarf: Aus einem hohen Koordinierungsbedarf und einem strukturierten Projektmanagement entsteht auch ein erhöhter Zeit- und Ressourcenbedarf.

3 Diskussion

Partizipative Ansätze in der Gesundheitsforschung bieten Mehrwerte, aber auch Herausforderungen. Im Gegensatz zu anderen wissenschaftlichen Disziplinen bringen Personen, die sich als Bürgerforschende in der Gesundheitsforschung engagieren, angesichts der eigenen Betroffenheit häufig eine besondere Motivation, neue Perspektiven und ihre Erfahrungsexpertise in den Forschungsprozess ein (siehe auch Kap. 11 in Bonn et al., 2021). Digitale Technologien und Geräte, wie z. B. Aktivitäts-Tracker, die Gesundheitsparameter im Alltag monitoren, ermöglichen inklusivere Forschung und erleichtern die Beteiligung. Diese Daten können leicht zur Verfügung gestellt werden, dennoch sollte Partizipation in der Gesundheitsforschung über bloße Datenspenden hinausgehen und die Mitgestaltung von Forschungsprozessen einschließen (z. B. bei der Entwicklung von Forschungsfragen). Auch Online-Austauschformate können Teilhabehürden beseitigen, allerdings bergen diese neuen Methoden auch Risiken, wenn bestimmte Bevölkerungsgruppen systematisch ausgeschlossen bleiben (z. B. Ältere). Selektionseffekte entstehen, wenn damit nur Personen erreicht werden, die selbstständig nach Forschungsprojekten suchen oder sich besonders intensiv mit der eigenen Gesundheit befassen.

Um partizipative Ansätze in der Gesundheitsforschung nachhaltig zu verankern und die darin liegenden Potenziale optimal zu nutzen, bedarf es eines Kulturwandels auch im Wissenschaftssystem. Zwar gibt es erste Entwicklungen, doch das Bewusstsein für das Potenzial der Zusammenarbeit mit Betroffenen und des Einbezugs ihrer Perspektiven und ihres Erfahrungswissens in die Forschung wird noch nicht voll ausgeschöpft. Dies zeigt sich auch in der bislang geringen Anerkennung partizipativ arbeitender Forschenden im Wissenschaftssystem (siehe die Beiträge „Ein partizipatives Forschungsprojekt durchführen: Anerkennung für Mitforschende in Citizen Science“ und „Partizipation in der Forschungsförderung: Lehren aus dem PRO-Ethics Projekt“ in diesem Handbuch).

Nicht spezifisch für die Gesundheitsforschung ist die Herausforderung bei Citizen Science und anderen partizipativen Ansätzen, die Diversität zu erhöhen und Personen als Bürgerwissenschaftler:innen zu gewinnen, die bisher im Forschungsprozess selten gehört werden – etwa, z. B. Menschen, in finanziell schwierigen Verhältnissen, mit Migrationsgeschichte oder auch niedrigem Schulabschluss. Gerade diese Personen sind oft gesundheitlich besonders belastet, profitieren jedoch wenig von bestehenden präventiven, gesundheitsfördernden Angeboten und Gesundheitsversorgung. Partizipative Ansätze bieten hier großes Potenzial: Forschung wird bedarfsorientierter, zugänglicher und relevanter – und kann so nicht nur valide Ergebnisse liefern, sondern auch zur Verbesserung der Gesundheit beitragen.

Literatur

Arnstein, S. R. (1969). A Ladder Of Citizen Participation. *Journal of the American Institute of Planners, 35*(4), 216–224. https://doi.org/10.1080/01944366908977225.

Behrisch, B., & Wright, M. T. (2018). Die Ko-Produktion von Wissen in der Partizipativen Gesundheitsforschung. In S. Selke & A. Treibel (Hrsg.), *Öffentliche Gesellschaftswissenschaften* (S. 307–321). Springer.

Bethmann, A., Behrisch, B., & von Peter, S. (2021). Förder- und Rahmenbedingungen für Partizipative Gesundheitsforschung aus Projektsicht. *Bundesgesundheitsblatt – Gesundheitsforschung – Gesundheitsschutz, 64*, 223–229.

Bonn, A., Brink, W., Hecker, S., Herrmann, T. M., Liedtke, C., Premke-Kraus, M., Voigt-Heucke, S., von Gönner, J., Altmann, C. S., Bauhus, W., Bengtsson, L., Büermann, A., Brandt, M., Bruckermann, T., Dietrich, P., Dörler, D., Eich-Brod, R., Eichinger, M., Ferschinger, L., Freyberg, L., …, Woll, S. (2021). *Weißbuch Citizen Science Strategie 2030 für Deutschland.* https://doi.org/10.31235/osf.io/ew4uk

Brand, T. (2018). Dimensionen gesundheitlicher Ungleichheit. In R. Haring (Hrsg.), *Gesundheitswissenschaften* (Springer Reference Pflege – Therapie – Gesundheit, S. 1–13). Springer. https://doi.org/10.1007/978-3-662-54179-1_41-1

Dahlgren, G., & Whitehead, M. (1991). *Policies and strategies to promote social equity in health.* Background document to WHO-Strategy paper for Europe. Institute for Futures Studies, Arbeitsrapport. 14.

Dahlgren, G., & Whitehead, M. (2021). The Dahlgren-Whitehead model of health determinants: 30 years on and still chasing rainbows. *Public Health, 199*, 20–24. https://doi.org/10.1016/j.puhe.2021.08.009

Defila, R., & Di Giulio, A. (2018). *Transdisziplinär und transformativ forschen.* Springer. https://doi.org/10.1007/978-3-658-21530-9

Forsythe, L., Heckert, A., Margolis, M. K., Schrandt, S., & Frank, L. (2018). Methods and impact of engagement in research, from theory to practice and back again: Early findings from the Patient-Centered Outcomes Research Institute. *Quality of Life Research, 27*(1), 17–31.

Funk, S. C., Schaefer, I., & Kolip, P. (2019). Was fördert die Verstetigung von Strukturen und Angeboten der Gesundheitsförderung? *Gesundheitswesen, 81*(1), 38–42. https://doi.org/10.1055/s-0042-116437

Haklay, M. (2013). Citizen science and volunteered geographic information: Overview and typology of participation. In D. Sui, S. Elwood, & M. Goodchild (Hrsg.), *Crowdsourcing geographic knowledge* (S. 105–122). Springer. https://doi.org/10.1007/978-94-007-4587-2_7

Hammel, G., Woll, S., Baumann, M., Scherz, C., Maia, M., Behrisch, B., Borgmann, S. O., Eichinger, M., Gardecki, J., & Heyen, N. B. (2021). Bürgerwissenschaftliche Forschungsansätze in Medizin und Gesundheitsforschung: Ausgewählte Begriffe mit Fokus auf den Beteiligungsgrad. *TATuP – Zeitschrift für Technikfolgenabschätzung in Theorie und Praxis, 30*(3), 63–69.

Hartung, S., Landwehr, J., & Schaefer, I. (2025). Erläuterung der PartNet-Definition zur Partizipativen Gesundheitsforschung. Konzeptionelle Grundlagen und spezifische Elemente. *PartNet Perspektiven. Beiträge zur partizipativen. Forschung, 25*(1). https://doi.org/10.58123/aliceopen-654

Heyen, N. B. (2016). Selbstvermessung als Wissensproduktion. Quantified Self zwischen Prosumtion und Bürgerforschung. In S. Selke (Hrsg.), *Lifelogging. Digitale Selbstvermessung und Lebensprotokollierung zwischen disruptiver Technologie und kulturellem Wandel* (S. 237–256). Springer VS. https://doi.org/10.1007/978-3-658-10416-0_11

Kaisler, R. E., Behrisch, B., Hammel, H., Heyen, N. B., Weschke, S., Woll, S., & von Wyl, V. (2026). Citizen Science in Medizin und Gesundheitsforschung. In T. Herrmann, M. Brandt, D. Dörler, F. Heigl, C. Liedtke, M. Martin, & A. Bonn (Hrsg.), *Citizen Science – Gemeinsam forschen! Ein Handbuch für Wissenschaft und Gesellschaft.* Springer.

Lewin, K. (1946). Action research and minority problems. *Journal of Social Issues, 2*(4), 34–46.

Maccani, G., Goossensen, M., Righi, V., Creus, J., & Balestrini, M. (2020). *Scaling up citizen science.* Publications Office of the European Union. https://doi.org/10.2760/00926

Mielck, A., & Wild, V. (2021). *Gesundheitliche Ungleichheit – Auf dem Weg von Daten zu Taten. Fragen und Empfehlungen aus Sozial-Epidemiologie und Public-Health-Ethik* (Grundlagentexte Gesundheitswissenschaften, 1. Aufl.). Beltz.

Mittelstraß, J. (1998). *Die Häuser des Wissens*. Suhrkamp.

Moor, I., Spallek, J., & Richter, M. (2017). Explaining socioeconomic inequalities in self-rated health: A systematic review of the relative contribution of material, psychosocial and behavioural factors. *Journal of Epidemiology and Community Health, 71*(6), 565–575. https://doi.org/10.1136/jech-2016-207589

Naidoo, J., & Wills, J. (2019). *Lehrbuch Gesundheitsförderung* (3., akt. Aufl.). Hogrefe.

PartNet – Netzwerk Partizipative Gesundheitsforschung. (2015). *Partizipative Gesundheitsforschung – eine Definition*. http://partnet-gesundheit.de/ueber-uns/partnet-definition/

Stronks, K., van de Mheen, H. D., Looman, C. W. N., & Mackenbach, J. P. (1996). Behavioural and structural factors in the explanation of socio-economic inequalities in health: An empirical analysis. *Sociology Health & Illness, 18*(5), 653–674. https://doi.org/10.1111/1467-9566.ep10934524

von Unger, H. (2014). *Partizipative Forschung. Einführung in die Forschungspraxis*. Springer.

Whitehead, M. (1992). The concepts and principles of equity and health. *International Journal of Social Determinants of Health and Health Services, 22*(3), 429–445. https://doi.org/10.2190/986L-LHQ6-2VTE-YRRN

World Health Organisation. (2010, September 20). *Nine steps for developing a scaling-up strategy*. https://www.who.int/publications/i/item/9789241500319

Wright, M. T. (2021). Partizipative Gesundheitsforschung: Ursprünge und heutiger Stand. *Bundesgesundheitsblatt, 64*, 140–145. https://doi.org/10.1007/s00103-020-03264-y

Raphaela Kaisler ist Psychotherapeutin und Studienprogrammleiterin für Psychologie an der Bertha von Suttner Privatuniversität und forscht zu Psychotherapien und Partizipation.

Gertrud Hammel ist Soziologin an der Universität Augsburg. Forschungsthemen sind wissenssoziologische und gesellschaftliche Aspekte von Bürgerwissenschaften in der Gesundheitsforschung.

Birgit Behrisch ist Professorin für Erziehungswissenschaft an der Katholischen Hochschule für Sozialwesen Berlin. Sie forscht im Bereich Disability Studies und Familie.

Susanne Hartung ist Professorin für Prävention und Gesundheitsförderung in Lebenswelten. Sie forscht zu partizipativer Gesundheitsförderung und partizipativer Gesundheitsforschung.

Nils B. Heyen ist promovierter Soziologe und wissenschaftlicher Projektleiter am Fraunhofer-Institut für System- und Innovationsforschung ISI in Karlsruhe.

Sarah Weschke leitet das Team Patient & Stakeholder Engagement am QUEST Center for Responsible Research des Berlin Institute of Health at Charité – Universitätsmedizin Berlin.

Viktor von Wyl ist Professor für Digital & Mobile Health an der Universität Zürich. Er erforscht digitale Methoden zur Bürger:Innen-Beteiligung in der Gesundheitsforschung.

Beispiele partizipativer Ansätze in der Gesundheitsforschung

Raphaela E. Kaisler, Gertrud Hammel, Birgit Behrisch, Susanne Hartung, Nils B. Heyen, Sarah Weschke und Viktor von Wyl

1 Prävention, Gesundheitsförderung und Gemeinwesenarbeit: PartKommPlus – Forschungsverbund für gesunde Kommunen

PartKommPlus – der Forschungsverbund für gesunde Kommunen – forschte 2015–2021 mit dem Ansatz der Partizipativen Gesundheitsforschung (PGF) zu fördernden und hemmenden Bedingungen für eine gelungene Partizipation in der kommunalen Gesundheitsförderung. In der kommunalen Gesundheitsförderung arbeiteten Akteur:innen der kommunalen Verwaltung und des Sozial- und Gesundheitswesens gemeinsam mit Bürger:innen an

R. E. Kaisler (✉)
Bertha von Suttner Privatuniversität St. Pölten, St. Pölten, Österreich
E-Mail: raphaela.kaisler@suttneruni.at

G. Hammel
Universität Augsburg, Augsburg, Deutschland

B. Behrisch
Katholische Hochschule für Sozialwesen Berlin, Berlin, Deutschland

S. Hartung
Hochschule Neubrandenburg, Neubrandenburg, Deutschland

N. B. Heyen
Fraunhofer-Institut für System- und Innovationsforschung (ISI), Karlsruhe, Deutschland

S. Weschke
Charité – Universitätsmedizin Berlin, Berlin Institute of Health, Berlin, Deutschland

V. von Wyl
Helmholtz-Zentrum für Umweltforschung (UFZ), Deutsches Zentrum für Integrative Biodiversitätsforschung (iDiv) Halle-Jena-Leipzig/Nationales Monitoringzentrum zur Biodiversität, Zürich, Schweiz

S. Voigt-Heucke et al., *Praxishandbuch Partizipation in der Wissenschaft*,
https://doi.org/10.1007/978-3-658-51093-0_14

Strategien für ein gesundes Leben von Geburt an. Der Forschungsverbund wurde in zwei Förderphasen vom Bundesministerium für Bildung und Forschung (BMBF) gefördert.

PartKommPlus bestand aus je einem Teilprojekt am Robert-Koch-Institut und am Deutschen Institut für Urbanistik sowie aus fünf Teilprojekten, die in elf Fallstudien partizipativ mit unterschiedlichen Personengruppen in acht Bundesländern forschten (z. B. Eltern mit Kindern im Kitaalter, Jugendliche, Menschen mit Lernschwierigkeiten sowie ältere Menschen). Der partizipative Forschungsprozess orientierte sich dabei am Verständnis der PGF von PartNet (2015), wobei die Beteiligten in allen Phasen des Forschungsprozesses an Entscheidungen teilhaben. Dies entspricht dem Level 4 nach Haklay (2013).

Der Forschungsfokus lag dabei auf den Partizipationsformen, ihren Wirkungen, der nachhaltigen Verankerung von Partizipation sowie der Einbindung insbesondere benachteiligter Gruppen in kommunale Planungsprozesse der kommunalen Gesundheitsförderung. Verschiedenste Methoden wie Photovoice, Community Mapping und Appreciative Inquiry kamen dabei zum Einsatz (Hartung et al., 2020).

Die Wirkungen des partizipativen Vorgehens in PartKommPlus zeigten sich auf drei Ebenen: 1) auf individueller und gemeinschaftlicher Ebene, 2) auf Ebene der Praxis und 3) auf Wissenschaftsebene (Allweiss et al., 2021; ähnlich auch in der weiteren Analyse Hartung et al., 2025). Auf der individuellen Ebene, z. B. bei Jugendlichen und Menschen mit Lernschwierigkeiten, wurden Zugewinne von Kompetenzen, gestärkte Sensibilisierung für die eigene Gesundheit und die sie beeinflussenden Lebensbedingungen sowie eine Bestärkung für den Einsatz für eigene Interessen bewirkt. Für die beteiligten Praxisakteur:innen erweiterte die Zusammenarbeit Wissen und Kompetenzen für die Umsetzung partizipativer Arbeitsweisen. Ziel war es auch, PGF als Ansatz im Bereich der Gesundheitsförderung in Deutschland und international in Zusammenarbeit mit der International Collaboration for Participatory Health Research (ICPHR) weiterzuentwickeln. Und so zeigte sich auf der Wissenschaftsebene auch, dass PGF vermittelt und ein Austausch in der Wissenschaftscommunity intensiviert wurde.

Auf der Website des Forschungsverbunds (https://www.partkommplus.de) sind neben wissenschaftlichen Artikeln auch Arbeitshilfen, Checklisten und Videos zu den einzelnen Projekten zu finden, die die praktische Arbeit unterstützen.

2 Versorgung von Patient:innen, Versorgungforschung, Familie und andere Angehörige

2.1 PEERS

Im partizipativen Forschungsprojekt PEERS wurden gemeinsam mit Studierenden psychosoziale Unterstützungsangebote für Studierende an der Universitätsambulanz der Bertha von Suttner Privatuniversität (BSU) in St. Pölten (Österreich) entwickelt. Ziel war es, einen nachhaltigen Beitrag zur psychosozialen Versorgung Studierender durch Peer-Arbeit zu gestalten und einen niederschwelligen Zugang zu schaffen. Die BSU-

Universitätsambulanz bietet psychosoziale Versorgung in St. Pölten und praktische Ausbildung für Studierende sowie interdisziplinäre Angebote für sozial benachteiligte Menschen: Psychotherapie, Sozialarbeit und Case Management und zukünftig psychologische Diagnostik. Mit dem PEERS-Projekt wird die psychosoziale Versorgung auch für Studierende erweitert und bedarfsorientiert gestaltet.

Die aktive Einbindung von Studierenden im PEERS-Projekt erfolgte in drei Phasen mit unterschiedlichen Beteiligungsgraden (nach Haklay, 2013):

- Level 4 („Extreme citizen science"): Fünf erfahrene Peers waren Teil des Kernteams und gestalteten gemeinsam mit der wissenschaftlichen Leitung das Forschungsdesign, die Projektsteuerung und den Leitfaden für Expert:innen-Interviews mit auszubildenden Peers.
- Level 3 („Participatory science"): 13 auszubildende Peers (Studierende) entwickelten in zwei ko-kreativen Workshops, im Rahmen eines Freifachs der Fachhochschule St. Pölten, psychosoziale Unterstützungsangebote für Studierende an der BSU-Universitätsambulanz. Zusätzlich führten erfahrene Peers leitfadengestützte Interviews mit auszubildenden Peers durch: zur Motivation und zu ihrem Zugang zur Peer-Arbeit.
- Level 4 („Extreme citizen science"): Die Ergebnisse des ko-kreativen Prozesses mit Studierenden wurden gemeinsam mit dem Kernteam in einem Workshop gesichtet, priorisiert und interpretiert.

Als Ergebnis wurden Empfehlungen zur Implementierung von Peer-Arbeit an der BSU-Universitätsambulanz formuliert:

1. *Zugang:* Studierende mit Unterstützungsbedarf sollen weiterhin über das Peers4You-Ausbildungsprogramm zugewiesen werden.
2. *Einzelberatung:* Der niederschwellige Zugang zur Peer-Beratung im Einzelsetting im Peers4You-Programm an der Fachhochschule St. Pölten bleibt bestehen.
3. *Gruppenangebote:* Das Angebot soll um Peer-geleitete Gruppenangebote erweitert werden – sowohl um themenoffene als auch themenspezifische Gruppen.
4. *Zusatzausbildung:* Zur Leitung der Gruppen benötigen (bereits) ausgebildete Peers aus dem Peers4You-Ausbildungsprogamm eine zertifizierte Weiterbildung mit Fokus auf Gruppendynamik, psychischen Erkrankungen, Selbsterfahrung und ein begleitetes Praktikum, um eigenständig Gruppen für Studierende in der BSU-Universitätsambulanz anbieten zu können.

Die Motivation der angehenden Peers basiert auf früheren Erfahrungen mit Peer-Beratung und ehrenamtlicher Arbeit sowie auf bereits erworbenen Beratungskompetenzen wie z. B. Gesprächsführung, Empathie, Verständnis und Wertschätzung. Interesse an Psychologie und eine positive Haltung zur Peer-Arbeit spielten ebenfalls eine Rolle. Viele konnten potenzielle Herausforderungen im Beratungsalltag antizipieren, wobei wiederholte Unterstützung aus dem Umfeld ihre Haltung zusätzlich stärkte.

Das Projekt wurde vom Open Innovation in Science Center der Ludwig Boltzmann Gesellschaft (LBG OIS Center) unter der Ausschreibung „Public and Patient Involvement and Engagement Exploration Call 2022“ gefördert (mehr unter https://ois.lbg.ac.at/projekte/peers/ und https://suttneruni.at/de/forschung/aktuelle-projekte).

2.2 Patient Science

Das Projekt „Patient Science zur Erforschung Seltener Erkrankungen – eine bürgerwissenschaftliche Studie am Beispiel der Mukoviszidose“ (2017–2020) wurde vom Bundesministerium für Bildung und Forschung (BMBF) im Rahmen der (ersten) Citizen-Science-Förderrichtlinie gefördert. Ziel war es, ein bürgerwissenschaftliches Format für die Gesundheits- und medizinische Forschung zu erproben, das Bürger:innen bzw. Patient:innen ein höchstes Maß an Partizipation, also Mitgestaltung und Mitbestimmung in allen Phasen des Forschungsprozesses ermöglicht (höchster Beteiligungsgrad Level 4 „Extreme citizen science“ nach Haklay, 2013).

Zehn Patient:innen mit der chronischen Erkrankung Mukoviszidose und zwei Angehörige (Eltern betroffener Kinder) – die Patient Scientists – arbeiteten gleichberechtigt mit acht professionellen Forschenden aus Sozialwissenschaften, Psychologie und Medizin – den Berufsforschenden – zusammen. Dieses Ko-Forscher:innen-Team führte gemeinsam eine komplette wissenschaftliche Studie zu Alltagsproblemen im Leben mit Mukoviszidose durch – von der Bestimmung des konkreten Forschungsthemas und -designs über die Datenerhebung und -auswertung bis hin zur Verwertung und Veröffentlichung der Ergebnisse.

Zunächst wurden in einem ko-kreativen Workshop-Prozess Forschungsthema und -design entwickelt. Ziel der patientenwissenschaftlichen Studie sollte es sein, erstmals die typischen und wichtigsten Alltagsprobleme von Mukoviszidose-Betroffenen in Deutschland mittels einer Online-Befragung systematisch zu erfassen und im Hinblick auf den daraus entstehenden Unterstützungs- und Orientierungsbedarf zu analysieren. Anschließend wurde diese Befragung konzipiert, durchgeführt und ausgewertet (Heyen et al., 2022).

Die Mukoviszidose-Community (Selbsthilfe, Forschung und professionelle Versorgung) begrüßte die Studienergebnisse und betonte, dass der Fragebogen die relevanten Fragen gestellt habe und nun „endlich“ empirische Evidenz für viele Alltagsprobleme vorliege („Daten statt Anekdoten“). Die Resultate finden nun Anwendung in der Mukoviszidose-bezogenen Gesundheitspolitik, Patientenversorgung und Selbsthilfe.

Der hier erprobte Patient-Science-Ansatz zeichnet sich vor allem dadurch aus, dass er das Erfahrungswissen von Patient:innen und Angehörigen bzgl. einer bestimmten Erkrankung als Expertise anerkennt und systematisch in alle Phasen des epistemischen Prozesses integriert (Heyen et al., 2021). Anders als PGF oder der Ansatz der Community-Based Participatory Research (CBPR) steht er nicht in der Tradition der „Action Research“ (Lewin, 1946) und zielt daher nicht primär auf die Transformation gesundheitsbezogener Lebensverhältnisse, sondern ganz im Sinne von Citizen Science auf ein Empowerment bei der Produktion wissenschaftlichen Wissens. Dabei weist das durch Patient Science generierte Wissen wegen der Integration der Patientenexpertise eine große Nähe zur Lebenswirklichkeit der Betroffenen und eine erhebliche Praxisrelevanz auf. Damit hat es das Potenzial, entscheidend zur Verbesserung der Gesundheitsversorgung beizutragen (Heyen et al., 2021, 2022) (mehr unter https://www.mitforschen.org/projekt/patient-science-patienten-schaffen-wissen).

3 Seltene und chronische (psychische) Krankheiten

3.1 FamGesund – Familiale Gesundheitskompetenz als Bildungsherausforderung bei schwerer Erkrankung[1]

Das Projekt „FamGesund – Familiale Gesundheitskompetenz als Bildungsherausforderung bei schwerer Erkrankung" (2021–2024) wurde vom BMBF in der (zweiten) Citizen-Science-Förderrichtlinie gefördert und ist an der Schnittstelle zwischen Gesundheits- und Erziehungswissenschaften angesiedelt. FamGesund untersuchte Lern- und Bildungsprozesse in Familien mit minderjährigen Kindern, in denen ein Elternteil schwerwiegend körperlich chronisch erkrankt ist (z. B. Krebs-, Herz-, Nerven-, Gelenk- oder Atemwegserkrankungen und Stoffwechselstörungen). Im Fokus standen nicht nur die erkrankten Personen, sondern die gesamte Familie, die vor komplexen Herausforderungen steht. Familiäre Dynamiken sowie Lern- und Bildungsprozesse in diesem Kontext sind bislang wenig erforscht, da chronische Erkrankungen vorrangig unter Konzepten von Stress, Coping und Bewältigung betrachtet werden. Ziel im Projekt war es, Lernprozesse in Familien zu untersuchen, das neu erworbene Wissen der Familienmitglieder zu erfassen und Kommunikation sowie Unterstützungsprozesse innerhalb und außerhalb der Familie über die Erkrankung zu verstehen.

In diesem partizipativen Projekt arbeiteten Wissenschaftler:innen, Bürger:innen mit chronischen Erkrankungen und Praktiker:innen in einer „Familienforschungsgruppe" über einen Zeitraum von über drei Jahren regelmäßig alle zwei Wochen zusammen. Die Bürger:innen wurden als Ko-Forschende in den gesamten Prozess – von der Entwicklung des Forschungsdesigns, Datenerhebung und -auswertung bis hin zur Umsetzung von Transfer-Ideen – aktiv involviert. Diese geteilte Entscheidungsmacht ermöglichte das höchste Maß an Partizipation für ko-forschende Bürger:innen (entspricht dem Level 4 „Extreme citizen science" nach Haklay, 2013). Grundlage der Forschung bildeten zwölf im Tandem geführte Familieninterviews – jeweils eine Wissenschaftlerin und eine Bürgerforscherin – so dass das spezifische Erfahrungswissen der Ko-Forschenden einen spezifischen Zugang zu den interviewten Familien ermöglichte. Bei der Auswertung der qualitativen Forschungsdaten führte der direkte Austausch verschiedener Perspektiven zu einer Vertiefung und Verdichtung der Erkenntnisse.

[1] Beitrag mit Yvonne Adam, Mago Bleckmann, Alexandra Bohlig, Antje Klatt, Marie Kristen, Jana Librentz, Tuja Pagels und Katrin Voland.

Die Ergebnisse verdeutlichen, dass Familien den Alltag als ein „doing chronical illness in family“ (Adam & Behrisch, 2025) gestalten, indem das Umsorgen zu einer neuen Normalität wird. Chronische Erkrankung ist dabei ein dauerhafter Transformationsprozess, der im Gesundheits- und Sozialwesen nur punktuell gesehen und unterstützt wird. Familien erleben ihre Situation eher als unfreiwillige Anpassung und Reaktion auf das Lebensereignis chronische Erkrankung und weniger bewusst als Lern- und Bildungsprozess. Gleichzeitig werden wichtige Neugestaltungen der Familiensituation hinsichtlich gegenseitiger Unterstützung, der familialen Kommunikation oder generell veränderter Lebenseinstellungen als Lernprozesse benannt und beschrieben. Diese Ergebnisse bildeten die Grundlage für die anschließende partizipative Erarbeitung eines Elternbriefs und verschiedener Workshops zur Sensibilisierung von Fachkräften in der abschließenden Transferphase (mehr unter https://www.khsb-berlin.de/de/node/178935).

3.2 Long Covid Citizen Science Board[2]

Long Covid ist eine unvollständig verstandene Erkrankung. Weder sind die Ursachen klar erschlossen, noch gibt es etablierte Behandlungsmethoden mit eindeutig belegter Wirkung. Entsprechend sind nicht nur viele Betroffene sehr belastet und oft verzweifelt, auch behandelnde Ärzt:innen, z. B. in der Grundversorgung, wissen häufig nicht weiter.

In Anbetracht dieser schwierigen Situation stellte sich die Frage, welche Forschung aus Sicht von Long-Covid-Betroffenen am höchsten zu priorisieren ist, um die wichtigsten Wissenslücken möglichst schnell zu füllen. Dieser Frage hat sich das Long Covid Citizen Science Board angenommen und gemeinsam mit 33 Betroffenen und Forschenden die vielfältigen Wissensbedürfnisse erörtert und geordnet (Level 3 „Participatory science“ nach Haklay, 2013). Dieses Citizen-Science-Projekt war ausdrücklich sehr breit angelegt und adressierte sowohl medizinische als auch generelle Aspekte zum Leben mit Long Covid. Zugleich ermöglichte es Betroffenen, einen aktiven Beitrag zur Verbesserung ihrer Situation zu leisten („Empowerment“).

Insgesamt hat das Board 68 Forschungsfragen definiert und priorisiert. Die fünf Themenbereiche mit der höchsten Priorisierung waren „Behandlung, Rehabilitation und Krankheitsmanagement“, „Behandlungskontinuität“, „Verfügbarkeit von Versorgungsinfrastrukturen“, „Sensibilisierung der ärztlichen Fachpersonen“ sowie „Häufigkeit von Long Covid bei Kindern und Jugendlichen“.

Zusammenfassend hat die Zusammenarbeit zwischen Betroffenen und Forschenden zu einer besseren Vernetzung sowie zu einem besseren gegenseitigen Verständnis geführt und gemeinsame Lernprozesse initiiert. Der einzige Wermutstropfen bestand darin, dass die Prioritäten wenig Einfluss auf die strukturelle Forschungsförderung in der Schweiz hatten (mehr Information siehe Ziegler et al., 2022 sowie https://www.citizenscience.uzh.ch/de/aktuelles/blog/longcovid.html und https://altea-network.com/).

[2] Beitrag mit Sarah Ziegler, Chantal Britt und Milo Puhan.

3.3 PRIMA: Privatheitsmanagement bei Gesundheits-Apps

Gesundheitsversorgung und Pflege werden zunehmend durch IT-Anwendungen unterstützt. Für die Nutzung der Daten wird eine informierte Einwilligung der Patient:innen benötigt. Da es um sensible Gesundheitsdaten geht, ist das persönliche Management der Einstellungen, wie mit den eigenen Gesundheitsdaten umgegangen werden soll, also das Privatheitsmanagement besonders wichtig. Insbesondere bei längerer App-Nutzung besteht gegebenenfalls der Bedarf, einmal gegebene Einwilligungen zu widerrufen oder zu modifizieren. Im Rahmen der sich verändernden Anforderungen im Verlauf einer Erkrankung bzw. deren Behandlung (sog. Patient Journey) ist dies von zunehmender Bedeutung für den Umgang mit sensiblen Daten in IT-Systemen.

Das Projekt PRIMA (2023–2026) wird vom BMBF im Rahmen der Plattform Privatheit („Bürgerinnen und Bürger bei der Wahrnehmung des Grundrechts auf informationelle Selbstbestimmung unterstützen") gefördert. Ziel ist es, ein innovatives Konzept für das Privatheitsmanagement bei Gesundheits-Apps zu entwickeln. Darauf aufbauend sollen sogenannte „Privacy Patterns" (technische Muster, die bereits als Grundeinstellung ein hohes Maß an Privatheit gewährleisten) für Produktmanager:innen und Entwickler:innen digitaler Gesundheitsanwendungen konzipiert, entwickelt und validiert werden. Durch die Implementierung solcher Patterns sollen die informierte Einwilligung, Transparenz und Änderbarkeit der Einstellungen für die Patient:innen erleichtert und ihre informationelle Selbstbestimmung, während der gesamten Behandlungs- bzw. App-Nutzungszeit unterstützt werden.

Die aktive Einbindung von Patient:innen erfolgt in mehreren Phasen des Projekts. Zunächst werden typische Einwilligungssituationen in Form von Szenarien entwickelt, etwa zu einer Therapieunterstützungs-App bei Multipler Sklerose, einem interaktiven Online-Therapiekurs bei depressiven Beschwerden in Zusammenhang mit Diabetes oder bei einer Monitoring-App für pflegende Angehörige. Anhand solcher Szenarien gilt es sodann, die Herausforderungen bei Einwilligung, Privatheitseinstellungen und App-Gestaltung aus Patient:innen- bzw. Angehörigensicht zu eruieren. In der anschließenden Evaluationsphase wird geprüft, inwiefern die entwickelten Lösungen diesen spezifizierten Anforderungen entsprechen. Vor allem in den beiden zuletzt genannten Phasen ist die Partizipation von Patient:innen und Angehörigen essenziell (sie entspricht den Beteiligungsgraden 1 und 2 nach Haklay, 2013).

Methodisch orientiert sich das Projekt an aus der Software-Entwicklung bekannten partizipativen Ansätzen wie User Centered Design und Design Thinking. Entscheidend ist jedoch, dass die beteiligten Patient:innen eben nicht beliebige Nutzer:innen, sondern Expert:innen ihrer gesundheitlichen Lebenssituation sind (z. B. hinsichtlich Multipler Sklerose, Depressionen, Pflege von Angehörigen). Ihre Expertise wird bei den Analysen systematisch genutzt. Zugleich gilt es zu berücksichtigen, dass viele potenzielle Nutzer:innen über keine technische oder juristische Vorbildung verfügen (bzgl. der Nutzung von Gesundheits-Apps bzw. informationeller Selbstbestimmung), was sie im Zusammenhang mit der gesundheitsbezogenen Betroffenheit besonders vulnerabel macht (mehr unter https://www.prima-projekt.de).

Literatur

Adam, Y., & Behrisch, B. (2025). Familiengesundheit: Wenn ein Elternteil körperlich schwerwiegend chronisch krank ist. *Prävention und Gesundheitsförderung*. https://doi.org/10.1007/s11553-025-01231-6

Allweiss, T., Cook, T., & Wright, M. T. (2021). Wirkungen in der partizipativen Gesundheitsforschung: Eine Einordnung in die Diskurse zum Forschungsimpact. *Bundesgesundheitsblatt, 64*(2), 215–222. https://doi.org/10.1007/s00103-020-03268-8

Haklay, M. (2013). Citizen science and volunteered geographic information: Overview and typology of participation. In D. Sui, S. Elwood, & M. Goodchild (Hrsg.), *Crowdsourcing geographic knowledge* (S. 105–122). Springer. https://doi.org/10.1007/978-94-007-4587-2_7

Hartung, S., Wihofszky, P., & Wright, M. T. (2020). *Partizipative Forschung. Ein Forschungsansatz für Gesundheit und seine Methoden*. Springer VS (Research).

Hartung, S., Houwaart, S., von Rüden, U., & Schaefer, I. (2025). Wirkungen der Beteiligung und Partizipation von Bürger:innen in Erkenntnisprozessen der integrierten kommunalen Gesundheitsförderung. Ein systematischer Scoping-Review. *Bundesgesundheitsblatt, 68*, 323–335. https://doi.org/10.1007/s00103-025-04013-9

Heyen, N. B., Gardecki, J., Bratan, T., Eickmeier, O., Eidt-Koch, D., Sophie, P., & Wagner, T. (2021). *Patient Science als bürgerwissenschaftliches Format: Erkenntnisse aus dem Pilotprojekt und Empfehlungen für zukünftige Projekte*. Fraunhofer ISI und Universitätsklinikum Frankfurt/Main. https://www.mitforschen.org/sites/default/files/assets/projekte/user-1719/pdf/Patient%20Science_Empfehlungspapier.pdf. Zugegriffen am 26.04.2026.

Heyen, N. B., Gardecki, J., Eidt-Koch, D., Schlangen, M., Ophie, P., Eickmeier, O., Wagner, T., & Bratan, T. (2022). Patient science: Citizen science involving chronically ill people as co-researchers. *Journal of Participatory Research Methods, 3*(1). https://doi.org/10.35844/001c.35634

Lewin, K. (1946). Action research and minority problems. *Journal of Social Issues, 2*(4), 34–46.

PartNet – Netzwerk Partizipative Gesundheitsforschung. (2015). *Partizipative Gesundheitsforschung – eine Definition*. http://partnet-gesundheit.de/ueber-uns/partnet-definition/. Zugegriffen am 26.04.2026.

Ziegler, S., Raineri, A., Nittas, V., Rangelov, N., Vollrath, F., Britt, C., & Puhan, M. A. (2022). Long COVID citizen scientists: Developing a needs-based research agenda by persons affected by long COVID. *Patient, 15*, 565–576. https://doi.org/10.1007/s40271-022-00579-7

Raphaela Kaisler ist Psychotherapeutin und Studienprogrammleiterin für Psychologie an der Bertha von Suttner Privatuniversität und forscht zu Psychotherapien und Partizipation.

Gertrud Hammel ist Soziologin an der Universität Augsburg. Forschungsthemen sind wissenssoziologische und gesellschaftliche Aspekte von Bürgerwissenschaften in der Gesundheitsforschung.

Birgit Behrisch ist Professorin für Erziehungswissenschaft an der Katholischen Hochschule für Sozialwesen Berlin. Sie forscht im Bereich Disability Studies und Familie.

Susanne Hartung ist Professorin für Prävention und Gesundheitsförderung in Lebenswelten. Sie forscht zu partizipativer Gesundheitsförderung und partizipativer Gesundheitsforschung.

Nils B. Heyen ist promovierter Soziologe und wissenschaftlicher Projektleiter am Fraunhofer-Institut für System- und Innovationsforschung ISI in Karlsruhe.

Sarah Weschke leitet das Team Patient & Stakeholder Engagement am QUEST Center for Responsible Research des Berlin Institute of Health at Charité – Universitätsmedizin Berlin.

Viktor von Wyl ist Professor für Digital & Mobile Health an der Universität Zürich. Er erforscht digitale Methoden zur Bürger:Innen-Beteiligung in der Gesundheitsforschung.

Partizipative Wissenschaftskommunikation

Philipp Schrögel, Christin Liedtke und Anna Soßdorf

1 Das weite Feld der Wissenschaftskommunikation

Wissenschaftskommunikation (Wisskomm) ist international wie in Deutschland ein zunehmend präsenter Begriff: in strategischen Positionierungen und Leitbildern von Hochschulen und Forschungseinrichtungen (Allianz der Wissenschaftsorganisationen, 2020), in der gesellschaftlichen Diskussion, wie sich am Beispiel der Covid-19-Pandemie und der dort eingeforderten wissenschaftlichen Einordnung und Gesellschafts- und Politikberatung zeigte (Pasternack et al., 2025), in wissenschaftspolitischen Statements wie beispielsweise im jüngsten Beschluss des Bundestages (SPD et al., 2024) oder im Koalitionsvertrag der aktuellen Bundesregierung (CDU et al., 2025).

Allerdings scheinen vielen dieser Aussagen unterschiedliche Annahmen und Verständnisse von Wisskomm zugrunde zu liegen: in Bezug auf die Ziele und Zielgruppen von Wisskomm, auf die adressierten Formate und Kanäle und auf die kommunizierenden Personen und Institutionen. Exakte Definitionen werden selten formuliert, Annahmen sind häufig nur implizit enthalten. Gleichzeitig trifft dieses heterogene und vage Verständnis von Wisskomm auf ein breiteres Feld weiterer Begrifflichkeiten und Ansätze, die einen hohen Grad an Überschneidung vermuten lassen: Outreach, Dissemination, (Wissens-)

P. Schrögel (✉)
Technische Universität Chemnitz, Chemnitz, Deutschland
E-Mail: philipp.schroegel@hsw.tu-chemnitz.de

C. Liedtke
Helmholtz-Gemeinschaft, Geschäftsstelle Berlin, Berlin, Deutschland

A. Soßdorf
SCI:MOVE – Science on the Move, Langenfeld, Deutschland

S. Voigt-Heucke et al., *Praxishandbuch Partizipation in der Wissenschaft*,
https://doi.org/10.1007/978-3-658-51093-0_15

Transfer, Public Engagement with Science, Science Engagement, Third Mission und viele mehr (siehe den Beitrag „Die Vielfalt der Partizipation in der Forschung: Begriffe, Methoden und Perspektiven“ in diesem Band).

An der Schnittstelle zwischen Wissenschaften und Öffentlichkeiten hat sich eine breite Palette an Formaten und Kanälen etabliert (Schrögel et al., 2017). Neben klassischen Massenmedien und journalistischen Formaten spielen die sozialen Medien und direkte Austauschformate eine wichtige Rolle, auch die beteiligten Akteur:innen sind heterogener geworden. Neben Kommunikationsabteilungen und Journalist:innen sind auch direkt kommunizierende Forschende, Influencer:innen, zivilgesellschaftliche und wirtschaftliche Akteur:innen in der Forschungslandschaft und Vertreter:innen aus der Politik Teil der Kommunikationslandschaft.

Die Erwartungen und Anforderungen an Wisskomm seitens vielfältiger Öffentlichkeiten sind gestiegen. Einerseits hat der Bedarf an verständlicher Wissensvermittlung und Information zu komplexen wissenschaftlichen und technischen Themen und deren Überschneidung mit gesellschaftlichen und politischen Fragen zugenommen, ob als Basis für Entscheidungen der eigenen Lebensgestaltung oder als Grundlage für eine informierte Meinungsbildung. Andererseits wollen Menschen sich zunehmend selbstbestimmt informieren und in den Dialog treten, an gesellschaftspolitischen Diskussionen zu Wissenschaft und Technologie gleichberechtigt teilhaben und selbst aktiv in der Forschung mitwirken und eigenes Wissen und Erfahrung einbringen (Wissenschaft im Dialog und Verian, 2024).

Diesen Beteiligungswunsch hat die Wisskomm aufgegriffen und stärker interaktive und partizipative Formate initiiert. Partizipative Wisskomm ist ein Teilbereich, für dessen Entwicklung zwei Aspekte von zentraler Bedeutung sind:

1. „In den letzten Dekaden vollzog sich in der Wissenschaftskommunikation eine Erweiterung des Spektrums von rein informierenden und wissensvermittelnden hin zu stärker interaktiven und partizipativen Formaten.“ (Schrögel et al., 2021, siehe auch Mede et al., 2020). Dieser „Participatory Turn“ zeichnet sich im Kern durch einen Wandel des grundlegenden Verständnisses der Rolle von Wisskomm aus: von einem „Public Understanding of Science“ über ein „Public Engagement with Science“ bis hin zu Formen gleichberechtigter Wissens-Ko-Produktion.
2. Im heutigen Verständnis ist Wisskomm ein breiter Dachbegriff, der viele Ausprägungen der Kommunikation sowohl innerhalb der Wissenschaft als auch zwischen Wissenschaft und verschiedenen Öffentlichkeiten beschreibt (Schäfer et al., 2015). Entsprechend können Bereiche mit eigenen Traditionen und Begriffen wie wissenschaftliche Politikberatung (Schrögel, 2020) oder informelle Bildung analytisch in einem gemeinsamen Rahmen betrachtet werden. Dies ergibt eine Vielzahl an Schnittmengen von Wisskomm und Formen partizipativen Forschens.

Dieser Beitrag gibt einen Überblick über das Feld der partizipativen Wisskomm im heutigen Verständnis und stellt dabei die beiden oben skizzierten Entwicklungslinien in den Fokus. Anschließend stellt der Beitrag Beispiele und Definitionen partizipativer Wisskomm vor und verortet diese gegenüber einseitig vermittelnder Kommunikation und Konzepten wie Public Engagement with Science oder der Kooperation von Kunst und Wissenschaft als partizipative Methode.

2 Zeitliche Entwicklung des Verständnisses von Wissenschaftskommunikation – der Participatory Turn

Bis in die 1980er-Jahre gab es jenseits des Wissenschaftsjournalismus aus der Wissenschaft heraus zwar auch einzelne populärwissenschaftliche Formate der Wisskomm, teilweise mit langer Tradition (Bauer, 2017). Beispiele dafür sind öffentliche Vortragsreihen wie die Christmas Lectures der Royal Society in London seit 1825 oder die Kosmos-Vorlesungen Alexander von Humboldts in Berlin 1827. Ebenso gab es teils öffentliche Vorführungen wissenschaftlicher Experimente und Effekte – prominent zum Beispiel die Demonstration des Vakuums mit den Magdeburger Halbkugeln oder unterhaltsame Publikumsexperimente mit der neu entdeckten Elektrizität (Könneker & Lugger, 2013) – ansonsten fand Forschung weitestgehend isoliert von der Öffentlichkeit statt. Primäre Zielgruppen der Kommunikation waren wissenschaftliche Kolleg:innen für den fachlichen Austausch.

Während dieser innerwissenschaftliche Austausch auch heute weiter ein Teil von Wisskomm ist – ausgehend von der breiten Definition des Felds – ist im Folgenden primär die Kommunikation mit wissenschaftsexternen Zielgruppen, in den meisten Fällen durch wissenschaftliche Akteur:innen selbst vermittelt, gemeint. Die fremdvermittelte Kommunikation über Wissenschaftsjournalismus und Massenmedien steht nicht im Fokus dieses Beitrags.[1]

2.1 Wissenschaftskommunikation heute

Als Marker für den Beginn des heutigen Verständnisses von Wisskomm gilt der 1985 von der Royal Society im Vereinigten Königreich publizierte Bericht „Public Understanding of Science". Bereits der Titel skizziert das zentrale Paradigma – eine Beförderung des Verstehens von Wissenschaft durch die wörtlich zu verstehende Be-Lehrung der Öffentlichkeit (Gantenberg et al., 2024). Dieser Gedanke ist auch zentral für andere Ansätze der Wissenschaftspopularisierung und Formen der Öffnung von Wissenschaft (Bauernschmidt, 2018).

[1] Allerdings sind auch dort Entwicklungen hin zu einer partizipativen Wissenschaftskommunikation zu beobachten, beispielsweise durch partizipativen Bürgerjournalismus und Bürgerredaktionen (Metten & Bornheim, 2021). Insgesamt hat klassischer Journalismus durch den Medienwandel seine Rolle als wichtigste Informationsquelle der Gesellschaft verloren und ist zu einer einzelnen Stimme unter vielen in einer (digital) vernetzten Öffentlichkeit geworden (Fähnrich, 2021).

Im weiteren Verlauf (siehe Abb. 1) verändert sich dieses Verständnis, zunehmend kommen weitergehende Erklärungen und dann auch dialogische und diskursive Formen der Kommunikation hinzu (Schäfer, 2014), wie auch in Deutschland im sogenannten PUSH-Memorandum von 1999, in dem Vertreter:innen deutscher Forschungsorganisationen sich zu mehr Dialog zwischen Wissenschaft und Gesellschaft bekannten (wenn auch damals eher noch als Nachfragen verstanden und weniger als ernst gemeinter Dialog). Die weitere Entwicklung hin zu einem Public Engagement with Science wurde insbesondere durch zunehmende gesellschaftliche Kontroversen um Technologien und wissenschaftsbasierte Entwicklungen, wie Biotechnologie, Kernkraft, Nanotechnologie oder Gentechnik, befördert, die nicht durch eine einseitige Faktenvermittlung gelöst werden können (Kurath & Gisler, 2009).

Die heutige Wisskomm ist einerseits durch weitere Öffnungen im Forschungsverständnis selbst, hin zu mehr transdisziplinärer Forschung und Citizen Science (siehe folgender Abschnitt und die entsprechenden Beiträge in diesem Band) und einer Wissens-Ko-Produktion geprägt. Andererseits wird Wisskomm zunehmend in soziopolitischen Kontexten verortet (Scheufele, 2014) und kann weitergehend als der „gesellschaftliche Diskurs über Wissenschaft" („the social conversation around science") verstanden werden (Bucchi & Trench, 2021), der längst über ein vereinfachtes Verständnis von reiner Faktenvermittlung hinausgeht.

Dieser Wandel von informierenden hin zu dialogischen und partizipativen Formaten der Wisskomm (Mede et al., 2020) und parallel zu dialogischen Formen der Governance von Wissenschaft und Technologie (Maia Loureiro & Horta, 2024) kann als „Participatory Turn" (Hetland & Schrøder, 2020) beschrieben werden. Damit folgt die Entwicklung von Wisskomm mit etwas Verspätung dem vorhergehenden „participatory democracy turn" zur offeneren Gestaltung demokratischer politischer Entscheidungsprozesse seit den 1960er-Jahren (Weingart et al., 2021; Bherer et al., 2016).

2.2 Das Defizit-Modell und die weitere Bedeutung informativer Formate

Dieser Wandel von einem einseitig vermittelnden hin zu einem dialogischen, partizipativen Verständnis von Wisskomm ist geprägt von der Überzeugung, dass gesellschaftliche Kontroversen nicht primär von einem Defizit wissenschaftlichen Wissens hervorgerufen werden (Defizit-Modell), das nur gut genug erklärt werden müsse in einem einseitigen Wissenstransfer (Metag, 2017). Vielmehr soll es darum gehen, verschiedene Wissensformen und unterschiedliche normative und politische Kontexte im gemeinsamen Diskurs anzuerkennen (Reincke et al., 2020). Trotz des diagnostizierten „Participatory Turn" zeigt sich das Defizit-Modell weiterhin in den Prioritäten und Kommunikationsverständnissen vieler Wissenschaftler:innen und in den Leitungsebenen von Wissenschaft und Politik (Suldovsky, 2016; Simis et al., 2016). Dies muss per se kein Widerspruch sein, auch heute sind klassische Formate der Wissensvermittlung weiter relevante Bestandteile von Wiss-

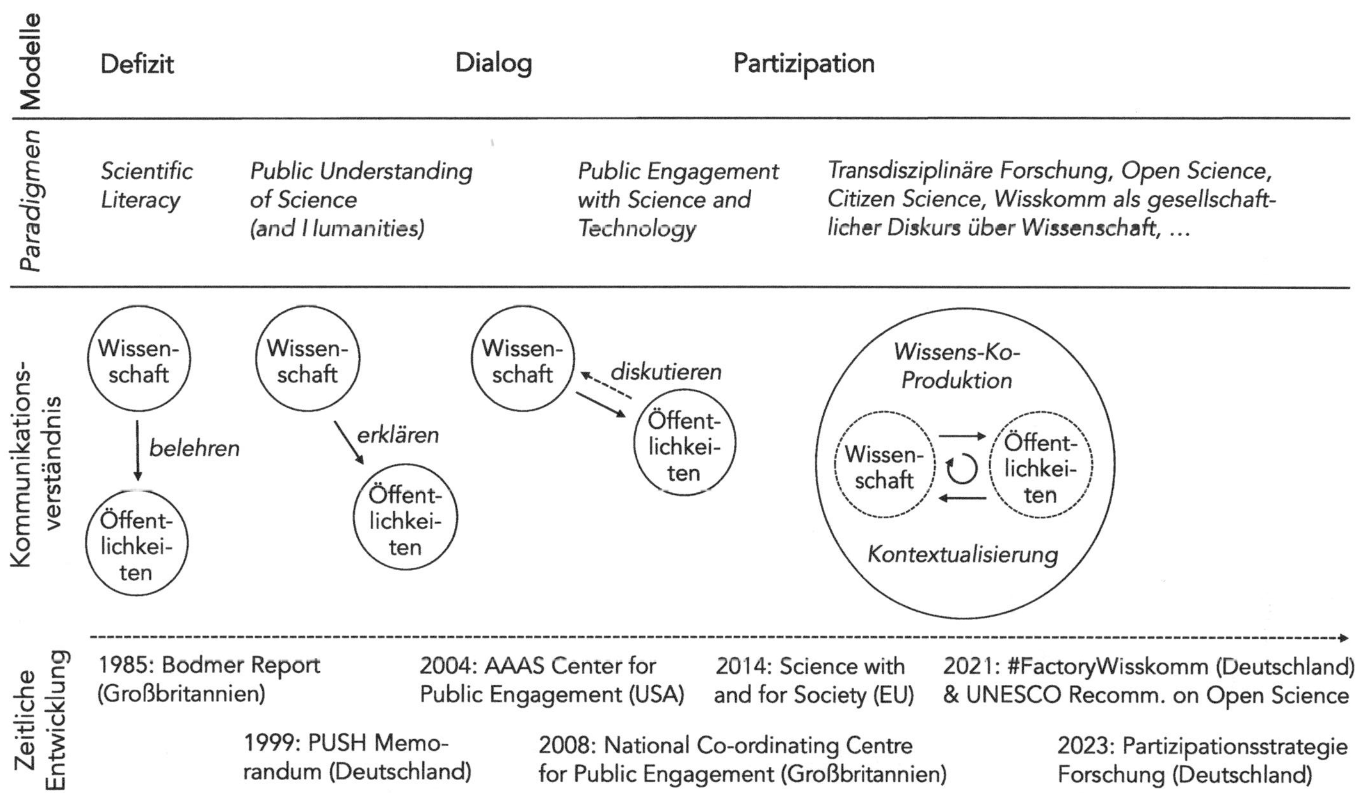

Abb. 1 Schematische Entwicklung von Modellen zum Verhältnis zwischen Wissenschaft und Gesellschaft und Paradigmen für Wissenschaft und Wisskomm. (Schrögel et al., 2021, nach Bailey, 2018; siehe auch Mede et al., 2020; Scheufele, 2014)

komm und werden als Informationsbedürfnis auch vonseiten der Öffentlichkeiten eingefordert. Auch in Kommunikationsprojekten, die sich dezidiert der Partizipation verschrieben haben, findet sich das zentrale Bedürfnis nach Informationsvermittlung wieder (Kirschke et al., 2025). Darüber hinaus benötigen Forschende auch die passenden Kompetenzen, um eine weitergehende, partizipative Kommunikation zielführend zu gestalten (Seethaler et al., 2019; Reincke et al., 2020) und dabei die Entscheidung treffen zu können, in welchen Kontexten Partizipation welchen Mehrwert bieten kann.

3 Inhaltliche Entwicklung des Verständnisses von Wissenschaftskommunikation – Etablierung als breiter Dachbegriff

Wissenschaftskommunikation kann heute als „alle Formen von auf wissenschaftliches Wissen oder wissenschaftliche Arbeit fokussierter Kommunikation, sowohl innerhalb als auch außerhalb der institutionalisierten Wissenschaft, inklusive ihrer Produktion, Inhalte, Nutzung und Wirkungen“ (Schäfer et al., 2015, S. 13) verstanden werden. Unter diese Konzeptualisierung als breiter Dachbegriff fallen auch eine Vielzahl partizipativer und dialogischer Formate, die zuvor unter anderen Begriffen gefasst wurden. Denn parallel zur partizipativen Entwicklung im Verständnis von Wisskomm (Participatory Turn) haben sich in der Wissenschaft selbst etliche Ansätze und theoretischen Konzepte für die partizipative Gestaltung von Forschung und Innovation entwickelt, teils mit längeren Traditionen: Beispiele sind Citizen Science, partizipative Technikfolgenabschätzung oder transdisziplinäre Forschungspraktiken.

In diesem Gesamtfeld sich überschneidender Ansätze aus dem nun als breiter Dachbegriff gefassten Bereich der Wisskomm und partizipativen Forschungsbereichen können drei grundlegende Formen der Partizipation in der Wissenschaft unterschieden werden (Schrögel et al., 2021; siehe auch Allianz der Wissenschaftsorganisationen, 2022), ähnlich auch grundlegenden Überlegungen für Public Engagement:

1. Partizipation in Bezug auf Ziele, Agenda, Governance, Rahmenbedingungen von Forschung (z. B. Bürger:innendialoge, Konsensuskonferenzen, Konsultationen, Beteiligung von Stakeholder: innen in entsprechenden Gremien).
2. Partizipation als direkte Beteiligung an Forschung (z. B. Citizen Science, Open Science).
3. Partizipation im Sinn von Erleben, Mitmachen, Mitdiskutieren als wechselseitiges Lernerlebnis für alle Beteiligten (z. B. Science-Center, Schüler:innen-Labore, Innovationlabs).

Für den Bereich der partizipativen Wisskomm sind insbesondere der dialogisch ausgerichtete erste Bereich und die als Drittes genannten Formen partizipativen und interaktiven Lernens relevant. Allerdings können sich gerade bei dialogischen Formaten in der praktischen Umsetzung Unterscheidungen als sehr schwierig erweisen. Beispielsweise ist die Zuordnung einer moderierten Kleingruppendiskussion mit Bürger:innen zur ethischen Bewertung von Forschung abhängig von den durch die Ausrichtenden gewählten Verortungen und Eigenbezeichnungen und kann kaum aus dem Format z. B. einer Bürger:innenkonferenz geschlossen werden.

Gleichzeitig führen wissenschaftspolitische Vereinfachungen dazu, dass auch unterschiedlich ausgerichtete Konzepte unter einer Überschrift verhandelt werden. Zum Beispiel subsumierte der Antrag zu Wisskomm im Bundestag (SPD et al., 2024) auch Citizen Science unter der Überschrift. Zwar finden sich auch vereinzelt entsprechende Verortungen von Citizen Science in der Forschung (Hetland, 2021), generell aber sieht das weiter verbreitete Verständnis Citizen Science mit der Produktion wissenschaftlichen Wissens verbunden und nicht nur mit einer Kommunikation darüber (siehe den Beitrag „Citizen Science: Gemeinsam Wissen schaffen" in diesem Band). Allerdings ist eine klare Trennung auch nicht einfach, da Citizen Science durchaus auch eine kommunikative Wirkung oder interaktive Lerneffekte haben kann, jenseits des Beitrags zur Produktion wissenschaftlichen Wissens (Bruckermann, 2024).

Überdies erfahren andere Ansätze selbst eine kontinuierliche Diskussion und Erweiterung ihrer Selbstverständnisse. So umfasst das heutige Verständnis von Open Science nicht nur die ursprünglichen, eher wissenschaftsfokussierten Komponenten wie Open Data oder Open Access, sondern weitergehend Formen des offenen, partizipativen Forschens sowie der Kommunikation und Bildung.

Eine spezifische Form partizipativen Forschens ist künstlerische Forschung (siehe den Beitrag „Künstlerische Forschung als partizipativer Ansatz" in diesem Band). Diese ist in den Formaten und Herangehensweisen kaum von anderen Formen der Kooperation zwischen Wissenschaft und Kunst trennbar, die sich als kreative und partizipative Wisskomm und Public Engagement verorten (siehe den Beitrag „Partizipative Wissenschaftskommunikation mit künstlerischen Impulsen: Zwei Case Studies der Plattform NEXUS Experiments" in diesem Band). Beide eint, dass künstlerische Methoden und Perspektiven neue Zugänge zu Themen bieten, andere Erfahrungen und Wissensformen erschließen können und zum Dialog einladen.

4 Partizipative Wissenschaftskommunikation und weitere Schnittmengen

Ausgehend von den zwei zuvor beschriebenen Entwicklungen kann partizipative Wisskomm grundlegend als die Teilmenge von Wisskomm verstanden werden, die sich durch die Nutzung dialogischer und partizipativer Formate auszeichnet. Darüber hinaus ergeben sich aus den Schnittmengen zwischen Partizipation und Wisskomm zwei weitere Anwendungsbereiche, die im Folgenden ebenso kurz vorgestellt werden.

4.1 Partizipative Wissenschaftskommunikation

Kern dieses Beitrags ist die auch in seinem Titel benannte partizipative Ausgestaltung von Wisskomm an sich. In der Forschungsliteratur und in der Praxis wird an vielen Stellen die zunehmende Bedeutung partizipativer und dialogischer Formate und der dahinterstehende Paradigmenwechsel hin zu einer offeneren Gestaltung des Verhältnisses zwischen Wissenschaft und Öffentlichkeiten benannt. Allerdings sind nur wenige konkrete und kompakte Definitionen für partizipative Wisskomm formuliert. Zwei zentrale Beispiele sind:

1. „Partizipative Wissenschaftskommunikation entsteht, wenn Wissenschaftler:innen und/oder Wissenschaftskommunikator:innen mit verschiedenen Zielgruppen in einem dynamischen Prozess interagieren, in dem unterschiedliche Formen von Wissen und Erfahrungen anerkannt, geteilt, geschätzt und verhandelt werden und in dem Machtverhältnisse ausgeglichen sind." (Metcalfe et al., 2022; siehe auch Kirschke et al., 2025)
2. „Partizipative Wissenschaftskommunikation muss ‚Partizipation' berücksichtigen, die als Einbeziehung von Einzelpersonen, Gruppen, Behörden oder Communities (oder deren Vertreter:innen) definiert ist, die ein Interesse an dem wissenschaftlichen Produkt, Prozess oder der Anwendung haben. Der Wert der Partizipation liegt in dem Prozess (und dem Ergebnis) des respektvollen Verstehens und Anerkennens unterschiedlicher Perspektiven bei der Erarbeitung eines gemeinsamen Verständnisses." (Leitch, 2022)

Entsprechend sind Formate partizipativer Wisskomm auf einen wechselseitigen Austausch und Dialog ausgelegt – ob in der Form von Dialogen, Diskussionen, digitalen Austauschmöglichkeiten oder auch künstlerischen Kommunikationsformen. Neben dem konkreten Format sind dabei die grundlegende Haltung und das Rollenverständnis der beteiligten Wissenschaftler:innen zentral.

In diesen Definitionen, Ausprägungen und auch darin, dass es zumeist kein klares, geteiltes Verständnis gibt (Weingart et al., 2021), zeigt sich eine große Überschneidung zwischen partizipativer Wisskomm und Public Engagement with Science (siehe den Beitrag „Public Engagement with Science" in diesem Band). Auch der ähnliche Zuschnitt von drei inhaltlichen Bereichen für Partizipation im Feld von Public Engagement („Inspiring – Inspiring, involving, and informing the public about research; Collaborating – Working in partnership to solve problems, drawing on each other's expertise; Consulting – Actively listening to the public's views, concerns, and insights"; NCCPE, o. J.) verdeutlicht die ähnliche Ausrichtung. Letztendlich gilt auch hier, wie im heterogenen weiteren Feld partizipativer Ansätze in der Forschung, dass bestehende Traditionen, Konventionen und auch regionale Verteilungen zum einen oder anderen Begriff führen: So ist z. B. Public Engagement insbesondere im Vereinigten Königreich als Begriff fest etabliert und wird auch in der Forschung am häufigsten von britischen Autor:innen verwendet (Weingart et al., 2021).

4.2 Partizipation in der Wissenschaftskommunikation

Eine weitere Schnittmenge ist die partizipative Konzeption und Umsetzung von Wisskomm selbst, also Partizipation zu den Rahmenbedingungen, Formaten oder Themenzuschnitten von Wisskomm. Dabei können beispielsweise die Bedürfnisse verschiedener Beteiligter – von den Forschenden bis hin zu den angedachten Zielgruppen und Stakeholder:innen – in einem Ko-Design-Prozess von der Analyse über das Design bis zur Evaluation eingebunden werden (Enzingmüller & Marzavan, 2024; Magalhães et al., 2022). Ein Ko-Design kann insbesondere dazu beitragen, marginalisierte und bisher wenig oder nicht erreichte Zielgruppen in die Entwicklung neuer Wisskomm-Formate einzubinden (Bischof et al., 2021; Vásquez-Guevara et al., 2022; Torres-Garcia et al., 2025).

4.3 Wissenschaftskommunikation als Teil partizipativer Forschung

Die kommunikative Begleitung partizipativer Forschungsprojekte stellt ebenfalls eine relevante Schnittmenge dar. In etlichen Fällen überwiegt dabei die Motivation für Wissenschaftskommunikation als bloßes Werkzeug zur Dissemination und für den eher wieder einseitig gedachten Transfer der zuvor partizipativ erarbeiteten Ergebnisse (Giardullo et al., 2023). Allerdings kann dies auch weitergehend gedacht und in Kombination mit der zweiten Schnittmenge als partizipativ ausgearbeitete Wisskomm zu partizipativen Forschungsprojekten realisiert werden (Magalhães et al., 2022). Grundlegend spielen Kommunikationsprozesse eine wesentliche Rolle für den Erfolg partizipativer, transdisziplinärer Projekte, wenn Wisskomm „als verteiltes Systemelement in der dynamischen Entwicklung von Wissenschaft und Technologie [verstanden wird und] in inter- und transdisziplinären Teams verankert ist, die Wissenschaft auf sozial verantwortliche Weise betreiben." (Kalmár & Stenfert, 2020)

Vier Projekt- und Formatbeispiele an der Schnittstelle von Partizipation und Wisskomm

Partizipative Wisskomm und Kunst: Comic-Workshops

Das Forschungsprojekt „The Sky is the Limit" beschäftigte sich mit den Chancen und Risiken einer zukünftigen Nutzung des urbanen Luftraums durch Transportdrohnen. Neben Fokusgruppen und einer repräsentativen Bevölkerungsumfrage wurden im Jahr 2020 ein Co-Creation-Workshop mit Bürger:innen und Expert:innen aus Forschung, Wirtschaft und organisierter Zivilgesellschaft sowie ein Comic-Workshop mit Kindern umgesetzt, um weitere Perspektiven einzubinden. Die Comic-Skizzen standen nicht für sich, sondern wurden inhaltlich ausgewertet und in die Synthese der Gesamtergebnisse aufgenommen (Dannenberger et al., 2020).

Partizipative Wisskomm als Dialog: Bürger:innenrat KI

In dem an der Universität Tübingen im Jahr 2024 umgesetzten Bürger:innenrat „Künstliche Intelligenz und Freiheit" wirkten 40 Mitglieder mit heterogenem

Hintergrund in Bezug auf Alter, Geschlecht, Bildungsgrad und Migrationshintergrund mit. Im Austausch mit Expert:innen aus den Bereichen Ethik und künstliche Intelligenz sowie mit Anwender:innen entwickelten sie Empfehlungen für Wissenschaft und Politik (Broghammer et al., 2025).

Partizipation in der Wisskomm: Wissenschaft für alle

Im Rahmen des Projekts „Wissenschaft für alle" wurden in Co-Creation-Prozessen Wisskomm-Formate mit drei kaum erreichten Bevölkerungsgruppen entwickelt und umgesetzt (z. B. eine Forschungsrallye in einem Stadtteil). Dabei erfolgte nicht nur die Ausgestaltung partizipativ, auch Themensetzung und Formatauswahl wurden kollaborativ an den Bedürfnissen und Interessen der anvisierten Zielgruppen ausgerichtet (Adler et al., 2020).

Wisskomm als Teil partizipativer Forschung: Forschungsfall Nachtigall

Das Citizen-Science-Projekt „Forschungsfall Nachtigall" erhob akustische Daten des Nachtigall-Gesangs in Berlin. Wisskomm-Formate wie „Picknick und Poesie", eine „NachtiGala" als Event im Naturkundemuseum, eine künstlerische Klanginstallation oder eine nächtliche Stadttour für Club-Besucher:innen begleiteten das Projekt und bildeten auch kulturelle Perspektiven auf die Nachtigall ab (Moormann & Sturm, 2022). ◀

5 Fazit und Ausblick

Die große Heterogenität und Vielfalt der Schnittmengen zwischen Wisskomm und Partizipation sowie die fehlende Eindeutigkeit einer Definition von partizipativer Wisskomm in Bezug zu anderen Ansätzen stellt einerseits eine Herausforderung in der analytischen Fassung des Feldes dar. Gleichzeitig aber öffnen diese Bandbreite und Offenheit ein weites Feld an Anknüpfungspunkten und Quellen der Kollaboration und Inspiration.

Die weitere Etablierung partizipativer Formate der Wisskomm schafft etliche Potenziale als Beitrag zu einer demokratischen Gestaltung von Wissenschaft, zur gesellschaftspolitischen Aushandlung von wissenschaftsbezogenen Kontroversen und in der Adressierung der vielschichtigen Herausforderung, Vertrauen in Wissenschaft zu stärken (Momme et al., 2025). Damit dies gelingen kann, muss der partizipative Gedanke ernsthaft verfolgt sowie die bestehenden Strukturen und die Ressourcenverteilung in der Wissenschaft weiter reformiert werden.

Potenziale und Herausforderungen partizipativer Wisskomm

Der Forschungsüberblick „Potenziale und Herausforderungen partizipativer Wissenschaftskommunikation" der Transfer Unit Wissenschaftskommunikation (Gantenberg et al., 2024) liefert einen kondensierten Abriss zu Potenzialen und Herausforderungen partizipativer Wisskomm:

Potenziale

- Gesellschaftlicher Nutzen: Demokratisierung von Wissenschaft durch gesellschaftliche Teilhabe an wissenschaftlichen Prozessen; Stärkung des Interesses und des Vertrauens in die Wissenschaft; Entwicklung innovativer Lösungsansätze für gesellschaftliche Herausforderungen.
- Wissenschaftliche Wissensproduktion: Verstärkung von Forschungskapazitäten durch ehrenamtlich Forschende; Einbindung unterschiedlicher Perspektiven und Expertisen.
- Wissenszuwachs in der Bevölkerung: Einblicke in Methoden und Prozesse des wissenschaftlichen Erkenntnisgewinns.
- Empowerment und Selbstwirksamkeit: Selbstwahrnehmung der Teilnehmenden als relevante Akteur:innen, Bewusstseinsbildung für weitere ehrenamtliche Tätigkeiten.
- Akzeptanzsteigerung: Ausbildung von Vertrauen durch intensive Zusammenarbeit.

Herausforderungen

- Machtverhältnisse – Ziel: gleichberechtigte Teilhabe; Herausforderung: Aufbrechen traditioneller Macht- und Kompetenzstrukturen.
- Systemische Hindernisse – Ziel: Abbau von Hindernissen im Wissenschaftssystem; Herausforderung: Hierarchische Strukturen erschweren Integration neuer Wissensformen.
- Inklusion und Diversität – Ziel: Inklusion unterschiedlicher Perspektiven für eine Demokratisierung der Wissenschaft; Herausforderung: bewusster und unbewusster Ausschluss von Menschen durch gewählte Formate und Ansprache.
- Ressourcen – Ziel: Schaffung ausreichender zeitlicher und personeller Ressourcen; Herausforderung: meist begrenzter zeitlicher und finanzieller Spielraum.
- Ethische Aspekte – Ziel: Vergegenwärtigung und Berücksichtigung ethischer Herausforderungen; Herausforderung: teilweise unklare Motivlagen für partizipative Formate (echte Teilhabe vs. Förderlogik).

Literatur

Adler, J., Humm, C., & Schrögel, P. (2020). 1) *Wissenschaftskommunikation für und in marginalisierten Stadtteilen: Forschungsrallye für Groß und Klein in Spandau, Falkenhagener Feld.* Projektbericht Wissenschaft für alle. Zenodo. https://doi.org/10.5281/zenodo.3988201

Allianz der Wissenschaftsorganisationen. (2020, Mai 26). 10-Punkte-Plan zur Wissenschaftskommunikation. *Stellungnahme.* https://www.allianz-der-wissenschaftsorganisationen.de/themen-stellungnahmen/10-punkte-plan-zur-wissenschaftskommunikation/

Allianz der Wissenschaftsorganisationen. (2022, November 09). Allianz der Wissenschaftsorganisationen zur Partizipation in der Forschung. *Stellungnahme*. https://www.allianz-der-wissenschaftsorganisationen.de/themen-stellungnahmen/partizipation-in-der-forschung/

Bauernschmidt, S. (2018). Öffentliche Wissenschaft, Wissenschaftskommunikation & Co. In S. Selke & A. Treibel (Hrsg.), *Öffentliche Gesellschaftswissenschaften. Öffentliche Wissenschaft und gesellschaftlicher Wandel* (S. 21–41). Springer VS. https://doi.org/10.1007/978-3-658-16710-3_2

Bauer, M. W. (2017). Kritische Beobachtungen zur Geschichte der Wissenschaftskommunikation. In H. Bonfadelli, B. Fähnrich, C. Lüthje, J. Milde, M. Rhomberg, & M. Schäfer (Hrsg.), *Forschungsfeld Wissenschaftskommunikation* (S. 17–40). Springer VS. https://doi.org/10.1007/978-3-658-12898-2_2

Bailey, J. (2018, November 30). So what's science communication then? *makinggood.design*. http://makinggood.design/thoughts/phd-part-08-what-is-science-communication/

Bherer, L., Dufour, P., & Montambeault, F. (2016). The participatory democracy turn: An introduction. *Journal of Civil Society, 12*(3), 225–230. https://doi.org/10.1080/17448689.2016.1216383

Bischof, A., Jarke, J., Pentzold, C., Stolle, C., & Zündel, M. (2021). In Gesellschaft für Informatik e. V (Hrsg.), *Wie kann partizipative Wissenschaftskommunikation einer alternden digitalen Gesellschaft dienen?* (S. 1–2). Mensch und Computer 2021 – Workshopband. https://doi.org/10.18420/muc2021-mci-ws06-245

Broghammer, H., & Redaktionsteam des Bürger:innenrats. (2025). *Empfehlungen des Bürgerrats „KI und Freiheit"*. Policy Paper. https://rhet.ai/wp-content/uploads/2025/04/Digital-Policy-Paper-RHET-Einzelseiten.pdf

Bruckermann, T. (2024). Forschungspartizipation und Bürgerwissenschaften: Lernen durch kollaborative Wissenskonstruktion. In G. Reinmann & R. Rhein (Hrsg.), *Wissenschaftsdidaktik IV – Wissenschaftskommunikation* (S. 279–300). transcript. https://doi.org/10.14361/9783839462973-015

Bucchi, M., & Trench, B. (2021). Rethinking science communication as the social conversation around science. *Journal of Science Communication, 20*(03), Y01. https://doi.org/10.22323/2.20030401

CDU, CSU, & SPD. (2025). *Verantwortung für Deutschland. Koalitionsvertrag zwischen CDU, CSU und SPD. 21. Legislaturperiode.* https://www.koalitionsvertrag2025.de/sites/www.koalitionsvertrag2025.de/files/koav_2025.pdf

Dannenberger, N., Schmid-Loertzer, V., Schwarzbach, V., Kellermann, R., & Biehle, T. (2020). *Wie stellst du dir die Stadt mit Drohnen vor? Arbeitsbericht des Comic-Workshops mit Kindern und Jugendlichen.* Projektbericht The Sky is the Limit – Die zukünftige Nutzung des urbanen Luftraums. https://skylimits.info/wie-stellst-du-dir-die-stadt-mit-drohnen-vor-arbeitsbericht-des-comic-workshops-mit-kindern-und-jugendlich/

Enzingmüller, C., & Marzavan, D. (2024). Collaborative design to bridge theory and practice in science communication. *Journal of Science Communication, 23*(2), Y01. https://doi.org/10.22323/2.23020401

Fähnrich, B. (2021). Conceptualizing science communication in flux – a framework for analyzing science communication in a digital media environment. *Journal of Science Communication, 20*(03), Y02. https://doi.org/10.22323/2.20030402

Gantenberg, J., Henke, J., & Jurack, E. (2024). *Potenziale und Herausforderungen partizipativer Wissenschaftskommunikation. Forschungsüberblick und Empfehlungen für die Praxis.* Transfer Unit Wissenschaftskommunikation. https://nbn-resolving.org/urn:nbn:de:kobv:b4-opus4-47053

Giardullo, P., Neresini, F., Marín-González, E., Luís, C., Magalhães, J., & Arias, R. (2023). Citizen science and participatory science communication: An empirically informed discussion connecting research and theory. *Journal of Science Communication, 22*(2), A01. https://doi.org/10.22323/2.22020201

Hetland, P., & Schrøder, K. C. (2020). The participatory turn: Users, publics, and audiences. In P. Hetland, P. Pierroux, & L. Esborg (Hrsg.), *A history of participation in Museums and Archives: Traversing citizen science and citizen humanities* (S. 168–185). Routledge. https://doi.org/10.4324/9780429197536-13

Hetland, P. (2021). Citizen science as participatory science communication. In B. Schiele, X. Liu, & M. W. Bauer (Hrsg.), *Science cultures in a diverse world: Knowing, sharing, caring*. Springer. https://doi.org/10.1007/978-981-16-5379-7_2

Kalmár, É., & Stenfert, H. H. (2020). Science communication as a design challenge in transdisciplinary collaborations. *Journal of Science Communication, 19*(04), C01. https://doi.org/10.22323/2.19040301

Kirschke, S., Glahe, J., & Kirschke, D. (2025). Exploring impacts of participatory science communication on science, politics, and society. *Frontiers in Communication, 10*, 1566429. https://doi.org/10.3389/fcomm.2025.1566429

Könneker, C., & Lugger, B. (2013). Public science 2.0 – Back to the future. *Science, 342*(6154), 49–50. https://doi.org/10.1126/science.1245848

Kurath, M., & Gisler, P. (2009). Informing, involving or engaging? Science communication, in the ages of atom-, bio- and nanotechnology. *Public Understanding of Science, 18*(5), 559–573. https://doi.org/10.1177/0963662509104723

Leitch, A. (2022). Participatory science communication needs to consider power, place, pain and 'poisson': A practitioner insight. *Journal of Science Communication, 21*(2), N01. https://doi.org/10.22323/2.21020801

Magalhães, J., Guasch, B., Arias, R., Giardullo, P., Elorza, A., Navalhas, I., Marín-González, E., Mazzonetto, M., & Luís, C. (2022). A methodological approach to co-design citizen science communication strategies directed to quadruple-helix stakeholders. *Journal of Science Communication, 21*(04), 1–20. https://doi.org/10.22323/2.21040205

Maia Loureiro, P., & Horta, H. (2024). Who engages whom? – Deficit communication in participatory science governance as democratic deficit. *Science and Public Policy, 51*(4), 721–733. https://doi.org/10.1093/scipol/scae014

Mede, N., Schäfer, M., & Bucher, H. J. (2020). Kritik der Wissenschaftskommunikation und ihrer Analyse: PUS, PEST, Politisierung und wissenschaftsbezogener Populismus. In H.-J. Bucher (Hrsg.), *Medienkritik zwischen ideologischer Instrumentalisierung und kritischer Aufklärung* (S. 297–314). Herbert von Halem Verlag.

Metag, J. (2017). Rezeption und Wirkung öffentlicher Wissenschaftskommunikation. In H. Bonfadelli, B. Fähnrich, C. Lüthje, J. Milde, M. Rhomberg, & M. Schäfer (Hrsg.), *Forschungsfeld Wissenschaftskommunikation* (S. 251–274). Springer VS. https://doi.org/10.1007/978-3-658-12898-2_14

Metcalfe, J., Gascoigne, T., Medvecky, F., & Nepote, A. C. (2022). Participatory science communication for transformation. *Journal of Science Communication, 21*(2), E. https://doi.org/10.22323/2.21020501

Metten, T., & Bornheim, F. (2021). *Responsive Wissenschaftskommunikation: Ein Realexperiment zur Bürgerbeteiligung in der Wissenschaftskommunikation*. Katholische Universität Eichstätt-Ingolstadt: Arbeitspapiere der Stabsabteilung für Bildungsinnovation und Wissenstransfer. https://doi.org/10.17904/ku.edoc.25950

Momme, J. M., Hendriks, F., & Enzingmüller, C. (2025). From participation to trust? Understanding trust dynamics in participatory science communication. *Science Communication*. https://doi.org/10.1177/10755470251333399

Moormann, A., & Sturm, U. (2022). Naturerfahrung durch Citizen Science-Projekte. In U. Gebhard, A. Lude, A. Möller, & A. Moormann (Hrsg.), *Naturerfahrung und Bildung* (S. 379–393). Springer Fachmedien. https://doi.org/10.1007/978-3-658-35334-6_21

NCCPE. (o.J.). *National Co-ordinating Centre for Public Engagement: Introducing Public Engagement.* https://www.publicengagement.ac.uk/introducing-public-engagement

Pasternack, P., Beer, A., Henke, J., & Rediger, P. (2025). *Gefordert und überfordert? Wissenschaftskommunikation und wissenschaftsbezogene Kommunikationen in der Corona-Pandemie*. Berliner Wissenschafts-Verlag.

Reincke, C. M., Bredenoord, A. L., & van Mil, M. H. (2020). From deficit to dialogue in science communication: The dialogue communication model requires additional roles from scientists. *EMBO reports, 21*(9), Artikel e51278. https://doi.org/10.15252/embr.202051278

Schäfer, M. S., Kristiansen, S., & Bonfadelli, H. (Hrsg.). (2015). *Wissenschaftskommunikation im Wandel*. Herbert von Halem Verlag.

Schäfer, M. S. (2014). *Vom Elfenbeinturm in die Gesellschaft: Wissenschaftskommunikation im Wandel*. Universität Zürich, Philosophische Fakultät, Institut für Publizistikwissenschaft und Medienforschung. https://nbn-resolving.org/urn:nbn:de:0168-ssoar-389155

Scheufele, D. A. (2014). Science communication as political communication. *Proceedings of the National Academy of Sciences, 111*(supplement_4), 13585–13592. https://doi.org/10.1073/pnas.1317516111

Schrögel, P., Niemann, P., Bittner, L., & Hauser, C. (2017). *Präsentationen in der externen Wissenschaftskommunikation: Formen & Charakteristika. Science In Presentations Arbeitsberichte, 3.* https://doi.org/10.5445/IR/1000123447

Schrögel, P. (2020). Wissenschaftskommunikation als Politikberatung: Wächst zusammen, was zusammen gehört? *TATuP – Zeitschrift für Technikfolgenabschätzung in Theorie und Praxis/Journal for Technology Assessment in Theory and Practice, 29*(3), 85–86. https://doi.org/10.14512/tatup.29.3.85

Schrögel, P., Hecker, S., Mayer, M., Unterleitner, K., König, T., & Brandt, S. (2021). *Partizipative Wissenschaftskommunikation – Ergänzung zur AG Partizipation der #FactoryWisskomm.* Zenodo. https://doi.org/10.5281/zenodo.4726110

Seethaler, S., Evans, J. H., Gere, C., & Rajagopalan, R. M. (2019). Science, values, and science communication: Competencies for pushing beyond the deficit model. *Science Communication, 41*(3), 378–388. https://doi.org/10.1177/1075547019847484

Simis, M. J., Madden, H., Cacciatore, M. A., & Yeo, S. K. (2016). The lure of rationality: Why does the deficit model persist in science communication? *Public Understanding of Science, 25*(4), 400–414. https://doi.org/10.1177/0963662516629749

SPD, BÜNDNIS 90/DIE GRÜNEN & FDP. (2024). *Wissenschaftskommunikation systematisch und umfassend stärken*. Deutscher Bundestag; Drucksache 20/1060.

Suldovsky, B. (2016). In science communication, why does the idea of the public deficit always return? Exploring key influences. *Public Understanding of Science, 25*(4), 415–426. https://doi.org/10.1177/0963662516629750

Torres-Garcia, L. M., Valdes-Pizzini, M., Valdés-Calderón, K., Frank-Gilchrist, D., Kotowicz, D. M., Maldonado-Gonzalez, E., & Vargas-Babilonia, P. (2025). Participatory engagement to reduce communication gaps. *Natural Hazards, 121*(6), 6367–6390. https://doi.org/10.1007/s11069-024-06860-2

Vásquez-Guevara, D., Weiss, D., & White, J. M. (2022). Participatory co-design of science communication strategies for public engagement in the US and Ecuador around health behaviour change. *Research for All, 6*(1). https://doi.org/10.14324/RFA.06.1.22

Weingart, P., Joubert, M., & Connoway, K. (2021). Public engagement with science – origins, motives and impact in academic literature and science policy. *PloS one, 16*(7), Artikel e0254201. https://doi.org/10.1371/journal.pone.0306474

Wissenschaft im Dialog & Verian. (2024). *Wissenschaftsbarometer 2024*. https://wissenschaft-im-dialog.de/projekte/wissenschaftsbarometer/#erhebung-2024

Philipp Schrögel ist wissenschaftlicher Mitarbeiter an der TU Chemnitz. Er forscht zu kreativen und partizipativen Formen von Wissenschaftskommunikation und Public Engagement.

Christin Liedtke verantwortet als Kommunikationswissenschaftlerin in der Wissenschaft diverse Formate und ist Communitymanagerin Citizen Science in der Helmholtz-Gemeinschaft.

Anna Soßdorf ist Co-Founderin von SCI:MOVE, der Beratungsagentur für Citizen Science und Wissenschaftskommunikation. Sie forscht zu Jugend und (digitaler) Partizipation.

Partizipative Wissenschaftskommunikation mit künstlerischen Impulsen: Zwei Case Studies der Plattform NEXUS Experiments

Mathilde Bessert-Nettelbeck, Philipp Schrögel, Judith Saurer, Philipp Kellmeyer und Sabrina Livanec

1 Einleitung: Partizipative Wissenschaftskommunikation mit künstlerischen Impulsen

In der Wissenschaftskommunikation haben sich vielfältige Formate etabliert. Darunter finden sich auch etliche Formen der Kooperation mit künstlerischen Ansätzen (Schrögel et al., 2017). Die Beispiele reichen von Wissenschaftstheater und Comics über künstlerische Performances oder Installationen bis hin zu wissenschaftlichen Inhalten. Künstlerische Gattungen wie Musik, darstellende oder bildende Kunst zum einen und die Natur-, Sozial- und Geisteswissenschaft zum anderen sind seit Mitte des 18. Jahrhunderts mit der Aufklärung und Spezialisierung von Wissensformen zunehmend getrennte Wege gegangen. Heute finden die Felder jedoch wieder stärker zueinander: Die Verbindung zu natur-

M. Bessert-Nettelbeck (✉)
Museum für Naturkunde – Leibniz-Institut für Evolutions- und Biodiversitätsforschung, Berlin, Deutschland
E-Mail: mbnettelbeck@gmail.com

P. Schrögel
Technische Universität Chemnitz, Chemnitz, Deutschland
E-Mail: philipp.schroegel@hsw.tu-chemnitz.de

J. Saurer
Freiburg, Deutschland

P. Kellmeyer
Data and Web Science Group, Fakultät für Wirtschaftsinformatik und Wirtschaftsmathematik, Universität Mannheim, Mannheim, Deutschland

S. Livanec
Albert-Ludwigs-Universität Freiburg, NEXUS Experiments am Zentrum BrainLinks-BrainTools/Fakultät für Umwelt und Natürliche Ressourcen, Freiburg im Breisgau, Deutschland

S. Voigt-Heucke et al., *Praxishandbuch Partizipation in der Wissenschaft*,
https://doi.org/10.1007/978-3-658-51093-0_16

wissenschaftlich-technischen Themen geht sogar so weit, dass das etablierte Akronym für Outreach-Aktivitäten STEM (Science, Technology, Engineering, Maths) – im Deutschen MINT – von manchen um ein „A" für Arts zu STEAM erweitert wird (Bucchi & Trench, 2021).

Neben manchen einseitig vermittelnden Ansätzen, die künstlerische Perspektiven nur als ansprechende Vermittlungswege sehen, bietet die Verbindung von Kunst und Wissenschaft eine Vielfalt an Möglichkeiten, Öffentlichkeiten dazu anzuregen, über Wissenschaft und deren Rolle in der Gesellschaft nachzudenken, erklären Bucchi und Trench (2021, S. 5). Dabei wird Wissenschaftskommunikation als Public Engagement im Sinn einer gesellschaftlichen Diskussion über Wissenschaft verstanden (Bucchi & Trench, 2021, S. 6). Um diese Diskussion – gerade zu kontroversen oder ethisch vielschichtigen Forschungsgebieten – anzuregen, bieten künstlerische Impulse wertvolle Bereicherungen.

Die Verbindung von Kunst und Wissenschaft in Forschungs- oder Kommunikationsprojekten kann in verschiedenen Weisen fruchtbar sein. Für die Kollaboration beider Bereiche können vier grundlegende Motivationen bzw. Mehrwerte identifiziert werden. Diese gehen auf Born und Barry (2010) zurück, die drei Logiken für interdisziplinäre Praktiken und insbesondere Kunst-Wissenschafts-Kollaborationen formulierten. Der vierte Aspekt ist eine von Lysen (2019) ergänzte Logik:

1. Logik der Rechenschaft (Logic of Accountability): Kunst wird als Instrument verwendet, um in der Gesellschaft eine Diskussion über wissenschaftliche Themen anzustoßen und zum Hinterfragen einzuladen.
2. Logik der Innovation (Logic of Innovation): Aus der Zusammenarbeit mit Künstler:innen entstehen neue Einsichten im Rahmen der Forschung und Entwicklung – etwa in Design-Kooperationen, als Input, Inspiration oder konstruktive Irritation für Forschende.
3. Logik neuen Wissens (Logic of Ontology): Forschung und Kunst produzieren für sich jeweils unterschiedliche Arten von Wissen. Die Zusammenarbeit setzt diese nicht nur nebeneinander in Verbindung, sondern führt zu einer „echten Hybridisierung" von Wissensformen wie von Borgdorff et al. (2020) vorgeschlagen: Sie zielt darauf ab, die Denkweisen über Kunst und Wissenschaft zu verändern, aber auch die Beziehungen zwischen Künstler:innen und Wissenschaftler:innen sowie zwischen ihren Objekten und ihrem Publikum zu modifizieren.
4. Logik des emotionalen Zugangs (Logic of Affect): Partizipation, etwa in Kunst-Wissenschaft-Experimenten, die naturwissenschaftliche Methoden in ihrer Kunstform verwenden, eröffnet den Teilnehmenden durch die künstlerische Perspektive einen emotionalen Zugang zur Auseinandersetzung mit Forschung.

In diesem Sinn besteht ein großer Überschneidungsbereich zwischen Artistic Research und partizipativer Wissenschaftskommunikation mit künstlerischen Ansätzen (siehe die Beiträge „Künstlerische Forschung als partizipativer Ansatz" und „Artistic Research als echte Hybridisierung von Kunst und Wissenschaft? Zwei Beispiele aus den Neurowissenschaften“ in diesem Band). Eine Differenzierung kann daher am ehesten anhand der Schwerpunktsetzung und der im Projekt gesetzten theoretischen und praktisch orientierten Bezüge sowie der von den Projekten selbst gesetzten Ansprüche und Begrifflichkeiten vorgenommen werden.

In diesem Beitrag stellen wir zwei Beispiele von Kunst-Wissenschaft-Kollaborationen vor, die über die Partizipation von Künstler:innen den Austausch mit vielfältigen Personengruppen ermöglichten und Dialoge über neue Technologien und ihre Folgen erlaubten. Die Autor:innen dieses Beitrags waren an der Umsetzung der vorgestellten Projekte beteiligt.

Über NEXUS Experiments

NEXUS Experiments ist eine Plattform für teilhabeorientierte Wissenschaftsvermittlung, Public Engagement und Community-basierte partizipative Forschung am Zentrum BrainLinks-BrainTools der Universität Freiburg. NEXUS ermöglicht die gemeinschaftliche Reflexion und Erforschung gesellschaftlicher und ethischer Implikationen von Forschung und Technologie durch wissenschaftliche und nicht wissenschaftliche Zielgruppen. Zu diesem Zweck setzt NEXUS Formate für partizipative Forschung und Ko-Kreation mit Forscher:innen, Entwickler:innen, Bürger:innen und Kunstschaffenden um. Der Schwerpunkt liegt auf Neurowissenschaften, Neurotechnologie, Mensch-Technik-Interaktion, KI und Robotik. ◄

2 Projektbeispiel: Street-Art zur Auseinandersetzung mit Künstlicher Intelligenz

2.1 Science-Street-Art kombiniert Kunst und Wissenschaft im Öffentlichen Raum

Als Kunstform, die im öffentlichen Raum stattfindet, ob mit Graffiti, Performances oder Skulpturen, kann Street-Art Aufmerksamkeit schaffen und Diskussionen anregen. Street-Art-Künstler:innen thematisieren oft Gesellschaftskritisches und bilden im öffentlichen Raum, insbesondere mit Kunst auf Wänden im Stadtraum, einen Gegenpol zu Werbebotschaften (Thompson et al., 2023). Diese Verortung macht Street-Art für niedrigschwellige Wissenschaftskommunikation attraktiv. Die Verbindung von Wissenschaft und Street-Art – Science-Street-Art – kann zum Beispiel durch thematische Anregungen von Forschenden für Kunstwerke oder die Nutzung visueller Elemente aus der Wissenschaft in Kunstwerken geschaffen werden. Science-Street-Art kann in das weitere Feld von Guerilla Science eingeordnet werden: Charakteristisch für Guerilla Science ist die Verbindung zweier Aspekte: erstens Zugänglichkeit – durch die „Beseitigung von Barrieren zur Teilhabe, indem die Wissenschaft an unerwarteten Orten eingebettet wird“ – und zweitens Inklusion – durch „Aktivitäten, die die Lernidentität der Teilnehmer ansprechen“ (Bisbee

O'Connell et al., 2020). Die Kunstform transportiert somit einerseits Informationen in den Alltag der Menschen. Andererseits können die Kunstwerke als Diskussionsanlässe eine kritische Auseinandersetzung mit den dargestellten Themen anregen. Damit kann der Ansatz in der oben vorgestellten Logik-Typologie insbesondere der Logik der Rechenschaft zugeordnet werden.

Darüber hinaus können sich aber auch gänzlich neue Perspektiven ergeben, wenn Wissenschaft im dialogischen Schaffensprozess der Werke unter der künstlerisch-kreativen Lupe betrachtet wird. Aus dem Austausch zwischen Forschenden und Künstler:innen können die einen thematische Inspiration für Kunstwerke schöpfen, die anderen möglicherweise produktive Inspirationen für Forschungsprozesse (Logik der Innovation). Ebenso kann die gezielte Einbindung von Öffentlichkeiten in den wissenschaftlich-künstlerischen Prozess, beispielsweise von Jugendlichen im Rahmen eines Wissenschafts-Graffiti-Workshops, Momente erfahrungsbasierten Lernens (Rios & Negrete, 2013) und dabei die aktive Teilnahme ein anderes Bewusstsein für die Themen schaffen (Logik des emotionalen Zugangs).

2.2 Themen, Ziele und Zielgruppen

Das Projektthema KI entstand aus der Themensetzung des Wissenschaftsjahrs 2019 durch das Bundesministerium für Bildung und Forschung (BMBF). Das Team von NEXUS Experiments konnte im Rahmen des Wissenschaftsjahrs eine Förderung für das partizipativ ausgerichtete Projekt „Stadtwandforschung" mit dem Wissenschaftskommunikator und Mitautor dieses Beitrags Philipp Schrögel an der Universität Freiburg einwerben und das Projekt umsetzen. Das Thema KI hat nicht erst seit der weiten Verbreitung von ChatGPT eine hohe gesellschaftliche Relevanz. Es ist von hoher Komplexität und vielschichtigem Abwägungsbedarf hinsichtlich Chancen und Risiken gekennzeichnet. Das Projekt brachte deshalb urbane Kunstformen mit Wissenschaftsreflexion zum Thema KI zusammen. Ziel war es, ein junges, urbanes Publikum zu erreichen, zu informieren und in die gesellschaftliche Reflexion zum Thema KI einzubinden. Die Beteiligung von Street-Art-Künstler:innen sowie dialogische Formate sollten neue Perspektiven auf das Thema KI eröffnen und neue Impulse in der gesellschaftlichen Debatte zum Umgang mit der Technologie setzen.

2.3 Umsetzung

Stadtwandforschung ist im Rahmen des Projekts wörtlich zu verstehen: Kern bildeten die Ausarbeitung fünf wissenschaftlich inspirierter Street-Art-Kunstwerke an Gebäuden in der Freiburger Innenstadt und die künstlerische Gestaltung der Außenflächen einer Straßenbahn. Die Kunstwerke, sogenannte Murals, waren großflächig gemalte, gedruckte oder gesprühte Motive, die meist gegenständlichen Charakter hatten. Dieses Format unterscheidet sich somit von den typografiebasierten Street-Art-Formen „Graffito" und „Tag".

Einige Street-Art-Künstler:innen sind heute auf dem Kunstmarkt sehr erfolgreich, und so entstehen in der Szene immer mehr private Auftragsarbeiten. Im Rahmen des Projekts erhielten die Künstler:innen ein Honorar für die Entwicklung und Umsetzung der Kunstwerke in Zusammenarbeit mit den beteiligten Forschenden. Dies geschah jeweils paarweise in Teams bzw. Tandems. So erarbeiteten Forschende und Künstler:innen gemeinsam das Thema ihres jeweiligen Murals und entwickelten das Motiv in einem schrittweisen, ko-kreativen Prozess.

Nach einer Auftaktveranstaltung in den Räumen des Kulturaggregats – ein Verein für urbane Kunst in Freiburg, der als Projektpartner gewonnen werden konnte – trafen sich die Tandems und tauschten sich über ihre Arbeit aus. Die Wissenschaftler:innen gaben Einblicke in ihren Forschungsalltag und die wissenschaftlichen Methoden. Die Künstler:innen berichteten ihren Tandempartner:innen von ihrer Herangehensweise. In allen Fällen entwickelte sich nach kurzer Zeit eine vertrauensvolle Atmosphäre, sodass schließlich sehr offen und kritisch über die Chancen und Risiken, die mit der Entwicklung von KI-Systemen verbunden sind, diskutiert werden konnte. Danach machten sich die Künstler:innen an die Ausarbeitung der Wandgemälde.

Ein Beispiel für ein Ergebnis dieser gemeinsamen Auseinandersetzung ist die Fassadengestaltung am Gebäude des Neurozentrums der Uniklinik Freiburg. Die Wandmalerei mit dem Titel „Black Box“ (siehe Abb. 1), die die Künstler von innerfields gemeinsam mit Jun.-Prof. Dr. Philipp Kellmeyer entwickelten, zeigt einen Menschen und einen humanoiden Roboter, deren Köpfe als schwarze Kisten (Black Boxes) dargestellt sind und die mit ihren Händen die Black Box des jeweils anderen zärtlich berühren. Das Motiv verweist darauf, dass die Funktionsweisen weder von Algorithmen, quasi die Gehirne von Robotern, noch des menschlichen Gehirns gänzlich verstanden sind. In Verbindung mit den Tauben als Symbol des Friedens und des gegenseitigen Austauschs[1] stellt das Motiv die Utopie einer Mensch-Maschine-Beziehung dar, die nach gegenseitiger Verständigung strebt. Das Wandgemälde blieb auch nach dem Projektende auf der Fassade des Klinikums erhalten.

Die Kunstwerke wurden von öffentlichen Veranstaltungen begleitet. Wandgespräche eröffneten sie jeweils mit einer dialogischen Veranstaltung als Austauschmöglichkeit zwischen Öffentlichkeit, Künstler:innen und Forschenden. Eine weitere Veranstaltung war zum Beispiel ein Tram-Gespräch in der mit einem Kunstwerk gestalteten Straßenbahn als Diskussionsrunde zwischen Forschenden und Freiburger Bürger:innen. Ebenso wurde ein mehrtägiger Workshop mit Jugendlichen in Kooperation mit dem Jugendhilfswerk e. V. als Ferienprogramm organisiert. Die Jugendlichen besuchten zuerst Robotik-Labore an der Universität und führten Gespräche mit Forschenden. Im Anschluss gestalteten sie auf Basis dieser Eindrücke unter Anleitung eines Graffiti-Künstlers ein Mural zum Thema Zukunft und KI.

[1] Das Symbol der Tauben verweist auch auf einen Kommunikationsaspekt indem es auf die Bemerkung der Philosophin Onora O'Neill (2014) verweist, die im Kontext der philosophischen Untersuchung von Vertrauenswürdigkeit die Rolle aktiver Informationsvermittlung betont: „Unlike carrier pigeons, information does not automatically seek out relevant audiences“.

Abb. 1 Mural des Tandems innerfields/Philipp Kellmeyer. (Foto: NEXUS Experiments)

Zudem wurden während der Ausstellungszeit Führungen zu den Wänden und der Ausstellung angeboten, in denen Chancen und Risiken von KI diskutiert wurden. Basierend auf diesen Mural-Führungen wurden Konzepte für altersgerechte Unterrichtseinheiten für die Klassenstufen 7 bis 13 an Gymnasien entwickelt. Die Schüler:innen sollten die Möglichkeit haben, künstliche Intelligenz im Allgemeinen und die Arbeit von Freiburger Forscher:innen im Besonderen interaktiv kennenzulernen. Fünf Freiburger Gymnasien nahmen an dem Projekt teil. Schließlich wurde eine App-Führung mit der App Actionbound entwickelt: Stadtbesucher:innen konnten so virtuell zu den Wänden geführt werden und eine interaktive Schnitzeljagd absolvieren.

Zum Projektabschluss warf eine Foto-Ausstellung in der Galerie des Kulturaggregat e. V., ergänzt um Exponate aus der Forschung wie Roboter und Gehirnimplantate sowie eine Videodokumentation mit Interviews mit den Künstler:innen und Forschenden, einen Rückblick auf das gesamte Projekt. Die Ausstellung wurde von vier Filmabenden mit Diskussionen, Robotik- und Stencil-Workshops begleitet. Insgesamt nahmen am Abschluss über 600 Besucher:innen teil.

2.4 Lessons Learned aus dem Projekt Stadtwandforschung

Das Projekt Stadtwandforschung war ein Experiment, um herauszufinden, ob sich Street-Art und die Kooperation mit Street-Art-Künstler:innen dafür eignen, Wissenschaftskommunikation auf die Straße zu bringen und zum Austausch anzuregen. Dies ist in vielen Interaktionsmomenten zwischen Forschenden, Künstler:innen und Besucher:innen gelungen. Trotz des eigentlich vergänglichen Charakters von Street-Art prägen einige der Kunstwerke noch heute nachhaltig die Freiburger Stadtlandschaft. Insbesondere die Ausstellung „Stadtwandforschung" in der Galerie des Kulturaggregat e. V. weckte großes Interesse an KI-Forschung und Robotik. Allerdings ist zu beachten, dass Street-Art-Projekte einen größeren organisatorischen und zeitlichen Aufwand mit sich bringen, da legale Wandmalereien zahlreiche Genehmigungen und Absprachen erfordern.

Auf der inhaltlichen Ebene galt es, im Austausch zwischen Forschenden und Künstler:innen zunächst eine Informationslücke zu überwinden: Was ist eigentlich KI im Detail? Wie ist der Stand der Forschung? Die Forschenden wurden mit Vorstellungen der Künstler:innen aus der Fiktion konfrontiert. Das waren zum Beispiel Ideen darüber, was die Technologie alles können soll, und Enttäuschung darüber, wie wenig futuristisch die Ästhetik der Robotik in der Realität ist. Hier fand schließlich bei der Motivarbeit ein Aushandlungsprozess darüber statt, was ein Kunstwerk aussagt, wozu Entfremdung, Abstraktion oder gerade die Anlehnung an popkulturell bekannte Vorbilder nötig sind.

Die Künstler:innen schufen in ihren Arbeiten Beziehungen und emotionale Momente zu oder mit Maschinen. Dadurch konnten sie die Betrachtenden in einen Diskurs einladen. Für die Forschenden war es eine Möglichkeit, aus ihrem Forschungsbereich zu berichten, aber auch selbst zu lernen und zu hinterfragen. Sie mussten sich weit verbreiteten ethischen Bedenken und Vorurteilen gegenüber Forschenden, Technologien und den Interessen der Forschungseinrichtungen stellen: Die Kunstschaffenden fragten, wie und wer die Technologie nutzt (und greifen damit die grundsätzliche Problematik des Dual Use in der Techniknutzung auf) und äußerten Bedenken bezüglich Datensicherheit. All dies floss in die interaktiven Kommunikationsprozesse mit der Öffentlichkeit ein.

3 Projektbeispiel: Das Kunst-Wissenschafts-Festival Data Wonderland

3.1 Kunst-Wissenschafts-Festival als interaktiver Erlebnisraum für Kunst und Wissenschaft

Wissenschaftsfestivals verschiedenster Ausprägung sind ein zentrales Wissenschaftskommunikationsformat weltweit, das in den letzten Jahrzehnten weite Verbreitung fand (Bultitude et al., 2011). Ein Festival ist kein fest definiertes Format, sondern kann als Dachformat in einem begrenzten Zeitraum eine Vielzahl an Kommunikationsformen und Formaten vereinen, die unterschiedlich vermittelnd, interaktiv oder partizipativ sein können. Während künstlerische Formate bereits seit Längerem Bestandteil auch von Wissenschaftsfestivals sind, gibt es vermehrt auch dezidierte Wissenschafts-Kunst-Festivals (Schrögel et al., 2017). Diese können wie Science-Street-Art auch als Guerilla Science beschrieben werden, da sie einerseits die Zugänglichkeit für diverse Zielgruppen erhöhen und Teilnahmebarrieren abbauen und andererseits Inklusion durch die Gestaltung teilnehmendenzentrierter Aktivitäten fördern (Rosin et al., 2023).

Als Dachformat können sie je nach enthaltenen Formaten und Methoden der partizipativen Wissenschaftskommunikation relevante Beiträge im Sinn aller vier oben genannten Logiken der Kollaboration ermöglichen.

3.2 Themen, Ziele und Zielgruppen

Das Projekt „Data Wonderland: Ein interaktives Festival mit Daten, Dompteuren und KI" baute auf den Inhalten mehrerer Forschungsprojekte zu KI, Robotik, Medizindaten und Gesundheit auf. Ziel des Festivals war es, die in den Forschungsprojekten behandelten Themenkomplexe in einen kreativen und spielerischen Zusammenhang zu setzen und sie so den Freiburger Bürger:innen auf niederschwellige und teilhabeorientierte Weise näherzubringen. Das Festival sollte ziel- und altersgruppenübergreifend ausgelegt sein.

3.3 Umsetzung

Das Festival fand im Sommer 2023 in und um das Zentrum BrainLinks-BrainTools in Freiburg statt, in dem auch NEXUS Experiments seinen Sitz hat. Im Außenbereich vermittelten ein Zirkuszelt, eine Jurte mit Spiegelkabinett, mehrere Wohnwagen sowie ein Loungebereich mit Bar und Foodtruck eine Festival-Atmosphäre und sorgten für eine faszinierende, einladende und entspannte Stimmung.

Es entstanden zehn interaktive Mitmachstationen, die eine große Bandbreite an Formaten abdeckten. Neben einem Pillow Fight Club – einer wortwörtlichen Kissenschlacht mit Fitnesstrackern –, einem partizipativen Theaterstück, einem ChatGPT-basierten Improvisationstheater und einer Opernaufführung (in Kooperation mit der Community Oper Freiburg e. V.), wurden digitale Installationen, Diskussionsformate, wissenschaftliche Präsentationen und eine Robotervorführung angeboten.

Um Data Wonderland zu realisieren, kamen mehr als zwanzig Akteur:innen zusammen: Neben zehn Forschenden und Künstler:innen waren mehrere Doktorand:innen und freiwillige Helfer:innen sowie die vielfältigen Ansprechpartner:innen in Universitäts- und Stadtverwaltung beteiligt. Diese Menge an Unterstützung war notwendig, um ein Festival dieser Größe erfolgreich realisieren zu können.

Wie schon in vergangenen Projekten verfolgte NEXUS Experiments bei der Umsetzung einen ko-kreativen Ansatz. Teams aus Wissenschaftler:innen und Künstler:innen ent-

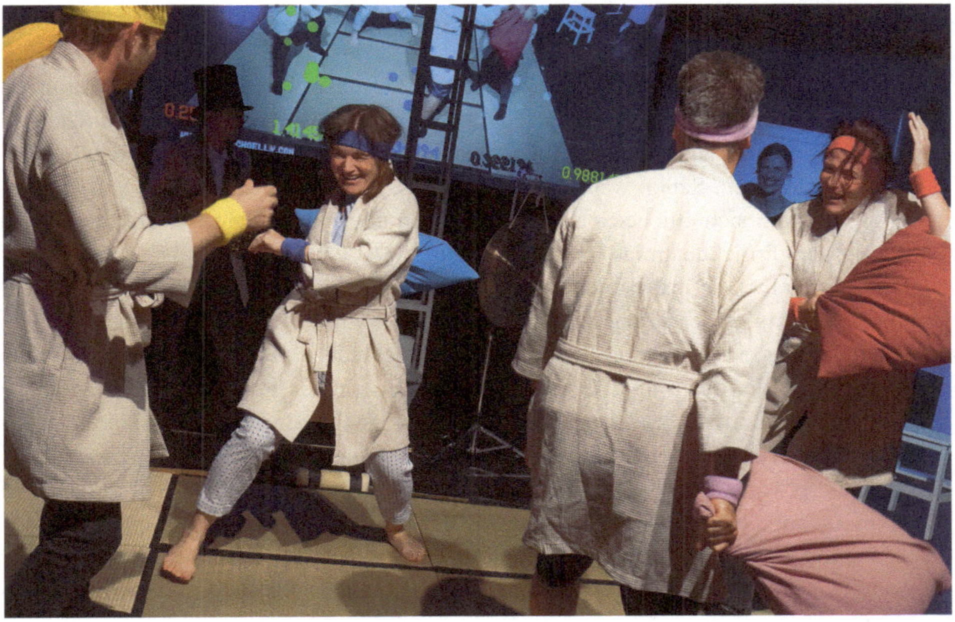

Abb. 2 Pillow Fight Club im Zirkuszelt auf dem Campus Flugplatz der Universität Freiburg. (Foto: Jürgen Gocke)

wickelten die partizipativen Stationen gemeinsam. So gelang es, Erkenntnisse aus der aktuellen Forschung zu kommunizieren und zugleich Ideen für eine künstlerische Übersetzung zu sammeln, die nicht selten von den Forschenden selbst kamen.

Die Mitmachstation „Pillow Fight Club" (siehe Abb. 2) beispielsweise erarbeiteten Forschende vom Institut für Technikfolgenabschätzung am Karlsruher Institut für Technologie zusammen mit Künstler:innen. Die Wissenschaftlerinnen untersuchten den Einfluss von Wearables, wie Fitness-Trackern oder Smartwatches, auf das Verhalten von Versuchspersonengruppen. Im Brainstorming mit den Künstler:innen führte die Assoziation von „Fitness" und „Wettkampf" zur Idee eines „Fitness-Rings", in dem eine Kissenschlacht stattfindet, während Fitnessdaten der Teilnehmer:innen gemessen werden.

Das Sammeln und Nutzen gesundheitsbezogener Daten zog sich als Leitmotiv und strukturierendes Element durch das gesamte Festival. Die Besucher:innen wurden am Eingang zum Festivalgelände und an den folgenden Stationen eingeladen, Fragebögen auszufüllen. Diese wurden umgehend ausgewertet und auf dieser Grundlage dann verschiedenfarbige Bändchen verteilt. Hatten die Besucher:innen viele ihrer Daten freiwillig geteilt, bekamen sie ein anderes Bändchen als jene, die nur wenig von sich preisgaben. Dies sollte die Menschen dazu anregen, sich zu fragen, welche Daten sie jeden Tag mit anderen, teils unbekannten Dritten teilen und ob dies vielleicht Konsequenzen haben könnte.

3.4 Lessons Learned aus dem Projekt Data Wonderland

Das Festival zog an anderthalb Tagen mehr als 600 Besucher:innen an und übertraf damit die Erwartungen des Projektteams um rund das Doppelte. Allein das ungewöhnliche Setting mit dem roten Zirkuszelt inmitten von Forschungs- und Laborgebäuden zog viel Aufmerksamkeit auf sich. Schon während des Aufbaus, der bereits einige Tage vorher stattfand, informierten sich etliche Spaziergänger:innen über die geplante Veranstaltung und kamen mit dem Projektteam ins Gespräch.

Beim Festival waren insbesondere der Pillow Fight Club und die Stationen mit Robotern für Kinder im Kindergarten- bzw. Grundschulalter attraktiv. Der Pillow Fight Club erwies sich darüber hinaus auch als hervorragender Eisbrecher, um Begegnungen zwischen den Wissenschaftler:innen und dem nicht wissenschaftlichen Publikum auf Augenhöhe anzuregen. Nachdem sich Besucher:innen und Professor:innen im Fitnessring engagiert duelliert hatten, ergaben sich am Rande des Rings oder in der Diskussions-Lounge häufig intensive Gespräche über die Chancen und Risiken künstlicher Intelligenz oder den Nutzen von Gesundheitsdaten. Neugier wurde auch bei Mitarbeiter:innen der Universität, anderer Institute und Fachdisziplinen, sowohl im wissenschaftlichen Bereich als auch in der Verwaltung, geweckt, die zuvor eher selten Veranstaltungen von NEXUS Experiments besucht hatten.

Während die Arbeit in einigen Wissenschaft-Kunst-Teams reibungslos verlief, gab es andere, bei denen die Kommunikation schwieriger war oder die Ideenfindung in unterschiedliche Richtungen ging. Hier gelang es dem Organisationsteam von NEXUS Experiments durch moderierende Vermittlungsarbeit in den einzelnen Teams, die weitere Zusammenarbeit zielgerichtet zu gestalten. So entstand am Ende jeweils eine partizipative Station, mit der sowohl die künstlerische als auch die wissenschaftliche Seite zufrieden war.

Den Forschenden bot sich die Möglichkeit zu reflektieren, wie ihre Forschung in der Öffentlichkeit wahrgenommen und verstanden wird. Dieses außergewöhnliche Format bietet auch für zukünftige Veranstaltungen großes Potenzial, da die Forschenden direkt mit den Menschen in Kontakt kommen, die unmittelbar von ihrer Arbeit betroffen sind.

4 Fazit

In beiden Formaten gelang es, durch die künstlerischen Formate zu einer interaktiven Auseinandersetzung mit den Themen einzuladen und in einem partizipativen Ko-Kreations-Prozess vielfältige Lernprozesse bei allen Beteiligten anzuregen.

Derartige Formate eignen sich besonders für Themen mit einer hohen Komplexität, wie in diesen Beispielen künstliche Intelligenz. Diese Komplexität kann durch künstlerische Formate nur angedeutet werden. Dennoch können solche künstlerischen Interpretationen dazu beitragen, grundlegende Konzepte zu vermitteln und Diskussionen über die Funktionsweise von KI anzuregen. Die künstlerische Darstellung bzw. das Versetzen der Thematik ins Analoge macht das Thema für bestimmte Zielgruppen zugänglicher und anschaulicher. Außerdem bietet diese Darstellungsform viel Freiheit, mögliche künftige Entwicklungen und Folgen darzustellen und zu diskutieren. Es entstehen Formate, die über die verfügbaren Tech-Produkte hinausdenken und mit einer spekulativen Entwicklung von Technologien spielen. Auch in diesem Fall kann die Kunst helfen, die Brücke zu diesen zukünftigen Welten zu bauen und sichtbar zu machen, welche Entwicklung wir uns als Gesellschaft wünschen.

Literatur

Bisbee O'Connell, K., Keys, B., Storksdieck, M., & Rosin, M. (2020). Context matters: Using art-based science experiences to broaden participation beyond the choir. *International Journal of Science Education, Part B, 10*(2), 166–185. https://doi.org/10.1080/21548455.2020.1727587

Borgdorff, H., Peters, P., & Pinch, T. (Hrsg.). (2020). *Dialogues between artistic research and science and technology studies* (Routledge advances in art and visual studies). Routledge.

Born, G., & Barry, A. (2010). Art-science: From public understanding to public experiment. *Journal of Cultural Economy, 3*(1), 103–119. https://doi.org/10.1080/17530351003617610

Bucchi, M., & Trench, B. (2021). Rethinking science communication as the social conversation around science. *Journal of Science Communication, 20*(03), Artikel Y01. https://doi.org/10.22323/2.20030401

Bultitude, K., McDonald, D., & Custead, S. (2011). The rise and rise of science festivals: An international review of organised events to celebrate science. *International Journal of Science Education, Part B, 1*(2), 165–188. https://doi.org/10.1080/21548455.2011.588851

Lysen, F. (2019). Kissing and staring in times of neuro-mania: The social brain in art-science experiments. In H. Borgdorff, P. Peters, & T. Pinch (Hrsg.), *Dialogues between artistic research and science and technology studies* (S. 167–183). Routledge.

O'Neill, O. (2014). Trust, trustworthiness, and accountability. In N. Morris & D. Vines (Hrsg.), *Capital failure: Rebuilding trust in financial services* (S. 0). Oxford University Press. https://doi.org/10.1093/acprof:oso/9780198712220.003.0008

Rios, P., & Negrete, A. (2013). The object of art in science: Science communication via art installation. *Journal of Science Communication, 12*(3), Artikel A04. https://doi.org/10.22323/2.12030204

Rosin, M. S., Storksdieck, M., O'Connell, K., Keys, B., Hoke, K., & Lewenstein, B. V. (2023). Broadening participation in science through arts-facilitated experiences at a cultural festival. *Plos one, 18*(5), Artikel e0284432. https://doi.org/10.1371/journal.pone.0284432

Schrögel, P., Niemann, P., Bittner, L., & Hauser, C. (2017). *Präsentationen in der externen Wissenschaftskommunikation: Formen & Charakteristika* (Science In Presentations Arbeitsberichte, 3). Karlsruher Institut für Technologie (KIT). https://doi.org/10.5445/IR/1000123447

Thompson, B., Jürgens, A. S., & Lamberts, R. (2023). Street art as a vehicle for environmental science communication. *Journal of Science Communication, 22*(4), Artikel A01. https://doi.org/10.22323/2.22040201

Mathilde Bessert-Nettelbeck ist Wissenschaftskommunikatorin und Biologin. Sie arbeitet in Kunst-Wissenschaftsprojekten, Citizen-Science-Forschung und in Journalismus/PR.

Philipp Schrögel ist wissenschaftlicher Mitarbeiter an der TU Chemnitz. Er forscht zu kreativen und partizipativen Formen von Wissenschaftskommunikation und Public Engagement.

Judith Saurer ist Anglistin in Theaterpädagogik-Ausbildung, mit mehrjähriger Erfahrung als Regieassistentin; aktuell studiert sie außerdem Musik auf Lehramt.

Philipp Kellmeyer ist Juniorprofessor an der Universität Mannheim und Neurologe am Universitätsklinikum Freiburg. Er forscht zu KI und Neurotechnologie.

Sabrina Livanec entwickelt kreative und partizipative Formate der Wissenschaftsvermittlung und forscht zu Roboterakzeptanz an der Universität Freiburg.

Praxisnah lehren, transdisziplinär lernen: Partizipative Wissenschaftskommunikation im Lehrmodul Engineering for Impact

Thies Johannsen und Konstantin S. Kiprijanov

1 Verantwortungsvolle Wissenschaften für gesellschaftliche Transformation

Verantwortungsvolle Wissenschaften verstehen sich als Gegenmodell zur vermeintlichen Wertefreiheit der Forschung. Sie beziehen die Auswirkungen wissenschaftlicher Praxis auf Menschen und Umwelt aktiv in Wissensproduktions- und Innovationsprozesse mit ein. Im internationalen Kontext – und zunehmend auch in Deutschland – wird dieses Verständnis unter dem Begriff *Responsible Research and Innovation* (RRI) gefasst. RRI bzw. verantwortungsvolle Wissenschaften besitzen somit eine erhebliche Relevanz für die Gestaltung gesellschaftlicher Transformationen: Beide Ansätze sollen gesellschaftliche Bedarfe und Werte berücksichtigen und dabei ethische, soziale und ökologische Perspektiven integrieren. Rene von Schomberg (2012) zufolge handelt es sich hierbei um einen transparenten und interaktiven Prozess, in dem gesellschaftliche Akteur:innen und Forschende gemeinsam Verantwortung für die (ethische) Akzeptanz, Nachhaltigkeit sowie gesellschaftliche Erwünschtheit tragen. In diesem Verständnis wird nicht die bloße Erzeugung von Wissen betrachtet, sondern das Wissenschaftssystem als Teilbereich der Gesellschaft verortet (2012, S. 50). Ausdrücken können sich diese Erwartungen in Förderstrategien oder übergeordneten Handlungsfeldern, die unter dem Schlagwort der „Neuen Missionsorientierung" (Mazzucato, 2018) Eingang in den Diskurs gefunden haben.

T. Johannsen (✉)
Technische Universität Berlin, Berlin, Deutschland
E-Mail: johannsen@tu-berlin.de

K. S. Kiprijanov
Museum für Naturkunde – Leibniz-Institut für Evolutions- und Biodiversitätsforschung, Berlin, Deutschland

S. Voigt-Heucke et al., *Praxishandbuch Partizipation in der Wissenschaft*,
https://doi.org/10.1007/978-3-658-51093-0_17

Entscheidend ist, dass die Zielvorstellung nicht theoretisch begründet wird, sondern in der Interaktion relevanter Stakeholder:innen erst auszuhandeln ist. Dabei gilt es, potenzielle Risiken und Nebenwirkungen zu beachten. Offene und transparente Kommunikationsprozesse sind die Voraussetzung für eine nachhaltige und inklusive Entwicklung, die Perspektiven, Bedürfnisse und Anliegen aller Beteiligten berücksichtigt (Vilsmaier & Lang, 2014; Gibbons et al., 1994). Diese gilt es, formalisiert und strategisch durch den Einsatz geeigneter Formate zu gestalten.

Partizipative Wissenschaftskommunikation setzt hier an und vermag durch die Einbindung nicht akademischer Stakeholder:innen in die wissenschaftliche Praxis, die Gatekeeping-Funktionen in der Produktion wissenschaftlichen Wissens zu unterlaufen, neue Perspektiven einzubinden und zu nachhaltigeren Lösungen zu führen. Die Gestaltung solcher Prozesse allerdings ist voraussetzungsreich und erfordert von allen Beteiligten die Entwicklung einschlägiger Kompetenzen. Zudem liegen bisher keine klaren didaktischen Vorgaben für die Lehrpraxis vor. Der vorliegende Beitrag zeigt anhand eines Lehrmoduls an der Technischen Universität Berlin (TU Berlin) auf, wie Hochschullehre gestaltet werden kann, um Studierende systematisch auf partizipative Formen wissenschaftlicher Zusammenarbeit vorzubereiten. Ebenso wird herausgearbeitet, welche Anforderungen an Lehrende gestellt werden, um diese Prozesse kompetent zu initiieren und zu begleiten.

Dieser Beitrag gliedert sich in fünf Abschnitte. Zunächst wird im ersten Abschnitt eine umfassende und problemorientierte Definition partizipativer Wissenschaftskommunikation auf Grundlage der aktuellen Literatur entwickelt. Im zweiten Abschnitt wird ein lehr- und lerntheoretischer Rahmen für partizipative Wissenschaftskommunikation vorgestellt, basierend auf dem Konzept der Transferdidaktik. Im dritten Abschnitt werden die daraus abgeleiteten Kompetenzen sowie deren Bedeutung für die Gestaltung von Lehrveranstaltungen zur partizipativen Wissenschaftskommunikation ausführlich erläutert. Der vierte Abschnitt veranschaulicht, wie diese Kompetenzen in der Praxis vermittelt werden, anhand des Beispiels der seit 2020 angebotenen Lehrveranstaltung „Engineering for Impact“. Abschließend formulieren wir im fünften Abschnitt, gestützt auf unsere theoretischen Erkenntnisse und praktischen Erfahrungen, zentrale Empfehlungen für die Implementierung ähnlicher Lehrveranstaltungen in anderen Institutionen.

2 Partizipative Wissenschaftskommunikation in Forschung und Lehrpraxis

Ein wesentlicher Grund für den Mangel an klaren didaktischen Vorgaben für die Lehrpraxis ist die Tatsache, dass Wissenschaftskommunikation bis heute keine klar abgegrenzte Disziplin darstellt (Gerber et al., 2020). In einer ersten Annäherung kann Wissenschaftskommunikation als ein dynamisches Praxis- und Forschungsfeld verstanden werden, das sich mit der Kommunikation wissenschaftlichen Wissens beschäftigt (Kiprijanov, 2021, S. 383). Sowohl das Praxis- als auch das Forschungsfeld zeichnet sich durch eine große Bandbreite von internationalen Akteur:innen, Institutionen, Theorien, Methoden und Kommunikationsmodellen aus (Kiprijanov, 2021, S. 383).

Gemeinhin werden die unterschiedlichen Spielarten bzw. Modi der Wissenschaftskommunikation mithilfe von Modellen und idealtypischen Kategorien unterschieden, wobei gegenwärtig die Defizit-Dialog-Partizipation-Typologie sowie die „Public Engagement Onion" (Wellcome Trust, 2011) zu den gängigsten Systematiken gehören (Schmid-Petri & Bürger, 2020; Raupp, 2017). Eine umfassende Gegenüberstellung und Kritik dieser und weiterer Systematiken wird von Jennifer Metcalfe (2019) geboten, die auch darauf hinweist, dass alle beschriebenen Spielarten der Wissenschaftskommunikation nicht sauber voneinander getrennt werden können, sondern sich vielmehr im Kommunikationsalltag überschneiden und Mischformen bilden (Metcalfe, 2019, S. 168 f.).

Dementsprechend gibt es keine Reinform partizipativer Wissenschaftskommunikation, da je nach angelegtem Theoriegerüst unterschiedliche Aspekte beleuchtet werden. Einen nützlichen Orientierungsrahmen bietet jedoch die Übersichtsstudie von Gantenberg et al. (2024), die eine Reihe von Kernmerkmalen sowie Empfehlungen für die Gestaltung partizipativer Wissenschaftskommunikationsprozesse auf Grundlage einer Literaturanalyse existierender, praxisorientierter Prinzipien gelingender Wissenschaftskommunikation skizziert (siehe Tab. 1).

Gantenberg et al. (2024) verwenden partizipative Wissenschaftskommunikation als einen Sammelbegriff, unter dem sie alle Spielarten der Wissenschaftskommunikation zu-

Tab. 1 „Überblick zu zentralen Empfehlungen für Citizen Science und für partizipative Wissenschaftskommunikation". (Gekürzte Fassung, übernommen aus Gantenberg et al., 2024, S. 24 f.)

Empfehlung	Kurzbeschreibung
Einbeziehung & Partizipation von Bürger:innen	Feedback und Anerkennung; klare Kommunikation der Projektrelevanz; verschiedene Beteiligungsformen; Adressierung unterschiedlicher Lernarten & Bedürfnisse; Zuhören als Ausgangspunkt.
Wissenschaftliche Praxis & Bildung	Beteiligung in verschiedenen Forschungsstadien; flexibles & praxisnahes Forschungsdesign; Sicherung wissenschaftlicher Qualität; Limitationen erkennen; Empowerment; Demokratisierung als Forschungsanspruch & Kompetenzentwicklung stärken und fördern.
Kooperation, Nachhaltigkeit & Gemeinschaft	Aufbau von Gemeinschaftsgefühl; langfristige Beziehungen & Aktivitäten; Kooperation mit verschiedenen Organisationen & Gruppen; Nachhaltigkeitsziele kommunizieren.
Zugänglichkeit, Diversität & soziale Integration	Reduktion von Distanz & Erhöhung von Zugänglichkeit; Alltagsbezüge und -relevanz herstellen; geografische & finanzielle Machbarkeit; Schaffung informeller Aushandlungs- und Lernräume; Berücksichtigung sozialer Aspekte & Förderung der Sozialisierung der Gruppe.
Datenmanagement & Transparenz	Öffentliche Verfügbarkeit von Daten; Open-Access-Publikationen; Einbeziehung sogenannter Lai:innen in die Ergebniskommunikation; Anerkennung der Leistungen sogenannter Lai:innen in Publikationen; Evaluation & Selbstreflexion der Projekte.
Rechtliche, ethische & strukturelle Aspekte	Anpassung von Förderprogrammen; rechtliche Beratungsangebote ausbauen; Anerkennung ehrenamtlicher Forschung; Adressierung struktureller Probleme & ethischer Fragen.

sammenfassen, die sich an dialog- und partizipationsorientierten Modellen des Austauschs zwischen Wissenschaft und Gesellschaft orientieren (Gantenberg et al., 2024, S. 4). Darunter fallen auch Prozesse, die als Citizen Science und Public Engagement bezeichnet werden (Weingart et al., 2021). Allen Ansätzen ist gemein, dass sie „eine stärkere Einbeziehung der Öffentlichkeit in den wissenschaftlichen Diskurs fördern", wobei sogenannte „Lai:innen aktiv und selbstredend auch initiativ zur Wissenschaft beitragen können" (Gantenberg et al., 2024, S. 4). Das kann durch verschiedene Formate wie etwa Bürger:innendialoge, Konsens-Konferenzen oder Szenario-Workshops geschehen und sollte alle Interessengruppen auf Augenhöhe einbinden (Fähnrich, 2017).

Trotz der unterschiedlichen Beteiligungsintensitäten und Formate lassen sich die Ansätze partizipativer Wissenschaftskommunikation idealtypisch drei Grundströmungen zuordnen: (a) demokratische Teilhabe, bei der Bürger:innen an wissenschaftspolitischen Entscheidungen beteiligt werden, (b) Teilhabe an der Wissensproduktion, bei der außerwissenschaftliche Akteur:innen aktiv in Forschungsprozesse eingebunden werden, und (c) wissenschaftliche Bildung, die auf gemeinsames Lernen und die Verbreitung wissenschaftlichen Wissens zielt (Gantenberg et al., 2024, S. 8 f.).

Partizipative Wissenschaftskommunikation reflektiert aktuelle gesellschaftliche Anforderungen an mehr Transparenz und eine generelle partizipative/kollaborative Öffnung des Wissenschaftssystems (Schrögel & Humm, 2020). Sie trägt dazu bei, das Vertrauen in die Wissenschaft zu stärken, indem sie den Austausch von Wissen, „Wissensbeständen" und Ideen fördert sowie die Relevanz wissenschaftlicher Erkenntnisse für die Lösung gesamtgesellschaftlicher Probleme verdeutlicht (Heidingsfelder, 2018). Für die Gestaltung und Planung dieser Art von Wissenschaftskommunikation bieten die von Stilgoe et al. (2013) entwickelten fünf Prinzipien für verantwortungsvolles Forschungs- und Innovationshandeln einen geeigneten Orientierungsrahmen:

1. Antizipation: Frage, ob mögliche Folgen unter Berücksichtigung von Kontingenz, bereits Bekanntem, Wahrscheinlichem, Plausiblem und Möglichem berücksichtigt werden;
2. Reflexivität: Blick auf die eigenen Aktivitäten, Verpflichtungen und Annahmen mit ihren Grenzen;
3. Inklusion: Möglichkeit, neue Perspektiven einzubringen und vom Prozess berührten Stimmen im Diskurs oder Prozess hinsichtlich des Zwecks und der Mittel Gehör zu verschaffen;
4. Responsivität: Anpassungsfähigkeit des Prozesses als Reaktion auf Interessengruppen und veränderte Rahmenbedingungen;
5. Transparenz hinsichtlich der Hypothesen, Methoden, Ergebnisse, Schlussfolgerungen und Auswirkungen.

Weil partizipative Wissenschaftskommunikation auf diese Kriterien ausgerichtet ist, kann sie einen substanziellen Beitrag leisten, wissensbasierte Lösungen zu finden, die nicht nur vorhandene Bedarfe adressieren, sondern Stakeholder:innen aktiv in den Prozess einbinden. Auf diese Weise können politisch ausgehandelte Ziele, wie sie beispielsweise in den Nachhaltigkeitszielen der Vereinten Nationen als sogenannte Missionen festgehalten sind, mit gesellschaftlicher Praxis verknüpft werden. Dadurch lässt sich dem Eindruck entgegenwirken, es handele sich um ein reines Elitenprojekt oder um von oben auferlegte Vorgaben: Wissenschaftlich fundierte Ansätze schließen hier praktische Anforderungen so ein, dass gänzlich unterschiedliche Erfahrungen berücksichtigt werden können und zugleich ein Verständnis wissenschaftlicher Prozesse in nicht akademischen Teilen der Gesellschaft ausgebildet wird.

Wissenschaftskommunikation, insbesondere in ihrer partizipativen Spielart, ist somit mehr als Wissenschafts-PR in der Aufmerksamkeitsökonomie und im Wettstreit um Forschungsgelder (Ossing & Hüttl, 2016). Sie ist auch mehr als die Bereitstellung von Wissen für eine diffuse, passive Öffentlichkeit. Vielmehr ist sie ein Handlungsfeld, in dem Wissensschaffende ihre Rolle kritisch reflektieren und Verantwortung in der Gesellschaft übernehmen. Nicht zuletzt tritt das Bundesministerium für Bildung und Forschung (BMBF) deshalb für ein neues Berufsbild und Selbstverständnis unter diesem Aspekt ein (2019). Nimmt man diesen Vorschlag ernst, sind die notwendigen Kompetenzen bereits in der akademischen Qualifikationsphase auszubilden, wie etwa in dem Bericht der vom BMBF eingesetzten Arbeitsgruppe #FactoryWissKomm betont wird (Kleidt et al., 2021, S. 17, 60). Die Kompetenzorientierung in der Hochschullehre böte dafür einen geeigneten Rahmen (Kleidt et al., 2021, S. 17).

3 Anschluss an Kompetenzorientierung in der Hochschullehre

Die Bologna-Reform von 1999 legte Kompetenzorientierung als Bildungsziel fest (Wildt, 2023; Schaper & Szczyrba, 2021; Schaper, 2012). Damit wurde die Voraussetzung für die Ausbildung von Kompetenzen für partizipative Wissenschaftskommunikation geschaffen. Zugleich vollzog sich ein Paradigmenwechsel in der Hochschullehre, der *Shift from Teaching to Learning* (Biggs & Tang, 2011) bzw. der „Wandel von einer Content- hin zu einer Outcome-Orientierung" (Schaper & Szczyrba, 2021, S. 96). Aus einer didaktischen Perspektive verschiebt sich der Fokus von der Wissensvermittlung auf das Lernen und hin zu einem partizipativen Ansatz. Studierende werden als Ko-Produzierende des Lehr- und Lernsettings betrachtet (Johannsen, 2023). Neu ist diese Überlegung nicht, die sich bereits prominent bei Dewey (1938/2015) findet und auch in der Bloom'schen Taxonomie durch die höheren Stufen abgebildet ist (Bloom et al., 1956). Neu(er) ist jedoch die Implementierung in der Praxis. Damit gehen Herausforderungen einher, da Kompetenzentwicklung nicht einfach überprüfbar ist, sondern sich aufgrund des handlungsdispositiven Charakters nur in der tatsächlichen Aktion selbst zeigt. Damit schließen wir uns dem Verständnis von Weinert (2002, S. 27 f.) an, der „unter Kompetenzen die bei Individuen verfügbaren oder durch sie erlernbaren kognitiven Fähigkeiten und Fertigkeiten, um bestimmte Probleme zu lösen, sowie die damit verbundenen motivationalen, volitionalen und sozialen Bereitschaften und Fähigkeiten[,] um die Problemlösungen in variablen Situationen erfolgreich und verantwortungsvoll nutzen zu können", versteht.

Wenn das Ziel der akademischen Ausbildung also (auch) in der Befähigung bestehen soll, verantwortungsvolles Handeln in den Wissenschaften nicht nur zu verstehen, zu reflektieren und zu ermöglichen, sondern selbst in diesem Handlungsfeld unter Einbezug aller oben genannten Kriterien gestaltend zu wirken, dann muss sich dies in der didaktischen Konzeption widerspiegeln. Die Entwicklung von Kompetenzen hat zwar theoretische und wissensbasierte Voraussetzungen, ist selbst jedoch dem Wesen nach anwendungsbezogen und erfahrungsbasiert (Johannsen, 2023; Kolb, 2015). Daraus folgt, dass ausgehend von den Lehr- und Lernzielen geeignete Prüfungsformen zu wählen sind, die die Ausbildung einschlägiger Kompetenzen beurteilen können. Vor allem aber folgt daraus, dass die Lehr- und Lernmethoden so zu wählen sind, dass Studierende handlungsfähig werden. Dieser Ansatz hat unter dem Label des *Constuctive Alignment* Eingang in die Hochschullehre gefunden (Biggs & Tang, 2011).

In der Lehrpraxis ist die Kompetenzorientierung von einer begünstigenden Lernumgebung abhängig. Sie muss sicherstellen, dass Studierende in die aktive Auseinandersetzung mit den Inhalten treten (können). Dazu eignen sich unterschiedliche Methoden, die eine aktivierende Intervention darstellen und die Lernsituation konzeptionell informieren. Auf diese Weise kann der Einsatz unterschiedlicher Methoden ineinandergreifen und die Kompetenzentwicklung von Studierenden, insbesondere hinsichtlich ihrer Praxisorientierung, fördern. Dabei sind die Wahl und der Einsatz der Methoden stets reflexiv an die Lehr- und Lernziele sowie den jeweiligen Kontext gebunden.

Zusätzlich ist die Rolle der Lehrperson ein wichtiger Faktor bei der Gestaltung der Lernumgebung. Für die Ausbildung und Aktivierung von Kompetenzen sind flache Hierarchien förderlich, weil sie zu eigenverantwortlichem Handeln anregen (Fichtner, 2008). Der Wissensvorsprung der Lehrperson kann genutzt werden, um die gemeinsame Erarbeitung der Lehr- und Lernziele in der Lerngruppe anzuleiten, ohne sie vorzugeben. Unterstützt wird dieser Ansatz durch die wiederholte Reflexion der Rollen in der Lerngruppe. Studierende schlüpfen so selbst in die Rolle von Mitgestaltenden der Lernumgebung. Der Einsatz von Formaten wie Workshops ist hierfür besonders geeignet.

Zwei zentrale Aspekte greifen dabei ineinander: Lehrende übernehmen eine moderierende Funktion, während die studentische Mitgestaltung und der vorläufige, experimentelle Charakter der praxisorientierten Arbeitsergebnisse eine Fehlerkultur etablieren, die psychologische Sicherheit fördert und Beteiligungshürden senkt. Die Gestaltung partizipativer Rahmenfaktoren ist sowohl Mittel als auch Zweck dieses didaktischen Ansatzes. Workshops zeichnen sich durch ihre besondere Anwendungs- und Praxisorientierung aus. In ihnen werden Inhalte aktiv durch den Einsatz evidenzbasierter Werkzeuge erarbeitet und in Gruppen neues Wissen erworben oder vorhandenes Wissen vertieft, indem ein praktisches Problem auf eine kreative oder innovative Art und Weise innerhalb eines begrenzten Themen- oder Handlungsfelds bearbeitet oder gelöst wird (Ørngreen & Levinsen, 2017). Unterstützt wird diese Entwicklung hinsichtlich ihres Potenzials für Wissenschaftskommunikation durch den angeleiteten Blick über den Tellerrand sowie die proaktive Einbindung komplementärer Perspektiven, Interessen und Wissensformen.

Damit weist das didaktische Konzept für partizipative Wissenschaftskommunikation bedeutende Schnittstellen mit verwandten Konzeptionen der inter- und transdisziplinären Praxis auf. Hier werden ebenfalls Verständigungsphasen vorausgesetzt, in denen Vertrauen aufgebaut und ein gemeinsames Problem- oder Projektverständnis entwickelt wird, aus dem sich dann komplementäre Rollen herausbilden (Vilsmaier et al., 2023; Defila & Di Giulio, 2018; Kolmos et al., 2020; Mittelstraß, 2005). Gleiches gilt für das Handlungsfeld des Wissens- und Technologietransfers in einem weiten Verständnis, das die Wissensgenese umfasst (Carayannis & Campbell, 2009).

4 Didaktik der Wissenschaftskommunikation auf Grundlage der Transferdidaktik

Eine Didaktik der partizipativen Wissenschaftskommunikation sollte das Ziel verfolgen, diejenigen Kompetenzen zu befördern, die für den konstruktiven Austausch und die Kollaboration mit diversen Akteur:innengruppen unerlässlich sind. Eine Operationalisierung dieses Anspruchs in der Lehrpraxis – also eine Überführung in kohärente, zielorientierte Lehrpläne mit klar definierten Lehr- und Lernmethoden – ist jedoch herausfordernd (Kiprijanov & Joubert, 2023), denn sowohl die Breite des Forschungs- und Praxisfelds Wissenschaftskommunikation als auch das bisher wenig erschlossene und damit hochdynamische Feld der partizipativen und transdisziplinären Didaktik (Philipp & Schmohl, 2023; Schmohl & Philipp, 2021) führen derzeit zu sehr heterogenen Lehransätzen und -praktiken.

Zudem debattieren Forscher:innen, Praktiker:innen und Hochschullehrende über Inhalte. Zwar zeichnet sich in führenden Handbüchern ein Konsens bezüglich der Kernthemen ab, die in einem Lehrangebot zur Wissenschaftskommunikation behandelt werden sollten. Dazu gehören Sozialwissenschaften, Wissenschaftsforschung, Medien- und Kommunikationswissenschaft, Verhaltensstudien, aber auch Methoden für die Evaluation und Analyse von Wissenschaftskommunikationsmaterialien und -projekten (Kiprijanov & Joubert, 2023, S. 320–323). Allgemeingültige Empfehlungen für die Gestaltung von Lehrplänen im Sinn einer Schritt-für-Schritt-Vorlage sind in der Literatur allerdings nicht zu finden. Uneinigkeit besteht zudem über die Balance zwischen theoretischem Wissen und praktischen Erfahrungen, die den Ansprüchen der Studierenden wie auch der zukünftigen Arbeitgeber:innen gerecht werden (Kiprijanov & Joubert, 2023, S. 320 f.). Wie also kann partizipative Wissenschaftskommunikation in der Hochschullehre verankert und umgesetzt werden?

Einen vielsprechenden Ansatz kann die spezifische Anpassung von Lehrplänen an die Bedarfe und Vorkenntnisse der Studierenden sowie an das Selbstverständnis und die strategische Ausrichtung der jeweiligen Hochschule darstellen (Kiprijanov & Joubert, 2023, S. 320 f.). Entsprechend dieser Anregung verfolgen wir im vorliegenden Beitrag einen integrierten didaktischen Ansatz, der an der TU Berlin im Rahmen des innovativen Lehrmoduls „Engineering for Impact“ (EfI) ab 2020 vorrangig für Studierende der Ingenieurwissenschaften etabliert und sukzessive weiterentwickelt wurde. Dieser Ansatz operationalisiert Transferkompetenzen in den jeweiligen thematischen Sitzungen des EfI-Moduls auf Grundlage des evidenzbasierten Kompetenzrads (Johannsen, 2023, 2025).

5 Um welche Kompetenzen geht es eigentlich?

In der Literatur werden vielfältige Kompetenzen benannt, die überfachliches Handeln ermöglichen, teils mit direktem Bezug zur inklusiven Produktion neuen Wissens. Geteilt wird die Prämisse, dass eine fachlich-disziplinäre Ausbildung allein nicht hinreicht, um verantwortungsvoll in komplexen Professionen zu agieren – insbesondere in den Wissenschaften. Die Vielzahl spezialisierter Ansätze erschwert eine Systematisierung. Daher haben wir zentrale Beiträge analysiert und in eigenständige Kompetenzelemente überführt, die sich zu Kompetenzprofilen bündeln lassen (Johannsen, 2022, 2023, 2025). Grundlage unserer Auswertung sind u. a. Diskurse zu transformativer Wissenschaft (z. B. Schneidewind & Wissel, 2015), Schlüsselkompetenzen (z. B. Weinert, 2001), Transdisziplinarität (z. B. Philipp & Schmohl, 2023), Future Skills (z. B. Ehlers, 2020), Bildung für nachhaltige Entwicklung (z. B. Rieckmann, 2010) und transversalen Kompetenzen (z. B. Scharnhorst, 2021). Das Ergebnis ist ein Zusammenspiel von vierzehn Kompetenzelementen, die als Grundlage für holistische Wissensgenese und partizipative Wissenschaftskommunikation dienen.

Aus den in Tab. 2 aufgeführten Kompetenzelementen setzt sich die übergreifende Kompetenz zusammen, die in kollaborativen Prozessen unter Einbezug diverser Stakeholder:innen relevant ist. Exemplarisch wurde dies für die vier größten Industriebranchen gezeigt (Johannsen, 2022). Wie wir bereits an anderer Stelle argumentieren, gibt es eine signifikante Schnittmenge von Wissenschaftskommunikation, Transfer und Transdisziplinarität (Johannsen & Kiprijanov, 2023; Weber, 2023). Ausgehend von dieser Annahme betrachten wir im Folgenden diejenigen Kompetenzelemente, die für Prozesse partizipativer Wissenschaftskommunikation von besonderer Bedeutung sind. Dabei stützen wir uns auf evidenzbasierte Forschungen und entwickeln die Kernthemen und -kompetenzen für partizipative Wissenschaftskommunikation weiter.

Zusätzlich zu den Kernthemen, die von Lehrangeboten zur Wissenschaftskommunikation abgedeckt werden sollten (s. o.), wird in der Studie von Kiprijanov und Joubert (2023) eine Reihe von Kompetenzen identifiziert, die in evidenzbasierten Untersuchungen der internationalen Landschaft der Wissenschaftskommunikationsdidaktik häufig aufgeführt werden:

Studierende sollten darin gefördert werden, ein klares Bewusstsein für ihre wissenschaftlichen Werte zu entwickeln. Dies erfordere über technische Kompetenzen hinausgehend ein fundiertes Verständnis der Forschungsethik sowie der gesellschaftlichen Implikationen von Wissenschaft. Ebenso ist ein kritischer Zugang zu den dynamischen, oft fragmentierten und mit Desinformation belasteten Ökosystemen digitaler Wissenschaftskommunikation erforderlich. Soziale Medien können wissenschaftliche Standards untergraben und die argumentative Autorität infrage stellen. Um diesen Entwicklungen zu begegnen, sind spezifische Kompetenzen wie etwa Agilität, kritisches Denken und Denken in Systemen unabdingbar.

Für dialog- und partizipationsorientierte Wissenschaftskommunikation sind Kompetenzen essenziell, die den Umgang mit komplexen und kontroversen Themen befördern. Besonders gilt das für politisierte Diskurse über Themen wie Klimawandel, Biotechnologie, künstliche Intelligenz, Gesundheit oder Ernährung, die kulturelle, ökonomische, so-

Tab. 2 Übersicht der 14 Kompetenzelemente für kollaborative Wissensgenese

1	*Agilität*: Fähigkeit, Verhalten und Strukturen flexibel und schnell an neue Bedingungen anzupassen.
2	*Handlungsfähigkeit in Systemen*: Fähigkeit, Aktionen innerhalb komplexer Systeme zu planen und umzusetzen, indem man deren Interdependenzen versteht.
3	*Umgang mit Komplexität*: Fähigkeit, relevante Muster in dynamischen Situationen zu erkennen und das eigene Verhalten entsprechend anzupassen.
4	*Prozessanalyse und -gestaltung*: Fähigkeit, Chancen und Hindernisse zur Zielerreichung zu erkennen und gezielte Schritte zur Intervention abzuleiten.
5	*Teamfähigkeit*: Fähigkeit, effektiv mit Menschen aus unterschiedlichen Hintergründen und Disziplinen zusammenzuarbeiten.
6	*Affinität zu Herausforderungen*: Fähigkeit, anspruchsvolle Aufgaben als Lernmöglichkeiten aufzufassen, anstatt sie zu vermeiden.
7	*Handeln nach ethischen Prinzipien*: Fähigkeit, ethische Fragen zu erkennen und Handlungen gemäß diesen Prinzipien zu rechtfertigen.
8	*Handlungsfähigkeit trotz Unsicherheiten und Widersprüchen*: Fähigkeit, in unsicheren oder widersprüchlichen Situationen Prioritäten zu setzen und entsprechend zu handeln.
9	*Lernmotivation*: Bereitschaft, kontinuierlich neues Wissen und Fähigkeiten zu erwerben und den eigenen Lernprozess zu steuern.
10	*Kritisches Denken*: Fähigkeit, Fakten rational zu bewerten und scheinbar Selbstverständliches zu hinterfragen.
11	*Umgang mit Emotionen und Einnehmen anderer Perspektiven*: Fähigkeit, Emotionen bei sich und anderen zu erkennen und in die Perspektive anderer zu wechseln.
12	*Reflexion des eigenen Handelns*: Fähigkeit, eigene Handlungen und deren Hintergründe kritisch zu analysieren und zu kontextualisieren.
13	*Umgang mit Vielfalt*: Fähigkeit, Gemeinsamkeiten in diverser Vielfalt zu erkennen und gemeinsame Ziele durch Kommunikation zu fördern.
14	*Kreativität*: Fähigkeit, originelle und passende Lösungen für Herausforderungen zu entwickeln und umzusetzen.

ziale und ethische Dimensionen aufweisen. Zusätzlich erfordern Wissenschaftsskepsis und schwindendes Vertrauen in demokratische Institutionen eine kritische Reflexion des Verhältnisses von Wissenschaft und Gesellschaft einschließlich der eigenen Privilegien und soziokulturellen Position. Studierende brauchen dazu Kompetenzen, um wissenschaftsbezogene Kontroversen, Unsicherheiten und polarisierte Debatten einordnen und selbst (mit)gestalten zu können.

Folgerichtig gewinnen solche Kompetenzen an Bedeutung, die wie das Kompetenzelement „Handlungsfähigkeit trotz Unsicherheiten und Widersprüchen" auf handlungs- und gestaltungserhaltende Resilienz zielen. Sie in der Lehre zu fördern, ist eine große hochschuldidaktische Herausforderung. Am folgenden Fallbeispiel wird dies nachvollzogen. Das Beispiel im Ganzen adressiert die Kompetenzelemente, wie sie oben aufgeführt und im Kompetenzrad zusammengefasst wurden. Auf ihre Entwicklung in der Breite hebt der spezifische Teil zu partizipativer Wissenschaftskommunikation am Ende des Moduls ab (Abb. 1).

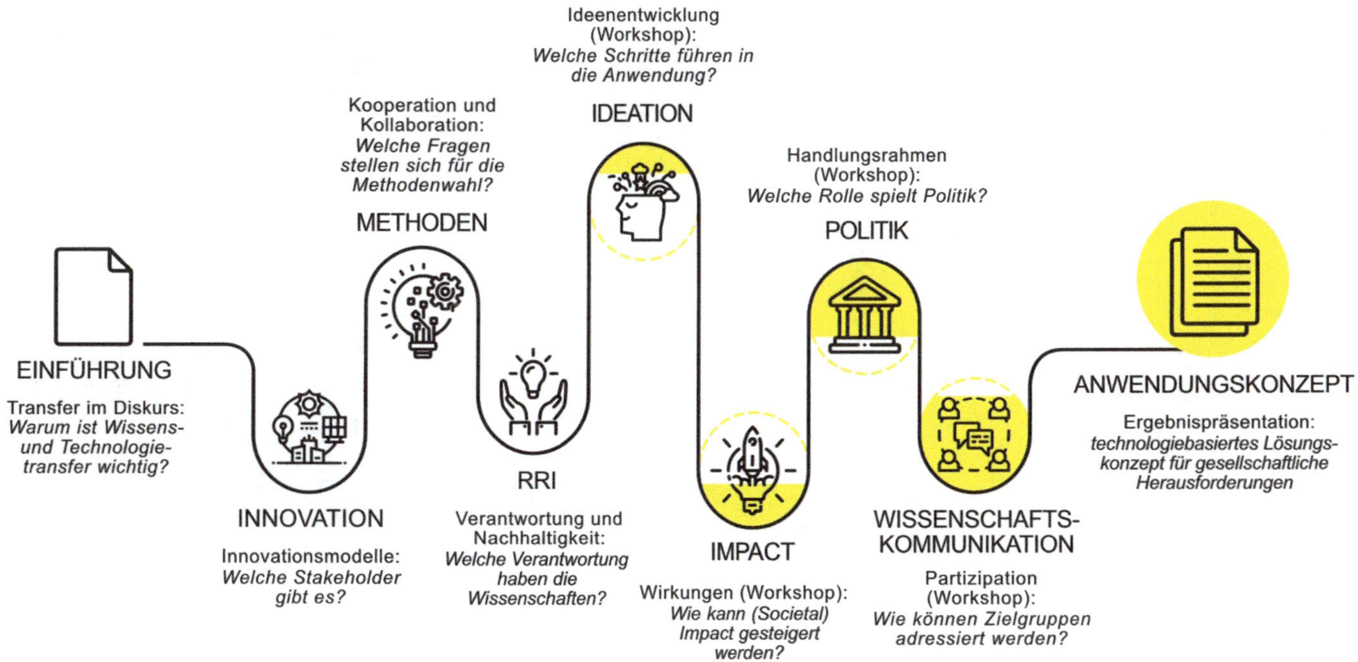

Abb. 1 Aufbau der Lehrveranstaltung „Engineering for Impact“

6 Fallbeispiel „Engineering for Impact" an der Technischen Universität Berlin

Die Lehrveranstaltung „Engineering for Impact – Verantwortungsvolle Innovationen", hervorgegangen aus dem Projekt „Transferwissenschaft", wird an der TU Berlin angeboten. Sie richtet sich an Studierende aller Fachrichtungen und umfasst 6 ECTS. In den ca. 180 h entwickeln Studierende ein technologiebasiertes Anwendungskonzept zur Lösung eines gesellschaftlich relevanten Problems. Dazu werden sie während des Prozesses eng betreut.

Studierende setzen sich nicht nur mit Inhalten auseinander, reflektieren unterschiedliche Perspektiven und wenden Methoden an, sondern sie sammeln konkrete Lernerfahrungen als Grundlage ihrer Kompetenzentwicklung (Kolb, 2015). Die didaktische Konzeption der Lehrveranstaltung kombiniert Exposition und Exploration. Die Exposition umfasst die einführende Inhaltsvermittlung (Kerres, 2021). Auf dieser Grundlage erfolgt eine Verschiebung zur Exploration mit selbstgesteuertem und selbstorganisiertem Lernen. Dieser Ansatz integriert Aspekte des *Scaffolding* als graduelle, bedarfsgerechte Betreuungsreduktion (Döring et al., 2001). Im Kern wird dies im Folgenden für den Teilbereich Wissenschaftskommunikation nachgezeichnet, wurde jedoch auch auf die Veranstaltung als Ganze angewendet.

Zentrale didaktische Elemente sind aktivierende Methoden und eine intensive Betreuung fester Arbeitsgruppen, die auf dem in den ersten Sitzungen erworbenen Wissen aufbauende Anwendungsfälle bearbeiten. Dadurch entwickeln Studierende ihre Handlungskompetenz in den Themenfeldern Transfer und Wissenschaftskommunikation. In Workshopformaten erarbeiten sie spezifische Aspekte ihrer Anwendungsfälle mit Blick auf die Impact-Dimension, Academic Entrepreneurship, politische Rahmenbedingungen sowie partizipative Wissenschaftskommunikation.

Als Lernprodukte verfassen die Studierenden Entwürfe, in denen sie diese Aspekte ihres Anwendungsfalls bearbeiten und Methoden und Werkzeuge aus den Workshops reflektieren. Darauf erhalten sie schriftliches Feedback (Schluer et al., 2023). Diese Entwürfe dienen als Grundlage für die benotete Ausarbeitung und die Präsentation der Gruppenarbeit. Der Fokus auf fallbasiertes Lernen und der Erwerb geeigneter Lernstrategien fördern den informellen Lernprozess der Studierenden, der etwa vier Fünftel der Lernaktivitäten ausmacht (Cross, 2007). Die Anwendungsorientierung durch die enge Abstimmung mit Expert:innen aus der Praxis, das multiperspektivische und inter- bzw. transdisziplinäre Feedback durch Peers sowie die intensive Betreuung bei der Bearbeitung der Aufgabenstellung nach Kriterien guter wissenschaftlicher Praxis katalysieren eine angeleitete Kompetenzentwicklung. Dies veranschaulicht exemplarisch die Aufgabenstellung, die eine systemische Perspektive und ein holistisches Problemverständnis erfordert. Studierende analysieren das Zusammenspiel einzelner Teilsysteme, identifizieren Stakeholder:innen, arbeiten Wirkungen und Interdependenzen heraus, antizipieren politische Implikationen und grenzen ihren eigenen Ansatz vor diesem Hintergrund pragmatisch ein (Johannsen, 2022). Sie erreichen ihr Ziel, wenn sie im Lauf des Semesters ein Konzept

Tab. 3 Lernziele bzw. Intended Learning Outcomes der beiden Wissenschaftskommunikation-Sitzungen

Lernziele bzw. Intended Learning Outcomes der ersten Sitzung	Lernziele bzw. Intended Learning Outcomes der zweiten Sitzung
Studierende können aktuelle Herausforderungen der Wissenschaftskommunikation anhand von Kommunikationsmodellen diskutieren und die Bedeutung von Kommunikationsprozessen in der Wissensproduktion erläutern. Studierende können darlegen, dass Wissenschaftskommunikation ein integraler Bestandteil der Arbeit von Wissenschaftler:innen und Ingenieur:innen ist, und ihre aktuellen Fähigkeiten im Hinblick auf den sich verändernden Hochschulbereich in Deutschland reflektieren. Studierende können die Bedeutung zielgruppenorientierter und ergebnisfokussierter Kommunikation für die Gestaltung und Optimierung von Wissensaustauschprozessen erklären und dies mit Best-Practice-Beispielen untermauern.	Studierende können die Bedürfnisse relevanter Zielgruppen erkennen und erklären. Studierende können etablierte Werkzeuge, Methoden und Richtlinien, die von Fachleuten der Wissenschaftskommunikation verwendet werden, auffinden und deren Nützlichkeit im Hinblick auf die jeweiligen Zielgruppen bewerten. Studierende sind in der Lage, eine umfassende und kohärente Kommunikationsstrategie zu entwickeln, um diese Zielgruppen mit einer Vielzahl bewährter Formate der Wissenschaftskommunikation anzusprechen.

ausgearbeitet haben, das diese unterschiedlichen Facetten umfasst und den (wissenschaftlichen) Beitrag als Teil eines übergreifenden, transdisziplinären Systems verortet. Dies wird im Folgenden am Beispiel der Sitzungen zur Wissenschaftskommunikation aufgezeigt, in denen partizipative Ansätze konzipiert und anwendungsfallspezifische Kommunikationskonzepte entwickelt werden.

Alle Sitzungen des EfI-Moduls folgen Lernzielen (Intended Learning Outcomes). Jede Sitzung ist an denjenigen Lernzielen ausgerichtet, die für die Entwicklung der bereits erwähnten fachspezifischen Kompetenzen wie etwa Umgang mit der Komplexität von Kommunikation zu kontroversen Themen (s. o.) von besonderer Bedeutung sind (Tab. 3). Im folgenden Abschnitt beschreiben und erläutern wir unsere Methodik und den resultierenden Lehrplan für die beiden Wissenschaftskommunikation-Sitzungen im Detail.

7 Wissenschaftskommunikation: Lehre kompetenzorientiert und partizipativ gestalten

Die erste Sitzung dient der Einführung in theoretische Grundlagen der Wissenschaftskommunikation, die in der folgenden Sitzung für die praktische Gestaltung von Kommunikationsmaßnahmen und -strategien genutzt werden. Unser didaktischer Ansatz folgt Fähnrich (2017) sowie Kiprijanov und Joubert (2023), welche die Relevanz und Vorteile einer fundierten theoretischen Grundlage in Training und Lehre zur Wissenschaftskommunikation betonen. Mit einem umfassenden theoretischen Überblick über die sich verändernde Wissenschaftskommunikationslandschaft sowie die komplexen Dynamiken der Wissenschaft-Gesellschaft-Interaktionen, lassen sich entsprechende Risiken und Chancen (z. B. Vielfalt der Akteur:innen, Mangel an Vertrauen, politisierte Kommunikationskampagnen und Fehlinformationen) in der Kommunikation erkennen und adressieren (Kiprijanov & Joubert, 2023).

Die erste Sitzung kombiniert Frontalunterricht mit interaktiver Gruppenarbeit: Zunächst erläutern die Lehrenden aus theoretischer und historischer Perspektive, wie Wissenschaftskommunikation und Wissensproduktion miteinander in Beziehung stehen und welche Rollen verschiedene Akteur:innen in diesem Prozess einnehmen. Anschließend werden zentrale Theorien und Modelle eingeführt und bewährte Praxisformate erfolgreicher Wissenschaftskommunikation vorgestellt. Im zweiten Teil der Sitzung analysieren die Studierenden in Gruppenarbeit das zuvor erwähnte Policy-Papier des BMBF zur Wissenschaftskommunikation (2019). Dazu reflektieren sie ihre eigene soziale Rolle sowie berufliche Identität und identifizieren Herausforderungen für die Wissenschaftskommunikation und damit verbundene Hürden für den Wissens- und Technologietransfer.

Die zweite Sitzung ist als praxisorientierter Workshop zur strategischen Kommunikationsplanung konzipiert und fokussiert auf Zielgruppen, Kommunikationsziele und -formate. Darin planen und entwickeln Studierende ein eigenes Kommunikationskonzept für ihr Gruppenprojekt.[1] Nach einer kurzen Wiederholung werden die Hauptphasen der strategischen Kommunikationsplanung mit besonderem Augenmerk auf Methoden und Werkzeuge erläutert. Aufbauend auf eine zuvor durchgeführte Stakeholder:innen-Analyse (Abb. 1) entwickeln Studierende in ihren Projektgruppen Kommunikationsstrategien und passende Maßnahmen (z. B. Blogging, Websites, soziale Medien, Veranstaltungen), die jeweils auf den Hintergrund und die Bedürfnisse einer Zielgruppe ausgerichtet sind. Die Lehrenden unterstützen nach Bedarf, fördern jedoch vorrangig eigenständiges, interdisziplinäres und kooperatives Lernen. Eine verdichtete Vorlage im Anschluss an Schmidbauer und Knödler-Bunte (2004) dient zur Strukturierung und Dokumentation der Ergebnisse im Workshop (Abb. 2). Zum Abschluss werden die Ergebnisse im Plenum vorgestellt und Feedback eingeholt. Die Sitzung schließt mit einem Verweis auf Handbücher und praktische Leitfäden zur nachbereitenden Vertiefung.

Beide Sitzungen zur Wissenschaftskommunikation verbinden theoretische und praktische Elemente, um Kompetenzen zu fördern, die für das Verständnis aktueller Medien- und Politiklandschaften notwendig sind und effektiver und zielgruppengerechter Kommu-

[1] Ein Kommunikationskonzept „ist das Herzstück der Kommunikationsplanung. In ihm verknüpfen sich die verschiedenen strategischen und kreativen Ansatzpunkte für eine kommunikationspolitische Lösung mit der Planung der einzusetzenden Instrumente und Ressourcen. […] Vorrangiges Ziel eines Konzepts ist es, die Aufgabenstellung und das damit verbundene Kommunikationsproblem des Auftraggebers möglichst wirksam und effizient zu lösen." (Schmidbauer & Knödler-Bunte, 2004, S. 13).

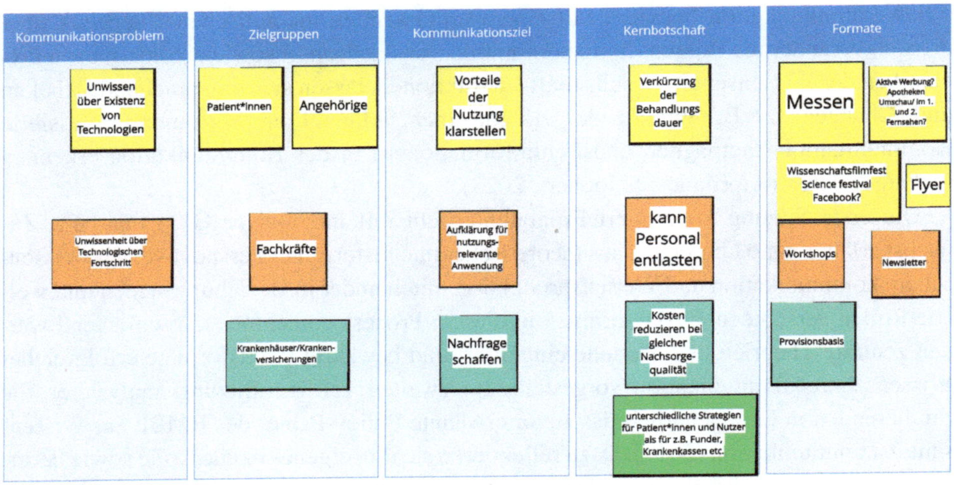

Abb. 2 Vorlage für die strategische Planung partizipativer Wissenschaftskommunikation mit Beispielen für einen Technologieeinsatz im Pflegesektor

nikation vorausgehen. Diese Kompetenzen sind nicht nur unerlässlich für die Gestaltung verschiedener Spielarten der Wissenschaftskommunikation, sondern bereichern sämtliche Transferaktivitäten im EfI-Seminar.

Darüber hinaus stärkt dieser didaktische Ansatz gezielt die für partizipative Wissenschaftskommunikation erforderlichen Kompetenzelemente. Durch die Kombination aus theoretischer Fundierung, Reflexion der eigenen Rolle sowie der praxisnahen Erarbeitung von Kommunikationsstrategien erwerben die Studierenden die Fähigkeit, unterschiedliche Perspektiven einzubeziehen, Bedarfe relevanter Akteur:innengruppen zu erkennen und Kommunikationsprozesse zielgruppenspezifisch zu gestalten. Die Analyse realer Policy-Dokumente sowie der Einbezug von Ergebnissen aus der vorangehenden Stakeholder:innen-Analyse fördern zudem das Verständnis für die vielfältigen Interessen, Werte und Wissensstände innerhalb gesellschaftlicher Aushandlungsprozesse. Auf diese Weise werden nicht nur klassische Vermittlungskompetenzen, sondern insbesondere dialogorientierte, ko-kreative und reflexive Fähigkeiten gestärkt, die für die Planung und Gestaltung partizipativer Formate von wesentlicher Bedeutung sind.

8 Praktische Aspekte der Institutionalisierung und Handlungsempfehlungen

Partizipative Wissenschaftskommunikation leistet einen wesentlichen Beitrag dazu, die komplexen gesellschaftlichen Herausforderungen unserer Zeit zu bewältigen, indem sie unterschiedliche Perspektiven und Interessen integriert und tragfähige Lösungsansätze entwickelt.

Da ihre Umsetzung auf handelnde Personen angewiesen bleibt, ist neben der Entwicklung geeigneter Formate insbesondere die Befähigung zu partizipativem Handeln voranzutreiben.

Die Einführung innovativer Lehr- und Lernkonzepte an Hochschulen erfordert eine systematische Herangehensweise und institutionelle Verankerung. Niedrigschwellige, aber effektive Maßnahmen können im ersten Schritt durch die Umsetzung der hier vorgestellten Erfahrungen auf Modulebene erzielt werden. Folgende Empfehlungen lassen sich aus der Praxis ableiten:

Erste Auswertungen von Lerntagebüchern zeigen die Wirksamkeit erfahrungsbasierten Lernens. Wissenschaftskommunikation eignet sich hervorragend als Querschnittsthema und Experimentierfeld, weshalb praxisorientierte Formate wie Projektkurse und Forschungspraktika fächerübergreifend curricular zu verankern sind. Studierenden ist dabei Raum zur Reflexion ihrer Lernerfahrungen zu geben.

Partizipative Lehrgestaltung bezieht Studierende in die Gestaltung der Lernumgebung ein, fördert den Lernerfolg und vermittelt wichtige Erfahrungen für die Wissenschaftskommunikation. Durch regelmäßiges Feedback kann die Lehrplanung verbessert und Studierende aktiv in die Konzeption eingebunden werden. Bestehende Wissenshierarchien gilt es zu reflektieren, um einen Dialog auf Augenhöhe zu ermöglichen.

Angesichts globaler Herausforderungen sollten Hochschulen transdisziplinäre Ansätze in Forschung und Lehre systematisch etablieren. Das umfasst die curriculare Integration von Methoden, den Ausbau von Studienangeboten zu partizipativer Wissenschaftskommunikation und den Einbezug gesellschaftlicher Akteur:innen zur Wirkungssteigerung. Die Abbildung solcher Leistungen in Reputationslogiken wirkt als effektives Steuerungsinstrument.

Eine nachhaltige Implementierung innovativer Lehrkonzepte erfordert unterstützende Strukturen. Hochschulen sollten zentrale Organisationseinheiten für Wissenschaftskommunikation und transdisziplinäre Lehre einrichten, Anreize für engagierte Lehrende setzen und ausreichende Ressourcen für die intensivere Betreuung der Studierenden bereitstellen.

Der Austausch von Best Practices ist entscheidend für die Lehrentwicklung. Fachgesellschaften und professionelle Netzwerke bieten eine ansprechende Ressource für Hochschulen, um vom Erfahrungsaustausch zu profitieren. Durch internationale Kooperationen kann organisationales Lernen gefördert werden. Gemeinsam mit innovativer Lehre und Wissenschaftskommunikation sollte sie als strategische Aufgabe fest im Hochschulprofil verankert werden.

Die Umsetzung dieser Empfehlungen erfordert ein langfristiges Engagement aller Hochschulangehörigen. Durch die Institutionalisierung innovativer Lehr- und Lernkonzepte übernehmen Hochschulen gesellschaftliche Verantwortung und bereiten Studierende auf zukünftige Herausforderungen vor. Die dabei erworbenen Kompetenzen befähigen Studierende, in ihrer späteren Forschungs- und Berufspraxis eine Brücke zwischen Wissenschaft, Zivilgesellschaft, Wirtschaft und Politik zu schlagen. Dies ist wesentlich, um die tradierten Beziehungen zwischen diesen Bereichen neu zu gestalten und so zu einer tiefgreifenden gesellschaftlichen Transformation beizutragen.

Literatur

Biggs, J. B., & Tang, C. S. (2011). *Teaching for quality learning at university: What the student does* (4. Aufl.). McGraw-Hill.

Bloom, B. S., Engelhart, M. D., Furst, E. J., Hill, W. H., & Krathwohl, D. R. (1956). *Taxonomy of educational objectives: The classification of educational goals.* David McKay Company.

Bundesministerium für Bildung und Forschung (BMBF). (2019). *Grundsatzpapier zur Wissenschaftskommunikation.* BMBF. Abgerufen am 28. April 2026, von https://www.bmbf.de/SharedDocs/Publikationen/de/bmbf/1/24784_Grundsatzpapier_zur_Wissenschaftskommunikation.html

Carayannis, E. G., & Campbell, D. F. (2009). "Mode 3" and "Quadruple Helix": Toward a 21st century fractal innovation ecosystem. *International Journal of Technology Management, 46*(3/4), 201–234. https://doi.org/10.1504/IJTM.2009.023374

Cross, J. (2007). *Informal learning: Rediscovering the natural pathways that inspire innovation and performance.* Pfeiffer/Wiley.

Defila, R., & Di Giulio, A. (2018). Partizipative Wissenserzeugung und Wissenschaftlichkeit – ein methodologischer Beitrag. In A. di Giulio & R. Defila (Hrsg.), *Transdisziplinär und transformativ forschen* (S. 39–67). Springer.

Dewey, J. (2015). Experience and education. Free Press/Simon & Schuster Inc. (Erstveröffentlichung 1938)

Fähnrich, B. (2017). Wissenschaftsevents zwischen Popularisierung, Engagement und Partizipation. In H. Bonfadelli, B. Fähnrich, C. Lüthje, J. Milde, M. Rhomberg, & M. S. Schäfer (Hrsg.), *Forschungsfeld Wissenschaftskommunikation* (S. 164–182). Springer VS.

Fichtner, H. (2008). *Unternehmenskultur im strategischen Kompetenzmanagement. Strategisches Kompetenz-Management.* Springer Gabler. https://ebookcentral.proquest.com/lib/kxp/detail.action?docID=748492

Gantenberg, J., Henke, J., & Jurack, E. (2024). *Potenziale und Herausforderungen partizipativer Wissenschaftskommunikation: Forschungsüberblick und Empfehlungen für die Praxis.* Transfer Unit Wissenschaftskommunikation; Berlin-Brandenburgische Akademie der Wissenschaften. https://transferunit.de/thema/forschungsueberblick-potenziale-und-herausforderungen-partizipativer-wissenschaftskommunikation

Gerber, A., et al. (2020). *Science communication research: An empirical field analysis.* Edition innovare.

Gibbons, M., Limoges, C., Nowotny, H., Schwartzman, S., Scott, P., & Trow, M. (1994). *The new production of knowledge: The dynamics of science and research in contemporary societies.* SAGE.

Heidingsfelder, M. L. (2018). *Zukunft gestalten: Design Fiction als Methode für partizipative Foresight-Prozesse und bidirektionale Wissenschaftskommunikation.* Universität der Künste Berlin.

Johannsen, T. (2022). Wheel of competencies: Industry demands of competencies for research and innovation. In H.-M. Järvinen, S. Silvestre, A. Llorens, & B. V. Nagy, *SEFI 50th annual conference*, Barcelona.

Johannsen, T. (2023). Transferdidaktik: Kompetenzorientierung in der transferwissenschaftlichen Ausbildung. In K. S. Kiprijanov, T. Philipp, & T. Roelcke (Hrsg.), *Transferwissenschaften: Mode oder Mehrwert?* (S. 167–182). Peter Lang.

Johannsen, T. (2025). *Die Zukunft akademischer Berufe.* transcript.

Johannsen, T., & Kiprijanov, K. S. (2023). Von der Vision zur Praxis … and beyond: Transfer zukunftsorientiert gestalten. In Forschungsverbund Transferwissenschaft (Hrsg.), *DUZ Special: Transferwissenschaft* (S. 11). DUZ Verlags- und Medienhaus.

Kerres, M. (2021). *Didaktik: Lernangebote gestalten.* UTB.

Kiprijanov, K. S. (2021). Wissenschaftskommunikation. In T. Schmohl & T. Philipp (Hrsg.), *Handbuch Transdisziplinäre Didaktik* (S. 383–393). transcript.

Kiprijanov, K. S., & Joubert, M. (2023). Science communication. In T. Philipp & T. Schmohl (Hrsg.), *Handbook transdisciplinary learning* (S. 317–327). transcript/Columbia University Press.

Kleidt, C., Seifert, J., Leukel, S., & Wolff, O. (2021, June). *#FactoryWisskomm: Handlungsperspektiven für die Wissenschaftskommunikation*. Bundesministerium für Bildung und Forschung.

Kolb, D. A. (2015). *Experiential learning: Experience as the source of learning and development* (2. Aufl.). Pearson Education.

Kolmos, A., Bertel, L., Holgaard, J. E., & Routhe, H. W. (2020). Project types and complex problem-solving competencies: Towards a conceptual framework. In A. Guerra, A. Kolmos, M. Winther, & J. Chen (Hrsg.), *International research symposium on PBL. Educate for the future: PBL, sustainability and digitalisation 2020* (S. 56–65). Aalborg University Press.

Mazzucato, M. (2018). Mission-oriented innovation policies: Challenges and opportunities. *Industrial and Corporate Change, 27*(5), 803–815. https://doi.org/10.1093/icc/dty034

Metcalfe, J. (2019). *Rethinking science communication models in practice*. Australian National University.

Mittelstraß, J. (2005). Methodische Transdisziplinarität. *TATuP – Zeitschrift für Technikfolgenabschätzung in Theorie und Praxis, 14*(2), 18–23. https://www.tatup.de/index.php/tatup/article/view/3454/6217

Ørngreen, R., & Levinsen, K. T. (2017). Workshops as a research methodology. *Electronic Journal of e-Learning, 15*(1), 70–81.

Ossing, F., & Hüttl, R. F. (2016). Wissenschaftskommunikation, Wissenschafts-PR und Wissenstransfer: Über unscharfe Begriffsverwendungen in der gesellschaftlichen Nutzung wissenschaftlichen Wissens. *Forschung, 9*(3–4), 76–81.

Philipp, T., & Schmohl, T. (Hrsg.). (2023). *Handbook transdisciplinary learning*. transcript.

Raupp, J. (2017). Strategische Wissenschaftskommunikation. In H. Bonfadelli, B. Fähnrich, C. Lüthje, J. Milde, M. Rhomberg, & M. S. Schäfer (Hrsg.), *Forschungsfeld Wissenschaftskommunikation* (S. 143–163). Springer VS.

Schaper, N. (2012). *Fachgutachten zur Kompetenzorientierung in Studium und Lehre*. Hochschulrektorenkonferenz (HRK). https://www.hrk-nexus.de/fileadmin/redaktion/hrk-nexus/07-Downloads/07-02-Publikationen/fachgutachten_kompetenzorientierung.pdf

Schaper, N., & Szczyrba, B. (2021). Kompetenzorientiertes Prüfen: Grundlagen, präsenz- und onlinegestützte Formate, Bewertung und Rückmeldung kompetenzorientierter Prüfungsleistungen. In B. Berendt, A. Fleischmann, N. Schaper, B. Szczyrba, M. Wiemer, & J. Wildt (Hrsg.), *Neues Handbuch Hochschullehre* (S. 95–122). DUZ Verlags- und Medienhaus.

Scharnhorst, U. (2021). Transversale Kompetenzen: Notwendig, erwünscht und schwierig zu erreichen. *Berufsbildung in Wissenschaft und Praxis, 50*(1), 18–23. https://www.bwp-zeitschrift.de/dienst/publikationen/de/17053

Schluer, J., Rütti-Joy, O., & Unger, V. (2023). Feedback Literacy. In T. Philipp & T. Schmohl (Hrsg.), *Handbook transdisciplinary learning* (S. 155–164). transcript.

Schmidbauer, K., & Knödler-Bunte, E. (2004). *Das Kommunikationskonzept: Konzepte entwickeln und präsentieren*. UMC Potsdam.

Schmid-Petri, H., & Bürger, M. (2020). Modeling science communication: From linear to more complex models. In A. Leßmöllmann, M. Dascal, & T. Gloning (Hrsg.), *Science communication* (S. 105–122). De Gruyter.

Schmohl, T., & Philipp, T. (Hrsg.). (2021). *Handbuch Transdisziplinäre Didaktik*. transcript.

Schrögel, P., & Humm, C. (2020). Science communication, advising, and advocacy in public debates. In A. Leßmöllmann, M. Dascal, & T. Gloning (Hrsg.), *Science communication* (S. 485–513). De Gruyter.

Stilgoe, J., Owen, R., & Macnaghten, P. (2013). Developing a framework for responsible innovation. *Research Policy, 42*(9), 1568–1580. https://doi.org/10.1016/j.respol.2013.05.008

Vilsmaier, U., & Lang, D. J. (2014). Transdisziplinäre Forschung. In H. Heinrichs & G. Michelsen (Hrsg.), *Nachhaltigkeitswissenschaften* (S. 87–113). Springer.

Vilsmaier, U., Merçon, J., & Meyer, E. (2023). Transdisciplinarity. In T. Philipp & T. Schmohl (Hrsg.), *Handbook transdisciplinary learning* (S. 381–390). transcript.

Weber, T. (2023). Transferwissenschaften, Transdisziplinarität und Wissenskommunikation: Warum es dabei auf die Sprache(n) ankommt. In K. S. Kiprijanov, T. Philipp, & T. Roelcke (Hrsg.), *Transferwissenschaften: Mode oder Mehrwert?* (S. 51–65). Peter Lang Verlag.

Weinert, F. E. (2001). Concept of competence: A conceptual clarification. In D. S. Rychen & L. H. Salganik (Hrsg.), *Defining and selecting key competencies* (S. 45–65). Hogrefe & Huber.

Weinert, F. E. (2002). Vergleichende Leistungsmessung in Schulen – eine umstrittene Selbstverständlichkeit. In F. E. Weinert (Hrsg.), *Beltz Pädagogik. Leistungsmessungen in Schulen* (2. Aufl., S. 17–31). Beltz.

Weingart, P., Joubert, M., & Connoway, K. (2021). Public engagement with science: Origins, motives and impact in academic literature and science policy. *PloS One, 16*(7), e0254201. https://doi.org/10.1371/journal.pone.0254201

Wellcome Trust. (2011). *Community engagement – Under the microscope.* https://wellcome.ac.uk/sites/default/files/wtvm054326_0.pdf

Wildt, J. (2023). Hochschuldidaktik in einer Wissenschaft vom Wissenschaftstransfer. In K. S. Kiprijanov, T. Philipp, & T. Roelcke (Hrsg.), *Transferwissenschaften: Mode oder Mehrwert?* (S. 149–165). Peter Lang Verlag.

Thies Johannsen forscht und lehrt an der TU Berlin. Seine Projekte verbinden Transfer und Kompetenzentwicklung mit Innovationsforschung in einer Community of Practice.

Konstantin S. Kiprijanov ist PostDoc am Museum für Naturkunde Berlin. Er forscht zu Wissenstransfer und -kommunikation an der Schnittstelle zwischen Wissenschaft und Politik.

Künstlerische Forschung als partizipativer Ansatz

Martin Tscholl und Ulrike Sturm

1 Einleitung

Der Forschungsansatz der künstlerischen Forschung (KF) hat das Ziel, sowohl neue Impulse für die künstlerische Praxis zu setzen als auch zur Generierung und Reflexion akademischen Wissens beizutragen. Zu den künstlerischen Disziplinen gehören beispielsweise bildende Kunst, Film, Design, Literatur, Musik und Theater. KF hinterfragt etablierte Konzepte von Wissen und Wissensordnungen und greift damit einhergehende Fragen zur Legitimation von Praktiken der Wissensproduktion auf, z. B. durch wissenschaftliche Institutionen, Förderstrukturen oder gesellschaftliche Anerkennung (Badura et al., 2015). Kunst wird in der künstlerischen Forschung nicht mehr nur als Gegenstand der Analyse verstanden, sondern auch als ein epistemisches Mittel zum Erkenntnisgewinn (Gartmann & Schäuble, 2021, S. 8). Sie ermöglicht durch methodisch nachvollziehbare Einsicht am Konkreten und durch sinnliche Wahrnehmung ästhetischer Erfahrung die Generierung von Wissen (Haarmann, 2019).

KF steht im Spannungsbereich von Wissen, Forschung und Erkenntnis. In der Frage wie sie zum Verständnis der Welt beitragen kann, wird ausdrücklich auf einen universalistischen Wahrheitsanspruch verzichtet und stattdessen situiertes, kontextbezogenes Wissen in den Fokus gerückt, das sich in ästhetischen Praktiken herausbildet. Ziel künstlerischer Forschung ist es, „unser Wissen und Verständnis durch die Durchführung einer ursprünglichen Untersuchung in und mittels Kunstobjekten und kreativen Prozessen zu er-

M. Tscholl (✉) · U. Sturm
Museum für Naturkunde – Leibniz-Institut für Evolutions- und Biodiversitätsforschung, Berlin, Deutschland
E-Mail: martin.tscholl@mfn.berlin

S. Voigt-Heucke et al., *Praxishandbuch Partizipation in der Wissenschaft*,
https://doi.org/10.1007/978-3-658-51093-0_18

weitern.“ (Borgdorff, 2009, S. 44). Diese Wissensformen sind häufig implizit, erfahrungsbasiert und nicht allein diskursiv fassbar, sondern entstehen im Zusammenspiel von sinnlicher Erfahrung, Reflexion und ästhetischer Handlung.

KF orientiert sich häufig an Forschungstraditionen der „Praxiswende“ aus den Geistes- und Sozialwissenschaften, die seit den 1990er- und 2000er-Jahren darauf abzielt, soziale und kulturelle Phänomene nicht allein über abstrakte Konzepte, sondern auf die Bedeutung konkreter Praktiken, Routinen und Verkörperungen zu verstehen (Reckwitz, 2003, S. 292). Erkenntnis wird in diesem Zusammenhang als ein im Handeln verankertes, situiertes Wissen begriffen. KF knüpft hier an, indem sie forschendes Denken mit gestalterischem Handeln, ästhetischer Erfahrung und sozial eingebetteter Praxis verbindet. Im Zentrum steht ein Verständnis von Kunst als reflexive Praxis, die über ästhetische Artikulation Wissen generiert. Der Fokus verschiebt sich dadurch auf das künstlerische Tätigsein selbst, das in seiner ästhetischen und methodischen Dimension als spezifische Form des Wissens- und Erkenntnisgewinns verstanden wird (Haarmann, 2019). Besonders die ethnografische Forschung liefert methodische Anknüpfungspunkte, wie die teilnehmende Beobachtung, performative Ethnografie, autobiografisches Erzählen, dichte Beschreibung, Reflexion über den Forschungsprozess, kooperative Forschung und audiovisuelle Methodologien. In vielen künstlerisch forschenden Projekten ist die eigene künstlerische Praxis zugleich Gegenstand und Ausdruck der Untersuchung. Ethnografie kann dabei als reflexive, relationale und situierte subjektive Praxis nicht nur einen methodischen Rahmen bieten, sondern auch als heuristisches Modell bestimmte Formen künstlerischer Forschung strukturieren (Borgdorff, 2009).

2 Begriffliche Vielfalt und thematische Strukturierung

Im Feld der künstlerischen Forschung kursiert eine Vielzahl von Begriffen: Neben ‚künstlerische Forschung‘, ‚Kunstforschung‘, oder ‚kunstbasierte Forschung‘ finden sich englische Begriffe: ‚Artistic Research‘, ‚Art Research‘, ‚Arts based Research‘, ‚Research through/with/about Arts‘. Trotz dieser terminologischen Vielfalt ist bislang nicht eindeutig geklärt, wie diese Begriffe präzise voneinander abzugrenzen sind – die Konzepte bleiben oft unscharf (Badura et al., 2015, S. 11). Gegenüber einer begrifflichen Trennung von KF-Ansätzen schlägt Elke Bippus (2014) eine analytische Strukturierung in drei wiederkehrende thematische Felder vor:

1. hochschulpolitische und institutionelle Rahmenbedingungen,
2. die Frage nach der Wissensproduktion durch künstlerische Praxis,
3. methodologische Fragen, die sich aus spezifischen künstlerischen Praktiken ergeben.

Vor dem Hintergrund dieser vielfältigen theoretischen und institutionellen Zugänge schließen wir uns in diesem Beitrag einem Verständnis künstlerischer Forschung als „ästhetische Wissenschaft“ (Tepe, 2022) an. Darunter verstehen wir einen prozesshaften

Zugang zur Wissensproduktion, der die ästhetischen, methodischen und reflexiven Kompetenzen von Künstler:innen nutzt, um sie auch jenseits traditioneller Kunstkontexte produktiv zu machen. Künstlerische und wissenschaftliche Arbeitsweisen werden dabei miteinander verflochten, um kontextbezogen und problemorientiert neues Wissen hervorzubringen.

Partizipative künstlerische Forschung bezeichnet kollaborative Formen der Wissensproduktion zwischen Forschenden und Personen außerhalb akademischer Kontexte (Leavy, 2018). In diesem Zusammenhang wird KF als sozial verankerter Prozess verstanden, der neue Formen des vielschichtigen Aushandelns, Teilens und Sichtbarmachens von Wissen zwischen Kunst, Wissenschaft und Gesellschaft ermöglicht.

Im folgenden Beitrag werden wir das Verhältnis von künstlerischer und transdisziplinärer Forschung unter besonderer Berücksichtigung partizipativer Prozesse präzisieren.

3 Trans- und interdisziplinäre Aspekte künstlerischer Forschung

KF gilt als Ansatz, der neue Perspektiven auf Problemstellungen eröffnet, kreative Denkprozesse anstoßen kann und alternative Formen der Wissensproduktion ermöglicht (Horstmann, 2021). Der Zusammenarbeit mit Kunst wird im Kontext transdisziplinärer Projekte häufig ein besonderes Potenzial zugeschrieben.

Ein positives Beispiel für dieses transdisziplinäre Potenzial von KF ist das Projekt „Störung/Hafra'ah", das Künstler:innen, Wissenschaftler:innen und Menschen mit Parkinson in einem gemeinsamen Forschungsprozess zusammenbringt. Ziel war es, die Bedeutung von Bewegung und deren Störung aus unterschiedlichen Perspektiven zu untersuchen – medizinisch, künstlerisch und subjektiv erfahrbar. Der künstlerische Ansatz ermöglichte nicht nur neue Formen der Darstellung und Kommunikation, sondern schuf auch Räume für kollektive Reflexion, körperliche Erfahrung und Perspektivwechsel. Gerade im Zusammenspiel von choreografischer Praxis und neurologischer Forschung zeigte sich das besondere Erkenntnispotenzial ästhetischer Verfahren.

Im Kontext transdisziplinärer Forschung (siehe Beitrag „Transdisziplinäre Forschung als partizipativer und integrativer Ansatz zur Bearbeitung komplexer gesellschaftlicher Probleme" in diesem Band) ist vor allem die Auseinandersetzung mit der Produktion von Wissen durch die forschenden Künste und deren epistemologisch-konzeptionelle Grundlage von Bedeutung. Wissen kann nicht immer explizit artikuliert oder formalisiert werden, sondern ist implizit in unseren Handlungen, Überzeugungen und Fähigkeiten vorhanden (Polanyi, 1967). Künstlerische Forschung wird dabei nicht als wissenschaftliches Pendant verstanden, sondern als eigenständige Erkenntnispraxis, die ästhetische, situierte und prozessuale Formen von Wissen hervorbringt.

Badura und Kolleg:innen betonen, dass Kunst nicht bloß außerhalb wissenschaftlicher Verfahren operiert, sondern in ihrer ästhetischen Verfasstheit eine andere Weise des Denkens und Erkennens ermöglicht – eine, die in der sinnlich-praktischen Erfahrung gründet und so unser epistemisches Repertoire erweitert. Kunst generiert damit kein wissenschaftliches Wissen im engeren Sinn, trägt aber wesentlich zu einem pluralisierten Verständnis von Wissensformen bei (Badura et al., 2015, S. 9–14).

In den letzten Jahrzehnten haben sich sowohl an Kunsthochschulen als auch an wissenschaftlichen Forschungseinrichtungen institutionelle Strukturen für KF herausgebildet. Unter diesen Rahmenbedingungen wird diskutiert, wie das Verhältnis von Kunst und Forschung konzeptuell neu bestimmt werden kann, welche Formen von Erkenntnis künstlerische Forschung hervorbringt, wie diese validiert werden können, und inwieweit künstlerische Praktiken als gleichwertige epistemische Verfahren neben wissenschaftlichen Methoden anerkannt werden sollen. Diese Fragen stehen im Zentrum der aktuellen Debatte um die Institutionalisierung, Methodologisierung und Legitimation künstlerischer Forschung (Badura et al., 2015, S. 9–16).

Als Inspirationsquelle für die gesamte Forschungslandschaft haben die vielfältigen Methoden der KF bereits an vielen Stellen dazu beigetragen, neue Forschungspraktiken in verschiedenen Disziplinen zu entwickeln (Carstensen et al., 2015).

4 Künstlerische Forschung in Public Engagement und partizipativer Forschung

KF findet auch in den Bereichen des Public Engagement und partizipativer Forschung durch das wachsende Interesse an alternativen Formen der Wissensproduktion immer mehr Verbreitung. Hier wird Kunst häufig zur Förderung von Engagement und als vermittelnde Ergänzung, die wissenschaftliche Erkenntnisse einer anderen Öffentlichkeit zugänglich machen soll, eingesetzt. Das Ziel besteht darin, erfahrungsbezogene, verkörperte, affektive und ästhetische Arten von Erkenntnis hervorzurufen (Phillips et al., 2022). Besonders in Nachhaltigkeitskontexten entfaltet künstlerische Forschung hier ein hohes Transformationspotenzial: Kreative Praktiken gelten als besonders geeignet, um komplexe gesellschaftliche Herausforderungen sinnlich zugänglich zu machen und Engagement zu fördern (Vervoort et al., 2024). Exemplarisch zeigt sich dies in kollaborativen Projekten an der Schnittstelle von Kunst, Wissenschaft und politisch-kulturellem Aktivismus – etwa in kritischen Formen der Wissensvermittlung oder in der künstlerischen Auseinandersetzung mit ökosozialen Beziehungen, in denen das Anthropozän als relationales Problemfeld öffentlich verhandelt wird (Haas et al., 2021, S. 11). Darüber hinaus wird KF zunehmend im Hinblick auf Fragen von Macht, Zugang und Offenheit partizipativer Forschung diskutiert (*Arts-based methods for decolonising participatory research,* 2021).

Ball und Kolleginnen (2021) zeigen in ihrer Übersichtsstudie zu kunstbasierten Ansätzen in Public Engagement (siehe Beitrag „Public Engagement with Science" in diesem Band), dass kunstbasierte Ansätze in einer Vielzahl von Formen stattfinden: bildenden Künste (z. B. Fotografie, Animationen, digitale Medien, Zeichnungen, Gemälde, Skulpturen), darstellenden Künste (Theater, Storytelling durch Hörspiele), in der Nutzung von Spielen und immersiven Kunstinstallationen, die darauf abzielen, die Öffentlichkeit auf interaktive Weise mit Forschungsergebnissen einzubinden. Gleichzeitig betonen die Autorinnen, dass systematische und konsolidierte Erkenntnisse zur praktischen Umsetzung und Wirksamkeit dieser Ansätze bislang weitgehend fehlen. Ihrer Analyse zufolge hängen Prozesse und Effekte kunstbasierter Formate nicht nur von den spezifischen gestalterischen Mitteln ab, sondern werden auch maßgeblich durch strukturelle Rahmenbedingungen beeinflusst, insbesondere durch verfügbare Ressourcen, institutionelle Infrastrukturen sowie durch die Kompetenzen und Erfahrungen der beteiligten Akteur:innen. Wesentlich sind in diesem Zusammenhang der Aufbau vertrauensvoller Beziehungen und der reflektierte Umgang mit Machtdynamiken zwischen Forschenden und Kunstschaffenden im Verlauf der Zusammenarbeit. Auch Evaluationsstrategien und unterstützende Maßnahmen zur Umsetzung sind bedeutende Faktoren für die Wirksamkeit kunstbasierter Aktivitäten. Erste Hinweise aus der Studie deuten darauf hin, dass kunstbasierte Ansätze das Potenzial haben, Engagement zu fördern und die gesellschaftliche Wirkung wissenschaftlicher Forschung zu unterstützen.

5 Beispiele aus der Praxis

Ein Beispiel für das transdisziplinäre und erkenntnistheoretische Potenzial künstlerischer Forschung ist das Projekt „Mapping the Post-Human City“ von Moritz Ahlert und Alsino Skowronnek, realisiert mit dem Museum für Naturkunde Berlin. Es zeigt exemplarisch, wie KF alternative Wissensformen im urban-ökologischen Kontext sichtbar machen kann. Auf Basis posthumanistischer Ansätze (u. a. Haraway, Tsing) werden Citizen-Science-Daten, Geoinformationssysteme und naturwissenschaftliche Monitorings künstlerisch verarbeitet – in Form von Karten, KI-generierten Videos und einer maschinell erzeugten Klanginstallation. So entstehen ästhetische Visualisierungen, die etablierte Stadt-Natur-Verhältnisse hinterfragen. Das Projekt greift damit posthumanistische Perspektiven auf und reflektiert situiertes, kontextgebundenes Wissen, wie es auch in der KF als zentrale epistemische Grundlage verstanden wird. Es veranschaulicht, wie KF als „ästhetische Wissenschaft“ (Tepe, 2022) wissenschaftliche Verfahren erweitert, indem sie alternative Darstellungs- und Erkenntnismodi in ökologischen Kontexten hervorbringt.

Ziel des Projekts „Mind the Fungi“, einer Kooperation zwischen dem Institut für Biotechnologie der TU Berlin und Art Laboratory Berlin, war es, das Potenzial von Pilzen und Flechten für nachhaltige Materialien gemeinsam mit Bürger:innen, Künstler:innen und Designer:innen zu erforschen. In partizipativen Formaten wie Walks & Talks, Open Labs und Workshops wurden Pilzproben gesammelt, kultiviert und hinsichtlich ihrer Materialeigenschaften analysiert. Die partizipative Dimension dieses Projekts entspricht einem erweiterten Verständnis von Public Engagement, wie es auch im Rahmen kunstbasierter Forschung diskutiert wird (Leavy, 2018; Phillips et al., 2022). Die Zusammenarbeit mit nicht akademischen Akteur:innen verweist zudem auf das transdisziplinäre Potenzial ästhetischer Forschung, implizites und erfahrungsbasiertes Wissen produktiv zu machen (Polanyi, 1967; Badura et al., 2015).

Künstlerische Beiträge wie Theresa Schuberts „Sound for Fungi" führten wissenschaftliche und ästhetische Erkenntnismodi produktiv zusammen. In einem mehrwöchigen Experiment untersuchte sie die Wirkung akustischer Frequenzen auf das Pilzwachstum und überführte ihre Beobachtungen in eine interaktive Installation, in der Besucher:innen als Frequenz selbst Teil des mykologischen Prozesses werden. Ihre Arbeit zeigt exemplarisch, wie durch ästhetische Verfahren sinnlich-affektives Wissen generiert wird, das sich der rein diskursiven Erfassung entzieht – im Sinn einer verkörperten Erkenntnispraxis, wie sie Badura et al. (2015) betonen. Darüber hinaus verdeutlicht die Installation, wie KF mit experimentellen, situativen Methoden Erkenntnisse schafft, die in partizipativen, interaktiven Settings neue Wissensräume öffnen (*Arts-based methods for decolonising participatory research,* 2021; Haas et al., 2021).

6 Fazit

Künstlerische Forschung eröffnet neue Modelle des Wissenserwerbs, die ästhetische, sinnliche und prozessuale Erkenntnisformen in den Mittelpunkt stellen. Durch die Integration partizipativer Ansätze entstehen Möglichkeiten für Austausch, Zusammenarbeit und kollektive Reflexion – etwa im Rahmen kollaborativer Projekte zwischen Kunst, Wissenschaft und Gesellschaft. Die vorgestellten Beispiele wie „Mapping the Post-Human City" oder „Mind the Fungi" veranschaulichen exemplarisch, wie künstlerische Forschung alternative Wissensformen sichtbar macht und neue Zugänge zu ökologischen, sozialen und technologischen Fragestellungen eröffnet.

Ihre Relevanz ergibt sich nicht zuletzt aus der gegenwärtigen Veränderung von Wissensordnungen und der damit verbundenen Frage nach der Legitimität von Praktiken der Wissensproduktion. KF versteht sich nicht als bloße Erweiterung wissenschaftlicher Verfahren, sondern als eigenständige epistemische Praxis, die auf situiertes, erfahrungsbasiertes und oft implizites Wissen zurückgreift. Im Sinne einer ästhetischen Wissenschaft (Tepe, 2022) verbindet sie forschendes Denken mit gestalterischem Handeln und schafft so neue Räume der Erkenntnis.

Partizipative Ansätze innerhalb künstlerischer Forschung bringen dabei spezifische Herausforderungen mit sich: Sie erfordern den sensiblen Umgang mit Machtverhältnissen, eine klare Definition von Partizipation sowie die Anerkennung unterschiedlicher Erkenntnislogiken. Partizipation kann die aktive Einbindung von Personen außerhalb akademischer Kontexte bezeichnen, etwa durch Citizen-Science-Formate, Workshops oder künstlerische Co-Creation. Zugleich umfasst sie auch die Mitwirkung von Künstler:innen in transdisziplinären Forschungsvorhaben als gleichberechtigte epistemische Akteur:innen.

Künstlerische Forschung ist weder universell einsetzbar noch beliebig übertragbar. Ihre Potenziale entfalten sich nur in Auseinandersetzung mit den jeweiligen Kontexten, Zielsetzungen und beteiligten Personen, einschließlich der Forschenden selbst. Ihre zunehmende Institutionalisierung wirft daher Fragen nach ihrer Methodologisierung, Evaluation und disziplinären Einbettung auf. So besteht die Gefahr einer Akademisierung oder Instrumentalisierung, die künstlerische Prozesse auf ihren epistemischen Nutzen reduziert.

Gleichzeitig liegt in der Offenheit und theoretischen Unschärfe des Felds ein bedeutendes Potenzial: Sie ermöglicht die Weiterentwicklung epistemischer Praktiken jenseits etablierter Disziplinen, die kritische Reflexion über Erkenntnisformen sowie die Entwicklung neuer ästhetisch-wissenschaftlicher Methoden. Ziel ist es nicht ausschließlich, kreative Denkformen zu fördern, sondern auch neue Erkenntnispraxen zu ermöglichen, die auf relationales, prozessorientiertes und gesellschaftlich eingebettetes Wissen zielen.

Literatur

Badura, J., Dubach, S., Haarmann, A., Mersch, D., Rey, A., Schenker, C., & Toro Pérez, G. (2015). Vorweg: Warum ein Handbuch zur künstlerischen Forschung? In J. Badura, S. Dubach, A. Haarmann, D. Mersch, A. Rey, C. Schenker, & G. Toro Pérez (Hrsg.), *Künstlerische Forschung. Ein Handbuch* (S. 9–16). Diaphanes.

Ball, S., Leach, B., Bousfield, J., Smith, P., & Marjanovic, S. (2021). *Arts-based approaches to public engagement with research: Lessons from a rapid review*. RAND Corporation.

Bippus, E. (2014). Künstlerische Forschung in akademischen Institutionen. In H. Butin (Hrsg.), *Begriffslexikon zur Zeitgenössischen Kunst* (S. 238–241). DuMont.

Borgdorff, H. (2009). Die Debatte über Forschung in der Kunst. Künstlerische Forschung. Positionen und Perspektiven. In A. Rey & S. Schöbi (Hrsg.), Künstlerische Forschung (subTexte 03, S. 23–51). Institute for the Performing Arts and Film.

Carstensen, D., Bästlein, U., van den Berg, K., Damianisch, A., Harboe, J., Henkel, B., & Zogholy, A. (2015). Editorial: Künstlerische Forschung an Hochschulen und Universitäten – zwischen Idee, Skizze und Realisierung. *Zeitschrift für Hochschulentwicklung, 10*(1), 9–19.

Gartmann, T., & Schäuble, M. (2021). *Studies in the Arts: Neue Perspektiven auf Forschung über, in und durch Kunst und Design*. transcript.

Haarmann, A. (2019). *Artistic Research: Eine epistemologische Ästhetik*. transcript.

Haas, G., Sailer, A., Rademacher, I., & Hinsberg, K. (2021). *How to Relate? Wissen, Künste und ihre dialogischen Verhältnisse*. transcript.

Horstmann, N. (2021). Kunst und Wissenschaft. In T. Schmohl, T. Philipp, & J. Schabert (Hrsg.), *Handbuch Transdisziplinäre Didaktik* (S. 175–184). transcript.

Leavy, P. (2018). Introduction to arts-based research. In P. Leavy (Hrsg.), *Handbook of arts-based research* (S. 3–21). The Guilford Press.

Phillips, L., Christensen-Strynø, M. B., & Frølunde, L. (2022). Arts-based co-production in participatory research: Harnessing creativity in the tension between process and product. *Evidence & Policy, 18*(2), 391–411.

Polanyi, M. (1967). *The Tacit Dimension*. University of Chicago Press.

Reckwitz, A. (2003). Grundelemente einer Theorie sozialer Praktiken: Eine sozialtheoretische Perspektive. *Zeitschrift für Soziologie, 32*(4), 282–301.

Seppälä, T., Sarantou, M., & Miettinen, S. (2021). *Arts-based methods for decolonising participatory research* (1. Aufl.). Routledge. https://doi.org/10.4324/9781003053408

Tepe, P. (2022). Über Konzepte der künstlerischen Forschung. In M. Tröndle & J. Warmers (Hrsg.), Kunstforschung als ästhetische Wissenschaft. Beiträge zur transdisziplinären Hybridisierung von

Wissenschaft und Kunst. *w/k – Between Science and Art.* https://mythos-magazin.de/erklaeren-dehermeneutik/pt_kuenstlerische-forschung5-1.pdf. Zugegriffen am 26.07.2025.

Vervoort, J., Smeenk, T., Zamuruieva, I., Reichelt, L., Veldhoven, M., Rutting, L., Light, A., Houston, L., Wolstenholme, R., Dolejsova, M., Jain, A., Ardern, J., Catlow, R., Vaajakallio, K., Flittner, Z., Putrle-Srdić, J., Lohmann, J., Moossdorff, C., Mattelmäki, T., & Mangnus, A. (2024). 9 Dimensions for evaluating how art and creative practice stimulate societal transformations. *Ecology and Society, 29(1), Art. 29.*

Martin Tscholl ist wissenschaftlicher Mitarbeiter am Museum für Naturkunde Berlin. In seiner künstlerischen Forschung untersucht er mit fotografischen Verfahren, wie ökologische Beziehungen wahrnehmbar und erfahrbar werden.

Ulrike Sturm leitet am Museum für Naturkunde Berlin die Arbeitsgruppe „Mensch-Natur-Beziehungen im Anthropozän" und forscht zu partizipativen und digitalen Praktiken.

Artistic Research als echte Hybridisierung von Kunst und Wissenschaft? Zwei Beispiele aus den Neurowissenschaften

Mathilde Bessert-Nettelbeck, Yuna Yacong Liu, Philipp Kellmeyer und Sabrina Livanec

1 Einführung: Artistic Research und ethisch-gesellschaftliche Fragestellungen in den Neurotechnologien

Artistic Research – auf Deutsch künstlerische Forschung – hat sich in den letzten 30 Jahren zu einer relevanten Kunstpraxis entwickelt, die methodisch an akademische Forschung anschließt (Borgdorff et al., 2020). Sichtbar wird dies etwa in der Gründung des Journal of Artistic Research (2010) oder im Routledge Companion to Research in the Arts (Biggs et al., 2010), in dem Henk Borgdorff Artistic Research als eine Praxis beschreibt, die Kunst und Wissenschaft gleichermaßen verändert. Auch zahlreiche Kunst-Naturwissenschafts-Kooperationen haben diesen Ansatz aufgegriffen.

Die Rolle von Artistic Research und ihr Beitrag zum Wissensgewinn sind bis heute intensiv diskutiert. Oftmals verfolgt sie einen partizipativen Ansatz, da sie praxisgeleitete For-

M. Bessert-Nettelbeck (✉)
Museum für Naturkunde – Leibniz-Institut für Evolutions- und Biodiversitätsforschung, Berlin, Deutschland
E-Mail: mbnettelbeck@gmail.com

Y. Y. Liu
Albert-Ludwigs-Universität Freiburg, NEXUS Experiments am Zentrum BrainLinks-BrainTools/EPICUR, Freiburg im Breisgau, Deutschland

P. Kellmeyer
Data and Web Science Group, Fakultät für Wirtschaftsinformatik und Wirtschaftsmathematik, Universität Mannheim, Mannheim, Deutschland

S. Livanec
Albert-Ludwigs-Universität Freiburg, NEXUS Experiments am Zentrum BrainLinks-BrainTools/Fakultät für Umwelt und Natürliche Ressourcen, Freiburg im Breisgau, Deutschland

S. Voigt-Heucke et al., *Praxishandbuch Partizipation in der Wissenschaft*,
https://doi.org/10.1007/978-3-658-51093-0_19

schung in den Mittelpunkt stellt. Nicht jede Kooperation zwischen Kunst und Wissenschaft ist jedoch als Artistic Research zu werten: Ausschlaggebend sind die Motivation der Beteiligten und die Frage, ob die Zusammenarbeit tatsächlich beide Disziplinen prägt.

Born und Barry (2010) identifizierten drei mögliche Motivationen für Kunst-Wissenschafts-Projekte:

1. Logic of Accountability (Logik der Rechenschaft): Kunst wird als Instrument verwendet, um in der Gesellschaft eine Diskussion über wissenschaftliche Themen anzuregen.
2. Logic of Innovation (Logik der Innovation): Aus der Zusammenarbeit mit Künstler:innen entstehen neue Einsichten hinsichtlich der Entwicklung kommerzieller Produkte – etwa in Design-Kooperationen.
3. Logic of Ontology (Logik neuen Wissens): Die Zusammenarbeit führt zu einer neuen „echten Hybridisierung" (wie von Borgdorff, 2010 beschrieben), die darauf abzielt, „die bestehenden Denkweisen über das Wesen von Kunst und Wissenschaft zu verändern und die Beziehungen zwischen Künstlern und Wissenschaftlern und ihren Objekten und ihrem Publikum neu zu gestalten" (Born & Barry, 2010, S. 105).

Was motiviert den Einsatz von Artistic Research? Häufig wird sie dort angewandt, wo ein wechselseitiger Austausch zwischen Wissenschaft und Kunst angestrebt ist – in Anlehnung an die von Born und Barry beschriebene Logik neuen Wissens. Die Kulturwissenschaftlerin Flora Lysen erweitert diese Klassifikation um die Logic of Affect (Logik des emotionalen Zugangs), die insbesondere sinnlich-emotionale und körperlich vermittelte Formen des Verstehens betont (Lysen, 2019). Damit eröffnet Artistic Research Teilnehmenden neue Dimensionen des Zugangs zu empirischer Forschung. In den hier vorgestellten Freiburger Projekten zeigt sich eine Kombination beider Logiken: Partizipative Formate überschreiten die Grenzen zwischen Kunst und Wissenschaft und schaffen durch künstlerische Mittel neue sinnliche Verständnisebenen für wissenschaftliche Inhalte und ihre gesellschaftlichen Implikationen.

Aus dieser Perspektive entstand 2013 an der Universität Freiburg im Rahmen des DFG-Exzellenzclusters BrainLinks-BrainTools die Plattform NEXUS Experiments. Als Diskurs- und Experimentierlabor an der Schnittstelle von Neurotechnologie, Neurowissenschaft und Kunst verfolgt sie das Ziel, öffentliche Reflexion über ethische und gesellschaftliche Folgen neurotechnologischer Forschung anzuregen und innovative Formen partizipativen Engagements zu entwickeln. Hintergrund ist die Forschung an Brain-Computer-Interfaces, Mikroelektrodensystemen und Hirnstimulationsverfahren, die Patient:innen mit Epilepsie, neurodegenerativen oder psychiatrischen Erkrankungen unterstützen sollen, zugleich aber komplexe ethische Fragen nach Identität, Handlungsfähigkeit und Autonomie aufwerfen (Kellmeyer et al., 2016).

Viele NEXUS-Projekte orientieren sich an der Logic of Affect und verknüpfen sie mit philosophischen Konzepten. Besonders zentral ist hier das Konzept der Embodied Cognition, das in Kognitionswissenschaft und Philosophie kognitive Prozesse als verkörpert versteht. Ein praxisnahes Beispiel ist die Tanztherapie für Menschen mit Parkinson:

Bewegung und sensorisch-motorische Erfahrungen fördern nicht nur die motorische Kontrolle, sondern auch Stimmung und Wohlbefinden (Aguiar et al., 2016). Auf dieser Grundlage konnte das Projekt „Störung/Hafra'ah“ Konzepte aus Kognitions- und Neurowissenschaft in Artistic Research überführen.

Neben der Logic of Affect spielt auch das affektive Erleben im kreativen Prozess sowie bei der Rezeption von Kunst eine zentrale Rolle. Gerade im Umgang mit neuen Technologien eröffnet es Künstler:innen, Wissenschaftler:innen und Teilnehmenden die Möglichkeit, sich intensiver mit deren ethisch-gesellschaftlichen Konsequenzen auseinanderzusetzen. Dadurch wird Artistic Research zu einem Motor gemeinsamer Reflexion über Chancen und Risiken wissenschaftlicher Innovation – in vielen Aspekten vergleichbar mit Ansätzen des Public Engagement (siehe Beitrag „Public Engagement with Science“ in diesem Band) und künstlerischen Wissenschaftskommunikation (siehe Beitrag „Partizipative Wissenschaftskommunikation mit künstlerischen Impulsen: Zwei Case Studies der Plattform NEXUS Experiments“ in diesem Band). Im Fall von NEXUS Experiments entwickelte sich dieser Zugang gezielt als partizipatives Format zur Diskussion neurotechnologischer Forschung.

Die Zusammenarbeit mit Künstler:innen und Kultureinrichtungen aus unterschiedlichen Sparten erweitert die Perspektiven und ermöglicht offene Dialoge zwischen Forschenden und Öffentlichkeit. Im Folgenden werden zwei Projekte vorgestellt, die exemplarisch zeigen, wie Artistic Research als Methode eine teilhabeorientierte Vermittlung zwischen Wissenschaft, Kunst und Gesellschaft schafft.

2 Case-Study: Störung/Hafra'ah – performative Erkundungen zu Morbus Parkinson

Das Projekt „Störung/הפרעה “ („Störung/Hafra'ah“) brachte 2015 über ein Jahr hinweg Tänzer:innen, Wissenschaftler:innen und Menschen mit Parkinson in Deutschland und Israel zusammen. Bereits seit Anfang der 2000er-Jahre befassen sich Tänzer:innen und Choreograf:innen mit der Wirkung von Tanzpraxis auf Menschen mit Parkinson. Ein frühes Beispiel ist das Programm „Dance for PD“, das Olie Westheimer 2001 in New York entwickelte. Seit 2010 bietet auch das English National Ballet mit „Dance for Parkinson's“ spezielle Klassen an, in denen Künstler:innen und Freiwillige gemeinsam mit Betroffenen, Angehörigen und Pflegenden klassische Choreografien einüben (English National Ballet, o. J.).

Morbus Parkinson ist eine Erkrankung des zentralen Nervensystems, von der in Deutschland etwa 400.000 Menschen betroffen sind (Deutsche Gesellschaft für Parkinson und Bewegungsstörungen [DPG], o. J.). Neben Dopamin-ersetzenden Medikamenten wie Levodopa werden auch neurotechnologische Therapien (z. B. tiefe Hirnstimulation, THS) eingesetzt, ergänzt durch physiotherapeutische und psychologische Begleitung. Seit 2016 empfehlen die Leitlinien der Deutschen Gesellschaft für Neurologie ebenfalls künstlerische Ansätze wie Tanztherapie, Tai-Chi oder musikgestütztes Gangtraining (Höglinger et al., 2023).

Durch neue Behandlungsmöglichkeiten und längere Lebenszeit rücken für Patient:innen und Ärzt:innen zunehmend Fragen nach langfristigen Veränderungen von Persönlichkeit und Kognition in den Vordergrund – mit direkten Folgen für Identität und Beziehungen zu Angehörigen.

Genau hier setzte das Projekt an: Es untersuchte, wie Patient:innen, Forschende und Tänzer:innen wechselseitig voneinander profitieren können. Im Zentrum standen (a) der interkulturelle Austausch zwischen deutschen und israelischen Beteiligten sowie (b) der transdisziplinäre Dialog zwischen Neurowissenschaft, Tanz und Krankheitserfahrung. Diese Zusammenarbeit in künstlerischen und wissenschaftlichen Praktiken diente als Ausgangspunkt für die Reflexion

1. zum Potenzial der Zusammenarbeit von Kunst und Wissenschaft für die Verbesserung der Therapie und Pflege von Menschen mit Parkinson – über die Vermittlung von Wissen hinaus –
2. und zum Vergleich der Verständnisse von Erkenntnisprozessen in der künstlerischen und wissenschaftlichen Forschung.

2.1 Zielsetzungen und Konzept für die verschiedenen Teilnehmenden

Für die Künstler:innen war das Projekt eine Gelegenheit, die eigene Praxis im Austausch mit wissenschaftlichen Methoden sowie Perspektiven aus Neurowissenschaft und Philosophie zu erweitern. Forschende erhielten zugleich ein vertieftes Verständnis der Bedürfnisse von Menschen mit Bewegungsstörungen; für Nachwuchswissenschaftler:innen eröffnete sich früh ein intensiver Dialog zwischen künstlerischen, wissenschaftlichen und lebensweltlichen Expertisen. Für die Menschen mit Parkinson bot die Teilnahme die Möglichkeit, jenseits therapeutischer Kontexte aktiv zu sein und neue Ausdrucksformen zu erproben. Sie wurden nicht als Patient:innen, sondern als Mitforschende eingebunden und wirkten an den Abschlussveranstaltungen mit. Ziel war es, die Workshops weniger als Therapie, sondern als künstlerischen Raum für Erfahrung und Reflexion zu gestalten.

2.2 Umsetzung

Das transdisziplinäre Projekt „Störung/Hafra'ah" (2015) war eine Kooperation des Theaters Freiburg, des Projekts „Reaching Out" (heute: NEXUS Experiments) am Exzellenzcluster BrainLinks-BrainTools der Universität Freiburg sowie der Company der Choreografin Yasmeen Godder in Tel Aviv, unterstützt von Forschenden mehrerer israelischer Institute. Insgesamt wirkten rund 50 Menschen mit Parkinson, 16 Nachwuchswissenschaftler:innen sowie internationale Expert:innen aus Neurowissenschaft, Medizin, Mikrosystemtechnik, Ethik und Tanz mit.

Im Februar 2015 fand in Freiburg eine Winter School statt, den Abschluss bildeten internationale Kongresse mit Performances im Dezember desselben Jahres in Tel Aviv und Freiburg. Während des gesamten Projekts arbeiteten Tänzer:innen kontinuierlich mit Gruppen von Menschen mit Parkinson in beiden Ländern.

2.3 Outputs

Als Ergebnis entstand auf der künstlerischen Seite zum einen eine Work-in-Progress-Performance von Yasmeen Godder, die beim Abschlusskongress in Freiburg präsentiert wurde. Sie zeigte erste Szenen ihrer Choreografie „Common Emotions", die aus der Auseinandersetzung mit dem Thema Störung hervorgegangen war (siehe Abb. 1). Im Mai 2016 wurde das Stück am Theater Freiburg uraufgeführt und anschließend u. a. in Jerusalem, Düsseldorf (Tanzhaus NRW), Potsdam, Rillieux-la-Pape (Frankreich) und Bassano del Grappa (Italien) gezeigt.

Zum anderen dokumentierte die israelische Filmemacherin Maya Rothschild als Artist-in-Residence von NEXUS Experiments parallel den Projektverlauf. Der fertige Film wurde beim Abschlusskongress präsentiert und ist weiterhin auf der Website von NEXUS Experiments abrufbar (https://nexusexperiments.org/film-stoerung/).

Abb. 1 „Common Emotions" war eine partizipative Tanz-Performance, die 2016 am Theater Freiburg uraufgeführt wurde. Choreografin Yasmeen Godder erarbeitete das Stück im Rahmen des Projekts „Störung/Hafra'ah". (Foto: Maurice Korbel/Theater Freiburg)

Auf der wissenschaftlichen Seite erprobten Nachwuchswissenschaftler:innen in Freiburg und Tel Aviv im Rahmen von „Störung/Hafra'ah" verschiedene Pilotprojekte: Sie untersuchten den Einfluss von Tanz auf Parkinson, von Musik auf Empathie und von Rhythmus auf Bewegung. In Freiburg entwickelten Johannes Erhardt, Dr. Juan Ordonez und die Künstlerin Mathilde Bonte einen Sensor mit Beschleunigungsmesser zur Erfassung des Tremors bei Parkinson. Julie Philpott bereitete ihre medizinische Doktorarbeit zu Musik und rhythmischer Bewegung vor. In Israel entstanden u. a. ein Messansatz für Parkinson-Symptome (Move-inter-action), ein Computerspiel und eine Tanzaufgabe, die untersuchten, wie sich Interaktion im Tanz auf Gehirnprozesse auswirkt.

Die Zusammenarbeit der Forschenden, Menschen mit Parkinson und Künstler:innen strukturierten die monatlichen Themen Unison, Embodiment, Balance, Intention, Interactivity, Identity, Freedom und Transition, die als besonders relevant für die partizipative Erkundung der Bewegungsstörung gemeinsam identifiziert wurden. Die Tänzerin Monica Gillette beschreibt ihren Ansatz der Bewegungsforschung, den sie „Physical Thinking" nennt, im Projektblog wie folgt:

> „Als die Parkinson-Tänzer:innen anspruchsvolle Bewegungsaufgaben (auf professionellem Tanzniveau) erhielten, anstatt nur Formen, denen sie folgen sollten, führte sie ihr eigener Körper zu neuen Möglichkeiten. Durch den Versuch, physische Aufgaben zu lösen, erhielten ihre Körper Raum und Anleitung, um physisch nach einer Lösung zu suchen. Oft konnten sie sich auf eine ganz neue Weise bewegen, weil sie mit ihren Körpern auf physische Suche gingen, um auf die Bewegungsvorschläge zu antworten." (Blog Störung/הפרעה, o. J., eigene Übersetzung)

Ihre Überlegungen vertiefte Gillette gemeinsam mit der wissenschaftlichen Teilnehmerin Stefanie Pietsch in einem Essay (Gillette & Pietsch, 2016).

2.4 Diskussion der Wirkung

Das Projekt zielte nicht darauf ab, seine Wirkungen systematisch zu messen, sondern verstand sich als künstlerisch-wissenschaftliches Experiment, das den Teilnehmenden große Freiheiten eröffnete und vielseitige Begeisterung auslöste. Besonders der interkulturelle Austausch zwischen Deutschland und Israel lässt sich in der Filmdokumentation und im Projekt-Blog nachvollziehen. Für seinen Beitrag zu den deutsch-israelischen Beziehungen erhielt das Projekt 2017 den Shimon-Peres-Preis.

Positive Effekte für Menschen mit Parkinson

Die Teilnehmenden beschrieben die Erfahrung ausnahmslos als Bereicherung: Sie entdeckten neue Bewegungsmöglichkeiten, erlebten ein Gefühl von Zugehörigkeit und profitierten vom Austausch mit anderen Betroffenen.

Artistic Research als Methode für gesellschaftliche Debatten
Die Zusammenarbeit mit Künstler:innen eröffnete dem Publikum einen emotionalen Zugang zu wissenschaftlichen Themen und erreichte damit ein anderes Publikum als konventionelle Outreach-Formate. Zwar blieb die Diskussion lokal begrenzt, die künstlerische Produktion „Common Emotions" und ein Dokumentarfilm wirkten jedoch darüber hinaus.

Artistic Research als Impuls für Forschung
Das Projekt inspirierte auch die Wissenschaft, wie Shelly Levy-Tzedek von der Ben-Gurion University berichtet: „Als Ergebnis dieses Projekts habe ich drei neue Forschungslinien mit Parkinson-Patient:innen begonnen, die tanzähnliche Bewegungen beinhalten." (Blog Störung/הפרעה, o. J., eigene Übersetzung). Zugleich diente es als philosophischer Experimentierraum, wie Oliver Müller betont: „Während Wissenschaftler:innen Bewegungsstörungen mit objektiven Methoden erklären können […], können Tänzer:innen die subjektive Dimension der Krankheit erforschen. Beide Perspektiven […] gehören zusammen […]. Die Spannung zwischen diesen Ansätzen ist es, die mich als Philosoph interessiert" (Blog Störung/הפרעה, o. J., eigene Übersetzung).

Hybridisierung von Kunst und Wissenschaft
In der intensiven Zusammenarbeit zwischen Künstler:innen und Wissenschaftler:innen entstand ein hohes Maß an gegenseitiger Reflexion, die neue Projekte und Produktionen anregte und Beziehungen zu Forschungspraktiken neu denken ließ. Publikationen von Monica Gillette und Stefanie Pietsch (2016) sowie künstlerische Arbeiten von Yasmeen Godder belegen den nachhaltigen Einfluss. Die Aufnahme von Tanzprogrammen in die neurologischen Leitlinien (Höglinger et al., 2023) werten wir als Erfolg vieler internationaler Initiativen.

3 Kurzeindruck: MIND-ART-TECHNOLOGY

Zweites Beispiel für Artistic Research, hier mittels einer gemeinsam gestalteten Ausstellung, ist das Projekt „MIND-ART-TECHNOLOGY", das kurz vorgestellt werden soll. Mit Malerei, Skulpturen und Videoinstallationen sowie durch persönliche Begegnungen erkundete das Projekt die Schnittstellen zwischen Neurotechnologie und Kunst. Das Konzept entstand Anfang 2023 aus einem künstlerisch-wissenschaftlichen Zusammentreffen, die Ausstellung fand vom 27. Juni bis 17. Juli 2023 im POP UP INNOVATION der Freiburg Wirtschaft Tourismus und Messe GmbH & Co. KG statt und wurde von einem vielfältigen Publikum besucht.

Die beiden Neurowissenschaftler und Künstler Danesh Ashouri und Danial Arabali suchten eine Verbindung von rationalen und emotionalen Zugängen und stellten die Besucher:innen zielgerichtet vor ethische Fragen. Ohne erläuternde Saaltexte, die über die Kunst informierten, sollte der Fokus auf der direkten Erfahrung mit den Werken (siehe Abb. 2) liegen.

Abb. 2 Danesh Ashouri, „I thought I could live forever", 2020, Öl auf Papier, 24 cm × 30 cm

3.1 Umsetzung

Ein zentrales Beispiel war Ashouris Ölgemälde „I thought I could live forever" (Abb. 2), das auf den Gehirnsignalen einer Ratte in ihren letzten 60 Lebenssekunden basiert. Messdaten aus einer Studie zur tiefen Hirnstimulation (THS) wurden in Farben übersetzt, die Empfindungen von Freude, Angst oder Ruhe evozieren. Die Verbindung von Forschungskontext, Titel und Farbgestaltung führte den Betrachtenden unmittelbar die existenzielle Dimension des Experiments vor Augen.

Auf diese Weise zeigte sich das Potenzial von Kunst als kreativer Wissenstransfer: Im Sinn der Logic of Antology (Born & Barry, 2010) entstand hier eine echte Hybridisierung von Kunst und Wissenschaft, die neue Einsichten in Neurotechnologie eröffnete und Fragen nach ethischen Grenzen und Endlichkeit aufwarf. So wurde ein emotionaler, subjektiver Zugang zu neurowissenschaftlicher Forschung möglich, der Bürger:innen wie Forschende in den Dialog einbezog.

Die Ausstellung thematisierte damit nicht nur Diagnostik und medizinische Verfahren, sondern auch die persönliche Dimension technischer Eingriffe ins Leben. Zum Abschluss wurde dies in einer Podiumsdiskussion mit Thomas Stieglitz (Universität Freiburg) und

Philipp Kellmeyer (Universität Mannheim/Uniklinik Freiburg) vertieft, in der mit dem Publikum Fragen zu „Neurotechnik, Ethik und Akzeptanz" behandelt wurden.

3.2 Diskussion der Wirkung

Die Ausstellung erreichte ein vielfältiges Publikum und stellte im Zusammenspiel von Kunst und Forschung Fragen nach der Beziehung zwischen Medizinforschung und Gesellschaft. Die Künstler hoben die Rolle von Kunst und Kultur hervor – sowohl für individuelle Erfahrungen als auch für gesellschaftliche Aushandlungsprozesse – und regten die Besucher:innen zur Reflexion über Chancen und Risiken neuer Technologien, etwa in Bezug auf psychische Gesundheit und Gehirn-Maschine-Schnittstellen, an.

Dabei folgte die Ausstellung einer Logic of Affect, indem neurowissenschaftliche Messdaten ästhetisch erfahrbar gemacht wurden. Zugleich zielte sie auf eine Logic of Ontology, indem wissenschaftliche Arbeit künstlerisch neu interpretiert wurde, und auf eine Logic of Accountability, indem sie öffentliche Diskussionen über Wissenschaft anstieß.

4 Zusammenfassung und abschließende Betrachtung

Bei beiden Beispielen zeigte sich, dass Artistic Research als Vorgehen für eine partizipative Erkundung naturwissenschaftlicher Themen und ihrer ethisch-gesellschaftlichen Perspektiven geeignet ist. Indem künstlerische Projekte wissenschaftliche Themen aufgreifen und durch kreative Ausdrucksformen zugänglich machen, wird ein breiteres Publikum erreicht und zur Auseinandersetzung mit komplexen ethischen Fragen angeregt.

Dabei müssen sich solche Projekte einigen Schwierigkeiten stellen: Ein Merkmal der Artistic Research ist z. B. die Prozessorientierung der Künstler:innen. Das Kunstwerk steht weniger im Vordergrund als der Entstehungsprozess der Werke. Das zeigte sich insbesondere im Projekt „Störung/Hafra'ah". Große publikumswirksame Produktionen sind nicht die primäre Zielsetzung der forschenden Künstler:innen. Hier unterscheidet sich das kommunikative Interesse der Beteiligten möglicherweise – Forschende, aber auch Fördernde stellen sich oft eben solche Produkte oder Produktionen als Ergebnis der Kooperation vor. Hier müssen vorab Austausche stattfinden, um Zielsetzungen und Erwartungen an ein solches Projekt festzulegen. Auch dieser Prozess kann Teil der partizipativen Erforschung einer Thematik sein. Deswegen ist aus unserer Sicht – als Autor:innen und Organisator:innen – eine ergebnisoffene, experimentelle Herangehensweise an Kunst-Wissenschafts-Kooperationen ein guter Start für eine innovative Anwendung von Artistic Research. Außerdem kommt den Organisator:innen und Koordinator:innen solcher Projekte eine Vermittlungsrolle zu, die nicht zu unterschätzen ist: Sie bilden eine Brücke zwischen zwei Forschungsmodi: Sie übersetzen, verhandeln, verwalten und halten das Projekt oft am Leben, wenn die Umsetzung stockt.

Im zweiten Beispiel „MIND-ART-TECHNOLOGY“ sind die Künstler selbst Naturwissenschaftler, die in einer Ausstellung Teilhabe an ihren Reflexionen ermöglichen. Diese Hybridisierung in ein und derselben Person ermöglicht eine besondere inhaltliche Tiefe der entstehenden Kunst und des darauffolgenden Austauschs. Die Arbeiten künstlerisch aktiver Wissenschaftler:innen im Allgemeinen, wie sie hier exemplarisch vorgestellt wurden, sind daher besonders wertvoll für die öffentliche Diskussion naturwissenschaftlicher Themen.

Literatur

Aguiar, L. P. C., da Rocha, P. A., & Morris, M. (2016). Therapeutic Dancing for Parkinson‘s Disease. *International Journal of Gerontology, 10*(2), 64–70. https://doi.org/10.1016/j.ijge.2016.02.002.

Biggs, M. A. R., & Karlsson, H. (2010). *The Routledge companion to research in the arts* (1. Aufl.). Routledge.

Blog Störung/הפרעה. (o.J.). *Blog Störung/הפרעה.* https://hafraah.wordpress.com

Borgdorff, H. (2010). The production of knowledge in artistic research. In M. A. R. Biggs & H. Karlsson (Hrsg.), *The Routledge companion to research in the arts* (1. Aufl., S. 43–63). Routledge.

Borgdorff, H., Peters, P., & Pinch, T. J. (Hrsg.). (2020). *Dialogues between artistic research and science and technology studies (Routledge Advances in Art and Visual Studies).* Routledge.

Born, G., & Barry, A. (2010). ART-SCIENCE: From public understanding to public experiment. *Journal of Cultural Economy, 3*(1), 103–119. https://doi.org/10.1080/17530351003617610

Deutsche Gesellschaft für Parkinson und Bewegungsstörungen (DPG). (o.J.). *Parkinson hat viele Gesichter*. Deutsche Gesellschaft für Parkinson und Bewegungsstörungen. https://parkinson-gesellschaft.de/fuer-betroffene/die-parkinson-krankheit. Zugegriffen am 08.04.2024.

English National Ballet. (o.J.). *Dance for Parkinson's*. English National Ballet. https://www.ballet.org.uk/project/dance-for-parkinsons/. Zugegriffen am 08.04.2024.

Gillette, M., & Pietsch, S. (2016). Physical thinking as research. In S. Quinten & S. Schroedter (Hrsg.), *Tanzpraxis in der Forschung – Tanz als Forschungspraxis* (S. 183–196). transcript.

Höglinger, G., Trenkwalder, C., et al. (2023). Parkinson-Krankheit, S2k-Leitlinie. In Deutsche Gesellschaft für Neurologie (Hrsg.), *Leitlinien für Diagnostik und Therapie in der Neurologie*. https://www.dgn.org/leitlinien

Kellmeyer, P., Cochrane, T., Müller, O., Mitchell, C., Ball, T., Fins, J. J., & Biller-Andorno, N. (2016). The effects of closed-loop medical devices on the autonomy and accountability of persons and systems. *Cambridge Quarterly of Healthcare Ethics: CQ: The International Journal of Healthcare Ethics Committees, 25*(4), 623–633. https://doi.org/10.1017/S0963180116000359

Lorenna Pryscia Carvalho, Aguiar Priscila Alves, da Rocha Meg, Morris (2016) Therapeutic Dancing for Parkinson‘s Disease International Journal of Gerontology 10(2) 64-70 10.1016/j.ijge.2016.02.002

Lysen, F. (2019). Kissing and staring in times of neuro-mania: The social brain in art-science experiments. In H. Borgdorf, P. Peters, & T. Pinch (Hrsg.), *Dialogues between artistic research and science and technology studies* (S. 167–183). Routledge.

Mathilde Bessert-Nettelbeck ist Wissenschaftskommunikatorin und Biologin. Sie arbeitet in Kunst-Wissenschaftsprojekten, Citizen-Science-Forschung und in Journalismus/PR.

Yuna Yacong Liu ist Philosophische Anthropologin und nutzt Kunst als Ausgangspunkt für partizipativen Wissenstransfer und Community Building bei NEXUS Experiments UFR.

Philipp Kellmeyer ist Juniorprofessor an der Universität Mannheim und Neurologe am Universitätsklinikum Freiburg. Er forscht zu KI und Neurotechnologie.

Sabrina Livanec entwickelt kreative und partizipative Formate der Wissenschaftsvermittlung und forscht zu Roboterakzeptanz an der Universität Freiburg.

Design zwischen Wissenschaft und Gesellschaft: Das Potenzial zukunftsorientierten Designs für die partizipative Forschung

Lynn Harles und Marie-Lena Heidingsfelder

1 Einleitung

In einer Zeit tiefgreifender Umbrüche und wachsender Unsicherheit mag die Entwicklung langfristiger Zukunftsperspektiven zunächst paradox erscheinen. Dennoch ist vorausschauendes Denken für gemeinwohlorientierte Innovationen in unvorhersehbaren Zeiten unverzichtbar geworden – sei es, um gegenwärtigen Herausforderungen rechtzeitig zu begegnen oder die Vergangenheit nicht zu wiederholen. Vor diesem Hintergrund steht auch die Wissenschaft vor der zentralen Herausforderung, durch diese Unsicherheiten zu navigieren und sich an gesellschaftlich relevanten Themen zu orientieren (Funtowicz & Ravetz, 1993; Nowotny et al., 2004).

Der antizipierende Blick auf verschiedene mögliche Zukünfte hat sich seit den 1960er-Jahren als wertvolles Instrument etabliert (Amer et al., 2012). In diesem Kontext geht aber es nicht um präzise Vorhersagen, sondern um eine Verdeutlichung unterschiedlicher Entwicklungspfade und deren öffentliche Diskussion sowie die Entwicklung einer gestaltenden und handlungsorientierten Perspektive auf die Zukunft. Diese Pfade basieren auf dem komplexen Zusammenspiel gesellschaftlicher, technologischer, politischer und ökologischer Faktoren und erfordern daher multiperspektivischen Einbezug in Forschungsagenden.

Foresight-Studien, Trendanalysen und Zukunftsszenarien bilden hierfür das methodische Fundament. Gleichzeitig erfordern diese methodischen Ansätze erweiterte Formen

L. Harles
Hochschule Luzern – Design, Film & Kunst (HSLU), Luzern, Schweiz

M.-L. Heidingsfelder (✉)
Fraunhofer IAO, Center for Responsible Research and Innovation, Berlin, Deutschland
E-Mail: marie-lena.heidingsfelder@iao.fraunhofer.de

S. Voigt-Heucke et al., *Praxishandbuch Partizipation in der Wissenschaft*,
https://doi.org/10.1007/978-3-658-51093-0_20

der Wissensproduktion, die auf kollaborativen, transdisziplinären und partizipativen Prozessen beruhen und sich an den gesellschaftlichen Herausforderungen dieser Zeit orientieren (Nowotny et al., 2004; Gibbons et al., 1994). Das heißt, sie erfordern den Einbezug vielfältiger Perspektiven und Expertisen aus Gesellschaft, Wirtschaft, Politik und Forschung. Diese neuen Ansätze in der Wissensproduktion ermöglichen damit sowohl die frühzeitige Bewertung gesellschaftlich relevanter Schlüsselinnovationen (wie künstliche Intelligenz oder moderne Biotechnologie) als auch die partizipative Gestaltung strategischer Forschungsagenden. Allerdings stehen diese Methoden auch vor zwei zentralen Herausforderungen:

1. Erstens besteht das Risiko einer selektiven Perspektive, wenn nur bestimmte gesellschaftliche Gruppen oder Branchen einbezogen werden. Dies kann dazu führen, dass wichtige intersektorale und globale Zusammenhänge übersehen werden und sich Organisationen an verzerrten Zukunftsszenarien orientieren. Eine verantwortungsvolle Zukunftsgestaltung erfordert daher multiperspektivische, inklusive Ansätze unter Beteiligung interdisziplinärer Akteur:innen und adressiert gesellschaftlich relevante Herausforderungen sowie Fragestellungen.
2. Zweitens hat sich das Verständnis von Innovation erweitert: Neben technologischen Entwicklungen umfasst es zunehmend auch soziale und ökologische Innovationen (BMBF, 2023). Soziale Innovationen manifestieren sich in neuen Praktiken und Organisationsmodellen, die nachhaltige Lösungen für gesellschaftliche Herausforderungen entwickeln – von innovativen Mobilitätskonzepten über Strategien zur Plastikmüllreduktion bis hin zur Neugestaltung urbaner Grünflächen. Der Erfolg solcher Innovationen hängt maßgeblich davon ab, dass Foresight-Prozesse breite gesellschaftliche Perspektiven einbinden. Besonders wichtig ist dabei die Einbeziehung marginalisierter Gruppen, deren Sichtweisen für eine inklusive Zukunftsgestaltung unverzichtbar sind, in der Praxis aber oft unterrepräsentiert bleiben.

Vor diesem Hintergrund untersucht dieser Beitrag zwei relevante Fragen: Welche Potenziale bietet zukunftsorientiertes Denken als partizipative Praxis? Und wie können möglichst viele Perspektiven und Zielgruppen Zugang zu dieser Form der Beteiligung erhalten?

2 Design als Wissensproduktion für partizipative Zukunftsprozesse

Um diese Fragen zu ergründen, öffnet dieser Beitrag eine neue Perspektive: die angewandte Designforschung. Als junge wissenschaftliche Disziplin zeichnet sie sich durch ihre transdisziplinären, kokreativen und praxisorientierten Wissensprozesse aus – Charakteristika, die sie besonders relevant für unsere Zeit der postnormalen wissenschaftlichen Herausforderungen machen (Funtowicz & Ravetz, 1993; Nowotny et al., 2004). Dabei gewinnen vor allem Ansätze wie Speculative Design (Dunne & Raby, 2013), Design for Debate (Heidingsfelder, 2018) und Discursive Design (Tharp & Tharp, 2018) sowohl im privaten als auch öffentlichen Sektor zunehmend an Bedeutung.

Um das transformative Potenzial von Design zu verstehen, müssen wir uns von einer verengten Sichtweise lösen: Design ist weit mehr als die Produktion und Präsentation finaler Artefakte – seien es Produkte, Technologien oder Dienstleistungen. Der eigentliche Kern liegt im oft verborgenen Gestaltungsprozess selbst. Dieser Prozess ist ein komplexes Zusammenspiel zwischen Expert:innen verschiedener Disziplinen und Alltagsakteur:innen, in dessen Verlauf unterschiedliche Wissensformen entstehen und verschmelzen. Ein Design-Artefakt ist somit gleichermaßen ein Forschungsergebnis und verkörperter Wissenstransfer. Design ist damit nicht nur Formgebung, sondern eine eigenständige Form der Wissensproduktion und Forschung, die produziertes Wissen direkt in Anwendung übersetzt (Mareis, 2010, 2011; Schäffner, 2010). Design und Wissenschaft teilen eine koevolutionäre Entwicklung – eine Wechselwirkung zwischen Wissensproduktion und -transfer – wie die Reduktion von Komplexität durch visuelle Darstellungen (naturwissenschaftliche Zeichnungen), die Darstellung disruptiver Hypothesen (Darwins „Tree of Life", gezeichnet von Ernst Haeckel), das Schaffen gemeinsamer Sprachen (bspw. chemische Formeln) und neue Formate der Wissenschaftskommunikation (von musealen Ausstellungskonzepten bis zu medialen Kampagnen).

Zukunftsorientierte, partizipative Gestaltung geht damit über das bisherige gemeinsame Terrain hinaus und offenbart echte Teilhabe an der gemeinsamen Zukunftsgestaltung. Sie macht die komplexen Verflechtungen zwischen wissenschaftlichen, gesellschaftlichen, ökologischen und politischen Entwicklungen nicht nur sichtbar, sondern auch verhandelbar. Durch spekulative Prototypen und Interventionen werden mögliche Entwicklungen in greifbare Alltagsszenarien übersetzt. Diese Ansätze gehen über bloße Information hinaus – sie laden Alltagsexpert:innen als Co-Designer:innen ein, Zukünfte aktiv mitzugestalten und in einen Dialog auf Augenhöhe zu treten (Heidingsfelder et al., 2017; Mucha et al., 2022).

Der folgende Beitrag beleuchtet zwei zentrale Entwicklungslinien, welche die aktuellen Denkweisen eines zukunftsorientierten, partizipativen und kritischen Designs integrieren – wichtige strategische Werkzeuge für den wirkungsorientierten Einbezug der Öffentlichkeit in Forschungsagenden und Innovationsprozesse.

3 Eine kurze Geschichte des spekulativen und partizipativen Designs

Um die Potenziale der Designdisziplin für Praxis und Forschung zu partizipativen Ansätzen in der Wissensproduktion zu erschließen, lohnt sich ein kurzer Blick auf die Wurzeln von Designforschung und ihre aktuellen Entwicklungen.

3.1 Partizipatives Design: Demokratisierung durch Design

Die Vorstellung von Design als wirkungsvolles partizipatives Instrument in der Wissensproduktion reichen zurück bis zu den Ansätzen der Bauhaus-Bewegung – hier wurde Design über die reine Produktentwicklung hinaus als Instrument gesellschaftlicher Transformation verstanden. Diese Ansätze konkretisierten sich vor allem durch das skandinavische „Cooperative Design“ und „Participatory Design“ der 1970er-Jahre, das erstmals die Trennung zwischen Gestalter:innen und Nutzer:innen aufbrach: Letztere wurden von passiven Konsument:innen zu aktiven Mitgestalter:innen ihrer technologischen Umwelt.

Seitdem haben sich partizipative Ansätze im Design kontinuierlich erweitert. Zum einen entstehen an Designhochschulen neue Studiengänge wie Transformation Design, Social Design, Transition Design oder Public Interest Design, die auf einem partizipativen Verständnis gesellschaftlicher Transformation basieren. In dieser gesellschaftlichen Ausrichtung von Design wird zum anderen auch die zunehmende Bedeutung von Design in Politik und Demokratie deutlich – nicht zuletzt durch Initiativen wie das Social Design Lab der Hans-Sauer Stiftung und die Initiative der World Design Capital Frankfurt RheinMain 2026 mit dem Motto „Design for Democracy“ (Wagner & Scheuermann, 2025).

3.2 Spekulatives Design

Parallel dazu entwickelte sich eine Gegenbewegung mit Wurzeln im italienischen „Radical Design“ der 1960er-Jahre. Statt marktkonforme Lösungen zu liefern, stellten Anhänger:innen dieser Bewegung politische Fragen, die später auf technologische Entwicklungen übertragen werden sollten: Welche gesellschaftlichen Auswirkungen haben neue Technologien wirklich?

Diese Tradition wurde mit dem zunehmenden Aufkommen von Elektronikgeräten in privaten Haushalten in den 1990er-Jahren durch Anthony Dunne und Fiona Raby unter dem Begriff ‚Critical Design‘ weiterentwickelt. Hier stand nicht die Entwicklung neuer technologischer Gebrauchsgegenstände im Vordergrund, sondern die kritische Auseinandersetzung mit den gesellschaftlichen Implikationen, die diese Technologien mitbringen. Dieser Ansatz öffnete den Weg für weitere Ansätze wie Speculative Design, Design Fiction und Discursive Design (Malpass, 2013), die sich ausdrücklich von kommerziellen Zielen abgrenzen. Stattdessen nutzen sie Design als Werkzeug der Reflexion, als Mittel, um alternative Zukünfte vorstellbar zu machen und die Gegenwart zu hinterfragen (Bleecker et al., 2022; Bowen, 2009; Dunne & Raby, 2013; Auger, 2013). Anstatt zu fragen, wie etwas anders gestaltet wird, fragt dieser Ansatz wie etwas anders gestaltet sein könnte.

Was sich hier abzeichnet, ist eine Erweiterung dessen, was Design sein kann: nicht mehr nur Problemlösung, sondern auch Katalysator für gesellschaftliche Debatten. Diese Ansätze generieren, was man als „spekulatives Wissen“ bezeichnen kann: Sie arbeiten mit Nicht-Wissen, mit Ambiguität und Unsicherheit. Als angewandte Wissenschaft verschiebt Design damit die Grenzen traditioneller akademischer Wissensproduktion (Mareis, 2011) und offenbart neue Zugänge für geforderte Partizipation in der Wissenschaft (Harles & Heidingsfelder, 2021).

In einer Zeit, in der wir dringend neue Wege brauchen, um über unsere Zukunft nachzudenken und sie proaktiv zu gestalten, stellen diese Designansätze wichtige Ausgangslagen für partizipative Wissensproduktion und Wissenschaftskommunikation. Sie zeigen, dass Design mehr kann, als technologischen Innovationsentwicklungen zu dienen – sie kann nämlich ein Medium der demokratischen Zukunftsgestaltung sein.

4 Spekulative „Boundary Objects" als Instrumente für partizipative Wissenschaft

„Boundary Objects" (Star & Griesemer, 1989) sind zentrale Elemente im spekulativen Design. Diese Objekte können in der Gestaltung als Forschungsartefakte oder kulturelle Sonden verstanden werden, die mögliche technologische und gesellschaftliche Entwicklungen in greifbare Alltagsszenarien übersetzen (Kimpel, 2016; Bleecker, 2009; Binder et al., 2011; Bowen, 2009). Ähnlich wie Science-Fiction-Elemente in Filmen illustrieren sie nicht nur potenzielle Technologien, sondern auch deren gesellschaftliche Auswirkungen (Kirby, 2009). Der Unterschied liegt in der Offenheit: Anstatt ein einseitiges Zukunftsbild zu entwerfen, provozieren sie Ambivalenz und laden zur Verhandlung und direkten Beteiligung ein (Dunne & Raby, 2011; Heidingsfelder, 2018).

Der Begriff ‚Boundary Object' stammt aus der Wissenschafts- und Technikforschung und wurde 1989 von Susan Leigh Star und James R. Griesemer geprägt. Boundary Objects sind flexible, gemeinsame Bezugspunkte, die verschiedene soziale Gruppen mit unterschiedlichen Perspektiven und Interessen miteinander verbinden. Sie ermöglichen Kooperation ohne vollständige Konsensbildung, indem sie je nach Kontext unterschiedlich interpretiert werden, aber dennoch eine gewisse gemeinsame Struktur behalten. Im Kontext des partizipativen Designs lassen sich zwei Arten von Boundary Objects beschreiben (Heidingsfelder et al., 2019).

1. Storytelling Boundary Objects entstehen in Zusammenarbeit von Wissenschaftler:innen und Designer:innen, um wissenschaftliche Erkenntnisse zugänglich zu machen und mit gesellschaftlichen Entwicklungen zu verknüpfen. Sie dienen als Impulse für Debatten und partizipative Prozesse.
2. Co-creative Boundary Objects werden von Alltagsexpert:innen gestaltet und artikulieren Bedürfnisse, die in die Forschung einfließen können. Sie können als Grundlage für Storytelling Boundary Objects dienen und aufzeigen, welche Bedürfnisse neue Technologien adressieren sollten.

Beide Ansätze ermöglichen eine frühe gesellschaftliche Reflexion zu ethischen, sozialen und ökologischen Auswirkungen aufkommender Technologien. Sie können Brücken zwischen Wissenschaft, Politik und Gesellschaft schlagen, indem sie verkörperte Spekulationen und multiperspektivische Debatten fördern.

5 Partizipatives Design und Boundary Objects in der Praxis

Wie manifestiert sich partizipative Wissensproduktion durch Design in der Praxis? Zentral für spekulatives Design ist die Entwicklung greifbarer Boundary Objects. Diese Objekte wirken durch ihre sinnliche Unmittelbarkeit. Sie laden zum Sehen, Berühren oder Schmecken ein und durchbrechen abstrakte Fachsprache. Zukunft wird auf alltäglicher Ebene erfahrbar. Dieses „verkörperte Spekulieren" ermöglicht kollektives Nachdenken über Zukunft. Wenn Menschen mit noch nicht existierenden Technologien interagieren können, entstehen andere Gespräche als in theoretischen Debatten. Die wohlüberlegte Offenheit dieser Objekte provoziert Fragen, statt Antworten zu liefern.

Design bietet methodische Ansätze, um Innovationen erfahrbar zu machen, bevor sie entwickelt sind. Dies entspricht den Anforderungen bidirektionaler Wissenschaftskommunikation: nicht als Einbahnstraße von Expert:innen zur Öffentlichkeit, sondern als kontinuierlicher Dialog.

Designer:innen werden zu Vermittler:innen zwischen Wissenschaft und Gesellschaft. Sie übersetzen abstrakte Konzepte in erfahrbare Szenarien und schaffen Räume für verschiedene Perspektiven. Dies ermöglicht demokratische Teilhabe in Wissenschaft und Innovationsentwicklung.

Wie dieses Potenzial praktisch wirkt, zeigen zwei Projekte: „Food Fictions" stellt die Zukunft unserer Ernährungssysteme zur Diskussion. „Shaping Future" erkundet neue Wege partizipativer Zukunftsgestaltung in Mensch-Maschine-Interaktionen.

5.1 Food Fictions: Design als Katalysator partizipativer Wissenschaft

Im Projekt „Food Fictions", initiiert durch das Center for Responsible Research and Innovation des Fraunhofer IAO (CeRRI) und gefördert durch das BMBF-„Wissenschaftsjahr 2020|21", manifestiert sich ein erweiterter Ansatz der Wissenschaftskommunikation: Statt abstrakte Zukunftsprognosen rein visuell zu präsentieren, werden mögliche Entwicklungen unserer Ernährungssysteme durch Design greifbar und vor allem multisensorisch erfahrbar gemacht.

Die Art, wie wir uns ernähren, prägt nicht nur unseren Planeten – sie formt unsere Zukunft. In nur wenigen Jahrzehnten hat sich unsere Ernährung in ein komplexes Geflecht aus Wissenschaft, Technologie und Kultur verwandelt. Genau hier setzt das Projekt an: Es öffnet diese Komplexität für gesellschaftliche Teilhabe. Das interdisziplinäre Team entwickelte dafür eine neuartige Methodik der partizipativen Wissensproduktion: Forschende aus verschiedenen Disziplinen arbeiteten mit Gestalter:innen in Tandems und entwickelten entlang bestimmter methodischer Vorgehensweisen gemeinsame Szenarien, die sowohl in spekulative technologische als auch in essbare Artefakte übertragen wurden. Wissenschaftliche Erkenntnisse wurden nicht nur in physische Objekte übersetzt, sondern durch essbare Erfahrungen demokratisiert. Diese doppelte Übersetzung – vom Abstrakten ins Greifbare und vom Greifbaren ins Schmeckbare – schuf niedrigschwellige Zugänge zu komplexen Zukunftsfragen.

In Szenarien wie „Responsible Meat“ oder „Bacterial Food“ werden wissenschaftliche Konzepte zu Diskussionsräumen. Die spekulativen Objekte provozieren Ambivalenz und laden zur kritischen Auseinandersetzung ein. Sie funktionieren als „Boundary Objects“ zwischen Expertise und Alltagserfahrung.

Besonders innovativ ist die Verbindung von Ausstellung und „Cooking the Future“-Workshops: Durch „essbare Toolboxen“ wird Zukunftsforschung buchstäblich verdaubar. Teilnehmende werden von passiven Rezipient:innen zu aktiven Co-Forschenden. Sie erschließen sich komplexe Zusammenhänge nicht nur kognitiv, sondern mit allen Sinnen. Diese Form der partizipativen Wissenschaftskommunikation eröffnet neue Wege der gesellschaftlichen Teilhabe an Forschung und Innovation. Sie zeigt, wie Design methodisch genutzt werden kann, wissenschaftliche Komplexität zugänglich zu machen. „Food Fictions“ demonstriert damit eindrücklich, wie Design als Brücke zwischen Wissenschaft und Gesellschaft fungieren kann – nicht als Vereinfachung, sondern als Ermöglichung echter Teilhabe an der Gestaltung unserer Zukunft (Abb. 1).

Abb. 1 Food-Fictions-Ausstellung im Museum für Naturkunde Berlin im Rahmen des Bio’nd-Projekts. (Foto: Fraunhofer IAO/Lynn Harles) und Cooking the Future: Essbare Workshop-Toolbox. (Foto: Fraunhofer IAO/Lynn Harles)

5.2 Die Neugestaltung unserer technologischen Zukunft: Shaping Future als Experiment kollektiver Intelligenz

In einer Zeit, in der technologische Entwicklungen zunehmend unser Leben prägen, stellt sich eine fundamentale Frage: Wer gestaltet eigentlich unsere technologische Zukunft? Das BMBF-geförderte Projekt „Shaping Future" (2012–2018) am Center for Responsible Research and Innovation (CeRRI) des Fraunhofer IAO verfolgte hier neue Ansätze: die Demokratisierung der Zukunftsgestaltung durch partizipatives Design.

Statt Technologieentwicklung als Fachaufgabe zu behandeln, entwickelte das interdisziplinäre Team einen methodischen Ansatz, der die künstliche Trennung zwischen Expert:innen und Gesellschaft durchbricht. In einer zweistufigen Intervention wurden 78 Menschen verschiedenster Hintergründe – vom zwölfjährigen Schüler bis zur 82-jährigen Rentnerin – zu aktiven Gestalter:innen ihrer technologischen Zukunft. In interaktiven Workshops entwickelten sie Ideen, wie sie im Jahr 2053 leben wollen. Mithilfe von Kreativitätsmethoden, Storytelling und Techniken aus der Designforschung entwickelten die Workshop- Teilnehmenden konkrete Lösungen für Szenarien im Jahr 2053. Dabei standen vier thematische Felder im Fokus: Gesundheit, Arbeit, soziale Beziehungen und nachhaltige Mobilität. Als relevantes Spannungsfeld erkannten die Teilnehmenden exemplarisch das Thema „Digitale Empathie". In narrativen Objekten wie dem „Feelborg", einem spekulativen Gerät zur Emotionsübertragung, oder dem „Bodymail"-Armband manifestierte sich ein fundamentales gesellschaftliches Bedürfnis, nämlich Technologie nicht als kaltes Werkzeug, sondern als Medium menschlicher Verbindung zu denken. Diese narrativen Objekte wurden von Designer:innen in spekulative Prototypen übersetzt und in einer öffentlichen Ausstellung zum Katalysator gesellschaftlicher Debatte. Über 3000 Besucher:innen engagierten sich mit diesen „Boundary Objects" – greifbaren Manifestationen möglicher Zukünfte, die weit über sprachliche Limitationen hinausgehen.

Die Kraft dieses Ansatzes liegt in der Verschränkung von „Making, Telling und Enacting". Wenn Menschen Zukunft nicht nur diskutieren, sondern auch aktiv materialisieren, entstehen neue Denkräume. Die begleitende sozialwissenschaftliche Forschung bestätigte: Der Übergang von abstraktem Denken zu konkretem Gestalten katalysiert Innovation (Heidingsfelder, 2018; Schraudner et al., 2017).

„Shaping Future" demonstriert damit eindrücklich das transformative Potenzial partizipativen Designs: Es schafft Räume kollektiver Intelligenz, in denen gesellschaftliche Bedürfnisse und technologische Entwicklung nicht länger getrennte Sphären sind, sondern in einen produktiven Dialog treten. Dies ist kein vereinfachter Partizipationsprozess, sondern eine fundamentale Neuausrichtung der Frage, wie wir als Gesellschaft unsere technologische Zukunft gestalten wollen (Abb. 2).

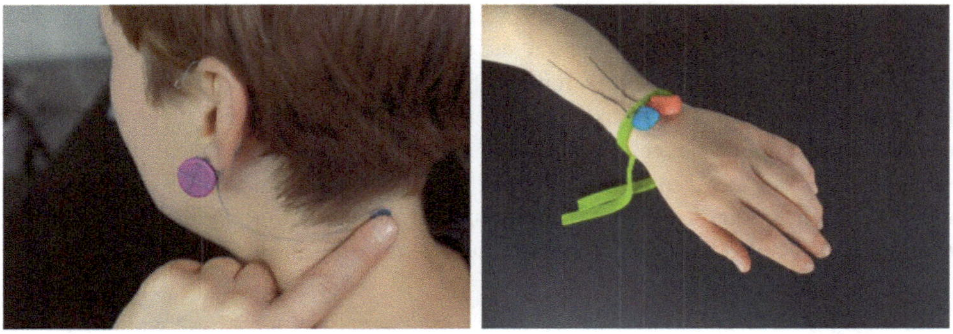

Abb. 2 Beispiele spekulativer Prototypen von Teilnehmenden im Rahmen der partizipativen Workshops. (Foto: Fraunhofer IAO)

6 Design als Medium demokratischer Zukunftsgestaltung: Eine kritische Reflexion

In einer Ära fundamentaler Unsicherheit offenbart sich Design als wirkungsvolles Werkzeug partizipativer Zukunftsgestaltung. Designbasiertes Denken verkörpert eine Haltung, die interdisziplinäre und praxisorientierte Ansätze demokratischer Wissensproduktion ermöglicht – weit über die bloße Verpackung von Information hinaus.

Boundary Objects als Vermittler
„Boundary Objects" fungieren in einer Doppelrolle: als Vermittler wissenschaftlicher Erkenntnis und als Katalysator gesellschaftlicher Bedürfnisartikulation. Projekte wie „Food Fictions" und „Shaping Future" zeigen, wie Design die Grenzen zwischen Expertise und gesellschaftlicher Erfahrung durchlässig macht.

Erweiterte Wissensproduktion
Damit entsteht eine erweiterte Form der Wissensproduktion, die den Herausforderungen postnormaler Wissenschaft begegnet. Der partizipative, transdisziplinäre Charakter schafft Räume kollektiver Intelligenz, in denen wissenschaftliche Erkenntnis und gesellschaftliche Erfahrung in produktiven Dialog treten.

Kritische Herausforderungen
Dieser transformative Ansatz wirft jedoch Fragen auf: Wie lassen sich lokale Erfolge in größere gesellschaftliche Kontexte übersetzen? Wie können initiierte Diskurse nachhaltige Wirkung entfalten? Welche Verantwortung tragen Designer:innen als Vermittler:innen zwischen Wissenssystemen?

Zukunftsperspektive
Die wahre Stärke partizipativer Ansätze aus der Designforschung liegt in der Fähigkeit, das Abstrakte und Unvorstellbare greifbar und verhandelbar zu machen, um nachhaltige Entscheidungen für uns und zukünftige Generationen zu treffen. In einer Zeit, in der technologische, politische, gesellschaftliche und ökologische Unvorhersehbarkeiten unseren Alltag sehr stark prägen und die Zukunft unplanbar scheint, bietet Design einen Weg, nicht nur Teilhabe an der Zukunftsgestaltung methodisch zu ermöglichen, sondern zu einem grundlegenden Werkzeug und Raum für Demokratie zu werden.

Literatur

Auger, J. (2013). Speculative design: Crafting the speculation. *Digital Creativity, 24*(1), 11–35. https://doi.org/10.1080/14626268.2013.767276

Augsten, A., & Harles, L. (2024). *Fostering Design Research Labs for Public Sector Innovation.* DRS Biennial Conference Series. https://dl.designresearchsociety.org/drs-conference-papers/drs2024/researchpapers/166

Binder, T., De Michelis, G., Ehn, P., Jacucci, G., Linde, P., & Wagner, I. (2011). *Design things.* MIT Press.

Bleecker, J., Foster, N., Girardin, F., Nova, N., Frey, C., & Pittmann, P. (2022). *The manual of design fiction.* Near Future Laboratory.

Bleecker, J. (2009). *Design fiction: A short essay on design, science, fact and fiction. Near Future Laboratory.* https://blog.nearfuturelaboratory.com/2009/03/17/design-fiction-ashort-essay-on-design-science-fact-and-fiction/

Bowen, S. J. (2009). *A critical artefact methodology: Using provocative conceptual designs to foster human-centred innovation.* [Dissertation, Sheffield Hallam University]. https://shura.shu.ac.uk/3216/

Dunne, A., & Raby, F. (2013). *Speculative everything: Design, fiction, and social dreaming.* MIT Press.

Funtowicz, S. O., & Ravetz, J. R. (1993). Science for the post-normal age. *Futures, 25*(7), 739–755. https://doi.org/10.1016/0016-3287(93)90022-L

Gibbons, M., Limoges, C., Nowotny, H., Schwartzman, S., Scott, P., & Trow, M. (1994). *The new production of knowledge: The dynamics of science and research in contemporary societies.* Sage.

Harles, L., & Heidingsfelder, M. L. (2021). From fact to artifact: A new approach to ethical responsibility in discursive and speculative design practices for public engagement in science. In M. Botta & S. Junginger (Hrsg.), *Design as common good: Framing design through pluralism and social values. Swiss Design Network Symposium 2021, Conference Proceedings.* (S. 806–820). University of Applied Sciences and Arts of Southern Switzerland.

Heidingsfelder, M. (2018). *Zukunft gestalten Design Fiction als Methode für partizipative Foresight-Prozesse und bidirektionale Wissenschaftskommunikation.* Universität der Künste Berlin. https://opus4.kobv.de/opus4-udk/frontdoor/index/index/docId/1157

Heidingsfelder, M. L., Kaiser, S., Kimpel, K., Schraudner, M., Fraunhofer-Institut für Arbeitswirtschaft und Organisation, & Fraunhofer Center for Responsible Research and Innovation. (Hrsg.). (2017). *Shaping Future – Neue Methoden für Partizipation in Forschung und Innovation.* Fraunhofer Verlag.

Heidingsfelder, M. L., Bitter, F., & Ullrich, R. (2019). Debate through design. Incorporating contrary views on new and emerging technologies. *The Design Journal, 22*(sup1), 723–735. https://doi.org/10.1080/14606925.2019.1603658

Kimpel, K. (2016). Design prototyping for research planning and technological development. In C. Gengnagel, E. Nagy, & R. Stark (Hrsg.), *Rethink! Prototyping: Transdisciplinary concepts of prototyping* (S. 23–35). Springer. https://doi.org/10.1007/978-3-319-24439-6_2

Kirby, D. A. (2010). The future is now: Diegetic prototypes and the role of popular films in generating real-world technological development. *Social Studies of Science, 40*(1), 41–70. https://doi.org/10.1177/0306312709338325

Malpass, M. (2013). Between wit and reason: Defining associative, speculative, and critical design in practice. *The Journal of the Design Studies Forum, 5*(3), 333–356 https://www.tandfonline.com/doi/abs/10.2752/175470813X13705953612200

Mareis, C. (Hrsg.). (2010). *Entwerfen-Wissen-Produzieren: Designforschung im Anwendungskontext* [Konferenz „Entwerfen. Wissen. Produzieren"]. Transcript.

Mareis, C. (2011). *Design als Wissenskultur: Interferenzen zwischen Design- und Wissensdiskursen seit 1960*. transcript. https://doi.org/10.1515/transcript.9783839415887

Mucha, H., Correia de Barros, A., Benjamin, J., Benzmüller, C., Bischof, A., Buchmüller, S., de Carvalho, A., Dhungel, A., Draude, C., Fleck, M., Jarke, J., Klein, S., Kortekaas, C., Kurze, A., Linke, D., Maas, F., Marsden, N., Melo, R., Michel, S., et al. (2022). Collaborative speculations on future themes for participatory design in Germany. *i-com, 21*(2), 283–298. https://doi.org/10.1515/icom-2021-0030

Nowotny, H., Scott, P., & Gibbons, M. (2004). *Wissenschaft neu denken: Wissen und Öffentlichkeit in einem Zeitalter der Ungewißheit* (U. Opolka, Übers.). Velbrück Wissenschaft.

Schraudner, M., Kaiser, S., Heidingsfelder, M., Kimpel, K., Schütz, F., Last, G., Ullrich, R., Riedel, S., Blos, V., Grießler, E., Gudowsky, N., Zeller, L., Schmeer, J., Haupt, J., & Mehnert, W. (Hrsg.). (2017). *Shaping Future: Neue Methoden für Partizipation in Forschung und Innovation*. Fraunhofer Verlag.

Schäffner, W. (2010). The Design Turn Eine wissenschaftliche Revolution im Geiste der Gestaltung. In C. Mareis, G. Joost, & K. Kimpel (Hrsg.), *Entwerfen – Wissen – Produzieren* (S. 33–46). transcript. https://doi.org/10.1515/transcript.9783839414637.33

Star, S. L., & Griesemer, J. R. (1989). Institutional ecology, ‚translations' and boundary objects: Amateurs and professionals in Berkeley's Museum of Vertebrate Zoology, 1907–1939. *Social Studies of Science, 19*(3), 387–420. https://doi.org/10.1177/030631289019003001

Tharp, B. M., & Tharp, S. M. (2018). *Discursive design: Critical, speculative, and alternative things*. MIT Press.

Wagner, K. M., & Scheuermann, A. (2025). *Was kann Design denn schon ausrichten?* [Design for Democracy – Reader: Auf dem Weg zur World Design Capital Frankfurt RheinMain 2026]. avedition.

Lynn Harles is a design researcher in the „Transformation Design" research group at HSLU. She worked on participatory projects at the Fraunhofer Institute and the MfN Berlin.

Dr. Marie-Lena Heidingsfelder leitet am Fraunhofer Center for Responsible Research and Innovation (IAO) das Team „CoDesign und Transferstrategien".

Responsible Research and Innovation

Julia Backhaus, Simone Kaiser und Norbert Steinhaus

1 Einleitung

Responsible Research and Innovation (RRI) ist ein Rahmenkonzept, das sich in den letzten Jahren als bedeutende Perspektive für die Organisation und Orientierung, kurz: die Governance von Forschung und Innovation etabliert hat (von Schomberg et al., 2021). Ursprünglich entwickelt, um Innovationsprozesse stärker an gesellschaftlichen Bedürfnissen und Werten auszurichten, hat sich RRI in diverse Beteiligungsformate und Forschungstraditionen übertragen – und umgekehrt von konzeptuellen und methodischen Vorarbeiten in verschiedenen Forschungstraditionen profitiert. Beispielsweise in Feldern wie Citizen Science, Reallaborforschung, transformative Nachhaltigkeitsforschung oder Open Science spiegeln sich zentrale Elemente von RRI wider. Zugleich blickt die partizipative Gesundheitsforschung auf eine weitaus längere Tradition zurück. Dabei ist RRI keine Methode, sondern ein normatives Konzept, das Fragen der Demokratisierung und Deliberation in Forschungs- und Innovationsprozessen aufwirft.

Mit diesem Beitrag geben die Autor:innen eine literaturbasierte Einführung in ihr Verständnis und die zentralen Dimensionen von RRI. Durch den Fokus auf wichtige Entwicklungen, vor allem im Hinblick auf die Stärkung partizipativer Formate und Methoden, sowie auf Potenziale und Hindernisse bezüglich der praktischen Anwendung von und

J. Backhaus (✉)
RWTH Aachen University, Human Technology Center, Living Labs Incubator, Aachen, Deutschland
E-Mail: julia.backhaus@humtec.rwth-aachen.de

S. Kaiser
Fraunhofer IAO, Center for Responsible Research and Innovation, Berlin, Deutschland

N. Steinhaus
Wissenschaftsladen Bonn e.V., Bonn, Deutschland

S. Voigt-Heucke et al., *Praxishandbuch Partizipation in der Wissenschaft*,
https://doi.org/10.1007/978-3-658-51093-0_21

Orientierung an RRI, ergibt sich eine strukturierte Zusammenschau, aber keine systematische Übersicht. Zudem werden die Relevanz und mögliche Anwendung des Konzepts anhand drei ausgewählter Best-Practice-Beispiele veranschaulicht.

2 Ein kurzer Überblick zur Entwicklung von RRI

Die Europäische Union betont seit mehr als zwei Jahrzehnten die Bedeutung der Beteiligung von Bürger:innen an der Politikgestaltung und der technischen Entwicklung. Die Forderung nach einer stärkeren Beteiligung erstreckte sich auch auf die Politik im Bereich Forschung und Innovation (FuI). Seit Ende der 1990er-Jahre unterstützt die Europäische Kommission (EC) daher in ihren aufeinanderfolgenden „Forschungsrahmenprogrammen für Forschung und technologische Entwicklung“ (RP) Forschungs-, Innovations- und Koordinierungsaktivitäten, die auf eine bessere Abstimmung von Wissenschaft und Gesellschaft bei Forschungsthemen und -prozessen abzielen. Bereits im RP5 (1998–2002), mit der Förderlinie „Ethische, rechtliche und soziale Aspekte“ (ELSA), setzte die EC erste Eckpfeiler für eine Forschung, die sich an Bedürfnissen der Zivilgesellschaft orientierte. Zwischen 2002 und 2007 im RP6 und von 2007 bis 2013 im RP7 führte sie mit den aufeinanderfolgenden Förderlinien „Wissenschaft und Gesellschaft“ sowie „Wissenschaft in der Gesellschaft“ die Unterstützung beteiligungsorientierter Projekte fort. Zum Ende des RP7 im Jahr 2012 hat die Kommission mit dem konzeptionellen Rahmen „Responsible Research and Innovation: Europe’s ability to respond to societal challenges“ [Verantwortungsvolle Forschung und Innovation: Europas Fähigkeit zur Bewältigung gesellschaftlicher Herausforderungen] den Grundstein für ihr Forschungs- und Innovationsförderungsprogramm „Horizont 2020“ und die Förderlinie „Wissenschaft mit der und für die Gesellschaft“ (SwafS) gelegt (Griessler et al., 2023). Als Querschnittsthema ließ sich RRI in allen Themen und Förderschwerpunkten der EC-Forschungsrahmenprogramme wiederfinden.

Der RRI-Ansatz sollte die potenziellen Auswirkungen und gesellschaftlichen Erwartungen in Bezug auf FuI antizipieren und bewerten. Verantwortungsbewusste FuI setzt seitdem voraus, dass alle gesellschaftlichen Akteur:innen (Forscher:innen, Bürger:innen, Entscheidungsträger:innen aus der Politik, Unternehmen, Organisationen des dritten Sektors usw.) während des gesamten Forschungs- und Innovationsprozesses zusammenarbeiten. Das gesetzte Ziel ist, sowohl den Prozess selbst als auch dessen Ergebnisse besser auf die Werte, Bedürfnisse und Ziele der Gesellschaft abzustimmen. In der Praxis wird RRI als Paket verstanden, das ein umfassendes öffentliches Engagement (Partizipation) in FuI beinhaltet und einen leichteren Zugang zu wissenschaftlichen Ergebnissen ermöglicht. Verbunden mit einem Good-Governance-Anspruch werden in diesem Paket sowohl Gender als auch ethische Aspekte, aber auch Möglichkeiten einer formellen und informellen wissenschaftlichen Bildung in Inhalten und Prozessen berücksichtigt.

RRI bedeutet, FuI-Prozesse in ihrem Design und ihrer Ausgestaltung neu zu denken. RRI setzt sich dafür ein, dass in einer hochtechnologischen Welt alle relevanten Stakeholder:innen Innovationsprozesse mitgestalten können. So lassen sich potenzielle Fehler und Risiken besser antizipieren, anstatt Entscheidungen allein Forschenden oder Entwickelnden zu überlassen. Auf diese Weise soll die demokratische Entwicklung von FuI gestärkt werden.

Die gemeinsame Erklärung der Teilnehmenden und Organisierenden der Konferenz „Wissenschaft, Innovation und Gesellschaft: Verantwortungsvolle Forschung und Innovation" im November 2014, die unter der Schirmherrschaft des italienischen Ratsvorsitzes in Rom abgefasst wurde, hebt ein frühzeitiges und kontinuierliches Engagement aller Beteiligten für eine nachhaltige, wünschenswerte und akzeptable Innovation als unabdingbar hervor (European Commission, 2014).

2.1 Von Triple-Helix- zu Quintuple-Helix-Interaktionen

In den aus der Erklärung abgeleiteten Rahmenbedingungen für eine Forschungsförderung beschränken sich die Innovationsquellen nun nicht mehr auf die Interaktion zwischen Universität, Industrie und Regierung (Triple Helix), sondern sind heterogener und sozial verteilter. Die sogenannte Quadruple-Helix fügt früheren Modellen „Zivilgesellschaft und Medien- und kulturbasierte Öffentlichkeit" hinzu. Dahinter steht das Verständnis, dass Innovation sich im 21. Jahrhundert nur mit zusätzlichen Perspektiven werte- und zielorientiert entwickeln lassen und entfalten kann. In der Tat gestaltet und verändert ein verstärkter demokratisch orientierter Forschungsansatz unsere Innovationsbedingungen (Cavallini et al., 2016). Die EC hat 2009 den sozial-ökologischen Wandel als eine der größten Herausforderungen für den künftigen Entwicklungsfahrplan identifiziert. Im Rahmen des Quintuple-Helix-Innovationsmodells werden die natürlichen Umgebungen der Gesellschaft und der Wirtschaft als Triebkräfte für Wissensproduktion und Innovation betrachtet, wodurch Chancen, aber auch Grenzen für ein wissensbasiertes Wirtschaftssystem definiert werden. Die konzeptuelle Definition der Fünffachhelix inspiriert die Schaffung von Win-win-Situationen zwischen Ökologie, Wissen und Innovation und somit von Synergien zwischen Wirtschaft, Gesellschaft und Demokratie (Carayannis et al., 2012). Diese synergetische und ganzheitliche Sicht auf Innovationsprozesse bildet auch die Grundlage für das RRI-Konzept.

2.2 Die RRI-Prozessdimensionen

RRI bezieht sich auf sechs Politikfelder: Wissenschaftliche Bildung, Public Engagement, Ethik, Gender-Dimension, Open Access und Governance. Dabei werden für das Design und die Ausgestaltung von FuI-Prozessen Anforderungen in vier integrierten Dimensionen beschrieben (siehe Abb. 1): Antizipation (Vision der Zukunft), Reflexivität (Lernen und Reflexion), Inklusion (Einbeziehung eines breiten Spektrums von Interessengruppen wie Nutzenden, Zivilgesellschaft, Industrie und Unternehmen usw.) und gegenseitige Respon-

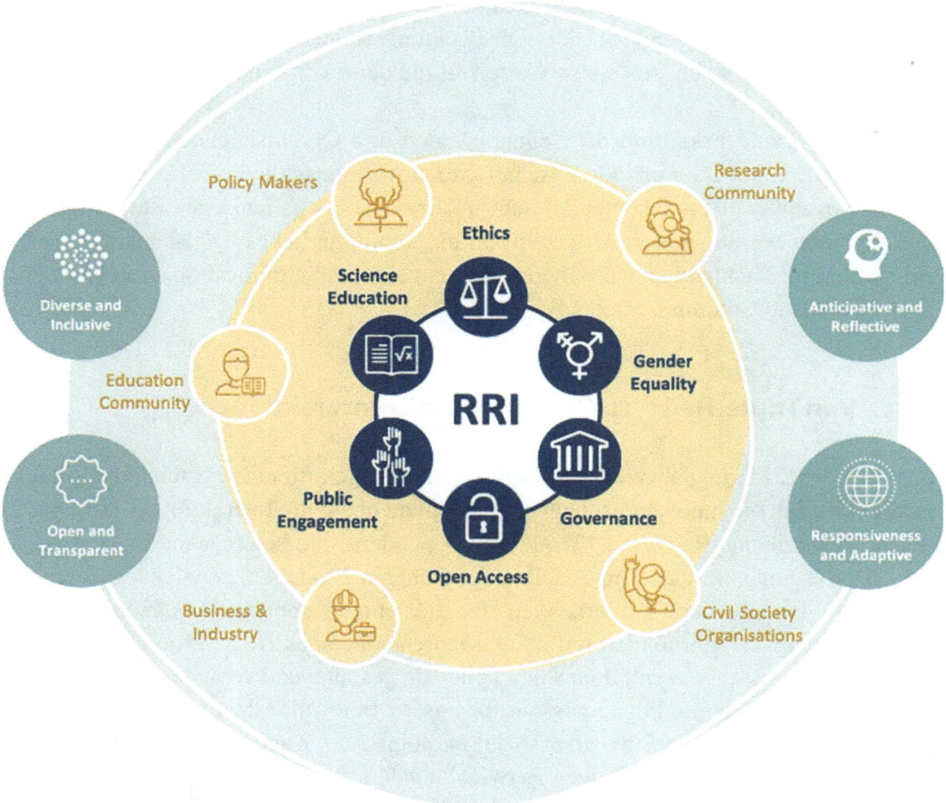

Abb. 1 RRI Policy Fields and Process Requirements. (Berg-Postweiler et al., 2024)

sivität (Reaktion auf neu entstehendes Wissen, Perspektiven, Ansichten und Normen). Im Kern betont das Konzept RRI vor allem Vielfalt, Offenheit, Transparenz und adaptiven Wandel in FuI-Abläufen, um eine Orientierung an gesellschaftlichen Zielen und Werten zu ermöglichen.

2.3 Open Science, Open Innovation und Open to the World

Diese „drei O" benannte Carlos Moedas, 2014–2019 EU-Kommissar für Forschung, Wissenschaft und Innovation, 2015 in einer Rede als politische Ziele. Mit diesem Versuch, den sperrigen, schwierig zu vermittelnden Begriff RRI praxistauglicher zu machen, sorgte er insofern aber für viel Unruhe in der wachsenden RRI-Community, als befürchtet wurde, dass wichtige normative und ethische Aspekte von RRI verwässert oder zu stark vereinfacht würden. Aufgrund der Zugängig- und Eingängigkeit dieser konzeptuellen Formulierung lohnt sich ein detaillierterer Blick auf den Vorschlag.

Open Science basiert auf der Idee, wissenschaftliche Erkenntnisse aller Art so früh wie möglich im Forschungsprozess offen zu teilen und andere Wissens- und Entscheidungsträger:innen am Prozess der Wissensproduktion zu beteiligen. Dazu gehören Open Access zu Publikationen und Daten, Open Methods und Open Source, Open Evaluation, offene Infrastrukturen, offene Bildungsressourcen und Citizen Science. Open Innovation ist ein verwandtes Konzept, das darauf abzielt, den Innovationsprozess disziplinübergreifend und transdisziplinär zu öffnen, damit Wissen freier zirkulieren und in an gesellschaftlichen Bedarfen orientierte Produkte und Dienstleistungen umgewandelt werden kann. Open to the World ist mit den Konzepten der Reproduzierbarkeit, der Transparenz und der internationalen Zusammenarbeit verbunden und gilt als Möglichkeit, die Gesellschaft so früh wie möglich an Zielen, Ergebnissen und Herausforderungen teilhaben zu lassen (European Commission, 2015).

Open Science wird unter Wissenschaftler:innen bisweilen immer noch auf Open Access, also den freien Zugang zu Daten und Veröffentlichungen, reduziert. Dennoch haben sich Citizen Science als partizipativer Forschungsansatz, Co-Creation als methodischer Ansatz und der Multi-Actor Approach, beispielsweise in Reallaboren, behaupten können – auch wenn dies nicht zwingend unter dem Dachkonzept RRI vollzogen wird. So erfordert und forciert das aktuelle RP „Horizont Europa“ ein frühzeitiges und kontinuierliches Engagement aller Beteiligten, um den zuvor im RRI-Konzept formulierten Ansprüchen von Antizipation, Reflexivität und Responsivität angemessenen Raum zu verschaffen.

3 RRI und Partizipation

Mit dem konzeptionellen Rahmen RRI verband sich von Anfang an der Anspruch, Wissenschaft und Innovationen nicht nur in und für die Gesellschaft umzusetzen, sondern vor allem mit der Gesellschaft (Owen et al., 2012). Für die EC war „Engagement of all societal actors – researchers, industry, policy makers and civil society“ die erste von insgesamt sechs Säulen für RRI (European Commission, 2014) und auch Stilgoe et al. (2013) benannten „inclusion“ als eine der vier zentralen Prozessdimensionen von RRI (s. Abb. 1). Sowohl für die Integration des Konzepts im Rahmen der Europäischen Forschungsförderung in „Horizont 2020“ als auch für Forscher:innen und Praktiker:innen, die Forschungs- und Innovationsprozesse verantwortlich umsetzen, begleiten oder planen, ist Partizipation damit zentrales (Qualitäts-)Kriterium.

Partizipation im Kontext von FuI kann mit ganz unterschiedlichen Zielstellungen umgesetzt werden. Dabei werden typischerweise funktionale Zielstellungen („bessere Innovationen“) von prozessualen Zielstellungen (kollektive Aushandlung und Entscheidungsfindung) und politischen Zielstellungen (gesellschaftliche Transformation und Fortschritt) unterschieden (bspw. Ficrino, 1990; Reynolds et al., 2022; Stirling, 2006). Unabhängig von der Zielstellung ist eine hohe gesellschaftliche Akzeptanz neuer Lösungen und Innovationen entscheidend – auch wenn die Wege dorthin variieren. So wird Akzeptanz in funktional orientierten Partizipationsprozessen über eine bessere Ergebnisqualität, bei prozessual orientierten Partizipationsprozessen über den transparenten und nachvollziehbaren Verlauf und bei politisch-normativ orientierten Partizipationsprozessen über Machtdiffusion und die Beteiligung eher wenig gehörter Gruppen und Perspektiven erreicht. In dieser idealtypischen Kontrastierung und Zuspitzung wäre Partizipation im Kontext von RRI – mit seiner Betonung der Prozessdimension (Stilgoe et al., 2013) – vor allem den prozessual orientierten Partizipationsprozessen zuzuordnen, wenngleich sich in der Praxis die oben genannten Zielstellungen und Motivationen in RRI-Projekten häufig mischen. Da sie in der Regel mit unterschiedlichen Forschungstraditionen verbunden sind, müssen diese unterschiedlichen Zielstellungen und die damit verbundenen methodischen Herangehensweisen auch nicht im Widerspruch zueinanderstehen. Sie können in konkreten Projekten miteinander verbunden werden (Kaiser et al., 2024) und mit Blick auf die Weiterentwicklung von konkreten Vorgehensweisen und Methoden auch voneinander profitieren (Warnke et al., 2023).

Engagement – also Partizipation – im Kontext von RRI bedeutet für die EC, „that societal actors work together during the whole research and innovation process in order to better align both the process and its outcomes, with the values, needs and expectations of European society" (European Commission, 2012). Vor dem Hintergrund dieser Definition und anhand der Erfahrungen mit der Umsetzung konkreter RRI-Projekte lassen sich folgende spezifische Anforderungen an Partizipation im Kontext von RRI formulieren:

- Einbezug der (un)organisierten Zivilgesellschaft,
- Einbezug möglichst vieler unterschiedlicher Interessengruppen und Perspektiven,
- Partizipation in allen Phasen des FuI-Prozesses,
- frühzeitige Partizipation im Innovationsprozess, um möglichst viel Diskussions- und Verhandlungsspielräume zu erschließen,
- Verständnis von Partizipation als bidirektionalen Prozess, dessen Ergebnisse für den FuI-Prozess nutzbar gemacht werden sollten, und
- Partizipationsprozesse können von Politik, Wissenschaft und Wirtschaft initiiert und der Zivilgesellschaft gefordert werden.

3.1 RRI – Potenziale und Herausforderungen

Partizipation und eine daraus resultierende Demokratisierung von FuI-Prozessen stellen das zentrale Anliegen und das Potenzial des RRI-Ansatzes dar. Während die traditionelle Sichtweise auf FuI-Politik eine strikte Arbeitsteilung zwischen Wissenschaft und Gesellschaft betonte, stellt RRI dies infrage, indem anerkannt wird, dass Wissenschaft nicht wertfrei ist und die Öffentlichkeit für die Ausrichtung und Vorgehensweise von Forschung eine Rolle spielen kann und sollte. Die Integration von RRI in FuI-Politik und -Prozesse wird daher zumeist als entscheidend angesehen, um sogenannte sozial robuste, also gewünschte und somit akzeptable Auswirkungen zu erzielen und unbeabsichtigte negative Folgen zu verringern (Nieminen et al., 2024).

3.2 Potenziale und Herausforderungen für den Einbezug gesellschaftlicher Akteur:innen

Ein großes Potenzial von RRI liegt demnach darin, den politischen Charakter von Wissenschaft und Technologie explizit zu machen. Zugleich bestehen die größten Herausforderungen darin, verschiedene Gruppen von Akteur:innen und Perspektiven möglichst früh, durchgängig und direkt oder repräsentativ einzubinden und somit eine eingeladene Partizipation und wechselseitige Interaktion zu ermöglichen und ethische Perspektiven angemessen zu berücksichtigen (Bauer et al., 2021).

Besonders bei neueren Technologien, wie beispielsweise Biotechnologie oder künstlicher Intelligenz (KI), sind große Herausforderungen zu bewältigen, um mögliche Auswirkungen zu antizipieren und rechtliche Rahmenbedingungen entsprechend zu gestalten. Die Einbindung von Zivilgesellschaft wird als Schlüsselelement betrachtet, um Vertrauen in Innovation und Wissenschaft zu stärken (Kania & Bucksch, 2020). Die EC hat daher Maßnahmen wie einen Verhaltenskodex für die Einbeziehung der Bürger:innen in die Verwertung von Wissen eingeführt und plant europaweite Bürgerwissenschaftskampagnen mit unterschiedlichen Formaten, beispielsweise Hackathons als zeitlich begrenzte, kollaborative Veranstaltungsformate, bei denen interdisziplinäre Teams gemeinsam an innovativen Lösungen für konkrete Herausforderungen arbeiten (European Commission, 2024).

3.3 Potenziale und Herausforderungen für RRI in Unternehmen

Wenn Unternehmen Innovationen entwickeln, wirken verschiedene Faktoren. Einerseits geht es darum, gesellschaftliche Herausforderungen zu bewältigen und sich als verantwortungsbewusst zu positionieren. Zugleich wirken äußere Einflüsse wie gesetzliche Vorgaben oder Erwartungen von Verbraucher:innen und Behörden als treibende Kräfte. Nicht zuletzt wegen ihres unmittelbaren Angebots von Produkten oder Dienstleistungen an Nutzende oder Verbraucher:innen spielen auch Unternehmen eine wichtige Rolle in FuI-Systemen und somit eine Schlüsselrolle für RRI. Dabei können sie Strategien entwickeln, die gesellschaftliche Bedarfe besser berücksichtigen (Lakin & Scheubel, 2014).

Allerdings bestehen auch Hindernisse: Unternehmen müssen wirtschaftlich arbeiten und häufig fehlen die nötigen Ressourcen, um Innovationen umfänglich im Quintuple Helix Ansatz und somit in enger Zusammenarbeit mit Akteur:innen aus anderen gesellschaftlichen Bereichen und einem starken Fokus auf nachhaltige Entwicklung zu gestalten. Zudem spielen ethische Überlegungen in vielen Organisationen und Strukturen eine untergeordnete Rolle (Li et al., 2023). Insgesamt haben Unternehmen RRI-Prinzipien daher eher verhalten angenommen und umgesetzt.

Zugleich werden in der Praxis manche Prinzipien angewendet, ohne dass explizit auf RRI Bezug genommen wird, was in der Fachliteratur als „de facto RRI“ bezeichnet wird (Randles et al., 2024). Der Nutzung von RRI-Prinzipien, um Verantwortung als Geschäftsstrategie, Business Case und Entscheidungsunterstützungssystem zu etablieren, wird daher Potenzial zugesprochen. Demzufolge besteht Bedarf an verstärktem Informations- und Ressourcenaustausch zwischen RRI-Akteur:innen und Industrie-Akteur:innen sowie an Planungsunterstützung für die Umsetzung und Überwachung durch praxisorientierte Rahmenbedingungen oder Instrumente wie Roadmaps oder Leistungsindikatoren bzw. Key Performance Indicators. Dabei kann RRI-inspiriertes Wissensmanagement ein praktikabler Weg und wesentlicher Grundsatz sein (Martinuzzi et al., 2018).

Beispiele, wie Werteorientierung systemisch auch im Unternehmertum gefördert werden kann, finden sich im Bereich der nachhaltigen Entwicklung. So wurden zwecks Environmental, Social and Governance Reporting (ESG Reporting) diverse Indexe entwickelt, die helfen sollen, nachhaltiges Wachstum zu unterstützen (Gaurav & Aman, 2022). Zudem greift seit Anfang 2024 die Corporate Sustainability Reporting Directive (CSRD), eine EU-Richtlinie zur Unternehmens-Nachhaltigkeitsberichterstattung, zunächst für Unternehmen von öffentlichem Interesse mit mehr als 500 Mitarbeitenden, wobei der Kreis der berichtspflichtigen Unternehmen sukzessive erweitert werden wird (CSR in Deutschland o. J.).

3.4 Partizipation zwischen demokratiepolitischer Herausforderung und Chance

Wirtschaftliche Überlegungen sind aber nicht die einzigen Hürden für partizipative Forschungsprozesse. Einige Interessengruppen begnügen sich mit dem Status quo oder bezweifeln Änderungsmöglichkeiten. Zivilgesellschaftliche Organisationen (ZGO) betrachten das gewinnorientierte Denken von Unternehmen häufig als anstößig, während sich Unternehmen und Industrievertreter:innen über mangelndes Verständnis für ihre Ziele und die Kompliziertheit von RRI als Konzept und Praxis beschweren. Jedoch: ZGO können – genau wie alle anderen Interessengruppen – vielfältige Kompetenzen in FuI-Prozesse einbringen. Sie vergrößern den Pool guter Ideen, vermitteln zusätzliches Wissen und erhöhen damit das Innovationspotenzial. Insbesondere können ZGO eine Art „Reality Check“ übernehmen, der Relevanz und Kompatibilität von FuI-Prozessen sowie entsprechende Überlegungen und Ergebnisse – auch schon in frühen Stadien – überprüft (Steinhaus, 2019).

Die Öffnung bzw. Demokratisierung von FuI ist mit Herausforderungen verbunden. Obwohl das Ziel darin besteht, Bürger:innen zur Mitgestaltung zu ermächtigen, kann die Öffnung von Entwicklungs- und Entscheidungsprozessen auch dazu führen, bestimmte politische Interessen zu fördern. Individuen oder Interessengruppen könnten Prozesse unterwandern oder manipulieren, um ihre eigene Agenda voranzutreiben, und somit die Integrität der Wissenschaft sowie die Orientierung von FuI an demokratisch-freiheitlichen Werten gefährden. Daher kann es gerechtfertigt sein, den Ansichten der Öffentlichkeit auch nicht zu folgen. Die größte Herausforderung besteht daher darin, insofern ein Gleichgewicht zwischen der Einbindung der Öffentlichkeit und der Aufrechterhaltung der wissenschaftlichen Autonomie zu finden, als diese beiden Konzepte durchaus im Konflikt stehen können (Kurtulmuş, 2022; Schroeder, 2022).

4 Ausblick

Trotz der langen Tradition von Förderaktivitäten zum Thema verläuft die Institutionalisierung von RRI in der EU alles andere als geradlinig. Im Gegenteil: Im aktuellen Forschungsrahmenprogramm „Horizont Europe“ (HEU), das von 2021 bis 2027 läuft, ist das Konzept fast vollständig aus den grundlegenden Rechtstexten verschwunden und wird auch nicht mehr als Querschnittsthema erwähnt (Meier & Byland, 2020). Darüber hinaus gibt es im Gegensatz zum vorherigen Förderprogramm „Horizont 2020“ weder eine eigenständige Förderlinie zum Thema noch eine separate politische Einheit für dessen Umsetzung. Allerdings sind die zentralen Teilaspekte von RRI, wie Partizipation, Gender Equality, Research Ethics oder Science Education, in viele aktuelle Ausschreibungen als fest geforderte Qualitätskriterien für Projekte übernommen worden (European Commission, 2023). RRI wird demnach auf EU-Ebene weiter als bedeutendes Konzept anerkannt. Dem Wunsch nach breit aufgestellter Partizipation in Forschungsprozessen wird derzeit durch die Konzepte des Open Access, der Open Science und des Multi-Actor Approach Nachdruck verliehen.

Die Komplexität von RRI in Theorie und Praxis wird durch die strategische Fokussierung auf Teilaspekte oder durch Konzentration auf Implementierung und Institutionalisierung, beispielsweise partizipativer Ansätze auf organisationaler oder territorialer Ebene, weiterverfolgt. Im aktuellen EU-Forschungsrahmenprogramm HEU ist eine aktive Beteiligung der Zivilgesellschaft im Leitprinzip „Offene Wissenschaft“ als fester Bestandteil des Programms und seiner Forschungsmissionen verankert. Auch wenn Open Science (viel) mehr als die Bereitstellung von Forschungsdaten oder -ergebnissen durch Open Access ist, so ist Letzteres doch bereits ein wichtiger Aspekt, den Hochschul- und Forschungseinrichtungen strategisch im Kollektiv verfolgen könnten, um RRI zu praktizieren und zu implementieren. Praxisnetzwerke für Austausch, Reflexion und Training oder Citizen Science und Service Learning können hier als Katalysatoren für eine verantwortungsvolle Forschung und Innovation wirken. Wertvoll wäre eine Fokussierung auf die Institutionalisierung und gelebte Praxis von RRI; dies aber weniger durch weitere Tools, Checklisten und Handreichungen, sondern durch praktisches Experimentieren mit institutionellem Wandel. Das heißt, es braucht mehr Projekte, die aktiv RRI betreiben.

Wichtige Aspekte sind und bleiben daher ethische Standards und soziale Verantwortung – auch in der Vermittlung wissenschaftlichen Arbeitens. Die Next Generation Scientists müssen nicht nur wissenschaftlich kompetent sein, sondern auch die Auswirkungen ihrer Arbeit auf die Gesellschaft und die Umwelt sorgfältig berücksichtigen. Dies erfordert ein Bewusstsein für die ethischen Implikationen von FuI, die Bereitschaft, sich aktiv für eine nachhaltige und verantwortungsvolle Wissenschaft einzusetzen (Beninson & Daniels, 2018) sowie institutionelle Settings, die verantwortungsvolle Wissensproduktion und nachhaltige Entwicklung unterstützen und einfordern. Dabei ist eine der wichtigsten Eigenschaften dieser Next Generation Scientists ihre Fähigkeit zur inter- und transdisziplinären Zusammenarbeit. Gesellschaftliche Herausforderungen und wissenschaftliche Entwicklungen erfordern ein breites Spektrum an Fachkenntnissen und die Fähigkeit, über traditionelle Fach- und Organisationsgrenzen hinweg zu arbeiten. Dies erfordert nicht nur ein Verständnis für verschiedene wissenschaftliche Disziplinen, sondern auch eine Offenheit für neue Ideen und Herangehensweisen (OECD, 2018).

Ansätze hierfür gibt es in den Bürgerwissenschaften (Citizen Science), dem Service Learning, einem Lehr- und Lernformat, das Bildung mit gesellschaftlichem Engagement verbindet, und der Arbeit der Wissenschaftsläden, die als Vermittlungsstellen zwischen Wissenschaft und Gesellschaft lokale Fragestellungen gemeinsam mit Bürger:innen wissenschaftlich bearbeiten. Hervorzuheben wäre der Ansatz des Community-Engaged Research and Learning (CERL), in dem Studierende mit Partner:innen aus der Gesellschaft innerhalb des Lehrplans an gemeinsam definierten, realen Projekten zum gegenseitigen Nutzen arbeiten. Wichtiger Bestandteil einer erfolgreichen, breit aufgestellten Umsetzung ist aber nicht nur, Studierende für ihren Einsatz mit der und für die Community vorzubereiten, sondern auch dem Lehrpersonal Handreichungen, Training und Unterstützung anzubieten, um den Next Generation Scientists partizipative, verantwortungsvolle FuI zu vermitteln.

5 Best-Practice-Beispiele

Das Projekt EnRRICH (Enhancing Responsible Research and Innovation through Curricula in Higher Education) wurde entwickelt, um RRI in die Lehrpläne der Hochschulbildung einzubetten. Der Schwerpunkt lag darauf, die Kapazitäten von Studierenden und Mitarbeitenden in der Hochschulbildung aufzubauen, um ihr Wissen und ihre Fähigkeiten für RRI zu entwickeln. Mit der Expertise der Wissenschaftsläden konzentrierte sich das Projekt darauf, auf den Forschungsbedarf der Gesellschaft zu reagieren, wie er von ZGO geäußert wird. In der ersten Phase des Projekts wurde eine Reihe vielversprechender Praktiken identifiziert, bei denen Elemente von RRI bereits in akademische Lehrpläne aus verschiedenen Ländern und Fachbereichen eingebettet waren. Basierend auf diesen Praktiken wurde ein Tool entwickelt, das Pädagog:innen bei der (Neu-)Gestaltung von Curricula für RRI unterstützt. Ausgehend von diesem Scoping führten die Projektbeteiligten Pilotprojekte durch, in denen sie Methoden zur Einbettung von RRI in die Lehrpläne ihrer eigenen Institutionen erprobten. Dies führte zu über 120 Pilotprojekten mit fast 6000 Studierenden und 230 ZGO. Insgesamt wurden 79 Kurse oder Programme mit RRI-Bezug von zehn Institutionen in verschiedenen Disziplinen angeboten (https://cordis.europa.eu/project/id/665759/reporting/de).

Das Projekt TeRRIFICA (Territorial Responsible Research and Innovation Fostering Innovative Climate Change Action) wurde im Förderrahmenprogramm „Horizont 2020“ von der EC gefördert. TeRRIFICA zielte darauf ab, den Erwerb von Kompetenzen im Bereich Klimaanpassungsstrategien in verschiedenen europäischen Regionen zu unterstützen. Neben der Metropolregion Barcelona (Spanien), den Großstädten Belgrad (Serbien), Posen (Polen) und Minsk (Belarus), den ländlichen Regionen Bretagne, Normandie und Pays de la Loire (Frankreich) wurde das Oldenburger Münsterland als landwirtschaftlich geprägte Modellregion ausgewählt. In allen Pilotregionen wurden gemeinsam mit einer Vielzahl von Akteur:innen aus Politik, Verwaltung, Wirtschaft, Verbänden, Wissenschaft und Zivilgesellschaft Aktionspläne entwickelt, wie regionale Klimaanpassungsstrategien regional umgesetzt und auf andere Regionen übertragen werden könnten. Außerdem wurden neue Formen der Zusammenarbeit erprobt und Methoden identifiziert, die bei den verschiedenen Zielgruppen Interesse und Bereitschaft für Engagement rund um das Thema Klimaanpassung geweckt hatten. Wesentliche Schwerpunkte des RRI-Ansatzes waren u. a. Nachhaltigkeit, Beteiligung der Bevölkerung an Forschungsprozessen, freier Zugang zu Forschungsergebnissen und wissenschaftliche Bildung. Die Einbindung der Bevölkerung erfolgte über ein Crowd-Mapping: Alle Einwohner:innen der Pilotregionen waren eingeladen, auf einer Onlinekarte Orte in der jeweiligen Region zu markieren, an denen sich die Auswirkungen des Klimawandels bemerkbar machten. So konnten Bürger:innen als Citizen Scientists direkt dazu beitragen, „Brennpunkte" zu identifizieren, die dann als Grundlage für die Entwicklung von Projektideen für Klimaanpassungsstrategien dienten (https://terrifica.eu, http://klimakarte.terrifica.eu/).

Das EU-Projekt REINFORCING (Responsible tEerritories and Institutions eNable and Foster Open Research and inClusive Innovation for traNsitions Governance) dient als zentrale Anlaufstelle für Open and Responsible Research and Innovation (ORRI) in Europa und unterstützt Organisationen und Institutionen beim Übergang zu einem neuen Forschungs- und Innovationsmodus, der von Verantwortung und Offenheit geprägt ist. Als zentrale Plattform bietet REINFORCING einen strukturierten Zugang zu Tools, Ressourcen und finanzieller Unterstützung, um inklusive und verantwortungsbewusste FuI-Prozesse zu fördern. Darüber hinaus bietet REINFORCING Dienstleistungen zur Zusammenarbeit und Kompetenzentwicklung durch Schulungsmodule und eine interaktive Karte mit möglichen Anlaufstellen in ganz Europa. Ein zentrales Element des Projekts sind sieben offene Ausschreibungen, die finanzielle Mittel für ORRI-Experimente und -Pilotprojekte bereitstellen. Sowohl Neueinsteigende als auch erfahrene Institutionen erhalten die Möglichkeit, ihre ORRI-Ansätze (weiter) zu entwickeln. Insgesamt sind 72 Förderungen zwischen 20.000 und 60.000 € vorgesehen. Damit geht REINFORCING über abstrakte Konzepte hinaus und setzt RRI gezielt in die Praxis um. So fördert das Projekt praxisnahe Experimente und unterstützt institutionelle Veränderungsprozesse. Dieser Ansatz leistet einen direkten Beitrag zur nachhaltigen Verankerung von RRI im FuI-System – ganz im Sinn der Forderung nach mehr praktischer Erprobung und Entwicklung (https://reinforcing.eu/).

Das tu!LAB ist ein fakultätsübergreifendes, inter- und transdisziplinäres Lehrformat an der RWTH Aachen, das sich mit aktuellen Herausforderungen des gebauten und gelebten Raums befasst. Es bietet somit eine Plattform für die Zusammenarbeit zwischen Studierenden, Forschenden und Praxispartner:innen aus Zivilgesellschaft, Verwaltung, Wirtschaft und weiteren Gruppen von Akteur:innen. Neben gemeinsamen Ortsbesichtigungen ermöglichen Workshops eine inhaltliche Auseinandersetzung mit Chancen und Herausforderungen der durch Praxispartner:innen definierten Themenfelder. Ziel des tu!LABs ist es, innovative Lösungsansätze für komplexe gesellschaftliche Fragestellungen zu entwickeln und Studierenden praxisnahe, interdisziplinäre Kompetenzen zu vermitteln. Im

Sommersemester 2025 waren in der Pilotphase dieses neuen Lehrformats Studierende aus den Fachrichtungen Architektur, Stadtplanung, Politikwissenschaften sowie Wissenschafts- und Technikforschung beteiligt. Begleitet wird der Prozess durch ein interdisziplinäres Team aus Forschenden dreier Fakultäten, um die wissenschaftliche Fundierung und methodische Reflexion der Gruppen- und Einzelarbeiten sicherzustellen. In der ersten Semesterhälfte arbeiten Studierende in interdisziplinären Teams an einer „Study", in der sie Problemstellungen analysieren und erste Lösungsansätze entwickeln. Diese Arbeitsphase wird durch praxisnahe „Experiences" und Onlinetrainings ergänzt, die methodische und fachliche Grundlagen aus unterschiedlichen Disziplinen vermitteln. Dabei findet ein kontinuierlicher Austausch mit den Praxispartner:innen statt, um die Relevanz und die Anwendbarkeit der erarbeiteten Konzepte sicherzustellen. In der zweiten Semesterhälfte vertieften die Studierenden ihre Arbeit im Rahmen eines „Project", das entweder in Kleingruppen oder individuell bearbeitet wird. In dieser Phase konnten Konzepte weiterentwickelt, detaillierte Entwürfe erstellt oder Demonstratoren erarbeitet werden. Die abschließenden Ergebnisse werden in einer öffentlichen Präsentation vorgestellt, die eine engere Vernetzung und einen offenen Dialog zwischen Wissenschaft, Praxis und Gesellschaft fördert. Seit dem erfolgreichen Pilotversuch findet das tu!LAB in jedem Semester mit wechselnder Beteiligung verschiedener Lehrstühle statt.

6 Fazit

Die Demokratisierung von FuI ist mit vielfältigen und vielschichtigen Herausforderungen verbunden. Wie auch immer Partizipation und öffentliches Engagement in Projekten oder Forschungsprozessen ausgestaltet werden, sie sollten von allen Beteiligten stets als „Bestreben zum Lernen" verstanden werden. Die vorhandene Vielfalt partizipativer Formate und Instrumente für Beteiligung und Engagement sollte genutzt oder neu kombiniert werden. Dafür bedarf es experimenteller Räume und Arenen im Bildungs- und Forschungssystem, in denen Austausch und gemeinsames Lernen in den ansonsten eher getrennten Bereichen von Gesellschaft und Wissenschaft stattfinden können.

Infos, Handbücher, Tools, Training

- Onlineplattform mit Lektüre, Tools und Training: Reinforcing (www.reinforcing.eu)
- Self-Assessment-Tool „RRI readiness level" für alle Organisationstypen: Super MoRRI (www.super-morri.eu)
- von Schomberg, R., & Hankins, J. (Hrsg.). (2019). International Handbook on Responsible Innovation – a Global Resource. Edward Elgar. https://link.springer.com/article/10.1007/s11569-021-00397-5
- Blok, V. (2023). Putting Responsible Research and Innovation into Practice – A Multi-Stakeholder Approach. Springer. https://doi.org/10.1007/978-3-031-14710-4

Literatur

Bauer, A., Bogner, A., & Fuchs, D. (2021). Rethinking societal engagement under the heading of Responsible Research and Innovation: (novel) requirements and challenges. *Journal of Responsible Innovation, 8*(3), 342–363. https://doi.org/10.1080/23299460.2021.1909812

Beninson, L., & Daniels, R. (Hrsg.). (2018). *The next generation of biomedical and behavioral sciences researchers: Breaking through.* National Academies of Sciences, Engineering, and Medicine; Policy and Global Affairs; Board on Higher Education and Workforce; Committee on the Next Generation Initiative. National Academies Press (US).

Berg-Postweiler, J., Decker, M., & Leicht-Scholten, C. (2024). Academia as a key factor in fostering responsible research and innovation with and for society: The case of the RRI Hub at RWTH Aachen University. In P. Letmathe et al. (Hrsg.), *Transformation towards sustainability*. Springer. https://doi.org/10.1007/978-3-031-54700-3_15

Carayannis, E. G., Barth, T. D., & Campbell, D. F. (2012). The Quintuple Helix innovation model: global warming as a challenge and driver for innovation. *Journal of Innovation and Entrepreneurship*, *1*(2). https://doi.org/10.1186/2192-5372-1-2

Cavallini, S., Soldi, R., Friedl, J., & Volpe, M. (2016). *Using the Quadruple Helix Approach to Accelerate the Transfer of Research and Innovation Results to Regional Growth.* European Union, Committee of the Regions 2016. https://doi.org/10.2863/408040

CSR in Deutschland. (o.J.). *Corporate Sustainability Reporting Directive* (eine Initiative des Bundesministeriums für Arbeit und Soziales). https://www.csr-in-deutschland.de/DE/CSR-Allgemein/CSR-Politik/CSR-in-der-EU/Corporate-Sustainability-Reporting-Directive/corporate-sustainability-reporting-directive-art.html. Zugegriffen am 01.05.2026.

European Commission, Directorate-General for Research and Innovation. (2012). *Responsible research and innovation – Europe's ability to respond to societal challenges*. Publications Office.

European Commission. (2014). *Rome Declaration on Responsible Research and Innovation in Europe.* https://digital-strategy.ec.europa.eu/en/library/rome-declaration-responsible-research-and-innovation-europe. Zugegriffen am 01.05.2026.

European Commission, Directorate-General for Research and Innovation. (2015). *Open innovation, open science, open to the world – A vision for Europe*. Publications Office. https://data.europa.eu/doi/10.2777/061652

European Commission: Commission work programme. (2023). https://commission.europa.eu/strategy-and-policy/strategy-documents/commission-workprogramme/commission-work-programme-2023_en. Zugegriffen am 01.05.2026..

European Commission. (2024). *Commission Recommendation (EU) 2024/736 of 1 March 2024 on a Code of Practice on citizen engagement for knowledge valorisation.* Luxembourg. https://eur-lex.europa.eu/eli/reco/2024/736/oj

Fiorino, D. J. (1990). Citizen participation and environmental risk: A survey of institutional mechanisms. *Science, Technology & Human Values, 15*(2), 226–243. https://doi.org/10.1177/016224399001500204

Gaurav, M., & Aman, Q. (2022). A study of environmental, social and governance (ESG): The evolving metrics considering people and planet. *The Management Accountant Journal*, *57*(3), 64–67.

Griessler, E., Braun, R., Wicher, M., & Yorulmaz, M. (2023). The drama of responsible research and innovation: The ups and downs of a policy concept. In V. Blok (Hrsg.), *Putting responsible research and innovation into practice* (Library of ethics and applied philosophy, Bd. 40, S. 11–34). https://doi.org/10.1007/978-3-031-14710-4_2

Kania, K., & Bucksch, R. (2020). *Integration of social sciences and humanities in Horizon 2020 – Participants, budgets and disciplines.* European Commission Directorate-General for Research and Innovation, Publications Office. https://doi.org/doi/10.2777/141795

Kaiser, S., Breuer, J., & Maier, M. (2024). Wie gute Partizipation gelingt: Ziele und Umsetzung der partizipativen Entwicklung eines EU Code of Conduct für nicht-invasive Hirnstimulation. In A. Pichl, R. Ranisch, & C. Klingler (Hrsg.), *Ethik der Partizipation. Einblicke in gesundheitsbezogene Forschung, Politik und Technologieentwicklung* (S. 167–190). transcript.

Kurtulmuş, F. (2022). The Democratization of Science. In D. Ludwig, I. Koskinen, Z. Mncube, L. Poliseli, & L. Reyes-Galindo (Hrsg.), *Global epistemologies and philosophies of science* (S. 145–154). Routledge.

Lakin, N., & Scheubel, V. (2014). *Corporate Community Involvement: The Definitive Guide to Maximizing Your Business' Societal Engagement* (1. Aufl.). Routledge. https://doi.org/10.4324/9781351279048

Li, Y., Jiang, L., & Yang, P. (2023). How to drive corporate responsible innovation? A dual perspective from internal and external drivers of environmental protection enterprises. *Frontiers in Environmental Science, 10*, 1091859.

Martinuzzi, A., Blok, V., Brem, A., Stahl, B., & Schönherr, N. (2018). Responsible research and innovation in industry – Challenges, insights and perspectives. *Sustainability, 10*(3), 702.

Meier, A., & Byland, R. (2020). *A new horizon for society? Analysing the integration of responsible research and innovation in horizon Europe*. SwissCore.

Nieminen, M., Lehtinen, S., Koskimies, E., Lanne, M., Tabarés, R., Bierwirth, A., Backhaus, J., Rasenescu, A.-I., Wagner, P., Reiter, C., Conde-Jimenez, R., Biegelbauer, P., Danilov, I., Afghani, N., Lindner, R., Vrgović, P., Stevanov, B., & von Schomberg, R. (2024). D.1.1 – ORRI taxonomy (REINFORCING Project, Grant Agreement No. 101094435, Version 1.4). https://reinforcing.eu/REINFORCING_ORRI_Taxonomy.pdf. Zugegriffen am 01.05.2026.

OECD. (2020). "Addressing societal challenges using transdisciplinary research", OECD Science, Technology and Industry Policy Papers, No. 88, OECD Publishing, Paris, https://doi.org/10.1787/0ca0ca45-en. Zugegriffen am 01.05.2026.

Owen, R., Macnaghten, P., & Stilgoe, J. (2012). Responsible research and innovation: From science in society to science for society, with Society. *Science and Public Policy, 39*, 751–760.

Randles, S., Loconto, A., & Steen, M. (2024). Demonstrating the deep institutionalisation of de facto responsible research and innovation (rri) in participatory market contexts: Examples from Bolivia and the Netherlands. *Journal of Responsible Innovation, 11*(1). https://doi.org/10.1080/23299460.2024.2316365

Reynolds, J. L., Kennedy, E. B., & Symons, J. (2022). If deliberation is the answer, what is the question? Objectives and evaluation of public participation and engagement in science and technology. *Journal of Responsible Innovation, 1*(24). https://doi.org/10.1080/23299460.2022.2129543

Schroeder, S. A. (2022). The limits of democratizing science: When scientists should ignore the public. *Philosophy of Science, 89*(5), 1034–1043. https://doi.org/10.1017/psa.2022.54

Steinhaus, N. (2019). BigPicnic – Von Gartenfrühstücken und Wissenschaftscafés. *E-Newsletter „Wegweiser Bürgergesellschaft 12/2019"*. https://www.buergergesellschaft.de/fileadmin/pdf/gastbeitrag_steinhaus_191218.pdf. Zugegriffen am 01.05.2026.

Stilgoe, J., Owen, R., & Macnaghten, P. (2013). Developing a framework for responsible innovation. *Research Policy, 42*(9), 1568–1580.

Stirling, A. (2006). Analysis, participation and power: Justification and closure in participatory multi-criteria analysis. *Land Use Policy, 23*(1), 95–107. https://doi.org/10.1016/j.landusepol.2004.08.010

von Schomberg, R., Macnaghten, P., & Owen, R. (2021). An unfinished journey? Reflections on a decade of responsible research and innovation. *Journal of Responsible Innovation, 8*(2), 217–233. https://doi.org/10.1080/23299460.2021.1948789

Warnke, P., Bratan, T., & Wunderle, U. (2023). Public Engagement in the Tradition of Participatory Approaches – An Approximation. In V. Blok (Hrsg.), Putting Responsible Research and Innovation into Practice: A Multi-Stakeholder Approach (S. 123–146). Springer. https://doi.org/10.1007/978-3-031-14710-4_7

Julia Backhaus koordiniert den Living Labs Incubator der RWTH Aachen University. Sie untersucht und unterstützt transdisziplinäre, transformative Forschung.

Simone Kaiser leitet das Center for Responsible Research and Innovation des Fraunhofer IAO. Sie forscht zu Partizipation im Kontext von Innovation und Technologieentwicklung.

Norbert Steinhaus ist Projektentwickler und Projektkoordinator beim Wissenschaftsladen Bonn mit den Schwerpunkten Co-Creation, Partizipation und Multi-Actor Engagement.

Public Engagement in der Forschung

Alina Loth und Mhairi Stewart

1 Was ist Public Engagement in der Forschung?

Public Engagement in der Forschung beschreibt einen Rahmen, der die Interaktion zwischen Wissenschaft und Gesellschaft unterstützt und allen Akteur:innen zugutekommt. Aktuelle wissenschaftliche Definitionen oder Untersuchungen zum Ursprung von „Public Engagement" konzentrieren sich in der Regel auf die vielfältigen in dieser Definition enthaltenen Methoden (Weingart et al., 2021). Praxisdefinitionen hingegen betonen die Vielfalt der Interaktionen sowohl innerhalb als auch außerhalb der Wissenschaft (NCCPE, 2024b).

In Deutschland haben Praktiker:innen des PE und Wissenschaftskommunikator:innen ein Jahr lang zusammengearbeitet, um eine gemeinsame PE-Definition zu entwickeln. Das Ergebnis dieser Kooperation wurde im Public-Engagement-Kodex (Cyber Valley & Berlin School of Public Engagement and Open Science, 2023) veröffentlicht. Der Kodex umfasst nicht nur die erarbeitete Definition, sondern auch gemeinsam entwickelte Grundsätze und bewährte Praktiken. Die Definition lautet:

> „Public Engagement-Aktivitäten können alle Menschen in unserer Gesellschaft aktiv und kontinuierlich in die Forschung einbeziehen, unabhängig von der Identität oder dem Hintergrund, und insbesondere diejenigen, die sich für das Thema interessieren oder einen Bezug dazu haben. Damit wird der Diskurs um Forschungsthemen durch Lebenserfahrung und wertvolle gesellschaftliche Perspektiven außerhalb der Wissenschaft bereichert. Diese Mitwirkenden können Bürger:innen, Expert:innen, NGOs, Schulen, Kinder, Vereine, Politi-

A. Loth · M. Stewart (✉)
Museum für Naturkunde – Leibniz-Institut für Evolutions- und Biodiversitätsforschung, Berlin, Deutschland
E-Mail: mhairi.stewart@mfn.berlin

S. Voigt-Heucke et al., *Praxishandbuch Partizipation in der Wissenschaft*,
https://doi.org/10.1007/978-3-658-51093-0_22

ker:innen oder Unternehmen sein, um nur einige Beispiele zu nennen. Forschende, Studierende, Professor:innen und Vertreter:innen von wissenschaftlichen Institutionen treten mit diesen Personen in einen wertschätzenden Austausch. Als Begriff ist Public Engagement ein englischer Ausdruck, der sich international etabliert hat. Durch die Fokussierung auf gegenseitigen Austausch und das Ziel einer Beteiligungs-, und damit gesellschaftsorientierten Wissenschaft unterscheidet sich Public Engagement deutlich von anderen Spielarten der Wissenschaftskommunikation. Public Engagement beschreibt ein **Feld** der deutschen Wissenschaftslandschaft, die **Praxis** des Austauschs zwischen Forschenden und der Öffentlichkeit und steht für die **Haltung**, dass Wissenschaft und Gesellschaft vom gegenseitigen Austausch profitieren." (Cyber Valley & Berlin School of Public Engagement and Open Science, 2023, S. 4; Hervorhebung im Original)

PE ist weder eine spezifische Methodik noch eine Sammlung von Partizipationsmethoden. Vielmehr handelt es sich um einen Oberbegriff, der die Förderung, Gestaltung und Durchführung von Forschung sowie gesellschaftlichen Interaktionen beschreibt, die gegenseitigen Nutzen für Forschung und gesellschaftliche Akteur:innen schaffen (NCCPE, 2020; Weingart et al., 2021).

Ein zentraler Aspekt des Public Engagement ist die Integration unterstützender institutioneller und wissenschaftlicher Strukturen, die solche Interaktionen ermöglichen. Dazu zählen die Expertise von Praktiker:innen in Bereichen wie ethische Praxis, Schulung, Evaluierung und engagierter Unterricht. Darüber hinaus ist Public Engagement auch ein wachsendes eigenständiges inter- und transdisziplinäres Forschungsfeld.

Es stellt sich jedoch die Frage: Wie sieht die Praxis des Public Engagement konkret aus? Welche Aktivitäten fallen darunter? Um dies einleitend zu beantworten, schlagen wir vor, Public-Engagement-Aktivitäten aus vier Perspektiven zu betrachten, die im Folgenden näher beschrieben werden.

1.1 Interaktionen zwischen Forschung und Gesellschaft

Wie bereits dargelegt umfasst PE eine Vielzahl möglicher Interaktionen zwischen Wissenschaft und Gesellschaft, die partizipativ, vermittelnd oder kooperativ gestaltet sein können. Während andere Beiträge in diesem Buch detailliert auf Aktivitäten dieser Ebenen eingehen, bietet vorliegender Beitrag einen Überblick über das Spektrum möglicher Aktivitäten. Der Fokus liegt dabei auf der Förderung eines kulturellen Wandels und der Integration einer engagierten Praxis in akademische Strukturen.

Ein vereinfachtes Modell der potenziellen Aktivitäten zwischen Wissenschaft und Gesellschaft (siehe Abb. 1) orientiert sich am Zwiebelmodell des Public Engagement von Wellcome (2011). Es zeigt eine Progression von Aktivitäten, die von den äußeren Schichten der Zwiebel hin zu innen liegenden Schichten reichen, und bietet eine Übersicht hinsichtlich typischer Interaktionsformen. Auf den äußeren Schichten haben wir Methoden der Verbreitung, darunter Social Media, Rundfunk und Fernsehen, öffentliche Vorträge und Gespräche, Bildungsprogramme, Theaterproduktionen, Podcasts und anderer Aktivitäten, etwa bei Veranstaltungsformaten im Stil von Festivals. Mehr zur Mitte hin verorten

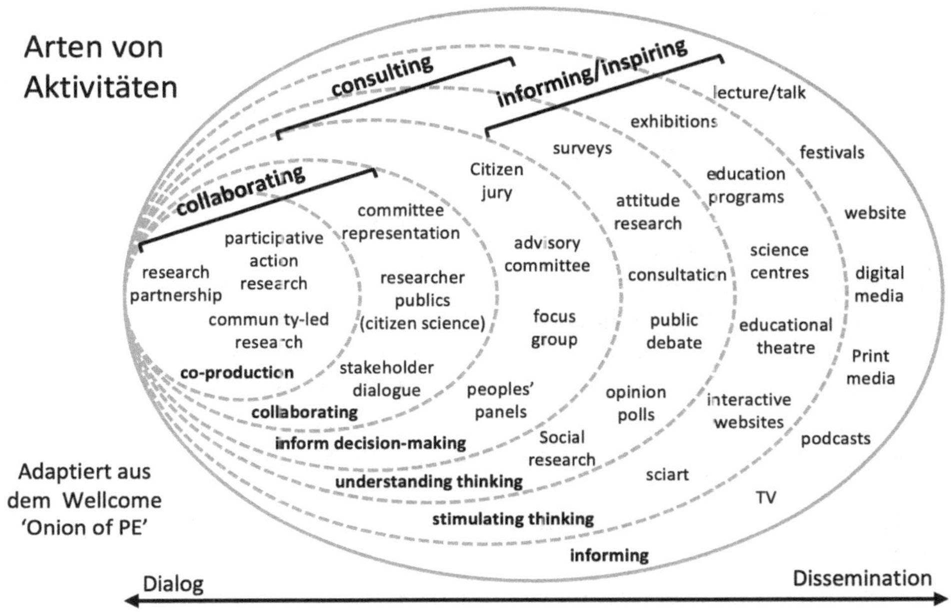

Abb. 1 Das Zwiebelmodell des Public Engagement, angelehnt an das Modell des Wellcome Trust (2011)

sich Methoden der Partizipation, u. a. Bürgerjurys, Fokusgruppen, Bürgerwissenschaften und Bürgerpanels. Schließlich sehen wir Methoden der Zusammenarbeit wie partizipative Aktionsforschung, Partnerschaften zwischen Forschung und Communities sowie den kollegialen Austausch zwischen Forschenden. Das Modell zeigt Public Engagement als Spektrum typischer Aktivitäten, das von reiner Verbreitung bis hin zu intensivem Dialog und umfassender Zusammenarbeit reicht. Individuell und zielgerichtet gestaltete Aktivitäten können an verschiedenen oder mehreren Punkten innerhalb dieses Spektrums ansetzen.

Das PE-Zwiebelmodell bietet eine hilfreiche Orientierung zur Klassifikation von Aktivitäten, ist jedoch als starke Vereinfachung zu betrachten. Aktivitäten in Form einer Website oder eines Festivals, die im Modell in der Kategorie „Verbreitung" eingeordnet sind, können durchaus dialogorientiert sein oder auf dialogorientierten Aktivitäten basieren. Ebenso erfordern dialogische Aktivitäten, die am inneren Ende des Spektrums angesiedelt sind, häufig multidirektionale Verbreitungsmaßnahmen durch diverse Stakeholder:innen, darunter verschiedene gesellschaftliche Gruppen. Um diese Dynamik besser abzubilden, schlägt das Rosettenmodell der Wissenschaftskommunikation eine kreisförmige Struktur anstelle eines linearen Spektrums vor (Metcalfe, 2019).

Dieses Modell verdeutlicht, dass keine Aktivität an einem „richtigen" Ende des Spektrums verortet werden muss. Vielmehr hängt die Gestaltung einer Aktivität vom Zweck der Interaktion und den spezifischen Zielgruppen ab, mit denen der Austausch erfolgen soll. Anhand dieser Informationen kann die Art der Aktivität konzipiert und entwickelt werden, idealerweise unter Einbeziehung aller Stakeholder:innen.

1.2 Einfluss auf die Forschungskultur

Public Engagement kann unter dem Gesichtspunkt seines Einflusses auf die Wissenschaft betrachtet werden. Insbesondere lassen sich mehrere Einflussbereiche identifizieren, in denen PE auf akademische Stakeholder:innen wie Forschende und Forschungsinstitute wirkt (siehe Abb. 2).

Forschende, die gut konzipierte PE-Aktivitäten entwickeln, lenken mindestens die Aufmerksamkeit auf ihr Fachgebiet und speziell auf ihre eigene Forschung (verbreitende Aktivität). Darüber hinaus ermöglicht PE durch die Förderung von Dialog, Partizipation und Zusammenarbeit den Zugang zu unterschiedlichen Perspektiven, was ein wesentliches Prinzip für Innovation in der Forschung darstellt. Wenn PE in den Forschungsprozess eingebettet ist, kann es Forschenden neue Fragen, Methoden und Daten eröffnen – etwa indem Forschungsfragen gemeinsam mit Stakeholder:innen entwickelt werden oder Bürger:innen an der Datenaufnahme oder -auswertung mitwirken. Es trägt zudem zur Entwicklung innovativer Formen der Wissenschaftskommunikation bei und schafft so eine Brücke zwischen akademischer Forschung, gesellschaftlicher Wirksamkeit und dem Austausch von Wissen.

Besonders für Forschende in der frühen Karrierephase bietet PE möglicherweise eine wertvolle Gelegenheit, fachliche und persönliche Fähigkeiten zu entwickeln, zu trainieren und unter Beweis zu stellen. PE trägt nicht nur zur Entwicklung kommunikativer Fähigkeiten bei, sondern fördert auch eine Reihe weiterer professioneller Kompetenzen. Dazu zählen das Schreiben von Förderanträgen, die Erstellung von Berichten, Projekt- und Budgetverwaltung, Personal- und Teammanagement sowie Zeitmanagement. Diese Fähigkeiten sind entscheidend für den beruflichen Aufstieg und werden bei Forschenden, die sich aktiv im PE engagieren, auch deutlicher wahrgenommen als bei ihren weniger enga-

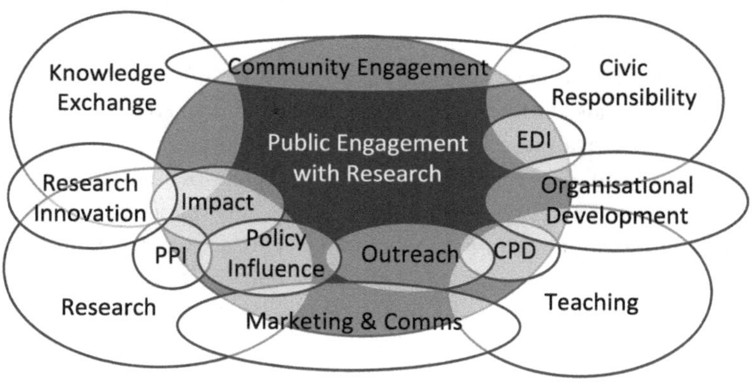

Abb. 2 Einflussbereiche des Public Engagement. Abkürzungen: PPI – Patient and Public Involvement (Partizipation von Patient:innen und der Öffentlichkeit); EDI – Equality, Diversity and Inclusion (Gleichstellung, Diversität und Inklusion); CPD – Continuous Professional Development. (kontinuierliche berufliche Entwicklung)

gierten Kolleg:innen. Darüber hinaus profitieren Forschende idealerweise von einer Erweiterung ihrer Netzwerke und einer Schärfung ihres persönlichen Profils, was ihre Karriereaussichten verbessern und den Zugang zu Ressourcen und finanziellen Mitteln für ihre Forschung erleichtern kann. Bereits hier soll verdeutlicht werden, dass PE für Forschende auch erhebliche Herausforderungen und sogar Einschränkungen mit sich bringt, die wir im weiteren Verlauf des Beitrags kritisch diskutieren werden.

Für Forschungsinstitutionen gewinnt erfolgreiches Public Engagement zunehmend an Bedeutung – sei es bei der Rekrutierung junger Talente, der Steigerung der öffentlichen Sichtbarkeit oder der Einwerbung von Drittmitteln. Gutes PE weckt nicht nur öffentliches Interesse, sondern reagiert auch aktiv darauf. Im Idealfall verbessert PE die Fähigkeit der Forschung, gesellschaftliche Prozesse kritisch zu beobachten, wodurch sowohl die Relevanz der Forschung als auch der demokratische Austausch zwischen Wissenschaft und Gesellschaft gestärkt werden. Gleichzeitig gilt auch hier, dass Herausforderungen, beispielsweise bezüglich der Drittmittelabhängigkeit von PE-Projekten, kritisch zu diskutieren sind. Wir widmen uns diesen Aspekten im Folgenden.

Institutionen, bei denen PE eine etablierte Praxis ist, betrachten es als unverzichtbar, ihre Rolle als institutionelle Anker in den relevanten lokalen, nationalen und internationalen Communities zu demonstrieren (NCCPE & UKRI, 2020). Eine aktiv engagierte und sichtbare Forschungsinstitution, die den gegenseitigen Austausch mit ihren Communities fördert, stärkt auch staatsbürgerliche Verantwortung. So können beispielsweise Kooperationen mit Schulen, Lehrer:innen und Eltern genutzt werden, um Fragen der Gleichstellung, Diversität und Inklusion bei der Rekrutierung von Studierenden und Mitarbeitenden anzugehen. Auf diese Weise leistet PE einen Beitrag zur strategischen Weiterentwicklung von Organisationen und deren Zielsetzungen.

Ein wachsender Einfluss von PE zeigt sich in der Lehre, insbesondere für Bachelor- und Master-Studierende. Beispiele für engagierte Lehre sind communityorientierte Projekte von Studierenden, vertikal integrierte Projekte (Strachan et al., 2022) oder Master-Studiengänge, die auf gemeinnützigen Studienarbeiten basieren. Wenn auch noch selten sehen wir besonders engagierte Doktorand:innen aus verschiedenen Fachrichtungen, die in ihre Abschlussarbeiten Kapitel über PE und dessen Impact integrieren. Während eine detaillierte Diskussion über engagierte Lehre den Rahmen dieses Beitrags sprengen würde, sollte dieser wichtige und wachsende Einflussbereich der PE-Praxis hervorgehoben werden.

1.3 Unterstützende Strukturen für die Integration und Stärkung einer Kultur des Engagements

Gutes Public Engagement ist bedingt durch jene Strukturen, Prozesse und Richtlinien, die zur Unterstützung partizipativer Interaktionen bereitgestellt und umgesetzt werden. Zentral hierfür ist etwa die Bereitstellung professioneller Schulungen, die nicht nur kommunikative Fähigkeiten stärken, sondern auch innovative Praxis, ethische Überlegungen, Sensibilisierung für die Anforderungen der Stakeholder:innen sowie die Evaluierung von

Aktivitäten umfassen. Ein weiterer wichtiger Bestandteil der engagierten Praxis ist die Impact-Evaluierung (Bornmann, 2013; Woolston, 2023). Diese beschränkt sich nicht allein auf den Impact auf nicht akademische Akteur:innen. Um die Wirksamkeit von Public-Engagement-Aktivitäten umfassend zu bewerten, müssen alle Zielgruppen sowie deren Prioritäten und bevorzugte Formen des Feedbacks berücksichtigt werden. Dies umfasst nicht nur die Öffentlichkeit, sondern auch Forschende, Entscheidungsträger:innen der Politik, Sponsor:innen und Forschungsinstitute. Insbesondere strukturelle und institutionelle Aspekte von gelungenem Public Engagement sind von der Forschung, die sich häufig auf Prozesse und Praktiken einzelner Fallbeispiele konzentriert, noch zu wenig erfasst und vergleichend dargestellt. Abschnitt drei dieses Beitrags wird daher die tragenden Strukturen untersuchen, die notwendig sind, um PE in institutionellen Kontexten zu verankern.

1.4 Public Engagement und akademische Freiheit

Public Engagement wird in Deutschland insofern als potenzielle Gefahr für die akademische Freiheit kritisiert, als Kritiker:innen zufolge der Austausch mit der Öffentlichkeit sowie die Diskussion über die Konzeption und Umsetzung von Forschung sie beeinträchtigen könnten (siehe Holbrook, 2017). Diese Perspektive offenbart ein grundlegendes Missverständnis des Zwecks von PE und unterschätzt den möglichen Mehrwert, den es für Forschende bieten kann. In einigen Fällen verkennt sie auch die persönliche und institutionelle Verantwortung, die der akademischen Freiheit zugrunde liegt.

Ein zentraler Grundsatz der akademischen Freiheit ist die Unabhängigkeit von politischen und wirtschaftlichen Einflüssen in Forschung und Lehre. Die Einbeziehung eines breiteren Publikums in die Forschung trägt dazu bei, diese Freiheit zu bewahren und zu erweitern. Das Ziel des PE besteht nicht darin, die Richtung oder die Aktivitäten der Forschung vorzuschreiben, sondern sie durch diverse Perspektiven zu bereichern. Der Austausch mit einem Publikum, das über den engen Kreis von Fachkolleg:innen hinausgeht, fördert Innovation, Weitblick und eine informierte Reflexion. Ein wohlüberlegter Austausch über Forschung trägt auch dazu bei, Fehlinformationen und Verschwörungstheorien entgegenzuwirken, und schafft öffentlichen Rückhalt sowohl für die Forschung als auch für die akademische Freiheit selbst. Gut umgesetztes PE demokratisiert die Wissenschaft, ohne sie einzuschränken.

Ein weiterer Aspekt der akademischen Freiheit ist die mit ihr einhergehende Verantwortung. Die Freiheit, unabhängig zu forschen, muss mit der Verpflichtung einhergehen, diese Freiheit im Interesse der Allgemeinheit zu nutzen. Ein Maßstab für diese Verantwortung ist, wie umfassend und verständlich die Ergebnisse und Zielsetzungen der Forschung kommuniziert werden. Darüber hinaus erfordert die Nutzung akademischer Freiheit die Berücksichtigung vielfältiger Perspektiven, die über den engen Kreis der unmittelbar beteiligten Wissenschaftler:innen hinausgehen. Dies gilt sowohl für die

Entscheidungen darüber, wie Forschung betrieben wird, als auch für die Anwendung der Forschungsergebnisse. Akademische Freiheit bedeutet auch die Verantwortung, sich aktiv zu engagieren.

2 Systemische Akteur:innen, Motivationen und Barrieren

Neben den Expert:innen des Public Engagement spielen Forschende eine zentrale Rolle als Akteur:innen. Studien haben verschiedene Motivationen und Barrieren für ihre Partizipation identifiziert, die im Folgenden erörtert werden (z. B. Hamlyn, 2015; Riley et al., 2022; Cerrato et al., 2018; Rose et al., 2020). Allerdings werden Forschenden Kompetenzen auf dem Gebiet des Engagements in der Regel nicht vermittelt. Es ist daher unrealistisch zu erwarten, dass sie über vertieftes Wissen oder professionelle Netzwerke verfügen, die alle Aspekte des Engagements abdecken – von der Entwicklung von Aktivitäten über die ethische Umsetzung bis hin zur Evaluierung des Impacts. Um diese Lücke zu schließen, muss die wachsende Bedeutung professioneller Rollen im Bereich des Public Engagement anerkannt werden.

Solche Rollen werden je nach Kontext unterschiedlich bezeichnet, beispielsweise als PE/Impact/Forschung oder Koordination/Management/Verantwortlichkeit. Einzelpersonen können je nach Kontext ihrer Arbeit in spezifische Forschungsprojekte oder in institutionelle professionelle Dienste eingebunden werden. Ihnen allen gemeinsam ist, dass sie Forschenden oder Forschungsgruppen bei der Zusammenarbeit mit nicht akademischen Stakeholder:innen unterstützen. Der Einfachheit halber bezeichnen wir diese Gruppe als „Public Engagement Professionals“. In Ländern wie dem Vereinigten Königreich, Australien und den USA gehören solche Positionen mittlerweile zur festen Struktur der meisten Forschungsinstitute. Auch in Deutschland professionalisiert sich diese Rolle nach und nach. Die beschleunigte Entwicklung eines professionellen Sektors hat sich als äußerst vorteilhaft erwiesen, um sinnvolles und wirkungsvolles Engagement zu fördern, das wiederum Innovation, Zugänglichkeit und Vertrauen in die Forschung stärkt (Featherstone et al., 2018).

Weitere institutionelle Akteure im Bereich der außerschulischen Bildung könnten Kommunikationsbüros, Forschungs- und Organisationsentwicklungs- sowie Schulungsbüros, Geschäftsentwicklungsbüros und institutionelle Kultur- oder Sportstätten sein. Auch leitende Manager:innen sollten ein Interesse an PE entwickeln, insbesondere im Hinblick auf den Nachweis von Forschungsimpact sowie die staatsbürgerliche Rolle und Relevanz ihrer Institution.

Es wurde bereits einige Arbeit geleistet, um die Motivationen und Barrieren für Forschende bei der Umsetzung von PE besser zu verstehen. Die Ergebnisse in Publikationen, die sich mit PE weltweit befassen, zeigen eine bemerkenswerte Konsistenz (Hamlyn et al., 2015; Riley et al., 2022).

Wichtige Barrieren:

- **Zeit**. Der Zeitdruck bei der Forschung und der Veröffentlichung von Forschungsergebnissen führt dazu, dass wenig Zeit für Engagement bleibt. Dies wird häufig dadurch verstärkt, dass PE in Stellenbeschreibungen oder der Planung der Arbeitsbelastung nicht berücksichtigt wird.
- **Gelegenheit**. Forschende stehen häufig vor der Herausforderung, den Einstieg in die Entwicklung von Kompetenzen und die Ansprache ihrer Zielgruppen zu finden. Veranstaltungsformate wie Festivals bieten zwar eine geeignete Plattform, sind jedoch vergleichsweise selten. Zudem ziehen sie vorwiegend ein bereits engagiertes Familienpublikum an, das nicht zwangsläufig die Zielgruppe darstellt, die Forschende primär ansprechen möchten.
- **Finanzierung**. Es mangelt häufig an finanziellen Mitteln für Ressourcen, Arbeitszeit oder die Unterstützung der Zielgruppenpartizipation. Dazu gehören beispielsweise Reisekosten, Kinderbetreuung oder Catering.
- **Kompetenz**. Die fehlende theoretische und praktische Schulung erschwert es Forschenden, das notwendige Selbstvertrauen für die Planung und Umsetzung von PE-Aktivitäten zu entwickeln.
- **Anerkennung**. Die Teilnahme an PE wird oft weder von Kolleg:innen gewürdigt noch durch institutionelle Mechanismen wie Belohnungen, offizielle Anerkennung oder Karrieremöglichkeiten unterstützt.

Zentrale Motivationen:

- **Ein soziales Gewissen**. Viele Forschende empfinden es als ihre Pflicht, über ihre Arbeit Rechenschaft abzulegen. Die Möglichkeit, der Gesellschaft etwas zurückzugeben, ist eine starke Motivation.
- **Persönliche Freude**. Forschende berichten oft von der Freude, die sie an breiteren gesellschaftlichen Interaktionen haben, die über die akademische Welt hinausgehen.
- **Eigene Entwicklung**. PE bietet zahlreiche Möglichkeiten, Kompetenzen zu entwickeln und zu trainieren, insbesondere in Bereichen wie Kommunikation, Projektmanagement und Zusammenarbeit. Für Forschende am Beginn ihrer Karriere ist dies eine besonders wichtige Motivation.
- **Einfluss und Vernetzung**. PE ermöglicht die Vernetzung und Interaktion mit Expert:innen, Forschenden und Wissensquellen, wie etwa der Lebenserfahrung der Öffentlichkeit, die außerhalb des eigenen Fachgebiets liegen.
- **Entwicklung der Forschung**. Der Blick auf Forschung aus einer externen Perspektive kann neue Horizonte für die Forschung eröffnen.

Personen und Institutionen, die eine stärkere Partizipation an ihrer Arbeit erreichen möchten, können diese grundlegenden Motivatoren und Barrieren als Handlungsfelder nutzen und die Einbeziehung professioneller Unterstützung in aktuelle oder zukünftige strategische Pläne fördern.

3 Die Integration von Public Engagement in Institutionen

Wie kann PE institutionell integriert werden – typischerweise in eine Universität oder ein Forschungsinstitut? Hier spielt einerseits die formelle und explizite Einbettung in die übergeordneten Richtlinien, Strukturen und die Verwaltung der Institution eine wesentliche Rolle. Zusätzlich umfasst gelungene Integration häufig auch informelle und ideelle Verankerung, beispielsweise in die Kultur, Gewohnheiten und Werte der Institution und ihrer Mitglieder. Die Integration von PE erfolgt vor dem Hintergrund zweier zentraler Überlegungen:

Erstens ist im Verständnis des hohen Stellenwerts öffentlicher Universitäten in einer demokratischen Gesellschaft Public Engagement die logische Konsequenz einer zur Öffentlichkeit hin orientierten Universität. Eine solche Institution ist eng mit dem gesellschaftlichen und demokratischen Diskurs verbunden, hängt von ihm ab und trägt aktiv zu ihm bei. Tatsächlich haben die Universitäten in diesem Diskurs eine besondere Verantwortung. Sie bieten Expertise, Beratung, Analysen und Empfehlungen für die Politik, bewahren und teilen Wissen, erweitern den Zugang zur höheren Bildung und tragen dazu bei, gesellschaftliche Herausforderungen zu bewältigen. Der nachhaltige und systematische Aufbau institutioneller Strukturen und Prozesse zur Förderung und Unterstützung von PE bietet erhebliche Vorteile. Dazu zählen insbesondere die Stärkung der Innovationsfähigkeit sowie die Förderung guter wissenschaftlicher Praktiken.

Zweitens birgt die Integration von PE potenzielle Risiken, insbesondere im Kontext der fortschreitenden Neoliberalisierung der Hochschullandschaft: Bildung wird zunehmend als Ware betrachtet und Forschung vorrangig dann als produktiv und relevant angesehen, wenn sie im engen Sinn gesellschaftlichen Impact zeigt – insbesondere im Hinblick auf die „Schaffung von Wohlstand“ oder technologische Innovation. Diese Entwicklungen werden oft anhand von Exzellenzrahmen, Fallstudien und Impact-Metriken bewertet. In diesem Kontext könnte die Integration von PE als Reaktion auf politischen und institutionellen Druck interpretiert werden, der darauf abzielt, Forschungsaktivitäten stärker zu rechtfertigen, messbar zu machen oder zu kommerzialisieren (Pinar & Horne, 2022).

Angesichts dieses dualen Hintergrunds gestaltet es sich schwierig, den Erfolg der Integration von PE in die gesamte Hochschullandschaft zu beurteilen. Unserer Einschätzung nach vollziehen sich allmähliche und stetige Fortschritte, vor allem in den anglophonen Ländern und bei ausgewählten Leuchtturminstitutionen, die oft von nationalen Initiativen oder Finanzierungsstrukturen unterstützt werden. Wir stellen jedoch auch erhebliche Mängel sowohl auf der konzeptionellen als auch auf der praktischen Ebene der Umsetzung fest. In vielen Institutionen ist das Defizitmodell der Wissenschaftskommunikation nach wie vor weit verbreitet. Dieses Modell betrachtet die Kommunikation als Einbahnstraße, bei der forschende Expert:innen Wissen an ein unwissendes, aber aufnahmebereites Publikum – die sogenannten Lai:innen – weitergeben. Diese Perspektive schränkt die Integration von PE über den gesamten Forschungszyklus hinweg insofern ein, als es häufig als ergänzende Aktivität wahrgenommen wird, die erst nach Abschluss eines Forschungsprojekts Relevanz erlangt.

Eine weitere Barriere ist die noch junge Entwicklung von PE als eigenständiges Feld, das Forschung und Praxis verbindet. Besonders in Deutschland zeigt sich eine deutliche Uneinheitlichkeit der institutionellen Integration von PE in Institutionen. Einige Institutionen, wie etwa das KIT, die Leuphana-Universität oder das Museum für Naturkunde Berlin sowie verschiedene Netzwerke etwa zur Förderung von Transdisziplinarität orientieren sich an etablierten angelsächsischen Modellen. Anderswo werden Transfer, Partizipation, Bürgerwissenschaft, Wissenschaftskommunikation und der Dialog zwischen Wissenschaft und Gesellschaft weiterhin nur sporadisch und unsystematisch gefördert – zumeist in Form kurzfristiger und isolierter Maßnahmen. Junge Wissenschaftler:innen stehen dabei vor besonderen Herausforderungen. Sie sind häufig mit widersprüchlichen Anforderungen und Erwartungen konfrontiert: Einerseits fördern institutionelle Strategien theoretisch gutes PE, andererseits fehlen häufig die notwendigen Strukturen, Ressourcen und Anreize, um dieses Ziel in der Praxis umzusetzen.

Wo Strukturen und Prozesse für PE geschaffen werden, geschieht dies häufig isoliert und ohne ausreichende Vernetzung. Anstatt bewährte Praktiken zu konsolidieren, voneinander zu lernen und sich an internationalen oder nationalen Standards und Benchmarks zu orientieren, wird das Rad vielfach neu erfunden. Oft bleiben Initiativen für ein besseres PE fragmentiert und stark von Einzelpersonen abhängig (z. B. von besonders engagierten Forschenden oder Mitarbeitenden in den Kommunikationsabteilungen der Forschungsinstitutionen). Es kommt sogar vor, dass etablierte oder sich im Aufbau befindliche Strukturen nach dem Ende der Förderzeiträume wieder aufgelöst und nicht konsolidiert werden. Das resultiert nicht nur in einem Effizienzverlust, sondern auch in großer Frustration bei den beteiligten Wissenschaftler:innen, gesellschaftlichen Akteur:innen und weiteren Stakeholder:innen. Zudem ist die so entstehende fragmentierte Landschaft des PE für Geldgebende oder Förderinstitute, die in diesem Bereich tätig sind, schwierig zu überschauen. Diese Fragmentierung beeinträchtigt die Erzielung der vollen sozialen Wirkung und verhindert, dass das Potenzial für eine Zusammenarbeit mit nicht akademischen Stakeholder:innen – wie Partner:innen aus Politik, Industrie oder Zivilgesellschaft – vollständig ausgeschöpft wird. Gleichzeitig gibt es jedoch zunehmend Anzeichen für eine Harmonisierung. Diese zeigt sich teilweise durch vorausschauende oder nachträgliche Kooptation von Public Engagement als Voraussetzung für Forschungsförderung oder Exzellenzbewertungen, was den Druck in Richtung Institutionalisierung erhöht (Factory-Wisskomm, 2021, S. 15).

Wie funktioniert die Integration von Public Engagement in Institutionen in der Praxis? Auf der Grundlage der vorliegenden Erkenntnisse und Erfahrungen unterscheiden wir drei Ansätze. Wohlgemerkt verfolgen viele Institutionen häufig mehrere Ansätze gleichzeitig.

3.1 Eine Revolution in der Hochschulbildung

Hier ist die Integration des Public Engagement nur eine der Säulen einer viel umfassenderen Agenda mit dem Ziel, Forschungs- und Hochschulinstitutionen stärker für die Öffentlichkeit zu öffnen und sie als wirkliche öffentliche Universitäten (wieder) in der demokratischen Gesellschaft zu verankern (Inamorato dos Santos et al., 2016). Eine solche Agenda könnte Prinzipien der offenen Wissenschaft, erweiterte Zulassungs- und Zugangsmöglichkeiten, innovativere Formen der Curriculumplanung und der Lehre, inklusivere oder breiter angelegte Öffentlichkeitsarbeit sowie eine Vielzahl weiterer administrativer und strategischer Schritte umfassen. Ziel wäre eine grundlegende Neuausrichtung, wenn nicht sogar eine Revolution der Hochschullandschaft. Die Integration des PE könnte darauf abzielen, Stakeholder:innen und interessierte Parteien, Einzelpersonen und Gruppen über den gesamten Forschungszyklus hinweg einzubeziehen. Ein solcher, prinzipiell sicherlich fruchtbarer Ansatz birgt aber zwei wesentliche Risiken: Erstens bleibt der praktische Impact einer umfassenderen Reformagenda, die in Leitbildern oder Ähnlichem niedergelegt wird, unklar. Zudem besteht die Gefahr, dass Forderungen nach einer offenen und engagierten öffentlichen Universität eine neoliberale Agenda verdecken könnten, die Forschung primär unter dem Aspekt des wirtschaftlichen Gewinns, der Produktivität und des Kommerzialisierungspotenzial als „nützlich" betrachtet. In einer weitreichenden Reformagenda besteht das Risiko, dass der spezifische Wert und Beitrag von PE zugunsten anderer Ziele übersehen wird. Der Versuch, alle Aspekte gleichzeitig zu adressieren, könnte eher Verwirrung stiften als zu tatsächlichem Erfolg führen.

3.2 Strukturelle Integration

Hier wird die Integration von PE in erster Linie als ein verwaltungstechnisches Verfahren verstanden, das die Strategie, die Budgets, Personalplanung und Folgeprojekte einer Institution auf bestimmte Weise neugestaltet (NCCPE, 2020). In einem strukturierten, alle Bereiche der Institution umfassenden Ansatz werden die Ziele der Institution, ihr Leitbild und ihre Gesamtstrategien um Ziele des PE ergänzt, die idealerweise anhand messbarer Ergebnisse bewertet werden. Dies kann dann dazu führen, dass in der Institution oder ihren zentralen Bereichen eigens dafür Personal oder spezielle Einheiten vorgehalten werden, die über ein angemessenes Budget verfügen, mit dem sie PE in der gesamten Einrichtung durch Schulungen, Unterstützung von Forschenden, Veranstaltungsmanagement und weitere Maßnahmen fördern. Die Verfahren der Institution können mit Blick auf PE gezielt reformiert werden, beispielsweise in Bezug auf Belohnungs- und Anerkennungssysteme, in Einstellungsverfahren oder Forschungsmanagement. Obwohl dieser Ansatz grundsätzlich notwendig und geeignet ist, birgt er einige Risiken und Herausforderungen: Greifbare Ergebnisse und Erfolge sind oft erst nach längeren Übergangsphasen sichtbar, was insbesondere die Umsetzung konkreter

PE-Aktivitäten erschweren kann. Während dieser Übergangsphase können mehrere Prozesse und Verfahren innerhalb der Institution parallel ablaufen, was Koordination und Konsolidierung erschwert. Der Aufbau und die Professionalisierung von PE sowie dessen Bekanntmachung innerhalb der gesamten Institution sind zeitaufwendig. Zudem kann es zu institutionellem oder individuellem Widerstand kommen, insbesondere wenn PE – wie zuvor beschrieben – als Bestandteil einer vermeintlich „neoliberalen Agenda" verstanden wird. Ohne klar erkennbare „marktfähige Gewinne" oder unmittelbar messbare Vorteile für das Management, die Forschenden oder die Stakeholder:innen besteht das Risiko, dass PE-Initiativen gestoppt werden, bevor sie sich nachhaltig etablieren können. Neue Managementteams, geänderte Haushaltszyklen oder verschobene Prioritäten können frühere Fortschritte zunichtemachen.

3.3 Dezentrale Schneeballsysteme als Ansatz zur Integration von Public Engagement

Bei diesem Ansatz wird PE als dezentraler Bottom-up-Prozess verstanden. Aus einer Vielzahl kleinerer, oft unkoordinierter Projekte entwickelt sich PE schrittweise zu einer institutionellen Praxis, die sich in Breite und Höhe der Organisation ausdehnt. Der Erfolg solcher Systeme hängt häufig von der Initiative besonders engagierter Einzelpersonen ab, wie etwa Expert:innen für PE, Forschende, professionelle Unterstützungsstellen oder externe Stakeholder:innen, die Leuchtturmprojekte vorantreiben. Dazu könnten Systeme für die Anschubfinanzierung von PE, professionelle Schulungen vor Ort und idealerweise der Austausch von Best Practices in der gesamten Institution gehören. Die Erfolge solcher kleineren Initiativen können dann anderen Abteilungen, Einheiten und Personen (horizontal) und dem institutionellen Management (vertikal) zur Kenntnis gebracht werden. Der unmittelbare Vorteil eines solchen Ansatzes liegt in seiner Praktikabilität und der hohen Wahrscheinlichkeit eines unmittelbaren Nutzens für die Forschung, Forschende und Stakeholder:innen sowie in seinem Potenzial, das Lernen im Bereich PE zu fördern, etwa durch den Austausch innovativer Praktiken oder Projekte.

Ohne übergreifende Koordination werden kleine Projekte zumeist isoliert umgesetzt, sodass das Rad immer wieder neu erfunden wird. Dies beeinträchtigt die Qualität des PE insofern, als bewährte Praktiken entweder unbekannt bleiben oder ignoriert werden. Zweitens ist selbst erfolgreiches und nützliches PE nicht nachhaltig, wenn es keine klare Zuweisung von Finanzmitteln, Personalressourcen oder Belohnungen und Anerkennung gibt, sodass selbst sehr erfolgreiche Projekte Einzelfälle bleiben. Drittens bleibt das institutionelle Lernen mangels Koordination und Nachhaltigkeit begrenzt, da der Erfolg des PE überwiegend von besonders engagierten Einzelpersonen abhängt.

4 Aufbau einer Strategie für Public Engagement

Die drei oben diskutierten Ansätze und die mit ihnen verbundenen Aktivitäten haben sich in mehreren Projekten als wirksam erwiesen, um Public Engagement institutionell zu verankern (NCCPE, 2020). Zur Strategieentwickelung muss allerdings jede Institution einen individuell angepassten Ansatz wählen. Eine institutionelle Strategie für PE sollte nicht isoliert entstehen. Es muss berücksichtigt und besprochen werden, wie eine Strategie für PE mit anderen institutionellen Strategien oder Aufgaben interagieren könnte, sei es in synergetischer oder kompetitiver Form. Beispielsweise sind Rekrutierungsstrategien, Gleichstellungs- und Diversitätsstrategien, Grundsätze für die Verwendung von Tieren in der Forschung und natürlich Finanzierungsstrategien bei der Entwicklung einer institutionellen PE-Strategie zu berücksichtigen.

Eine geeignete Leitlinie (abgeleitet von NCCPE, 2023b) zur schrittweisen Strategieentwicklung umfasst folgende Maßnahmen:

1. Zweck und gewünschte Ergebnisse definieren, beispielsweise Forschungsimpact, gesellschaftliches Engagement der Institution, professionelle Entwicklung der Forschenden, unternehmerische Verantwortung, Innovationen in der Forschung, Rechenschaftspflicht gegenüber Geldgebenden und Verbesserung der institutionellen Sichtbarkeit guter Praktiken.
2. Ermitteln Sie die Personen oder Gruppen, die von der Strategie direkt betroffen sind oder auf deren Erfolg wesentlichen Einfluss haben. Die Förderung eines Kulturwandels zugunsten von PE erfordert besondere Aufmerksamkeit für die Beweggründe und Barrieren, die für einen Wandel maßgeblich sind.
3. Ermitteln Sie, welche Prozesse, Plattformen, Möglichkeiten und institutionellen Verfahren oder kulturverändernden Aktivitäten zu den im ersten Schritt definierten Ergebnissen führen können, und beteiligen Sie die im zweiten Schritt ermittelten Personen.

Ein nützliches Instrument in der institutionellen Entwicklung ist das EDGE-Tool des Nationalen Koordinierungszentrums für Public Engagement (NCCPE, 2023a). Sobald die Maßnahmenbereiche festgelegt sind, sollte in Zusammenarbeit mit Mitarbeitenden und Unterstützungsteams eine Bedarfsanalyse vorgenommen werden, um bestehende Defizite in der Unterstützung, Förderung und Schulung von Forschenden sowie deren Stakeholder:innen zu ermitteln. Wenn aktiv dafür geworben wird, im Hinblick auf PE Unterstützungsstrukturen zu schaffen, können solche Aktivitäten die Notwendigkeit einer Institutionalisierung dieser Strukturen verdeutlichen. Gleichzeitig kann – falls erforderlich – der Bedarf professioneller Positionen zur Umsetzung von PE verdeutlicht werden.

4.1 Das Logikmodell

Ein nützliches strategisches Instrument für den Wandel ist das Logikmodell (NCCPE, 2020). Es ermöglicht Nutzer:innen, gewünschte Ergebnisse in einen spezifischen Aktionsplan zu übersetzen, der Inputs, Outputs und Impact klar definiert. Dieses Modell wird häufig in Verbindung mit einem Gantt-Diagramm (Geraldi & Lechler, 2012) verwendet und ist als flexibler Rahmen für die Planung konzipiert. Dieser Rahmen sollte während der Laufzeit eines Projekts wiederholt überprüft werden, um Fortschritte zu bewerten und mögliche zukünftige Anforderungen zu verstehen. Eine Erweiterung des Logikmodells um Kriterien wie Evaluierungsmethoden und -indikatoren trägt ebenfalls dazu bei, dass Monitoring und Evaluierung vollständig in den Prozess integriert sind.

Die Entwicklung eines Logikmodells beginnt idealerweise mit der Definition der gewünschten Ergebnisse. Von dort aus wird rückwärts durch die dafür notwendigen Aktivitäten und Inputs gearbeitet, um sicherzustellen, dass alle Maßnahmen auf die Erreichung dieser Ziele ausgerichtet sind. Das Logikmodell sollte als dynamisches Dokument betrachtet werden, das sich im Lauf des Projekts weiterentwickeln kann. Die Integration von Monitoring und Evaluierung ermöglicht die Anpassung an unvorhergesehene Ergebnisse, seien sie positiv oder negativ. Die Verwendung des Logikmodells in diesem institutionellen Kontext lässt sich an Projekten erkennen, die vom UKRI-SEEPER-Programm (NCCPE & UKRI, 2020) unterstützt werden.

Die Sektoren des Modells sollten systematisch bearbeitet werden:

- **Langfristige und kurzfristige Ziele**. Das abschließende Ziel des Projekts sollte in einem prägnanten Satz beschrieben werden. Kurzfristige Ziele – etwa drei bis fünf sollten es sein – beschreiben die zu erzielenden Veränderungen oder wichtigsten Ergebnisse des Projekts. Das Wort „und“ sollte vermieden werden, um Mehrdeutigkeiten zu verhindern. Es sollten nicht mehrere Ziele in einem Satz genannt werden.
- **Situation**. Welche Situation muss sich ändern, warum sollte sie sich ändern und für wen? Dieser Schritt ist wichtig und sollte sicherstellen, dass die Perspektiven aller Beteiligten berücksichtigt werden.
- **Inputs**. Aufzählung aller für das Projekt erforderlichen Ressourcen und Inputs, z. B. Zeit, Geld, Personal, materielle Gegenstände für Aktivitäten etc.
- **Aktivitäten**. Welche Aktivitäten werden mit wem unternommen, um die anvisierten Ergebnisse zu erreichen?
- **Ergebnisse**. Die Ergebnisse sollten in drei zeitliche Kategorien unterteilt werden. Der tatsächliche Zeitpunkt sollte für jedes einzelne Projekt festgelegt werden. Normalerweise werden Projekte allerdings wie folgt heruntergebrochen:
  - **Kurzfristig**. Auch als „Outputs“ bezeichnet. Betreffen unmittelbare Ergebnisse in Bezug auf Ressourcen, Lernen, Bewusstsein, Wissen, Einstellungen, Fähigkeiten, Interesse, Meinungen, Interessen, Absichten oder Motivationen.

  - **Mittelfristig**. Umfassen Verhaltensänderungen, etwa bei Gewohnheiten, Praktiken, Entscheidungsfindung, Richtlinien oder sozialem Handeln.
  - **Langfristig**. Beziehen sich auf Veränderungen in „Bedingungen", etwa in den Bereichen Umwelt, Soziales, Wirtschaft, Politik oder Bürgerrechte.
- Indikatoren, Methoden und Zeitpunkte. Sie alle stehen im Zusammenhang mit dem Monitoring und der Evaluation der Aktivität. Häufig – und vor allem bei größeren Projekten – ist es hilfreich,
  - die wichtigsten Indikatoren für die qualitative und die quantitative Performance aufzulisten, die eine Veränderung in Richtung der gewünschten Ergebnisse anzeigen.
  - Bestimmen Sie die Methoden, mit denen diese Indikatoren nachgewiesen werden, und
  - die Zeitpunkte, zu denen diese gemessen werden sollten. Die Ermittlung eines Ausgangswerts zu Projektbeginn ist entscheidend, da nur so Veränderungen im Projektverlauf eindeutig bestimmt und interpretiert werden können.
- **Risiken und Annahmen**. Obwohl sie oft übersehen werden, gehören Risiken und Annahmen zu den wertvollsten Bestandteilen eines Logikmodells. Die Berücksichtigung von Risiken, die von Wetterabhängigkeiten bis hin zu mangelnder Partizipation reichen können, und von Vorannahmen, wie dem Interesse bestimmter Gruppen an einer Partizipation, bietet zwei wesentliche Vorteile. Zum einen wird eine vorausschauende Planung ermöglicht, um potenzielle Probleme frühzeitig zu erkennen und zu vermeiden. Zum anderen können unter bestimmten Umständen zusätzliche Möglichkeiten für weiteren Impact identifiziert werden, die sonst potenziell übersehen worden wären.

4.2 Strategie des Public Engagement im internationalen Kontext

Die zunehmende Bedeutung der Internationalisierung in der Forschung ergibt sich aus der Vielzahl globaler Probleme, die als „globale Polykrise" bezeichnet werden. Häufig wird eine internationale Zusammenarbeit in der Forschung gefordert, deren Ergebnisse nur mit einem multilateralen politischen und gesellschaftlichen Willen umgesetzt werden können. Um Forschungsergebnisse in die Praxis umzusetzen und durch nicht akademische Quellen initiierte Forschungsrichtungen zu transportieren, ist es essenziell, kulturelles Bewusstsein für die unterschiedlichen gesellschaftlichen, politischen und akademischen Systeme sowie die spezifischen Anforderungen und Prioritäten zu entwickeln. Diese komplexen Anforderungen bringen eine einzigartige Herausforderung mit sich, die eine flexible und kontextbezogene Einbindung von Stakeholder:innen erfordert. PE bietet dafür einen idealen Rahmen. Zugleich haben PE-Strategien zur Integration guter Praktiken in institutionelle Strukturen per Definition einen lokalen und institutionellen Fokus.

Internationale partizipative Aktivitäten konzentrieren sich häufig auf Formate der Verbreitung oder Partizipation, die bereits engagierte Zielgruppen ansprechen. Der Versuch, ein Aktivitätsformat auf unterschiedliche kulturelle Kontexte zu übertragen, erweist sich zumeist als einschränkender Faktor und behindert im Allgemeinen den Dialog. PE bietet jedoch einen Rahmen, in dem diese Probleme überwunden werden können, da es verschiedene Formate für die Umsetzung zulässt, die zu gemeinsamen Zielen und Vorgaben beitragen. Als verbindender Rahmen kann PE-Institutionen, politische Akteur:innen, Industrie und Gesellschaft durch gemeinsame Zielsetzungen zusammenführen.

Eine lokale PE-Strategie lässt sich daher sinnvoll mit einer globalen Strategie ergänzen, die mit institutionellen Internationalisierungsstrategien sowie mit nationalen oder gar globalen Strategien wie den UN-Zielen für nachhaltige Entwicklung verknüpft ist.

5 Schlussfolgerungen: Das Bekenntnis des Public Engagement zur Partizipation

Neben der Entwicklung von Best Practices für die Gestaltung und Umsetzung partizipativer Methoden müssen auch Nachhaltigkeit und Unterstützung dieser Methoden in einem turbulenten und herausfordernden akademischen Umfeld sichergestellt werden. Public Engagement bietet diesen breiteren Rahmen, der alle Akteur:innen der partizipativen Forschung innerhalb und außerhalb der Hochschulen befähigt. Als übergeordneter Rahmen dient PE nicht nur der Gestaltung, Durchführung und Evaluierung von Aktivitäten, sondern auch der strategischen Integration partizipativer Ansätze sowie anderer Formen der Partizipation in die Forschungskultur. In einem Umfeld, in dem Forschungsoutputs und -resultate präzise beobachtet und gemessen werden, wird PE zu einem essenziellen Werkzeug, um den Impact wissenschaftlicher Aktivitäten in Gesellschaft und Wissenschaft sowohl zu nutzen als auch nachzuweisen. Die Anerkennung des Werts von PE, seines Impacts innerhalb und außerhalb akademischer Kreise sowie das wachsende Verständnis der Best-Practices-Prinzipien machen diesen Bereich zu einem eigenständigen und zunehmend bedeutenden Forschungsfeld. PE bietet also einen Rahmen, der sowohl flexibel als auch skalierbar ist und sich vom individuellen bis hin zum internationalen Kontext anwenden lässt.

Um seine volle Wirksamkeit zu entfalten, muss Public Engagement jedoch von Geldgebenden ernsthaft berücksichtigt werden. Institute und Forschende müssen nicht nur in ihrem PE unterstützt, sondern von Geldgebenden auch für den Impact ihrer Engagement-Aktivitäten zur Rechenschaft gezogen werden. Die Professionalisierung des PE-Sektors in Deutschland hat begonnen, bedarf jedoch nachdrücklicher Förderung. Institute sollten mittel- bis langfristige Verpflichtungen hinsichtlich Personal- und Finanzressourcen eingehen, um die Professionalisierung dieses Sektors in ihrem Forschungsumfeld zu stärken. Dies würde die Best Practices der Umsetzung partizipativer Methoden und die Förderung dieser Interaktionen voranbringen, mit erheblichen Vorteilen für die Mission der Institution, die Innovationskraft der Forschung und den gesellschaftlichen Impact.

Ein zentraler Bestandteil dieser Entwicklung ist der Weg der Belohnung und Anerkennung, der nachweislich zur Integration von PE in individuelle und institutionelle Forschungskulturen beiträgt, beispielsweise durch institutionelle Akkreditierung und Anerkennung, etwa durch die vom National Coordinating Centre for Public Engagement

(NCCPE, 2024b) im Vereinigten Königreich entwickelten Engage Watermarks (NCCPE, 2024a). Mit der Anwendung derlei Methoden und Strategien zur Unterstützung der Partizipation im Rahmen des Public Engagement können wir gemeinsam eine wirkungsvolle, nachhaltige und produktive Beziehung zwischen Forschung und Gesellschaft schaffen.

Literatur

#FactoryWisskomm. (2021). *Handlungsperspektiven für die Wissenschaftskommunikation*. Bundesministerium für Bildung und Forschung. https://www.bmbf.de/SharedDocs/Downloads/DE/2022/handlungsperspektiven.pdf?__blob=publicationFile&v=6. Zugegriffen am 01.05.2026.

Bornmann, L. (2013). What is societal impact of research and how can it be assessed? A literature survey. *JASIST, 64*(2), 217–233.

Cerrato, S., Daelli, V., Pertot, H., & Puccioni, O. (2018). The public-engaged scientists: Motivations, enablers and barriers. *Research for All, 2*(2), 313–322. https://doi.org/10.18546/RFA.02.2.09

Cyber Valley & Berlin School of Public Engagement and Open Science. (2023). *Der Public-Engagement-Kodex. Wie wir den Dialog zwischen Wissenschaft und Öffentlichkeit gestalten.* Berlin School of Public Engagement and Open Science. https://publicengagement.berlin/wp-content/uploads/2025/05/BS-23-001-Berlin-School_Kodex-2023_Booklet-A5_dt_SCREEN.pdf

Featherstone, H., Dillon, J., Johnson, C., & Manners, P. (2018). *Scoping the Professionalisation of Public Engagement with STEM*. National Coordinating Centre for Public Engagement. https://www.publicengagement.ac.uk/sites/default/files/2023-08/scoppes_forum_recommendations_final_version.pdf

Geraldi, J., & Lechler, T. (2012). Gantt Charts revisited: A critical analysis of its roots and implications to the management of projects today. *International Journal of Managing Projects in Business, 5*(4), 578–594. https://doi.org/10.1108/17538371211268889

Hamlyn, B., Shanahan, M., Lewis, H., O'Donoghue, E., Hanson, T., & Burchell, K. (2015). *Factors affecting public engagement by researchers: A study on behalf of a Consortium of UK public research funders*. TNS-BMRB. https://cms.wellcome.org/sites/default/files/wtp060033_0.pdf

Holbrook, J. (2017). The future of the impact agenda depends on the revaluation of academic freedom. *Palgrave Communications*, *3*, Artikel 39. https://doi.org/10.1057/s41599-017-0041-0

Inamorato dos Santos, A., Punie, Y., & Castaño Muñoz, J. (2016). *EUR 27938 – Opening up Education: support framework for higher education institutions*. Publications Office of the EU. https://data.europa.eu/doi/10.2791/293408

Metcalfe, J. E. (2019). *Rethinking science communication models in practice* [Dissertation, Australian National University]. The Australian National University Open Research Repository. https://doi.org/10.25911/5d84ab02953ae

NCCPE – National Co-ordinating Centre for Public Engagement. (2023a, Oktober 09). *Assess your institutional culture: Introducing the EDGE tool*. https://www.publicengagement.ac.uk/resources/guide/assess-your-institutional-culture-introducing-edge-tool

NCCPE – National Co-ordinating Centre for Public Engagement. (2023b, Oktober 12). *Using a logic model to develop your strategy*. https://www.publicengagement.ac.uk/resources/guide/using-logic-model-develop-your-strategy

NCCPE – National Co-ordinating Centre for Public Engagement. (2024a). *Engage Watermark*. https://www.publicengagement.ac.uk/engage-watermark

NCCPE – National Co-ordinating Centre for Public Engagement. (2024b). *Introducing Public Engagement*. https://www.publicengagement.ac.uk/introducing-public-engagement

NCCPE – National Co-ordinating Centre for Public Engagement & University College London. (2020). *The engaged university: Turning words into action*. NCCPE. https://www.publicengagement.ac.uk/sites/default/files/2023-06/nccpe_the_engaged_university_report_aug20_final_0.pdf

NCCPE – National Co-ordinating Centre for Public Engagement & UKRI – United Kingdom Research and Innovation. (2020). *Change Makers: Lessons from the UKRI SEE-PER programme*. NCCPE. https://www.publicengagement.ac.uk/sites/default/files/2023-06/change_makers_-_lessons_from_see-per.pdf

Pinar, M., & Horne, T. J. (2022). Assessing research excellence: Evaluating the Research Excellence Framework. *Research Evaluation, 31*(2), 173–187. https://doi.org/10.1093/reseval/rvab042

Riley, J., Joubert, M., & Guenther, L. (2022). Motivations and barriers for young scientists to engage with society: Perspectives from South Africa. *International Journal of Science Education, Part B, 12*(2), 157–173. https://doi.org/10.1080/21548455.2022.2049392

Rose, K. M., Markowitz, E. M., & Brossard, D. (2020). Scientists' incentives and attitudes toward public communication. *Proceedings of the National Academy of Sciences of the United States of America, 117*(3), 1274–1276. https://doi.org/10.1073/pnas.1916740117

Strachan, S., Logan, L., & Marshall, S. (2022). Vertically integrated projects for sustainable development: Achieving transformational action by embedding research-based ESD in curricula. *Environmental Sciences Proceedings, 15*(1), Artikel 63. https://doi.org/10.3390/environsciproc2022015063

Weingart, P., Joubert, M., & Connoway, K. (2021). Public engagement with science – Origins, motives and impact in academic literature and science policy. *PLoS ONE, 16*(7), Artikel e0254201. https://doi.org/10.1371/journal.pone.0254201

Wellcome Trust. (2011, Juni 12–15). *Community Engagement: Under the Microscope*. Wellcome Collection. https://wellcomecollection.org/works/dy5k6xy3

Woolston, C. (2023). Measuring societal impact: How to go beyond standard publication metrics. *Nature, 614*(7947), 375–377. https://doi.org/10.1038/d41586-023-00345-1

Dr. Alina Loth Teamleitung Personalstrukturen und Hochschulstrategien, Stifterverband. Sie forscht zu strategischem Kulturwandel im Wissenschaftssystem.

Mhairi Stewart ist Leiterin der Abteilung für Public Engagement und Wirkung, und Geschäftsführerin des Berlin Hub for Science and Society. Sie befasst sich mit Politik und Forschung im Bereich von Public Engagement.

Wissenschaftsläden als Schnittstellen für den wissenschaftlich-zivilgesellschaftlichen Dialog

Norbert Steinhaus und Daniel Ludwig

1 Einleitung

Unsere Gesellschaft steht vor großen Herausforderungen: Klimawandel, Gesundheitskrisen, Ressourcenknappheit, demografischer Wandel, Demokratie und Partizipation, um nur einige zu nennen. Bei allen entsprechenden Aktivitäten, ob im akademischen Kontext oder in einem nicht akademischen Umfeld, ist es sinnvoll, von Modellen zu lernen, die bereits mit einem interaktiven, kollaborativen und ko-kreativen Ansatz vertraut sind, da neue Formen der Zusammenarbeit erforderlich sind, um das Potenzial für präventive Veränderungen und Innovationen zu erhöhen. Ko-Kreation basiert auf Dialog, Erfahrungen und Beobachtungen, visualisiert Ergebnisse und spiegelt die Belange aller beteiligten Akteur:innen wider. Diese erweitern durch ihre Einbindung nicht nur ihr Wissen, beispielsweise zum Klimawandel und innovativem Klimahandeln, sie identifizieren auch Chancen und Barrieren möglicher Anpassungsstrategien und können sich an der Entwicklung konkreter Maßnahmen beteiligen (Steinhaus et al., 2021). Wir sollten nach „Leuchttürmen" Ausschau halten, die als Vorbild oder Inkubator für die Replikation entwickelter Ansätze dienen. Durch Netzwerke, Leuchtturmprojekte oder Reallabore/Living Labs für verschiedene Ziele einer nachhaltigen Entwicklung, durch übergeordnete Forschungsstrategien oder durch die Bearbeitung lokaler Bedarfe kann ein positives Umfeld für eine multidisziplinäre Forschung geschaffen werden, die Bürger:innen und heterogene

N. Steinhaus (✉)
Wissenschaftsladen Bonn e.V., Bonn, Deutschland
E-Mail: norbert.steinhaus@wilabonn.de

D. Ludwig
Universität Vechta, Vechta, Deutschland

S. Voigt-Heucke et al., *Praxishandbuch Partizipation in der Wissenschaft*,
https://doi.org/10.1007/978-3-658-51093-0_23

Interessengruppen zusammenzubringt, um gemeinsam Lösungen zu entwickeln, Wissen auszutauschen und Fähigkeiten (weiter) zu entwickeln (Steinhaus, 2022).

Um der hier notwendigen Diskussion Raum zu geben, bedarf es einer verantwortungsvollen Forschung und Lehre, die auf die Einbindung von Akteur:innen sowie auf partizipative Prozesse zur Einbeziehung von Werten, Bedürfnissen und Erwartungen ausgerichtet ist. Das gemeinsame Schaffen von Wissen (Co-Creation)[1] erfordert eine gemeinsame Sprache, um Brücken zu Partnereinrichtungen in der Region zu bauen. Gerade aktuelle gesellschaftliche Diskussionen zeigen, wie wichtig es ist, wissenschaftliche Strukturen so auszubauen, dass konkreten Fragestellungen von Bürger:innen, partizipativer Forschung und Wissenschaftskommunikation, anwendungsorientierten Lernformaten und interdisziplinärer Bildung mehr Raum gegeben wird. Die Co-Creation von Wissen darf sich aber nicht nur auf „Community Building" oder die Förderung von Kompetenzen beziehen, sondern muss auch Zugang zu Informationen ermöglichen und entsprechende Barrieren beseitigen, damit sich neue Ideen verbreiten können – auf Augenhöhe mit allen Stakeholder:innen (Steinhaus et al., 2021).

2 Wissenschaftsläden – Das Konzept

Wissenschaftsläden entstanden in den 1970er-Jahren im Kontext der Studierendenbewegung in den Niederlanden. Pate für die Wahl des Namens stand der Umstand, dass als erste Anlaufstelle für Bürger:innen den Studierenden und Wissenschaftler:innen ein leerstehendes Ladenlokal angeboten wurde. Aus winkel und wetenschap wurde Wetenschapswinkel, übernommen und übersetzt dann als Science Shop oder Wissenschaftsladen. Der deutsche Name erlaubte auch eine Assoziation mit den seinerzeit entstandenen Kinderläden oder Gesundheitsläden. Heute sind Wissenschaftsläden entweder in Strukturen akademischer Einrichtungen eingebunden oder agieren autonom beispielsweise als Verein außerhalb der Universitäten.

Das Wissenschaftsladen-Konzept ist ein Beispiel für Aktionsforschung,[2] die nicht nur die praktische Einbindung von Laien und nicht institutionalisierter Wissenschaft unter Anerkennung verschiedener Wissensformen in die Forschung umfasst, sondern auch auf

[1] Co-Creation dient der Generierung von Lösungsansätzen und Ideen für Produkte und Dienstleistungen mithilfe unterschiedlicher Kreativ-Methoden. Es erlaubt Einblicke in reale Lebens- und Erfahrungskontexte der Beteiligten als Input für den Forschungs- und Innovationsprozess. Je nach Zielstellung sind ko-kreative Methoden in fast allen Phasen des Innovationsprozesses einsetzbar: Herausforderungen identifizieren, Ideen generieren, Lösungen entwickeln, Lösungen testen.

[2] Aktionsforschung ist eine qualitative Methode, die sich auf die Lösung von Problemen in sozialen Systemen konzentriert. Ihr Schwerpunkt liegt auf der Lösung des vorliegenden Problems durch Wissensgenerierung und Maßnahmen innerhalb des sozialen Systems, in dem das Problem liegt. Ziel ist es, gemeinsames Wissen über die Problemlösung zu generieren, indem die Kluft zwischen Theorie und Praxis überbrückt wird (https://resources.nu.edu/c.php?g=1013605&p=8464648). Zugriff 28.04.2026

transformatives Handeln abzielt. Es bezieht Menschen in die wissenschaftliche Forschung zu ihren eigenen Lebensbedingungen und Alltagsproblemen ein, um eine selbst initiierte Veränderung bzw. Entwicklung dieser Bedingungen zu bewirken.[3]

Eine oft verwendete Definition von Wissenschaftsläden beschreibt sie als Einrichtungen, die „unabhängige, partizipative Forschungsunterstützung als Reaktion auf Anliegen der Zivilgesellschaft" (Leydesdorff & Ward, 2005) leisten. Per Definition ist „[e]in Wissenschaftsladen eine Einrichtung, die unabhängige partizipative Forschungsunterstützung als Antwort auf die Anliegen der Zivilgesellschaft bietet.[4] Die Arbeit erfolgt häufig in Form von gemeinsamen Forschungs- und/oder Innovationsprojekten, um auf die Bedürfnisse der Zivilgesellschaft (meist repräsentiert durch zivilgesellschaftliche Organisationen) einzugehen" (Mulder et al., 2006).

Der Schwerpunkt der Wissenschaftsladen-Arbeitsweise liegt auf der Beteiligung unterschiedlicher Communities, die eine breite Palette von qualitativen und quantitativen Methoden und Formaten umfassen kann. Unabhängig von den verwendeten Methoden ist das Einzigartige an Wissenschaftsläden die Art und Weise, wie die Forschungsaktivitäten konzipiert und durchgeführt werden. Neben dieser Partizipation wird ein starker Schwerpunkt auf die reale Nutzung der Erkenntnisse gelegt.

Im Kontext des von der EU geförderten Projekts „SciShops.eu[5] – Enhancing the Responsible and Sustainable Expansion of the Science Shops Ecosystem in Europe" haben Kontic und Kolleg:innen einen umfassenden Überblick über die bisherigen Bemühungen und die bestehende Praxis bei der Durchführung partizipativer Forschung vorgelegt (Kontic & Kontic, 2018) und dabei folgende Prinzipien und Merkmale herausgearbeitet:

- Bestätigung als Community, z. B. bei Vorliegen gemeinsamer Ziele oder Anliegen Einheit der Identität,
- Aufbau auf Stärken und Ressourcen innerhalb der Communities,
- Förderung einer kollaborativen, gleichberechtigten Partnerschaft in allen Phasen der Forschung, in der Verantwortung geteilt wird und eventuelle soziale Ungleichheiten berücksichtigt werden,
- Förderung des gemeinsamen Lernens und des Capacity Building bei allen Partner:innen,
- Integration und Balance zwischen Wissensgenerierung und Intervention zum gegenseitigen Nutzen aller Partner:innen,
- Fokussierung auf die lokale Relevanz von Themen.

[3] Siehe http://engage2020.eu/media/D3-2-Public-Engagement-Methods-and-Tools-3.pdf. Zugriff 28.04.2026

[4] Siehe https://www.livingknowledge.org/science-shops/about-science-shops/. Zugriff 28.04.2026

[5] Siehe https://www.scishops.eu/. Zugriff 28.04.2026

3 Wissenschaftsladenalltag

Ihrem ursprünglichen Ansatz nach erhielten die Wissenschaftsläden Fragen direkt von zivilgesellschaftlichen Organisationen. Es gibt jedoch viele andere Kanäle, um bottom-up Forschungsfragen zu generieren und auf konkrete Fragen der Zivilgesellschaft einzugehen. Zum Beispiel kann die Bildungscommunity (Lehrende und Lernende) diese Anliegen durch Praktika identifizieren, Unternehmen erkennen oft soziale Belange durch ihre Aktivitäten im Bereich ihrer sozialen Verantwortung oder institutionalisiert Forschende können sich an einer Bedarfsanalyse beteiligen, um entsprechende Aspekte zu identifizieren. Zudem sind Wissenschaftsläden oft selbst aktiv an der Identifizierung gesellschaftlicher Anliegen beteiligt und gestalten dann gemeinsam mit Stakeholder:innen ihre Forschungs-, Innovations- oder Bildungsprozesse (Urias et al., 2020).

Die grundsätzliche Arbeitsweise universitätsbasierter Wissenschaftsläden beginnt häufig mit einer Frage aus der Zivilgesellschaft und der Prüfung, ob es zu dieser Frage schon wissenschaftliche Erkenntnisse gibt, die dem:der Anfragenden vermittelt werden können. Ist dies nicht der Fall ist, wird mit den Anfragenden gemeinsam überlegt, welcher Art die eigentliche Forschungsfrage hinter dem Anliegen sein könnte.

Jenseits der universitätsbasierten Wissenschaftsläden sieht es etwas anders aus, vor allem weil die Finanzierung hier vorrangig projektorientiert erfolgt. Das bedeutet, dass zunächst das Problem identifiziert und bestimmt werden muss, welche Lösungsmöglichkeiten dazu projektorientiert angegangen werden können. Dies erfolgt nicht zwingend über eine direkte Anfrage aus der Bevölkerung, sondern basiert auch auf aktuellem Engagement von Mitarbeiter:innen in Fachgremien, NGOs bis hin zu kommunalen Ausschüssen. Dann beginnt i. d. R. die Suche nach finanzieller Unterstützung für die Projektarbeit (Beckmann, 2022).

4 Entwicklung der Wissenschaftsläden in Europa

Der Etablierungsprozess der Wissenschaftsläden in Europa vollzog sich bildlich gesprochen in Wellen – mit Höhen und Tiefen, aber stets in Bewegung. Er begann in den 1970er-Jahren im Kontext der Studierendenbewegung in den Niederlanden, 1973 an der Universität Utrecht und 1978 an der Universität Amsterdam. Gleichzeitig wuchs auch das allgemeine Interesse an Umwelt- und Ökologiethemen, in denen auch heute noch viele Wissenschaftsläden aktiv sind (Mulder, 2010).

In den 1980er-Jahren entstanden Wissenschaftsläden einer „zweiten Welle" in West-Deutschland, Frankreich, Dänemark und Belgien. Diese Läden können durchaus als Spin-offs alternativer sozialer Bewegungen, wie Umwelt- und Bürgerinitiativen, betrachtet werden. Die damalige Umweltbewegung hatte einen starken Einfluss auf diese Entwicklungen, die vor allem auf Kooperationen mit aufstrebenden universitären Fachbereichen der Umweltwissenschaften basierten. Eine „dritte Welle" konnte in den 1990er-Jahren in Österreich und im Vereinigten Königreich initiiert werden. Die österreichischen Läden wurden zumindest teilweise durch das niederländische Beispiel angeregt, die britischen Initiativen hingegen von staatlichen Stellen und einer Stiftung ins Leben gerufen. In einer „vierten Welle" wurden im Zeitraum von 1995 bis 2000 in den mittel- und osteuropäischen EU-Beitrittsländern Wissenschaftsläden nach niederländischem Vorbild und in Kooperation mit niederländischen Wissenschaftsläden gegründet (Steinhaus, 2022), in Ostdeutschland bis in die 2010er-Jahre oft organisatorisch angelehnt an das Beispiel bestehender Wissenschaftsläden an westdeutschen Standorten.

In den folgenden Jahren wurde in Europa und weltweit mit verschiedenen Programmen und zu unterschiedlichen Zeiten versucht, Forschende und Zivilgesellschaft zur Zusammenarbeit zu ermutigen. Europäische Wissenschaftsläden haben Bürger:innen in die Universitäten vernetzt, um gemeinsam Forschungs- und Transferprojekte zu initiieren. Im Vereinigten Königreich verfolgten die „beacons for public engagement" denselben Ansatz. Das kanadische Social Sciences and Humanities Research Council unterstützte ein Netzwerk von „community-university research alliances" (CURA). Und in der Île-de-France bringt die Initiative PICRI (Partenariats Institutions-Citoyens pour la Recherche et l'Innovation) seit 2005 Bürger:innen und Forschende zusammen, um Forschung in Bereichen gemeinsamen Interesses zu finanzieren (Steinhaus, 2014). In den Niederlanden beinhaltet seit 2018 der nationale „City Deal Kennis Maken" viele den Wissenschaftsläden ähnliche Ansätze, um Verbindungen zwischen Hochschulbildung, Kommunen und Zivilgesellschaft in Städten herzustellen.[6]

Viele, aber nicht alle Wissenschaftsläden, haben strukturelle Verbindungen zu Universitäten und nutzen die Arbeit von Studierenden unter entsprechender Betreuung, um auf die Bedürfnisse der Zivilgesellschaft einzugehen (Steinhaus & Mulder, 2022). Andere wiederum arbeiten, aus der Zivilgesellschaft kommend, unabhängig als gemeinnützige Vereine oder Social Enterprises, wodurch der wissenschaftlich-zivilgesellschaftliche Dialog bereits innerhalb der Community der Wissenschaftsläden selbst verankert ist.

5 Wissenschaft und Gesellschaft in der Europäischen Union

Die heute prägende Internationalisierung der Wissenschaftsladen-Bewegung begann in den späten 1990er-Jahren, 1999 wurde das erste transnationale Projekt für Wissenschaftsläden – SCIPAS[7] – ins Leben gerufen. SCIPAS erfasste, systematisierte und dokumentierte zum ersten Mal die verschiedenen Wissenschaftsladen-Modelle im internationalen Vergleich.

Ein „Aktionsplan Wissenschaft und Gesellschaft" wurde auf Ersuchen des Europäischen Forschungsrats vom 26. Juni 2001 von der EU-Kommission vorgelegt. Er war Teil

[6] Im Niederländischen hat kennis maken eine doppelte Bedeutung: ‚Kennenlernen' und ‚Wissen schaffen'. (https://regieorgaan-sia.nl/financiering/city-deal-kennis-maken/). Zugriff 28.04.2026

[7] Siehe https://www.wilabonn.de/abgeschlossene-projekte/170-abgeschlossene-projekte-eu-projekt-scipas.html. Zugriff 28.04.2026

des von der Europäischen Kommission im Januar 2000 eingeleiteten Prozesses zur Schaffung eines Europäischen Forschungsraums. Es handelte sich um eine Folgemaßnahme zum Arbeitspapier „Wissenschaft, Gesellschaft und Bürger in Europa“ der Kommission, das im November 2000 die Grundlage für die Debatte über das Verhältnis von Wissenschaft und Technologie zur Gesellschaft und zu den Bürger:innen Europas bildete (European Commission, 2002).

Damit hat man sich abgesetzt vom „public understanding of science“, also der reinen unidirektionalen Wissenschaftskommunikation, hin zu Partizipation von Bürger:innen. In diesem „science and society action plan“ (European Commission, 2002) wurden Wissenschaftsläden explizit erwähnt, im europäischen Kontext werden sie mittlerweile als relevanter Ansatz der aktiven Einbindung zivilgesellschaftlicher Akteur:innen bei der Lösung gesamtgesellschaftlicher Fragen und Anliegen gesehen. Die europäische Anerkennung auch weiterer Ansätze wie Citizen Science oder Living Labs ist zumindest in Teilen ein Erfolg der Wissenschaftsläden. Es gab entsprechende Ausschreibungen auf europäischer Ebene und neue Wissenschaftsläden wurden gegründet – sowohl mit als auch ohne europäische Projektförderung. Damit ist auch die, neben der wissenschaftlich-zivilgesellschaftlichen Verankerung, die zweite Besonderheit der Wissenschaftsläden als Modell umrissen, nämlich die implizite Vernetzung lokaler mit internationalen Ansätzen und Aktivitäten.

Beispiele für Wissenschaftsläden in Deutschland

Der seit 1984 bestehende **Wissenschaftsladen Bonn** (https://www.wilabonn.de) widmet sich zentralen gesellschaftlichen Herausforderungen wie der Landnutzung und Flächenversiegelung, kreislaufwirtschaftlichen Fragen in der Bauwirtschaft oder nachhaltigen Berufsfeldern. Er ist eine Non-Profit-Organisation, die ihre Kosten deckt, aber nicht gewinnorientiert arbeitet. Arbeitsbereiche werden durch Drittmittelprojekte, aber auch durch Informations-, Mess- und Beratungsleistungen finanziert. Mit rund 30 angestellten Mitarbeiter:innen ist er einer der größten Wissenschaftsläden der Welt.

Der **Wissenschaftsladen Potsdam** (http://www.wissenschaftsladen-potsdam.de/) betreibt seit 2011 die Offene Werkstatt machBar im freiLand Potsdam, eine für alle Menschen offene Begegnungs- und Lernstätte. Hier werden sowohl politische und soziale Themen diskutiert als auch handwerklich in einem Fabrication Laboratory (FabLab) gearbeitet. Dieses bietet Werkstatträume für freie, niedrigschwellige und eigenkreative Nutzung mit und ohne Fachanleitung und -beratung. In der machBar werden gesellschaftsrelevante Themen, wie Re-, Up- und Downcycling, Stadtökologie, Konsum, Lebensstile und -formen, Open Source & Science, politische Partizipation und (herrschaftsfreie) Organisation diskutiert.

Die Universität Vechta hat im November 2012 mit dem **Science Shop Vechta/Cloppenburg** (https://www.uni-vechta.de/science-shop) eine Anlaufstelle für zivilgesellschaftliches Engagement in der Wissenschaft geschaffen, die sich am Konzept niederländischer Wetenschapswinkel orientiert. Er ist organisatorisch dem Referat für Forschung, Nachwuchsförderung und Transfer der Universität Vechta zugeordnet und kooperiert mit anderen regionalen Hochschuleinrichtungen wie der Hochschule Emden/Leer und der Jade Hochschule Wilhelmshaven/Oldenburg/Elsfleth. Räume und technische Ausstattung werden durch den Landkreis Cloppenburg gestellt. Das partizipative Konzept „Open Access to Science!" steht im Mittelpunkt seiner ArbeitWissenschaftsladen Vechta/Cloppenburg. Diese Serviceeinrichtung zeigt auch das gesellschaftliche Engagement der Universität Vechta in der Region (Ludwig et al., 2022). ◄

6 Wissenschaftsläden in der zukünftigen Forschungslandschaft

Die aktuellen Themen der Wissenschaftsläden hängen von der jeweiligen Einrichtung ab, von der Expertise, die das Team des Wissenschaftsladens mitbringt und natürlich auch von den Schwerpunkten der Hochschulen im Hintergrund. Insofern sind die inhaltlichen Schwerpunkte themenoffen. Es gibt auch einen entsprechenden Austausch, beispielsweise im deutschsprachigen Netzwerks wissnet[8] und im internationalen Living-Knowledge-Netzwerk.[9] Anfragen werden zur Bearbeitung angeboten und letztendlich, im Hochschulkontext, steht es Studierenden frei, Fragestellungen auszuwählen. Damit können aber auch Fragen unbearbeitet bleiben, wenn sich niemand zu deren Bearbeitung findet.

Es wird mittlerweile erkannt, dass Wissenschaftler:innen selbst i. d. R. nicht alle Anforderungen eines Partizipationsprozesses erfüllen können. Es gibt Universitäten, die dafür Wissenschaftsläden einrichten oder Einrichtungen wie Transferstellen entsprechend qualifizieren, es gibt Projekte, die deshalb Wissenschaftsläden in ihre Konsortien einladen, um eine Schnittstelle zu erforderlichen Multi-Stakeholder:innen-Gruppen zu schaffen, an denen es entsprechender Soft Skills für Vernetzung und Kommunikation bedarf. Wissenschaftsläden sind mittlerweile aber auch nicht mehr die einzigen Anlaufstellen, die sich zivilgesellschaftlicher Fragen annehmen. So wird beispielsweise Service Learning[10] zunehmend in die Hochschullehre integriert. Ursprünglich war Service Learning in der Ausbildung verankert, damit Studierende ihre im Studium erworbenen fachlichen Kenntnisse in den entsprechenden Einrichtungen ihrer Community umsetzen können.

Allerdings lassen sich Ansätze, wie sie durch Wissenschaftsläden, Service Learning oder Citizen Science praktiziert werden, nicht ohne Praxisbezug in der Hochschulbildung vermitteln. Community Engaged Research and Learning (CERL) ist hier ein innovativer

---

[8] Wissnet – Netzwerk deutschsprachiger Wissenschaftsläden.

[9] Siehe www.livingknowledge.org. Zugriff 28.04.2026

[10] Service Learning ist ein didaktischer Ansatz, der einen Dienst an oder Beitrag für die Gesellschaft leistet (Service) und mit der Vermittlung fachlicher Inhalte im Unterrichtsraum verbindet. Studierende können die Wirkung ihres Handelns direkt in einem konkreten gesellschaftlichen Kontext erleben und erfahren. https://www.service-learning.uni-bonn.de/de. Zugriff 28.04.2026

Ansatz, der den Studierenden die Möglichkeit gibt, an Projekten forschenden Lernens teilzunehmen, die auf Anregungen und Bedürfnissen der Zivilgesellschaft basieren. CERL subsummiert eine Vielzahl unterschiedlicher Begriffe für gemeinschaftsorientiertes Forschen und Lernen. CERL kann als gemeinschaftsbasiertes Lernen, Service Learning, Community-based Research, Participatory Action Research, Community-based Participatory Research oder im Kontext des ursprünglichen Wissenschaftsladenansatzes verstanden und umgesetzt werden. CERL wurde durch die Bildungsforschung als eine hochwirksame Lern- und Lehraktivität identifiziert, die das Engagement und die Bindung der Studierenden an Themen und Zielgruppen deutlich erhöht.[11] CERL ermöglicht, die Lernprozesse in Lehr-Forschungs-Aktivitäten durch erfahrene Mitarbeiter:innen zu begleiten[12] und gibt den Zielgruppen (z. B. der Zivilgesellschaft) die Möglichkeit, Probleme im laufenden Prozess zu identifizieren, zu artikulieren und zu lösen. CERL-Ansätze stärken die wissenschaftliche Arbeitsweise (Hypothesen aufstellen, planen, beobachten, experimentieren, dokumentieren), erweitern auf diese Weise die Methodenkompetenz der Studierenden und verbinden so Lehre, Forschung und Transfer.[13]

Aufgrund der umfassenden digitalen Verfügbarkeit wissenschaftlicher Daten und Informationen hat sich der Schwerpunkt der Wissenschaftsladenarbeit seit den 1990er-Jahren von der Bereitstellung von Wissen hin zur Organisation des wissenschaftlich-zivilgesellschaftlichen Dialogs verlagert. Während der Corona-Krise der frühen 2020er-Jahre hat sich der Einsatz digitaler Technologien noch einmal deutlich intensiviert und erweitert, beispielsweise in Kommunikationsmedien oder in Online- bzw. hybriden Veranstaltungs- und Dialogformaten. Dieser Trend wird sich mit dem zunehmenden Einsatz generativer KI-Systeme und der breiteren und kostengünstigeren Verfügbarkeit von Technologien virtueller bzw. erweiterter Realität (VR bzw. XR) voraussichtlich noch verstärken und beschleunigen. Die künftige Arbeit der Wissenschaftsläden wird sich demnach stärker auf die Organisation und Moderation kollaborativer, ko-kreativer Zusammenarbeit von Institutionen und Individuen fokussieren – und dies auch unter Anwendung sich rasant entwickelnder Technologien (Hedemann & Ludwig, 2024).

7 Schlussbemerkung

Durch die Verbindung verschiedener wissenschaftlicher und gesellschaftlicher Aspekte und Wissensbestände konnten Wissenschaftsläden über fast fünf Dekaden Wirksamkeit, Qualität, Akzeptanz und Nachhaltigkeit von Lösungen für komplexe gesellschaftliche Probleme deutlich verbessern.

[11] Siehe https://loess-project.eu/wp-content/uploads/2025/05/D3.1-LOESS-Guidelines-for-CERL-in-HE.pdf.

[12] Siehe https://loess-project.eu/cerl-module-for-lecturers/. Zugriff 28.04.2026

[13] Siehe https://loess-project.eu/wp-content/uploads/2025/05/D3.1-LOESS-Guidelines-for-CERL-in-HE.pdf. Zugriff 28.04.2026

Aufbauend auf Ansätzen des gegenseitigen Lehrens und Lernens und mittels Verbindung der Rollen und Positionen verschiedener Stakeholder:innen bieten Wissenschaftsläden vielversprechende Möglichkeiten einer zielorientierten Partizipation. Im europäischen Kontext eines zunehmend geforderten Multi-Stakeholder:innen-Engagements und der Forderung nach Open Science bieten Wissenschaftsläden als Schnittstellen für den wissenschaftliche-zivilgesellschaftlichen Dialog neben und in Zusammenarbeit mit Formaten wie Citizen Science und Service Learning einen inklusiven und sicheren Raum für partizipativen Dialog und Co-Creation mit einer Vielzahl heterogener Akteur:innengruppen.

Die Herausforderungen für Wissenschaftsläden bestehen fortwährend in der Sicherung ihrer Finanzierung. Die zunehmende Akzeptanz, dass partizipative, gemeinsam von allen an der Forschung beteiligten Interessengruppen durchgeführte Forschungsprozesse und die hieraus resultierenden Ergebnisse innovativen Mehrwert generieren, lässt hoffen, dass Beteiligungsformate und Einrichtungen wie Wissenschaftsläden auch zukünftig eine wichtige Rolle in der Forschungslandschaft spielen werden.

Literatur

Beckmann, C. (2022). Wissenschaftsläden als Form des Empowerments der Zivilgesellschaft? Christoph Beckmann im Gespräch mit Norbert Steinhaus vom Wissenschaftsladen Bonn. *Widersprüche: Zeitschrift für sozialistische Politik im Bildungs-, Gesundheits- und Sozialbereich, 42*(166), 59–73.

European Commission. (2002). *Science & Society Action Plan*. https://op.europa.eu/en/publication-detail/-/publication/67643e5e-7dde-46f5-8aaf-f7c6fac4e2b7/language-en/format-PDF/source-213703766. Zugriff 28.04.2026.

Hedemann, K., & Ludwig, D. (2024). Wissenschaft und Gesellschaft im Dialog. *DUZ Wissenschaft und Management, 2024*(6), 22–25.

Kontic, B., & Kontic, D. (2018). *Baseline Research and best practice report on participatory and community-based research*. https://www.scishops.eu/wp-content/uploads/2020/02/SciShops.eu_D2.1-Baseline-research-and-best-practice-report-on-participatory-and-community-based-research.pdf. Zugriff 28.04.2026.

Leydesdorff, L., & Ward, J. (2005). Science Shops: A kaleidoscope of science–society collaborations in Europe. *Public Understanding of Science, 14*(4), 353–372.

Ludwig, D., Bokop, K., Gröneweg, C., Hedemann, K., & Hoff, H. (2022). Open Access zur Wissenschaft in einer ländlich geprägten Region – Der Science Shop Vechta/Cloppenburg. In B. Benz, W. Schönig, A. L. Arp, K. Lutz, & J. Offergeld (Hrsg.), *Wissenschaftsläden in der Sozialen Arbeit – Partizipative Forschung und soziale Innovationen* (S. 145–154). Beltz Juventa.

Mulder, H. (2010). Wissenschaftsläden. In S. Hornig Priest (Hrsg.), *Encyclopedia of science communication* (S. 733–737). Sage Publications.

Mulder, H., Jørgensen, M. S., Pricope, L., Steinhaus, N., & Valentin, A. (2006). Science Shops as science-society interfaces. In Â. Guimarães Pereira, S. Guedes Vaz, & S. Tognetti (Hrsg.), *Interfaces between science and society* (S. 278–296). Greenleaf Publishing.

Steinhaus, N. (2014). "With or Without You" – The development of science shops and their relationship to higher education institutions in Europe. In R. Munck, L. McIlrath, B. Hall, & R. Tandon (Hrsg.), *Higher education and community-based research* (S. 71–83). Springer.

Steinhaus, N. (2022): Of "Lighthouses", "Living Labs" and the "Wisdom of the Crowd" – Social responsibility beyond research and teaching (an NGO perspective). In GUNI (Hrsg.), *New Visions for Higher Education – Higher Education in the World Report 8. Special Issue* (S. 184–191). https://de.scribd.com/document/773223566/Guni-Heiw-8-Complete-New-Visions-for-Higher-Education-Towards-2030-1. Zugriff 28.04.2026.

Steinhaus, N., & Mulder, H. A. J. (2022). Vom Lösen praktischer Probleme. Genese, Stand und Perspektiven von Wissenschaftsläden. In B. Benz, W. Schönig, A. L. Arp, K. Lutz, & J. Offergeld (Hrsg.), *Wissenschaftsläden in der Sozialen Arbeit – Partizipative Forschung und soziale Innovationen* (S. 28–42). Beltz Juventa.

Steinhaus, N., Hoff, H., Churski, P., Coquard, C., & Pfleger, A. (2021). Eine interaktive Beteiligungskarte für innovatives Klimahandeln in Europa. *Standort – Zeitschrift für Angewandte Geographie, 45*, 272–278. https://doi.org/10.1007/s00548-021-00745-3. Zugriff 28.04.2026.

Urias, E., Vogels, F., Yalcin, S., Malagrida, R., Steinhaus, N., & Zweekhorst, M. (2020). *A framework for Science Shop processes: Results of a modified Delphi study*. https://doi.org/10.1016/j.futures.2020.102613. Zugriff 28.04.2026.

Norbert Steinhaus ist Projektentwickler und Projektkoordinator beim Wissenschaftsladen Bonn mit den Schwerpunkten Co-Creation, Partizipation und Multi-Actor Engagement.

Daniel Ludwig ist seit 2006 in der Wissenschaftsladenarbeit tätig und arbeitet seit 2012 an der Universität Vechta im Referat Forschung, Nachwuchsförderung und Transfer.

Partizipative Ansätze in der Wasserforschung

Sabrina Kirschke, Tamara Avellán, Hannah Kosow und Andrea B. Müller

1 Einleitung

Die durch verschiedene Disziplinen in den Natur-, Ingenieur- und Sozialwissenschaften getragene Wasserforschung in Deutschland, Europa und der Welt steht vor zahlreichen Herausforderungen, die nicht nur für, sondern oftmals auch mit weiteren gesellschaftlichen Akteur:innen gemeinsam angegangen werden müssen. Zentral sind gebietsspezifische Probleme der Wasserquantität und -qualität unter Berücksichtigung verschiedener (trans)regionaler Entwicklungen wie Bevölkerungswachstum, Urbanisierung oder Klimawandel. So werden etwa Extremereignisse wie Überschwemmungen oder Dürreperioden zunehmend zur Realität. Auch die Qualität von Oberflächengewässern und Grundwasser für verschiedene Nutzungen, wie die Versorgung mit Trinkwasser, die landwirtschaftliche Produktion oder die Aufrechterhaltung ökosystemarer Dienstleistungen, sind häufig bedroht. Dabei sind diese Probleme selten isoliert, sondern oftmals im Zusammenhang zu betrachten – als Teil komplexer (grenzüberschreitender) Wassersysteme, die von

S. Kirschke (✉)
Museum für Naturkunde – Leibniz-Institut für Evolutions- und Biodiversitätsforschung, Berlin, Deutschland
E-Mail: sk@ifro.ku.dk

T. Avellán
United Nations University Institute on Comparative Regional Integration Studies (UNU-CRIS), Brügge, Belgien

H. Kosow
Universität Stuttgart, Stuttgart, Deutschland

A. B. Müller
University of Amsterdam, Amsterdam, Niederlande

S. Voigt-Heucke et al., *Praxishandbuch Partizipation in der Wissenschaft*,
https://doi.org/10.1007/978-3-658-51093-0_24

konkurrierenden Nutzungen aus verschiedenen Sektoren betroffen sind und damit auch auf vielfältige Weise in die Gesellschaft und in die Natur wirken (Bogardi et al., 2021).

Um diesen verschiedenen Herausforderungen zu begegnen, greift die interdisziplinär angelegte Wasserforschung zunehmend auf partizipative Kommunikations- und Forschungsformate zurück. Hintergrund ist, dass die genannten Herausforderungen oftmals nicht allein disziplinären und interdisziplinären wissenschaftlichen Wissens bedürfen. Stattdessen ist auch die Interaktion mit weiteren, nicht dem Wissenschaftssystem angehörigen gesellschaftlichen Akteur:innen notwendig, um Wirkungen in die Wissenschaft und in die breitere Gesellschaft zu erzielen. Denn wenngleich vereinzelte Wasserprobleme temporär und technisch lösbar erscheinen – man denke beispielsweise an das Upgrade einer Kläranlage zur Reduzierung von Phosphoreinträgen – und damit auch ohne Mitwirkung weiterer gesellschaftlicher Akteur:innen bearbeitet werden können, sind Lösungen vor allem dann nachhaltig, wenn die oftmals komplexen Problemzusammenhänge mittels Partizipation erkannt und adressiert werden. Im Mittelpunkt steht das gemeinsame Lernen dazu, welchen Wasserproblemen sich Wissenschaft und Gesellschaft prioritär widmen sollen, wie diese Probleme beforscht werden sollen und wie das neu generierte Wissen in die Gesellschaft überführt und gemeinsam weiterentwickelt werden kann. Den vielfältigen Lernbedarfen entsprechend wurde insbesondere im Feld der interdisziplinär angelegten wasserbezogenen Forschung in den letzten Jahrzehnten eine immer größere Spannbreite an partizipativen Ansätzen und Formaten entwickelt und genutzt. Diese reichen von partizipativen Formaten der Wissenschaftskommunikation über bürgerwissenschaftliche Aktivitäten (Citizen Science) bis hin zu transdisziplinären Forschungsansätzen (z. B. Kirschke et al., 2016; Jahng & Lee, 2018; Capdevila et al., 2020). Bei den durchführenden Akteur:innen bestehen zum Teil unterschiedliche Verständnisse der zentralen Merkmale und damit auch Gemeinsamkeiten und Unterschiede dieser partizipativen Ansätze in der Wasserforschung. Dies erschwert ihre passgenaue Auswahl und Anwendung im jeweiligen Forschungskontext sowie die vergleichende Analyse der Ansätze und ihrer Wirkungen durch entsprechende Begleitforschung.

Dieser Beitrag zielt auf einen vergleichenden Überblick über die wesentlichen Ansätze in der partizipativen Wasserforschung ab und geht dabei exemplarisch auf einzelne Formate und deren Anwendung in Deutschland und international ein, um der grenzüberschreitenden und globalen Dimension der Wasserproblematik gerecht zu werden. Die Vergleichskriterien umfassen (i) grundsätzliche Informationen zum Verständnis und zur Zielsetzung des jeweiligen Ansatzes in der Wasserforschung, (ii) spezifische Herangehensweisen bei der Involvierung gesellschaftlicher Akteur:innen sowie (iii) die möglichen Effekte auf Zielgruppen in Wissenschaft und Gesellschaft. Dabei gehen wir zunächst separat auf die Ansätze der partizipativen Wissenschaftskommunikation, der bürgerwissenschaftlichen Forschung und der transdisziplinären Forschung ein. In einem Fazit vergleichen wir die drei Ansätze und unterbreiten Vorschläge für die Weiterentwicklung dieses Felds partizipativer Forschung.

2 Partizipative Formate der Wissenschaftskommunikation in der Wasserforschung

2.1 Verständnis und Zielsetzung partizipativer Wissenschaftskommunikation

Wissenschaftskommunikation spielt in der Wasserforschung eine bedeutende Rolle. In der Vergangenheit standen dabei informative Formate der Wissenschaftskommunikation im Vordergrund, die im Kern auf die unidirektionale Vermittlung von Ergebnissen der Wasserforschung in die Gesellschaft abheben (z. B. Jahng & Lee, 2018). Wenngleich diese Formate weiterhin einen bedeutenden Stellenwert einnehmen, werden sie zunehmend durch partizipative Formate der Wissenschaftskommunikation (siehe den Beitrag „Partizipative Wissenschaftskommunikation" in diesem Band) ergänzt. Dabei scheint gerade in der durch viele verschiedene Disziplinen aus den Natur-, Ingenieur- und Sozialwissenschaften geprägten Wasserforschung (noch) kein einheitliches Verständnis davon vorzuliegen, wie partizipative Wissenschaftskommunikation definiert wird. Im Mittelpunkt steht nach Erfahrung der Autor:innen jedoch der dialogorientierte Austausch zwischen Wasserforscher:innen und verschiedenen Zielgruppen. Diese Form der partizipativen Kommunikation kann Teil breiter angelegter bürgerwissenschaftlicher und transdisziplinärer Forschung sein oder in disziplinären oder interdisziplinären Forschungsvorhaben auftreten, die keine partizipative Forschung betreiben. Hauptziel ist dabei immer der Austausch mit der Gesellschaft, der zwar eine Vermittlung von Wissen in die Gesellschaft impliziert, jedoch darüber hinausgeht und durch Dialog auf ein wechselseitiges Lernerlebnis ausgerichtet ist (z. B. Schrögel et al., 2021).

2.2 Spezifische Herangehensweisen partizipativer Wissenschaftskommunikation

Partizipative Wissenschaftskommunikation kann unterschiedliche Zielgruppen adressieren, etwa Gruppen von Bürger:innen (z. B. Schüler:innen, Bewohner:innen eines Quartiers, Besucher:innen eines Museums) oder diverse organisierte zivilgesellschaftliche Akteur:innen, Unternehmen und Akteur:innen aus dem politisch-administrativen System. Dieser Austausch kann im Rahmen institutionell organisierter Kommunikations- und Bildungsarbeit oder im Rahmen von Forschungsvorhaben erfolgen. Ist Letzteres der Fall, kann partizipative Wissenschaftskommunikation prinzipiell während verschiedener Phasen des Forschungsprozesses erfolgen. Allerdings findet Wissenschaftskommunikation in der Wasserforschung nach wie vor zumeist erst zum Abschluss von Projekten und mit der Intention der Vermittlung von Wissen und damit eher nicht partizipativ statt. Methodisch werden diverse Formate umgesetzt – von bestimmten Befragungsformaten wie beispielsweise Gruppen-Delphis bis hin zu Dialogveranstaltungen oder erlebnisorientiertem Lernen. Ein Beispiel für partizipative Formen der Wissenschaftskommunikation sind etwa die von 2016 bis 2021 sowohl virtuell als auch persönlich am Müggelsee und am Stechlinsee organisierten „Seedialoge“ des Leibniz-Instituts für Gewässerökologie und Binnenfischerei. Diese Fachveranstaltungen zu gesellschaftlichen Themen wie Fischbesatz oder ökologische Aspekte urbaner Gewässer zielten auf den Wissensaustausch zwischen Forscher:innen und Praktiker:innen zu relevanten Problemen und umfassten sowohl Fachvorträge von Expert:innen aus Wissenschaft und Praxis als auch Diskussionen mit den Teilnehmenden (IGB, 2024). Ein Beispiel für erlebnisorientiertes Lernen mit Schnittstellen zu den Bürgerwissenschaften ist das vom Museum für Naturkunde Berlin durchgeführte Projekt „Wissensfluss“, das 2021 bürgerwissenschaftliche Datenerhebung mit Bildungsarbeit mit Schulklassen und künstlerischen Interventionen verband, um gemeinsam mit Bürger:innen die Biodiversität des Berliner Gewässers Panke zu entdecken (MfN, 2024).

2.3 Wirkungen partizipativer Wissenschaftskommunikation

Die Wirkungen der vielfältigen Formate wasserbezogener partizipativer Wissenschaftskommunikation sind eher selten Gegenstand wissenschaftlicher Begleitforschung. Grundsätzlich wird jedoch das Potenzial von Kommunikationsformen hervorgehoben, die über die reine Vermittlung von Wissen hinausgehen. Im Projekt „WissensFluss“ wird etwa auf das Potenzial verwiesen, dass Schüler:innen längerfristig systematisch Daten erheben und somit als Bürgerwissenschaftler:innen agieren (siehe Abschn. 3). Untersuchungen der Kommunikationsaktivitäten von Wissenschaftler:innen, die die Trinkwasserverschmutzung in Flint, Michigan, in den USA analysierten, deuten darauf hin, dass verstärkt auf Dialog setzende Social-Media-Kommunikation das Potenzial steigert, mehr Aufmerksamkeit für gesellschaftlich relevante Wasserprobleme zu erhalten (Jahng & Lee, 2018).

3 Bürgerwissenschaftliche Ansätze in der Wasserforschung

3.1 Verständnis und Zielsetzung bürgerwissenschaftlicher Ansätze

In der Wasserforschung werden zunehmend bürgerwissenschaftliche Ansätze umgesetzt. Auch wenn verschiedene Verständnisse dieser bürgerwissenschaftlichen Forschungsansätze vorliegen (siehe den Beitrag „Citizen Science: Gemeinsam Wissen schaffen“ in diesem Band), werden hier darunter vorwiegend die Sammlung und Analyse wasserbezogener Daten durch Bürger:innen verstanden, die typischerweise in kollaborativen Projekten gemeinsam mit Wissenschaftler:innen erfolgt (Capdevila et al., 2020). Dieser auf den Beitrag von Daten fokussierte Ansatz der Bürgerwissenschaften kann auch erweitert werden, etwa um die Einbindung von Bürger:innen in die Definition wissenschaftlicher Problemstellungen (transdisziplinäre Ansätze) oder in die Interpretation und Kommunikation von Ergebnissen (partizipative Wissenschaftskommunikation). Die Hauptziele bürgerwissenschaftlicher Forschung können vielfältig sein und reichen von wissenschaftlichen Zielen wie der Erhebung hochwertiger Forschungsdaten über gesellschaftliche Ziele wie das Lernen der Bürger:innen zu wasserbezogenen Problemlagen und wissenschaftlichen Prozesse bis hin zu politischen Wirkungen wie der Ausübung von Handlungsdruck (Capdevila et al., 2020).

3.2 Spezifische Herangehensweisen bürgerwissenschaftlicher Ansätze

In den wasserbezogenen Bürgerwissenschaften werden je nach Projektkontext sehr unterschiedliche Gruppen von Bürger:innen einbezogen, die unterschiedliche Altersstufen, Geschlechter, Bildungshintergründe und Berufsbilder aufweisen können. Die Auswahl entsprechender Akteur:innen hängt von den jeweiligen Zielen ab. Bürgerwissenschaftliche Beteiligung erfolgt in verschiedenen Phasen des Forschungsprozesses, jedoch vorwiegend während der Phase der Projektimplementierung und selten schon beim eigentlichen Projektdesign wie beispielsweise bei der Antragstellung von Drittmittelprojekten. Methodisch werden gemäß der Vielfalt an Projektzielen auch vielfältige Formate umgesetzt. Beispielhaft sind visuelle Verfahren, die bei der Forschung zu Oberflächengewässern wie etwa bei der Messung der Wasserquantität (z. B. bei Überschwemmungen), aber auch zur Messung einzelner Wasserqualitätsparameter (z. B. Plastikaufkommen) in einzelnen Wasserkörpern oder sogar über Einzugsgebiete hinweg eingesetzt werden. Einschlägig sind zudem die Erhebung und Analyse von Wasserständen und von Wasserproben zur Messung physikalischer, chemischer und mitunter auch biologischer Wasserqualitätsparameter. Flankiert werden diese Erhebungsmethoden mit einer Vielzahl an Formaten, welche die Vorbereitung, Durchführung und den Abschluss der Projekte unterstützen, wie etwa Trainings, Kommunikations- und Feedbackmechanismen, die sowohl analog als auch digital umgesetzt werden (Capdevila et al., 2020).

3.3 Wirkungen bürgerwissenschaftlicher Ansätze

Die Wirkungen wasserbezogener bürgerwissenschaftlicher Ansätze werden zunehmend wissenschaftlich untersucht. Im internationalen Vergleich sehr gut belegt ist die steigende Menge hochwertiger Daten zu Wasserquantität und -qualität, die sich auch in einer zunehmenden Publikationsleistung der Forscher:innen spiegelt (Capdevila et al., 2020; Kirschke et al., 2023). Ebenfalls gut untersucht sind Lerneffekte von Bürger:innen. So zeigen beispielsweise Brouwer et al. (2018), dass bürgerwissenschaftliche Ansätze zur Analyse der mikrobiologischen Stabilität von Trinkwasser in Amsterdam nicht nur zu neuen wissenschaftlichen Erkenntnissen, sondern auch zu einem substanziellen Wissenszuwachs unter den beteiligten Bürgerwissenschaftler:innen zum Aufkommen und zur Bewertung von Bakterienarten im Trinkwasser führen. Weniger gut belegt sind politische Wirkungen infolge eines veränderten politischen Engagements der Beteiligten oder einer verbesserten Datengrundlage (Capdevila et al., 2020; Kirschke et al., 2023). Zudem werden mitunter negative Auswirkungen bürgerwissenschaftlicher Forschung in verschiedenen regionalen Kontexten hervorgehoben, beispielsweise Effekte der Demotivation durch zu hohen Zeitaufwand oder durch Schwierigkeiten in der Anwendung wissenschaftlicher Methoden (Walker et al., 2021).

4 Transdisziplinäre Forschungsansätze in der Wasserforschung

4.1 Verständnis und Zielsetzung transdisziplinärer Forschung

Transdisziplinäre Forschungsansätze erfahren in der Wasserforschung ebenfalls zunehmende Aufmerksamkeit. Forschung wird als transdisziplinär verstanden, wenn sie nicht nur das Wissen verschiedener wissenschaftlicher Disziplinen, sondern auch nicht wissenschaftlicher Akteur:innen aus z. B. Politik, Wirtschaft und Zivilgesellschaft integriert, um gesellschaftliche Herausforderungen zu adressieren (siehe auch den Beitrag „Transdisziplinäre Forschung als partizipativer und integrativer Ansatz zur Bearbeitung komplexer gesellschaftlicher Probleme“ in diesem Band). Im Mittelpunkt steht das Co-Design gesellschaftlich relevanter Forschungsfragen und wissenschaftlicher Methoden durch alle beteiligten Akteur:innen. Dieser Fokus schließt die gemeinsame Erhebung von Daten mit Bürger:innen (Bürgerwissenschaft) und die gemeinsame Interpretation und Kommunikation von Forschung (partizipative Wissenschaftskommunikation) nicht aus. Konkret zielt transdisziplinäre Wasserforschung sowohl auf die Erforschung also auch auf die verbesserte Adressierung und Transformation gesellschaftlicher bzw. spezifischer lokaler oder regionaler Probleme ab (Lawrence et al., 2022). Beispiele sind eine unzureichende bzw. unsichere Trinkwasserver- oder Abwasserentsorgung (Minn et al., 2021), Nutzungskonflikte um ein Oberflächengewässer wie einen (grenzüberschreitenden) Fluss sowie die Auswahl von Indikatoren für eine Umweltverträglichkeits- oder Nachhaltigkeitsprüfung.

4.2 Spezifische Herangehensweisen transdisziplinärer Forschung

In der wasserbezogenen transdisziplinären Forschung werden insbesondere verschiedene Stakeholder:innen integriert. Dies sind meist organisierte Gruppen aus den Bereichen Politik, Zivilgesellschaft und aus dem Privatsektor –, die von den entsprechenden gesellschaftlichen Herausforderungen betroffen sind und von den Forschungsergebnissen profitieren können. Wer das ist, hängt vom Kontext ab und wird in der Regel mittels einer dezidierten Stakeholderanalyse untersucht. Mit Bezug zu Wassernutzungskonflikten können das beispielsweise Nutzergruppen wie Landwirtschaft, Trinkwasserversorger, Angler:innen oder Tourist:innen sein; mit Bezug zu Governancekonflikten, d. h. Konflikten um die Koordination und Kooperation im Wassersektor, beispielsweise Akteur:innen relevanter politischer und administrativer Organe und Ebenen. Die Involvierung dieser Akteur:innen erfolgt in verschiedenen Phasen des Forschungsprozesses, jedoch gemäß der

Kernziele transdisziplinärer Forschung idealerweise auch während der Phase des Projektdesigns. Methodisch werden angesichts der Vielfalt an Projektzielen auch vielfältige Formate umgesetzt. Ein Beispiel ist das Co-Design gemeinsamer Forschungsziele z. B. mithilfe eines Begleitkreises aus der Praxis oder durch die Einbindung von Praxisakteur:innen als vollwertige Partner:innen in Forschungsverbünden. Ein anderes Beispiel ist die gemeinsame Auswahl und Operationalisierung von Zielen und Erfolgsindikatoren z. B. im Rahmen von runden Tischen oder Workshops. In diesen Prozessen sollten Methoden angewendet werden, welche die Beteiligung relevanter Akteur:innen und den Austausch von Interessen und Anliegen ermöglichen sowie bestenfalls auch zu einer Priorisierung etwa über Rankingmethoden beitragen (Coelho et al., 2022). Ein anderes Beispiel ist die partizipative Modellierung, bei der gemeinsames Systemwissen generiert, alternative Entwicklungen in Form von Szenarien exploriert (Schütze et al., 2019) und/oder gemeinsame Handlungsoptionen in Form von Planspielen (Mittal et al., 2022) oder kollaborativen Modellierungen für Politikvorschläge (Sušnik et al., 2021) erörtert werden.

4.3 Wirkungen transdisziplinärer Forschung

Die Wirkungen wasserbezogener transdisziplinärer Ansätze auf die beteiligten Akteur:innen und die gewünschten gesellschaftlichen Outcomes werden vermehrt untersucht. Gut belegt sind eher direkte, kurzfristige Wirkungen auf die beteiligten Akteur:innen, die im Rahmen von (Vorher-)Nachher-Befragungen untersucht werden (z. B. Hahn et al., 2023). Beispielhaft sind Lernprozesse wie die Entwicklung eines geteilten und vollständigeren Systemverständnisses. Methodisch schwieriger sind die Bewertung mittel- bis langfristiger Wirkungen auf die beteiligten Akteur:innen und die entsprechende Lösung gesellschaftlicher Probleme, die mittels transdisziplinärer Forschung adressiert werden sollen. Wirksamkeit entfaltet sich etwa in Form der Verstetigung der Zusammenarbeit von Akteur:innen verschiedener Sektoren und Ebenen, die im Rahmen transdisziplinärer Forschung begonnen wurde. Wirksamkeit und Legitimität dieser Forschung werden jedoch durch – hiervon weitestgehend unabhängige – Entwicklungen, z. B. politische Prozesse wie Neuwahlen, begrenzt.

5 Zusammenfassung und Fazit

Gestaltung und Anwendung partizipativer Ansätze in der Wasserforschung sind vielfältig und entwickeln sich mitunter dynamisch. Je nach Ausprägung soll eine Vielzahl an Akteur:innen über diverse, dem Kontext jeweils angepasste Formate in den Forschungsprozess einbezogen werden, um gesellschaftliche und wissenschaftliche Mehrwerte zu schaffen. Unterschiede zeigen sich bei den verfolgten Zielen und damit auch hinsichtlich der involvierten Bürger:innen, den relevanten Phasen des Forschungsprozesses, den angewandten Methoden und in Bezug auf die jeweiligen Wirkungen (verallgemeinernd in Tab. 1 dargestellt). Dabei scheinen sich die Ansätze insbesondere in ihren Ansprüchen zu unterscheiden – von wechselseitigem Lernen in der Kommunikation hin zu konkreten

Tab. 1 Überblick zu partizipativen Ansätzen in der Wasserforschung

Partizipativer Ansatz	Hauptziele/ (erwartete) Funktionen	Herangehensweisen bei der Involvierung von Akteuren			Potenzielle Effekte
		Phasen des Forschungsprozesses	Zielgruppen	Formatbeispiele	
Partizipative Wissenschaftskommunikation	Beidseitiger Wissenstransfer	Alle Phasen, Schwerpunkt Projektabschluss	Divers nach Projekt	Dialogorientierte Formate wie Workshops	Gesellschaftliche Relevanz von Forschung, wechselseitiges Lernen
Bürgerwissenschaftliche Aktivitäten	Neue Forschungsdaten, Lernen über Methoden und Probleme	Alle Phasen, Schwerpunkt Datenerhebung	Divers nach Projekt, Fokus Bürger:innen	Diverse Tools für Datenerhebung wie BioBlitze	Datenzuwachs, Methodenwissen, Problembewusstsein
Transdisziplinarität	Praktische Problemlösung, etwa von Wasser-konflikten	Alle Phasen, Schwerpunkt Planung/ Co-Design	Divers nach Projekt, Fokus Stakeholder:innen	Diverse Formate der Zusammenarbeit wie Reallabore	Adressierung lokaler/ regionaler gesellschaftlicher Probleme

Forschungsbeiträgen und teilnehmerbezogenen Lerneffekten in den Bürgerwissenschaften hin zu gesellschaftlichen Problemlösungen in der transdisziplinären Forschung. Diese verschiedenen Ansprüche gehen auch mit unterschiedlichen Herangehensweisen einher, die spezifische Wirkungen auf die Wissenschaft, die beteiligten Bürger:innen sowie auf übergeordnete Probleme haben können.

Bei dieser Kurzübersicht muss berücksichtigt werden, dass es sich um eine verallgemeinernde, plakative Gegenüberstellung der drei Partizipationsansätze in der Wasserforschung handelt. So werden die jeweiligen Ansätze sehr verschieden umgesetzt, weshalb Vorteile und Grenzen kontextspezifisch zu betrachten sind. Faktisch hängen Ziele sowie das Design und die Wirkung von Ansätzen vom jeweiligen Format und dessen konkreter Anwendung im jeweiligen Kontext ab. So kann beispielsweise im Einzelfall auch als transdisziplinär deklarierte Forschung gesellschaftliche Akteur:innen wie Bürger:innen weniger stark involvieren, während bürgerwissenschaftliche Forschung auch transdisziplinäre Elemente umfassen kann. Zudem unterliegen die Begrifflichkeiten und Konzepte der partizipativen Forschung Wandlungsprozessen. Insbesondere mittel- und langfristige Wirkungen der Ansätze sind schwierig zu erfassen, nicht zuletzt weil sowohl der Grad an Partizipation als auch deren Wirkungen zumeist subjektiv eingeschätzt werden (Hahn et al., 2023). Somit erlaubt die Art des partizipativen Ansatzes immer nur einen ersten Eindruck möglicher Ziele, Herangehensweisen und Effekte für die jeweilige Forschungspraxis.

Zukünftige Forschung mag auf einen systematischen, quantitativen Vergleich archetypischer Formate dieser drei Ansätze partizipativer Wasserforschung abzielen, um die jeweiligen Wirkungen komparativ herauszuarbeiten. Zudem wäre es wichtig, Unterschiede zwischen Formaten weiter herauszuarbeiten und dabei auch in der Wasserforschung bislang weniger stark vertretene Formate, wie beispielsweise Reallabore, zu berücksichtigen. Aufschlussreich ist zudem, welche Wirkungen diese Ansätze in unterschiedlichen Kontexten spielen. Die in diesem Beitrag aufgeführten Beispiele verweisen auf ein breites Spektrum regionaler Kontexte, zeitlicher Horizonte und wasserwirtschaftlicher Probleme auf verschiedenen regionalen Ebenen. Die Relevanz dieser Rahmenbedingungen für die Durchführbarkeit, das Design und die Wirkung verschiedener Ansätze bedarf weiterführender Untersuchungen im Rahmen sozialwissenschaftlicher Wasserforschungsvorhaben.

Literatur

Bogardi, J. J., Gupta, J., Nandalal, K. W., Salamé, L., van Nooijen, R. R., Kumar, N., Tingsanchali, T., Bhaduri, A., & Kolechkina, A. G. (Hrsg.). (2021). *Handbook of water resources management: Discourses, concepts and examples*. Springer.

Brouwer, S., Van der Wielen, P. W., Schriks, M., Claassen, M., & Frijns, J. (2018). Public participation in science: The future and value of citizen science in the drinking water research. *Water, 10*(3), 284.

Capdevila, A. S. L., Kokimova, A., Ray, S. S., Avellán, T., Kim, J., & Kirschke, S. (2020). Success factors for citizen science projects in water quality monitoring. *Science of the Total Environment, 728*, Article 137843.

Coelho, R. S., Lopes, R., Coelho, P. S., Ramos, T. B., & Antunes, P. (2022). Participatory selection of indicators for water resources planning and strategic environmental assessment in Portugal. *Environmental Impact Assessment Review, 92*, 106701.

Hahn, A., Kirschke, S., Caucci, S., Müller, A., Benavides, L., & Avellán, T. (2023). Perceptions of transdisciplinary research – A comparative case study from Latin America. *Current Research in Environmental Sustainability, 5*, Article 100207.

Jahng, M. R., & Lee, N. (2018). When scientists tweet for social changes: Dialogic communication and collective mobilization strategies by flint water study scientists on Twitter. *Science Communication, 40*(1), 89–108.

Kirschke, S., Horlemann, L., Brenda, M., Deffner, J., Jokisch, A., Mohajeri, S., & Onigkeit, J. (2016). Benefits and barriers of participation: Experiences of applied research projects in integrated water resources management. In R. B. Ibisch, J. J. Bogardi, & D. Borchardt (Hrsg.), *Integrated water resources management: Concept, research and implementation* (S. 303–331). Springer.

Kirschke, S., Bennett, C., Ghazani, A. B., Kirschke, D., Lee, Y., Loghmani Khouzani, S. T., & Nath, S. (2023). Design impacts of citizen science. A comparative analysis of water monitoring projects. *Frontiers in Environmental Science, 11*, Article 1186238.

Lawrence, M. G., Williams, S., Nanz, P., & Renn, O. (2022). Characteristics, potentials, and challenges of transdisciplinary research. *One Earth, 5*(1), 44–61.

Leibniz-Institut für Gewässerökologie und Binnenfischerei (IGB). (2024). *Kommunikation und Wissenstransfer*. https://www.igb-berlin.de/kommunikation-und-wissenstransfer (letzter Zugriff 30.04.2026)

Minn, F., Hügler, M., Kosow, H., Kramer, H., Krauß, M., León, C., Stauder, S., & Wasielewski, S. (2021). *Leitfaden für Konzeption, Aufbau und Betrieb von Schulungs- und Pilotanlagen zur Aufbereitung von Trinkwasser und Reinigung von Abwasser aus einer sozio-technischen Perspektive*. https://doi.org/10.18419/opus-11793

Mittal, A., Scholten, L., & Kapelan, Z. (2022). A review of serious games for urban water management decisions: Current gaps and future research directions. *Water Research, 215*, Article 118217.

Museum für Naturkunde (MfN). (2024). *Wissensfluss: Die Berliner Panke*. https://www.museumfuernaturkunde.berlin/de/wissenschaft/wissensfluss-die-berliner-panke

Schrögel, P., Hecker, S., Mayer, M., Unterleitner, K., König, T., & Brandt, S. (2021). *Partizipative Wissenschaftskommunikation – Ergänzung zur AG Partizipation der #Factory-Wisskomm*. https://doi.org/10.5281/zenodo.4726109

Schütze, M., Seidel, J., Chamorro, A., & León, C. (2019). Integrated modelling of a megacity water system – The application of a transdisciplinary approach to the Lima metropolitan area. *Journal of Hydrology, 573*, 983–993.

Sušnik, J., Masia, S., Indriksone, D., Brēmere, I., & Vamvakeridou-Lydroudia, L. (2021). System dynamics modelling to explore the impacts of policies on the water-energy-food-land-climate nexus in Latvia. *Science of The Total Environment, 775*, Article 145827.

Walker, D. W., Smigaj, M., & Tani, M. (2021). The benefits and negative impacts of citizen science applications to water as experienced by participants and communities. Wiley Interdisciplinary Reviews. *Water, 8*(1), Article e1488.

Sabrina Kirschke leitet am Museum für Naturkunde Berlin die Public Policy Research Unit. Sie forscht zu partizipativen Ansätzen in der Politikgestaltung.

Tamara Avellán ist Spezialistin für nachhaltiges Wassermanagement mit Fokus auf Nexus, NBS und partizipative Forschung in Europa und Lateinamerika.

Hannah Kosow ist Sozialwissenschaftlerin mit inter- und transdiziplinärem Fokus. Sie forscht zur Politikgestaltung unter Unsicherheit in den Bereichen Wasser und Landnutzung.

Andrea B. Müller ist Postdoktorandin an der Universität Amsterdam. Sie forscht zu Entscheidungsprozessen im Bereich des nachhaltigen Wassermanagements.

Partizipation in der Forschungsförderung: Lehren aus dem PRO-Ethics-Projekt

Stefanie Schuerz, Gerda Geyer, Sabine Mayer
und Markus Gerold

1 Einleitung

Während sich die Einbindung verschiedener gesellschaftlicher Gruppen in Forschungs- und Innovationsprozesse in vielen Feldern als Ansatz etablieren konnte, stellt sie in der Forschungsförderung ein relativ neues Phänomen dar. Bis heute liegt die Beratung von Fördermittelgebern, die Ausarbeitung von Förderkonzepten und maßnahmen sowie die Beurteilung von Projektvorschlägen fast ausschließlich in der Zuständigkeit von Expert:innen, die ihrerseits entweder aus Forschungsfördergebern oder aus dem erweiterten Kreis der Wissenschaft stammen. Die Einbeziehung von Lai:innen bzw. „Experts by Experience" in Prozesse der Forschungsförderung ist bisher im Normalfall nicht vorgesehen.[1] Fördergeber spielen jedoch eine entscheidende Rolle im Wissenschaftssystem. Sie sind für die Gestaltung von Förderprogrammen für Forschung und Innovation (F&I) sowie die Formulierung von Ausschreibungsthemen mitverantwortlich und bestimmen so Umfang, Inhalt, Richtung, Ergebnisse und mögliche Auswirkungen von Forschungsprojekten mit.

[1] „Experts by Experience" sind Menschen, die aufgrund ihrer Lebenserfahrungen wichtige Beiträge zu einem Forschungs- und Innovationsprozess leisten können.

S. Schuerz (✉)
Zentrum für Soziale Innovation GmbH, Wien, Österreich
E-Mail: schuerz@zsi.at

G. Geyer · S. Mayer
Österreichische Forschungsförderungsgesellschaft (FFG), Wien, Österreich

M. Gerold
VDI/VDE Innovation + Technik GmbH, Berlin, Deutschland

S. Voigt-Heucke et al., *Praxishandbuch Partizipation in der Wissenschaft*,
https://doi.org/10.1007/978-3-658-51093-0_25

Um dem Prinzip einer demokratisch legitimierten Auswahl und Förderung von Themen und Projekten Rechnung zu tragen, gibt es erste Bestrebungen, auch Repräsentant:innen aus der Zivilgesellschaft in derartige Prozesse einzubinden. In Deutschland hat zu diesem Zweck das Bundesministerium für Bildung und Forschung (BMBF) unterschiedliche Strategien und Maßnahmen ins Leben gerufen, wie beispielsweise die Partizipationsstrategie Forschung (Bundesministerium für Bildung und Forschung, 2023), den Bürgerrat Forschung (Bundesministerium für Forschung, Technologie und Raumfahrt, 2025) sowie unterschiedliche Grundsatzpapiere und Leitfäden.[2] Auch auf Ebene der EU hat das Thema in jüngster Vergangenheit zunehmend an Bedeutung gewonnen.

Das PRO-Ethics-Projekt, das im Rahmen der EU-Maßnahme Horizon 2020 gefördert wurde, widmete sich in diesem Zusammenhang der Frage, welche Auswirkungen der Einsatz partizipativer Methoden in Prozessen der Forschungsförderung hat oder haben kann und welche Empfehlungen sich daraus in Bezug auf die ethische Einbindung relevanter gesellschaftlicher Stakeholder:innen in wissenschaftliche Prozesse ableiten lassen. Primäres Ziel des vierjährigen Projekts war, ethische Leitlinien (Wiarda et al., 2024) zu entwickeln und zu testen, die ihrerseits Organisationen bei der Einbindung diverser Stakeholdergruppen unterstützen und die Einhaltung von Grundsätzen wie Fairness, Transparenz, Gleichheit, Datenschutz und Nachhaltigkeit gewährleisten. Im Projekt wurde dazu ein iteratives Verfahren mit mehreren Lernschleifen eingesetzt, in dem acht Fördergeber mit Unterstützung von fünf wissenschaftlichen Partnern und zwei internationalen Organisationen insgesamt zehn Pilotprojekte umsetzten. Diese Piloten wurden in zwei Phasen implementiert, um Lehren aus der ersten Pilotphase zu identifizieren und in der zweiten zu testen und zu verfeinern. Gegenstand des folgenden Beitrags sind die Erfahrungen, die insbesondere in der zweiten Pilotphase gesammelt werden konnten.

Da Fördergeber an der Schnittstelle zwischen Wissenschaft und Politik tätig sind, geben die Lehren aus dem Projekt Aufschluss über mögliche Hürden und Lösungsansätze bei der Umsetzung ethischer partizipativer Aktivitäten im Kontext komplexer Multi-Stakeholder:innen-Prozesse. Unsere Erfahrungen sind folglich nicht nur für zukünftige Vorhaben von Fördergebern und Ministerien aufschlussreich, sondern auch für andere Beteiligungsunterfangen im Kontext von Forschungs- und Innovationsprojekten relevant.

[2] Eine Übersicht bietet https://www.bmftr.bund.de/DE/Forschung/Gesellschaft/Beteiligungdergesellschaft/beteiligungdergesellschaft_node.html.

2 Ethik und Partizipation

Während Forschung und Innovation (F&I) großen Einfluss auf unsere Gesellschaft haben können, sind die Ergebnisse wissenschaftlicher Projekte nicht wertneutral und gehen manchmal auch mit schweren Risiken einher. Der zeitgerechte Einbezug relevanter gesellschaftlicher Gruppen soll hier helfen, Innovationen kollektiver zu gestalten und gesellschaftlich wünschenswerte und ethisch akzeptable Ergebnisse sicherzustellen (Van den Hoven, 2014). Demnach wird Partizipation zumeist als Instrument gesehen, das hilft, die gemeinsame Verantwortung für Forschungspolitik zu stärken und gemeinsame Werte in F&I zu fördern. Gleichzeitig nimmt Partizipation viele Formen an, die nicht alle eine Teilhabe in gleicher Tiefe ermöglichen – und häufig auch gar kein echtes Mitbestimmungsrecht erlauben (DGRI, 2020; Novitzky et al., 2020; Rowe & Frewer, 2000). Aufbauend auf den vielen theoretischen Ansätzen, die Arnsteins „ladder of participation" (Arnstein, 1969) folgten, können partizipative Aktivitäten anhand des Grads der Freiheit für die Teilnehmenden differenziert werden, Entscheidungen nach ihren eigenen Werten und Weltanschauungen zu gestalten. Dies schränkt in der Folge die Verfügungsmacht von Forschenden, Fördergebern, Entscheidungsträger:innen aus der Politik usw. im Namen der Ermächtigung anderer Stakeholder:innen ein (Abb. 1).

Hinzu kommt, dass die Einbindung breiter gesellschaftlicher Gruppen in F&I zwar ethische Resultate verspricht, Einbindung selbst aber ein sehr komplexer Prozess ist, der seinerseits schwierige Entscheidungen mit sich bringt, die ethische Konsequenzen haben können (Stilgoe et al., 2013; Novitzky et al., 2020; Bauer et al., 2021): Wer soll eingebunden werden und wer wird dadurch ausgeschlossen? Wessen Interessen werden abgeholt? Welche Formate können eingesetzt werden und erlauben diese eine „echte" Teilhabe? Welche Ergebnisse sollen in Anbetracht verfügbarer Zeit und Ressourcen priorisiert werden? Insofern ist es unerlässlich, dass Partizipation in der Wissenschaft nicht leichtfertig umgesetzt wird, sondern von Anfang an ethischen Prinzipien folgt (Scher et al., 2023). Wie so etwas in der Praxis aussehen kann, wird in diesem Beitrag beschrieben.

Abb. 1 Beteiligungsgrade. (Schuerz, 2023)

3 Methode und Kontext

Die Arbeit des PRO-Ethics-Projekts war darauf ausgelegt, einen Ethik-Leitfaden (Wiarda et al., 2024) zu entwickeln, der dabei hilft, partizipative Prozesse in F&I unter Einhaltung ethischer Grundsätze zu planen, umzusetzen und zu evaluieren (siehe den Beitrag „Vorstellung: Das PRO-Ethics Framework – ein Ethik-Leitfaden für Partizipation in Forschung und Innovation“ in diesem Sammelband). Herzstück dieser Arbeit waren zehn partizipative Pilotprojekte, die von sieben Förderorganisationen durchgeführt wurden. Gegenstand dieser Piloten war die Einbindung „nicht traditioneller“ Stakeholder:innen in Prozesse von Fördergebern, wobei solche gemeint waren, die üblicherweise nicht an den Aktivitäten der Forschungsförderung beteiligt sind, wie Bewohner:innen bestimmter Regionen, Endnutzer:innen einer Technologie und von bestimmten Problemen betroffene Personen. Die Stakeholder:innen wurden in verschiedene Abläufe und Entscheidungsprozesse mit jeweils eigenen Zielsetzungen und Laufzeiten einbezogen, in denen unterschiedliche Formate zum Einsatz kamen. Dadurch konnte in der Entwicklung der Leitlinien auf einen breiten Erfahrungsschatz zurückgegriffen werden.

Um die Lehren aus den Pilotprojekten testen und vertiefen zu können, wurden diese in zwei Phasen umgesetzt, wobei die Piloten der zweiten Phase sich in vielerlei Hinsicht ambitionierter darstellten, als jene der ersten. Dementsprechend konzentriert sich der vorliegende Praxisbericht auf die Piloten der zweiten Phase. Tab. 1 gibt einen Überblick über die relevanten Piloten.

Tab 1 Überblick über sechs Piloten, die in PRO-Ethics umgesetzt wurden

Land	Thematischer Fokus	Teilnehmer:innen	Formate
Deutschland	Evaluation von Anträgen und Auswahl von Projekten	Informell Pflegende	Bürgerbeirat
Norwegen	Lernzentrum für Bürgerbeteiligung	„Community of Practice“ als Netzwerk für Interessensvertreter:innen	Workshops zum Wissensaustausch
Österreich	Weiterentwicklung eines FTI-Förderprogramms	Österreichische Bevölkerung, Forschende, Ministerien	Onlinebefragung
Belgien	Gemeinsame Definition von Programmthemen	Städtische Bevölkerung der Region Brüssel-Hauptstadt	Onlinebefragung, Citizen-Atelier-Workshops
Rumänien	Validierung und Anreicherung der Nationalen Forschungsagenda 2022–2027	Rumänische Bevölkerung	World-Café-Workshops
Spanien	Evaluierung eines Förderprogramms	Programmmanager:innen, Vertreter:innen der Industrie, NGOs, Interessensvertreter:innen, Mittelbezieher:innen	Workshops, Fokusgruppen, Interviews, Befragung

3.1 Datensammlung

Im Kontext der Pilotumsetzung erhoben die wissenschaftlichen Partner:innen systematisch Daten von den Pilotpartner:innen, wobei unterschiedliche Formate zum Einsatz kamen:

- Activity Reports waren nach jeder partizipativen Aktivität auszufüllen und unterstützten einen strukturierten Reflexionsprozess unter den Pilotpartner:innen. Hierbei galt es etwa, die Zielgruppen, den Rekrutierungsprozess, die Einbindungsformate sowie die Ziele und Nicht-Ziele der Aktivität zu dokumentieren und etwaige Hindernisse und Resultate zu reflektieren. Auch Rückmeldungen der Beteiligten waren hier festzuhalten.
- Pilot Stories wurden als Werkzeug eingesetzt, um Erzählungen über die Umsetzung der Piloten einzufangen und den Kontext besser zu verstehen.
- In regelmäßigen Online und Offline-Meetings teilten die Pilotpartner:innen Fortschritte, Hürden und allgemeine Erfahrungen aus den Pilotprojekten.
- Jede:r Pilotpartner:in verfasste einen Abschlussbericht, der den Kontext des Pilotprojekts, seine Erfolge und Limitationen, die konkreten Beiträge der Beteiligten sowie mögliche Auswirkungen des Piloten auf die internen Prozesse der Fördergeber dokumentierte.
- In zwei interaktiven Workshops wurden zudem die Erfahrungen der Pilotpartner:innen gemeinschaftlich reflektiert und festgehalten.

Die Daten wurden systematisiert und vom Projektteam am ZSI einer qualitativen Inhaltsanalyse nach Mayring (2014) unterzogen, um Kontextbedingungen, Herausforderungen und Lösungsansätze herauszuarbeiten. Diese werden im Folgenden dargestellt.

4 Fallbeispiel Österreichische Forschungsförderungsgesellschaft mbH

Die Österreichische Forschungsförderungsgesellschaft mbH (FFG) ist Österreichs nationaler Fördergeber für angewandte Forschung und Innovation. Deren Förderprogramme „benefit“ und „Active and Assisted Living“ (AAL) befassen sich mit drängenden Fragen des demografischen Wandels und verbinden diese mit der Entwicklung anwendungsbezogener Lösungen aus dem IKT-Bereich (Informations- und Kommunikationstechnologien). Die beiden Programme wurden unter dem Themenbereich „Digitale Lösungen für Mensch und Gesellschaft“ zusammengefasst mit dem Ziel, digitale Lösungen an der Schnittstelle zwischen Gesundheit, Klimawandel und demografischem Wandel zu erforschen. Als Kernproblematik wurden hier die Auswirkungen des Klimawandels auf die Gesundheit der Bevölkerung und insbesondere vulnerable Bevölkerungsgruppen identifiziert. In dem FFG-Pilotprojekt sollten die Möglichkeiten einer partizipativen und transparenten Themenfindung für FTI-Ausschreibungen an der Schnittstelle von Gesundheit und Klimawandel ausgelotet und zumindest ein Ausschreibungsschwerpunkt für Förderprojekte entwickelt werden. Hierbei sollten neben Expert:innen erstmals Bürger:innen in die Themenentwicklung einbezogen werden. Informationen, Sichtweisen und persönliche Einschätzungen wurden von der FFG strukturiert gesammelt und die resultierenden Inhalte iterativ weiterentwickelt und validiert. Der Pilot unterteilte sich in vier Phasen: Sondierung, Vertiefung, öffentliche Konsultation und Validierung, wobei Bürger:innen in der öffentlichen Konsultation zur Beteiligung an der Themenentwicklung eingeladen wurden.

In der Sondierungsphase wurden leitfadengestützte Interviews mit insgesamt 13 Expert:innen und Interessensvertreter:innen durchgeführt und vom Projektteam der FFG ausgewertet und inhaltlich zusammengefasst. Die vorläufigen Ergebnisse wurden in Vorbereitung eines vertiefenden Validierungs-Workshops in vier Themen zusammengefasst. Der Workshop war in eine größere Konferenz eingebettet. Workshop-Teilnehmende konnten ihre Perspektiven im Kontext von vier entsprechenden thematischen Stationen schriftlich einbringen und anschließend diskutieren. Diesem Schritt folgte eine öffentliche Konsultation in Form eines Online-Fragebogens mit 13 Fragen zu den Einschätzungen und Erfahrungen von Bürger:innen bezüglich der Themen Klimawandel, Gesundheit und demografischer Wandel. Basierend auf den gesammelten Beiträgen erstellte das FFG-Projektteam abschließend einen Entwurf für die Ausschreibung „Digitale Lösungen für Mensch und Gesellschaft: Klimawandel und Gesellschaft“, publizierte ihn auf der FFG-Website und bat um Kommentare.

Insgesamt zeigte die Analyse der erhobenen Informationen große Übereinstimmung bei allen Befragtengruppen über die relevanten Themen, wobei die Gewichtung der Themen entsprechend den jeweiligen Zugängen und Erfahrungen variierte. Aus Sicht der Bürger:innen waren die drei wichtigsten Themen 1) Wohnen & Gebäude, 2) Gesundheit & Pflege sowie 3) Mobilität & Transport, wobei die meisten Antworten der Bürger:innen auf die Frage nach den Auswirkungen des Klimawandels auf die Gesundheit bzw. das Wohlbefinden der Kategorie „Gesundheit & Pflege“ zuzuordnen waren. Im Einzelnen wurden aufgezählt: Sorgen, psychische Gesundheit, körperliche Belastung, Kreislaufprobleme etc. Die Expert:innen hingegen betonten in den Interviews Themen wie Bewusstseinsbildung und Anpassung an geänderte Klimabedingungen.

Aus den im Piloten erhobenen umfassenden Informationen ließen sich vier größere Themenkomplexe erarbeiten, wobei die ersten beiden Themen für Ausschreibungen weiterentwickelt und unter dem Titel „Digitale Lösungen für Mensch und Gesellschaft“ bereits ausgeschrieben wurden:

1. **Co-Benefits zwischen Klimaschutzmaßnahmen und gesundheitlichen Vorteilen**: Das Thema zielt auf die Förderung klimabezogener Gesundheitskompetenzen ab. Diese sollen sowohl zu vermehrt klimaschonendem Verhalten führen als auch die Fähigkeit verbessern, sich an geänderte Bedingungen anzupassen. Zu diesem Thema wurde in weiterentwickelter Form ein Fördercall unter dem Titel „Digitale Lösungen für Mensch und Gesellschaft 2022: Klimawandel und Gesellschaft“ ausgeschrieben.

2. **Awareness/Sensibilisierung und Anpassung**: Hierbei geht es darum, mit innovativen Ansätzen Bewusstsein für die Wechselwirkungen zwischen Klimawandel und Gesundheit zu schaffen, das notwendige Wissen für die Umsetzung im eigenen Lebensumfeld bereitzustellen und die tatsächliche Umsetzung zu unterstützen. Im Herbst 2023 wurde der entsprechende Fördercall „Digitale Lösungen für Mensch und Gesellschaft 2023: Klimawandel und Gesellschaft – Awareness und Anpassung" ausgeschrieben.

4.1 Herausforderungen und Lehren

Die größten Herausforderungen bestanden für die FFG bei der Rekrutierung von Teilnehmenden für die Onlinebefragung. Zunächst einmal konnte die breite Streuung, die über Multiplikator-Organisationen erreicht werden sollte, nicht umgesetzt werden. Als Grund dafür identifizierte das Team der FFG die fehlende Zeit, mit besagten Organisationen eine wechselseitig bereichernde Vertrauensbeziehung aufzubauen. Dies wäre umso wichtiger gewesen, da die Organisationen ihre eigenen partizipativen Aktivitäten umsetzen und daher mit den FFG-Aktivitäten ein potenzielles Konkurrenzprogramm beworben hätten. Dennoch war die Anzahl der Rückmeldungen zum Online-Fragebogen mit 123 auswertbaren Fragebögen höher als erwartet und auch bei den offen gestellten Fragen sehr ergiebig. Die Teilnahme am Online-Fragebogen erfolgte auf freiwilliger Basis. Besonders viele Rückmeldungen kamen von Frauen mittleren Alters mit höherem Bildungsabschluss. Diese Selbst-Selektion ging mit einer hochmotivierten Gruppe an Teilnehmenden einher, die auch bereit waren, offene Fragen sehr ausführlich zu beantworten. Dies führte zwar zu einem unerwartet hohen Aufwand bei der Analyse der Antworten, wurde aber als Erfolg für den Prozess gewertet und lieferte wertvolle Erkenntnisse für die Entwicklung der Ausschreibungsthemen. Gleichzeitig wurden durch die gewählte Methode bzw. das Studienthema andere Bevölkerungsgruppen verhältnismäßig weniger stark angesprochen.

5 Partizipation bei Fördergebern: Lehren aus der Praxis

Dieser Abschnitt fasst die fünf wichtigsten Lehren zusammen, die aus den oben beschriebenen Pilotprojekten gewonnen werden konnten.

5.1 Umgang mit strukturellen Abhängigkeiten

Die Analyse der Pilotprojekte zeigt einerseits verschiedene interne und externe Abhängigkeiten, die den Erfolg von partizipativen Prozessen in F&I-Kontexten beeinflussen können. Für Fördergeber gelten hier rein strukturell schon stärkere politische Abhängigkeiten, als dies bei wissenschaftlichen Projekten gängig ist. Da Budgets für Förderprogramme von Entscheidungsträgern wie Ministerien bereitgestellt werden und diese F&I-Agenden mitunter mitbestimmen, muss hier großflächig Zustimmung zur partizipativen Öffnung solcher Prozesse sichergestellt werden. Geschieht dies nicht, können solche Prozesse entweder sabotiert werden oder bleiben wirkungslos, wenn die Ergebnisse von relevanten Entscheidungsträger:innen nicht aufgegriffen werden. Beispielsweise wurde in einem der Piloten eine Social-Media-Kampagne, über die Teilnehmende rekrutiert werden sollten, von Entscheidungsträger:innen ausgesetzt, da die Themen als zu politisch gesehen wurden. Hier hätte geholfen, vorab Klarheit über die Freiheiten des Projektteams zu schaffen – und sich gegebenenfalls vertraglich abzusichern.

Ein anderer wichtiger struktureller Faktor waren interne administrative Abläufe wie etwa Abrechnungen, die Aspekte wie Reisekostenvergütung beeinflussen und dadurch vor allem für ökonomisch schwache Teilnehmende ein Hindernis darstellten. So konnte ein Partner nur einmal im Monat Zahlungen durchführen und dies stieß in Anbetracht der langen Wartezeiten bei manchen Beteiligten auf Unmut.

5.2 Ressourcen- und Zeitmanagement

Um partizipative Prozesse sinnvoll umsetzen zu können, benötigten die Pilotpartner:innen personelle und finanzielle Mittel, die über das Alltagsgeschäft der Fördergeber hinausgingen. Nicht nur die Organisation und Umsetzung von Aktivitäten und Rekrutierung von Teilnehmenden, auch die Vertrauensbildung zwischen Stakeholder:innen und der erweiterte Kommunikationsaufwand mussten hier bedacht werden. Darüber hinaus benötigte die Arbeit mit externen Volontär:innen oft mehr Flexibilität in der Projektplanung als geschlossene Prozesse und stand dadurch teilweise in Konflikt mit institutionellen Fristen. So plante ein Projektpartner eine Workshopreihe zu Beginn der Sommerferien, was sich als zeitlich ungünstig erwies. Trotz geringer Teilnahme konnte die Veranstaltung nicht zu einem späteren Zeitpunkt wiederholt werden, da die Entscheidungen über thematische Schwerpunkte im frühen Herbst stehen mussten, um die Ausschreibungen vorbereiten zu können. Im Kontext solcher Einschränkungen erwies es sich auch als vorteilhaft, den Umfang und die Ziele der Prozesse klar und den begrenzten Ressourcen entsprechend zu definieren. Hierbei galt es auch, gezielt Prioritäten zu setzen sowie etwaige fehlende Personalressourcen durch externe Unterstützung proaktiv auszugleichen, insbesondere wenn Projektteams nicht über ausreichend Expertise zur Umsetzung partizipativer Aktivitäten verfügten. Ein Projektpartner hielt die Ambitionen der geplanten Aktivitäten bewusst niedrig, um innerhalb des gesetzten Rahmens die Qualität maximieren zu können. Insbesondere in Anbetracht großer Zweifel der partizipativen Methode gegenüber konnte so ein Positivbeispiel erzeugt werden, auf das sich in Zukunft aufbauen lässt.

5.3 Adressieren von Rollenkonflikten

Da die partizipative Öffnung von Prozessen vielfach mit einem Verhandlungsprozess über Rollen und Verantwortungsbereiche einherging, stieg auch das Risiko für Rollenkonflikte. Forschende mussten nicht nur die wissenschaftliche Integrität und die Entwicklung valider Ergebnisse sicherstellen, sondern sich auch um die Moderation gruppendynamischer Prozesse kümmern. Im Kontext unserer Piloten kam teilweise noch hinzu, dass Entscheidungsträger:innen vorab nicht bereit waren, den Teilnehmenden ein bedingungsloses Mandat zu geben, sich also ein Vetorecht vorbehielten, was zur Komplexität der Entscheidungsprozesse beitrug. Für die Teilnehmenden war es teilweise nicht klar, wen sie in einem Prozess repräsentieren und welches Wissen sie in den Prozess einbringen sollten. Darüber hinaus waren nicht alle Teilnehmenden bereit, gleich viel Zeit und Energie in einen Prozess zu investieren, und nicht alle Teilnehmenden verfügten über denselben Wissensstand. Dadurch entstanden mitunter ein Ungleichgewicht und Spannungen innerhalb von Gruppen, die sich bspw. nicht gänzlich einig waren über die von ihnen gewünschte Intensität der Beteiligung. Dies war umso problematischer, je länger ein partizipativer Prozess andauerte. Dementsprechend erwies sich ein proaktives Erwartungsmanagement, das Verantwortungsbereiche und den Umfang der Beteiligung von Anfang an transparent machte, als ein wesentlicher methodischer Gestaltungsansatz.

5.4 Abbau von Hürden

Zentraler Aspekt der ethischen Einbindung von Bürger:innen war der proaktive Abbau von Hürden, die einer Teilhabe im Weg standen. Dies betrifft einerseits die bereits genannten administrativen Herausforderungen wie Wartezeiten in der Reisekostenerstattung bzw. Aufwandsentschädigung. Andererseits wurden hier allgemeine Fragen der Niederschwelligkeit akut und eine Reihe erschwerender Faktoren konnte identifiziert werden, etwa lange Anfahrtswege für gemeinsame Aktivitäten, bestehende Betreuungspflichten, eingeschränkte zeitliche und finanzielle Ressourcen und Sprachbarrieren. Aber auch unterschiedliche Vorkenntnisse und Engagementniveaus innerhalb einer Gruppe führten mitunter zu Situationen, in denen manche Stimmen lauter wurden als andere. Gleichzeitig erwies es sich auch als wichtig, unterschiedliche Intensitäten in der Teilhabe zuzulassen, um eine möglichst breite Teilhabe zu ermöglichen. Die Pilotpartner:innen setzten hierbei so weit wie möglich auf eine flexible Umgestaltung geplanter Formate, etwa durch den Einsatz hybrider Veranstaltungsangebote und die Übernahme von Reisekosten schon bei der Buchung. Für die Umsetzung von Gruppenaktivitäten war eine strukturierte Moderation wichtig, um sicherzustellen, dass alle Stimmen gleichermaßen gehört werden konnten.

5.5 Erwartungsmanagement

Der Bedarf für proaktives Erwartungsmanagement eröffnete sich einerseits aus der bereits genannten Notwendigkeit, Verantwortungsbereiche und Umfang der Beteiligung transparent zu gestalten. Im Zusammenhang damit erwies es sich als wichtig, den Teilnehmenden auch die Grenzen des jeweiligen Beteiligungsprozesses klar zu kommunizieren, nämlich im Sinn sowohl der realistischerweise zu erreichenden Ziele als auch des eigentlichen Mitbestimmungsrechts, das den Teilnehmenden von Entscheidungsträger:innen „gegeben“ wurde. Wenn erarbeitete Empfehlungen lediglich als „Vorschläge“ entgegengenommen werden, war es bedeutsam, dies von Anfang an zu kommunizieren. In Bezug auf Technologieentwicklungsprozesse zeigten sich die mitunter hohen Erwartungen der Teilnehmenden, schnelle und sichtbare Ergebnisse zu erzielen, was seinerseits nicht unbedingt mit der wissenschaftlichen Methodik und den langfristigen Zielsetzungen der Projekte vereinbar war. Dementsprechend muss der Schwerpunkt in der Kommunikation mit Teilnehmenden darauf gelegt werden, realistische Erwartungen zu erarbeiten.

6 Fazit

Für die Planung und Umsetzung ethischer partizipativer Prozesse erwiesen sich klare Definitionen von Rollen, Verantwortlichkeiten und Ressourcen innerhalb und außerhalb der durchführenden Organisation als unerlässlich. Dabei war es hilfreich, eine frühzeitige Einbindung aller relevanten Stakeholder:innen und Transparenz bei der Zielsetzung sicherzustellen. Flexibilität in der Planung und Umsetzung partizipativer Aktivitäten sowie in der Intensität, in der Teilnehmende sich einbringen können, erwies sich ebenfalls als wesentlich für die Verwirklichung eines konstruktiven Beteiligungsprozesses. Die Wahl der Beteiligungsformate war hier von großer Bedeutung, um den spezifischen Bedürfnissen und Kapazitäten der Zielgruppen gerecht zu werden, etwa durch den Einsatz hybrider Workshop-Formate, die eine Teilnahme online erlaubten, sowie durch die Minimierung administrativer Barrieren.

Danksagung Wir danken allen Kolleg:innen aus dem PRO-Ethics-Projekt, deren unermüdliche Arbeit die Entwicklung des Ethik-Leitfadens überhaupt erst ermöglicht hat, sowie allen externen Beteiligten, insbesondere unserem wissenschaftlichen Beirat. Das Projekt wurde von der Europäischen Kommission (Finanzierungsvereinbarung Nr. 872441) finanziert.

Literatur

Arnstein, S. R. (1969). *A Ladder Of Citizen Participation. Journal of the American Institute of Planners, 35*(4), 216–224. https://doi.org/10.1080/01944366908977225

Bauer, A., Bogner, A., & Fuchs, D. (2021). Rethinking societal engagement under the heading of Responsible Research and Innovation: (novel) requirements and challenges. *Journal of Responsible Innovation, 8*(3), 342–363. https://doi.org/10.1080/23299460.2021.1909812

Bundesministerium für Bildung und Forschung. (2023). *Partizipationsstrategie Forschung*. https://www.bmbf.de/SharedDocs/Downloads/DE/2023/partizipationsstrategie.html. Zugegriffen am 17.01.2025.

Bundesministerium für Forschung, Technologie und Raumfahrt. (2025, Juni 24). *Bürgerrat Forschung*. https://www.bmbf.de/DE/Forschung/Gesellschaft/Beteiligungdergesellschaft/BuergerratForschung/buergerratforschung_node.html. Zugegriffen am 17.01.2025.

DGRI. (2020). *Strategic Plan 2020–2024*. https://commission.europa.eu/system/files/2020-11/rtd_sp_2020_2024_en.pdf. Zugegriffen am 17.01.2025.

Mayring, P. (2014). *Qualitative content analysis: Theoretical foundation, basic procedures and software solution*. Open Access Repository. http://nbn-resolving.de/urn:nbn:de:0168-ssoar-395173. Zugegriffen am 17.01.2025.

Novitzky, P., Bernstein, M. J., Blok, V., Braun, R., Chan, T. T., Lamers, W., Loeber, A., Meijer, I., Lindner, R., & Griessler, E. (2020). Improve alignment of research policy and societal values. *Science, 369*, 39–41. https://doi.org/10.1126/science.abb3415

Rowe, G., & Frewer, L. J. (2000). Public participation methods: A framework for evaluation. *Science, Technology, & Human Values, 25*, 3–29. https://doi.org/10.1177/016224390002500101

Scher, B. D., Scott-Barrett, J., Hickman, M., & Chrisinger, B. W. (2023). Participatory research emergent recommendations for researchers and academic institutions: A rapid scoping review. *Journal of Participatory Research Methods, 4*(2). https://doi.org/10.35844/001c.74807

Schuerz, S. (2023). *Levels of Participation in Research and Innovation*. Zenodo. https://doi.org/10.5281/zenodo.8096864

Stilgoe, J., Owen, R., & Macnaghten, P. (2013). Developing a framework for responsible innovation. *Research Policy, 42*(9), 1568–1580. https://doi.org/10.1016/j.respol.2013.05.008

Van den Hoven, J. (2014). Responsible innovation: A new look at technology and ethics. In M. J. Van den Hoven, N. Doorn, T. Swierstra, B. Koops, & H. Romijn (Hrsg.), *Responsible innovation 1: Innovative solutions for global issues* (S. 4–7). Springer.

Wiarda, M., Giannelos, K., Schuerz, S., Reber, B., & Doorn, N. (2024). *Ethics Framework and Guidelines for Participatory Processes in the Activities of Research Funding Organizations*. Zenodo. https://doi.org/10.5281/zenodo.8089672

Stefanie Schuerz ist Senior Researcher und Projektleiterin am Zentrum für Soziale Innovation und beforscht ethische Partizipation in der Wissenschaft und deren Wirkung.

Gerda Geyer ist Programm-Managerin bei der Österreichischen Forschungsförderungsgesellschaft (FFG). Themenfelder: IKT, Gesundheit, Pflege, Co-Creation, Ökosysteme.

Sabine Mayer beschäftigt sich seit 1996 mit der Umsetzung und Bewertung von Forschungs- und Innovationspolitik. Derzeit ist sie als Expertin in der Strategieabteilung der FFG tätig.

Markus Gerold ist Berater bei der VDI/VDE Innovation + Technik GmbH. Seine Arbeitsschwerpunkte sind interaktive Gesundheits- und Pflegetechnologien und Partizipation.

Partizipative Museumspraxis – „Natur der Dinge“: Das Anthropozän gemeinsam sammeln

Elisabeth Heyne und Ulrike Sturm

1 Partizipation als notwendiger Bestandteil der Museumspraxis

Die polarisierenden Debatten zu den jüngsten Umweltereignissen sowie zur Energie- und Ressourcenkrise zeigen einmal mehr, dass Politik, Wissenschaft und Gesellschaft in ein neues Verhältnis treten müssen (Renn, 2022), weil sie alle unauflösbar aufeinander angewiesen sind, wenn es darum geht, konkrete Lösungsansätze zu finden und auch umzusetzen. Partizipative wissenschaftliche Formate sind angesichts dieser Ausgangslage folglich kein Zusatz, nicht bloß nice to have. Sie müssen zu einem integralen Bestandteil wissenschaftlicher Methoden und Prozesse werden.

Museen als Wissensorte wenden partizipative Praktiken bereits seit Jahrzehnten an (Gesser et al., 2012; Büchel, 2022; Piontek, 2017). Mit den Möglichkeiten digitaler Interaktionen werden diese Praktiken nun weiter geöffnet und neue Zugänge zur Produktion, Bewahrung und Vermittlung von Wissen geschaffen und reflektiert (Cairns, 2013). Was unter Partizipation zu verstehen ist und wie sie sich in konkrete Arbeitsbereiche integrieren lässt, unterscheidet sich je nach Forschungskultur, Fachdiskursen und Institutionen erheblich. Partizipative Elemente in wissenschaftlichen Prozessen (z. B. Citizen Science; siehe Beitrag „Citizen Science: Gemeinsam Wissen schaffen“ in diesem Band) und in der Museumsarbeit finden immer stärker Verbreitung.

Im Weiteren betrachten wir partizipative Praktiken in Bezug auf Sammlungen, die den Kern und die zentrale Ressource von Museen darstellen. Obwohl es mittlerweile sehr gute

E. Heyne (✉) · U. Sturm
Museum für Naturkunde – Leibniz-Institut für Evolutions- und Biodiversitätsforschung, Berlin, Deutschland
E-Mail: elisabeth.heyne@mfn.berlin

S. Voigt-Heucke et al., *Praxishandbuch Partizipation in der Wissenschaft*,
https://doi.org/10.1007/978-3-658-51093-0_26

Beispiele für partizipative Ansätze bei der Transkription von Metadaten (z. B. Projekt „Notes of Nature“ auf der Zooniverse-Plattform) oder Social Tagging (z. B. ARTigo: Social Image Tagging) gibt, bleiben der Aufbau von Sammlungen und der Umgang mit Sammlungsobjekten weiterhin oft noch ausschließlich Expert:innen vorbehalten. Diese fehlende inhaltliche Öffnung des Sammelns z. B. für das Wissen von Akteur:innen aus unterschiedlichen gesellschaftlichen Bereichen schränkt jedoch das Potenzial beträchtlich ein, transdisziplinär zu arbeiten und verschiedene Perspektiven in Sammlungen zu integrieren. Mit einer verstärkten partizipativen Sammlungspraxis kann auch ein politischer Öffnungs- und Dehierarchisierungsprozess von Sammlungen beginnen, da Sammlungs- und Museumspraktiken historisch untrennbar mit der Produktion von Ungleichheiten und der Anhäufung von Macht und Ressourcen verbunden sind (Kaiser et al., 2023). Zugleich zeigt sich, dass partizipative Ansätze häufig mangelnde Vielfalt unter den Beteiligten und Machtgefälle zwischen Wissenschaftlter:innen und Teilnehmenden aufweisen (Lewenstein, 2022; siehe dazu auch den Beitrag „Inklusion und Diversität in partizipativer Forschung“ in diesem Band).

In diesem Beitrag geben wir auf der Grundlage eines erfolgreichen Experiments zur Öffnung des naturkundlichen Sammelns – des Projekts „Natur der Dinge. Eine partizipative Sammlung des Anthropozäns“ – Hinweise und Beispiele, wie das partizipative Sammeln zukünftige Museumspraktiken bereichern kann.

2 Partizipatives Sammeln in der Praxis

Naturkundliche Sammlungen blicken auf eine lange Tradition der Einbindung von Laien zurück. Hobby-Sammler:innen, die ihre Beobachtungsdaten wie auch ihre Sammlungen teilen und Museen durch Schenkung übereignen, waren historisch stets relevant für wissenschaftliche Sammlungen. Was aber, wenn Freiwillige auch darüber mitentscheiden, welche Objekte überhaupt Teil einer musealen Sammlung werden sollten? Was wenn dafür die klassischen wissenschaftlichen Disziplinen nicht maßgeblich sind, sondern die Interessen eines nicht zwingend akademischen Kreises von Interessierten? Angesichts der komplexen Krisen der Gegenwart gilt es die bestehende Praxis und etablierten Konzepte von Sammlung zu hinterfragen und partizipativ neu zu denken (Sarr & Savoy, 2018; Kaiser et al., 2023; Heyne et al., 2024). Mit dem Projekt „Natur der Dinge“ öffnen zwei großen naturkundlichen Museen in Europa – das Museum für Naturkunde Berlin (MfN) und das Muséum national d'Histoire naturelle (MNHN) in Paris – ihre Sammlungspraxis für das digitale, partizipative Sammeln menschengemachter Umweltveränderungen. Teilnehmende werden zu Sammler:innen und gestalten die Sammlung mit ihren eigenen Objekten, Metadaten (z. B. Herkunftsort und -zeit des Objekts, Material, Emotionen oder damit verbundene Tier- oder Pflanzenart) und Geschichten, die etwas über ihre persönliche Perspektive auf Umweltveränderungen erzählen. Andere Teilnehmende können die hier angegebenen Informationen erweitern. Die Plattform ist dreisprachig (Deutsch, Englisch, Französisch) und arbeitet mit automatisierten Übersetzungen.

Im Sinn eines echten offenen partizipativen Ansatzes (Einbezug von Citizen Scientists) wurden mit dem Projektdesign und der Plattform bewusst keine Vorgaben zu „richtigen“

oder „falschen“ Einreichungen getroffen. Aktuell befinden sich ca. 450 Objekte in der Sammlung, 118 Kommentare und insgesamt ca. 2500 Schlagwörter, die durch die Beitragenden vergeben wurden und die einzelnen Beiträge verbinden (Stand April 2026). Die Daten sind sämtlich kollektiv erstellt und greifen auf Wissensbestände unterschiedlicher Fachdisziplinen wie auch auf kollektives gesellschaftliches Wissen, Emotionen und Vorstellungen zurück. Die Objekte der Sammlung reichen von Gebrauchs-, Alltags und Haushaltsobjekten, alten Erinnerungen, Fotos und Dokumenten von Umweltbeobachtungen und persönlichen Wahrnehmungen bis zu Naturobjekten. Inhaltlich befassen sie sich mit sehr unterschiedlichen Themen, aber es lassen sich bereits große Themencluster wie Reflexionen zu Biodiversitätsverlust, Klimawandel, Ernährung, Kleidung oder Mobilität erkennen.

Ein Gelingensfaktor für die partizipative Praxis besteht darin, an jeder Stelle der Projektentwicklung zu reflektieren, wie ein gleichberechtigtes Arbeiten möglich ist und wo es produktiv sein kann, konventionelle wissenschaftliche Rollenverteilungen aufzubrechen. Die Arbeit mit „Natur der Dinge“ hat gezeigt, dass gerade der wertfreie Umgang mit den Einreichungen der Beteiligten besonders produktiv ist, das traditionelle Wissenschaftsverständnis aber auch herausfordern kann. Daher ist eine permanente Reflexion der eigenen Rolle und Überzeugungen als wissenschaftlich Forschende:r nötig.

Zudem bedarf es breiter und ganzheitlicher Ansätze von Partizipation. In der Planung und Umsetzung haben wir daher kontinuierlich, angefangen mit der Konzeptionsphase, mit nicht wissenschaftlichen Akteur:innen in unterschiedlichen Formaten und Gruppenzusammensetzungen gearbeitet – sowohl in der Planung, Gestaltung und Umsetzung der digitalen Plattform als auch bei der Reflexion und Auswertung. Hierzu gehört es auch, Ergebnisse offen und einfach zugänglich zu machen, indem die Sammlung online für jede:n sichtbar ist und über verschiedene digitale Visualisierungsformen erkundet werden kann. Zudem sind vielfältige analoge kostenlose Workshop-Formate und Angebote erforderlich, um digitale Barrieren abzubauen.

Für transdisziplinäre Forschungsdesigns und den Einbezug kollektiv erstellter Daten für die Verhandlung gegenwartsbezogener Krisenphänomene bedarf es (digitaler) Infrastrukturen, die unterschiedliche Wissens- und Wissenschaftskulturen zusammenbringen. Die Sammlung „Natur der Dinge“ ist bisher einzigartig sowohl in der Verbindung wissensbasierter Datensammlungen und persönlicher Perspektiven als auch hinsichtlich der Verknüpfung naturwissenschaftlicher mit kulturellen Daten. Für die einzelnen Metadaten (z. B. eigene, oft auch subjektive Schlagwörter zu globalen Themen, Rohstoffen, mit dem Objekt verbundenen Praktiken und Emotionen), den Mediendateien sowie den zugehörigen persönlichen Texten erarbeiteten wir daher ein komplexes Datenmodell und konnten dafür nur teilweise auf Standards zugreifen. Dadurch sind eine Verbindung zu Repositorien, Institutionen und Plattformen und das Übermitteln und Teilen der Daten nur eingeschränkt möglich. Wo bereits möglich wurden die Metadaten z. B. an Wikidata angeschlossen. Diese Herausforderung bedarf weiterer Kooperationen, wie wir sie mit einer internationalen Workshop-Serie zu „Anthropozän-Objekten“ bereits begonnen haben (Sturm et al., 2022). Insgesamt hat sich gezeigt, dass es im Fall von „Natur der Dinge“ entscheidend war, von einer Sammlung zu sprechen und diese an zwei traditionsreichen naturkundlichen Museen anzusiedeln, und zwar sowohl für das Projektdesign als auch für unseren Begriff von Partizipation. Der Projektkontext in den beiden Naturkundemuseen ermöglicht es, Sammlungen als potenziell umkämpfte Räume und Produkte europäisch-kolonialer Geschichte zu öffnen und offen zu fragen: Wer sammelt eigentlich? Wessen Perspektiven fehlen in der aktuellen Praxis? Entscheidend war es auch, dies nicht von außen am Beispiel von Museen zu erforschen, sondern eingebettet in die konkreten historischen Kontexte und in die sich wandelnden Institutionen praktisch umzusetzen.

3 Praktische Handlungsempfehlungen: Aufbau, Gestaltung und Durchführung partizipativer Sammlungsvorhaben

Im Detail empfehlen wir auf Basis der Erkenntnisse, die wir bei der Entwicklung und Umsetzung des Projekts gewonnen haben, konkrete Schritte, die für vergleichbare Vorhaben hilfreich sein können.

3.1 Partizipative Entwicklung von Forschungsdesign und Sammlungs-Plattform

Es ist empfehlenswert, mit Beginn des Projekts konkrete Phasen der Partizipation festzulegen, ausreichende Zeiten für Evaluation und Anpassungen einzuplanen und die Zielstellungen der einzelnen Phasen präzise zu definieren. Eine große Herausforderung ist es, ein solches Vorgehen mit einem zumeist bereits vordefinierten Förderantrag zu vereinbaren. Es kann daher nötig sein, ein allgemeines Ziel, in unserem Fall eine partizipative Sammlungsplattform, vorab zu definieren und dennoch in einzelnen Phasen die konkrete Ausgestaltung in Co-Creation zu planen. Im Projekt „Natur der Dinge" verfolgten wir die partizipative Entwicklung des Forschungsdesigns und der Sammlungs-Plattform beispielsweise in drei Phasen.

1. Phase
Wie können Akteur:innen aus unterschiedlichen Bereichen, Wissenschaft und Nichtwissenschaft miteinander über menschengemachten Umweltwandel, ein derart breites und schwierig fassbares Thema sprechen? Hilfreich in dieser Phase waren folgende Aspekte:

- Die Arbeit in Fokusgruppen, um die möglichen Zugänge zum Thema zusammenzutragen, die Varianz an Objekten und Geschichten zusammenzubringen und gemeinsam mit den Teilnehmenden über die Sammelkriterien zu diskutieren, erwies sich als besonders fruchtbar.
- Die Kommunikation des offenen Calls for Participation auf möglichst zielgruppendiversen Kommunikationskanälen sollte zielgerichtet eingesetzt und konkret geplant

sein. Hilfreich war in unserem Fall, im Voraus zu entscheiden, welche Zielgruppen in welcher Diversität in den Fokusgruppen vertreten sein sollen. Mit unserem Call, der sowohl über die Kanäle des Museums als auch über kleinere zielgruppenrelevante Verteiler und Vereine sowie private Netzwerke verbreitet wurde, wurden Freiwillige eingeladen und gebeten, eigene Objekte mitzubringen, die für sie etwas über aktuelle und menschengemachte Veränderungen der Natur erzählen und zu denen sie eine persönliche Verbindung haben. In den Fokusgruppen waren Personen unterschiedlicher Altersgruppen (von 21 bis ca. 70 Jahren) vertreten, Personen mit und ohne akademische Ausbildung, vorrangig aus dem Raum Berlin. Ergebnisse der Gruppenworkshops, die direkt in die Plattformentwicklung einfließen konnten, waren etwa Informationen zu den zu erwartenden Medien, zu den Kriterien der Sammlung sowie Schärfungen der Ausrichtung und Formulierung des Aufrufs zur Sammlung.

2. Phase

- Die kontinuierliche Einbindung von Freiwilligen und die Arbeit an einem gemeinsamen Vertrauensverhältnis tragen entscheidend zum Erfolg des Co-Creation-Prozesses bei. Der Fokus lag in unserem Fall in der zweiten Phase auf der Auseinandersetzung mit den Verbindungen von Objekten untereinander sowie auf der Frage nach den Kategorien, mit denen sie zu beschreiben wären. Dafür führten wir die Fokusgruppen mit denselben Teilnehmenden fort. Sie benannten, welche Bezüge sie selbst zwischen den Objekten der Gruppe wahrnehmen und anhand welcher Kategorien sie diese beschreiben würden.
- Es braucht Offenheit für außerfachliche Impulse. Im Rahmen der zweiten Phase entstanden auf Wunsch der Teilnehmenden in den Fokusgruppen beispielsweise die Metadaten-Kategorie „Emotion“, die in konventionellen Sammlungsdesigns bisher völlig fehlt, sowie weitere Anpassungen des Forschungsdesigns und des Datenmodells. Zudem entwickelte sich aus den Gesprächs- und Erinnerungsdynamiken, die sich von den Teilnehmenden ausgehend mit einem hohen Maß an persönlicher Involvierung und kritischer Reflexion vollzogen, das Kernanliegen des Projekts, diese Dynamiken auch im Digitalen zu ermöglichen.

3. Phase

- Die kleinteilige Abstimmung mit Freiwilligen bis auf die Formulierungsebene der schriftlichen Ansprache, Aufforderungen und Handlungsanleitungen hat sich als sehr produktiv erwiesen. In der dritten Phase fokussierten wir in Schreibworkshops die Fragestellungen und den Workflow im Hinblick auf das digitale Erzählen. Hierbei ging es darum, die Formulierung der Fragen und den Ablauf des digitalen Workflows an die Bedürfnisse unterschiedlicher Beteiligter anzupassen.
- Entscheidend für den Erfolg sind schließlich eine umfassende Auswertung und Prozesse zur Integration des kontinuierlichen Feedbacks der Teilnehmenden. Die Beiträge und Erkenntnisse aller Fokusgruppen werteten wir im deutsch-französischen Projektteam aus und leiteten Anforderungen an das digitale Design, den Aufbau des Beitrags-

Workflows sowie die Visualisierungen der Sammlung (Galerie-Ansicht, Objektansicht, Kartenansicht der digitalen Sammlungsplattform) ab. Hierzu zählten auch länderspezifische Unterschiede in der Bewertung und Auslegung von Fragen zu Umweltveränderungen. Dem Projektziel einer multiperspektivischen Sammlung folgend passten wir das Forschungsdesign, die Forschungsfragen und die Plattform an unterschiedliche Zugänge zu Umweltveränderungen an. Die grafische Gestaltung und das UX-Design der Plattform wurden in umfangreichen Usertests geprüft. Zusätzliche Features, wie das Research-Portal, wurden auf Basis umfangreicher Interviews mit Wissenschaftler:innen verschiedener Disziplinen entwickelt.

3.2 Digitale Partizipation im musealen Sammlungskontext

Digitale Partizipation ermöglicht es Museen, sich über ihre lokale Reichweite hinaus für andere Zielgruppen zu öffnen und verschiedene Formen von Zugang zu ermöglichen. Das Digitale produziert aber selbst auch eine Reihe an Ausschlüssen und Hindernissen. Wir haben in Bezug auf die digitale Partizipation folgende beispielhafte Ansätze identifiziert, um diesen Ausschlüssen zu begegnen:

- Datenerhebung und „Folksonomy": Interessierte müssen einen Account erstellen, um aktiv usergenerierte Daten beizutragen. Hochgeladene Mediendateien und Text können sie anschließend mit Metadaten in Form von Schlagwörtern zur Beschreibung des Objekts versehen, die auf dem „Folksonomy"-Prinzip beruhen, d. h., die Beitragenden erweitern laufend die Verschlagwortung in den verschiedenen Metadaten-Kategorien durch ihre eigenen Vorschläge, können von anderen User:innen bereits vergebene Schlagworte sehen und verwenden. Die bereits gesammelten Objekte und Projektinformationen können in drei Sprachen ohne Anmeldung erkundet werden. Die kollektiv erstellten Metadaten werden automatisiert übersetzt und sind so direkt in allen drei Sprachversionen nutzbar. Sie bilden auch die Grundlage der Auswertung sowie das „Skelett" der Sammlung.
- Nutzung unterschiedlicher digitaler Visualisierungsformen und Zugänge: Der bild- und geschichtenzentrierte Ansatz der Sammlung stellt Besuchende der Plattform und Betrachter:innen der Sammlung vor die Herausforderung, mit einer Fülle disparater Gegenstände und teils längeren Texten konfrontiert zu sein. Zugang ist sowohl über eine Galerie, eine Karte als auch das Spiel „Ecocene" möglich. Das Spiel eröffnet über KI-generierte Bilder zu den Geschichten aus der Sammlung eine völlig andere Perspektive auf die Beiträge und spricht andere Zielgruppen an. Zukünftig sollen sich Teilnehmende in einem Research-Portal mit Datenvisualisierungen anzeigen lassen können, wie ihre eigenen Beiträge und Schlagworte zu den Beiträgen anderer in Beziehung stehen.
- Kontinuierliche Begleitung digitaler Formate durch analoge Partizipationsmöglichkeiten: Begleitende analoge Formate zur Aktivierung tragen dazu bei, die Barrieren

digitaler Angebote abzubauen. Analoge Partizipation folgt allerdings grundlegend anderen Regeln und sollte daher zwar getrennt, jedoch im Zusammenspiel mit der digitalen Partizipation entwickelt werden, um in Kontakt mit unterschiedlichen Gruppen zu treten und spezifische Dialoge mit diversen Zielgruppen zu führen. Im Fall von „Natur der Dinge“ erwiesen sich analoge Sammel-Workshops als besonders geeignet für eine direkte Interaktion zwischen Projektverantwortlichen und Teilnehmenden. Über das gemeinsame Gespräch im Raum gelang es deutlich schneller, persönliche Bezüge herzustellen, zur Reflexion einzuladen oder die eigene, individuelle und lokale Erfahrung mit anderen zu verknüpfen. Hilfreich ist es zudem, die Räume der eigenen Institution zu verlassen und an weiteren Orten des Stadtraums Menschen anzusprechen.

3.3 Partizipativ erhobene Sammlungsdaten im musealen Kontext

Partizipativ erhobene Daten unterliegen häufig besonderer Kritik und werden in ihrer wissenschaftlichen Aussagekraft oft hinterfragt – insbesondere im Sammlungskontext haben sie sich noch längst nicht etabliert. Im Kontext von Sammlungsdaten wirft beispielsweise die Arbeit mit Keywords Fragen auf: Wie kann die Verknüpfung garantiert werden, wenn Schlagwörter fehlerhaft vergeben werden? Und wie gelingt im konkreten Fall die Verschlagwortung der verschiedenen Ebenen der mitgelieferten Geschichte? Wie kann mit Leerstellen und fehlenden Eingaben in den Daten umgegangen werden?

Bei „Natur der Dinge“ verfolgen wir zwei Lösungsansätze:

Einbindung anderer Teilnehmender in die Prüfung und Erweiterung der bereits existierenden Beiträge

Die Plattform ermöglicht eingeloggten User:innen, Metadaten durch eigene Schlagwörter zu ergänzen, eine eigene Geschichte zu bereits hochgeladenen Beiträgen zu verfassen oder Kommentare auf der Objektseite zu hinterlassen. Mit der kollektiven Arbeit an der Sammlung kann über den Austausch verschiedener Perspektiven auch die Datenqualität verbessert werden.

Redaktionelle Prüfung und Vereinheitlichung

Im Hinblick auf Tippfehler in den Schlagwörtern oder Übersetzungsfehler durch die automatisierte Übersetzung ist eine Prüfung der Daten unerlässlich. Zudem muss zugunsten der Auswertbarkeit entschieden werden, ob bestimmte Varianten ähnlicher Konzepte (z. B. Eintrag „Biodiversitätsverlust“ und Eintrag „Artensterben“) miteinander verknüpft oder separat behandelt werden. Wir unterscheiden dabei zwischen redaktionellen Eingriffen, die ausschließlich dem Erhalt der Funktionalität der Plattform dienen, und inhaltlicher Arbeit, Verbesserung oder Veränderung. Auf Letzteres verzichten wir explizit, da es bei den Objekten und Beiträgen ausdrücklich keine „richtigen“ und „falschen“ Einträge geben soll.

3.4 Partizipative Auswertung kollektiv erhobener Daten im Bereich Museum

Für die partizipative Auswertung von Forschungssammlungen fehlen Formate, die in der wissenschaftlichen Praxis der Einzeldisziplinen nicht nur als „Wissenschaftskommunikation“ oder „Transfer“ zählen, sondern als eigenständige Mittel zur Produktion wissenschaftlicher Ergebnisse gewertet werden. Daher bedarf es auch neuer Ansätze der Analyse einer partizipativen Forschungssammlung. Dafür erprobten wir Serien von „Objektgesprächen“. In diesem Format steht jeweils ein Objekt aus der Sammlung im Zentrum. In einem Gruppengespräch werden der:die Beiträger:in des Objekts sowie bis zu fünf weitere Expert:innen verschiedener Felder, die mit dem Objekt verknüpft sind, eingeladen, ihre Perspektiven auf das Objekt, seine Geschichte und die Sammlung auszutauschen. Die Ergebnisse der Gespräche sollen veröffentlicht werden.

3.5 Repräsentation

Partizipation ist immer auch eine Frage von Kapazitäten und Ressourcen, insbesondere bei komplexen Forschungsdesigns. In vielen Fällen können sich daher nur Personen beteiligen, die entweder bereits über eine hohe Eigenmotivation und großes inhaltliches Interesse oder die erforderlichen zeitlichen und infrastrukturellen (digitalen) Kapazitäten verfügen. Diese Herausforderung ist sowohl im Forschungsdesign als auch in der Kommunikation sowie bei der Auswertung partizipativer Sammlungen zu bedenken.

Eine Möglichkeit, ein breites Publikum zu erreichen, unterschiedliche gesellschaftliche Akteur:innen einzubeziehen und auch sonst häufig aus dem Diskurs über Umweltveränderungen ausgeschlossenen oder übergangenen Perspektiven Gehör zu verschaffen und diese zu repräsentieren, kann die Einbindung von Schüler:innen und Lehrenden sein. Im Projekt „Natur der Dinge“ entwickelten wir Lehr- und Lernmaterial, mit dem Lehrende das Projekt selbstständig im Unterricht nutzen und mit Schüler:innen ihre Perspektiven auf menschengemachte Umweltveränderungen sammeln können. So erreichen wir Personen einer bestimmten Altersgruppe dort, wo sie sich ohnehin aufhalten.

4 Fazit und Reflexion: Eine partizipative, angewandte Sammlungstheorie für das Anthropozän

Museen müssen sich als Einladende und Lernende verstehen, die darüber jedoch ihre Position und gesellschaftliche Verantwortung nicht abgeben. Der Begriff der Sammlung gibt dafür einen gewissen Rahmen. Mit ihm verpflichten sich die Museen, die Beiträge von Teilnehmenden zu bewahren. Gleichzeitig geben sie Verantwortung ab und öffnen sich den Stimmen nicht-wissenschaftlicher und gesellschaftlicher Akteur:innen.

Denn das Sammeln und (Neu-)Ordnen von Objekten ermöglicht es, dass Sammelnde selbst über die Verflechtung individueller und kollektiver Erfahrungen, des Lokalen und des Globalen reflektieren. Digitale Sammlungen erlauben zudem, neue Beziehungen zwischen Menschen, Objekten und Museen zu knüpfen: Es entstehen Verbindungen, die neue und andere Sichtweisen ebenso wie dynamische Verknüpfungen und Diskussionen ermöglichen, und zugleich Sammlungen, bei denen Museen nicht zu den physischen Besitzern der Objekte werden müssen. Sich für die Partizipation nicht-wissenschaftlicher Akteur:innen sowie für inter- und transdisziplinäre Forschung zu öffnen, zielt insofern auf den Kern des musealen Selbstverständnisses. Auch die digitalen Objekte und Metadaten in ihrer Hybridität und Heterogenität werfen die Frage auf, welche Infrastrukturen überhaupt geschaffen werden müssen, damit derartige Objekte und ihre Metadaten adäquat gespeichert und ausgewertet werden können. Hier zeigt sich die enge Verbindung von Partizipation, Infrastrukturen und aktuellen Fragen: Was sind digitale Museumsobjekte, welchen Wert haben sie und die Bedeutung von Materialität (Meehan, 2020). Zudem müssen digitale und analoge Partizipation in ihren Voraussetzungen und Wirkweisen den Bedingungen der Formate und Medien entsprechend voneinander unterschieden werden.

Für die gelungene Integration partizipativer Praktiken in Museen und Forschung halten wir es für entscheidend, in allen Teilen der Forschungsarbeit offen zu arbeiten. Entschließt man sich für die partizipative Arbeit, sollte es nicht darum gehen, Teilnehmende und ihre Beiträge empirisch zu „beforschen“, sondern ihre Mitarbeit als valide und gleichwertig zu betrachten.

Demzufolge lassen sich folgende drei Schlussfolgerungen ziehen:

1. Die Integration diverser Perspektiven bedarf einer intensiven Arbeit an wissenschaftlichen Praktiken und der zugehörigen Sprache (Verständlichkeit, Barrierefreiheit, Voraussetzungslosigkeit).
2. Es braucht eine klare Kommunikation des wissenschaftlichen wie auch des persönlichen Mehrwerts der Partizipation: Welche Ergebnisse werden wofür produziert? Wem dient das? Und was gewinnt jede Einzelperson, wenn sie sich darauf einlässt?
3. Notwendig ist schließlich die glaubhafte Wertschätzung jeder Form von Beteiligung, nicht nur des fertigen Ergebnisses. Denn gesellschaftliche Partizipation an wissenschaftlichen Forschungsprojekten ist immer auch geleistete Arbeit. Öffnung und Organisation von Beteiligung ist zwar auch auf wissenschaftlicher Seite mit erheblichem Zeitaufwand verbunden und bedarf vor allem entsprechender Kapazitäten und Ressourcen. Aber auch aufseiten der Partizipierenden handelt es sich bei ihrer Teilnahme um Arbeit, die zwar freiwillig geschieht, aber z. B. zur Erwerbs- und Sorgearbeit hinzukommt.

Alle drei Punkte müssen gegeben sein, um ein gemeinsames Arbeiten zu ermöglichen. Im besten Fall führt diese gemeinsame Arbeit auf wissenschaftlicher Seite dazu, das eigene wissenschaftliche Selbstverständnis und die eigenen Ziele permanent zu überprüfen und zu reflektieren.

Unser Ziel ist es, mit dem partizipativen Sammeln nicht nur digitale Objekte in einer Sammlung zusammenzubringen, vielmehr wollen wir im Sammlungsprozess und in der Auseinandersetzung Reflexion und Gespräche anstoßen. Diese Wirkung der partizipativen Praxis ist jedoch in den bislang etablierten wissenschaftlichen Erfolgskriterien von Wissenschaft nicht übersetzbar und wird daher oft untergeordnet betrachtet. Hier ist ein Umdenken vonnöten, damit sich die partizipative Museumspraxis auch in zentralen Bereichen etablieren kann. Dies bedarf selbstverständlich auch eines Hinterfragens und Öffnens von Begriffen und Institutionen und einer Integration partizipativer Arbeit bereits in der Ausbildungsphase von Wissenschaftler:innen.

Projektinformationen „Natur der Dinge"

- **Initiatoren**: Museum für Naturkunde Berlin (MfN) und Muséum national d'Histoire naturelle (MNHN) in Paris
- **Förderung**:
  - „Verlorene Objekte, wiederentdeckte Natur. Auf dem Weg zur Sammlung des Anthropozäns", gefördert von Bundesministerium für Bildung und Forschung – BMBF (Förderkennzeichen 01D520002, 2020–2023) und dem Ministère de l'Enseignement supérieur et de la Recherche – MESR in Frankreich (2021–2024).
  - „Perspektiven im Wandel. Naturbeziehungen verstehen, gemeinsam handeln", gefördert vom Bundesministerium für Forschung, Technologie und Raumfahrt – BMFTR (Förderkennzeichen 01DS25014, 2026–2028).
  - sowie Förderung von themenspezifischen Projekten wie z.B. „Wasserzukunft. Stimmen aus Berlin und Brandenburg", gefördert von der Lotto Stiftung Berlin (2025–2028)."
- **Technische Entwicklung der Plattform**: MOSAIC – Kompetenzcenter für partizipative Wissenschaft und Digitalprojekte, MNHN und Universität Sorbonne
- **Konzeption und Entwicklung Ecocene und Research Portal**: TRUST
- **Sammlungs-Plattform**: https://www.changing-natures.org/de/
- **Video-Spiel zur Sammlung „Ecocene"**: https://game.changing-natures.org/
- **Schulpaket**: Wie hat sich deine Umwelt verändert? Leben im Zeitalter des Menschen. Interaktive Lehr- und Lernmaterialien zu menschengemachten Umweltveränderungen und persönlicher Wahrnehmung für die 9. bis 13. Klasse. Zusammen mit Julia Tovote, Jan Sevcik, Esther Eichenauer (Dataset), 2023. https://zenodo.org/records/15806990

Literatur

Büchel, J. (2022). *Repräsentation – Partizipation – Zugänglichkeit: Theorie und Praxis gesellschaftlicher Einbindung in Museen und Ausstellungen*. Transcript.

Cairns, S. (2013). Mutualizing Museum Knowledge: Folksonomies and the Changing Shape of Expertise. *Curator, 56(1)*, 107–119. https://doi.org/10.1111/cura.12011

Gesser, S., Handschin, M., Janelli, A., & Lichtensteiger, S. (2012). *Das partizipative Museum: Zwischen Teilhabe und User Generated Content. Neue Anforderungen an kulturhistorische Ausstellungen*. Transcript.

Heyne, E., Weißpflug, M., & Sturm, U. (2024). Participatory practices and transforming environmental research in the Anthropocene. *Environmental Science & Policy, 153*, Art. 103655. https://doi.org/10.1016/j.envsci 2023.103655

Kaiser, K., Heumann, I., Nadim, T. H. K., Petersen, M., Korun, M., & Berger, F. (2023). Promises of mass digitisation and the colonial realities of natural history collections. *Journal of Natural Science Collections 11*, 13–25.

Lewenstein, B. V. (2022). Is citizen science a remedy for inequality? *Annals of the American Academy of Political and Social Science, 700(1)*, 183–194.

Meehan, N. (2020). Digital museum objects and memory: Postdigital materiality, Aura and Value. *Curator*. https://doi.org/10.1111/cura.12361

Piontek, A. (2017). *Museum und Partizipation: Theorie und Praxis kooperativer Ausstellungsprojekte und Beteiligungsangebote*. Transcript.

Renn, J. (2022). *The evolution of knowledge: Rethinking science for the anthropocene*. Princeton University Press.

Sarr, F., & Savoy, B. (2018). *Restituer le patrimoine africain*. REY.

Sturm U, Heyne E, Herrmann E, Arends B, Dieter A-L, Dorfman E, Drauschke F, Heller N, Kahn R, Kaiser K, Koch G, Kramar N, Mansilla Sánchez A, Mauelshagen F, Nadim T, Pell R, Petersen M, Schmidt-Loske K, Scholz H, Sterling C, Trischler H, Wagner S (2022) Anthropocenic Objects. Collecting Practices for the Age of Humans. *Research Ideas and Outcomes, 8*, e89446. https://doi.org/10.3897/rio.8.e89446

Elisabeth Heyne ist Kulturwissenschaftlerin am Museum für Naturkunde Berlin. Sie befasst sich mit partizipativer Forschung, Wissensgeschichte und Sammeln im Anthropozän.

Ulrike Sturm leitet am Museum für Naturkunde Berlin die Arbeitsgruppe „Mensch-Natur-Beziehungen im Anthropozän“ und forscht zu partizipativen und digitalen Praktiken.

Methoden – Leitfäden und Praxishandreichungen

Plattformarbeit als Schlüssel zur Community: Die Rolle von mit:forschen! für Citizen Science in Deutschland

Moritz Müller und Wiebke Brink

1 Einleitung

Unter https://www.mitforschen.org ist die zentrale Plattform für Citizen Science in Deutschland zu finden. Gefördert vom Bundesministerium für Forschung, Technologie und Raumfahrt (BMFTR) haben die Organisation Wissenschaft im Dialog und das Museum für Naturkunde Berlin das Kooperationsprojekt „mit:forschen! Gemeinsam Wissen schaffen!“ (ehemals Bürger schaffen Wissen) im Jahr 2013 mit dem Ziel ins Leben gerufen, zur Verbreitung und Entwicklung von Citizen Science in Deutschland beizutragen. Anfangs als Online-Plattform für Projektpräsentationen gedacht ist www.mitforschen.org mit der Weiterentwicklung des Citizen-Science-Felds stetig um weitere Angebote gewachsen. So richtet mit:forschen! gemeinsam mit lokalen Partner:innen seit 2017 die jährlich stattfindende bundesweite Citizen-Science-Fachtagung („Forum Citizen Science“) aus. Seit 2020 bietet mit:forschen! Trainings zu Citizen Science an – von Freiwilligenmanagement bis zu Evaluation von Citizen-Science-Projekten. Darüber hinaus unterstützt mit:forschen! verschiedene von Citizen-Science-Akteur:innen initiierte Arbeitsgruppen, z. B. bei der Konzeptionierung von Leitfäden und Workshops, und stellt über die Plattform Sichtbarkeit für deren Aktivitäten her. Im Blog von mit:forschen! werden zudem Veranstaltungsberichte, Interviews und Beiträge zu aktuellen Themen veröffentlicht. Die 2024 etablierte Expert:innendatenbank auf der Plattform dient dazu, die Fachkenntnis der Citizen-Science-Community sichtbar zu machen.

M. Müller
Museum für Naturkunde – Leibniz-Institut für Evolutions- und Biodiversitätsforschung, Berlin, Deutschland

W. Brink (✉)
Wissenschaft im Dialog, Berlin, Deutschland
E-Mail: wiebke.brink@w-i-d.de

S. Voigt-Heucke et al., *Praxishandbuch Partizipation in der Wissenschaft*,
https://doi.org/10.1007/978-3-658-51093-0_27

Wie diese Bausteine in den vergangenen Jahren die Plattform mit:forschen! geformt haben, welche konkreten Zielsetzungen hinter der Implementierung neuer Angebote standen und welche Rolle die Plattform bei der Stärkung von Partizipation in der Wissenschaft eingenommen hat, zeichnen wir in diesem Beitrag nach. Basierend auf den Erfahrungen der letzten zehn Jahre formulieren wir Handlungsempfehlungen für die Weiterentwicklung von Plattformen und den Aufbau von Netzwerken.

2 Die Entwicklung der Plattform: von der Projektpräsentation zum Netzwerkknoten

Die Plattform mit:forschen! (damals noch „Bürger schaffen Wissen") war komplementärer Part des GEWISS-Bausteinprogramms. Unter dem Titel „BürGEr schaffen WISSen – Wissen schafft Bürger" (GEWISS) arbeitete ein Konsortium verschiedener Institutionen von 2014 bis 2016 an einem Bausteinprogramm, das relevante Akteur:innen vernetzte und in Veranstaltungen und Arbeitsgruppen die Stärkung von Citizen Science in Deutschland diskutierte. Im Fokus stand dabei insbesondere die Entwicklung des „Grünbuchs Citizen Science Strategie 2020 für Deutschland" (Bonn et al., 2016), einer Sammlung partizipativ erarbeiteter Handlungsempfehlungen zur Stärkung von Citizen Science. mit:forschen! wurde als Plattform zur begleitenden Kommunikation und zur Präsentation von Citizen-Science-Projekten konzipiert. Nach Abschluss des GEWISS-Bausteinprogramms entwickelten wir das Angebot kontinuierlich weiter.

Technischer Aufbau

Die aktuelle Plattform von mit:forschen! basiert auf Drupal. Ein sogenanntes Grid-System ermöglicht es, verschiedene Module bedarfsgerecht für die jeweiligen Seiten einzusetzen. So lassen sich Texte, Bilder und weitere Elemente wie Downloads oder Webformulare unterschiedlich zu-
ammenstellen. Die Informationen zu den Projekten wie auch den Expert:innen sind in einer
tenbank strukturiert. Für Hosting und Support sowie für die Integration neuer Features ent-
en Kosten.

trale Fragen, die wir uns bei dieser Weiterentwicklung gestellt haben, lauteten: Wie
einzelnen Projekten in einzelnen Disziplinen etwas Übergreifendes entstehen?
lle kann und soll Citizen Science perspektivisch in der Forschung, aber auch in
chaftskommunikation einnehmen? Und was braucht es dafür?

ten zehn Jahren sind viele neue Projekte mit neuen Impulsen, aber auch
entstanden. Dezidierte Citizen-Science-Förderlinien des Bundes-
Forschung, Technologie und Raumfahrt (BMFTR) und seit 2022 auch
iftung, aber auch die Integration von Citizen Science in thematische
Institutionen, wie z. B. Deutsche Bundesstiftung Umwelt, Bundes-
der Bundesministerium für Verkehr, sowie die breite Förderung von
die EU-Kommission (u. a. im Programm „Horizon 2020") sowie
zung durch die European Citizen Science Association (ECSA)

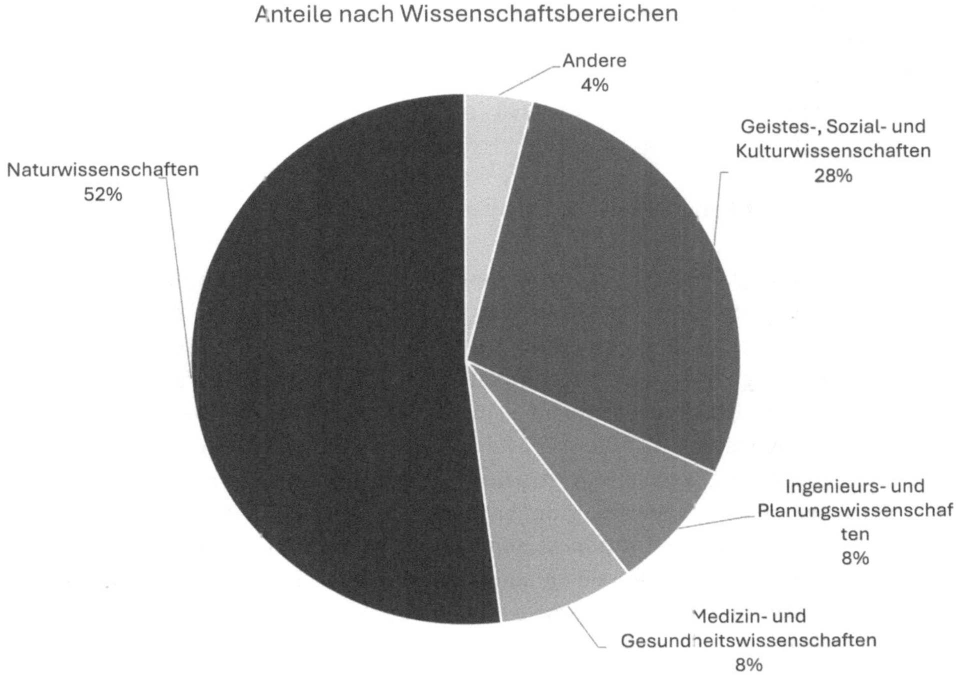

Abb. 1 Verteilung der Disziplinen von Citizen-Science-Projekten auf mit:forschen! (Eigene Darstellung basierend auf Projektdaten von www.mitforschen.org, Stand: April 2025)

haben dazu beigetragen. Um diese neuen Bedarfe zu adressieren, haben wir unsere Angebote zur Unterstützung und Weiterentwicklung der Community im Verlauf der Zeit immer wieder aktualisiert und erweitert (Abb. 1).

3 Meilensteine der Entwicklung

3.1 Austausch und Vernetzung beim Forum Citizen Science

Ein bedeutender Meilenstein in dieser Entwicklung war die Ausrichtung des ersten Forums Citizen Science im Jahr 2017. Diese jährlich stattfindende Fachkonferenz etablierten wir mit dem Ziel, die disziplinübergreifende Vernetzung und den Austausch innerhalb der Citizen-Science-Community zu fördern sowie aktuelle Herausforderungen und Chancen im Bereich Citizen Science zu diskutieren. 2017 fand das Forum Citizen Science halbtägig im Botanischen Garten Berlin statt und bestand aus einem kuratierten Programm mit rund 70 Teilnehmenden. Inzwischen ist das Forum Citizen Science eine zweitägige Konferenz mit Rahmenprogramm für ca. 300 Teilnehmende. Das Programm entsteht über einen offenen Call, in der Regel werden bis zu 100 Beiträge eingereicht, die ein Beirat bewertet. Auf dieser Basis erstellen wir gemeinsam mit den lokalen Gastgeber:innen das Programm. Die gemeinsame Ausrichtung mit einem lokalen Partner (zuletzt Universität Hamburg) ist ein wichtiges Element und wirkt sowohl bereichernd für die Tagung selbst als auch als verstärkender Impuls für regionale Aktivitäten.

3.2 Mitgestalten in Arbeitsgruppen

2018 gründeten engagierte Projektkoordinierende in Kooperation mit mit:forschen! die ersten Arbeitsgruppen. Diese selbstorganisierten Arbeitsgruppen bieten eine strukturierte Möglichkeit zur regionalen Vernetzung, zum thematischen Austausch und zur gemeinsamen Planung von Aktionen. Aktiv sind aktuell u. a. eine Arbeitsgruppe zum Thema Citizen Science in Medizin und Gesundheitswissenschaften, die D-A-CH-AG zum länderübergreifenden Austausch und die AG Multiplikator:innen für Citizen Science. mit:forschen! unterstützt und begleitet die Arbeitsgruppen mit kommunikativen Maßnahmen, Mikrofinanzierung und Vernetzungstreffen zwischen den AG-Leitungen. Die Arbeitsgruppen sind ein effektives Instrument, um spezifische Themen und Anliegen innerhalb der Community gezielt zu adressieren und voranzubringen. Die AGs haben zudem hilfreiche Ressourcen für die Praxis erarbeitet, wie Leitfäden zu rechtlichen Fragen oder für die Zusammenarbeit mit Schulen.

3.3 Kompetenzaufbau durch Trainingsworkshops

2020 haben wir unser Portfolio um digitale Trainingsworkshops erweitert. Diese zielen darauf ab, zukünftige Projektkoordinator:innen bei der Planung und Umsetzung ihrer Citizen-Science-Projekte zu unterstützen. Die Workshops behandeln relevante Themen der Projektplanung wie u. a. Kommunikation, Evaluation und Freiwilligenmanagement. Die Teilnehmenden erhalten in den Workshops von verschiedenen Expert:innen konkrete Impulse und Tipps, können sich mit anderen Teilnehmenden vernetzen und in Kleingruppenarbeit von den Erfahrungen und Ideen der anderen profitieren. Die Workshops finden als Reihe mit je fünf bis sieben Modulen zweimal jährlich mit im Schnitt 30 Teilnehmenden statt. Ein eigens dafür entwickeltes Projektplanungstemplate unterstützt den Lernerfolg der Teilnehmenden.

3.4 Impulse für die Praxis in Lunch-Talks

Seit September 2020 veranstalten wir das Lunch-Talk-Format „Digitale Mittagspause". Hier geben Praktiker:innen und Forschende, die sich wissenschaftlich mit Citizen Science auseinandersetzen, achtmal im Jahr in einem einstündigen digitalen Format Einblick in ihre Arbeit und teilen ihre Erkenntnisse. Bisherige Themen waren z. B. Inklusion, Citizen Science in der Stadtentwicklung, Wirkung von Citizen Science oder Datenmanagementplanung. Der Input der Referierenden ist in diesem Format ausdrücklich knapp gehalten, um den Teilnehmenden viel Raum für Fragen, Diskussionen und Erfahrungsaustausch zu geben.

3.5 Kollaborative Weiterentwicklung der Angebote

2022 initiierten wir einen kollaborativen Strategieprozess, um gemeinsam mit der Community die zukünftigen Schwerpunkte und die Ausrichtung der Plattform festzulegen. Dieser Prozess ermöglichte eine Reflexion der bisherigen Erfolge und Herausforderungen und eine Definition zukünftiger Ziele. Ein zentrales Thema war dabei die Schaffung von Anerkennung und Sichtbarkeit für die intensive und engagierte Arbeit in den Projekten, die aber häufig nicht wahrgenommen und wertgeschätzt wird.

Um dies zu adressieren, führten wir 2023 den „Wissen der Vielen“-Preis als einen neuen Baustein ein. Mit dem Ziel, die Wertschätzung für partizipative Forschung im Wissenschaftssystem zu verbessern, würdigt der Preis herausragende Forschungsarbeiten, die durch Citizen Science entstanden sind. Eine interdisziplinäre Jury bewertet die fachliche Qualität der Arbeit, ihren Mehrwert für die Forschung, die gesellschaftliche Relevanz des Werks und die partizipative Qualität des Forschungsprozesses. Der Forschungspreis wurde bislang an sechs Preisträger:innen vergeben. Zudem haben wir im Herbst 2024 eine digitale Expert:innendatenbank implementiert, die ebenfalls dazu beitragen soll, die Fachkenntnisse und Erfahrungen der Citizen-Science-Community sichtbarer zu machen. Auch hier haben wir in der Entwicklung eng mit Vertreter:innen der Community zusammengearbeitet und mehrere Feedbackschleifen eingebaut.

4 Plattformverständnis – vernetzen, informieren und gestalten

Die Entwicklung von mit:forschen! in den letzten zehn Jahren zeigt, wie sich die Plattform von einer anfänglichen Projektpräsentationsseite durch Mitgestaltung und Erweiterung der Angebote in Zusammenarbeit mit der Community zu einem zentralen Knotenpunkt für Citizen Science in Deutschland gewandelt hat. Wesentlich war dafür auch die über das BMFTR in dreijährigen Förderphasen bereitgestellte Finanzierung (Abb. 2).

Als wichtiges Gestaltungsprinzip für die Plattform hat sich der Dreiklang aus informieren, vernetzen und mitgestalten herauskristallisiert:

- Informieren bedeutet, dass wir es als Kernaufgabe von mit:forschen! ansehen, Interessierte mit unterschiedlichsten Erfahrungsständen Zugang zu Wissen über Citizen Science zu verschaffen.

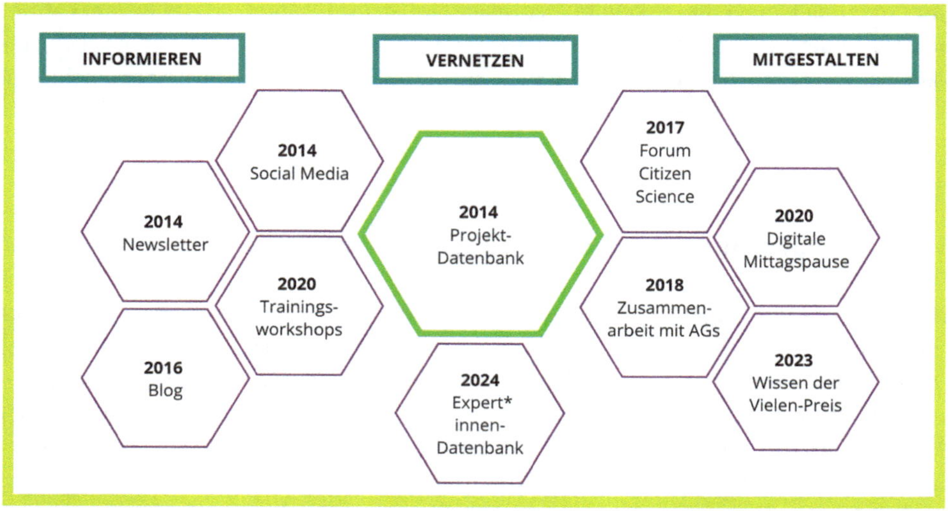

Abb. 2 Bausteine von mit:forschen! und ihre Entstehung. (Eigene Darstellung)

- Vernetzen hebt darauf ab, dass wir mit:forschen! als Kristallisationspunkt eines Netzwerks verstehen. Die Plattform ist ein digitaler Ort, richtet Veranstaltungen aus und bringt Akteur:innen dadurch in Kontakt.
- Mitgestalten steht dafür, dass wir die Community dazu einladen, aktiv Ideen einzubringen, um die Plattform mit:forschen! nach ihren Bedarfen und Interessen zu formen und gemeinsam neue Ziele für die Zukunft zu definieren.

Unser Plattformverständnis spiegelt damit auch das Selbstverständnis der Community wider. Citizen Science ist partizipativ und eine Plattform für Citizen Science sollte ein Mindestmaß an Offenheit für Ideen, Vorschläge und Bedarfe aus der Community mitbringen. Damit verbunden sind aber auch immer Aushandlungsprozesse über die Praktikabilität und Relevanz der eingebrachten Vorschläge sowie manchmal auch das Scheitern einzelner Angebote. So steht hinter dem Dreiklang desgleichen eine Vielzahl von Formaten, die wir getestet und wieder verworfen haben – beispielsweise ein digitales Diskussionsforum auf der Website, das kaum genutzt wurde. Iteration und kritische Selbstreflexion sind für uns bedeutende Prinzipien, um gute Lösungen und Angebote zu entwickeln, aber auch Bestehendes aktuell zu halten. Wir überarbeiten auf Basis des Feedbacks von Teilnehmenden daher laufend unsere Trainings. Eine 2024 von uns durchgeführte Befragung von Nutzer:innen hat in Kombination mit den Webstatistiken ergeben, dass der Anteil der Bürger:innen, die ein Projekt zum Mitforschen suchen, viel größer ist, als wir vermutet haben. Daher besteht eines unserer nächsten Ziele darin, die Projektsuche und -darstellung noch einfacher und übersichtlicher zu gestalten.

5 Handlungsempfehlungen zur Weiterentwicklung von Plattformen

Für uns als Betreiber:innen lautete eine wichtige Erkenntnis, dass unsere Plattform nur funktioniert, wenn wir neben dem digitalen Angebot der Projektpräsentation auch weitere Angebote machen, die persönlichen Austausch, Vernetzung und Ideenentwicklung fördern. Diese Angebote sind einerseits „unser Ohr in die Community", zugleich eröffnen sie auch den Akteur:innen die Möglichkeit, sichtbar zu werden, neue Impulse einzubringen oder sich zu engagieren (z. B. in den AGs). Mit der Corona-Pandemie ist vieles in den digitalen Raum gewandert (und auch dort geblieben, wie etwa die Trainings). Gleichzeitig haben aber auch Tools wie digitale Whiteboards oder Videokonferenzsoftware die Möglichkeiten des persönlichen Austauschs im Digitalen deutlich verbessert. Nichtsdestotrotz spielt gerade auch das Forum Citizen Science als analoge Veranstaltung für uns eine große Rolle und es wird uns immer wieder zurückgemeldet, wie bereichernd der direkte Kontakt ist. Diese Rahmung vorangestellt geben wir folgende vier Empfehlungen zum Aufbau von Plattformen:

5.1 Bedarfsorientierte Entwicklung

Eine Plattform sollte nicht statisch sein, sondern sich kontinuierlich weiterentwickeln, um den sich verändernden Anforderungen und Bedürfnissen der Nutzenden gerecht zu werden. Dies erfordert eine enge Einbindung der Community in den Entwicklungsprozess. Regelmäßige Feedbackschleifen (z. B. frühzeitiges Testen neuer Funktionen im Entwicklungsprozess) und Umfragen (über die Website selbst oder mithilfe von Online-Befragungs-Tools) können wertvolle Einblicke in die Bedürfnisse und Erwartungen der Nutzenden liefern. Wichtig sind partizipative Entwicklungsprozesse, um die Plattform gezielt an die Wünsche und Anforderungen der Community anzupassen. Kollaborative Formate, bei denen Nutzende direkt an der Gestaltung und Weiterentwicklung der Plattform beteiligt werden, fördern nicht nur deren Relevanz, sondern stärken auch das Engagement und die Bindung der Community. Ein Beispiel für eine solche Zusammenarbeit ist unsere Expert:innendatenbank (siehe Beitrag „Kooperative Entwicklung von Webplattformen in der partizipativen Forschung – Handlungsempfehlungen am Beispiel der Expert:innendatenbank von mit:forschen!" in diesem Band).

5.2 Lernfähigkeit und Anpassungsbereitschaft zeigen

Die Weiterentwicklung einer Plattform sollte auf den Lehren der Vergangenheit basieren und flexibel auf neue Herausforderungen und Chancen reagieren. Bei Plattformen müssen die Kapazitäten und Fähigkeiten eingeplant werden, aus früheren Erfahrungen zu lernen, sei es durch die Bewertung vergangener Initiativen oder durch die Analyse von Feedback der Nutzenden sowie Nutzungsstatistiken. Flexibilität und Anpassungsbereitschaft sowie die Stabilität von Ressourcen sind entscheidend, um auf neue technologische Entwicklungen, veränderte Bedürfnisse der Community oder externe Einflüsse wie rechtliche oder gesellschaftliche Veränderungen reagieren zu können. Ein System, das offen für Veränderungen ist, wird langfristig erfolgreicher sein und kann besser die Bedürfnisse seiner Nutzenden erfüllen.

5.3 Vernetzung stärken

Plattformen können immer auch als zentrale Anlaufstelle für die Vernetzung innerhalb der Community dienen. Es ist wichtig, sowohl digitale als auch analoge Formate zu integrieren, um die Interaktion und den Austausch zwischen verschiedenen Akteur:innen zu fördern. Digitale Angebote (wie Lunch-Talks oder Trainings) können durch analoge Veranstaltungen (wie Tagungen, Workshops, Vernetzungstreffen) ergänzt werden. Diese hybride Vernetzung ermöglicht die Bedienung unterschiedlicher Kommunikationspräferenzen und eine breitere Beteiligung. Plattformen, die es schaffen, eine lebendige und aktive Community zu fördern, tragen nicht nur zur Stärkung des Netzwerks, sondern auch zur Vertiefung der Zusammenarbeit und des Wissensaustauschs bei.

5.4 Vielfältige Zugänge bieten

Um den unterschiedlichen Bedürfnissen und Wissensständen der Nutzenden gerecht zu werden, können Plattformen sowohl oberflächliche als auch vertiefte Zugänge zu Informationen und Ressourcen anbieten, beispielsweise durch die Bereitstellung einführender Materialien für Neulinge sowie spezialisierter Inhalte für erfahrene Nutzer:innen. Ein modularer Aufbau der Inhalte kann es Nutzenden ermöglichen, sich je nach eigenem Interesse und Vorwissen auf verschiedenen Ebenen zu engagieren. Darüber hinaus können Plattformen interaktive Elemente wie Tutorials oder Q&A-Sessions anbieten, um eine aktive Auseinandersetzung mit den Inhalten zu fördern. Indem Plattformen die Vielfalt der Zugänge und Lernwege berücksichtigen, können sie eine breitere Zielgruppe ansprechen und die Nutzungserfahrung insgesamt verbessern.

Alle diese Empfehlungen setzen natürlich entsprechende Rahmenbedingungen voraus. Wenn Flexibilität, Lernbereitschaft und kollaborativer Geist beim Entwickeln auf starre Vorgaben – sei es in Zeitschienen, Mittelverwendung oder im technischen Gerüst – stoßen, dann sind die Gestaltungsmöglichkeiten begrenzter. Auch für uns sind neue Ideen für Angebote nicht immer sofort integrier- und umsetzbar, sondern können konzeptionell und finanziell häufig erst mittelfristig realisiert werden. So wächst das Mosaik unserer Bausteine bei mit:forschen! mal schneller, mal langsamer – aber stets bedarfsorientiert.

6 Fazit

Die Entwicklung von mit:forschen! veranschaulicht, dass eine Plattform für Citizen Science weit mehr sein kann als ein Schaufenster für Projekte. In den vergangenen zehn Jahren ist sie zu einem zentralen Knotenpunkt für Information, Austausch und Mitgestaltung geworden. Entscheidend war dabei, die Plattform kontinuierlich bedarfsorientiert weiterzuentwickeln und die Community aktiv einzubeziehen.

Unsere Erfahrungen verdeutlichen, dass digitale Angebote in einem solchen Kontext nur dann nachhaltig wirken, wenn sie durch Formate ergänzt werden, die persönliche Begegnungen und Vernetzung ermöglichen. Ebenso wichtig ist es, flexibel auf neue Impulse zu reagieren und Lernprozesse transparent zu gestalten. So konnte mit:forschen! nicht nur Sichtbarkeit für Projekte schaffen, sondern auch Strukturen für Zusammenarbeit und Anerkennung partizipativer Forschung etablieren.

Für die Zukunft bleibt es zentral, diesen Weg fortzusetzen: Plattformen müssen offen, adaptiv und gemeinschaftsorientiert sein, um Citizen Science langfristig zu stärken. mit:forschen! versteht sich daher weiterhin als lebendiger Raum, in dem Wissenschaft und Gesellschaft gemeinsam Wissen schaffen.

Literatur

Bonn, A., Richter, A., Vohland, K., Pettibone, L., Brandt, M., Feldmann, R., Goebel, C., Grefe, C., Hecker, S., Hennen, L., Hofer, H., Kiefer, S., Klotz, S., Kluttig, T., Krause, J., Küsel, K., Liedtke, C., Mahla, A., Neumeier, V., et al. (2016). *Grünbuch Citizen Science Strategie 2020 für Deutschland*. Halle. https://www.mitforschen.org/sites/default/files/assets/dokumente/gewiss-gruenbuch_citizen_science_strategie.pdf. Zugegriffen am 18.12.2025.

Moritz Müller ist als Projektleitung am Museum für Naturkunde Berlin für die Citizen-Science-Plattform mit:forschen! Gemeinsam Wissen schaffen tätig.

Wiebke Brink ist als Projektleiterin bei Wissenschaft im Dialog für die Citizen-Science-Plattform mit:forschen! Gemeinsam Wissen schaffen tätig.

Kooperative Entwicklung von Webplattformen in der partizipativen Forschung

Theresa Serafin und Moritz Müller

1 Einführung

Webplattformen und Portale erfüllen in der akademischen Landschaft vielfältige Funktionen: Sie verbessern die Sichtbarkeit von Forscher:innen, bieten Raum für Austausch, fördern den Aufbau von Communities und informieren über aktuelle Entwicklungen. Entsprechend entstanden in den vergangenen Jahren in vielen Fachbereichen eigenständige Plattformen, so auch im Bereich partizipative Forschung – etwa partnet, TDacademy und mit:forschen! (ehemals Bürger schaffen Wissen).

Für die Entwicklung solcher Plattformen ist ein nutzer:innenzentrierter Ansatz besonders wertvoll. Idealerweise werden Nutzer:innen in die (Weiter-)Entwicklung involviert: durch Feedback, eigene Perspektiven oder das Testen neuer Funktionen. So lassen sich Angebote besser an reale Bedarfe anpassen und die langfristige Nutzung fördern. Auf diese Weise entsteht eine „lebendige Plattform", die sich flexibel weiterentwickelt.

Diesem Gedanken folgend wurde auch die Expert:innendatenbank der Citizen-Science-Plattform mit:forschen! kooperativ entwickelt. Über 15 Monate hinweg wurde sie unter intensiver Beteiligung der Community aufgebaut. Der Prozess zeigt das Potenzial partizipativer Entwicklungsansätze. Mit dem Ziel, (potenzielle) Koordinator:innen und Entwickler:innen von Plattformen zu unterstützen, stellt der vorliegende Text daraus abgeleitete Empfehlungen vor, die sich auf andere Projekte übertragen lassen.

T. Serafin (✉) · M. Müller
Museum für Naturkunde – Leibniz-Institut für Evolutions- und Biodiversitätsforschung, Berlin, Deutschland
E-Mail: theresa.serafin@mfn.berlin

S. Voigt-Heucke et al., *Praxishandbuch Partizipation in der Wissenschaft*,
https://doi.org/10.1007/978-3-658-51093-0_28

2 Hintergrund und Ziele

Der Impuls für die Entwicklung der Expert:innendatenbank von mit:forschen! kam von der Community selbst. Im Rahmen eines Strategieprozesses im Jahr 2022 äußerte die Citizen-Science-Community den Wunsch nach einer Datenbank, die die Sichtbarkeit von Akteur:innen verbessert und den persönlichen Austausch fördert. Als Teil der Plattform mit:forschen! sollte sie das Capacity Building und den Wissenstransfer innerhalb der Community unterstützen. In diesem Zusammenhang stellte sich die Frage, welches Praxiswissen und welche Austauschmöglichkeiten sich die Community wünscht. Ziel war ein digitales Angebot, das die Vielfalt vorhandener Expertisen abbildet und den persönlichen Austausch zwischen den Nutzer:innen fördert. Bereits im Entwicklungsprozess lag besonderes Augenmerk auf einer breiten Beteiligung und der Berücksichtigung der Heterogenität der potenziellen Nutzer:innen.

Aufgrund dieser Ausgangssituation lag es von Beginn an nah, die Datenbank kooperativ mit der Community zu entwickeln. Entsprechend startete 2023 die Entwicklung der Expert:innendatenbank in enger Zusammenarbeit mit den künftigen Nutzer:innen auf der Plattform mit:forschen!

3 Entwicklungsprozess

Der 15-monatige Entwicklungsprozess der Expert:innendatenbank vollzog sich in drei kooperativen Schritten. Abb. 1 illustriert die zeitliche Abfolge. Rechteckige Felder stehen für Arbeitsschritte des mit:forschen!-Teams (z. B. Konzept, Überarbeitung, technische Umsetzung), abgerundete Felder für kooperative Elemente wie Umfrage, Workshop und Testphase.

Zu Beginn stand eine Recherche zu existierenden Expert:innendatenbanken aus Wissenschaft, Journalismus und Beratung, die der Identifizierung zentraler Elemente und

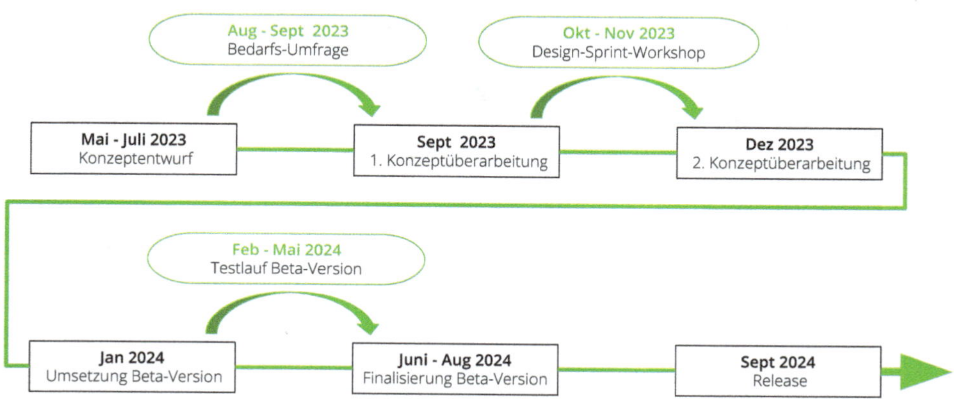

Abb. 1 Entwicklungsprozess Expert:innendatenbank mit:forschen!

Designoptionen diente. Im Fokus standen Fragen wie: Wie erhalten Nutzer:innen Zugang zur Datenbank? Wie interagieren sie miteinander? Wie werden sie dargestellt? Die Ergebnisse flossen in einen ersten Entwurf ein, der Grundlage der anschließenden Bedarfsumfrage war.

Diese strukturierte Online-Umfrage wurde mit ScoSci Survey erstellt und erfasste systematisch Wünsche, Rollen und Ziele potenzieller Nutzer:innen. Sie wurde in der Community von mit:forschen! verbreitet und enthielt u. a. Fragen zur Einsehbarkeit persönlicher Angaben, zur gewünschten Kommunikation, zu Zugangsmöglichkeiten und zu möglichen Kosten für die Nutzung. Der Abgleich mit den zuvor recherchierten Optionen verdeutlichte: Es besteht großer Bedarf an einer offenen, interaktiven Plattform mit Austauschmöglichkeiten. Basierend auf den Ergebnissen der Umfrage wurde der erste Entwurf angepasst.

Der zweite Entwicklungsschritt bestand in der Durchführung eines Workshops auf dem Forum Citizen Science 2023 und war vom Design-Sprint-Ansatz inspiriert. In Kleingruppen erarbeiteten Teilnehmende Personas hypothetischer Nutzer:innen. Über Experience-Maps wurden deren Eigenschaften und Bedarfe erfasst. Anschließend entwickelten die Gruppen konkrete Vorschläge für Designoptionen, wie Anmeldungen, Profile, Suchfunktionen oder Kommunikationskanäle. Mittels Dot-Votings wurden anschließend Prioritäten sichtbar gemacht. Eine abschließende Diskussion thematisierte zudem das Spannungsfeld zwischen Bedarfen und Umsetzbarkeit.

Daraufhin wurde eine Beta-Version der Datenbank entwickelt und in einer Testphase gemeinsam mit Community-Mitgliedern erprobt. Ausgewählte Tester:innen erhielten einen vorläufigen Zugang zur Expert:innendatenbank, legten Profile an und prüften die Funktionen. Über ein interaktives Whiteboard und anhand gezielter Fragen wurde strukturiertes Feedback gesammelt, das direkt in die Finalisierung der Datenbank einfloss. Durch die Beteiligung konnten erste Expert:innenprofile gewonnen und die Qualität des Angebots deutlich verbessert werden.

Die Beteiligung variierte je nach Format: Die Umfrage erreichte über 120 Personen, der Workshop ermöglichte tieferen Austausch in kleinerer Runde. In der Testphase engagierten sich gezielt ausgewählte Nutzer:innen – teils zum zweiten Mal während des Prozesses. Die durchweg positiven Rückmeldungen und die konkrete Umsetzung vieler Vorschläge zeigen den Mehrwert des kooperativen Ansatzes. Damit stellt der Prozess ein erfolgreiches Modell für nutzer:innenzentrierte Entwicklung von Webplattformen im Bereich partizipativer Forschung dar.

4 Empfehlungen

Der beschriebene Prozess – von der Recherche bis zur Veröffentlichung – erstreckte sich über 15 Monate. Die frühe und kontinuierliche Einbindung potenzieller Nutzer:innen, kombiniert mit einem iterativen Vorgehen, erwies sich als erhebliche Bereicherung. Ein wesentlicher Grundgedanke bestand darin, Impulse aus der Community nicht zu antizipieren, sondern sie von Beginn an direkt von der Community einbringen zu lassen. Ideen und Wünsche aus der Nutzer:innengruppe frühzeitig aufzugreifen und ernst zu nehmen, z. B. durch Strategieworkshops oder offene Feedbackformate, schuf nicht nur inhaltlich relevante Grundlagen, sondern förderte auch die Identifikation von Nutzer:innen mit der Plattform. Diese Bottom-up-Beteiligung trug dazu bei, dass Impulse weniger als einmaliges Feedback, sondern als aktive Mitgestaltung verstanden wurden. So entstand ein Angebot, das nicht nur für die Community, sondern mit ihr entwickelt wurde.

Im Folgenden fassen wir zentrale Erfolgsfaktoren zusammen, die sich auf andere Plattformen übertragen lassen – besonders bei heterogenen Zielgruppen und in Kontexten, die Austausch, Sichtbarkeit oder kollaborative Wissensproduktion fördern. Welche Formate sich in welcher Projektphase eignen, um Nutzer:innen einzubeziehen, zeigt die folgende Methoden-Box.

4.1 Zentrale Erfolgsfaktoren

Systematische Bedarfsanalyse und Kontextrecherche durchführen

- Recherchiere bestehende Webplattformen, vergleiche Funktionen und Zielsetzungen.
- Starte mit einer breiten Bedarfsanalyse (z. B. durch Umfragen mit Filterlogik), um Erwartungen, Nutzungsziele und Hemmnisse potenzieller Nutzer:innen zu erfassen.
- Sprich verschiedene Nutzer:innengruppen gezielt an und werte die Ergebnisse differenziert aus, um heterogene Bedarfe zu erfassen.

Mehrstufige, flexible Beteiligungsformate kombinieren

- Setze auf eine Mischung aus quantitativen und qualitativen Methoden und ermögliche kreative Mitgestaltung.
- Die Kombination aus analytischen und kreativen Methoden gleicht Einzelinteressen aus und fördert ausgewogene Entscheidungen.

Entwicklung iterativ und transparent gestalten

- Arbeite schrittweise mit Feedbackschleifen, um Rückmeldungen regelmäßig in die nächsten Schritte einfließen zu lassen. Wäge ab zwischen individuellen Bedürfnissen und technischer Machbarkeit.
- Mache transparent, welche Entscheidungen wie getroffen wurden – auch wenn nicht alle Vorschläge umgesetzt werden können.

Bestehende Netzwerke und Community-Veranstaltungen nutzen

- Binde Beteiligungsformate in bestehende Plattformen, Events und Kommunikationskanäle ein. So erreichst du Nutzer:innen niedrigschwellig und kontextnah – z. B. auf Fachtagungen oder über bestehende Newsletter.

Tab. 1 Übersicht Beteiligungsmethoden in der Plattformentwicklung

Methode	Entwicklungsphase	Ziel
Online-Umfragen	Bedarfsanalyse	Erfassung von Bedürfnissen in großer Breite
Experience Mapping	Bedarfsanalyse	Verständnis für Nutzungskontexte und Hürden
Fokusgruppen	Bedarfsanalyse	Tiefergehender Austausch über Erwartungen und Motivationen
Workshops (z. B. Design-Sprints)	Konzeptentwicklung	Kreative Ideenentwicklung mit Nutzer:innen
Personas	Konzeptentwicklung	Visualisierung und Diskussion unterschiedlicher Nutzer:innentypen
Dot-Voting	Priorisierung	Schnelle und transparente Entscheidungsfindung
Beta-Tests mit Feedbackboards	Testphase	Praktisches Feedback zur Funktionalität und Nutzbarkeit
Kano-Modell-Abfragen	Testphase	Kategorisierung von Funktionen nach Relevanz

Testphase gezielt nutzen – zur Optimierung und Community-Aktivierung

- Nutze die Testphase, um durch konkretes Nutzer:innenverhalten Schwachstellen zu erkennen und gezielt nachzubessern.
- Binde gezielt erste engagierte Nutzer:innen ein, die als Multiplikator:innen für das Angebot fungieren können.
- Interaktive Testmethoden (z. B. kommentierbare Prototypen oder digitale Whiteboards) fördern strukturiertes Feedback.

4.2 Methoden-Box: Beteiligung in der Plattformentwicklung

Nutzer:innen können mit unterschiedlichen Methoden in die Entwicklung von Webplattformen einbezogen werden. Die Wahl geeigneter Methoden hängt von der Projektphase, dem Ziel der Beteiligung und der gewünschten Beteiligungstiefe ab. Verschiedene Formate können kombiniert werden, wie die folgende Tabelle veranschaulicht (Tab. 1).

► **TIPP** Eine Kombination aus analytischen und kreativen Formaten fördert ausgewogene Entscheidungen und stärkt die Identifikation der Community mit dem Ergebnis.

Theresa Serafin arbeitet am Museum für Naturkunde Berlin als Projektmanagerin im Team der deutschen Citizen-Science-Plattform mit:forschen! Gemeinsam Wissen schaffen.

Moritz Müller ist Projektleitung der deutschen Citizen-Science-Plattform mit:forschen! Gemeinsam Wissen schaffen.

Citizen-Science-Wettbewerbe – Ein Format zur Förderung lokaler Citizen-Science-Aktivitäten

Gesine Heinrich und Florence Mühlenbein

1 Das Wettbewerbsprinzip

Als Förderinstrument kann ein Wettbewerb das passende Format sein, wenn Sie:

- das Thema Citizen Science in Ihrer Kommune oder Region bekannt(er) machen,
- zivilgesellschaftliche, kommunale und wissenschaftliche Akteur:innen zusammenbringen und neue Kooperationen fördern,
- gezielt einen niedrigschwelligen Einstieg in das partizipative Forschen ermöglichen,
- Strukturen für langfristige Zusammenarbeit schaffen oder festigen möchten.

Darüber hinaus ist es hilfreich, vorab zu überlegen, welche Rahmenbedingungen bei der Ausrichtung eines Wettbewerbs gelten sollen: Welches Ziel steht im Zentrum unserer Förderung? Ist ein Wettbewerb das passende Format? Welches Thema möchten wir in den Mittelpunkt stellen? Welche personellen und finanziellen Ressourcen stehen zur Verfügung? Dies entscheidet darüber, welche Anforderungen in der Ausschreibung gestellt werden und in welchen Maßen eine begleitende Kommunikation und Betreuung der Bewerber:innen und Projekte möglich sind.

G. Heinrich (✉)
Museum für Naturkunde – Leibniz-Institut für Evolutions- und Biodiversitätsforschung, Berlin, Deutschland
E-Mail: gesine.heinrich@mfn.berlin

F. Mühlenbein
Berlin, Deutschland

S. Voigt-Heucke et al., *Praxishandbuch Partizipation in der Wissenschaft*,
https://doi.org/10.1007/978-3-658-51093-0_29

Im Folgenden wird ein möglicher Wettbewerbsprozess abgebildet und vier Erfolgsfaktoren aufgegriffen, die im weiteren Verlauf des Leitfadens vertieft werden. Initiator:innen von Wettbewerben können je nach Rahmenbedingungen und Zielsetzungen Anpassungen vornehmen und so das Wettbewerbsformat auf die eigenen Bedürfnisse zuschneiden.

Projektbeispiel: Auf die Plätze! Citizen Science in deiner Stadt
Von 2021 bis 2024 förderte der deutschlandweite Citizen-Science-Wettbewerb „Auf die Plätze! Citizen Science in deiner Stadt" von Wissenschaft im Dialog und dem Museum für Naturkunde Berlin insgesamt sechs lokale Citizen-Science-Projekte. Pro Wettbewerbsrunde wählte eine Expert:innen-Jury drei Projekte aus, die ihre Ideen mithilfe von jeweils 50.000 € umsetzen durften. Das Ziel: Citizen Science als zukunftsweisenden Ansatz vor Ort erlebbar machen und nachhaltig verankern. Akteur:innen aus Wissenschaft, kommunaler Verwaltung und organisierter Zivilgesellschaft erforschten gemeinsam mit Bürger:innen Themen von lokaler Relevanz. Die Zusammenarbeit und der Austausch der Akteur:innen vor Ort standen im Mittelpunkt. Geforscht wurde u. a. zum Einfluss von Gesundheit und Wohnen in einem Hamburger Stadtviertel, zur Sprachenvielfalt in Mannheim gemeinsam mit Kindern und Jugendlichen oder zur mikrobiellen Artenvielfalt im Boden in einer ganzen Region.

Im vorliegenden Beispiel eines Citizen-Science-(Förder-)Wettbewerbs konnten sich lokale Verbunde aus Wissenschaft, Zivilgesellschaft und kommunaler Verwaltung in einem zweistufigen Wettbewerbsverfahren mit einem Forschungsthema ihrer Wahl mit lokalem Bezug bewerben. Die Zweistufigkeit des Verfahrens (Abschn. 2.1) sowie die hinsichtlich Thematik, Umsetzung und beteiligter Akteur:innengruppen möglichst offen gestaltete Ausschreibung (Abschn. 2.2) bilden entscheidende Eckpunkte des Wettbewerbs. Eine kuratierte Wettbewerbsjury aus den unterschiedlichsten Bereichen der Akteur:innenlandschaft bewertet die Einreichungen für Forschungsideen kriteriengeleitet und wählt eine festgelegte Zahl von Finalist:innen aus. Diese arbeiten dann in einem sogenannten Ideensprint ihre Ideen zu einem Konzept aus. In der zweiten Bewerbungsrunde zeichnet die Jury die besten Konzepte aus. Die Gewinner:innen erhalten Preisgelder und Unterstützung (Abschn. 2.3) und können sich mit etablierten Projekten austauschen und voneinander lernen (Abschn. 2.4).

Abb. 1 veranschaulicht die Eckpunkte und den Ablauf des Wettbewerbs „Auf die Plätze! Citizen Science in deiner Stadt".

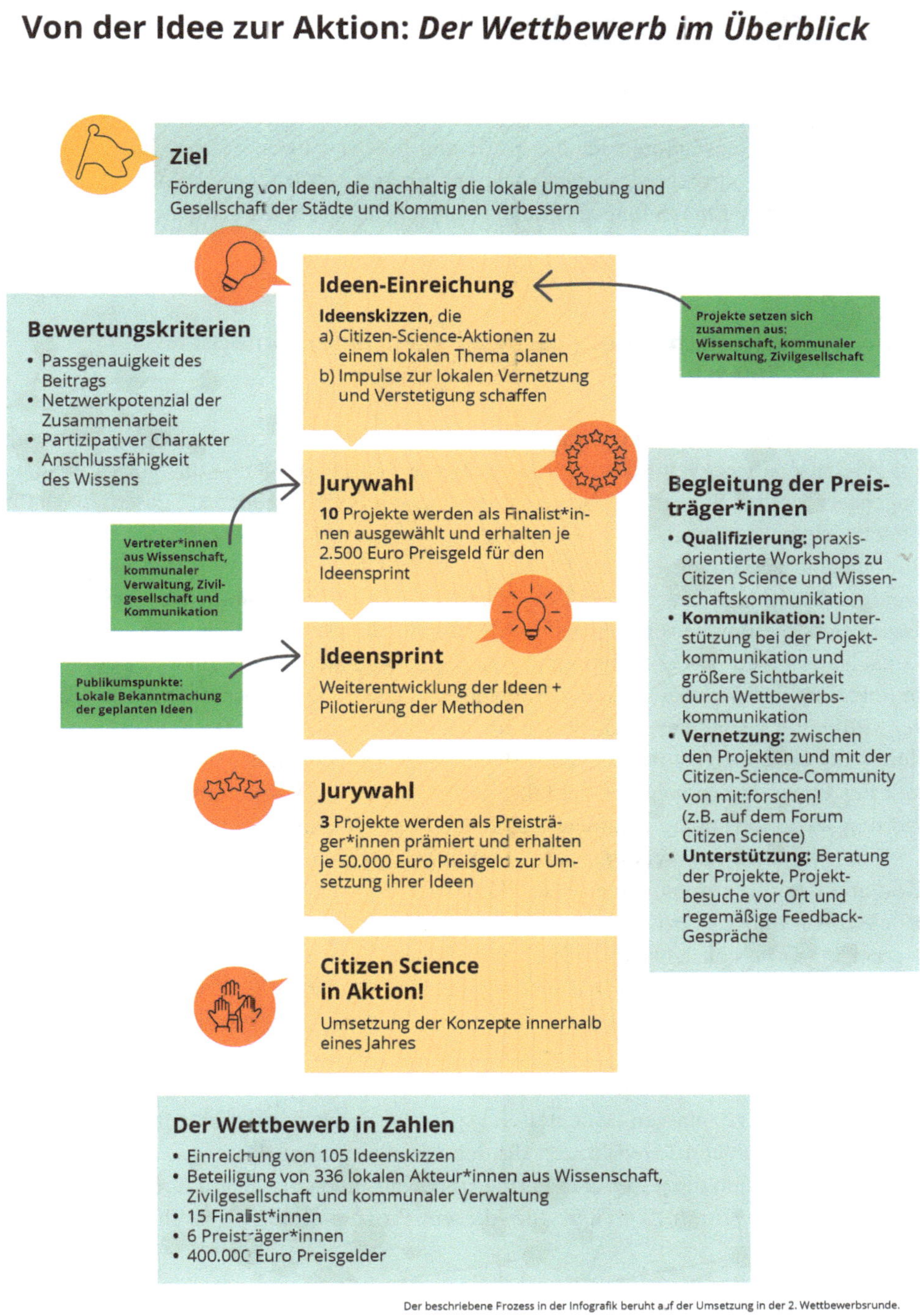

Abb. 1 Infografik zum Wettbewerb „Auf die Plätze! Citizen Science in deiner Stadt“. (Abbildung: Wissenschaft im Dialog)

2 Vier Erfolgsfaktoren für die Umsetzung eines Citizen-Science-Wettbewerbs

Auf der Grundlage der Erkenntnisse aus dem Wettbewerb stellt der vorliegende Leitfaden vier zentrale Erfolgsfaktoren für die Förderung lokaler Citizen-Science-Initiativen und deren langfristige strukturelle Verankerung vor. Ergänzt werden diese Erfolgsfaktoren mit praxisorientierten Empfehlungen, um Anregungen für zukünftige Wettbewerbe im Bereich des partizipativen Forschens zu schaffen.

2.1 #Erfolgsfaktor Niedrigschwelligkeit: einen einfachen Zugang schaffen

Möchten Sie neue Akteur:innen für Citizen Science – vielleicht auch ohne Vorerfahrung im Wissenschaftsbetrieb oder im Schreiben von Förderanträgen – für eine Teilnahme begeistern, sollten Sie den Wettbewerb einfach und möglichst einladend gestalten. Dafür bietet sich beispielsweise ein zweistufiges Auswahlverfahren an. In der ersten Bewerbungsphase können Bewerber:innen als jeweils lokale Verbunde ihre Idee anhand weniger kurzer und praxisnaher Fragen grob skizziert einreichen („Ideenskizze"). So lassen sich Ressourcen schonen – sowohl aufseiten der Bewerber:innen als auch bei den Organisator:innen. Zudem empfiehlt es sich, ein besonderes Augenmerk auf die Kommunikation der Wettbewerbsausschreibung zu legen. Die Ansprache sollte niederschwellig und visuell ansprechend gestaltet sein. Unterstützt werden kann das Angebot durch Informationsveranstaltungen, offene Telefonsprechstunden und die Erreichbarkeit der Organisator:innen per E-Mail. Eine strukturierte Ausschreibung inklusive Bewertungskriterien und Teilnahmebedingungen trägt zur Transparenz des Verfahrens bei.

Eine vielfältig aus Wissenschaft, kommunaler Verwaltung, Zivilgesellschaft und Kommunikation zusammengestellte Wettbewerbsjury sichert durch ihre diversen Blickwinkel und Expertisen, dass die verschiedenen Erfahrungshintergründe der Bewerber:innen berücksichtigt werden, um beispielsweise auch neuen Akteur:innen mit weniger Erfahrung gleiche Chancen einzuräumen. Je nach Größe und zeitlicher Verfügbarkeit der Jurymitglieder kann dann vorab eine Auswahl der Ideenskizzen durch die Organisator:innen erfolgen. Um für die zweite Bewerbungsphase eine gute Auswahl an Konzepten zur Förderung zu liefern, ist es sinnvoll, circa die dreifache Anzahl an Ideenskizzen zuzulassen. Möchten Sie später beispielsweise drei Konzepte prämieren, sollten circa zehn Ideenskizzen für den Ideensprint zugelassen werden. In dieser Phase tauschen sich die jeweiligen Partner:innen aus und entwickeln ihre Ideenskizzen zu Konzepten weiter. Begleiten Sie diesen Prozess durch Workshops und Vernetzungstreffen.

> **Empfehlungen zur Niedrigschwelligkeit**
> - Nutzen Sie ein zweistufiges Bewerbungsverfahren:
>   1. Ideenskizzen einreichen – mit kurzen, präzisen Fragen und ohne kompliziertes Antragsverfahren,
>   2. Ausarbeitung der Ideenskizze im Ideensprint zu einem Konzept.
> - Bieten Sie offene Informationsveranstaltungen, Sprechstunden und Beratung an.
> - Gestalten Sie den Wettbewerbsprozess transparent – veröffentlichen Sie daher Informationen zum Ablauf des Auswahlprozesses und die Bewertungskriterien vorab.
> - Verwenden Sie eine visuell ansprechende Kommunikation und seien Sie dabei nach Möglichkeit thematisch offen, z. B. durch eine einfach gestaltete Sprache.

2.2 #Erfolgsfaktor Offenheit: Raum für Vielfalt lassen

Die Offenheit eines Wettbewerbs kann Bewerber:innen die Chance geben, neue Ansätze auszuprobieren, ohne direkt ein mehrjähriges Citizen-Science-Projekt umsetzen zu müssen. Stattdessen kann in der Ausschreibung beispielsweise eine Mindestanzahl beteiligter Bürgerforschender festgelegt werden, mit denen eine bestimmte Menge öffentlicher Citizen-Science-Aktionen umgesetzt werden soll. Auf diese Weise können lokale Akteur:innen Citizen Science als partizipativen Ansatz für Forschung und Wissenschaftskommunikation vor Ort testen und langfristige Potenziale für eigene Anwendungskontexte erschließen.

Zur Offenheit gehört auch ein offenes Verständnis von Citizen Science. In der Ausschreibung kann beispielsweise auf methodische Vorgaben, z. B. zum Partizipationsgrad der Aktivitäten, verzichtet werden. Auch eine im Wettbewerb zugelassene thematische Breite kann Offenheit gewährleisten, um viele Anknüpfungspunkte für unterschiedliche Regionen und ihre lokalen Themen zu ermöglichen. Der breite thematische Rahmen ermöglicht die Teilnahme vielfältiger Akteur:innen, die ihre Anliegen in der Gestaltung des gesellschaftlichen Wandels mit der Realisierung von Forschungsaktivitäten verbinden können. Die Themenauswahl kann z. B. entlang der eigenen Organisationsinhalte/-ziele oder nach Potenzial für Citizen Science vollzogen werden (z. B. UN-Nachhaltigkeitsziele, gesellschaftliches Zusammenleben).

Abb. 2 zeigt anhand der Preisträger:innen des Wettbewerbs „Auf die Plätze! Citizen Science in deiner Stadt“, wie vielfältig die Akteur:innengruppen waren, die sich in den sechs Verbünden zusammengefunden haben, und welche Themenvielfalt mithilfe eines Citizen-Science-Ansatzes umgesetzt wurde. Auf dem Wettbewerbs-Blog geben die Preisträger:innen weitere Einblicke in ihre Citizen-Science-Initiativen: www.citizenscience-wettbewerb.de/.

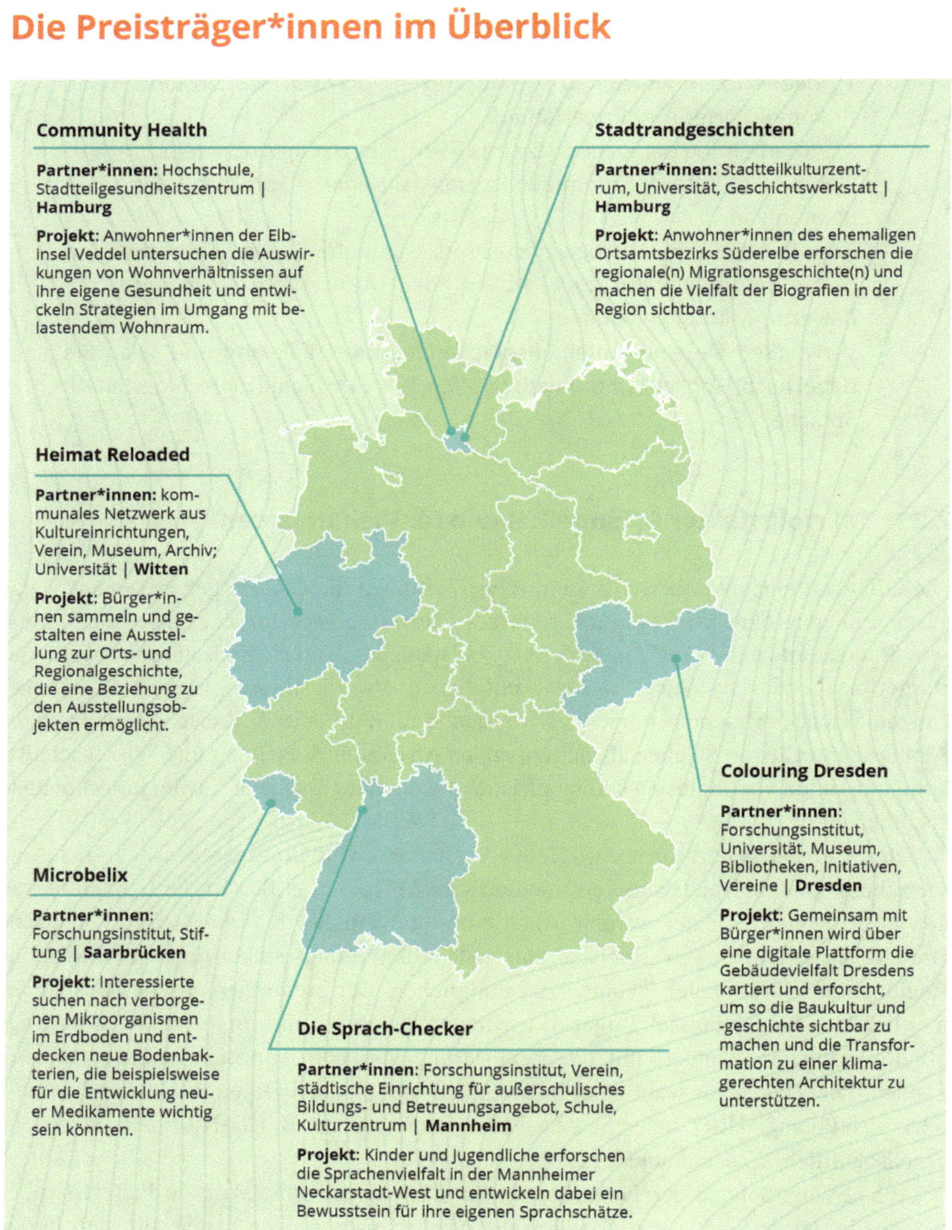

Abb. 2 Die Preisträger:innen des Wettbewerbs „Auf die Plätze! Citizen Science in deiner Stadt“ im Überblick. (Abbildung: Wissenschaft im Dialog)

▶ **Empfehlungen zur Offenheit**

- Seien Sie offen in den geplanten Citizen-Science-Aktionen, z. B. in Bezug auf Methodik oder Partizipationsgrad.
- Wählen Sie einen thematischen Rahmen, der vielen Akteur:innen Anknüpfungspunkte für ihre lokale Arbeit liefert.
- Betonen Sie, dass neue Ideen und Pilotierung von Citizen-Science-Ideen ausdrücklich erwünscht sind.

2.3 #Erfolgsfaktor Begleitung: Unterstützung in allen Wettbewerbsphasen

Ein weiterer entscheidender Erfolgsfaktor für einen Wettbewerb, der neue Akteur:innengruppen ansprechen und für die Zusammenarbeit mobilisieren soll, ist eine intensive Betreuung der Bewerber:innen von der Antragsphase bis zum Projektabschluss. Die lokalen Citizen-Science-Initiativen sollten durch ein vielfältiges Beratungs-, Austausch- und Qualifizierungsangebot in allen Phasen (Bewerbung, Ideensprint, Umsetzung) unterstützt werden. So können beispielsweise die Organisator:innen, aber auch externe Expert:innen aus dem Citizen-Science-Netzwerk den Akteur:innen zu relevanten Aspekten der Citizen Science und Projekten fachliche oder organisatorische Impulse geben. Ziel der Begleitung ist eine Unterstützung der Akteur:innen bei der Planung und Umsetzung ihrer Vorhaben. Zugleich wird Raum für die Klärung in den lokalen Kontexten relevanter Fragen, Anliegen und Bedarfe der Zusammenarbeit geschaffen.

Ein besonderer Schwerpunkt der Begleitung ist das Thema Kommunikation. Neben einer persönlichen Beratung durch das Wettbewerbsteam können die Finalist:innen und Preisträger:innen dank Kommunikationspaketen mit Hinweisen sowie Text- und Bildvorlagen, die sie für ihre eigene Kommunikation nutzen und mit denen sie zugleich den Wettbewerb als Rahmen einbringen, begleitet werden. Zudem kann ein Wettbewerbsblog größere Sichtbarkeit für andere interessierte lokale Akteur:innen schaffen und Einblicke in die Projekte ermöglichen, z. B. in Form von Interviews oder Werkstattberichten. In diesem Rahmen stärkt die Begleitung die Sichtbarkeit der Akteur:innen über den lokalen Kontext hinaus.

▶ **Empfehlungen zur Begleitung**

- Bieten Sie in allen Phasen (Bewerbung, Ideensprint, Umsetzung) Workshops, Beratung und Austauschformate an und schauen Sie, was am besten zu den Bedürfnissen ihrer Zielgruppe passt.
- Stellen Sie sicher, dass Themen aufgegriffen werden, die die beteiligten Akteur:innen interessieren oder bei denen Qualifizierungsbedarf besteht, wie Datenmanagement oder Wirkungsorientierung.
- Stellen Sie für die Finalist:innen und Preisträger:innen begleitende Kommunikationspakete zur Verfügung (Texte, Bilder, Logos usw.).
- Fördern Sie durch Blogbeiträge oder Social Media die Sichtbarkeit der prämierten Citizen-Science-Aktivitäten.

Beispiele für Begleitangebote im Rahmen des Wettbewerbs

- Online-Auftaktveranstaltungen für Finalist:innen
- Informationsveranstaltungen mit Gelegenheit für Rückfragen hinsichtlich Wettbewerbsausschreibung und -bedingungen
- Offizielle Preisverleihung für Preisträger:innen mit Laudationen durch Jury-Mitglieder
- Präsenz-Workshops für Preisträger:innen
- Fachliche Impulse durch externe Expert:innen
- Regelmäßige Update-Treffen, um bei Fragen proaktiv unterstützen zu können
- Projekt-Besuche und Gespräche vor Ort
- Individuelle Kommunikationsberatung

2.4 #Erfolgsfaktor Vernetzung: Austausch fördern, Strukturen stärken

Damit Förderinstrumente auch über die Laufzeit der geförderten Projekte hinaus eine Wirkung entfalten und zur nachhaltigen Verankerung von Partizipation in Wissenschaft und Forschung beitragen können, ist eine Vernetzung der Akteur:innen von entscheidender Bedeutung. Die intersektorale Zusammenarbeit von Akteur:innen aus Wissenschaft, Zivilgesellschaft und kommunalen Verwaltungen hat einerseits durch die mehrperspektivische gemeinsame Wissensproduktion das Potenzial, eine neue Wissensvielfalt zu schaffen, bringt andererseits aber auch Hürden in der Zusammenarbeit mit sich, die es zu überwinden gilt. Fest steht: Citizen-Science-Projekte stehen und fallen mit dem Gelingen der lokalen Zusammenarbeit. Neben verlässlichen Partnerschaften vor Ort kann die Verknüpfung zu bestehenden Netzwerken und anderen Projekten langfristigen Erfolg sichern.

► **Empfehlungen zur Vernetzung**

- Fördern Sie explizit Verbundprojekte, die die kollaborative Umsetzung der Citizen-Science-Aktivitäten unterstützen. Sie können beispielsweise festlegen, dass mindestens ein:e zivilgesellschaftliche:r Partner:in mit einer:m wissenschaftlichen Partner:in zusammenarbeiten sollte.
- Ein zweistufiges Bewerbungsverfahren ermöglicht einen vertieften Austausch der Akteur:innen aus unterschiedlichen Bereichen und Interessenlagen auf lokaler Ebene. In einem Ideensprint können die Akteur:innen sich beispielsweise anhand eines konkreten Themas gemeinsam nach einem Lösungsweg suchen, der in das Konzept einfließt. So wird der Grundstein für eine lokale Zusammenarbeit gelegt, selbst wenn das Projekt keine weitere Förderung erfährt.
- Laden Sie Ihre geförderten Projekte zu Netzwerktreffen oder Konferenzen zwecks weiteren Austauschs ein oder verbinden Sie Ihre Veranstaltungen und Workshops zeitlich und thematisch damit (z. B. Netzwerktreffen auf dem Forum

Citizen Science aller Preisträger:innen). So stellen Sie Austausch und Wissenstransfer untereinander und auch mit der gewünschten Community sicher.
- Weisen Sie Ihre Projekte auf weitere Veranstaltungen nationaler und europäischer Netzwerke hin (z. B. mit:forschen!, ECSA).

Wettbewerbsjury: Zusammenstellung und Aufgabe

- Aufgabe: Auswahl der Finalist:innen und Preisträger:innen durch Begutachtung der Einreichungen mithilfe eines Punktesystems zur Bewertung und Diskussion der Punktevergaben in jeweils einer Jurysitzung pro Bewerbungsphase, ggf. weitere Einbindung bei Laudationen im Rahmen der Preisverleihung oder als Expert:innen bei den Qualifizierungsangeboten sowie als Multiplikator:innen in ihren Netzwerken zur Bekanntmachung des Wettbewerbs.
- Zusammensetzung: Expert:innen aus Wissenschaft, Zivilgesellschaft, kommunaler Verwaltung, Kommunikation.
- Empfehlung: Achten Sie auf Diversität (Themen, Hintergründe, Perspektiven).
- Der Auswahlprozess der Jury kann durch eine gut strukturierte Moderation der Jurysitzungen entscheidend unterstützt werden.

3 Fazit und Ausblick

(Neue) Kooperationen zwischen Wissenschaft, Zivilgesellschaft und kommunaler Verwaltung bieten ein erhebliches Potenzial, Citizen Science auf lokaler Ebene langfristig zu stärken. Besonders wirkungsvoll sind niedrigschwellige Beteiligungsmöglichkeiten, ein klarer zeitlicher Rahmen und eine gezielte finanzielle sowie strukturelle Unterstützung.

Förderformate wie Wettbewerbe können ein geeignetes Instrument sein, um lokale Prozesse und Kooperationen anzustoßen. Sie schaffen Freiräume zum Ausprobieren und motivieren, durch ihren offenen und experimentellen Charakter vielfältige (neue) Akteur:innen zu aktivieren und neue Themen zu erschließen. Viele Elemente eines Wettbewerbs lassen sich je nach Rahmenbedingungen, Zielgruppe(n) und gewünschten Förderzielen individuell und zielgerichtet anpassen bzw. skalieren.

Unser Tipp: Seien Sie mutig und nutzen Sie diese Chance, um kreative und innovative Ansätze im Bereich des partizipativen Forschens zu fördern und neue Kooperationen explizit zu unterstützen! So können wir alle dazu beitragen, Strukturen für eine offene, kooperative Forschungskultur zu schaffen.

Zum Weiterlesen

Die praxisnahe Publikation „Gemeinsam.Lokal.Forschen. Tipps, Einblicke und Praxisbeispiele aus dem Wettbewerb: Auf die Plätze! Citizen Science in deiner Stadt" (2024) entstand in Zusammenarbeit mit den sechs Preisträger:innen und fasst wertvolle Erfahrungen und Wissen für die Umsetzung lokaler Citizen-Science-Initiativen zusammen. Beide Grafiken in diesem Leitfaden stammen aus der oben genannten Publikation. Die Publikation ist digital auf Zenodo abrufbar. www.citizenscience-wettbewerb.de

Gesine Heinrich arbeitet als Wissenschaftlerin am Museum für Naturkunde Berlin. Sie forscht zu Citizen Science, Kooperationen und Engagement für den Naturschutz.

Florence Mühlenbein war im Citizen-Science-Bereich bei Wissenschaft im Dialog tätig und leitete dort das Projekt „Auf die Plätze! Citizen Science in deiner Stadt".

Ein partizipatives Forschungsprojekt durchführen: Erste Schritte

Marius Oesterheld und Anna Soßdorf

1 Ausgangslage

Partizipation kann helfen, wertvolle Daten zu sammeln, innovative Fragestellungen zu entwickeln, neue Perspektiven in die Forschung zu integrieren oder auch gemeinsam Strategien zur Bewältigung gesellschaftlicher Herausforderungen zu erarbeiten. Bevor ein partizipatives Forschungsprojekt gestartet wird, lohnt sich jedoch eine sorgfältige Reflexion: Ist partizipative Forschung ein geeigneter Ansatz für das geplante Vorhaben? Welchen konkreten Mehrwert bietet er für die beteiligten Personen und Institutionen – sowohl in Bezug auf die Ergebnisse als auch auf den Prozess selbst? Und welche Formen der Beteiligung sind angesichts der verfügbaren Ressourcen realistisch und sinnvoll? Sobald diese Fragen geklärt sind, kann die konkrete Vorbereitung des Projekts beginnen.

2 Ziele

Ein entscheidender Schritt in der Entwicklung jedes Projekts ist die Festlegung von Projektzielen. Wenn in einem Projekt Wissenschaftler:innen und andere Akteur:innen gemeinsam forschen sollen, ist es in der Regel hilfreich, zunächst einige Rahmenbedingungen und mögliche Einflussfaktoren zu reflektieren und zu explizieren. Hierzu zählen beispiels-

M. Oesterheld (✉)
Museum für Naturkunde – Leibniz-Institut für Evolutions- und Biodiversitätsforschung, Berlin, Deutschland
E-Mail: marius.oesterheld@mfn.berlin

A. Soßdorf
SCI:MOVE – Science on the Move, Langenfeld, Deutschland

S. Voigt-Heucke et al., *Praxishandbuch Partizipation in der Wissenschaft*,
https://doi.org/10.1007/978-3-658-51093-0_30

Tab. 1 Dimensionen und Ebenen von Projektzielen in partizipativen Forschungsvorhaben

	Wissenschaft	Gesellschaft	Politik
Aktivitäten	Konferenzen, Feldforschung, Datenanalyse	Ko-kreative Workshops, Dialogformate, Training für Teilnehmende	Podiumsdiskussionen, Ortstermine, Gespräche mit Entscheidungsträger:innen
Produkte	Vorträge, Aufsätze, Sammelbände, Qualifikationsarbeiten	Kommunikations- und Bildungsmaterialien, Ausstellungen	Handlungsempfehlungen, Strategiepapiere, Datensätze für offizielle Statistiken
Wirkungen	Methodische Innovation, Beitrag zur Beantwortung einer Forschungsfrage	Sensibilisierung für bestimmte Themen, Stärkung von Wissenschaftsmündigkeit und Vertrauen in die Wissenschaft, Lerneffekte für Teilnehmende	Engerer Dialog zwischen Forschung und Politik, Einfluss auf politische Entscheidungen

weise Leitlinien, Prioritäten und übergeordnete strategische Ziele der beteiligten Institutionen, aber auch die persönlichen Zielsetzungen der einzelnen Projekt-Akteur:innen. In Drittmittelprojekten spielen zusätzlich die Erwartungen und Anforderungen des jeweiligen Fördermittelgebers – z. B. in Bezug auf den Beteiligungsgrad der freiwillig Mitforschenden – eine entscheidende Rolle. Eine besondere Herausforderung stellt hier mitunter die Spannung zwischen dem Anspruch der Ergebnisoffenheit des partizipativen Prozesses und der Verpflichtung zur strikten Umsetzung des bewilligten Antragstexts dar.

Die möglichen Ziele partizipativer Forschungsvorhaben sind überaus vielfältig. Anhand von Zielgruppe bzw. Wirkungsbereich lassen sie sich oft grob in drei Dimensionen (Wissenschaft, Gesellschaft und Politik) und drei Ebenen (Aktivitäten, Produkte und Wirkungen) einteilen. Tab. 1 illustriert diese Kategorien mithilfe einiger Beispiele:

Die drei Dimensionen Wissenschaft, Gesellschaft und Politik lassen sich nicht trennscharf voneinander abgrenzen und tatsächlich ist es ein Kernmerkmal von partizipativer Forschung, dass Projektaktivitäten oft zugleich auf alle Dimensionen einzahlen. Die Einbindung von Freiwilligen in Datenerhebungen im Bereich Insektenmonitoring kann beispielsweise in wissenschaftliche Veröffentlichungen münden. Gleichzeitig kann sie die Teilnehmenden für den Biodiversitätsverlust sensibilisieren, Wissen vermitteln und ihr Verständnis für wissenschaftliche Prozesse vertiefen. Ferner können die gesammelten Daten in offizielle Monitoring-Programme einfließen und auf diese Weise politische Entscheidungen zum Artenschutz beeinflussen. Trotzdem gilt: Alle diese potenziellen Ergebnisse und Wirkungen lassen sich nur durch gezielten Einsatz von Ressourcen realisieren. Es muss also nicht immer das ganze Paket sein. Vielmehr ist eine Priorisierung unter Berücksichtigung der vorhandenen Mittel und Expertise ratsam. Von den Projektzielen kann auch abhängen, welcher Mittelgeber infrage kommt. Daher ist es sinnvoll, schon in einem frühen Stadium der Projektplanung verschiedene Fördermöglichkeiten zu sondieren – von internen Fördertöpfen der eigenen Institution über Ausschreibungen von Ministerien oder Stiftungen oder der Deutschen Forschungsgemeinschaft bis hin zu Programmen der Europäischen Kommission. Auch wenn Partizipation in einer Ausschreibung nicht explizit erwähnt wird, kann sich eine Bewerbung lohnen, wenn der inhaltliche Fokus des Projekts zum Förderziel passt.

3 Beteiligungsformen

Vor dem Hintergrund der gewählten Projektziele muss entschieden werden, auf welche Weise und in welchen Projektphasen oder -aktivitäten Bürger:innen eingebunden werden. Von dieser Entscheidung hängt wiederum ab, welche Kenntnisse und Fähigkeiten Teilnehmende mitbringen müssen und wie hoch der Betreuungs- und Trainingsaufwand ausfällt. Freiwillige aktiv in alle Projektaktivitäten einzubeziehen, verspricht besonders vielfältige Lerneffekte und gesellschaftliche Wirkungen, bedeutet aber für alle Beteiligten ein erhebliches Arbeitspensum, das möglicherweise die Projektmitarbeiter:innen überlastet und interessierte Bürger:innen von der Teilnahme abhält. Durch weniger arbeitsintensive und zeitlich flexiblere Beteiligungsformen (wie etwa das Hochladen von Fotos mittels einer Smartphone-App) kann hingegen mit geringerem Aufwand potenziell ein größeres Publikum erreicht werden.

Auch Erkenntnisinteressen und Erwartungen der freiwillig Mitforschenden selbst können in das Projektdesign einfließen. Dies erfordert jedoch ausreichend zeitlichen Vorlauf sowie entsprechende personelle Ressourcen und inhaltliche Flexibilität aufseiten der Projektkoordinator:innen. In jedem Fall müssen die gewählten Projektziele und Beteiligungsformate auch den Freiwilligen gegenüber transparent kommuniziert werden.

Quellen zum Einstieg

- Eine umfassende und detaillierte Einführung ins Thema bietet der im Projekt PartWiss entwickelte „Leitfaden für Partizipation in der Forschung": https://www.partizipation-wissenschaft.de/leitfaden-uebersicht/
- Einen praxisnahen Überblick über Methoden transdisziplinärer Forschung liefert eine im Projekt TransImpact erarbeitete Toolbox: https://td-academy.org/downloads/Toolbox2.pdf
- Beim Einstieg in die Planung von Citizen-Science-Projekten helfen die Handreichung „Citizen Science für alle" sowie die Checkliste von „Schweiz forscht" und „Citizen Science Zürich": https://www.mitforschen.org/sites/default/files/grid/2017/11/20/gewiss_citscifueralle_handreichung_web_0.pdf und https://www.citizenscience.uzh.ch/de/unterstuetzung/guidelines/checkliste.html
- Das Netzwerk Living Knowledge betreibt eine Datenbank mit Leitfäden zum Thema gemeinschaftsbasierte Forschung: https://livingknowledge.org/resources/toolbox/
- Ein Handbuch nebst Toolbox zu Ko-Kreation in der Forschung haben Mitarbeiter:innen der FH Münster entwickelt: https://link.springer.com/content/pdf/10.1007/978-3-658-36411-3.pdf

4 Planung

Ein gut geplanter Projektverlauf ist wesentliche Voraussetzung für die erfolgreiche Umsetzung – auch in partizipativen Forschungsvorhaben. Zu Beginn sollten zentrale Meilensteine (z. B. Veranstaltungen, Website-Start, das Erreichen einer bestimmten Zahl von Teilnehmenden, die Präsentation von Zwischenergebnissen) sowie geplante Produkte wie Broschüren oder Berichte festgelegt und mit (Veröffentlichungs-)Terminen versehen sowie die für alle Meilensteine benötigten personellen und finanziellen Ressourcen (Raummieten, externe Dienstleistungen etc.) beziffert werden, um Engpässe frühzeitig zu erkennen. Gleichzeitig erfordern partizipative Projekte eine besondere Offenheit für Planänderungen im Projektverlauf. Um Ideen und Impulse der Mitforschenden umsetzen zu können, müssen inhaltliche Flexibilität und zeitliche Puffer von Anfang an mitgedacht werden. Ein oft vernachlässigter Aspekt in der Projektplanung ist das Nachleben oder die Weiterverwertung von Projektergebnissen – z. B. die Frage, in welcher Form Websites nach Projektabschluss archiviert werden. Sicherzustellen, dass die Ergebnisse der gemeinsamen Arbeit auch nach Projektende nutzbar und zugänglich bleiben, ist nicht zuletzt auch ein Zeichen der Wertschätzung für die Teilnehmenden.

Vorlagen für das Projektmanagement

Die Universität Würzburg stellt auf ihrer Website Vorlagen für das Projektmanagement zum Download bereit: https://www.uni-wuerzburg.de/verwaltung/qualitaetsmanagement/projektmanagement/werkzeuge-wissenswertes/

Gerade in Projekten mit mehreren Kooperationspartner:innen ist es sinnvoll, klar abgegrenzte Arbeitspakete mit konkreten Aufgaben zu definieren. Auf diese Weise können Zuständigkeiten festgelegt und schriftlich dokumentiert werden, um Missverständnisse und Doppelarbeit zu vermeiden. Da kein Projekt vollkommen reibungslos verläuft, ist es außerdem empfehlenswert, in dieser Phase der Planung eine Risikoanalyse durchzuführen. Mögliche Risiken könnten technische Probleme, personelle Engpässe oder geringe Teilnehmendenzahlen sein. Vorab bereits Lösungsansätze für solche Szenarien zu entwickeln, erlaubt es den Projektverantwortlichen, im Ernstfall schneller zu reagieren und negative Auswirkungen zu minimieren.

Zu guter Letzt sollten Projektkoordinator:innen bereits in diesem frühen Stadium Evaluation und Wirkungsforschung mitdenken, um entsprechende Ressourcen einplanen zu können. Datenerhebung und -auswertung für Evaluationszwecke (etwa in Form von Umfragen oder Tests mit Teilnehmenden) können beispielsweise als Arbeitspaket im Projektplan verankert werden. Auch die Definition quantitativer Leistungsindikatoren ist denkbar (Zahl der Mitforschenden, Zahl der Social-Media-Posts pro Jahr etc.). Die Evaluation beginnt bereits mit dem Start des Projekts. Denn nur wenn zu Beginn eine Zustandsanalyse (z. B. Wissen der Stakeholder:innen zum Thema) anhand relevanter Kriterien vorgenommen worden ist, kann im Verlauf und am Ende des Projekts überhaupt untersucht werden, welche Veränderungen und Entwicklungen stattgefunden haben.

5 Kommunikation und Community-Management

Schon vor Projektbeginn empfiehlt es sich, relevante Akteur:innen zu identifizieren. Dazu zählen Ansprechpartner:innen bei Fördermittelgebenden und in der eigenen Institution – etwa in den Bereichen Öffentlichkeitsarbeit, Verwaltung oder auf der Leitungsebene –, aber auch andere (ähnlich gelagerte) Projekte, mit denen sich Synergien nutzen lassen. Eine weitere wichtige Akteursgruppe sind potenzielle Multiplikator:innen, die bei der Anwerbung von Teilnehmenden unterstützen können – etwa zivilgesellschaftliche Organisationen (Vereine, Betroffenenverbände), Kultureinrichtungen wie Museen und Bibliotheken, beliebte Cafés (im Fall lokal verankerter Projekte) oder auch einzelne Vertreter:innen relevanter Communities. Ein erster Schritt kann darin bestehen, bereits existierende Kontakte im Projektteam zu identifizieren. Eine frühzeitige Kontaktaufnahme mit politischen Akteur:innen ist sinnvoll, wenn das geplante Projekt politische Zielsetzungen beinhaltet.

Wie diese Auflistung zeigt, müssen meist mehrere Akteursgruppen mit ganz unterschiedlichen Kommunikationsgewohnheiten, Erwartungen und Rollen im Projekt angesprochen werden. Dazu ist es unabdingbar, sie in möglichst klar umrissene Zielgruppen einzuordnen und für jede Gruppe angemessene Inhalte, Formate und Kanäle zu definieren.

Ressourcen zum Thema Kommunikation

- Die Citizen-Science-Plattform mit:forschen! hat einen ausführlichen Praxisleitfaden zum Thema zusammengestellt, der u. a. Vorlagen für ein Zielgruppen-Raster und einen Kommunikations-Canvas enthält: https://www.mitforschen.org/sites/default/files/grid/2024/05/30/Leitfaden_kommuniziert_A5_web_0.pdf
- Das Portal www.wissenschaftskommunikation.de bündelt Tipps und Leitlinien zur Wissenschaftskommunikation (nicht nur in partizipativen Projekten): https://www.wissenschaftskommunikation.de/praxis/tippsundleitlinien/

Informationen und Wissen zu teilen, ist nur eines der Kommunikationsziele partizipativer Forschung. Mindestens genauso wichtig ist es, Menschen überhaupt erst für das Projekt zu gewinnen und gegebenenfalls für ein längerfristiges Engagement zu motivieren. Damit das gelingt, sollten die Projektverantwortlichen möglichst frühzeitig reflektieren, welche Mehrwerte die Beteiligung in bzw. die Zusammenarbeit mit dem Projekt für die Akteursgruppen hat und welche Hürden abschreckend wirken könnten. Zu möglichen Mehrwerten für Mitforschende zählen z. B. Wissens- und Kompetenzerwerb, das Gefühl, einen wertvollen Beitrag zu leisten, Spaß an den Projektaktivitäten, Gemeinschaftsgefühl und Anerkennung. Ein hoher Zeitaufwand, fehlende Trainingsangebote, Kosten (etwa für Anreise oder Ausrüstung) und Schwellenängste können hingegen Hürden darstellen. In jedem Fall ist ein verlässliches und zielgruppengerechtes Kommunikationsverhalten essenziell, um Vertrauen zu schaffen und Wertschätzung zu zeigen (siehe die Beiträge „Ein partizipatives Forschungsprojekt durchführen: Anerkennung für Mitforschende in Citizen Science" und „Ein partizipatives Forschungsprojekt durchführen: Leitfaden Teilnehmendenmanagement").

Tipps für die Kommunikation in partizipativen Projekten

- Wiedererkennungswert schaffen, z. B. durch einheitliche Bildsprache und Hashtags
- Existierende Kanäle, Plattformen, Veranstaltungen und Netzwerke nutzen
- Aktuelle Themen aufgreifen
- Kontinuierlich kommunizieren, auch wenn es gerade keine spektakulären Neuigkeiten gibt
- Auf Nachrichten, Fragen und Feedback zeitnah und wertschätzend reagieren
- Zivilgesellschaftliche Organisationen und Kultureinrichtungen als Multiplikatoren nutzen
- Barrieren reduzieren, beispielsweise durch allgemeinverständliche Sprache

Zusammenfassend lässt sich festhalten, dass partizipative Forschungsvorhaben den Projektkoordinator:innen in Sachen Kommunikation einiges abverlangen. Während Wissenschaftler:innen in herkömmlichen Forschungsprojekten nur punktuell über das eigene Projektteam hinaus kommunizieren, interagieren Forschende in partizipativen Projekten in der Regel kontinuierlich mit mehreren Personengruppen. Der dadurch entstehende Arbeits- und Zeitaufwand wird im Vorfeld fast immer unterschätzt. Umso wichtiger ist es, sich bereits bei der Konzeption und Planung partizipativer Projekte mit dem Thema Kommunikation zu befassen.

6 Datenmanagement

Eine ebenfalls nicht zu unterschätzende Herausforderung in partizipativen Forschungsvorhaben ist das Datenmanagement. Bereits zu Projektbeginn sollten Verantwortlichkeiten, Zugriffskontrollen und die rechtlichen Rahmenbedingungen definiert und schriftlich fixiert werden. Dazu gehört insbesondere eine „Vereinbarung über die gemeinsame Verantwortlichkeit" (Joint Controller Agreement), wenn mehrere Parteien gemeinsam Daten verarbeiten, sowie Regelungen zur Lizenzierung von Projektergebnissen und -veröffentlichungen. Eine Besonderheit partizipativer Projekte besteht darin, dass auch geistige Eigentumsrechte der Teilnehmenden mitgedacht werden müssen. Außerdem werden im Kontext von Projektkommunikation und Evaluation oft personenbezogene Daten, z. B. Fotos teilnehmender Bürger:innen, verarbeitet. Daher muss sichergestellt werden, dass die Datenverarbeitung transparent und im Einklang mit der Datenschutz-Grundverordnung (DSGVO) erfolgt. Dazu gehören Vorlagen und Dokumente, die Teilnehmenden eine informierte Entscheidung für oder gegen die Einwilligung zur Datenverarbeitung ermöglichen. Grundsätzlich sollten die Prinzipien der Datenminimierung und Zweckbindung beachtet werden – das bedeutet, nur so viele Daten wie nötig zu erfassen und sie ausschließlich für den definierten Forschungszweck zu verwenden. Zudem sollte geregelt sein, auf welche Weise Ergebnisse anonymisiert und unter welchen Bedingungen sie veröffentlicht oder weitergegeben werden dürfen. Maßnahmen zur Datensicherheit, wie Verschlüsselung und passwortgeschützte Speicherorte, sind ebenfalls Teil eines verantwortungsvollen Datenschutzkonzepts.

Datenmanagement-Tools
Das Projekt **DMP4CS** hat ein kostenloses Online-Tool zur Erstellung von Datenmanagement-Plänen für partizipative Forschungsprojekte entwickelt: https://buergerforschungsdaten-planen.de/

Viele Universitäten bieten Leitfäden und Vorlagen zum Thema Datenschutz zum Download an, z. B. die Universität Erfurt: https://www.uni-erfurt.de/universitaet/organisation/datenschutz/datenschutzdokumentation/vorlagen-und-formulare

Weitere Informationen zum Datenschutz und vielen anderen wichtigen Fragen bietet der **Leitfaden für rechtliche Fragestellungen in Citizen-Science-Projekten**: https://www.mitforschen.org/sites/default/files/grid/2021/01/19/Citizen_Science_rechtlicher_Leitfaden_19.01.2021_WEB.pdf

Marius Oesterheld leitet das Citizen-Science-Team am Museum für Naturkunde Berlin. Er forscht unter anderem zur Schnittstelle zwischen partizipativer Forschung und Politik.

Anna Soßdorf ist Co-Founderin von SCI:MOVE, der Beratungsagentur für Citizen Science und Wissenschaftskommunikation. Sie forscht zu Jugend und (digitaler) Partizipation.

Ein partizipatives Forschungsprojekt durchführen: Leitfaden Teilnehmendenmanagement

Wiebke Rössig, Yori Schultka und Fabienne Wehrle

1 Vorbereitung und Planung

Der erste Schritt eines partizipativen Vorhabens sollte ausnahmslos die intensive Auseinandersetzung damit sein, welche Perspektiven benötigt werden und wie diese integriert werden können. Unabhängig davon, ob dieses Vorhaben aus akademischen Institutionen heraus oder bei gesellschaftlichen Akteur:innen entsteht. Diese Überlegungen bilden die Grundlage für alle Maßnahmen des Teilnehmendenmanagements – von der Ansprache bis zur Nachbereitung. Dabei müssen alle Beteiligten gleichermaßen in den Blick genommen werden: die wissenschaftlichen Perspektiven unterschiedlicher Disziplinen wie die Sichtweisen außerhalb der Wissenschaft. Zugleich ist es sehr vorteilhaft, den Prozess so offen zu planen, dass auch zu einem späteren Zeitpunkt weitere Perspektiven integriert werden können, beispielsweise indem im Prozess weiteren Personengruppen Zugang zu dem entwickelten Format gewährt wird, Inhalte veröffentlicht werden, sodass Kommentare aufgenommen werden können und neue Personen oder Gruppen aktiv eingeladen werden, wenn im Laufe des Projekts Leerstellen und fehlende Perspektiven sichtbar werden, etc. Je nach Fragestellung kann dies sogar entscheidend sein, wenn erst durch die eingehendere Beschäftigung mit der Materie deutlich wird, welche Bereiche ebenfalls von der Thematik

W. Rössig (✉)
Zentral- und Landesbibliothek Berlin, Berlin, Deutschland
E-Mail: mail@wiebke-roessig.com

Y. Schultka
Katholische Hochschule für Sozialwesen Berlin, Berlin, Deutschland

F. Wehrle
Wissenschaft im Dialog, Berlin, Deutschland

S. Voigt-Heucke et al., *Praxishandbuch Partizipation in der Wissenschaft*,
https://doi.org/10.1007/978-3-658-51093-0_31

betroffen sind oder einen wertvollen Beitrag leisten können. In der Akquise von Mitwirkenden geht es darum, die im eigenen Umfeld nicht vertretenen Perspektiven für den Prozess zu gewinnen, aber auch darum, die bereits vertretenen Perspektiven für neue Sichtweisen zu öffnen. Dabei hilft ein Fokus auf den Mehrwert, den die Teilhabe den jeweiligen Gruppen/Personen bringt, und darauf, wie dieser Mehrwert am besten verdeutlicht oder gar erst geschaffen werden kann. Dies kann von reiner Freude an der Forschung, Interesse an Ergebnissen über das Treffen bislang Unbekannter bis hin zu Anerkennung und finanzieller Entlohnung gehen. Somit wird gleichzeitig die Grundlage für die Wertschätzung gegenüber allen Beteiligten gelegt. Insbesondere die Seite, die ein Projekt initiiert, muss sich fragen, warum und an welcher Stelle es sinnvoll ist, bestimmte andere Perspektiven zu integrieren.

Eine unabdingbare Voraussetzung für die Zusammenarbeit ist es, einen sicheren Rahmen zu schaffen und von Anfang an deutlich zu machen, dass Respektlosigkeiten und Ausgrenzungen nicht geduldet werden. Sowohl in der Vorbereitung als auch beim ersten persönlichen Kontakt müssen die Regeln des Miteinanders umfassend formuliert werden. Dabei werden Themen wie Vertraulichkeit, Datenschutz, Redeverhalten (ausreden lassen, ohne Bewertung zuhören etc.) konkret besprochen und idealerweise schriftlich als Konsens und Arbeitsgrundlage festgehalten. Gegebenenfalls kann es sinnvoll sein, auch anonyme Kanäle für Kommentare, Ideen und Kritik zu öffnen. Es ist wichtig, Ansprechpartner:innen zu benennen, an die sich Menschen jederzeit wenden können, wenn sie sich unsicher fühlen. Für diese Aufgabe sollten bereits bei der Projektbeantragung entsprechende personelle Ressourcen mitgedacht werden.

Ein weiterer zentraler Aspekt partizipativer Vorhaben ist die Gewährleistung größtmöglicher Transparenz, um gleichberechtigt auf Augenhöhe arbeiten zu können. Alle Gruppen müssen gut auf den Prozess vorbereitet werden und die Kommunikation in Bezug auf Herausforderungen wie Verzögerungen, Terminverschiebungen, Personalengpässe etc. offen und respektvoll geschehen. Dies setzt eine gründliche Vorbereitung durch das projektleitende Team voraus. Grundsätzlich sollten die anvisierten Ziele benannt, sämtliche Prozessschritte konkretisiert und bestimmt werden, wie viel Zeit eingeplant werden muss und wie die Zusammenarbeit aller Beteiligten gestaltet wird. Diese Informationen werden zusammengeführt, an alle Teilnehmenden gut verständlich kommuniziert und im Idealfall auch schriftlich aufbereitet und verteilt. Bei der Planung des Prozesses ist es ebenso wichtig, von vornherein Flexibilität und Offenheit mitzudenken. Denn auch wenn das Ziel feststeht, sollte den Teilnehmenden die Möglichkeit eingeräumt werden, den Prozess aktiv mitzugestalten bzw. konkrete Wünsche zu formulieren. Zentral ist zu allen Zeitpunkten Offenheit darüber, inwiefern Vorgaben des Projekts, der Fördermittelgeber oder Regeln wissenschaftlichen Arbeitens gewisse Änderungen nicht zulassen.

Eine Herausforderung in der Vorbereitung des Vorhabens besteht darin, die unterschiedlichen zeitlichen Ausgangsvoraussetzungen der Beteiligten zu berücksichtigen. Teilnehmende aus wissenschaftsexternen Bereichen engagieren sich in ihrer Freizeit, für die Forschenden handelt es sich in der Regel um Arbeitszeit. Bei der Planung der Zusammenarbeit muss daher eine Balance gefunden werden, um nicht zu viel Zeit der externen

Beteiligten zu binden, andererseits aber echte Partizipation zu ermöglichen. Außerdem kann es schwierig sein, Termine so zu vereinbaren, dass allen die Teilnahme möglich ist. Eine Möglichkeit ist, Treffen auf den Nachmittag zu legen, sodass diese sowohl in der Arbeitszeit als auch außerhalb besucht werden können. Auch digitale Veranstaltungen können zeitliche Teilnahmehürden abbauen.

Hemmschwellen für physische Treffen können durch die Wahl des Raums und die Rahmung von Veranstaltungen und Treffen reduziert werden. Es braucht, insbesondere für das erste Kennenlernen, ein Gefühl von Sicherheit für alle Beteiligten, um sich wohlzufühlen und offen für den Austausch zu sein. So kann z. B. ein neutraler Ort außerhalb der Institution gewählt oder den wissenschaftsexternen Teilnehmenden die Möglichkeit zu einem „Heimspiel" – sei es in der Schule oder im Stadtteilzentrum – gegeben werden. Gute Auffindbarkeit durch entsprechende Beschilderung sowie eine freundliche Begrüßung sind ebenfalls essenziell, um ein Gefühl des Willkommenseins bei allen Beteiligten zu schaffen. Das bedeutet, dass die Gestaltung des Raums eine Zusammenarbeit auf Augenhöhe ermöglichen sollte. Ein Hörsaal beispielsweise baut direkt eine Hierarchie auf, was verhindert werden sollte. Bekannte Settings, in denen sich Menschen in ihrem Alltag bewegen, helfen, Barrieren abzubauen.

2 Durchführung

Das Besondere an partizipativen Forschungsprojekten ist, dass Beteiligte mit unterschiedlichen Wissensformen und Wissensständen aufeinandertreffen. Oftmals ermöglicht gerade dieser Austausch neue Perspektiven, Fragestellungen oder Lösungsansätze. Es ist essenziell, diese unterschiedlichen Wissensformen und Wissensstände gleichermaßen anzuerkennen und wertzuschätzen. Alltags- und Erfahrungswissen darf nicht als weniger wertvoll oder wichtig angesehen und behandelt werden als institutionalisiertes Wissen. Organisator:innen sollten daher einen Rahmen schaffen, in dem sich die Teilnehmenden auf Augenhöhe begegnen und miteinander arbeiten können. Dazu gehört es, auf die Verwendung einer allgemein verständlichen Sprache hinzuweisen (z. B. bieten KI-Tools eine Hilfestellung, Sachverhalte in einfacher Sprache zu erklären) und möglicherweise vorhandene/empfundene Hierarchien abzubauen. Bei Letzterem kann es helfen, dass sich alle Teilnehmenden duzen und in der Ansprache auf akademische Titel verzichtet wird. Falls ein gemeinsamer Wissensstand für die Zusammenarbeit im Projekt nötig ist, bspw. zu disziplinspezifischen Grundlagen oder Methoden, sollten hierzu Einführungsveranstaltungen, Online-Tutorials oder Materialien angeboten werden, um allen eine Teilnahme zu ermöglichen.

Um Teilnehmende für ein Vorhaben gewinnen und halten zu können, gerade wenn es mit einem Aufwand im freizeitlichen Rahmen verbunden ist, müssen Voraussetzungen geschaffen werden, die eine persönliche Bindung an das Vorhaben, die Ziele und/oder die Institution ermöglichen und ein Gemeinschaftsgefühl mit den anderen Teilnehmenden schaffen. Erfahrungen zeigen, dass sich Teilnehmenden einer Veranstaltung, Institution und Zielsetzung umso eher verbunden fühlen, je mehr und stärker sie in den organisatorischen Prozess eingebunden sind, ohne administrative Aufgabenpakete aufgebürdet zu bekommen. Besonders zentral für die Bindung von Teilnehmenden an ein Vorhaben ist das gezielte Fördern von Begeisterung, indem ein breites Wissen zum Thema und dessen Notwendigkeit vermittelt, die eigene Begeisterung kommuniziert und gemeinsamer Erfolg gefeiert wird. Wenn Menschen für ein Thema brennen, entsteht automatisch das Bedürfnis, zuverlässig und dauerhaft mitzuarbeiten, sich einzusetzen und sich über die Arbeit auch in anderen Kreisen mitzuteilen. Somit wird unmittelbar auch eine gewisse Sichtbarkeit erreicht, womöglich auch bei Gruppen, die sonst nicht ohne Weiteres zugänglich sind.

▶ **Wie binde ich Teilnehmende langfristig an mein Vorhaben?**

- Transparenz durch ehrliche, offene und kontinuierliche Kommunikation
- regelmäßige Updates zum Projektstand, bspw. per E-Mail
- Gemeinschaftsgefühl herstellen durch regelmäßige Treffen mit dem gesamten Projektteam
- kleine Veranstaltungen mit Umtrunk bspw. zum Vorstellen eines Projektzwischenstands
- gemeinsames Feiern von Erfolgen

Wie oben bereits ausgeführt wird in der Regel ein freiwilliges Engagement der Teilnehmenden vorausgesetzt, weshalb es besonders wichtig und angemessen ist, aufrichtig Wertschätzung auszudrücken. Grundlegend ist hierbei, dass die Organisator:innen die Wertschätzung für das Engagement und gegenüber allen Teilnehmenden verinnerlicht haben und diese so in Haltung und Kommunikation ehrlich ausstrahlen. Welche Art der Wertschätzung bei den Teilnehmenden gut ankommt, ist sehr individuell und sollte auf Kontext und Bedürfnisse abgestimmt werden. Dabei ist es sinnvoll, darüber nachzudenken, welche Formen von Anerkennung für die jeweiligen Teilnehmenden relevant sind. Während sich manche durch namentliche Nennung als Autor:in einer wissenschaftlichen Publikation wertgeschätzt fühlen, ist es für andere vielleicht interessanter, in einer im eigenen Umfeld bekannten Zeitschrift einen Beitrag beisteuern zu dürfen. Das Verleihen von Sichtbarkeit ist in beiden Fällen ein guter Weg, den wichtigen Beitrag der Teilnehmenden anzuerkennen und hervorzuheben sowie ein Gefühl der Selbstwirksamkeit zu fördern. Neben diesen eher ideellen Arten der Wertschätzung kann Engagement auch durch das Ausstellen von Urkunden/Bescheinigungen oder mit der Zahlung von Aufwandsentschädigungen belohnt werden.

▶ **Es gibt viele Möglichkeiten, Wertschätzung auszudrücken, z. B.:**

- Co-Autor:innenschaft eines wissenschaftlichen Artikels
- Aufwandsentschädigung
- Vorstellen von „Citizen Scientists des Monats" auf dem Social-Media-Profil des Projekts
- Gesprächsangebote in kleiner Runde, in denen Gelegenheit für persönliche Fragen und echten Austausch besteht

- Bewirtung bei Veranstaltungen
- namentliche Erwähnung in einem Zeitungsbericht über das Projekt
- Angebote zur persönlichen Weiterentwicklung, z. B. Fortbildungen
- Einladung zu institutsinternen Veranstaltungen
- Beantragung von Ehrenamtsausweisen, mit denen man Vergünstigungen oder exklusive Zugänge „hinter die Kulissen" erhalten kann (bundeslandabhängig)
- Ausstellung einer Bescheinigung über die Tätigkeit im Projekt

3 Nachhaltigkeit und Fortführung

Eine große Herausforderung bei transdisziplinären, aber vor allem bei partizipativen Prozessen ist es, die Verbundenheit über den gemeinsamen Arbeitsprozess hinaus aufrechtzuerhalten. Verstärkt wird diese Herausforderung durch den Umstand, dass Forschungsprojekte meist nur begrenzte Förderzeiträume haben und darüber hinaus keine personellen oder finanziellen Ressourcen für weitergehende Aktivitäten vorhanden sind. In der Wahrnehmung der Teilnehmenden endet die Zusammenarbeit in der Regel nicht mit der Beteiligung. Daher sollten die Ergebnisse einerseits so aufbereitet werden, dass sie auch für Nicht-Wissenschaftler:innen verständlich sind und einen Mehrwert für die Beteiligten mit sich bringen (inhaltlich/Wissenszuwachs/Nennung als Co-Autor:innen), andererseits kann auch das Aufrechterhalten eines Kontakts nach dem Vorhaben vorteilhaft für die Institution sein und Wertschätzung zeigen.

Grundsätzlich ist zu empfehlen, bereits während des Prozesses zu eruieren, wo das Vorhaben in der eigenen Institution oder an andere bestehende Strukturen angedockt werden kann, sodass auch über die Finanzierung hinaus eine Fortführung ermöglicht wird oder zumindest Ansprechpersonen vorhanden sind.

Literatur

Allianz Vielfältige Demokratie. (2017). *Transparenz bei Bürgerbeteiligung. Handreichung für Projektverantwortliche*. Bertelsmann Stiftung. https://www.bertelsmann-stiftung.de/fileadmin/files/Projekte/Vielfaeltige_Demokratie_gestalten/Transparenz_bei_Buergerbeteiligung.pdf. Zugriff: 03.05.2026

Bonn, A., Brink, W., Hecker, S., Herrmann, T. M., Liedtke, C., Premke-Kraus, M., Voigt-Heucke, S., von Gönner, J., Altmann, C. S., Bauhus, W., Bengtsson, L., Büermann, A., Brandt, M., Bruckermann, T., Dietrich, P., Dörler, D., Eich-Brod, R., Eichinger, M., et al. (2022). *Weißbuch. Citizen-Science-Strategie 2030 für Deutschland*. mit:forschen! https://www.mitforschen.org/sites/default/files/grid/2022/10/17/Weissbuch_Citizen_Science_Strategie_2030_fuer_Deutschland.pdf. Zugriff: 03.05.2026

Del Gaudio, C., Franzato, C., & de Oliveira, A. J. (2017). The challenge of time in community-based participatory design. *Urban Design International, 22*, 113–126. https://doi.org/10.1057/s41289-016-0017-5

Deutscher Paritätischer Wohlfahrtsverband, Landesverband Baden-Württemberg e. V. (2025). *Freiwilligenmanagement in sozialen Organisationen. Eine Arbeitshilfe.* https://paritaet-bw.de/sites/default/files/2025-06/Freiwilligenmanagment%20in%20sozialen%20Organisationen.pdf. Zugriff: 03.05.2026

Evangelische Kirche von Westfalen. (2023). *101 Möglichkeiten der Anerkennung.* https://ehrenamt.ekvw.de/fileadmin/user_upload/101_Moeglichkeiten_der_Anerkennung.pdf. Zugriff: 03.05.2026

Fischer, C., Radinger-Peer, V., Krainer, L., & Penker, M. (2024). Communication tools and their support for integration in transdisciplinary research projects. *Humanities and Social Sciences Communications, 11*, Art. 120. https://doi.org/10.1057/s41599-024-02607-3

Pelka, B., et al. (2024). *Instrumentenkoffer für inklusive Citizen Science.* IncluScience. https://toolkit.incluscience.org/. Zugriff: 03.05.2026

Robinson, J. A., Kocman, D., Speyer, O., & Gerasopoulos, E. (2021). Meeting volunteer expectations – A review of volunteer motivations in citizen science and best practices for their retention through implementation of functional features in CS tools. *Journal of Environmental Planning and Management, 64*(12), 2089–2113. https://doi.org/10.1080/09640568.2020.1853507

Schrögel, P., Rühland, S., Fischer, C., Göbel, C., Heimstädt, M., Humm, C., Rösener, R., Rössig, W., Röwert, R., Siegers, M., & Thieleis, I. (2020). *Von Offener Wissenschaft zu Zugänglicher Wissenschaft/Diskussionspapier.* Zenodo. https://doi.org/10.5281/zenodo.3911600

Soßdorf, A., Eich-Brod, R., Beißert, U., Ferschinger, L., Fischer, S. B., Gallach, L., Kardinal, M., Langer, F., Liebetanz, M., Nöske, N., Pfeifer, J., Stender, C., & Turck, A. (2024). *Wegweiser Citizen Science – Tipps und Methoden zu den Themen Partizipation, Teilnehmende, Motivation, Bürokratie und Evaluation.* Zenodo. https://doi.org/10.5281/zenodo.13148678

Wendt, B., & Köhrsen, J. (2022). Time for change? Zeit als Herausforderung für Nachhaltigkeitspartizipation. *GAIA – Ecological Perspectives for Science and Society, 31*(4), 215–221. https://doi.org/10.14512/gaia.31.4.5

Wiebke Rössig leitet nach Stationen am Museum für Naturkunde und Falling Walls Foundation den Programmbereich der Zentral- und Landesbibliothek Berlin als Ort der Begegnung.

Yori Schultka verantwortet die KiezTalks im Projekt „Zukunft findet Stadt". Immer an der Schnittstelle zwischen Zivilbevölkerung und Forschung bringt sie Menschen in den Austausch.

Fabienne Wehrle ist Projektmanagerin für die deutsche Citizen-Science-Plattform mit:forschen! Gemeinsam Wissen schaffen bei Wissenschaft im Dialog.

Ein partizipatives Forschungsprojekt durchführen: Anerkennung für Mitforschende in Citizen Science

Laura Ferschinger, Ina Opitz, Anna Soßdorf und Anett Richter

1 Einleitung: Anerkennung in Citizen Science

Citizen Science lebt vom ehrenamtlichen Engagement der Bürger:innen, die ihre Zeit und ihre Expertise investieren, um Forschungsvorhaben zu initiieren oder sich daran zu beteiligen. Dabei werden sie zu Mitforschenden (Bonney et al., 2014; Haklay et al., 2021). Anerkennung, d. h. die Würdigung der Leistungen von Einzelnen und Gruppen, ist ein Schlüsselfaktor für kontinuierliches Engagement der Mitforschenden und für den Erfolg eines Citizen-Science-Vorhabens. Eine der umfassendsten Theorien zur Anerkennung hat der deutsche Sozialphilosoph Axel Honneth formuliert. Er unterscheidet drei Dimensionen der Anerkennung: rechtliche, soziale und persönliche (Honneth, 2010, 2018a, 2018b). Rechtliche Anerkennung beinhaltet rechtliche Strukturen und Normen, in die ein Individuum eingebettet ist. Übertragen auf Citizen Science kann dies z. B. ein Vertrag oder ein Versicherungsschutz für Mitforschende im Rahmen ihrer ehrenamtlichen Tätigkeiten bedeuten. Soziale Anerkennung erfolgt durch soziale Praktiken, die häufig mit öffentlichem

L. Ferschinger (✉)
Rheinland-Pfälzische Technische Universität Kaiserslautern-Landau,
Kaiserslautern, Deutschland
E-Mail: laura.ferschinger@rptu.de

I. Opitz
Berlin University Alliance, TD-Lab, Berlin, Deutschland

A. Soßdorf
SCI:MOVE – Science on the Move, Langenfeld, Deutschland

A. Richter
Institut für Biodiversität, Johann Heinrich von Thünen-Institut Braunschweig/Stadt Leipzig, Amt für Umweltschutz, Leipzig, Deutschland; https://www.researchgate.net/profile/Anett-Richter-2

S. Voigt-Heucke et al., *Praxishandbuch Partizipation in der Wissenschaft*,
https://doi.org/10.1007/978-3-658-51093-0_32

Ansehen und gesellschaftlicher Wertschätzung zusammenhängen. In Citizen Science geschieht dies oftmals in der Form, dass Mitforschende in Presseberichten und Veröffentlichungen namentlich genannt werden. Die persönliche Anerkennung findet im zwischenmenschlichen Bereich statt. Sie drückt sich aus in Dankbarkeit und Lob, einem respektvollen und wertschätzenden Umgang oder einem Interesse am Gegenüber. Erst die Kombination der drei Dimensionen der Anerkennung führt zu einer umfassenden Zufriedenheit (Honneth, 2010). Anerkennung zu erhalten, ist ein grundlegendes menschliches Bedürfnis. Mangel an Anerkennung oder nicht wirksame Mechanismen der Anerkennung können zu Unzufriedenheit und Konflikten führen – bis hin zum Ausstieg von Teilnehmenden aus einem Projekt.

2 Maßnahmen der Anerkennung in Citizen Science

In einer von den Autor:innen durchgeführten empirischen Vorstudie wurden aus dem Katalog für Anerkennung der Landesfreiwilligenagentur Berlin (Schaaf-Derich, 2015) 22 mögliche Maßnahmen der Anerkennung für Citizen Science entwickelt (Tab. 1).

Tab. 1 Maßnahmen der Anerkennung zur Anwendung in Citizen Science. (Quelle: eigene Vorstudie)

Anerkennungsmaßnahmen	Angestrebte Wirkung der Maßnahmen
1. Kontinuierliche Kommunikation über Team, Organisation, Fortschritt und Ziele	Ermöglicht Mitforschenden, wissenschaftliche Prozesse zu verstehen und sich einzubringen
2. Verständliche Sprache	Trägt den unterschiedlichen Hintergründen der Beteiligten Rechnung und ermöglicht ein größeres Engagement
3. Klare Aufgabenverteilung	Erlaubt das Rollenverständnis und hilft, Frust zu vermeiden
4. Trainings- und Weiterbildungsmaßnahmen	Fördert individuelle Entwicklung und Beteiligung
5. Mentoring/Tandems	Stärkt soziales Miteinander und Lernprozesse
6. Feedbackkultur	Ermöglicht Mitwirkung und Korrektur im Prozess
7. Mitgestaltung	Aktiviert Beteiligung an Entscheidungen
8. Versicherungsschutz/vertragliche Regelung	Sichert Schutz und erkennt Leistung an
9. Schutzkleidung, Werkzeuge, Verbrauchsmaterial	Vermittelt Wertschätzung
10. Aufwandsentschädigungen	Drückt Dank für Zeit und Engagement aus
11. Erstattung von Kosten	Wertschätzung für den Einsatz
12. Freikarten/Ermäßigungen (z. B. für öffentliche Einrichtungen)	Anerkennung des Engagements
13. Aufmerksamkeiten (z. B. Kugelschreiber, Jahresberichte)	Persönliche Anerkennung

(Fortsetzung)

Tab. 1 (Fortsetzung)

Anerkennungsmaßnahmen	Angestrebte Wirkung der Maßnahmen
14. Verpflegung bei Events	Anerkennung und Wertschätzung des Engagements
15. Nutzen von Infrastrukturen (z. B. Räume und Labore)	Kann Gleichberechtigung ausdrücken
16. Qualifizierungszertifikate	Anerkennung erworbener Qualifikationen
17. Namentliche Nennung/Co-Autor:innenschaft	Gilt als Anerkennung des Forschungsbeitrags
18. Sensibilisierung der Öffentlichkeit	Stärkt gesellschaftliche Anerkennung
19. Würdigung besonderer Leistung	Form persönlicher und sozialer Anerkennung
20. Gemeinsame Events/Teambildung	Fördern Gruppengefühl und zeigen Bedeutung der Mitforschenden
21. Identifikation mit dem Vorhaben (z. B. Mitgliedsausweis)	Ausdruck der Zugehörigkeit und Motivation
22. Spaß am Mitforschen	Anerkennung durch Freude am Prozess

3 Anwendung der Anerkennungsmaßnahmen in Citizen Science

Citizen-Science-Vorhaben haben je eigene Abläufe, Zielsetzungen, Ausgangsbedingungen etc. Daher bedarf es eines individuellen Anerkennungsportfolios, in das neben institutionellen Rahmenbedingungen samt vorhandener Anerkennungskultur sowie finanziellen und zeitlichen Ressourcen auch die persönlichen Erwartungen und Bedürfnisse aller am Vorhaben Beteiligten einfließen.

Grundsätzlich sollte die Planung eines Vorhabens Anerkennungsmaßnahmen so früh wie möglich berücksichtigen. Im Idealfall sind bereits im Antrag zeitliche und finanzielle Mittel für Anerkennung vorgesehen. Im Verlauf eines Vorhabens ist es wichtig, die Maßnahmen der Anerkennung auf ihre Wirksamkeit hin kontinuierlich zu reflektieren und bei Bedarf neu anzupassen oder zu ergänzen. Abb. 1 gibt einen Überblick darüber, wie Anerkennung in einem Citizen-Science-Vorhaben fortlaufend überdacht, weiterentwickelt und umgesetzt werden kann.

Für die systematische Einbeziehung der Anerkennungsthematik in die Planung des Vorhabens kann es hilfreich sein, die Bedürfnisse und Anwendungsmöglichkeiten innerhalb der vier Dimensionen Institution, Ziele und Ressourcen, Wissenschaftler:innen und Mitforschende zu eruieren.

Abb. 1 Schritte für Anerkennung in Citizen Science-Vorhaben. (Quelle: eigene Darstellung)

4 Die vier Dimensionen der Anerkennung in Citizen Science

4.1 Institution

Einige Anerkennungsmaßnahmen werden durch Rahmenbedingungen der Institution(en) des Vorhabens vorgegeben, weil sie bereits erprobt oder in anderen Vorhaben etabliert sind, wie z. B. die Nutzung eigener Labore für Mitforschende. Diese Anerkennungsmaßnahmen bedürfen eventuell einer Spezifizierung und einer kritischen Prüfung ihrer Wirkung.

▶ **Praxistipp** Welche Rahmenbedingungen und Erfahrungen mit Anerkennung für Mitforschende gibt es in der eigenen Institution? Bestehen z. B. Verträge mit Museen oder anderen öffentlichen Einrichtungen, um Mitforschenden Freikarten zur Verfügung zu stellen?

4.2 Ziele und Ressourcen

Für die Planung eines Vorhabens ist es von grundlegender Bedeutung, die notwendigen zeitlichen, finanziellen und personellen Ressourcen zu bestimmen und einzubeziehen. Ebenso wichtig ist es, sich Klarheit über die gewünschten und zu erwartenden Auswirkungen der Anerkennungsmaßnahmen zu verschaffen. Das Vorhaben mit seinen Forschungszielen sowie der Grad der Einbindung der Mitforschenden in den Arbeitsprozess bestimmen im Wesentlichen, welche Maßnahmen der Anerkennung hilfreich sein können.

▶ **Praxistipp** Wie viel Ressourcen werden benötigt, um Kommunikationsmaßnahmen durchzuführen? Mit welchem Zeitaufwand wird gerechnet, um z. B. eine Co-Autor:innenschaft mit den Mitforschenden abzustimmen?

4.3 Wissenschaftler:innen

In einem Citizen-Science-Vorhaben übernehmen Wissenschaftler:innen oftmals zusätzlich zu ihren Aufgaben als Forschende die Rollen von Koordinator:innen, Kommunikator:innen und/oder Ehrenamtsmanager:innen. Deshalb ist es wichtig, dass die jeweiligen Anerkennungsmaßnahmen, die sie im Vorhaben anwenden wollen, mit ihren persönlichen Werten und Erfahrungen in Einklang stehen. Im Team sollte daher ein offener Diskurs über Anerkennung und entsprechende Maßnahmen geführt werden.

▶ **Praxistipp** Welche Werte sind den beteiligten Wissenschaftler:innen wichtig? Welche Bedürfnisse und Erwartungen haben sie? Welche Erfahrungen und Vorkenntnisse bringen sie in Bezug auf Anerkennung mit?

4.4 Mitforschende

Auch die Mitforschenden hegen individuelle Präferenzen hinsichtlich Anerkennung. Deshalb ist ein direkter Austausch sowohl darüber als auch über ihre Erwartungen an und Motive für die Teilnahme am Vorhaben notwendig. Auf diese Weise kann die Auswahl der Anerkennungsmaßnahmen enger an den Bedürfnissen und Wünschen der Beteiligten ausgerichtet werden. Außerdem ist es wichtig, dass während des gesamten Vorhabens offene Kommunikationskanäle einen freien Austausch von Kritik, Anregungen und generellem Feedback ermöglichen und eine kontinuierliche Evaluation der Anerkennungsmaßnahmen erfolgt. Die Evaluationsergebnisse ermöglichen die Eignungseinschätzung der Anerkennungsmaßnahmen und lassen sich auch für die Planung künftiger Vorhaben nutzen.

> **Praxistipp** Werden andere/ergänzende Anerkennungsmaßnahmen von den Mitforschenden gewünscht? Welche Anerkennungsmaßnahmen wurden als besonders positiv bewertet?

5 Zusammenfassung

Anerkennung für Mitforschende ist ein zumeist entscheidender Faktor für den Erfolg eines Citizen-Science-Vorhabens. Die Motivation der Mitforschenden kann wesentlich dadurch beeinflusst werden, wie, wann und wofür Anerkennung geschenkt wird. Da sich Citizen- Science-Vorhaben voneinander unterscheiden, sollten die Maßnahmen der Anerkennung für jedes Vorhaben vor dem Hintergrund der zur Verfügung stehenden Ressourcen spezifisch ausgewählt und eingeplant werden. Neben den individuellen Bedürfnissen der Mitforschenden sind auch die Rahmenbedingungen der durchführenden Institution und des Vorhabens selbst zu berücksichtigen. In jeder Phase ist eine Auseinandersetzung mit Anerkennung empfehlenswert – von der Antrags- über die Durchführungs- bis hin zur Abschluss- bzw. Evaluierungsphase. Bei der Auswahl der Maßnahmen der Anerkennung für ein Vorhaben empfiehlt es sich, eine Mischung aus rechtlichen, sozialen und individuellen Mechanismen der Anerkennung zu nutzen. Denn nach Honneth (2010) ist es die Kombination aus diesen drei Bereichen, die den Wunsch nach Anerkennung umfassend befriedigt.

Literatur

Bonney, R., Shirk, J. L., Phillips, T. B., Wiggins, A., Ballard, H. L., Miller-Rushing, A. J., & Parrish, J. K. (2014). Next steps for citizen science. *Science, 343*(6178), 1436–1437. https://doi.org/10.1126/science.1251554

Haklay, M. M., Dörler, D., Heigl, F., Manzoni, M., Hecker, S., & Vohland, K. (2021). What is citizen science? The challenges of definition. In K. Vohland, A. Land-Zandstra, L. Ceccaroni, R. Lemmens, J. Perelló, M. Ponti, R. Samson, & R. Wagenknecht (Hrsg.), *The science of citizen science* (S. 13–33). Springer Nature. https://doi.org/10.1007/978-3-030-58278-4

Honneth, A. (2010). *Das ich im wir: Studien zur Anerkennungstheorie* (Originalausgabe, 1. Aufl.). Suhrkamp.

Honneth, A. (2018a). *Kampf um Anerkennung: Zur Moralischen Grammatik Sozialer Konflikte* (10. Aufl.). Suhrkamp.

Honneth, A. (2018b). *Anerkennung: Eine Europäische Ideengeschichte* (1. Aufl.). Suhrkamp.

Schaaf-Derich, C. (2015). *Instrumente der Anerkennung – Ein Katalog für die Praxis.* Landesfreiwilligenagentur Berlin.

Laura Ferschinger ist Transfermanagerin an der RPTU Kaiserslautern, selbstständige Beraterin für Citizen Science und Wissenschaftskommunikation und forscht zu Citizen Science.

Dr. Ina Opitz ist Geografin. Als Programmmanagerin ist sie verantwortlich für das TD-Lab Funding Programm und die kollegiale Antragsberatung.

Anna Soßdorf ist Co-Founderin von SCI:MOVE, der Beratungsagentur für Citizen Science und Wissenschaftskommunikation. Sie forscht zu Jugend und (digitaler) Partizipation.

Anett Richter arbeitet aktuell im urbanen Kontext mit Fragen zu Multifunktionalität Blau-Grüner Infrastruktur für die Klimaanpassung und Stadtentwicklung sowie zu Teilhabe.

Ein partizipatives Forschungsprojekt durchführen: Systematisches Vorgehen zur wirkungsorientierten Projektbegleitung und formativen Evaluation

Emilia Nagy, Martina Schäfer, Jasmin Wiefek
und Josefa Kny

1 Konzeptionelle Grundlage

Unser Vorgehen stützt sich auf den Ansatz der Theory of Change (ToC) (Dhillon & Vaca, 2018; Belcher et al., 2019, 2020), der in den letzten Jahren auch in der transdisziplinären Forschung an Bedeutung gewonnen hat (Deutsch et al., 2021; Schneider et al., 2019). In dieser Perspektive werden Annahmen in einer Gruppe darüber repräsentiert, wie und warum Aktivitäten der eigenen Initiative (z. B. Projekte, Programme, Organisationen) bestimmte Veränderungen hervorrufen (Schneider et al., 2019). Eine ToC wird unter Beteiligung von Wissenschafler:innen und Praxisakteur:innen gemeinschaftlich in einem oder mehreren Workshops herausgearbeitet. Der Vorteil des ToC-Ansatzes ist, dass er unabhängig vom Praxisfeld oder der Disziplin einsetzbar ist, weil der Schwerpunkt der Identifikation von Wirkungszusammenhängen auf den Akteur:innen sowie ihren veränderten Denkweisen und Vorgehensweisen liegt (zur Actor-centred Theory of Change Belcher et al., 2020). Auch im Evaluationskonzept rücken neben den Ergebnissen die Qualitäten des Forschungsprozesses (z. B. Qualität der Zusammenarbeit, Transparenz, Inklusivität) in den Mittelpunkt, die unabhängig vom Inhalt einen Einfluss auf die Wirksamkeit des Projekts haben (Lux et al., 2019).

E. Nagy · M. Schäfer (✉)
Technische Universität Berlin, Zentrum Technik und Gesellschaft (ZTG), Berlin, Deutschland
E-Mail: schaefer@ztg.tu-berlin.de

J. Wiefek
Berlin, Deutschland

J. Kny
betterplace lab, Berlin, Deutschland

S. Voigt-Heucke et al., *Praxishandbuch Partizipation in der Wissenschaft*,
https://doi.org/10.1007/978-3-658-51093-0_33

Der Entwurf einer ToC beginnt mit der Formulierung einer gemeinsamen Vision (Fritz et al., 2019; Dhillon & Vaca, 2018), die prägnant ausdrückt, zu welchem größeren gesellschaftlichen Ziel das Projekt einen Beitrag leisten möchte (Mitchell et al., 2015). In einer ToC verbinden plausible Wirkungspfade Projektaktivitäten und -ergebnisse über beabsichtigte und erhoffte Wirkungen in unterschiedlichen Wirkungsordnungen mit der gemeinsamen Vision. Es ist hilfreich für die wirkungsorientierte Strategieentwicklung, die Annahmen hinter den Verknüpfungen entlang der Wirkungspfade zu explizieren: Warum wird angenommen, dass eine bestimmte Aktivität eine Wirkung hervorruft, und warum führen direkte Wirkungen zu weiteren, indirekten Wirkungen? Welche Rahmenbedingungen (Regularien, technologische Voraussetzungen, Aktivitäten weiterer Akteur:innen etc.) sind notwendig, damit sich die Wirkungen wie vorgesehen und erhofft entwickeln? Die Reflexion dieser Zusammenhänge kann Feedbackschleifen, aber auch Unsicherheiten und Risiken sichtbar machen und ist hilfreich für die Entwicklung wirkungsorientierter Managementstrategien.

Das Ergebnis sind in der Regel eine Visualisierung der angenommenen Wirkungszusammenhänge sowie eine verbale Erläuterung der zugrunde liegenden Annahmen in einem Wirkungsnarrativ. Eine ToC ist kein statisches Gebilde. Die regelmäßige Auseinandersetzung mit der Projekt-ToC kann dazu führen, dass Wirkungszusammenhänge neu interpretiert und Wirkungspfade revidiert werden. Auf der Grundlage regelmäßiger Reflexion können die Projektaktivitäten und das Projektdesign strategisch angepasst werden (Belcher et al., 2020; Archibald et al., 2016; Morton, 2015). Mit ihrem partizipativen und reflexiven Ansatz hilft die ToC-Methode, unterschiedliche Auffassungen der Beteiligten explizit und nachvollziehbar zu machen. Somit dient der Ansatz auch der Integration und gemeinsamen Wissensproduktion (Oberlack et al., 2019; Belcher et al., 2019).

2 Wirkungsworkshop

Allgemeine Informationen zum Workshop zur Wirkungsreflexion

Ziel: Entwicklung einer gemeinsamen Vision, zu der das Projekt beitragen möchte. Gemeinsame Beschreibung von Wirkungspfaden und dahinterliegenden Annahmen, wie und warum die Aktivitäten des Projekts die intendierten Wirkungen hervorrufen, um diesen Beitrag zu leisten.

Dauer: dreieinhalb bis vier Stunden (inklusive Pausen)

Ort: Online oder in Präsenz

Anzahl der Teilnehmenden: vier bis zwölf Personen, die die wissenschaftlichen und Praxis-Partner:innen des transdisziplinären Projekts vertreten

Moderation: zwei projektinterne oder -externe Personen, die sich bei Gesprächsleitung und Dokumentation abwechseln

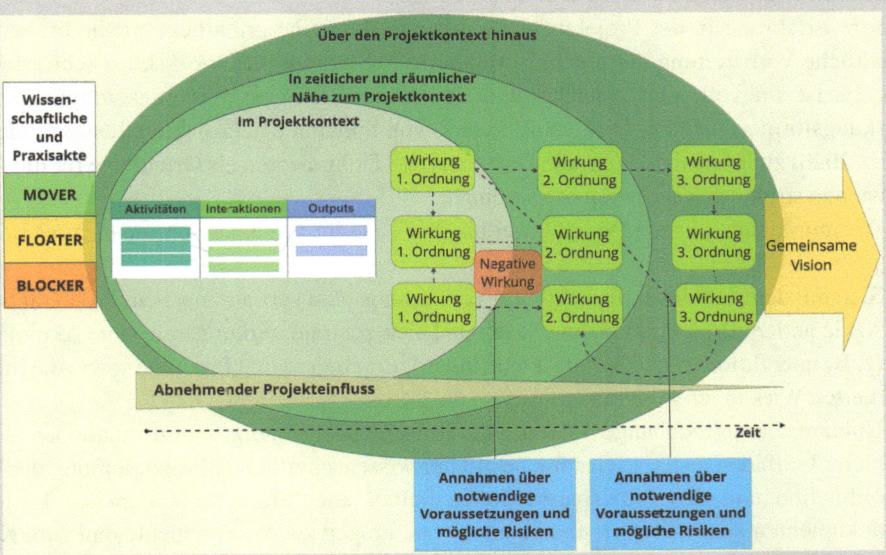

Abb. 1 Verallgemeinerte Version des Ergebnisses des Workshops zur Wirkungsreflexion. (Schäfer et al., 2024)

Vorkenntnisse der Moderation: Kenntnis über den ToC-Ansatz (Dhillon & Vaca, 2018), Wirkungsformen und -ordnungen sowie Sphären des Einflusses (Schäfer et al., 2021; Belcher et al., 2020)

Kompetenzen: analytische Fähigkeit, Zusammenhänge in und zwischen unterschiedlichen thematischen Feldern schnell zu erfassen, Erfahrung mit Kurzevaluation von Workshops sowie die Fähigkeit, die eigene Rolle kritisch zu reflektieren, Moderationserfahrung von Vorteil, um in kurzer Zeit Ergebnisse zu erzielen

Material: Arbeitsvorlagen auf einem Online-Board oder auf einem großformatigen Papier für die einzelnen methodischen Schritte, Abb. 1 veranschaulicht die zentralen Elemente, Evaluationsfragebogen für die anonyme Befragung der Beteiligten zur Zusammenarbeit und zu den Ergebnissen im Workshop

Empfehlung: Zentral für den Erfolg des Workshopformats ist, dass die Partner:innen aus Wissenschaft und Praxis beim Workshop angemessen und ausgeglichen vertreten sind. Im Fall interner Prozessbegleitung sollte die Moderation möglichst nicht bei der Projektleitung liegen, damit die Person in dieser Funktion auch mitdiskutieren kann.

Fallbeispiele: Ergebnisse der Wirkungsworkshops sowie Einblicke in mögliche Indikatoren sind anhand konkreter Beispiele in den Open-Access-Veröffentlichungen nachzulesen (Nagy et al., 2023; Schäfer et al., 2024; Wiefek et al., 2024).

Vorbereitung: Circa zwei bis drei Arbeitstage

Unsere Erfahrung in der Projektbegleitung zeigt, dass eine gründliche methodische und inhaltliche Vorbereitung die ergebnisorientierte Moderation des Workshops sehr erleichtert. Es ist sinnvoll, sich zunächst über die Konzeption von Wirkungsordnungen und Wirkungsformen (Schäfer et al., 2021) sowie von Sphären des Projekteinflusses (Belcher et al., 2020) zu informieren, um die Daten aus den Dokumenten als Grundlage für die Diskussionen strukturiert aufbereiten zu können.

Wir empfehlen, je nach Projekt zwei bis drei Tage für folgende Schritte einzuplanen:

1. Sich mit dem offiziellen Projekt- und Verwertungsplan vertraut machen: Projektanträge sowie andere Projektdokumente lesen und sich zentrale wirkungsrelevante Aktivitäten (z. B. Interaktion mit weiteren Akteur:innen), Ergebnisse und Produkte sowie die intendierten Wirkungen notieren.
2. Unklare Zusammenhänge klären und (informelle) Hintergrundinformationen sammeln: Leitfadengestützte Gespräche mit der wissenschaftlichen Projektleitung, der Koordination und den Praxispartner:innen helfen, die Informationen in den Projektdokumenten zu präzisieren und zu erweitern. Fragen zur Vorgeschichte und zum Kontext des Projekts spielen dabei eine zentrale Rolle. Zusätzliche informelle Gespräche bieten wertvolle Einblicke in Aspekte, die in Förderanträgen meist nicht sichtbar sind – etwa die Beziehungen zwischen den Projektpartner:innen oder deren realistische Erwartungen an Ergebnisse und Wirkungen.
3. Fragen für eine Kurzevaluation im Anschluss an den Workshop formulieren: Sowohl für interne als auch für externe Begleitung empfehlen wir, die Beteiligten hinsichtlich ihrer Beteiligung anonym zu befragen. Die Fragen sollten sich beispielsweise darauf richten, ob die Teilnehmenden ihre Perspektiven zufriedenstellend einbringen konnten und sie sich mit dem Ergebnis identifizieren können.

Die methodische Vorbereitung erfordert die Erstellung des Ablaufplans, die Festlegung der Aufgabenteilung der Moderation sowie die Bereitstellung der Visualisierungsvorlagen. Die Visualisierungen ermöglichen die Verständigung und unterstützen die Wissensintegration. Sie dienen außerdem zur Dokumentation der Ergebnisse.

Schritt 1: Gemeinsame Projektvision (ca. 20 min)

Im ersten Schritt verständigen sich die Teilnehmenden über eine gemeinsame Projektvision. Sie notieren zunächst einzeln ihre Antworten auf Kärtchen zu zwei Leitfragen.

Leitfragen

- Was ist für Sie das langfristige Hauptziel des Forschungsprojekts?
- Zu welcher weitreichenden Veränderung soll das Projekt einen Beitrag leisten?

Formulierungsvorschlag für die Antwort: Wir möchten das Ziel XYZ erreichen, um zu ABC beizutragen.

In der nachfolgenden Diskussion einigen sich die Teilnehmenden auf eine gemeinsame Vision, die sie schriftlich auf der Arbeitsvorlage festhalten. In periodisch wiederholten Workshops überprüfen die Teilnehmenden diese Formulierung regelmäßig.

Schritt 2: Analyse der Akteur:innen im Umfeld (ca. 20 min)
In diesem Schritt reflektieren die Teilnehmenden, welche Akteur:innen im Umfeld dem Projekt auf welche Weise gegenüberstehen. Sie vergegenwärtigen sich, wer von ihnen (Individuen oder Organisationen) zu den Mover:innen, Floater:innen oder Blocker:innen gehört und tragen ihre Namen in drei Spalten einer Tabelle ein. Diese Differenzierung kann für ein wirkungsorientiertes Projektdesign und dessen spätere Anpassungen sehr wichtig sein, z. B. im Hinblick auf Kommunikationsstrategien oder für die Einschätzung der Verstetigungspotenziale erarbeiteter Ansätze (Tab. 1).

Schritt 3: Reflexion des Projektdesigns (ca. 20 min)
In diesem Schritt vergegenwärtigt sich das Projektteam die zentralen Aktivitäten im Projekt (z. B. vorgesehene empirische Untersuchungen, Entwicklung neuer technischer Lösungen), die dabei stattfindenden Interaktionen zwischen Wissenschaft und Praxis (z. B. Workshops, Exkursionen, gemeinsame Erprobung neuer Technologien) und die zentralen angestrebten Ergebnisse (z. B. Modelle, Prototypen, Handbuch, praxisorientierte Publikation). Diese Differenzierung ist wichtig, weil wir davon ausgehen, dass nicht nur die Outputs, sondern auch die Projektaktivitäten und insbesondere die Interaktionen zwischen Wissenschaft und Praxis für die Wirkungsentfaltung relevant sind (Tab. 2).

Schritt 4: Angestrebte Wirkungen und plausible Wirkungspfade (ca. 70 min)
Schritt 4 greift die Ergebnisse von Schritt 3 auf und setzt sie in Beziehung zu den angestrebten Wirkungen. Die visuelle Darstellung der Wirkungsordnungen in Form von drei

Tab. 1 Tabelle zur Analyse der Akteure im Umfeld

Mover:in	Floater:in	Blocker:in
Leitfrage: Welche Akteur:innen können und/oder wollen aktiv zum langfristigen Hauptziel beitragen?	**Leitfrage**: Welche Akteur:innen unterstützen das langfristige Hauptziel weder aktiv, noch blockieren sie dieses (können aber ihre Position ändern und überzeugt werden)?	**Leitfrage**: Welche Akteur:innen sind gegen das langfristige Hauptziel (weil ihre eigenen Interessen negativ betroffen sind) und könnten den Prozess blockieren?

Tab. 2 Tabelle zur Reflexion des Projektdesigns

Aktivitäten	Interaktionen	Outputs
Leitfrage: Was sind die zentralen Aktivitäten im Projekt?	**Leitfrage**: Welche Interaktionen finden mit den Praxispartner:innen und mit weiteren Praxisakteur:innen jeweils statt?	**Leitfrage**: Was sind die zentralen Outputs des Projekts bzw. der Projektaktivitäten?

Tab. 3 Fragen zur Reflexion der angestrebten Wirkungen in der jeweiligen Wirkungsordnung

Wirkungen 1. Ordnung	Wirkungen 2. Ordnung	Wirkungen 3. Ordnung
Leitfrage: Welche Wirkungen wollen Sie im zeitlichen und/oder räumlichen Rahmen des Projekts erzielen? (z. B. Netzwerkbildung, Lernprozesse, Kompetenzerweiterung und -aufbau)	**Leitfrage**: Welche Wirkungen erwarten Sie im engen zeitlichen und/oder räumlichen Umfeld des Projekts (ca. ein bis drei Jahre)? (z. B. Verstetigung der Ergebnisse)	**Leitfrage**: Welche Wirkungen erhoffen Sie sich durch den Beitrag des Projektes über den zeitlichen und/oder räumlichen Kontext des Projekts hinaus? (z. B. Einfluss auf öffentliche Diskurse und Regularien, Veränderung der Infrastruktur, Beitrag zum Erhalt von Biodiversität)

Ellipsen (siehe Abb. 1) ermöglicht, das Auftreten erwarteter und erhoffter Wirkungen in verschiedenen zeitlichen und räumlichen Entfernungen zum Projekt differenziert und überschaubar abzubilden. Tab. 3 fasst die zentralen Fragen zur Reflexion der angestrebten Wirkungen in der jeweiligen Wirkungsordnung zusammen.

Nachdem die Sammlung erwarteter und erhoffter Wirkungen abgeschlossen worden ist, fragt die Moderation die Beteiligten, welche unerwünschten Auswirkungen das Projekt auslösen könnte. Zur Unterstützung kann sie die Rolle des Advocatus Diabolus übernehmen und mögliche negative Wirkungen auf der Grundlage der Dokumentenanalyse und der Interviews im Vorfeld vorschlagen. Bei der Durchführung in späteren Projektphasen kann sie zudem die Zwischenergebnisse der Evaluation in die Diskussion einbringen. Die eventuellen negativen Wirkungen werden in Rot in die Visualisierung integriert.

Zum Abschluss dieses Schritts verständigen sich die Teilnehmenden über plausible Wirkungspfade, indem sie Verbindungslinien ausgehend von den Projektaktivitäten, Interaktionen und Projektergebnissen über Wirkungen in den unterschiedlichen Wirkungsordnungen bis hin zur gemeinsamen Vision zeichnen. Folgende Leitfragen unterstützen sie dabei:

Leitfragen

- Welche Wirkungen können mit Projektaktivitäten, Interaktionen und Outputs in Verbindung gebracht werden?
- Welche Verbindungen zwischen verschiedenen Wirkungen können gezogen werden?
- Hängen Wirkungen vom Auftreten anderer Wirkungen ab? In manchen Fällen sogar vom Auftreten späterer Wirkungen? (Feedbackschleifen)

Das Ergebnis des gesamten Schritts 4 ist eine visuelle Darstellung potenzieller Wirkungen in den drei Wirkungsordnungen. In der Regel entsteht dabei ein Netz aus mehreren Pfaden mit Feedbackschleifen, Abzweigungen und Verknüpfungen.

Schritt 5: Reflexion der Annahmen und Nachsteuerung (ca. 30 min)
In diesem Schritt diskutieren die Teilnehmenden, welche Annahmen sich hinter den vorgeschlagenen Verbindungen zwischen den einzelnen Wirkungen entlang der Wirkungspfade verbergen. Um diesen Schritt pragmatisch zu begrenzen, können sie sich auf einen priorisierten Wirkungspfad einigen.

Leitfragen
- Welche Bedingungen müssen gegeben sein, damit eine erwartete Wirkung eintritt? (Was ist Voraussetzung, damit auf die Tätigkeiten des Projekts die Wirkung A folgt und darauf wiederum die Wirkungen B und C?)
- Welche dieser Bedingungen können vom Projekt aus beeinflusst werden?
- Auf welche notwendigen Bedingungen hat das Projekt keinen Einfluss? Wie kann das Projekt konstruktiv mit diesen Bedingungen umgehen?

Anschließend schätzen die Teilnehmenden gemeinsam ein, über welchen Einfluss das Projekt auf die Wirkungsentfaltung angesichts der differenzierten Voraussetzungen verfügt.

Leitfragen
- Welche Wirkungen können im Projekt direkt gestaltet werden (Kontrollbereich)?
- Zu welchen Wirkungen kann das Projekt indirekt beitragen (Einflussbereich)?
- Welche Beiträge zu weitergehenden Wirkungen außerhalb des unmittelbaren Einflussbereichs des Projekts werden angestrebt?

Schritt 6: Reflexion von Risiken und wirkungsorientierten Maßnahmen (ca. 30 min)
Die Reflexion des Projekteinflusses auf die Wirkungsentfaltung in Schritt 5 kann Risiken für den Projekterfolg offenlegen. Zum Abschluss der Wirkungsreflexion halten die Beteiligten diese Risiken fest und reflektieren die Möglichkeiten ihrer Begrenzung.

Leitfragen
- Was könnte verhindern, dass die Wirkungspfade sich wie erwartet entwickeln (Risiken)?
- Welche zusätzlichen Maßnahmen sind notwendig, um die angestrebten Projektwirkungen anstoßen zu können (z. B. intensivere/zielgruppenspezifische Kommunikation, Einbeziehung weiterer Akteur:innen, Intermediär:innen, Entscheidungsträger:innen)?

Das Projektteam beschreibt im Anschluss Maßnahmen zur Risikominimierung und zur wirkungsorientierten Nachsteuerung. Wir empfehlen, bei diesem Schritt die entsprechenden Rollen und Verantwortlichkeiten festzuhalten.

Ergebnisse
Die Ergebnisse des Workshops sind

1. eine Visualisierung der erwarteten Wirkungen und ihrer Zusammenhänge in Form plausibler Wirkungspfade,
2. die Explikation der Annahmen über Wirkungszusammenhänge und
3. konkrete Ideen zur wirkungsorientierten Gestaltung und Anpassung des Forschungsprozesses.

Die Ergebnisse des Workshops sind weder vollständig noch endgültig. Die Visualisierungen können zu jedem Zeitpunkt des Projekts als Reflexionsinstrument eingesetzt sowie bei Bedarf ergänzt und angepasst werden. Auf dieser Grundlage können die Projektbeteiligten eine für sie nachvollziehbare, geteilte Wirkungsgeschichte formulieren und regelmäßig reformulieren und die Forschungsprozesse entsprechend gestalten. Um Potenziale für die Anpassung des Forschungsdesigns zu nutzen, ist die periodische Durchführung dieses Workshopformats (alle neun bis zwölf Monate) sinnvoll.

3 Erarbeitung des Monitoringkonzepts

Die Ergebnisse des ersten Wirkungsworkshops in der Projektlaufzeit bieten eine wertvolle Grundlage für die Entwicklung eines Monitoringkonzepts zur Nachverfolgung erzielter Wirkungen und angelegter Wirkungspotenziale. Die Operationalisierung von Kriterien und Indikatoren, die Datenerhebung, die kontinuierliche Reflexion der Wirkungsentfaltung und die Nachsteuerung sind eng verknüpft mit der periodischen Wiederholung des Wirkungsworkshops. Abb. 2 stellt diese Zusammenhänge dar. Zum Projektbeginn liefert der Workshop die Grundlagen für das Evaluationskonzept, insbesondere für die Entwicklung der Indikatoren. Während der Laufzeit des Workshops werden auch Daten für die Evaluation erhoben und zugleich bereits vorliegende Evaluationsergebnisse reflektiert, um Risiken zu identifizieren und im Projekt nachzusteuern.

Erarbeitung und Realisierung des Evaluationskonzepts ergeben eine vom gesamten Projektteam mitgestaltete und mitgetragene Aufgabe. Das Evaluationskonzept wird in den folgenden Schritten erarbeitet.

Definition der Kriterien: Das Projektteam legt gemeinsam mit der verantwortlichen Person für die Evaluation (projektintern oder projektextern) die Kriterien für Outputs, Wirkungen und die Qualität des Forschungsprozesses fest (Luederitz et al., 2017).

Definition quantitativer und qualitativer Indikatoren: Für jedes Kriterium werden gemeinsam mit dem Projektteam Indikatoren festgelegt. Sie geben an, woran die Erfüllung der Kriterien zu erkennen ist. Dabei sind folgende Punkte für die Realisierbarkeit zentral: 1. Die (empirischen) Daten müssen erhebbar sein. 2. Die Datensammlung muss während des Projektzeitraums möglich sein. 3. Die Projektmitarbeitenden müssen über die erforderlichen Kapazitäten und Kompetenzen zur Datensammlung verfügen.

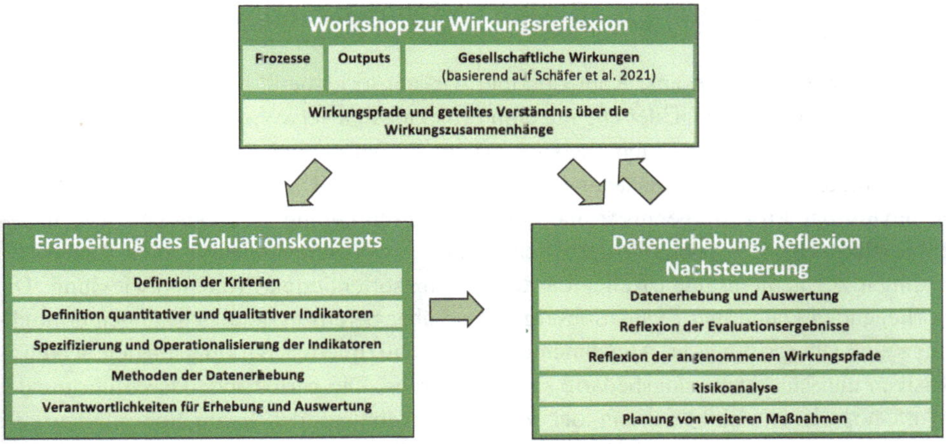

Abb. 2 Darstellung der Wirkungsworkshops als Bestandteil der wirkungsorientierten formativen Evaluation. (Eigene Darstellung basierend auf Wiefek et al., 2024)

Spezifizierung der erforderlichen Daten und Operationalisierung: Der Schritt der Operationalisierung der Indikatoren bezweckt, die Erhebungsmethoden unter Berücksichtigung der Zugänglichkeit zu Daten zu bestimmen (z. B. Interviews, Fragebögen, partizipative Beobachtung oder Dokumentation von Workshops). Beispielsweise können die Beteiligten für den Prozessindikator „Die Perspektiven der Beteiligten werden angemessen berücksichtigt" nach ihrem Eindruck zu ihrer Beteiligung gefragt werden. Als Methode eignet sich beispielsweise eine Umfrage mit folgender Aufforderung: „Bitte markieren Sie auf einer Skala von 1 bis 10: Meine Ansichten wurden bei Entscheidungen angemessen berücksichtigt."

Das Monitoringkonzept beinhaltet den Plan für die Datenerhebung, -auswertung und gemeinsame Reflexion sowie die Verteilung der Verantwortung für folgende Aufgaben:

1. die konzeptionelle Vorbereitung der Erhebungsmethoden und Materialien (Fragebögen, Dokumentationsvorlagen usw.),
2. die Datensammlung,
3. die Datenanalyse,
4. die Betreuung der gemeinsamen Reflexion der Evaluierungsergebnisse.

Eine gute Arbeitsteilung ist zentral für den Erfolg der Evaluation. Wenn im Team keine angemessenen Evaluationskompetenzen vorhanden sind, ist es sinnvoll, Aufgaben an externe Expert:innen zu vergeben. Je nach vorhandenen Ressourcen müssen Kompromisse zwischen dem Umfang eines wünschenswerten Indikatorensets und dem Erhebungsaufwand gefunden werden.

4 Datenerhebung, Reflexion und Nachsteuerung

Datenerhebung, gemeinsame Reflexion und wirkungsorientierte Nachsteuerung erfolgen nach dem Monitoringplan, der eng mit dem Projektdesign verwoben ist. Die Projektaktivitäten bieten Anlässe für Datenerhebung, wie z. B. Befragungen oder teilnehmende Beobachtungen. Das Evaluationsteam ist dafür zuständig, die Daten auszuwerten und für die Reflexion der Projektergebnisse und der Wirkungsentfaltung aufzubereiten. Die in der Projektlaufzeit periodisch wiederholten Wirkungsworkshops bieten einen geeigneten Rahmen zur gemeinsamen Reflexion der wirkungsorientierten Projektentwicklung. Die vorliegenden Daten und Evaluationsergebnisse über bereits erzielte Wirkungen ermöglichen eine Überprüfung der Annahmen hinter den antizipierten Wirkungspfaden, wodurch Risiken und Nachsteuerungsbedarfe sichtbar werden. Die periodische Durchführung des Workshops unter Einbeziehung der Zwischenergebnisse der Evaluation fundiert die Wirkungsorientierung empirisch und unterstützt die Planung weiterer Maßnahmen zur Stärkung der Wirkungspotenziale. In den Wirkungsworkshop können gleichzeitig weitere Daten für die Ergebnis- und Wirkungsindikatoren erhoben werden. Wir empfehlen aus diesem Grund eine gute Dokumentation dieser Workshops. Eine Onlineveranstaltung kann beispielsweise mit Einverständnis der Beteiligten technisch einfach aufgezeichnet werden. Zum Projektende werden die Daten zum Projekterfolg gemeinsam reflektiert und der Beitrag des Projekts zur Vision abschließend eingeschätzt.

5 Kritische Reflexion des systematischen Vorgehens

Das Feedback der Teilnehmenden in den von uns begleiteten Projekten zeigt, dass die Wirkungsworkshops und die darauf aufbauende formative Evaluation einen wertvollen zusätzlichen Raum für Reflexion und Diskussion im Team bieten. Wir begleiteten die meisten Projekte als externe Evaluatorinnen. In wenigen Fällen war unsere Projektbegleitung als Teilprojekt in einem größeren Verbundprojekt vorgesehen, was uns eine gegenüber den Projektaktivitäten quasi externe Position erlaubte. In beiden Fällen brachte die Distanz zum direkten Projektgeschehen mehrere Vorteile mit sich.

- **Effiziente Nutzung von Zeitressourcen**: Neben der Workshop-Teilnahme mussten sich nur wenige Teammitglieder Zeit für vorbereitende Interviews nehmen. Dies war besonders für nicht wissenschaftliche Akteur:innen wichtig, die oft über nur begrenzte oder keine projektfinanzierten Zeitressourcen verfügen.
- **Zusätzliche Ressourcen für die Wirkungsorientierung**: Zudem verfügten wir über Ressourcen, um das Thema Wirkungsreflexion auf der Agenda zu halten. Wir unterstützten die Projektleitung mit der Durchführung der Workshops sowie bei der Datenerhebung.

- **Neue Perspektiven durch externe Moderation**: Von unserer Position aus konnten wir gezielt kritische Fragen stellen, die Diskussionen anregten und neue Einsichten ermöglichten.
- **Gleichberechtigte Teilhabe**: Durch unsere Moderation konnten alle Projektpartner:innen auf Augenhöhe teilnehmen. Besonders vorteilhaft war, dass die Projektleitung nicht moderierte, sondern ihre Perspektive wie alle anderen einbringen konnte.

Ausgehend von unseren Erfahrungen empfehlen wir, ein Budget entweder für eine externe Begleitung oder für ein Teilprojekt innerhalb des Konsortiums einzuplanen, das über methodische Expertise in der Wirkungsorientierung verfügt. Essenziell ist zudem, nicht wissenschaftliche Partner:innen gezielt zu motivieren und zu befähigen, am Wirkungsreflexions-Workshop teilzunehmen, da eine ausgewogene Zusammensetzung der Teilnehmenden entscheidend für neue Erkenntnisse ist.

Nach unserer Erfahrung erfordert unser Ansatz in manchen Schritten ein besonders reflektiertes Vorgehen. So birgt beispielsweise die Visualisierung von Wirkungspfaden das Risiko, dass die Beteiligten die Wirkungsentfaltung als zu linear interpretieren. Ebenso ist es verlockend – aber in komplexen Projekten irreführend –, Wirkungen kausal mit bestimmten Aktivitäten oder Outputs zu verknüpfen. Manche Wirkungen entstehen erst durch eine Kette von Aktivitäten weiterer Akteur:innen außerhalb des Projekts. Die Einführung von Feedbackschleifen und die Reflexion über Annahmen hinter den Wirkungspfaden helfen den Teilnehmenden, Komplexität angemessen zu berücksichtigen und Wirkungszusammenhänge als plausible, aber nicht streng kausale Verknüpfungen zu verstehen.

Zudem ist es wichtig, die eigene Rolle als Moderation in der Wirkungsorientierung zu reflektieren. Personen, die die Prozesse im Projekt begleiten, nehmen eine übergeordnete Perspektive ein und haben einen differenzierten Überblick über das Projekt. Diese Position unterscheidet sie von den Projektmitarbeitenden, die sich auf die Arbeit in einzelnen Arbeitspaketen konzentrieren. Diese Diskrepanz kann dazu führen, dass in den Wirkungsworkshops Schlussfolgerungen gezogen werden, die die Projektbeteiligten nicht unbedingt teilen, aber in der Kürze des Workshops nicht grundlegend hinterfragen können. Eine anonyme Befragung nach den Workshops kann wertvolle Hinweise zur Reflexion unterschiedlicher Wahrnehmungen und zur Rolle der Moderation liefern.

Literatur

Archibald, T., Sharrock, G., Buckley, J., & Cook, N. (2016). Assumptions, conjectures, and other miracles: The application of evaluative thinking to theory of change models in community development. *Evaluation and Program Planning, 59*, 119–127. https://doi.org/10.1016/j.evalprogplan.2016.05.015

Belcher, B. M., Claus, R., Davel, R., & Ramirez, L. F. (2019). Linking transdisciplinary research characteristics and quality to effectiveness: A comparative analysis of five research-for-development projects. *Environmental Science & Policy, 101*, 192–203. https://doi.org/10.1016/j.envsci.2019.08.013

Belcher, B. M., Davel, R., & Claus, R. (2020). A refined method for theory-based evaluation of the societal impacts of research. *MethodsX, 7*, Art. 100788.

Deutsch, L., Belcher, B. M., Claus, R., & Hoffmann, S. (2021). Leading inter- and transdisciplinary research: Lessons from applying theories of change to a strategic research program. *Environmental Science & Policy, 120*(2), 29–41. https://doi.org/10.1016/j.envsci.2021.02.009

Dhillon, L., & Vaca, S. (2018). Refining theories of change. *Evaluation, 14*(30), 64–87.

Fritz, L., Schilling, T., & Binder, C. R. (2019). Participation-effect pathways in transdisciplinary sustainability research: An empirical analysis of researchers' and practitioners' perceptions using a systems approach. *Environmental Science & Policy, 102*, 65–77. https://doi.org/10.1016/j.envsci.2019.08.010

Luederitz, C., Schäpke, N., Wiek, A., Lang, D. J., Bergmann, M., Bos, J. J., Burch, S., Davies, A., Evans, J., König, A., Farrelly, M. A., Forrest, N., Frantzeskaki, N., Gibson, R. B., Kay, B., Loorbach, D., McCormick, K., Parodi, O., Rauschmayer, F., et al. (2017). Learning through evaluation – A tentative evaluative scheme for sustainability transition experiments. *Journal of Cleaner Production, 169*, 61–76.

Lux, A., Schäfer, M., Bergmann, M., Jahn, T., Marg, O., Nagy, E., Ransiek, A.-C., & Theiler, L. (2019). Societal effects of transdisciplinary sustainability research – How can they be strengthened during the research process? *Environmental Science & Policy, 101*, 183–191.

Mitchell, C., Cordell, D., & Fam, D. (2015). Beginning at the end: the outcome spaces framework to guide purposive transdisciplinary research. *Futures, 65*, 86–96. https://doi.org/10.1016/j.futures.2014.10.007

Morton, S. (2015). Progressing research impact assessment: A 'contributions' approach. *Research Evaluation, 24(4)*, 405–419. https://doi.org/10.1093/reseval/rvv016

Nagy, E., Schäfer, M., & Roth, C. (2023). *Innovative Ideen aus dem ländlichen Raum. Barnim & Uckermark im Wandel*. Zenodo. https://doi.org/10.5281/zenodo.10572384

Oberlack, C., Breu, T., Giger, M., Harari, N., Herweg, K., Mathez-Stiefel, S.-L., Messerli, M., Ott, C. S., Providoli, I., Schmid, L., Tribaldos, T., Zimmermann, A., & Schneider, F. (2019). Theories of change in sustainability science: Understanding how change happens. *GAIA – Ecological Perspectives for Science and Society, 28*(2), 106–111. https://doi.org/10.14512/gaia.28.2.8

Schäfer, M., Bergmann, M., & Theiler, L. (2021). Systematizing societal effects of transdisciplinary research. *Research Evaluation, 64*.

Schäfer, M., Nagy, E., & Kny, J. (2024). Fostering reflective impact orientation in transdisciplinary research – A multi-method workshop format. *MethodsX, 13*, 102795.

Schneider, F., Giger, M., Harari, N., Moser, S., Oberlack, C., Providoli, I., Schmid, L., Tribaldos, T., & Zimmermann, A. (2019). Transdisciplinary co-production of knowledge and sustainability transformations: Three generic mechanisms of impact generation. *Environmental Science Policy, 102*, 26–35. https://doi.org/10.1016/j.envsci.2019.08.017

Wiefek, J., Nagy, E., & Schäfer, M. (2024). Formative evaluation of transdisciplinary research for systematic impact orientation in real-world laboratories. *GAIA – Ecological Perspectives for Science and Society, 33(S1)*, 94–101.

Emilia Nagy forscht über Transdisziplinarität. Sie beschäftigt sich mit der wirkungsorientierten Gestaltung und Evaluation partizipativer Forschungsprojekte.

Martina Schäfer ist seit 2010 als Wissenschaftliche Geschäftsführerin am Zentrum Technik und Gesellschaft der TU Berlin und insbesondere in transdisziplinärer Forschung tätig.

Jasmin Wiefek ist Transformationsexpertin und berät Unternehmen, wie sie sich auf die Herausforderungen des Klimawandels vorbereiten können.

Josefa Kny Forschung und Kommunikation im Think-and-Do-Tank betterplace lab. Zuvor wissenschaftliche Mitarbeiterin am Zentrum Technik und Gesellschaft der TU Berlin.

Vorstellung: Der Public Engagement-Kodex. Ein ko-produktiver Leitfaden

Sonja Hammann, Alina Loth und Janis-Anne Fischer

1 Was ist der Public Engagement-Kodex?

Der Public Engagement-Kodex dient als zentraler Orientierungsrahmen für Fachpersonen im Bereich Public Engagement. Er unterstützt Forschende dabei, Public Engagement systematisch in ihre wissenschaftliche Arbeit zu integrieren und richtet sich zugleich an alle, die an der Schnittstelle von Forschung und Gesellschaft tätig sind oder Kolleg:innen in diesem Prozess begleiten. Ziel des Kodex ist es, institutionen- und disziplinübergreifend Orientierung zu bieten und die Qualität sowie Wirksamkeit von Public Engagement zu stärken. Mit dem Public Engagement-Kodex wird angestrebt, nachhaltige gesellschaftliche Wirkung zu erzielen, indem er Wissenschaft und Öffentlichkeit wirkungsvoll miteinander verbindet. Der Kodex entstand von 2021 bis 2022 aus der Notwendigkeit heraus, dass Public Engagement in Deutschland ein neues Feld darstellte und keine plausible deutschsprachige Definition existierte. International ist der Begriff besser etabliert, insbesondere im Vereinigten Königreich.[1]

[1] Siehe z. B. das National Co-ordinating Centre for Public Engagement oder UK Research and Innovation (www.ukri.org/what-we-do/ public-engagement).

S. Hammann · A. Loth
Museum für Naturkunde – Leibniz-Institut für Evolutions- und Biodiversitätsforschung, Berlin, Deutschland

J.-A. Fischer (✉)
Stuttgart, Deutschland
E-Mail: FischerJanis-Anne@proton.me

S. Voigt-Heucke et al., *Praxishandbuch Partizipation in der Wissenschaft*,
https://doi.org/10.1007/978-3-658-51093-0_34

Zwei zentrale Ziele verfolgt der Kodex: Zum einen dient er als Leitfaden, um Public Engagement als Feld, Praxis und Haltung in der deutschen Wissenschaftslandschaft zu verankern und zu professionalisieren. Der Kodex legt fest, wofür Public Engagement in Deutschland stehen kann, und bietet zugleich Orientierung, an welchen Prinzipien und Werten sich wirkungsvolles Public Engagement ausrichten sollte. Die im Kodex erarbeitete Kurzdefinition von Public Engagement ist hierfür zielführend: „Public Engagement beschreibt ein Feld der deutschen Wissenschaftslandschaft, die Praxis des Austauschs zwischen Forschenden und der Öffentlichkeit und steht für die Haltung, dass Wissenschaft und Gesellschaft vom gegenseitigen Austausch profitieren" (Berlin School for Public Engagement and Open Science & Cyber Valley, 2023, S. 4). Darüber hinaus zielt der Kodex darauf ab, die Entwicklung einer tragfähigen und langfristig wirksamen Public-Engagement-Community in Deutschland zu fördern. Er soll Fachleuten aus verschiedenen wissenschaftlichen und organisatorischen Kontexten ermöglichen, sich zu vernetzen, Erfahrungen zu teilen und voneinander zu lernen. Der Fokus des folgenden Abschnitts liegt daher nicht auf den inhaltlichen Aspekten des Kodex, sondern auf seinem kontinuierlichen Entwicklungsprozess.

Dieser Prozess ist von zentraler Bedeutung für die zukünftige Zusammenarbeit und die Konsolidierung des Feldes, da sich an seinem Verlauf exemplarisch die Prinzipien einer gelungenen Einbindung relevanter Stakeholder:innen nachvollziehen lassen. Der Public Engagement-Kodex wurde in einem mehrmonatigen ko-kreativen und ko-produktiven Prozess erarbeitet. Dazu formierte sich eine Arbeitsgruppe, die aus dem „First Steps Symposium" entstanden ist. Das Symposium, ausgerichtet im September 2021 durch die Berlin School of Public Engagement and Open Science[2] (kurz: Berlin School), diente als Auftaktveranstaltung, um Stakeholder:innen in Public Engagement, etwa Wissenschaftler:innen sowie Fachleute von Universitäten, Museen und Stiftungen, zusammenzubringen und erste Schritte für das in Deutschland neue Feld von Public Engagement zu vollziehen. Um eine Definition und Prinzipien für die Arbeit in Public Engagement zu erarbeiten, gründete sich die Kodex-Arbeitsgruppe. Diese setzte sich aus Personen unterschiedlicher Institute, Erfahrungsstufen und Arbeitsbereiche zusammen, z. B. aus dem zu dieser Zeit sehr neuen Bereich Public Engagement, sowie Partizipation, Patient:innenbeteiligung, Third Mission, Wissenschaftskommunikation und weitere. Darüber hinaus beteiligten sich internationale Akteur:innen und brachten ihre über die deutsche Forschungslandschaft hinausgehenden Erfahrungen ein. Dies war besonders wertvoll, um aus Auseinandersetzungen in anderen Ländern, in denen Public Engagement eine etablierte Praxis ist, zu lernen, zum Beispiel durch Case Studies oder Good Practices. Unterstützt wurde die Arbeitsgruppe sowohl organisatorisch als auch fachlich-inhaltlich von der Berlin School sowie von dem Fachbereich Public Engagement der Cyber Valley GmbH, das während des „First Steps Symposiums" die Konversationen zum Kodex anstieß.

[2] Die Berlin School am Museum für Naturkunde Berlin bietet Forschenden und Fachleuten eine Vielzahl von Veranstaltungen und ein breites Bildungsprogramm mit Trainings zu Inhalten, Projektmanagement, Methoden und Evaluierung des Public Engagement.

Die im Kodex erarbeitete, umfangreiche Definition von Public Engagement sowie die Prinzipien zur Arbeit in dem Feld entstanden über mehrere Monate und wurden aufgrund der Vielzahl der Perspektiven und Erfahrungen der Beteiligten während dieser Zeit laufend angepasst. Die Erstauflage des Kodex wurde im November 2022 schließlich einem breiten Fachpublikum unterschiedlicher wissenschaftlicher Disziplinen während der „Berlin Science Week" vorgestellt.

2 Der Kodex als dynamischer Orientierungsrahmen

Mit der Erstveröffentlichung des Kodex im Jahr 2022 wurde vereinbart, den Leitfaden fortlaufend weiterzuentwickeln, um Entwicklungen im entstehenden Feld des Public Engagement zu berücksichtigen und die Bedarfe der sich etablierenden Public-Engagement-Community einzubeziehen. Aus diesem Grund bot die Berlin School 2023 regelmäßige Online-Treffen für die Kodex-Arbeitsgruppe an, um die Erstauflage zu diskutieren sowie zu ergänzen und ermöglichte eine asynchrone Beteiligung auf ihrer Website. Mithilfe einzelner Engagierter, darunter auch solche, die noch nicht an der Erstveröffentlichung mitgearbeitet hatten, wurde der Kodex hauptsächlich um Grundsätze für Public Engagement ergänzt: Gerechtigkeit, Diversität und Inklusion (EDI – Equity, Diversity, Inclusion). Für die Fachkompetenz wurden hierzu EDI-Expert:innen konsultiert, mit deren Hilfe die Grundsätze schließlich auf Public Engagement und Public Engagement-Fachleute zugeschnitten und ausformuliert wurden. Mit dem Aufruf und dem Bekenntnis, den Weg zu ebnen für einen gleichberechtigten Zugang zu Wissenschaft.

3 Ein Public Engagement-Kodex für Europa?

Auf der Konferenz der European Science Engagement Association (EUSEA) im Mai 2023 in Bozen, Italien, richteten Cyber Valley GmbH und die Berlin School einen interaktiven Workshop zum Public Engagement-Kodex aus. Im Vordergrund standen die Vorstellung und konstruktive Diskussion der Definition von Public Engagement und der Prinzipien in Deutschland vor einem internationalen Publikum. Mit diesem wurde erörtert, ob Leitfäden und Prinzipien zu Public Engagement in anderen europäischen Ländern zur Verfügung stehen, was in den meisten Fällen verneint und bedauert wurde. Dahingegen benannten Workshop-Teilnehmende aus dem Vereinigten Königreich eine Vielzahl an Initiativen, Förderungen und Anlaufstellen. In mehreren kleineren Gruppen diskutierten die Veranstalter:innen und die Teilnehmenden die Inhalte der Prinzipien und prüften die Übertragbarkeit auf ihre spezifischen nationalen sowie kulturellen Kontexte. Bilanzierend hielten sie fest, dass Public Engagement-Fachleute in europäischen Ländern viele Gemeinsamkeiten teilen, aber auch Differenzen bestehen, insbesondere in Bezug auf die Schwerpunktsetzung sowie weitere, im Kodex nicht genannte Arbeitsweisen und Prinzipien. Zudem äußerten sie ein reges Interesse an gesamt-europäischen Prinzipien. Obwohl der Public Engagement-Kodex sich in erster Linie an in Deutschland in Public Engagement arbeitende Personen richtet, kann er als Grundlage oder Denkanstoß für europäische Bemühungen dienen.

4 Einzug des Public Engagement-Kodex in die Politik

Die im Juni 2023 veröffentlichte „Partizipationsstrategie Forschung" (BMBF, 2023, S. 27) des Bundesministeriums für Bildung und Forschung (BMBF) nutzt die Definition des Public Engagement-Kodex, um den Begriff einem breiten Fachpublikum nahezubringen. Im Rahmen dessen wird Public Engagement in den Kontext von Partizipation als Forschungsgebiet eingeordnet, wobei einzelne Public Engagement-Fachleute diese Einordnung tendenziell hinterfragen. Sie verstehen ‚Public Engagement' als Oberbegriff, unter den neben Begriffen wie ‚Citizen Science' und ‚Transdisziplinarität' auch ‚Partizipation' fällt. Nichtsdestotrotz erkennt das BMBF an, dass sich Public Engagement als Disziplin und Forschungsrichtung und in Form einer Fachgemeinschaft etabliert hat und sich von den vielen weiteren Feldern im Bereich Partizipation durch seinen Fokus auf Dialog mit gegenseitigem Nutzen abgrenzt (BMBF, 2023, S. 10). Vor diesem Hintergrund kann der Folgeschluss gezogen werden, dass der Kodex einen bedeutenden Beitrag zur ersten Etablierung von Grundsätzen für Public Engagement in der deutschen Fachlandschaft geleistet hat.

5 Professionalisierung und Institutionalisierung von Public Engagement

Darüber hinaus hat der Kodex eine erste tragfähige Vernetzung von Expert:innen im Feld des Public Engagement initiiert. Dabei wurden inhaltliche, institutionelle und wissenschaftliche Herausforderungen diskutiert und Expertise ausgetauscht. Zugleich zeigte sich ein deutlicher Bedarf an professioneller Organisation, Weiterbildungsangeboten und einem verlässlichen Netzwerk für den Austausch. Die Berlin School hat darauf reagiert und in enger Absprache mit den Teilnehmenden Netzwerktreffen, beispielsweise eine Konferenz sowie ein Weiterbildungsportfolio entwickelt.

Während der Kodex einen wichtigen ersten Schritt zur Professionalisierung des Public Engagement darstellt, erfordert seine Wirkung eine nachhaltige Verankerung der Prinzipien in den Forschungseinrichtungen. Dies würde eine nachhaltige Öffnung der deutschen Wissenschaftslandschaft und eine langfristige Integration innovativer Methoden des Public Engagement ermöglichen. Ein Bekenntnis der Institutionen zu den Prinzipien stellt einen wesentlichen ersten Baustein dar, um Fachleuten und Forschenden Qualitätsstandards an die Hand zu geben, die wiederum den Schulterschluss mit dem internationalen Public Engagement-Feld vorantreiben würden. Public Engagement wird mehr und mehr zu einem essenziellen Bestandteil von Forschung und Forschungsförderung, etwa im Rahmen von Drittmittelanträgen. Dazu sind die Investition in Unterstützung von Forschenden durch Fachleute, deren Professionalisierung und Vernetzung erforderlich.

6 Ausblick: Gemeinsam weiter gestalten

In der europäischen Forschungsförderung gehört Public Engagement mittlerweile zu den Kriterien wissenschaftlicher Exzellenz (European Commission et al., 2022, S. 20), sodass auch in Deutschland eine zunehmende Interaktion zwischen Wissenschaft und weiteren Gruppen der Gesellschaft zu erwarten ist. Der Kodex kann als impulsgebend für all diejenigen verstanden werden, die in Deutschland in der Public-Engagement-Disziplin tätig sind. Der Public Engagement-Kodex soll dazu beitragen, den Austausch über institutionelle und nationale Grenzen hinweg zu fördern. Dabei ist er nicht als starres Regelwerk gedacht, sondern als offenes Orientierungsangebot, das sich im gemeinsamen Prozess weiterentwickeln kann. Neue Erfahrungen aus der Praxis, gesellschaftliche Veränderungen sowie aktuelle wissenschaftliche Erkenntnisse sollen kontinuierlich einfließen. Auf diese Weise soll der Kodex stets aktuell bleiben und sich zu einem langfristigen Orientierungsrahmen entwickeln, der den Dialog zwischen Forschung und Gesellschaft stärkt. Hierbei sind unterschiedliche Expertisen, Perspektiven und Erfahrungen von unschätzbarem Wert, um die Vielfalt der Gesellschaft des Public Engagement-Felds abzubilden.

Der Kodex definiert in seiner aktuellen Fassung zentrale Prinzipien und Grundsätze für Public-Engagement-Fachleute und kann damit zur Weiterentwicklung des Feldes beitragen. In mehreren Arbeitstreffen zur Überarbeitung des Kodex, aber auch während des internationalen Workshops im Mai 2023, äußerten Public Engagement-Fachleute wie auch Forschende den Wunsch, den Kodex um praktische Handlungsanweisungen zu ergänzen. Insbesondere für Quereinsteiger:innen oder Berufsanfänger:innen könnte zusätzlich eine übersichtliche Sammlung von Good Practices, Fallstudien und Lessons Learned hilfreich sein. Ein solches praktisches Handbuch kann als wertvolle Ressource zur Umsetzung der theoretisch erarbeiteten Prinzipien des Kodex in der berufsethischen Praxis dienen.

Darüber hinaus kann der Kodex einen wesentlichen Beitrag zur Institutionalisierung von Public Engagement leisten. Eine weitere Ausarbeitung mit institutionellen Strategieempfehlungen und Unterstützungsmaßnahmen wäre für eine dauerhafte Integration der Public Engagement-Expertise in der deutschen Forschung sicherlich wertvoll.

Literatur

Berlin School for Public Engagement and Open Science & Cyber Valley. (2023). *Public Engagement-Kodex.* https://publicengagement.berlin/wp-content/uploads/2025/05/BS-23-001-Berlin-School_Kodex-2023_Booklet-A5_dt_SCREEN.pdf. Zugegriffen im Oktober 2025.

Bundesministerium für Bildung und Forschung (BMBF). (2023). *Partizipationsstrategie Forschung.* https://www.bmftr.bund.de/SharedDocs/Downloads/DE/2023/partizipationsstrategie.html. Zugegriffen im Oktober 2025.

European Commission, Directorate-General for Research and Innovation, Stančiauskas, V., Brozaitis, H., Notten, A., Hollanders, H., Papageorgiou, H., Manola, N., Zagame, P., Le-Mouel, P., & Publications Office of the European Union. (2022). *Study to support the monitoring and evaluation of the framework programme for research and innovation along key impact pathways – Indicator methodology and metadata handbook.* https://data.europa.eu/doi/10.2777/44653. Zugegriffen im Oktober 2025.

Sonja Hammann unterstützte mit ihrer Arbeit als Projektmanagerin den Aufbau der Public Engagement-Community in Deutschland.

Dr. Alina Loth Teamleitung Personalstrukturen und Hochschulstrategien, Stifterverband. Sie forscht zu strategischem Kulturwandel im Wissenschaftssystem.

Janis-Anne Fischer arbeitete als Public Engagement Managerin bei Cyber Valley GmbH. Sie stärkt gesellschaftliche Partizipation und fördert die kritische Reflexion zu KI und Robotik.

Vorstellung: Der community-übergreifend und kollaborativ erarbeitete Leitfaden für Partizipation in der Forschung

Philipp Schrögel

1 Die Vielfalt von Partizipation in der Forschung

Partizipation in der Forschung ist ein vielfältiges Feld mit diversen Formaten, Methoden und Begriffen. Die gemeinsame Gestaltung von Forschungsprozessen mit nicht in der Hauptbeschäftigung Forschenden, die gemeinsame Diskussion von Expert:innen und Lai:innen und die partizipative Entscheidungsfindung in wissenschafts- oder technikbezogenen Themenfeldern sind in vielen Wissenschaftsbereichen etabliert. Unter verschiedenen Namen haben sich Communities aus Forschenden und Praktiker:innen mit teils weit zurückreichenden Traditionen, Community-Veranstaltungen, Publikationen und Funding-Linien etabliert: von Aktionsforschung bis Open Science, von partizipativer Gesundheitsforschung zu partizipativer Technikfolgenabschätzung, Citizen Science oder Open Innovation – um nur einige zu nennen. Es existiert eine Vielzahl an Formaten und Methoden (Kasberg et al., 2021).

Um dieses vielfältige Feld breiter zugänglich zu machen, Einstiegspunkte für eine weiterführende Beschäftigung mit dem Thema oder die ganz konkrete praktische Umsetzung zu geben und die umfangreichen bereits erarbeiteten Materialien und Leitfäden zu bündeln, wurde im Projekt PartWiss ein übergreifender Leitfaden für Partizipation in der Forschung entwickelt (Schrögel, 2025). Der vorliegende Beitrag stellt den Leitfaden und seine Anwendungsmöglichkeiten vor und bezieht dabei auch Textelemente aus dem Leitfaden selbst mit ein.

Die Entwicklung eines Leitfadens aus der Wissenschaft und Praxis heraus ist in der Partizipationsstrategie Forschung (Bundesministerium für Bildung und Forschung, 2023)

P. Schrögel (✉)
Technische Universität Chemnitz, Chemnitz, Deutschland
E-Mail: philipp.schroegel@hsw.tu-chemnitz.de

S. Voigt-Heucke et al., *Praxishandbuch Partizipation in der Wissenschaft*,
https://doi.org/10.1007/978-3-658-51093-0_35

als eine zentrale Maßnahme benannt. Das dort formulierte Ziel lautet, Partizipation für Interessierte zu erleichtern und die Qualität von Beteiligung zu stärken. Im Projekt PartWiss wurde dieser Impuls umgesetzt. Daneben greift die Entwicklung aber auch ein Ergebnis von Partizipation in der Forschungspolitik auf: Die Entwicklung eines Leitfadens war eine Empfehlung des Bürgerrats Forschung, der die gesellschaftliche Perspektive in die Entwicklung der Partizipationsstrategie Forschung einbrachte (Bürgerrat Forschung, 2022).

Der Autor dieses Beitrags verantwortete die Redaktion des Leitfadens. Das Projektteam und die Programmkommission der PartWiss24-Konferenz unterstützten die Entwicklung beratend durch monatliche offene Redaktionssitzungen. Die Entwicklung erfolgte in einem kollaborativen Prozess, der von der Festlegung der grundlegenden Ausrichtung über die Struktur und die ausgewählten Aspekte bis zur abschließenden Formulierung Input und Feedback von insgesamt 150 Teilnehmenden aus diversen Partizipations-Communities einbezog. Dies erfolgte durch vier Online-Workshops im Oktober 2024 mit verschiedenen Perspektiven (Partizipations-Expert:innen in Forschung & Praxis, zentrale Akteur:innen & Verbände, aktuelle & zukünftige Initiator:innen von Partizipations-Projekten, Bürger:innen & Zivilgesellschaft), Online- und Vor-Ort-Feedbackmöglichkeiten und eine abschließende Kommentierung in zwei Phasen online und vor Ort bei der PartWiss24-Konferenz.

2 An wen richtet sich der Leitfaden?

Der Leitfaden soll insbesondere einen Einstieg für Personen bieten, die sich bisher noch nicht vertieft mit Partizipation in der Forschung beschäftigt haben. Das können zum Beispiel Forschende sein, die bisher noch nicht in partizipativ arbeitenden Communities verankert sind. Ein anderes Beispiel können Akteur:innen in Leitungsebenen, Wissenschaftsmanagement oder Transfer sein, die eine stärkere partizipative Ausrichtung für ihr Forschungsprojekt oder Institut anstreben. Daneben soll der Leitfaden auch als übergreifende Referenz für die bestehenden Communities aus Forschenden und Praktiker:innen in verschiedenen partizipativen Ansätzen dienen. Er soll Erfahrungen und Materialien aus den teilweise wenig verbundenen Communities sammeln, wechselseitig zugänglich machen und zum weiteren Austausch und zur Kollaboration einladen. Eine weitere Nutzendengruppe sind Lehrende, die die Materialien in der Hochschullehre oder in Weiterbildungen als Einstieg nutzen.

Der Leitfaden richtet sich damit primär an Akteur:innen, die aus der Forschung und aus institutionellen Kontexten heraus partizipative Prozesse gestalten möchten. Als sekundäre Zielgruppe kann der Leitfaden gegebenenfalls auch für Akteur:innen aus Forschungspolitik, -verwaltung oder -förderung einen übergreifenden Zugang und eine Referenz zu Partizipation in der Forschung bieten, allerdings ohne spezifisch auf diese Kontexte hin ausgelegt zu sein.

3 Ziele des Leitfadens

Vorrangiges Ziel des Leitfadens ist es, übergreifend zu einzelnen Partizipations-Ansätzen einen Überblick über Partizipation in der Forschung zu bieten und im Sinn eines Meta-Leitfadens die bestehenden vielfältigen communityspezifischen Leitfäden und Praxismaterialien zugänglich zu machen. Konkret bedeutet das:

Der Leitfaden vermittelt Zugänge zu den vielfältigen Formaten, Methoden und Begriffen partizipativer Forschungs- und Praxisansätze. Er stellt Begriffe und Ansätze dar und bietet übergreifende Hinweise, wie eigene Projekte erfolgreich gestaltet werden können.

Neben der knappen Zusammenfassung einzelner Aspekte bündelt der Leitfaden ausgewählte Verweise auf zentrale Materialien zu partizipativen Ansätzen (insbesondere bestehende Leitfäden, Handreichungen, Toolboxen, Überblicksarbeiten oder Ähnliches) und enthält weiterführende wissenschaftliche und praxisorientierte Literaturverweise.

Um in der Vielzahl an bestehenden Materialien und Detailaspekten für Partizipation in der Forschung einen fokussierten und handlungsorientierten Überblick zu geben, deckt der Leitfaden nicht alle denkbaren Bereiche ab, sondern bietet eine kompakte Darstellung ausgewählter Quellen und Aspekte als Zugang. Die kondensierte Form verzichtet bewusst auf eine erschöpfende Darstellung, historische Einordnungen und ausführlichere Einzelbeispiele.

Der Leitfaden baut auf Erfahrungen in Forschung und Praxis auf und soll beide miteinander verbinden. Ziel ist, eine fundierte und zugleich anwendungsnahe Grundlage zu schaffen.

Das Konzept des Leitfadens sieht keine strenge Leserichtung mit aufeinander aufbauenden Abschnitten vor. Er ist als modulares Kartenset gestaltet und ermöglicht den Nutzenden, je nach Interesse und Bedarf einzelne Aspekte herauszugreifen. Gleichzeitig können die Karten so auch als Grundlage für Diskussionen in Workshops dienen.

4 Aufbau des Leitfadens

4.1 Überblick zu partizipativen Ansätzen

Der erste Teil des Leitfadens liefert eine Orientierung hinsichtlich der vielfältigen bestehenden partizipativen Ansätze und Communities. Die zur Strukturierung dienende Typologie dieser Ansätze (Abb. 1) entstammt der Partizipationsstrategie Forschung des Bundesministeriums für Bildung und Forschung und wurde vom Autor dieses Beitrags entwickelt.

Der Leitfaden führt 17 spezifische partizipative Ansätze (Abb. 1) auf, ergänzt um eine Sammlung von Materialien, die nicht einem spezifischen Ansatz zugeordnet sind oder die sich mit Partizipation generell befassen. Zu jedem der Ansätze sind neben einer kurzen Beschreibung beziehungsweise kompakten Definition aus den Communities selbst drei bis vier ausgewählte weiterführende Quellen angegeben. Dabei liegt der Schwerpunkt auf praxisorientierten Handreichungen, Toolboxen oder bestehenden Leitfäden. Das Ziel die-

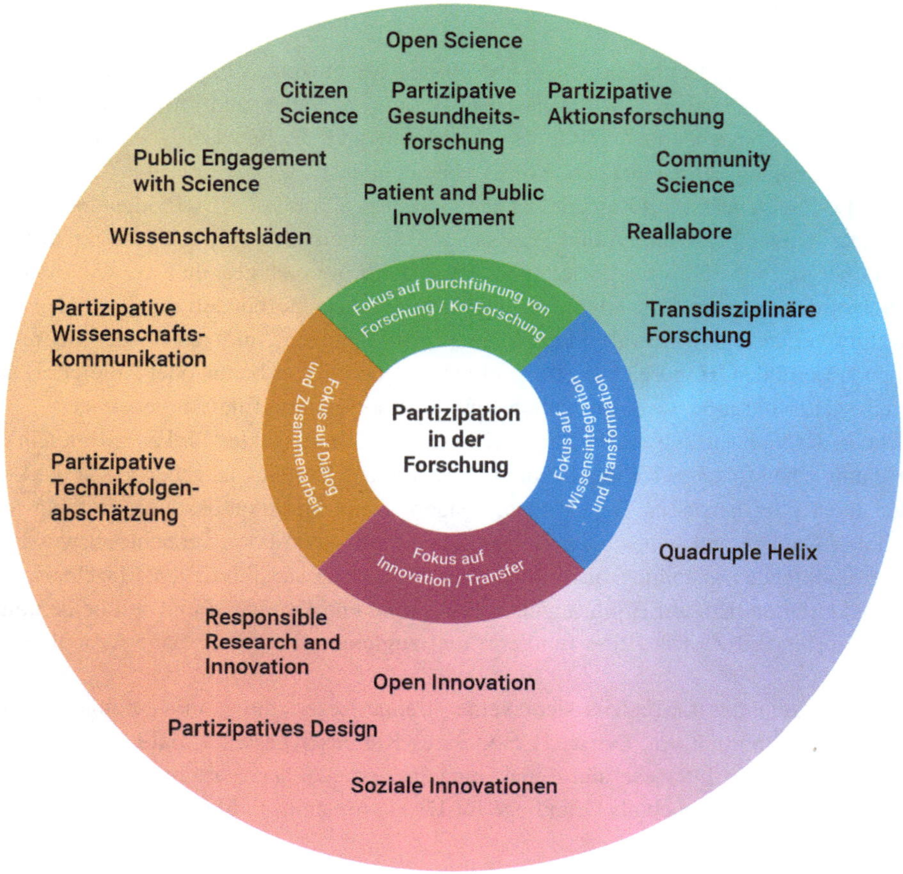

Abb. 1 Typologie zur Verortung verschiedener Ansätze in der übergreifenden Partizipationslandschaft. Sie soll Orientierung schaffen und die vielfältigen Ansätze einordnen. Dies geschieht durch vier (teils überlappende) Bereiche, die aber nicht als strikte Abgrenzung gedacht sind. (Schrögel, 2025; Gestaltung: Stephanie Brittnacher)

ser Auswahl ist es, ergänzende theoretische Auseinandersetzungen, Begriffsdefinitionen und Abgrenzungsdiskurse zu vermeiden und stattdessen direkte, praxisorientierte Einstiege in die jeweiligen Ansätze zu ermöglichen.

4.2 Zentrale Aspekte in zehn Handlungsfeldern

Im zweiten Teil des Leitfadens sollen die reichhaltigen wissenschaftlichen und praktischen Erfahrungen aus verschiedenen partizipativ arbeitenden Communities zusammengeführt werden. Ziel ist es, übergreifende Leitfragen, Gestaltungsoptionen, Herausforderungen und mögliche Lösungsansätze zu bündeln. Zu jedem der zehn übergreifenden Handlungsfelder sind jeweils drei Aspekte aufgeführt. Die Ausführungen enthalten in der Regel neben einer kurzen Beschreibung eine Auswahl an Praxishinweisen für die Umsetzung partizipativer Forschungsprozesse und benennen weiterführende Materialien sowie relevante wissenschaftliche Literatur zum Thema. Die Handlungsfelder und Aspekte sind:

1. Ziele für Partizipation: Überblick zu Zieldimensionen und eingeladener und eingeforderter Partizipation
2. Beteiligte Akteur:innen: Überblick zur Charakterisierung von Beteiligten und nicht erreichten oder ausgeschlossenen Bevölkerungsgruppen
3. Methoden und Formate: Sammlung bestehender Ressourcen und Formatdatenbanken, Hinweise zur Gestaltung
4. Rahmenbedingungen: Erwartungsmanagement, Zugänglichkeit und zeitliche Ausgestaltung
5. Projektkommunikation: sowohl im Projekt selbst als auch in Öffentlichkeiten und in die Wissenschaft
6. Datenmanagement und Ergebnisverwertung: Prinzipien für das Datenmanagement, Autor:innenschaft, Transfer
7. Rechtliche Aspekte: Datenschutz, Urheberrecht, Versicherung
8. Ethische Aspekte: Machtstrukturen, Wertschätzung, Übersicht weiterer ethischer Aspekte
9. Evaluation und Begleitforschung: Evaluationsprinzipien, Materialien zur Evaluation, Partizipative Evaluation
10. Reflexion zu Partizipation: Überladene Erwartungen, Beteiligungstiefe, Ansprüche an partizipativ erzeugtes Wissen

Eine Wildcard zu dem sich dynamisch entwickelnden Feld der Bedeutung künstlicher Intelligenz für Partizipation in der Forschung schließt den Leitfaden ab.

Wo ist der Leitfaden verfügbar?

Der Leitfaden ist zum einen als Print-Version in Kartenform (gedruckt oder als PDF-Download zum Selbstausdrucken) verfügbar. Für ein barriereärmeres Lesen können die auf DIN A5 angelegten Karten auf DIN A4 vergrößert ausgedruckt werden. Zum anderen gibt es eine Online-Version. Über QR-Codes auf den gedruckten Karten gelangt man zu dem jeweiligen Abschnitt der Online-Version. Über die dort gesetzten Links kann man auf die genannten Quellen zugreifen.

- Online-Leitfaden: https://www.partizipation-wissenschaft.de/leitfaden-uebersicht/
- PDF-Download: https://doi.org/10.5281/zenodo.14786253

5 Anwendungsszenarien für den Leitfaden und Ausblick

Durch die modulare Gestaltung und die angestrebte breite Anschlussfähigkeit sind zahlreiche Anwendungsszenarien für den Leitfaden denkbar, zum Beispiel:

- Forschende oder andere Interessierte können die Online-Version des Leitfadens nutzen, um eine erste Orientierung hinsichtlich der breiten und heterogenen Partizipationslandschaft zu erhalten. Die Eindrücke zu Begrifflichkeiten und konkreten Praxismaterialien können dann für eine gezieltere, weitergehende Beschäftigung mit dem Thema dienen.
- Partizipations-Expert:innen in Praxis und Forschung können das gedruckte Kartenset für einen Brainstorming-Workshop zu neuen Impulsen und Lösungsansätzen aus anderen Partizipations-Communities zur Ergänzung der eigenen Expertise nutzen.
- Der Leitfaden kann Diskussionen und Überlegungen für eine zukünftige strategische partizipative Ausrichtung einer Forschungseinrichtung oder zur Konzeption eines Antrags oder einer partizipativen Forschungsagenda anregen und strukturieren.
- Das gedruckte Kartenset kann als Material in Training-Workshops für Forschende, Wissenschaftsmanager:innen oder -kommunikator:innen genutzt werden.
- Die Online-Variante oder das gedruckte Kartenset können als Einstiegs- und Überblicksmaterial oder als konkrete Ausgangsbasis für Übungen oder selbstständige Ausarbeitungen der Lernenden in der Hochschullehre oder in Workshops für Doktorand:innen genutzt werden.

Insgesamt eröffnet der Leitfaden für Partizipation in der Forschung damit viele Möglichkeiten, um zur weiteren Verbreitung partizipativer Methoden in der Wissenschaft beizutragen. Angesichts der kompakten Form konnte nur ein kleiner Ausschnitt der gelebten Vielfalt in der partizipativen Praxis aufgegriffen werden. Es wäre denkbar, in der Zukunft weitere relevante Communities und Begriffe abzubilden, wie zum Beispiel Service Learning, Third Mission oder Science Engagement. Weiterhin könnte eine Auswahl an Fallbeispielen illustrieren, wie sich eine praktische Implementierung von partizipativen Ansätzen in konkreten Kontexten aussieht und Vergleiche zwischen den unterschiedlichen Ansätzen ermöglichen.

Literatur

Bundesministerium für Bildung und Forschung. (Hrsg.). (2023). *Partizipationsstrategie Forschung*. Bundesministerium für Bildung und Forschung, Referat Strategische Vorausschau, Partizipation, Soziale Innovationen. https://www.bmftr.bund.de/SharedDocs/Downloads/DE/2023/partizipations-strategie.html

Bürgerrat Forschung. (2022). *Die Empfehlungen des Bürgerrates Forschung*. Bundesministerium für Bildung und Forschung, Referat Strategische Vorausschau, Partizipation, Soziale Innovationen. https://www.bmftr.bund.de/SharedDocs/Downloads/DE/2022/220519-empfehlungen-des-buergerrats-forschung.html

Kasberg, A., Müller, P., Markert, C., & Bär, G. (2021). Systematisierung von Methoden partizipativer Forschung. *Bundesgesundheitsblatt, Gesundheitsforschung, Gesundheitsschutz, 64*(2), 146. https://doi.org/10.1007/s00103-020-03267-9

Schrögel, P. (2025). *Ein Leitfaden für Partizipation in der Forschung*. Projekt PartWiss. https://doi.org/10.5281/zenodo.14786253

Philipp Schrögel ist wissenschaftlicher Mitarbeiter an der TU Chemnitz. Er forscht zu kreativen und partizipativen Formen von Wissenschaftskommunikation und Public Engagement.

Vorstellung: Das PRO-Ethics Framework – ein Ethik-Leitfaden für Partizipation in Forschung und Innovation

Stefanie Schuerz, Markus Gerold, Gerda Geyer
und Sabine Mayer

1 Einleitung

Das EU-finanzierte Projekt „PRO-Ethics" (2020–2023) hat einen Ethik-Leitfaden für Partizipationsprozesse entwickelt, dessen Kernfragen wir in diesem Beitrag zusammenfassen. Die Inhalte des Leitfadens wurden im Rahmen mehrerer Pilotprojekte erarbeitet, getestet und verfeinert, wobei die Piloten von Forschungsförderungsinstitutionen durchgeführt wurden und im Rahmen ihrer Aufgabenbereiche angesiedelt waren. Daher sind die Prozesse herkömmlicher wissenschaftlicher Projekte nur teilweise in die Leitfadenentwicklung eingeflossen. Da der Leitfaden jedoch prozessspezifische Reflexionsfragen vorgibt, sind diese leicht auf Projektkontexte übertragbar.

Ausgangspunkt des Projekts war, dass die Einbindung gesellschaftlicher Gruppen in Forschungs- und Innovationsprozesse (F&I-Prozesse) zwar in vieler Hinsicht wünschenswert ist, jedoch viele Herausforderungen mit sich bringen kann. Dementsprechend gilt es, nicht nur zu entscheiden, in welche Prozesse Stakeholder:innen eingebunden werden sollen, sondern auch entsprechende Vorkehrungen für eine ethische Umsetzung solcher kollaborativen Prozesse zu treffen.

Während die Wissenschaft oft einen erheblichen Einfluss auf die Gesellschaft hat, ist es vielfach schwierig, sicherzustellen, dass wissenschaftliche Prozesse zu ethisch ak-

S. Schuerz (✉)
Zentrum für Soziale Innovation GmbH, Wien, Österreich
E-Mail: schuerz@zsi.at

M. Gerold
VDI/VDE Innovation + Technik GmbH, Berlin, Deutschland

G. Geyer · S. Mayer
Österreichische Forschungsförderungsgesellschaft (FFG), Wien, Österreich

S. Voigt-Heucke et al., *Praxishandbuch Partizipation in der Wissenschaft*,
https://doi.org/10.1007/978-3-658-51093-0_36

zeptablen und gesellschaftlich wünschenswerten Resultaten führen. Ethische Überlegungen tragen dazu bei, Komplexitäten, Unsicherheiten und Streitpunkte im Zusammenhang mit Forschung und Innovation zu bewältigen und F&I-Prozesse verantwortungsvoller zu gestalten. Während partizipative Einbindung hilfreich – wenn nicht sogar notwendig – sein kann, um ethische Fragen proaktiv identifizieren und adressieren zu können, erhöht sie ihrerseits zusätzlich die Komplexität wissenschaftlicher Prozesse. Dementsprechend sind ethische Überlegungen weder aus der partizipativen Forschung noch aus der Wissenschaft allgemein wegzudenken (Novitzky et al., 2020; Stilgoe et al., 2013; Van den Hoven, 2014).

Die Inhalte des Leitfadens wurden in einem iterativen Prozess entwickelt. Neben einer Recherche der aktuellen Literatur wurden zehn Pilotprojekte in zwei Phasen umgesetzt. Vier davon fanden zu Beginn des Projekts statt und lieferten Erfahrungswerte für die Entwicklung des Leitfadenentwurfs, der in der zweiten Pilotphase getestet und verbessert wurde. Der Fokus jedes Pilotprojekts lag darauf, jene Stakeholder:innen in die Prozesse von Fördergebenden einzubinden, die normalerweise nicht an solchen Aktivitäten beteiligt sind. Für PRO-Ethics beinhaltete dies Bürger:innen im weitesten Sinne, Bewohner:innen bestimmter Gebiete, Endnutzer:innen von Technologien, von bestimmten Problemen betroffene Personen sowie Begünstigte von Ausschreibungen. Überdies wurde Feedback von der Zivilgesellschaft, Forschenden, der Citizen-Science-Community, externen Fördergebenden, wissenschaftlichen Ethikkommissionen, Organisationen für wissenschaftliche Integrität und anderen eingeholt, die an der Planung, Durchführung und Evaluation partizipativer Prozesse beteiligt sind. Beiträge wurden durch Umfragen, Workshops, offene Konsultationen, direkte Kommentare und in ko-kreativen Aktivitäten eingeholt.

2 Ethik-Leitfaden

Partizipative Forschungsvorhaben können als hochkomplexe Prozesse gelten, in denen verschiedene Erfahrungswelten, Interessen und Werthaltungen zusammenkommen und mitunter umfassenden Aushandlungsprozessen unterworfen sind. Dementsprechend erhöht sich in solchen Fällen auch das Risiko für Reibungen und Uneinigkeit, die ethische Fehltritte nach sich ziehen können. Um hier Orientierungshilfe zu bieten und ein proaktives Risiko- und Erwartungsmanagement zu unterstützen, bietet der PRO-Ethics-Leitfaden konkrete Handlungsanleitungen und übergeordnete Fragen, die bei der Planung, Durchführung und Evaluierung ethischer partizipativer Forschungsprozesse helfen können.

Geleitet von sechs übergeordneten Fragen werden Leser:innen dabei unterstützt, ethische Entscheidungsfindungsprozesse umzusetzen und mögliche aufkommende Probleme vorab zu entschärfen bzw. proaktiv zu adressieren. Im Folgenden werden diese sechs Fragen zusammengefasst und beispielhaft vorgeführt.

2.1 Wie sollen Partizipationsprozesse strukturiert werden?

Zu Beginn muss unbedingt ein Verständnis über die strukturellen Rahmenbedingungen entwickelt werden, innerhalb derer ein partizipativer Prozess aufgesetzt und umgesetzt wird. Hierbei geht es darum, mögliche Abhängigkeiten zu erkennen, die sich auf den Prozess auswirken können, und zu eruieren, welche Folgen diese Abhängigkeiten für die Stakeholder:innen des Prozesses haben. Eng damit im Zusammenhang steht eine Klärung der erwarteten Beiträge, die von Teilnehmer:innen erbracht werden sollen, sowie der potenziellen Wirkungen des Projekts. Bei Letzterem müssen mögliche positive und negative ebenso wie eventuelle erwünschte und unerwünschte Auswirkungen skizziert werden. Hier kann es Sinn ergeben, betroffene Gruppen von Stakeholder:innen in ein Impact Mapping einzubeziehen, also diese Wirkungen gemeinsam zu identifizieren. Zu guter Letzt gilt es, Flexibilität bei der Planung des partizipativen Prozesses zuzulassen. Überhaupt ist es vorteilhaft, partizipative Projekte iterativ und agil zu gestalten, um den sich entwickelnden Anforderungen und Herausforderungen komplexer Kollaborationsprozesse gerecht zu werden.

Beispiel

Wenn Teilnehmende in die Entwicklung von Förderprogrammen einbezogen werden, ist es bedeutsam, zu Beginn zu klären, ob lediglich ihre Meinungen eingeholt werden sollen oder sie die tatsächlichen Inhalte solcher Programme mitbestimmen können. Hierbei muss gegebenenfalls auch vonseiten verantwortlicher Ministerien ein Mandat eingeholt werden. Institutionelle Zahlungsabläufe, denen streng gefolgt werden muss, können eine Aufwandsvergütung an Teilnehmer:innen erschweren oder verunmöglichen. Dies muss ebenfalls vorab geklärt werden, um die Bedingungen der Teilhabe kommunizieren zu können.

2.2 Auf welche Art von Aktivität zielt der partizipative Prozess ab?

Hier gilt es zu definieren, welche Aktivitäten für eine Teilhabe geöffnet werden sollen, und dafür die richtigen Beteiligungsformate zu entwickeln. Grundsätzlich können alle Schritte im Forschungs- und Forschungsförderungszyklus partizipativ gestaltet werden – von der Strategieentwicklung bis zur Programmevaluierung, vom Forschungsdesign über die Datenanalyse bis zur Wissenschaftskommunikation. Diese Teilhabe kann eher geschlossen erfolgen oder sich über einen gesamten Prozess – wie etwa ein Forschungsprojekt von der Konzeption bis zur Evaluierung – erstrecken. Wichtig bleibt jedenfalls zu bedenken, dass aufgrund eingeschränkter Ressourcen meist zwischen einer eher breiten Partizipation (im Sinn vieler Teilnehmender) und einer eher tiefen Partizipation (im Sinn einer intensiven Auseinandersetzung mit dem Forschungsgegenstand) zu wählen ist. Im Zusammenhang mit der Prozessplanung müssen auch Partizipationsbarrieren identifiziert und adressiert werden. Wichtig ist zu reflektieren, welchen gesellschaftlichen Gruppen die Beteiligung ermöglicht wird und welche ausgeschlossen werden.

Beispiel

Hindernisse können aus einer Vielzahl von Lebensumständen entstehen und beispielsweise soziodemografische, kulturelle und gesundheitliche Hintergründe haben. Geografische Lage, öffentliche Anbindung und Rollstuhlzugänglichkeit sind hier ebenso zu bedenken wie finanzielle, zeitliche und sprachliche Barrieren. Schulferien, religiöse Feiertage, lange Anfahrtszeiten und Betreuungspflichten für Angehörige können der Beteiligung bestimmter Gruppen im Weg stehen und müssen unvermittelt adressiert werden, wenn deren Einbezug ermöglicht werden soll.

2.3 Welche Arten von Beteiligten werden angesprochen?

Im Zuge der Prozessplanung muss auch entschieden werden, welche Stakeholder:innen einbezogen werden sollen und zu welchem Zweck. Dabei ist wichtig zu eruieren, in welcher Beziehung die Stakeholder:innen zum übergeordneten Thema stehen und in welcher Weise sie betroffen sind. Damit hängt auch zusammen, welches spezifische Wissen und welche Erfahrungen sie einzubringen haben. Zudem müssen Machtverhältnisse zwischen den Teilnehmenden und über diese hinaus reflektiert und proaktiv adressiert werden, was ein tiefer gehendes Verständnis der unterschiedlichen Interessen und Bedarfslagen der Teilnehmenden voraussetzt. Auch die Frage der Repräsentativität stellt sich in diesem Kontext und zudem ist zu entscheiden, inwieweit bestimmte Gruppen intendiert überrepräsentiert werden sollen, um etwa marginalisierte Perspektiven abzubilden. Die Rekrutierung von Teilnehmenden muss ebenfalls unter Beachtung dieser Fragen erfolgen. Selektionsbias und Umsetzbarkeit sind hier wichtige Faktoren, die die Wahl von Rekrutierungsmethoden beeinflussen können. Jedenfalls müssen Rekrutierungsmethoden, Beteiligungsformate, Prozessziele und die spezifischen teilnehmenden Gruppen bewusst aufeinander abgestimmt werden.

Beispiel

Bei der Wahl der Teilnehmenden kann es dazu kommen, dass manche Gruppen überrepräsentiert sind – etwa, weil sie sich von einer Kampagne eher angesprochen fühlten oder sich einfacher Zeit nehmen konnten. Wenn ein Workshop während der Arbeitszeit stattfindet, dann wird ein guter Teil der arbeitenden Bevölkerung nicht partizipieren können. Solche „Verzerrungen" müssen zumindest reflektiert werden, um zu verstehen, welche Perspektiven nicht ins Ergebnis einfließen konnten. Hilfreich ist es, die Bedarfe der anvisierten Zielgruppe vorab zu eruieren und in der Umsetzung möglichst abzudecken.

2.4 Welche ethischen Herausforderungen und Risiken bestehen?

Sobald Klarheit über die obigen Fragen besteht, können gängige ethische Fragen einfacher beurteilt und etwaige Anpassungen im Prozess vorgenommen werden. Hierbei geht es etwa um den Umgang mit finanziellen Aufwandsentschädigungen und die Umsetzung von Informed-Consent-Verfahren.[1] Eine bedeutende Hilfestellung bieten hier die allgemeinen Risikokategorien, die in Ethikreviews beurteilt werden. Dabei geht es um physische Risiken wie direkte Schäden und Langzeitschäden (inklusive Fragen zum möglichen Versicherungsschutz Beteiligter), psychologische Risiken, die etwa aus retraumatisierenden Methoden und sensiblen Fragen entstehen, soziale Risiken wie Stigmatisierung und Diskriminierung, Risiken im Sinn von Datenschutz, Privatsphäre und Vertraulichkeit (siehe auch DSGVO), potenzielle Nachteile, die für Communities entstehen, und potenzielle Schäden der Umwelt. Auch Fragen der wissenschaftlichen Integrität stellen sich hier, etwa in Bezug auf Autor:innenschaft oder (im Kontext von Innovationsprozessen) geistiges Eigentum.

Beispiel

Wenn ein Forschungsprojekt mithilfe von Teilnehmenden Geschichten über Orte sammelt, kann es passieren, dass Geschichten erzählt werden, die für die Interviewer:innen traumatisierend oder für die Erzähler:innen retraumatisierend sind. Wenn dieses Risiko vorab identifiziert wird, kann der Fragebogen entsprechend angepasst, die Ko-Forschenden vorbereitet sowie Exit-Szenarien geübt werden.

2.5 Wie kann ein gleichberechtigter und fruchtbarer Dialog gefördert werden?

In der Umsetzung der Partizipationsprozesse manifestieren sich die Auswirkungen aller Entscheidungen, die im Rahmen der oben beschriebenen Überlegungen getroffen wurden. Nun gilt es, eine gleichberechtigte und fruchtbare Zusammenarbeit zwischen allen Beteiligten zu gewährleisten. Zu diesem Zweck müssen Machtgefälle direkt adressiert werden, die etwa aus unterschiedlichen gesellschaftlichen Status, Persönlichkeitsunterschieden, Ressourcengefällen und Informationsasymmetrien entstehen können. Die Beteiligten müssen somit aktiv zur Teilnahme ermächtigt und ihnen zudem Gestaltungsspielräume sowie Entscheidungsmacht eröffnet werden. Dadurch können die Beteiligten

---

[1] Beim Informed Consent bzw. der informierten Einwilligung handelt es sich um einen Grundsatz aus der Wissenschaft, der besagt, dass Menschen nur nach erfolgter Aufklärung in wissenschaftliche Projekte und medizinische Studien einbezogen werden dürfen. Sie müssen über Inhalt und Umfang der Studie, verantwortliche Personen/Organisationen und mögliche Risiken sowie über ihre Rechte (inklusive Rücktrittsrecht ohne negative Konsequenzen) aufgeklärt werden, bevor ihre Zustimmung zur Teilhabe eingeholt werden kann. Diese Aufklärung muss in angemessener Form und der Zielgruppe gerecht geschehen.

auch Mitverantwortung für den Prozess entwickeln. Zudem unterliegen die Organisator:innen partizipativer Prozesse einer Sorgfaltspflicht: Sie müssen sicherstellen, dass die Beteiligten keine negativen Auswirkungen ihrer Teilnahme erfahren und nicht ausgebeutet werden. Dies ist besonders wichtig in Bezug auf mögliche Vulnerabilitäten (Brown et al., 2017), von denen Beteiligte betroffen sein können. Diese können im direkten Austausch mit den Teilnehmenden besser verstanden und adressiert werden. Insgesamt ist für die Umsetzung tiefergehender partizipativer Prozesse eine erfahrene Moderation essenziell. Diese kann auch durch externe Unterstützung abgedeckt werden, sollte das umsetzende Team auf entsprechende Fähigkeiten nicht unmittelbar zurückgreifen können.

Beispiel

Wenn ein Teilnehmender sprachlich gewandt ist, einen hohen Bildungsabschluss hat und sich im Themenbereich fachlich auszukennen meint, fällt es ihm potenziell leichter, sich inhaltlich einzubringen, wodurch er sich zunehmend mehr Redezeit als die mehr zurückhaltenden Teilnehmenden nimmt. Zwar können solche Teilnehmenden für den Prozess wertvoll sein, allerdings dürfen ihre Beiträge nicht auf Kosten der restlichen Gruppe gehen.

2.6 Wie sollen Monitoring und Reflexion partizipativer Prozesse gestaltet werden?

Partizipationsprozesse profitieren von durchgehender, kollektiver Reflexion und integrierten Feedbackschleifen, die aktiv die Rückmeldungen der Beteiligten einbeziehen. In diesem Zusammenhang sind eine transparente Prozessgestaltung und ein proaktives Erwartungsmanagement zentral, die die gemeinsamen Ziele offenlegen und klarstellen, inwieweit die Beteiligten Entscheidungsprozesse mitgestalten können. Eine systematische Dokumentation der Rückmeldungen ist ebenso vorteilhaft.

Beispiel

Zu Beginn partizipativer Prozesse kann eine Einigung auf gemeinsame Werte und Ziele hilfreich sein, um die Erwartungen der Gruppe abzustecken und zu harmonisieren. Wenn es im partizipativen Prozess zu Konflikten kommt, gilt es, die Ursache dieser Konflikte zu identifizieren und mögliche Lösungsszenarien zu erarbeiten. Wichtig ist hierbei, Methoden zu wählen, die nicht zu persönlichen Angriffen einladen, sondern Prozessebenen und gemeinsame Zieldefinitionen in den Fokus nehmen. Somit sollten Formate, die persönliche Meinungen zu einzelnen Teilnehmenden erfragen, vermieden werden.

3 Fazit

Die Identifikation potenzieller ethischer Probleme, insbesondere im Rahmen partizipativer Prozesse, bietet Orientierung für Forschungs- und Innovationsprozesse und hilft, deren mögliche Auswirkungen zu eruieren. Dementsprechend sollten ethische Überlegungen bereits in die Planungsphase von Projekten Einzug halten sowie während deren Umsetzung und Evaluierung kontinuierlich reflektiert werden. Ziel ist es, die Qualität des Prozesses und seiner Ergebnisse sowie die Rechte aller Beteiligten zu schützen, um langfristige und wechselseitig bereichernde Kollaborationen zwischen Wissenschaft und Gesellschaft zu ermöglichen.

Danksagung Wir danken allen Kolleg:innen aus dem PRO-Ethics-Projekt, deren unermüdliche Arbeit die Entwicklung des Ethik-Leitfadens überhaupt erst ermöglicht hat, sowie allen externen Beteiligten, insbesondere unserem wissenschaftlichen Beirat. Das Projekt wurde von der Europäischen Kommission (Finanzierungsvereinbarung Nr. 872441) finanziert.

Literatur

Brown, K., Ecclestone, K., & Emmel, N. (2017). The many faces of vulnerability. *Social Policy & Society, 16*, 497–510. https://doi.org/10.1017/S1474746416000610

Novitzky, P., Bernstein, M. J., Blok, V., Braun, R., Chan, T. T., Lamers, W., Loeber, A., Meijer, I., Lindner, R., & Griessler, E. (2020). Improve alignment of research policy and societal values. *Science, 369*(6499), 39–41. https://doi.org/10.1126/science.abb3415

Stilgoe, J., Owen, R., & Macnaghten, P. (2013). Developing a framework for responsible innovation. *Research Policy, 42*(9), 1568–1580. https://doi.org/10.1016/j.respol.2013.05.008

Van den Hoven, M. J. (2014). Responsible innovation: A new look at technology and ethics. In J. van den Hoven, N. Doorn, T. Swierstra, B. J. Koops, & H. Romijn (Hrsg.), *Responsible innovation 1: Innovative solutions for global issues* (S. 3–13). Springer. https://doi.org/10.1007/978-94-017-8956-1

Wiarda, M., Giannelos, K., Schuerz, S., Reber, B., & Doorn, N. (2024). *Ethics Framework and Guidelines for Participatory Processes in the Activities of Research Funding Organizations*. Zenodo. https://doi.org/10.5281/zenodo.8089672

Stefanie Schuerz ist Senior Researcher und Projektleiterin am Zentrum für Soziale Innovation und beforscht ethische Partizipation in der Wissenschaft und deren Wirkung.

Markus Gerold ist Berater bei der VDI/VDE Innovation + Technik GmbH. Seine Arbeitsschwerpunkte sind interaktive Gesundheits- und Pflegetechnologien und Partizipation.

Gerda Geyer ist Programm-Managerin bei der Österreichischen Forschungsförderungsgesellschaft (FFG). Themenfelder: IKT, Gesundheit, Pflege, Co-Creation, Ökosysteme.

Sabine Mayer beschäftigt sich seit 1996 mit der Umsetzung und Bewertung von Forschungs- und Innovationspolitik. Derzeit ist sie als Expertin in der Strategieabteilung der FFG tätig.

Perspektiven

Beteiligung der Öffentlichkeit an Wissenschaft und Forschung. Fragen und Wünsche der Partizipationscommunity

Sabrina Kirschke, Mathilde Bessert-Nettelbeck, Andreas Bischof, Susanne Hecker, Arne Maibaum, Victoria Shennan, Mhairi Stewart und Silke Voigt-Heucke

1 Einleitung

Die vielfältigen Beiträge des Handbuchs Partizipation haben gezeigt: Partizipation ist zunehmend in der deutschen Forschungslandschaft verankert und wird hier sowohl von den Geistes- und Sozialwissenschaften als auch seitens der Natur- und Ingenieurwissenschaften praktiziert und geschätzt. Dabei werden Bürger:innen nicht mehr nur als Objekte von Analysen betrachtet, sondern als aktive Mitwirkende in Forschungsprozessen anerkannt. Die Bezeichnungen für solche partizipativen Ansätze sind auch im Handbuch viel-

S. Kirschke (✉) · M. Bessert-Nettelbeck · S. Hecker · V. Shennan · M. Stewart
Museum für Naturkunde – Leibniz-Institut für Evolutions- und Biodiversitätsforschung, Berlin, Deutschland
E-Mail: sk@ifro.ku.dk

A. Bischof
Technische Universität Chemnitz, Chemnitz, Deutschland

A. Maibaum
Technische Universität Berlin, Berlin, Deutschland
E-Mail: arne.maibaum@tu-berlin.de

S. Voigt-Heucke
Leibniz-Institut für Zoo- und Wildtierforschung (IZW) im Forschungsverbund Berlin e.V., Berlin, Deutschland

Museum für Naturkunde – Leibniz-Institut für Evolutions- und Biodiversitätsforschung, Berlin, Deutschland
E-Mail: voigt-heucke@izw-berlin.de

S. Voigt-Heucke et al., *Praxishandbuch Partizipation in der Wissenschaft*,
https://doi.org/10.1007/978-3-658-51093-0_37

fältig und umfassen Begriffe wie ‚partizipative Formen der Wissenschaftskommunikation', ‚Public Engagement', ‚Bürgerwissenschaft' oder ‚transdisziplinäre Forschung'.

Entsprechend dieser Vielfalt haben sich verschiedene Fachgesellschaften, Netzwerke und Publikationsorgane für die partizipative Forschung etabliert. Diese Entwicklungen gehen Hand in Hand mit einem breiten Spektrum an politik- und praxisrelevanten Veröffentlichungen und Leitlinien. In Deutschland finden wir z. B. die Citizen-Science-Strategie 2030 für Deutschland (Bonn et al., 2021), die #FACTORYWISSKOMM-Handlungsperspektiven für die Wissenschaftskommunikation (BMBF, 2022), den Public-Engagement-Kodex (Cyber Valley and the Berlin School of Public Engagement and Open Science, 2022) oder die Partizipationsstrategie Forschung (BMBF, 2023). Diese Publikationen verdeutlichen die Bedeutung der Interaktion zwischen Wissenschaft und Gesellschaft mit dem Ziel, Ergebnisse wie Innovation, wissenschaftliche Qualität, Anwendbarkeit und Akzeptanz wissenschaftlicher Ergebnisse oder Vertrauen in die Wissenschaft in Zeiten des Wandels zu verbessern.

Wenngleich sich das Feld der partizipativen Forschung in den vergangenen Jahren dynamisch entwickelt hat, besteht auch eine gewisse Zurückhaltung seitens der Forscher:innen gegenüber der Interaktion mit der Öffentlichkeit. In Deutschland scheint die Interaktion mit der Öffentlichkeit grundlegende Themen wie akademische Freiheit, Exzellenz und Effizienz infrage zu stellen, einschließlich eines potenziellen Unabhängigkeitsverlusts von Forscher:innen bei der Gestaltung von Forschungsfragen und -methoden (z. B. Allianz der Wissenschaftsorganisationen, 2022; BMBF, 2023). Die partizipative Forschung scheint also stärker umstritten zu sein, als man auf den ersten Blick meinen mag.

Wir empfehlen einen konstruktiven Diskurs über die potenziellen Vor- und Nachteile zwischen den Befürworter:innen verschiedener partizipativer Forschungsformate, um das Forschungsfeld als Ganzes voranzubringen. Denn die komplexen Problemlagen von heute warten nicht – sie sind allgegenwärtig, dynamisch und können schon bald Kipppunkte erreichen, die die Gesundheit des Planeten gefährden. In Deutschland wurde ein solcher konstruktiver Diskurs durch das Bundesministerium für Bildung und Forschung (BMBF) im Jahr 2022 gestärkt. Das Wissenschaftsjahr „Nachgefragt!" bot beispielsweise verschiedene Aktivitäten an, darunter Bürgerräte, Bürgerpanels und einen Aufruf zur Einreichung von Forschungsfragen, die auch von partizipativen Kommunikations- und Forschungsformaten begleitet wurden.

Um eine fruchtbare und konstruktive Diskussion über mögliche Vor- und Nachteile voranzutreiben, haben wir – inspiriert durch die Aktivitäten des Wissenschaftsjahrs „Nachgefragt!" – Expert:innen nach ihren Fragen und Wünschen bezüglich partizipativer Forschung befragt. Auf der Grundlage einer systematischen SCOPUS-Analyse und eines Schneeballsystems identifizierten wir rund 150 Partizipationsexpert:innen in Deutschland und luden sie und ihre Netzwerke zur ersten Konferenz über Partizipation in der Wissenschaft ein. Die 132 Expert:innen, die unserer Einladung folgten, wurden gebeten, bei der Anmeldung zur Konferenz drei Angaben zu machen: (i) ihre Forschungsfragen in Bezug auf partizipative Forschung, (ii) ihre Wünsche an Forschungspolitik und Förderorganisationen und (iii) ihre Wünsche an die Forschungsgemeinschaft. Etwa 42 % (n = 56) der angemeldeten Teilnehmer:innen antworteten auf unsere Anfrage, was ein neues Verständnis der aktuellen Fragen und Wünsche aus verschiedenen disziplinären Blickwinkeln ermöglichte. Die Antworten wurden geclustert und anschließend auf der gemeinsamen Veranstaltung „Chancen und Grenzen der Partizipation in der Wissenschaft" (Bessert-Nettelbeck et al., 2023) mit anderen Forscher:innen und Vertreter:innen von Wissenschaftsorganisationen, Politik und Förderorganisationen diskutiert. Die folgenden Ausführungen fassen die wichtigsten Ergebnisse dieses Prozesses zusammen und können einige Erkenntnisse für künftige Debatten zur Förderung partizipativer Formen der Wissenschaftskommunikation und -forschung in verschiedenen Praxisfeldern liefern.

2 Forschungsfragen zur partizipativen Forschung

Der Hauptlogik des Wissenschaftsjahrs folgend wurde in unserer Umfrage zunächst mittels offenen Frageformats nach wichtigen Forschungsfragen zur partizipativen Forschung gefragt. Insgesamt 55 Teilnehmer:innen beantworteten diese Frage, woraus sich fünf Fragenkomplexe ergaben, die wir hier entlang eines konventionellen Forschungsprozesses gruppieren und ordnen – von allgemeinen Definitionsfragen bis hin zu Fragen, die sich auf die Initiierung, das Design, die Wirkungen und die Verknüpfungen der partizipativen Forschung beziehen.

Beginnend mit den Definitionen fragten einige Teilnehmer:innen nach der eigentlichen Bedeutung und Abgrenzung der Beteiligung an der Forschung. Was ist z. B. der Unterschied zwischen Partizipation in der Forschung und Partizipation in der Politik? Und kann es überhaupt eine gemeinsame Definition von Partizipation in der Forschung geben angesichts der Vielfalt von Zielen, Ansätzen und Strukturen in unterschiedlichen Disziplinen und Praxisfeldern?

In Bezug auf die Initiierung partizipativer Forschung warfen die Teilnehmer:innen sowohl grundsätzliche als auch eine Vielzahl akteursbezogener Fragen auf. Eine sehr grundsätzliche Frage lautet beispielsweise, wie die inhärenten Funktionslogiken von Forschung einerseits und (freiwilliger) Beteiligung andererseits zusammenpassen und welche Herausforderungen diese unterschiedlichen Logiken bei der Initiierung partizipativer Forschungsprojekte mit sich bringen könnten. In Bezug auf die Akteur:innen reflektierten die Befragten, wie Forscher:innen dazu angeregt und befähigt werden könnten, partizipative Forschungsaktivitäten zu initiieren, und wie potenzielle Teilnehmer:innen, einschließlich marginalisierter Gruppen, stärker als Forschungspartner:innen einbezogen werden könnten.

In Bezug auf die Gestaltung der partizipativen Forschung wiesen die Befragten zunächst auf normative Anforderungen hin, wie etwa die Vermeidung von ‚Pseudo-Beteiligung' oder die Ermöglichung von Diskussionen zwischen Forscher:innen und Praktiker:innen auf Augenhöhe. Die Befragten stellten auch eher technische Fragen zur Gestaltung einer effektiven und effizienten partizipativen Forschung. Insbesondere fragten sie sich nach dem angemessenen Grad der Beteiligung in den einzelnen Forschungsphasen und der Anwendung einschlägiger Methoden in Bereichen der partizipativen Forschung wie der transdisziplinären Forschung und der Bürgerwissenschaft.

Schließlich betrifft ein breiterer Fragenkomplex die Auswirkungen partizipativer Forschung. Fragen adressieren die Wirkungen partizipativer Forschung allgemein, die Arten von Wirkungen, die Wirkungen auf bestimmte Zielgruppen wie Forschung und Gesellschaft sowie die Messbarkeit von Wirkungen. Fragen zu den allgemeinen Wirkungen bezogen sich vor allem auf mögliche positive und negative Wirkungen partizipativer Forschungsformate. Fragen nach den Arten von Wirkungen beziehen sich u. a. auf Auswirkungen auf unser Verständnis von Wissen und Forschung, aber auch auf Wissenstransfer und Innovation. Fragen zu den Auswirkungen auf Forschung und Gesellschaft tauchten recht häufig auf und bezogen sich auf ein breites Spektrum möglicher Auswirkungen auf individueller, institutioneller und gesellschaftlicher Ebene. Zudem wurden Fragen zur Messbarkeit der verschiedenen Auswirkungen entlang einer Wirkungskette von Outputs über Outcomes zu Impacts gestellt.

Schließlich fragten sich die Befragten nach den tatsächlichen Verbindungen zwischen der partizipativen Forschung und anderen Bereichen wie der Beteiligung in Politik und Wirtschaft. Eine zentrale Frage bei diesem Thema lautet, wie sich das Konzept der partizipativen Forschung gegenüber etablierten demokratischen Entscheidungsprozessen verhält. Gibt es spezifische Schnittstellen zwischen partizipativer Forschung einerseits und Partizipation in Politik und Wirtschaft andererseits? Und was ist der Unterschied zwischen der Einbindung von Bürger:innen in die Forschung oder in lokale politische Prozesse, wenn es darum geht, Bürger:innen in den gesellschaftlichen Wandel einzubinden?

Diese fünf Fragenkomplexe geben nur einen sehr groben Überblick über das breite Spektrum der von den Befragten aufgeworfenen Fragen. Sie veranschaulichen jedoch die Vielfalt der Fragen entlang eines klassischen partizipativen Forschungsprozesses – von substanziellen Definitionsfragen über Fragen der Initiierung und des Designs bis hin zu der Bewertung von Effekten und der Diskussion über weitere Verbindungen. Während die Fragen sowohl normative als auch analytische Gesichtspunkte repräsentieren, erkennen wir eine gemeinsame Haltung, die sich am besten mit der Grundfrage beschreiben lässt: „Wie können wir die Bürger:innen besser in die partizipative Forschung einbeziehen?“. Und während diese Vorstellung von „besser machen“ bedeuten kann, „mehr einzubeziehen“, z. B. durch eine höhere Reichweite oder die Umsetzung vertiefter partizipativer Formate, könnte es in Zukunft auch heißen, „intelligenter einzubeziehen“, z. B. durch die Auswahl einer Vielfalt von Formaten für einen bestimmten Kontext. Spiegelt sich dies auch in den Wünschen der Befragten an Forschungsförder:innen und Entscheidungsträger:nnen aus der Politik wider?

3 Wünsche an Entscheidungsträger:innen der Politik und Fördereinrichtungen

In einem zweiten Schritt fragten wir alle Teilnehmer:innen, was sie sich von Entscheidungsträger:innen aus der Politik und Fördereinrichtungen in Bezug auf die partizipative Forschung wünschen. 56 Teilnehmer:innen beantworteten diese Frage, wobei sich drei große Gruppen von Wünschen herauskristallisierten, die sich auf Einstellungen, Anreize für die Teilnahme sowie die Qualität der partizipativen Forschung bezogen.

In Bezug auf die Einstellung von Entscheidungsträger:innen aus der Politik und Fördereinrichtungen forderten einige Befragte ein größeres Engagement in Bezug auf die partizipative Forschung seitens Forschungspolitik und -förderung. Der Hauptgedanke dabei ist, dass diese Akteur:innen den potenziellen Nutzen der partizipativen Forschung zur Förderung nachhaltiger Entwicklung und gesellschaftlicher Wandlungsprozesse besser erkennen sollten, insbesondere angesichts drängender Herausforderungen wie der Globalisierung oder des Klimawandels. Dies geht über kurzfristige Finanzierungsprogramme hinaus und erfordert ein Nachdenken über die Rolle der partizipativen Forschung, um eine neue Verbindung von Wissenschaft und Gesellschaft im postfaktischen Zeitalter zu ermöglichen. Andere Befragte baten darum, Ideologien hinter sich zu lassen, eine empirisch-objektive Perspektive auf das Thema einzunehmen und realistische Erwartungen zu haben: Was kann partizipative Forschung im Gegensatz zu anderen Formen der Beteiligung tatsächlich leisten? Und was lässt sich unter den derzeitigen Rahmenbedingungen und Anreizmechanismen einschließlich der ‚Publish or Perish'-Kultur in der Wissenschaft realistisch umsetzen?

Daher überrascht nicht, dass sich viele Wünsche auf die von den Forschungsförder:innen gesetzten Anreize beziehen. Zwar wünschen sich viele Befragte, dass Finanzierende entsprechende Anreize im Allgemeinen und Mittel für die partizipative Forschung im Besonderen bereitstellen, hegen aber unterschiedliche Vorstellungen, wie diese Anreize und Finanzierungssysteme aussehen könnten. Auf der einen Seite des Spektrums forderten einige Befragte die Finanzierung niedrigschwelliger Formate, die es sowohl den Forscher:innen als auch den Teilnehmer:innen ermöglichen, erstmals Erfahrungen zu partizipativer Forschung zu sammeln. Auf der anderen Seite des Spektrums forderten einige Befragte, dass partizipative Forschung zu einem integralen Bestandteil der Förderkriterien wird und die Förderung langfristige und intensivere partizipative Formate ermöglicht. Beispiele für Letzteres bezogen sich auf die Finanzierung der Beteiligung über den gesamten Forschungszyklus, auf ein höheres Maß an Beteiligung und auf eine stärkere institutionelle Unterstützung. Dazwischen gibt es eine Vielzahl von Vorschlägen, wie z. B. die Forderung, dass Forschungsprojekte die Machbarkeit partizipativer Formate prüfen müssen oder unterschiedliche partizipative Formate je nach Forschungszielen und -kontext gefördert werden sollen. Zusätzlich zu diesen förderspezifischen Anreizen forderten die Forscher:innen Anerkennung, sodass die Forschungseinrichtungen ermutigt werden, partizipative Forschungsformate bei ihrer Bewertung und Förderung einzelner Forscher:innen anzuerkennen.

Die Befragten mahnten auch an, dass Forschungspolitik und Fördereinrichtungen eine hohe Qualität der partizipativen Forschung sicherstellen. Dieses Bündel von Wünschen hat viele Facetten. Aus einer ganzheitlichen Perspektive heraus forderten die Befragten die Forschungsförderer grundsätzlich dazu auf, die Qualität partizipativer Forschung besser zu überwachen. Zugleich gibt es bereits eine Reihe von Ideen zur Sicherung der Qualität. Erstens sollten Forschungspolitik und -förderung verstärkt über die Anforderungen an die

Aus- und Weiterbildung für eine hochwertige partizipative Forschung nachdenken. Zweitens forderten die Forscher:innen institutionelle Unterstützung, einschließlich der Finanzierung von Unterstützungsstrukturen und -plattformen, die Raum für den Austausch und die Unterstützung bei der Konzeption, Durchführung und Evaluierung partizipativer Forschung bieten. Drittens sollten diverse Qualitätskriterien in die Förderprogramme aufgenommen werden, wie die Förderung unterschiedlicher Formate, zeitliche Ressourcen für die Planung und Durchführung dieser Formate, Transparenz sowie die Gestaltung partizipativer Formate auf Augenhöhe – wobei Letzteres Offenheit, die Möglichkeit unvorhergesehener Ergebnisse und eine angemessene Entschädigung von Nicht-Forschenden einschließt. Viertens wurde die Evaluation der partizipativen Forschung hervorgehoben, einschließlich einer Anleitung für Projektevaluator:innen zur partizipativen Forschung vor der Projektförderung, Raum für Austausch und Begleitforschung in der Projektdurchführungsphase sowie die Evaluation zu Projektende. Zuletzt forderten die Befragten die Finanzierung von Grundlagenforschung, einschließlich der Entwicklung partizipativer Forschungsmethoden für verschiedene Kontexte.

Zusammenfassend lässt sich sagen, dass die Wünsche der Befragten vielfältig waren, grundsätzlich jedoch nicht nur mehr Beteiligung, sondern auch eine durchdachtere Gestaltung partizipativer Forschung forderten. Wie spiegelt sich diese Forderung in den Wünschen an die wissenschaftliche Community wider?

4 Wünsche an die wissenschaftliche Gemeinschaft

In einem dritten Schritt fragten wir alle Teilnehmer:innen, was sie sich von der wissenschaftlichen Gemeinschaft in Bezug auf die partizipative Forschung wünschen. 51 Personen beantworteten diese Frage, was eine einheitliche Antwortquote über die drei Umfragen hinweg zeigt. Die Codierung ergab hier fünf Gruppen von Wünschen, die sich auf Einstellungen, den Wunsch nach mehr partizipativen Formaten, die Anerkennung der partizipativen Forschung, eine differenzierte Betrachtung und Diskussion der partizipativen Forschung und die Professionalisierung beziehen.

Die Wünsche bezüglich der Einstellungen bezogen sich vor allem auf mehr Offenheit gegenüber partizipativen Formaten und weniger Angst vor dem Austausch mit Bürger:innen. Eng damit verbunden ist der Wunsch, dass Forscher:innen neugieriger und interessierter an partizipativer Forschung und ihren vielfältigen Formaten, Öffentlichkeiten und Erkenntnismöglichkeiten sein sollten. Die Befragten sprachen sich auch für Kreativität, Interesse und Mut zum Experimentieren sowie Freude am Austausch mit den Bürger:innen aus. Auch die wissenschaftliche Gemeinschaft sollte Ziele und Formate kontinuierlich reflektieren, wozu auch die flexible Anpassung von Ansätzen auf der Grundlage neuer wissenschaftlicher Erkenntnisse und praktischer Erfahrungen gehört.

Eng verbunden mit dieser Wunschliste von Einstellungen ist die Notwendigkeit, in Zukunft ernsthaftere partizipative Maßnahmen durchzuführen. Einige der Befragten wünschten sich mehr partizipative Forschung. Andere ermutigten ihre Kolleg:innen, häufiger mit transdisziplinären Formaten zu experimentieren, die über die reine Datenerhebung hinausgehen. Ein solches Vorgehen könnte von der Einsicht geleitet sein, dass partizipative Forschung für alle beteiligten Akteur:innen, einschließlich der Forscher:innen selbst, fruchtbar sein kann.

Die Befragten forderten auch häufig die Anerkennung und Würdigung der partizipativen Forschung, exzellenter Forschung im Allgemeinen, verschiedener disziplinärer Ansätze, diverser Hintergründe und unterschiedlicher beruflicher Werdegänge. Im Einklang mit dem Wunsch nach Anerkennung der partizipativen Forschung haben einige Befragte auch operationalisiert, wie eine solche Anerkennung aussehen könnte. Die Beispiele sind vielfältig und reichen von der Anerkennung von Wissen, das von zivilgesellschaftlichen Akteur:innen außerhalb der Wissenschaft generiert wird, bis hin zur Neudefinition dessen, was akademischer Erfolg ist. Letzteres beinhaltet ein Plädoyer dafür, die Wirkung außerhalb der Wissenschaft stärker zu priorisieren, als dies derzeit in der deutschen Forschungslandschaft der Fall ist – und zwar sowohl auf der Ebene der einzelnen Forscher:innen als auch auf der Ebene der Institutionen.

Zugleich wurde von den Befragten eine differenzierte Auseinandersetzung mit der partizipativen Forschung gefordert. Dazu gehört vor allem eine differenzierte Reflexion der Potenziale und Grenzen von Partizipation. Einige Befragte baten ihre Forschungskolleg:innen zu reflektieren, ob und unter welchen Bedingungen und im Hinblick auf welche Forschungsbereiche und Fragestellungen die Umsetzung diverser partizipativer Forschungsformate von Relevanz ist. Eine ‚einfache' Maximierung partizipativer Forschung oder die Durchführung nicht gut konzipierter partizipativer Forschung wurde abgelehnt.

Schließlich forderten die Befragten eine stärkere Professionalisierung der partizipativen Forschung, was sich gut mit der obigen Aussage deckt. Dies beginnt mit einer klaren Definition dessen, was Partizipation in einem bestimmten Forschungskontext tatsächlich bedeutet. Weitere Vorschläge sind Qualifizierungsprogramme für Forschende, ein besseres Verständnis der zugrunde liegenden Konzepte, Theorien und des methodischen Spektrums, eine ausführlichere Dokumentation und (Selbst-)Reflexion sowie eine generelle Unterstützung der Forschenden bei der Gestaltung und Durchführung partizipativer Forschung, die sowohl den Forschenden als auch den Teilnehmenden nützt. Relevant sind auch Raum und Ressourcen für Austausch und begleitende (Meta-)Forschung, um sowohl bewährte Verfahren als auch Erfahrungen des Scheiterns zu diskutieren.

5 Wie geht es weiter?

Aus den Fragen und Wünschen der Teilnehmer:innen unserer Konferenz ergeben sich einige aufschlussreiche Einsichten und Wege in Bezug auf die partizipative Forschung, die sich auch in den Erfahrungen der Autor:innen dieses Handbuchs spiegeln. Drei dieser übergreifenden Erkenntnisse werden hier vorgestellt:

1. Seien Sie offen für partizipative Forschung: Offenheit für partizipative Ansätze ist ein wiederkehrendes Thema in den Fragen und Wünschen der Befragten. Dies passt auch zum demokratischen Umfeld, in das deutsche Forscher:innen eingebettet sind. Einzelpersonen, Institutionen und Förderorganisationen sollten sich ermutigt fühlen, partizipative Forschungsformate bei der Konzeption, Durchführung und Auswertung von Forschung zumindest in Erwägung zu ziehen.
2. Vielfalt oder ‚Zweckmäßigkeit' statt ‚one fits all solutions'. Die Forschungslandschaft sollte Vielfalt leben und klären, welche Form der partizipativen Forschung in welchem Kontext sinnvoll ist – vom Dialog mit Praktiker:innen über die Auswirkungen wissenschaftlicher Ergebnisse und gemeinsame Datenerhebungsaktivitäten bis hin zu transdisziplinären Ansätzen.
3. Nehmen Sie die Beteiligung ernst und ermöglichen Sie eine hohe Qualität in der partizipativen Forschung. Wissenschaftliche Institutionen und Fördereinrichtungen sollten Forscher:innen, die partizipativ forschen möchten, stärker unterstützen. Dies ist natürlich mit zusätzlichen Kosten verbunden, die nach unserer Auffassung jedoch in einem von einer demokratischen Gesellschaft getragenen Forschungssystem gut angelegt sind.

Wie sollten die nächsten Schritte aussehen? Es besteht ein Bedarf an Austausch über partizipative Forschung und es muss Raum für einen solchen Austausch geschaffen werden (Shennan & Stewart, 2025). In Deutschland gibt es bereits etablierte Austauschplattformen, darunter die TD Academy, „Bürger schaffen Wissen" und die Berlin School of Public Engagement, deren Aktivitäten und Erkenntnisse auch in diesem Buch dargestellt werden. Ebenso gibt es eine Vielzahl an Veranstaltungen, die Raum für den Austausch zwischen partizipativen Forscher:innen bieten. Wir sind jedoch der Meinung, dass mehr getan werden könnte, um einen konstruktiven Dialog über partizipative Forschungsformate zwischen verschiedenen Praxisgemeinschaften zu fördern. Dies geht über die Suche nach Gemeinsamkeiten hinaus und beinhaltet das Aufbrechen disziplinärer Silos partizipativer Forschungspraktiken, um voneinander über bewährte Praktiken zu lernen und Misserfolge zu vermeiden. In Deutschland z. B. gründeten partizipative Forschungsgemeinschaften die Gesellschaft für transdisziplinäre und partizipative Forschung, um den Dialog und das gegenseitige Lernen auf nationaler Ebene zu fördern. Dieser Prozess lag auch im strategischen Interesse des Bundesministeriums für Bildung und Forschung, das solche Netzwerke auch in Zukunft unterstützen will, um eine gemeinsame Basis für partizipative Forschungspraktiken zu schaffen (BMBF, 2023, S. 12).

Die Autor:innen möchten zu dieser Vernetzungsaufgabe beitragen und einen konstruktiven Dialog mit Akteur:innen aus Forschung, Zivilgesellschaft, Unternehmen und Politik ermöglichen. Indem wir zusammenarbeiten, können wir einen Wandel in unserer Forschungskultur anstreben und die komplexen Problemlagen an der Schnittstelle von Gesellschaft und Natur wirksam angehen. Partizipationsforscher:innen aller Couleur und ihre wissenschaftlichen Gesellschaften können auch in Erwägung ziehen, auf einschlägigen (disziplinären) Konferenzen intensiver darüber zu diskutieren, wie wir vielfältige Perspektiven und gelebte Erfahrungen über unterschiedliche Formate in die Wissenschaft einbringen können (BMBF, 2023, S. 14). Wir sollten uns immer vor Augen halten, dass es in unserer Verantwortung als Forschende liegt, die Initiative zu ergreifen und auf die Menschen zuzugehen, wenn wir sie wirklich in die Forschung einbinden wollen. Diese grundlegende Erkenntnis gilt für alle Bereiche der partizipativen Forschung: Es reicht nicht aus, darauf zu warten, dass die Menschen zu uns kommen. Stattdessen müssen wir aktiv und einfühlsam auf gesellschaftliche Akteur:innen zugehen, gegenseitiges Verständnis fördern und eine gemeinsame Sprache finden.

Literatur

Allianz der Wissenschaftsorganisationen. (2022). *Allianz der Wissenschaftsorganisationen zur Partizipation in der Forschung*. Stellungnahme vom 9. November 2022. https://www.allianz-der-wissenschaftsorganisationen.de/wp-content/uploads/2022/11/2022-11-09_Allianz_Stellungnahme_Partizipation-1.pdf. Zugegriffen am 30.04.2026.

Bessert-Nettelbeck, M., Bischof, A., Sturm, U., Nagy, E., Schraudner, M., Backhaus, J., Bruckermann, T., Hecker, S., Henke, J., Köpferl, K., Kirschke, S., Liedtke, C., Mahr, F., Maibaum, A., Podann, A. C., Rössig, W., Schäfer, M., Schröder, C., Schrögel, P., Shennan, V., Steinhaus, N., Stewart, M., van den Bogaert, V., & Voigt-Heucke, S. (2023). Participation as a research approach in academia: A converging field. *Research Ideas and Outcomes, 9*, e105155.

BMBF. (2022). *#FACTORYWISSKOMM Prospects for action for science communication*. https://www.bmftr.bund.de/SharedDocs/Downloads/DE/prospects_for_action_science_communication.html. Zugegriffen am 30.04.2026.

BMBF. (2023). *Partizipationsstrategie Forschung*. https://www.bmftr.bund.de/SharedDocs/Downloads/DE/2023/partizipationsstrategie.html. Zugegriffen am 30.04.2026.

Bonn, A., Brink, W., Hecker, S., Herrmann, T. M., Liedtke, C., Premke-Kraus, M., Voigt-Heucke S., von Gönner, J., Altmann, C., Bauhus, W., Bengtsson, L., Brandt, M., Bruckermann, T., Büermann, A., Dietrich, P., Dörler, D., Eich-Brod, R., Eichinger, M., Ferschinger, L., Freyberg, L., Grützner, A., Hammel, G., Heigl, F., Heyen, N. B., Hölker, F., Johannsen, C., Kiefer, S., Klan, F., Kluß, T., Kluttig, T., Knapp, V., Knobloch, J., Koop, M., Lorke, J., Munke, M., Mortega, K. G., Pathe, C., Richter, A., Schumann, A., Soßdorf, A., Stämpfli, T., Sturm, U., Thiel, C., Tönsmann, S., van den Bogaert, V., Valentin, A., Wagenknecht, K., Wegener, R., & Woll, S. (2021). *White Paper Citizen Science Strategy 2030 for Germany*. Helmholtz Association, Leibniz Association, Fraunhofer Society, Universities and Non-academic Institutions. https://doi.org/10.5281/zenodo.7117771

Cyber Valley and the Berlin School of Public Engagement and Open Science. (2022). *The principles of public engagement. How we shape the dialogue between research and the public*. https://cyber-valley.de/uploads/news/attachment/692/2022_pe-kodex.pdf. Zugegriffen am 30.04.2026.

Shennan, V., & Stewart, M. (2025). *Fostering transdisciplinary & participatory research and public engagement with research: An exploratory study on development potential in Germany*. Stifterverband für die Deutsche Wissenschaft e. V. https://doi.org/10.5281/zenodo.17397898

Sabrina Kirschke leitet am Museum für Naturkunde Berlin die Public Policy Research Unit. Sie forscht zu partizipativen Ansätzen in der Politikgestaltung.

Mathilde Bessert-Nettelbeck ist Wissenschaftskommunikatorin und Biologin. Sie arbeitet in Kunst-Wissenschaftsprojekten, Citizen-Science-Forschung und in Journalismus/PR.

Andreas Bischof gestaltet seit 2022, seit 2023 als Koordinator, die PartWiss-Konferenzen. Der Soziologe forscht vor allem zu Partizipation in der Digitalisierung.

Susanne Hecker leitet am Museum für Naturkunde in Berlin den Forschungsbereich Gesellschaft und Natur. Sie ist seit 2021 Vorsitzende der European Citizen Science Association.

Arne Maibaum ist Techniksoziologe und forscht zu Robotik, technischer Entwicklung und ihren sozialen Dynamiken, insbesondere in partizipativen Kontexten.

Victoria Shennan leitet die Berlin School of Public Engagement and Open Science am Museum für Naturkunde Berlin. Sie leitet die Forschung und Training im Public Engagement.

Mhairi Stewart ist Leiterin der Abteilung für Public Engagement und Wirkung, und Geschäftsführerin des Berlin Hub for Science and Society. Sie forscht zu Strategie und Politik des Public Engagements.

Silke Voigt-Heucke baut am Leibniz-IZW ein Akteursnetzwerk zum Wildtiermanagement auf, koordiniert das Projekt Wildtiernah Berlin und forscht zu Citizen Science.

MIX
Papier | Fördert gute Waldnutzung
FSC® C083411

Kolibri 360 GmbH
Ferdinand-Jühlke-Straße 7
99095 Erfurt, Deutschland
produktsicherheit@kolibri360.de